基于三镜系统的三十米望远镜项目（Thirty Meter Telescope，TMT）效果图（TMT 天文台提供）

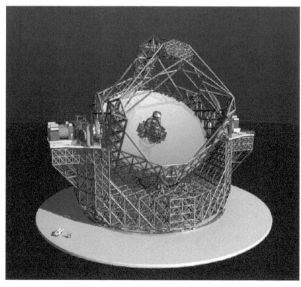

基于五镜系统的欧洲极大望远镜项目（European Extremely Large Telescope，E-ELT）效果图
（欧洲南方天文台提供）

# 天文光学和弹性理论
## ——主动光学方法

# Astronomical Optics and Elasticity Theory
## Active Optics Methods

〔法〕热拉尔·R. 勒迈特（Gérard René Lemaitre） 著

姚正秋　左　恒　译

袁祥岩　王国民　审校

科学出版社

北　京

图字：01-2021-2579 号

## 内 容 简 介

本书是一本论述现代光学和主动光学理论的基础性读物。作者在本书中详尽地叙述了有关天文光学（特别是近代主动光学）的基础理论，并就主动光学技术在天文望远镜实际镜面加工和实际观测中的应用进行了详尽的描述。本书内容覆盖了天文光学系统和弹性力学相结合的问题，同时也对主动光学的理论和应用进行了论述，对这个领域已知的和最新的内容进行了非常深入和全面的描述，对国内外采用主动光学方法的大型天文望远镜系统进行了系统性梳理和介绍。

本书对在大学、天文台和研究所从事天文光学、光学工程，特别是对天文望远镜研制的研究者和工程师们有重要参考价值和帮助作用，本书也可以作为相关专业博士研究生的阅读材料。

First published in English under the title
Astronomical Optics and Elasticity Theory：Active Optics Methods
by Gérard René Lemaitre
Copyright © Springer-Verlag Berlin Heidelberg, 2009
This edition has been translated and published under licence from
Springer-Verlag GmbH, part of Springer Nature.

图书在版编目（CIP）数据

天文光学和弹性理论：主动光学方法 /（法）热拉尔·R. 勒迈特著；姚正秋，左恒译. —北京：科学出版社，2023.3
书名原文：Astronomical Optics and Elasticity Theory：Active Optics Methods
ISBN 978-7-03-074722-8

Ⅰ. ①天… Ⅱ. ①热… ②姚… ③左… Ⅲ. ①天文光学-弹性理论-研究 Ⅳ. ①P1

中国国家版本馆 CIP 数据核字（2023）第 015175 号

责任编辑：钱 俊 陈艳峰 / 责任校对：樊雅琼
责任印制：吴兆东 / 封面设计：无极书装

科学出版社 出版
北京东黄城根北街 16 号
邮政编码：100717
http://www.sciencep.com
北京虎彩文化传播有限公司 印刷
科学出版社发行 各地新华书店经销

*

2023 年 3 月第 一 版 开本：720×1000 1/16
2023 年 3 月第一次印刷 印张：35 1/4
字数：709 000
定价：348.00 元

# 中 文 版 序

Gérard R. Lemaitre 教授是国际著名的光学家，现代主动光学的开拓者之一。Lemaitre 的著作《天文光学和弹性理论——主动光学方法》是一本从理论上和实践上深入介绍主动光学、光学系统、光学镜面与弹性力学相结合的问题的专著。对这个领域已知的和最新的内容提供了非常深入和全面的描述。在对光学和弹性进行了广泛介绍后，这本书论述了曲率变化的镜子、单模变形镜、多模变形镜、折射的变形板和透镜，掠入射管状镜的曲面形状和研制，同时也深入地对主动光学的理论和应用进行了论述。进一步，阐述了利用施密特概念、各种类型的施密特改正镜、望远镜的主镜和副镜的光学设计，以及通过主动光学方法获得非球面的弹性薄板和中空壳的理论。作者发展的几个新的主动光学方法可获得改正像差的旋转或非旋转对称的光学表面，如变厚度镜子、平非球面和凹圆环面的衍射光栅。此外，阐述了一个弱锥壳的弹性理论，用于掠入射管式望远镜的反射镜的非球面化。

Lemaitre 个人研究的新颖性和独创性，以及其他科学家最重要的工作和成果，都在这本书中作了介绍，将非常有益于未来发展现代望远镜和相关的天文仪器。

下面我以三个 Lemaitre 教授创新的、突出的实例来作为对他和他的书的进一步介绍：

（1）他成功地发展了用主动光学复制技术由平面或球面光栅制造反射非球面衍射光栅的技术，如用它作为反射 Schmidt 系统的光栅-改正镜，那么得到的光谱仪照相机只有两个反射面，这样的设计已用于一些天文台的光谱仪中。Lemaitre 对反射 Schmidt 系统作了深入的研究，他得到如果在入射光瞳平面上中性带（零光焦度带）的投影半径等于入射光瞳半径的 $\sqrt{1.5} \approx 1.22$ 倍，这时视场像差为最小-Lemaitre 条件。

（2）Lemaitre 发明并研制成了达到衍射限的变化曲率的镜面，已经用在欧洲南方天文台（ESO）的甚大望远镜干涉阵（VLTI）中。

（3）三非球面镜 Rumsey 系统有优秀的像质、平的视场并且紧凑的结构，这种系统中第三镜处在主镜的中心，Lemaitre 用一块可变形的特殊的（双花瓶形）镜坯，先将它抛光成球面，然后在望远镜上对这块镜子加力就可得到连在一起的第一镜和第三镜。对一个郁金香形的镜坯在加力下抛光成球面就可得到第二镜。对这样的 Rumsey 系统只要抛光两个球面，第三镜也不需要安装和调整，我们把这样的 Rumsey 系统命名为 Rumsey-Lemaitre 系统。Lemaitre 研制了两个口径 50 cm 的这样的光学系统，像质达到衍射极限，显然这样的系统可以做得更大，它能很好地用于空间巡天。

Lemaitre 教授对中国自主研制的 LAMOST 给予高度好评，并将 LAMOST 照片放在他的 Springer 原著的封面，这次中译本也将同样的照片放在封面。中国在主动光学方面也做出了创造性的突出成就。在观测的每一瞬间 LAMOST 都是一架反射 Schmidt 望远镜，但不同的瞬间却是不同的反射 Schmidt 望远镜，它的入射角和改正镜面形是不同的，这样的望远镜是前所未有的。LAMOST 的改正镜是拼接镜，每块子镜又是实时变化形状的，这样的镜面过去也从未有过。此外，中国研制的 500m 直径球面射电望远镜 FAST 观测时每一个瞬间都将当时的 300m 直径的照明区改变为抛物面。LAMOST 和 FAST 是中国天文的两个国家大科学工程，用的都是这样创新的主动光学（参看 Su et al.，SPIE Vol.628，1986，498），LAMOST 和 FAST 都已建成，并取得了许多重要的天文成果。

我相信 Lemaitre 教授的这本书对在大学、天文台、研究所从事天文、光学、光学工程、特别是望远镜研究的教授、专家、工程师和研究生将会非常有价值和帮助。

感谢中国科学院南京天文光学技术研究所、崔向群院士、朱永田所长对出版本书中文版的热情支持。

苏定强

2020 年 12 月 30 日

# Foreword for Chinese Version

Professor Gérard R. Lemaitre is an international famous optical scientist, one of the pioneers of modern active optics. *Astronomical Optics and Elasticity Theory: Active Optics Methods,* by Gérard R. Lemaitre, is a book including an in-depth introduction in theoretical and practical aspects to active optics, optical system, and the matter on combination of optical surface and elastic mechanics. It is a very thorough and complete comprehensive account of what is known, and what is recently discovered in this field. After an extensive introduction to optics and elasticity, the book discusses the surface shapes and development of variable curvature mirrors, single mode deformable mirrors, multimode deformable mirrors, refractive deformable plates and lenses, grazing incidence tubular mirrors, as well as, in depth, active optics, its theory and applications. Further, optical design utilizing the Schmidt concept and various types of Schmidt correctors, primary and secondary telescope mirrors, as well as the elasticity theory of thin plates and hollow shells to obtain associated aspheric surface via active optics methods, are elaborated upon. Several new active optics methods are developed by the author for obtaining aberration corrected optical surfaces of rotational or non-rotational symmetry, such as variable thickness mirrors, diffraction gratings in the plane-aspheric case and in the concave toroid case. Further, a weakly conical shell theory of elasticity is elaborated for the aspherization of grazing incidence tubular telescope mirrors.

The novelty and originality of personal researches by Gérard R. Lemaitre, and most important works and results by other scientists, presented all along several chapters of the book, will highly contribute to future developments of modern telescopes and associated astronomical instrumentations.

Here let me give more introduction to professor Lemaitre and his book in three innovative and prominent examples:

1) He successfully developed reflective aspheric diffraction gratings made by the active optics replication technique from plane or spherical gratings. If used as

grating-corrector in a reflecting Schmidt system, then the camera of the spectrograph is only with two reflecting surfaces. This design has been used in several observatory spectrometers. Lemaitre has done in-depth research work on the reflecting Schmidt system. He had obtained the conclusion that if on the clear aperture plane the radius of projection of the neutral zone (the null power zone) is equal to $\sqrt{1.5} \approx 1.22$ times the radius of the clear aperture, then the field aberrations are minimized-Lemaitre's condition.

2) He also invented variable curvature mirrors providing diffraction-limited shapes and now operating at the Very Large Telescope Interferometer (VLTI) of ESO.

3）The three aspherical mirror Rumsey system has excellent image quality, a flat field and compact construction. In this system, the tertiary mirror located at the center of the primary mirror.  Lemaitre takes a deformable special (a double vase form) substrate polishing it as a spherical surface then the conjoined primary-tertiary can be obtained by in situ stressing in telescope. The secondary mirror can be obtained by polishing a tulip-form substrate as a spherical surface by stress polishing. In such a Rumsey system only two spherical surfaces need to be polished and the install and collimation of the tertiary mirror are avoided. We denominate such a system as Rumsey-Lemaitre system. Lemaitre developed two such optical systems in aperture of 50cm, with image quality reach the diffraction limit. Obviously such a system could be made much larger. It can be well applied to space survey.

LAMOST，it is developed independently by China, has been received high praise by Professor Lemaitre and he put the LAMOST photo on the cover of his Springer original version. Also, we put the same photo on the cover of the Chinese version. China has made a creative and outstanding achievement in active optics also. During observation, in every moment LAMOST is a reflecting Schmidt telescope, but in different moments is a different reflecting Schmidt telescope, since its angle of incidence and the shape of the reflecting correcting mirror is different, so this type of the telescope is unprecedented. Correcting mirror of the LAMOST is a segmented mirror, and each sub-mirror is in real-time changing its shape, this deformable segmented mirror has never been existed in the past. Furthermore, during observation, China's 500m diameter spherical radio telescope FAST in every moment the temporal 300m diameter illuminated area will be changed to paraboloid. LAMOST and FAST are two of Chinese national large scientific engineering projects in astronomy, both used such an innovative active optics (see Su et al., SPIE Vol. 628, 1986, 498). The LAMOST and FAST have been successfully built, and obtained many important astronomical achievements.

I believe that professor Lemaitre's book will be of very valuable and helpful to the professors, experts, engineers and graduate students who are engaged in astronomy, optics, optical engineering, especially telescope research in university, astronomical observatory and research institutes.

Thank Nanjing Institute of Astronomical Optics and Technology (NIAOT) of Chinese Academy of Sciences, and Academician Xiangqun Cui, Director Yongtian Zhu, for their enthusiastic support for publication of this book in Chinese version.

Ding-qiang Su

2020/12/30

# 译 者 序

受苏定强院士和崔向群院士委托，我们接受了这本《天文光学和弹性理论——主动光学方法》的翻译。

这是一本论述现代天文光学和主动光学理论的书，本书详尽地叙述了有关天文光学特别是近代主动光学的基础理论，并就主动光学技术在望远镜镜面加工以及实际观测中的应用进行了详尽的描述，覆盖了主动光学在天文望远镜应用中的方方面面，可作为有关科技工作者和博士研究生的阅读材料。

本书的出版问世要感谢中国科学院国家天文台南京天文光学技术研究所和法国 Aix Marseille University（AMU）的资助。

本书由姚正秋译第 1～5 章，左恒译第 6～10 章，袁祥岩研究员、王国民研究员为本书做了校核，林素老师也为本书的出版校对做了大量工作，我们对他们表示十分感谢。

胡天柱、徐彪、潘秀山、李军、武亚博、傅莹、何鑫等研究生对此书的翻译做了大量工作，在此特向他们表示衷心感谢！

由于我们感到本书中有些英文名词在中文中用简明表述比较困难，故为尽量忠实于原书作者表达，其中少数名词第一次在本书出现时用书中原有的英文表述注释在中文后，关于名词的详细解释见附录。

# 原　书　序

　　为这本由我的好朋友兼同事 Gérard Lemaitre 教授写的专业书籍作序，我十分自豪、十分开心。但是我几乎没有看这本书的手稿，所以我的序言大多基于我对 Lemaitre 平时工作的了解和我们之间多年的友谊。

　　第一位将"压力抛光"应用于天文学的是伟大的光学专家 Bernhard Schmidt，据报道在 1932 年为了他新发明的施密特相机，他提出了一种施密特平板的加工技术。但是他提出的方法直到 1972 年 Lemaitre 的工作才有了新的理论进展。Lemaitre 也因为压力抛光的完整理论和实际应用成为一位世界知名的学者。关于他的理论在我写的书 *Reflecting Telescope Optics Ⅱ* 中第 23～27 页有简要的叙述。他不止在经典的球差领域有很多重要工作，在校正像散，彗差及其他像差理论方面也做了很多的工作，包括在卡塞格林望远镜副镜上的应用。在 1989 年，我建议把相同的消像差方法应用在主镜上，因为通过主动光学校正技术可以降低对主镜的加工精度要求。在此应用中，可以把压力抛光看作是完整的主动光学技术首次用于光学加工中的重要一步。

　　近些年，Lemaitre 把他的技术扩展到了可变焦距（光焦度）的系统，并在欧南台的 4 台 8.2m 甚大望远镜（VLT）这样复杂的光学系统中得到了重要的应用。其中甚大望远镜干涉阵（VLTI）的干涉模式就是基于这种应用，而是通过可变曲率镜不仅局限于轴上面，可在产生干涉图像的整个视场上实现校正。

　　Lemaitre 教授的书对这些技术的发展进行了全面详细的介绍，对光学加工重要分支学科有非常大的价值。因为它的主要应用在天文光学上，所以我很高兴支持这本书和我自己的 *Reflecting Telescope Optics I and II* 这本书一样，由 Springer Verlag 出版在天文与天体物理图书系列中。我相信这本书会成为一本很有价值的被广泛认可的权威书籍。

Rohrbach                                                                    R. N. Wilson

# 原 书 前 言

　　《天文光学和弹性理论——主动光学方法》可作为主动光学方法的教材和基本参考书。最早的主动光学是在施密特（Bernhard Schmidt）的概念基础上于1960年发展起来的，主要阐述其在天文领域的应用。这些方法可通过高度连续的过程将球面变成所需的非球面，也可以校正望远镜镜面之间的倾斜和偏心误差，通过曲率变化控制焦点位置等，从而达到衍射极限性能。近年来，望远镜的尺寸显著增大，对望远镜误差和大气引起退化的主动像质校正以及具有近乎完美的量子效率的探测器的出现，推动了观测天文学的显著进步，目前这些大型望远镜在运行中都采用主动光学技术。

　　本书的第 1 章介绍光学设计和弹性理论。我认为通过简要的历史回顾介绍这两个主题很有帮助。后面的大多数章节都专门介绍轴对称非球面镜以及非轴对称镜的生成。研究主动光学方法用于焦点校正以及三级和更高级像差校正。光学像差模式属于我所称之为 Clebsch-Seidel 模式的子集，可用弹性变形方法叠加校正。这种像差校正模式是由多模式变形镜产生的。根据镜面厚度是等厚的还是可变厚度的，各种主动镜面结构都会讨论到，比如郁金香形的、摆线形的、花瓶形的、弯月形的和双花瓶形的等结构。有两章专门介绍采用施密特概念的光学设计；一章包括我在 1985 年对球面镜反射的轴向波前进行的高阶分析，采用折射、反射或衍射改正板情况下的系统分辨本领，以及每种设计类型的最佳改正板形状；另一章针对折反射或全反射望远镜类型以及非球面光栅光谱仪，研究了改正元件的主动光学非球面化方法。关于大型镜面支撑系统的另一章介绍了如何将重力变形最小化以及大型望远镜的实时主动光学控制。有简短的一章是关于薄透镜在受到均匀载荷弯曲时的变形；这对于通过主动光学方法产生消球差单透镜是很有用的。对于各种双镜设计，特别是对于严格满足正弦条件的一对镜面，掠入射 X 射线望远镜也可以极大地受益于无纹波效应的主动光学非球面过程；在一个专门的章节中提出了一种弱圆锥壳理论，通过纯拉伸（或压缩）来获得反射镜的非球面。

　　本书为求解反射镜厚度几何形状和相关的载荷配置提供了基础，可在实际条件下生成一个或多个固定的表面光学模式。计算模拟是将分析理论和实验联系起来的一门科学，是针对各种平衡力集准确地求解固体变形的最终方法。在主动光学镜面的最后设计阶段，对三维变形的有限元分析可以优化其厚度几何形状，以获得所需的镜面面形。但是，使用此类分析进行几何优化必须要求用户具有足够的弹性理论知识，以及通过第一近似理论得到初步解析解。基于此理论的初步解析是很有必要的，也是本书的目的，因为通常可以使用多种方法来生成给定的表面类型，例如针对可变曲率反射镜面就有不同的解决方案。

Erik Reissner 在1946年提出的完美的轴对称扁壳理论是弹性理论中最伟大的分析成果之一。在轴对称挠曲情况下，此理论可用于快焦比镜面的非球面化。另外，施加朝向所需挠曲的收敛迭代矢量，可以确定弯月形、花瓶形和封闭形式的镜面壳体的厚度分布。该方法已被证明足够准确，用有限元分析不需要较大的校正。马赛天文台光学实验室（LOOM）对望远镜镜的主镜和副镜进行了主动光学非球面化。直接根据 Reissner 理论设计的所有轴对称反射镜的应力成形或实时应力变形的面形结果（例如此处介绍的改进型 Rumsey 消像散望远镜）表明，轴向波前校正误差在常规衍射极限标准之内。

感谢 M.Ferrari 先生在第 2 章中所做的贡献，感谢 J.Caplan，S.Mazzanti 和 K.Dohlen 对本书中若干观点进行的富有成效的讨论，感谢光学工程师 P.Montiel，G.Moreaux 和 P.Lanzoni 对本书所述内容的积极启发，也感谢 P.Joulie 和 P.Lanzoni 为本书准备的插图。

G.R.Lemaitre

马赛，2008 年 10 月

# 本书符号表

## 光学符号

| | |
|---|---|
| $x$, $y$, $z$ | 直角坐标 |
| $\rho$, $\theta$, $z$ | 圆柱坐标 |
| $\lambda$ | 单色光波长 |
| $v$ | 单色光频率 |
| $D$ | 通光口径 |
| $r_m$ | 通光口径半径 |
| $f$, $f'$ | 像方和物方焦距 |
| $\Omega$ | 焦比, $f$ 数 |
| $n$, $n'$, $N$ | 介质折射率 |
| $i$, $i'$ | 共轭入射角和出射角 |
| $R$ | 对称光学表面曲率半径 |
| $c$ | 对称光学表面曲率/真空光速 |
| $c_x$, $c_y$ | 光学表面的主曲率 |
| $C_P$ | 佩茨瓦尔曲率 |
| $\kappa$ | 二次光学曲面的圆锥常数 |
| $u$, $u'$ | 共轭孔径角 |
| $\eta$, $\eta'$ | 共轭光线高度 |
| $\bar{\eta}$ | 归一化光线高度 |
| $\varphi$ | 视场角 |
| $\varphi_{\max}$ | 最大视场角 |
| $z$, $z'$ | 通常的物像共轭距离 |
| $\zeta$, $\zeta'$ | 牛顿物像共轭距离 |
| $M$ | 横向放大率 |
| $K$ | 光焦度 |
| $H$ | 拉格朗日不变量 |
| $E$ | 集光率不变量 |
| $T$ | 远摄效应 |
| $W_{[4]}$ | 三级像差理论的波前函数 |
| $\rho$, $\theta$, $\bar{\eta}$ | 波前像差函数的归一化半径、方位角和像高 |
| $S_{\mathrm{I}} \sim S_{\mathrm{V}}$ | 三级理论的 5 个赛德尔系数 |
| $z_{n.m}(\rho, \theta)$ | 光学表面或波前模式的圆柱坐标表达方式 |
| $Z$, $Z_{\mathrm{Opt}}$ | 主动光学叠加定律中的光学表面或波前模式的表达方式 |
| $\omega$ | 波传播的角频率 |
| $k$ | 波数 |
| $S$ | 斯特列尔比 |

## 弹性力学符号

| | |
|---|---|
| $x$，$y$，$z$ | 直角坐标 |
| $\rho$，$\theta$，$z$ | 圆柱坐标 |
| $t$ | 板或壳厚度 |
| $\mathcal{T}$ | 无量纲厚度 |
| $q$ | 均匀载荷 |
| $F$ | 点作用力 |
| $\mu$ | 单位体积重量 |
| $g$ | 重力加速度 |
| $I$ | 梁绕垂直转轴的惯性矩 |
| $I_p$ | 梁绕自身轴的惯性矩 |
| $E$ | 杨氏模量 |
| $\nu$ | 泊松比 |
| $G$ | 剪切模量 |
| $K$ | 各向同性弹性模量 |
| $D$ | 挠曲刚度 |
| $R$ | 轴对称挠曲的曲率半径 |
| $R_x$，$R_y$ | 挠曲表面的主曲率半径 |
| $\varepsilon_{xx}$，$\varepsilon_{yy}$，$\varepsilon_{zz}$ | 直角坐标系中的垂直应变分量 |
| $\varepsilon_{yz}$，$\varepsilon_{zx}$，$\varepsilon_{xy}$ | 直角坐标系中的剪切应变分量 |
| $\sigma_{xx}$，$\sigma_{yy}$，$\sigma_{zz}$ | 直角坐标系中的垂直应力分量 |
| $\sigma_{yz}$，$\sigma_{zx}$，$\sigma_{xy}$ | 直角坐标系中的剪切应力分量 |
| $u$，$v$，$w$ | 直角坐标系中位移向量分量 |
| $M_x$，$M_y$ | 板截面上垂直于 $x$，$y$ 轴的单位长度的弯矩 |
| $M_{xy}$ | 板截面上垂直于 $x$ 轴的单位长度的扭矩 |
| $Q_x$，$Q_y$ | 板截面上垂直于 $x$，$y$ 轴的单位长度的剪切力 |
| $V_x$，$V_y$ | 板截面上垂直于 $x$，$y$ 轴的单位长度的净剪切力 |
| $N_x$，$N_y$ | 板截面上沿 $x$，$y$ 轴的单位长度的正拉压力 |
| $\varepsilon_{rr}$，$\varepsilon_{tt}$，$\varepsilon_{zz}$ | 圆柱坐标系中的垂直应变分量 |
| $\varepsilon_{tz}$，$\varepsilon_{zr}$，$\varepsilon_{rt}$ | 圆柱坐标系中的剪切应变分量 |
| $\sigma_{rr}$，$\sigma_{tt}$，$\sigma_{zz}$ | 圆柱坐标系中的垂直应力分量 |
| $\sigma_{tz}$，$\sigma_{zr}$，$\sigma_{rt}$ | 圆柱坐标系中的剪切应力分量 |
| $u$，$v$，$w$ | 圆柱坐标系中位移向量分量 |
| $M_r$，$M_t$ | 板截面上垂直于 $r$，$t$ 轴的单位长度的切向和径向弯矩 |
| $M_{rt}$ | 板截面上垂直于 $r$ 轴的单位长度的扭矩 |
| $Q_r$，$Q_t$ | 板截面上垂直于 $r$，$t$ 轴的单位长度的剪切力 |
| $V_r$ | 板截面上垂直于 $r$ 轴的单位长度的净剪力 |
| $N_r$，$N_t$ | 板截面上沿 $r$，$t$ 轴的单位长度的正拉压力 |
| $z$，$Z$，$Z_{\text{Elas}}$ | 主动光学叠加定律中关于 $z$ 轴挠曲的等效表达 |
| $\zeta$ | 关于 $z$ 轴的无量纲挠度 |
| $\mathcal{W}$ | 在圆柱壳体和弱圆锥壳体中关于 $z$ 轴的无量纲挠度 |

# 目　　录

# 第1章　光学和弹性理论的介绍

## 1.1　光学和望远镜——历史介绍

两千多年前的古希腊人首次使用透镜将光束会聚于一点。无球差反射镜的子午截面是圆锥曲线，因为圆锥曲线简单的几何特性，反射光学早于折射光学很多年。然而，奇怪的是第一台望远镜是折射望远镜而不是反射望远镜。

古希腊人很早就知道一些几何学性质不能够仅靠直尺和圆规解决。据古老的希腊传说，因为希腊人没有充分地研究几何学，古希腊的神十分的生气。大约在公元前 430 年，一位来自希腊 Delos 的圣人（人们做主要决定前要咨询的人）说如果想要平息上帝的怒火，需要解决三个几何问题，这三个问题分别是角的三等分问题，倍立方问题，化圆为方问题。前两个问题被很快解决，第三个问题困扰了数学家 2300 多年，直到 1882 年 F. Lindeman 阐明 $\pi$ 是一个超越数，因此无法仅靠尺子和圆规解决化圆为方问题。

### 1.1.1　希腊数学家和圆锥曲线论

**Menaechmus**（约公元前 375—公元前 325 年）生活在马其顿和希腊，是亚历山大大帝的导师，归纳了圆锥曲线的概念并发现了许多它们的几何学特性。他通过抛物线：$y = x^2$ 和双曲线：$xy = 2$（笛卡儿坐标系）这两个圆锥曲线的交点测定 $\sqrt[3]{2}$ 解决了著名的倍立方问题（图 1.1）。他怀疑不可能通过传统的方法即仅用尺子和圆规来解决倍方问题，因为几十年以前 **Hippocrates**（公元前 471—公元前 410 年，雅典）通过限制更少的倾斜方法解决了同样困难的角的三等分问题，现在称为标直法。

这种方法包括用旋转一条通过给定交点的长度一定的线段，直到它与两条确定直线相交（参考 **Arnaudies** 和 **Delezoide**[6]）。

在实践中，人们使用两点标记的固定长度的直尺通过一个固定点进行旋转移动来解决角的三等分问题。如图 1.1 所示，被三等分的角是 $xOA$，通过绕 $O$ 点旋转的直尺得到 $MN = 2 \times OA$，另外 $M, N$ 必须在通过 $A$ 点的平行与 $x$ 轴，$y$ 轴的

直线 $x'$，$y'$ 上。这个方法等价于两个圆锥曲线相交法。

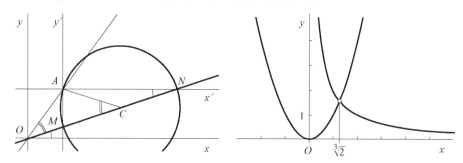

图 1.1　（左图）希腊 Cilos 的 Hippocrates 使用标记直尺法进行了角的三等分。（右图）Menaechmus 大约在公元前 340 年通过两个圆锥曲线相交的方法解决了倍立方问题。圆锥曲线相交方法和标记直尺方法等价

**Aristaeus the Elder**（约公元前 365—公元前 300 年，希腊）写过五本有关圆锥曲线的书，其中一本叫 *Solid Loci*，可惜现在都已经失传。关于他的作品我们只能通过古希腊的最后数学家之一 Pappus（公元 290—350 年，亚历山大里亚）的记载里得到些许了解。

**Euclid**（公元前 325—公元前 265 年，亚历山大里亚）为经典几何学专家，几何学奠基人，著有 13 本几何学书籍，其中最著名的是 *Elements*，在其他领域也有杰出的工作，著有 *Optics*，*Conics* 和 *Surface Loci*。其中 *Optics* 这本书只涉及透视图。Euclid 的 *Conics* 现在已经遗失，但是据 Pappus 作品记载，这本书在 Aristaeus 的作品之上更加全面地讨论了圆锥曲线的特性。

**Apollonius of Perga**（公元前 262—公元前 190 年，生于 Perga，现在的土耳其南海岸城市 Murtana）生活在以弗所和亚历山大里亚。他首先提出了椭圆、双曲线、抛物线这些叫法，一共著有 8 本名为 *Conics* 的书籍，现存 7 本，其中包括了 400 个命题。他用平面和圆锥角的夹角来区分各种圆锥曲线。据 Pappus 记载："Apollonius 一共有 8 本关于圆锥曲线的著作，其中四本是对欧几里得作品的进一步完善"。他还引用了欧几里得在 *Surface Loci* 里关于 *Treasury of Analysis* 圆锥曲线的工作，但却说是自己的圆锥曲线理论是这些问题的经典参考。Pappus 还记载了 **Apollonius** 其他有六项工作的主要内容：切割率、切割面积、斜率（现已丢失）、确定截面、平面轨迹、论边沿构建和接触，但是并未提及它们在光学上的特性。

**Diocles**（约公元前 240—约公元前 180 年，生活在靠近雅典的阿卡狄亚和卡里斯托斯）著有 *On burning mirrors*。Eutocius（公元 480—公元 540 年）介绍过

他创造的不同于 Hippocrates of Chios 的方法，而是基于蔓叶型双曲线解决了角的三等分问题。他的著作直到 1920 才被西方了解，大约 1970 年他的一部作品的完整阿拉伯语译本在伊朗的 Astan Quds 图书馆被发现。首次被 Toomer 和 Rashed[162] 翻译出版，书中显示，Diocles 发现抛物线可以被定义为满足到定点和定直线的距离相等的点的轨迹。Diocles 还是第一个阐明平行光不会被球面反射镜会聚在一点，并且猜测可以被抛物面反射镜会聚到同一点的人。他其他方面的研究成果之一如下：

→大约公元前 200 年，Diocles 发现平行光束通过抛物面反射后消球差的基本光学特性

## 1.1.2　波斯数学家和镜子

公元 641 年亚历山大城被阿拉伯人占领，古希腊文明时代宣告终结。接下来的几个世纪希腊作品被翻译成了阿拉伯语，古希腊文明在波斯的巴格达得到复兴（Rouse Ball[9]）。希腊的代数进展和他们在印度学到的数学知识，例如十进制算法和 Bramaguptas 在 629 年发明的用符号 "0" 表示 "ZERO" 的方法，被波斯人吸收发展。在 820 年 Al-Khwarizmi 出版了他的作品 *Al-jabr wa'l Muqabala*，该作品第一次提到了 "代数学" 一词，并解决了二次方程的正根求解问题（虽然当时符号表示法还没有出现）。大约在 900 年，波斯的几何学家了解到难倒阿基米德和希腊的大量几何学家的难题，正七边形问题，他们在 970 年左右给出了正七边形的做法。在这些大量的贡献中，我们下面将讨论 Alhazen 在光学方面主要的工作。

**Al-Haytham** 在西方被称为 Alhazen（965—1040），在 1008 年出版了包含七本书的 *Treatise on Optics：Kitab ul Manzir*。在书中，他描述了人眼的细节，并解释了每一部分的功能。他首次提出并制作了照相暗盒，观察到倒立的像。他还首次解释了大气折射现象。他不只研究了透镜还对球面反射镜和抛物面反射镜进行研究，并了解到了球差以及 Diocles 曾经发现的抛物面的消球差特性。

**Cuick Ptolemy**（85—165）在他的著作 *Almagest* 里介绍过一个叫做 "Alhazen's problem" 的重要问题：一个以 O 为球心的球面反射镜，有一个点光源 A 和一个给定的点 B，球面上的点 R 满足怎样的特性可以使得光线 AR 反射后经过 B？不考虑 O 点位于 AB 连线上或者在 AB 线的中垂面上，通解是不能使用尺子圆规法解决的。在平面 AOB 上，解是反射镜的圆截面与以 A，B 为焦点的一系列共焦椭圆之中与圆截面相切的椭圆的切点，一般会有两个满足相切条件的椭圆，分别是：

满足纵坐标相等和斜率相等。这样需要去解相切四次方程的二重根。Alhazen 用有记号的直尺解决了这个问题[6]。惠更斯之后使用相交圆锥曲线的方法同样给出了这个问题的解。通过圆和双曲线的交点去构造 $R$ 点，如图 1.2。

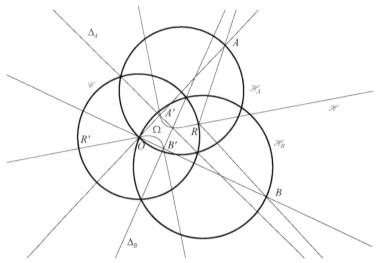

图 1.2　Al-Haytham's 问题（海瑟姆问题）：给定两个点 $A$，$B$ 以及以 $O$ 为中心的球面镜，怎样找到球面镜上的 $R$ 点，使得光线 $AR$ 通过球面镜的反射后通过 $B$ 点？平面 $AOB$ 与球面镜的相交为圆 $\mathscr{C}$，构造以 $OA$，$OB$ 为直径的圆，$\Delta_A$，$\Delta_B$ 分别与直径相交于 $A'$，$B'$。过 $O$，$A'$，$B'$ 有且仅可以做出一条以 $A'$，$B'$中点$\Omega$ 为中心的双曲线 $\mathscr{H}$，并且这条双曲线的渐近线为 $OA$ 和 $OB$ 形成的夹角的等分线。线 $\mathscr{C}$ 和 $\mathscr{H}$上的四个点，其中 $R$ 和 $R'$ 分别为凸面反射镜和凹面反射镜情况下的 Al-Haytham's 问题的解（Arnaudiès &Delozoide[6]）

**Al-Haytham** 注意到如果点光源在无穷远处，则它通过以 $R$ 为半径的球面反射镜成的像将在离反射镜面前等于或者略大于 $R/2$ 处：这个长度就是反射镜的焦距。在其他的例子中，一个放在有限距离处的点光源，他仍然可以给出光通过凹面镜的反射所成的像的位置：这个位置就是光源的共轭距离。

→虽然缺乏符号表示法，但是大约在公元 1000 年，波斯人已经知道怎样去计算共轭距离。这也许可以被认为是高斯光学的序幕。

**Al-Haytham** 致力于卓越的技术发展，例如制造钢、铁和银合金、纯银制的镜子，但其他尝试制作的人一样没能获得高精度的球面。他也对车床的研制提出过建议。

西方人了解这些作品大多来源于阿拉伯人统治下的西班牙而不是直接从波斯人手中，这些作品被 Adelard，Gherard 等翻译为拉丁语，在 1150 年后传到欧洲，也包括他们祖先希腊人的作品。这个时期，大多数欧洲古老的大学已经建成，有利于吸收学习这个文化遗传，并在文艺复兴时期得到了巨大的发展。

### 1.1.3　欧洲文艺复兴的结束和望远镜的诞生

吹制的玻璃制品起源于大概公元前 200 年的腓尼基、叙利亚和埃及境内，比非吹制的玻璃制品出现得更早。那些透明材料的放大效果在古董铺中被发现。吹制玻璃制品的技术被罗马广泛传播，并在公元 1000 年之前传到了威尼斯。公元 1300 年之前第一片透镜作为老花镜出现在意大利，因为使用手持放大镜克服老花眼妨碍写字；之后追述到 1450 年左右出现发散光眼镜用于校正近视眼。在 1400 年到 1600 年的文艺复兴时期，一个靠近威尼斯叫 Murano 的小岛因生产水晶和玻璃制品而繁荣一时。1300 左右，Murano 岛的烧制玻璃的炉子和高效的鼓风机被建造起来，已经可以生产瓶子、水容器、吊灯、彩色花瓶和其他装饰品。到了 1550 年，Murano 已经可以很容易地生产出用于校正人眼瑕疵的凹透镜和凸透镜了。Digges 在他的作品 *Pantometrie*（1571）和 Della Porta 在他的作品 *Magia Naturalis*（1589）里都提到了将凸透镜和凹透镜分开一定的距离可以使得物体被放大。这种装置就是原始的望远镜，他们被叫做"单筒放大镜"（有些时候也被称为小望远镜）。

历史上著名的单筒放大镜被记录在 Danjon，Couder[44] 和 King[85] 等的著作中，里面还介绍了早期望远镜的发展。1608 年到 1609 年间，荷兰的单筒放大镜的研制，主要受益于意大利的精密玻璃加工和透镜抛光技术的进步。

由于技术原因，难以制作高精度的金属反射镜，所以第一架望远镜不是反射望远镜。折射望远镜由伽利略通过单筒放大镜改造而来。望远镜的发展详见 Riekher[132] 和 Wilson[170] 的书。望远镜发展的主要里程碑将在下面简要叙述。

### 1.1.4　折射望远镜

**Galileo Galilei**（1564—1642）1609 年从法国得到消息称，荷兰的 Lippershey 制作出了单筒放大镜。这个装置把一片凸透镜放在第一个镜筒的前端，然后把一个凹透镜放在可以滑动的镜筒上，这个装置是眼镜店就可以买到的眼镜片的一次巧合的使用，因此它只可以把远处的物体放大两到三倍。它看着就像我们古老的双筒望远镜的一半，完全不能用于观察星空。大约 1 个月后，伽利略完全弄懂了它的原理，将它转变成了望远镜，然后建造了三架望远镜，就是非常有名的望远镜1，2，3号[①]。1610年，他使用望远镜3号，发现了木星的卫星、金星的相变、太阳的旋转（从公元前28年中国就有了通过肉眼及原始暗盒观测到太阳黑子的记录，在稍晚的波斯也有记录）。

通过粗糙的单筒放大镜，伽利略发现了用两个透镜构造大放大倍数的望远镜的光路原理。伽利略无可否认是望远镜的发明人，通过使用一个平凸透镜作为物镜和各式各样的凹透镜作为目镜，他得到了一个有高放大率、大光束压缩的无焦系统。第二个需要解决的困难是去磨制高精密透镜以获得高的放大倍数（图1.3）。

很突出的特点是伽利略的全部物镜都是平凸透镜，为了得到更大焦距，他极可能是自己动手将买来的等凸透镜磨成高精度的平凸透镜。这在他仅存的3号望远镜物镜上可以体现出来。其显示了同一侧的两个同轴表面：平坦或准平坦的中心区域，其限定了被无用凸面围绕的通光孔径。

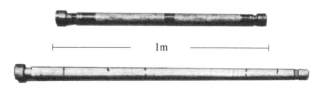

1m

图1.3 伽利略制作的第一台望远镜（上面的图）。长980mm，21倍放大率，有效口径约16mm，数值孔径为61。下面的图为望远镜二号，长1360mm，14倍放大率，有效口径约26mm，数值孔径为51（科学历史博物馆和学院，佛罗伦萨）

伽利略为了得到20倍放大率的望远镜，他需要焦距超过47mm的凹透镜，他必须自己去制作这样的透镜因为眼镜店里没有焦距这么长的近视镜。虽然它的无焦系统是为了看无穷远的物体，他为了在眼睛的近点观察天空的像，他把凹透镜稍微向物的方向移动了一点。伽利略的母亲发现通过销售透镜有利可图。使用干涉仪对保存在弗罗伦萨科学博物馆的伽利略望远镜进行精度检测，发现出射波前可以在一个单色波长达到"衍射极限"。然而伽利略并没有体验到这种赞美。

伽利略在 *Sidereus Nuncius*（1610）上发表了他使用望远镜三号得到的发现，望远镜三号第一个透镜焦距 $f_1$=1650mm，相对孔径 $f_1/D$=～50。在文章中声称使

---

[①] 天文学家普遍认为由 Giambattista della Porta（1535—1615）大约在1580年在 Murano 制作了第一台单筒望远镜。当他在私人信件中以及在 Magia Naturalis 书中，详细地描述了制作方法，Lippershey 作为荷兰作者之一复制了一个一英尺长的意大利模型，并且他没有获得专利信（参考 Danjon 和 Couder [1.4]，p. 589 to 601）。然而可惜的是，他们都没能制作出放大率足够大得可以称为望远镜的单筒放大镜。

用的望远镜放大率接近 30 倍，并称物镜可以使用凹反光镜代替。①

**Johannes Kepler**（1571—1630）在他 1604 年的作品 *Ad Vitellionem Paralipomena* 中提到了术语"焦点"一词。他首次给出了给定焦距的透镜的共轭距离关系。他发现人类的视网膜上成倒立的像。在 1611 年的 *Dioptric* 上他提出望远镜的放大倍率取决于两个透镜的焦距比。他还描述过一个使用凸透镜为目镜的折射望远镜，但是他并未用过一台这样的望远镜，第一个使用正透镜作为目镜的是 C. Scheiner，之后 1646 年被 F. Fontana 制作，但是这种结构的望远镜还是被叫做开普勒望远镜。

**Willebrord Snell**（1580—1626）在实验中发现了正弦折射定律。他于 1626 年过世前未发表他的发现。折射定律首次出现在笛卡儿的作品 *Dioptrique*（1637）中，且未提及斯涅尔，但斯涅尔曾经和包括笛卡儿在内的几个人私下提过折射定律（参考 Born 和 Wolf[17]）。

**René Descartes**（1595—1650）建立了解析几何，然后使用它详细研究了消球差曲线的理论，并同时引入了我们熟悉的标准符号。通过 Diocles（参考 Toomer[162]）我们知道了抛物面，可能通过 Pappus 知道了椭球面和双曲面，这些二次曲面才能对轴上点成完善像。

在 *La Géométrie*（1637）一书中笛卡儿介绍了可以消除球差，在轴上完美成像的非球面镜的完整理论。书中还给出了反射镜消球差校正曲面方程和透镜组有限或者无限的共轭距离的方程。对于反光镜，消球差二次曲面的子午截面是一个二次曲线。对于透镜，解析几何使他可以构造出消球差卵形线（参考第 9 章），它的子午截面叫做笛卡儿卵形，是一个四次曲线。

使用古希腊几何学的方法，笛卡儿使用有刻度的直尺和绳子构建了著名的笛卡儿卵形（参考 Arnaudiès 和 Delozoide[6]），如图 1.4 所示，点光源通过折射面，成像在共轭点。所有消球差透镜的可能形状，用中心位于物点或像点的一个球面设计，在 *La Dioptrique*[45]的 *Discours de la Méthode* 一书中有记录。

笛卡儿的消球差表面理论，直到两个世纪后佩茨瓦尔（Petzval，1843）和赛德尔（Seidel，1856）建立了完整的视场像差理论，才有了进一步的发展。

---

① 几年后，N. Peiresc 使用伽利略折射望远镜观察了月亮，在 P. Gassendi 和著名雕刻家 C. Mellan 的帮助下开始描绘月亮；在月亮上经度约 8°（非圆轨道）和纬度 6°（倾斜旋转轴）位置，他发现了相对月震，并且画下了三张月亮地图。他是少有的在教廷版日心说有罪时捍卫伽利略，支持哥白尼的作品 *De Revolutionibus Orbium Coelestium* 以及反对将布鲁诺绑在柱子上烧死的科学家。

图 1.4　笛卡儿卵形体：考虑在一个折射率为 1 的均匀介质点光源 $F$，在折射率为 $n$ 的介质中的共轭点为 $G$，折射面消球差镜面满足 $FC+nCG=$ 常数。保证 $ECKCG$ 绷直，并且与以 $F$ 为中心旋转的 $FE$ 直尺相切的点 $C$ 的轨迹就是笛卡儿卵形体

**Christiaan Huygens**（1629—1695）意识到大气视宁度的重要性，在 1655 年制作了口径 5.7cm、焦距 4m 的折射望远镜（物镜焦比为 70），他使用这个望远镜发现了土卫六。折射镜进一步地被 Hevelius，Cassini 和其他人进一步发展。在 1686 年 Christiaan Huygens 建造了几个叫 "aerials" 的折射望远镜，光路是不封闭的，拥有 22cm 口径，70m 焦距（物镜的焦比达 300）。另外一个例子是焦比约为 500 的物镜，坐落于马赛天文台，1700 年左右使用。

1609 年到 1740 年间，单透镜朝着更慢的焦比发展，不需要非球面校正，但是遭受了巨大的色差，而且主要是轴向色差。

轴向色差使焦距随着波长一阶改变。进一步减小焦比并不是减小像斑大小的好方法：如此长的焦距以至于人眼由于没有足够的灵敏度和积分时间去看到任何图像。

1620 年古老的一氧化铅玻璃被一家英国的玻璃公司重新使用。1675 标准的生产流程被 Ravenscroft 制定。这种材料被叫做英国水晶或者 light flint（LF）玻璃，用于制作白色明亮的石英水晶，并且容易使用封闭坩埚合成。它对黄色氮光的折射率 $n_d = 1.58$，而不是折射率为 1.52 的冕牌（K）和 硼硅酸盐（BK）玻璃。

**Chester Moor Hall** 1728 年发明了使用一个火石玻璃负透镜和一个冕牌玻璃正透镜构成物镜消除轴向色差的方法。首先，使用火石玻璃棱镜和冕牌玻璃棱镜实验，他仔细测量了平均偏向角和平均色散角。然后为了达到最小颜色色散，他确定一对棱镜的棱镜角比率。对于一对透镜对，Hall 表示如果对于任意轴向高度都满足局部棱镜角比率相等，就可以消除色差。定义两个透镜的光焦度分别为

$K_1$，$K_2$，两种玻璃的色散本领分别为 $\delta n_1/(n_1-1)$，$\delta n_2/(n_2-1)$，则 Hall 发现的消色散条件需要满足 $K_1 \delta n_1/(n_1-1) + K_2 \delta n_2/(n_2-1) = 0$。1733 年，Hall 为 3.5cm 口径望远镜设计好一对透镜后，将两个透镜分别找人加工，结果与他的理论一致。

他的理论被 Peter Dollond(著名的仪器和透镜制造商)了解后，他的儿子 John 获得了 Dollond 关于双胶合透镜消色散的专利[85]（其实是 Hall 的成果）。他还证实了火石玻璃和冕牌玻璃的色散本领 $\delta n/(n_d-1)$ 不同。这揭示了牛顿的一个错误认知，即所有玻璃的色散本领是相同的，草率地认为无法消色差。L. 欧拉在 1742 的和 S. Klingenstierna 在之后的论文中确认了这个错误。Hall 在建立初级消色差理论中促进了折射望远镜的重要发展。

**Alexis Clairaut**（1713—1765）1756 年到 1762 年期间详细说明了消色差双胶合透镜的理论。他更精确地重复了 Hall 和 P. Dollond 测量的冕玻璃和火石玻璃的折射率，认为双胶合透镜不能完全校正色差，因为存在残差（现在叫做二级光谱）。在皇家科学院的早期回忆录中[32]，Clairaut 讨论了第一块是冕玻璃的消色差透镜。在这种情况下，他认为冕玻璃凸透镜消色差必须要与火石凹透镜恰好相反，这可以通过持续的匹配实现（有更大或更小的球差）。组合透镜具有正的光焦度，对两个不同波长焦距相同。

在第二部回忆录中，他研究了各种形状的消色差透镜，并发现了第二种解决方案，用一个负的火石透镜作为第一个透镜。研究这两个方法，并通过改变透镜的平均曲率，在法语中叫做 *cambrure*，他推导出了无球面像差与消色差透镜的关系。用 $c_1$，$c_2$ 表示第一个透镜的表面曲率，用 $c_3$，$c_4$ 表示第二个透镜的曲率，Clairaut 引入了两个内表面相等的曲率 $c_2 = c_3$。在无数的解决方案中，这一特定的解决方案被称为 Clairaut 的等曲率条件，使表面加工的工具量最少（从而也使得后面出现效率更高的胶合透镜）。$c_2 = c_3$ 这个特殊的解与其他有四个不同的曲率的解比较不足之处在于，其他的解除了球面像差校正外，还可以校正（离轴的）彗差。

在 1762 年的第三本回忆录中，Clairaut 研究了视场成像，并注意到焦点处的图像不对称像差（彗差和像散）并且没有全部成像在平面上（场曲）。在一个图中，他展示了一个通过三角法光线追迹的离轴模糊图像。最后，他推导出了两个同时成立的代数方程，为了可校正球差和彗差的非胶合色散差透镜。这是由 Clairaut 和之后的 J. D'Alembert 解决的三级像差理论中的 Clairaut 齐明条件。之后，A.E. Conrady 提出了等效的图解法：考虑笛卡儿坐标中的 $(c_2, c_3)$，冕玻璃正透镜作为第一个元件，Clairaut's 条件被双曲线的两个分支表示，$(c_3-b)^2/B^2 - (c_2+a)^2/A^2 = 1$ 表示零球差，直线表示零彗差。对应代表两个交点的解中，对

Schott 的玻璃对组合 BK7-F2，只有曲率为 $c_3 = 0.987c_2$ 的解都是负数，对齐明物镜的设计有用；第二是两个半月型透镜满足曲率 $c_3 = 2.520c_2$ 且都是正的（图 1.5 左图）。

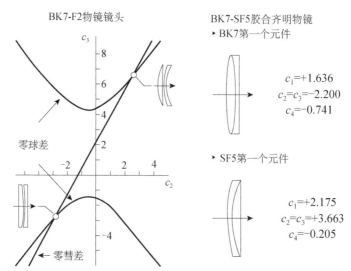

BK7-F2物镜镜头

$c_3$
8
6
4
2
零球差
−2    2    4
$c_2$
−2
−4
←零彗差

BK7-SF5胶合齐明物镜
‣ BK7第一个元件

$c_1 = +1.636$
$c_2 = c_3 = -2.200$
$c_4 = -0.741$

‣ SF5第一个元件

$c_1 = +2.175$
$c_2 = c_3 = +3.663$
$c_4 = -0.205$

图 1.5  双透镜镜头对无穷远处的物体在光谱范围[$\lambda_C$ =486 nm；$\lambda_F$ =656 nm]，蓝色和红色氢线和 $\lambda_d$ =587 nm 黄色的氦线进行消色差。以第一表面入瞳的 $\sqrt{3}/2$ 的光线高度定义焦点的 Kerber's 条件优化。有效焦距 $f'$ =1。焦比等于 $f$/16。图中的曲率是夸大显示的。左图：Clairaut's 代数条件，像 A.E. Conrady 后来提出的那样，生成一类图表，双曲线上表示 Sphe3 = 0，直线表示 Coma3 = 0，作为空气间隙的双薄透镜（例如 Szulc[152]）。交叉点给出两个以冕玻璃透镜作为第一快透镜的齐明透镜；肖特玻璃的 BK7-F2，有 $c_2$=−2.813，$c_3$=−2.777 和 $c_2$=2.631，$c_3$=6.636。也有两种以火石玻璃透镜作为第一透镜的齐明透镜方案。右图：Clairaut-Mossotti 齐明透镜又叫胶合齐明透镜。随着玻璃材料发展，如肖特 SF5 和其他玻璃，可以通过 $c_2$=$c_3$ 的两个元件胶合的方法避免一半的反射光；然而这样的方法只对小口径的镜头适用；另外它们可以减小二级光谱。BK7-SF5 胶合透镜在 1°的视场角的条件下，可以提供 2″的分辨率，比 CaF2-KZFSN4 透镜好上两倍（图 1.5-左）

用一个火石玻璃凹透镜作为第一个透镜，可以得到其他两个相似的解。

关于 Clairaut 的光学工作的详细的历史记录，以及齐明透镜的代数学条件的几何学表示，是由 J.A. Church 给出的[31]①。

**Joseph Fraunhofer**（1787—1826）研究了光的光栅衍射，1823 年发表了他

① Clairaut 的光学研究成果在现代文献表述中仍然有错误的地方。例如，H.C. King 的《望远镜历史》[85] 一书在 157 页是非常不准确的表述，我们可以看到："Clairaut 设法将像散和场曲降低到合理的范围内，但他对彗差无能为力，并认为它是双透镜组合不可挽回的缺点……"，这完全是错误的，因为他为薄消色差齐明透镜建立代数条件；此外，Clairaut 和 D'Alembert 正确认识到，在望远镜的狭窄视场中，像散和场曲不太严重。

的衍射理论，奠定了光谱学的基础。在 1752 年，通过将金属或盐放入火焰中产生的光谱，第一个谱线被 T. Melvill 观察到。每一个化学元素和一系列光谱线相对应。Fraunhofer 研究了最初由 Wollaston（1802）观测到的太阳吸收谱线，并确定了氢、氦、氧、钠、镁、铁和钙等金属的最亮谱线的波长。氦的黄色 d 谱线波长 587.561nm，蓝色的 $H_\beta$ 和红色的 $H_\alpha$ 氢线波长（即 F 线 486.132nm 和 C 线 656.272 nm）主要用于表征折射率 $n_d$ 和相关色散系数 $v_d = (n_d - 1) / (n_F - n_C)$，有时称为光学材料的 V 数。Fraunhofer 在光谱线方面的工作使得双胶合透镜在消色差精度方面取得了巨大重要进步。

然后，在理论上没有明显使用 Clairaut 的代数结果的情况下，包括精确修正彗差，像 d'Alembert 在 1764 年和 1767 年重新推导该理论那样，Fraunhofer 通过连续迭代的三角光线追迹设计了消色差双胶合透镜。这使他可以制作一个完美削减彗差的透镜，尽管不能完全消除。[①]

**Ottaviano Mossotti**（1791—1863）为 Pisa 大学的测地学教授，在 1853—1859 年期间详细阐明了双胶合齐明透镜理论。我们用 $n \equiv n_d$ 表示玻璃的折射率，$v \equiv v_d$ 表示玻璃的相关色散系数，$K$ 表示该玻璃透镜的光焦度，所以这样两个不同玻璃的透镜可用（$K_1$, $v_1$）和（$K_2$, $v_2$）表征。在高斯光学中，霍尔消色差条件 $K_1 / v_1 + K_2 / v_2 = 0$ 意味着生成的焦距对于波长 $\lambda_F$ 和 $\lambda_C$ 是完全相同的，而有效焦距稍微不同，因为它是针对波长 $\lambda_d$ 的。

考虑赛德尔像差理论（1856 年）和满足 Clairaut 的等内侧曲率 $C_2 = C_3$ 条件的双透镜，1857 年 Mossotti[110–112] 推出了特定的玻璃对 $n_1$, $v_1$ 和 $n_2$, $v_2$，它们提供了齐明胶合透镜：Clairaut-Mossotti 消色差透镜可以校正轴向色差、球差和彗差。

这促使他迭代求解关于两个透镜的光焦度比值 $K_2/K_1$ 的五阶方程，称为 *Mossotti* 方程。这些方程总是有三个实根，当 $n_2 \rightarrow n_1$，只有根 $K_2/K_1 \rightarrow -1$ 具有实际意义（参见 Chrétien[29] 书中第 442 节的格栅曲线）。对于任何情况，只要有合适的玻璃对，无论火石玻璃还是冕牌玻璃放在玻璃对的前面都可以得出解决方案，虽然这种情况在此期间事实上并不存在。这些结果促使 H. Harting[72] 给出了多次制作的表格，给出了胶合消色差齐明透镜在不同玻璃对组合时（不同的折射率和色

---

①　关于大琅禾费（Fraunhofer）消色差透镜所获得的一些天文学成果，我们必须提到 Köonigsberg 太阳仪这个著名的仪器，贝塞尔使用它发现并测量了第一颗恒星天鹅座 61 的视差。在发表他的像差理论（1856 年）后，赛德尔注意到彗差已被部分纠正，并写道"这个目标完全满足大琅禾费条件"，其实没有大琅禾费条件，因为他采用的是三角光线迹迭代法。

赛德尔的这种不适当的主张经常被重复，导致在过去和现在的文献中产生许多混淆。事实上，这个条件是赛德尔总和 $C_{\parallel} = 0$（隐含在 Clairault 的代数公式中），并且只能在大琅禾费透镜中近似满足。

散本领）的三种计算曲率。1900 年后，E.Abe 和同事也获得了类似理论结果。这促进了新型玻璃的制定，也降低了二级像差，尤其是 O.Schott 玻璃。

**Alfred Kerber**（1842—1919，Dresden）于 1886 年改善了双透镜的性能。他表明[84]在上述像差校正之后，在极端波长 $\lambda_C$ 和 $\lambda_F$ 处的色球差是图像残余像差的主要部分，因为两个最小的弥散图像像差变化不位于相同的轴向位置（参见 Chrétien 作品[36]第 367 节）。Kerber 认为这些残差可以被降到最小。由于一阶球差，最小的不清晰环的轴向位置由等于通光孔径 $h_{max}$ 的 $\sqrt{3}/2$ = 0.866 倍的带状光线高度 $h_K$ 定义，Kerber 消色差条件为：

→C-red 和 F-blue 最清晰成像的轴向位置必须重合。这通过通光孔径环带光线高度比 $h_K / h_{max} = \sqrt{3}/2$ 来实现。然后，F 和 C 弥散图像具有相同的尺寸，并且它们的极值半径在半孔径和全孔高度下光线进行像差平衡。

因此，高斯一阶消色差条件 $K_1/v_1 + K_2/v_2 = 0$ 现在被非高斯 Kerber 条件 $K_1/v_1 + K_2/v_2 = K^2\delta z$ 代替，其中 $K = K_1 + K_2$ 并且小的轴向位移 $\delta z$ 被设置使得 C 和 F 弥散图像的重合。该焦点由入射光瞳处（即在物镜的第一个表面）的光学高度 $h_K$ 的带状光线定义。通过自动的光线追迹优化，Kerber 条件的引入为寻找解决方案提供了非常强大的操作手段。Kerber 条件的另一个用途是施密特系统的改正版（参见 4.2.1 节）。

1920 年左右，E.Turrière 和 H.Chrétien[29]介绍了通用名 Clairaut-Mossotti 双胶合透镜，指的是齐明双胶合透镜。

今天光学透镜可以更好地校正二级光谱（图 1.5）。在非高斯条件下消色差，Szulc[152]给出了各种焦比的 Clairaut-Mossotti 齐明镜的历史介绍和分析。①

这些发展主要归功于 Hall、Dollond、Ramsden、欧拉、Clairaut、Fraunhofer、Mossotti、Kerber 以及由 Guinand 和继任者 Mantois、Parra 领导的光学玻璃工厂，为大口径消色差折射望远镜的建造开辟了道路，并在 1900 年前相关研究达到巅峰，分别在波茨坦、巴黎、哈密顿山（Lick）和威廉姆斯湾（Yerkes）建造了 0.8～1m 的望远镜，后面两个望远镜焦比达到 19。有了这些大型望远镜，残余球差（部分归因于铸件的应力残留，导致镜坯中心到边缘的折射率变化）被略微非球面化的表面所消除。然而，大透镜的建造需要的高纯度和均匀性的材料很难获得，并且残余的二级光谱残留不可避免。这严重限制了天文观测的光谱范围，因此即使

①　遗憾的是，在他的分析中，Szulc 没有采用正确的 Kerber 值作为 $h_K / h_{max}$ 带状光线高度比。然而，Szulc 导出非高斯消色差条件 $K_1/v_1 + K_2/v_2 = \delta z / f'^2$ 具有重要的历史意义。

对于小尺寸的望远镜物镜也不能同时用于照相和视觉工作。

除了这些问题之外，望远镜的长度非常长，长度一般是通光孔径的 20 倍。在一种透析系统中，试图通过使用快焦比物镜和 Barlow 型（1834）的负双透镜扩焦器来引入长焦效应，但是与具有相同焦距的单透镜相比，即使在较小的视场下，图像质量也不能得到改善。

结论是折射望远镜的相关理论在 1900 年后不久就停滞发展了。所有这些问题接下来都由自 1800 年以来取得显著发展的反射镜来解决。

### 1.1.5　反射望远镜

**Nicolas Zucchi** [132, 170]于 1616 年首次尝试建造反射望远镜，也就是在伽利略发明折射望远镜后不久。他说，他购买了一个"由一位经验丰富和细心的工艺师制作的"的古铜色凹面镜，并直接与伽利略目镜一起使用。为了避免观察者的头部遮挡，他的设计在镜子处引入了重要的光束偏移，类似于稍后由 W. Herschel 引入的前视观测。取决于反射镜的焦比（未知），由于该偏移导致的彗差和像散可能在一定程度上降低了图像质量。所以尝试以失败而告终；但是通常认为是由于镜子的形状差导致的。

**Marin Mersenne**（1588—1648）在 1636 年出版的 *L'Harmonie Universelle*[108]中他介绍了无焦双镜反射望远镜（图 1.6）。正如 Wilson[170]指出的那样，"Mersenne 作品新颖而卓越，虽然经常提到，但是并未被 Mersenne 和他的同时代人完全认识到它的价值。" 他的共聚焦抛物面概念现在可以被概括为以下特征：

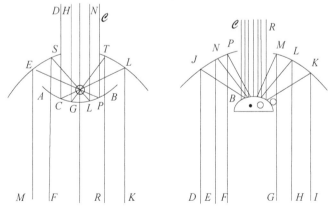

图 1.6　Mersenne 在 *L'Harmonie Universelle* 中介绍的无焦双镜望远镜 [108]。形式 1 和形式 2 是卡塞格林和格里高利的无焦系统（Danjon & Couder[44]中的复制）

（a）这是第一个将两个反射镜组合在一起的望远镜。

（b）它包括格里高利和卡塞格林后来引入的无焦系统。

（c）它包括另外两种反向反射的无焦系统（参见 2.3 节）。

（d）有了足够的光束压缩，与伽利略折射望远镜类似，卡塞格林和格里高利反射望远镜也可直接用于观察小视场目标。

（e）卡塞格林无焦形式与其焦点形式看起来可以提供比格里高利更大的长焦摄远效应，即所得到的焦距比仪器长度大。这是开发大型紧凑的反射望远镜的基本特征。然而，笛卡儿和牛顿都没有强调它的重要性。

（f）在形式 1 和 2 中，抛物面共焦系统除了提供球差校正之外也校正了三级彗差和像散。

对于这些特征，Mersenne 被认为是现代望远镜的基本几何结构的奠基人[170]。在 20 世纪中期，也就是 300 多年后，通过轴上和视场像差分析中证明，Mersenne 的结构 1 和 2 可以消球差，彗差和像散，可以称得上"几乎完美"的光学系统（参见 Sect 2.3 节）。这些显著的特征在 Schwarzschild1905 年阐述的双反镜望远镜理论、**Chrétien** 研究的双镜消球差消彗差系统和 Paul 的三镜望远镜理论中都没有体现出来。

虽然他们的理论都潜在地包含了 Mersenne 的理论，但令人惊讶的是，这些作者都没有得到 Mersenne 无焦系统的具体特征。

**James Gregory**（1638—1675）在他的著作 *Optica Promota*（1663）中提出了一种双镜面反射望远镜：抛物形凹面镜提供了一个主焦点，该焦点由之后的椭圆形凹面镜重新成像。由此产生的焦点，椭球面焦点，通过抛物面反射镜上的孔透出光线用于目镜成像[85]。正如之前提到的，希腊几何学家 Diocles 证明了抛物线的消球差特性。然而，在有限共轭情况下，不清楚椭圆和双曲线的消球差特性是否被亚历山大学派的继承者 Pappus（290—350）或第一个已知的女性数学家 Hypatia（～370— 415）了解。Gregory 对慢焦比的反光镜面形加工，达到不需要使用任何非球面镜的目的，但他的尝试没有成功。

**Isaac Newton**（1643—1727）于 1672 年向皇家学会展示了他的第二架反射望远镜（图 1.7）：光线被抛物面反射镜反射然后通过焦点前 45° 的倾斜平面镜反射，在镜筒的边缘聚焦。

凹面镜直径为 34mm，采用的通光孔径 25mm；焦距 175mm、焦比为 7，不需要任何非球面。5mm 焦距的正透镜目镜提供 35 倍的放大倍率。牛顿自己成功地抛光了一个非常好的球面。他解释了他使用镜用合金作为反射镜（钟铜金属或 CuSn25 合金，即青铜[115]），并建议添加砷以获得更好的抛光效果。1704 年，他写道他使用沥青抛光机[85]；这似乎是第一次提到用于金属反射镜的沥青抛光机。虽然牛顿的两台望远镜仅仅剩下模型，但他选择镜用合金标志了反光镜磨制的巨大进步。

图 1.7　带有反光物镜和目镜的牛顿反射望远镜（英国皇家学会[85]）

**Laurent Cassegrain**（1629—1693）提出了更紧凑的双镜面反射镜结构：凸面镜位于被凹面镜反射的光束的焦点之前。由此产生的焦点，双曲面共轭焦点，光线通过凹面镜上的孔后成像，接目镜使用（图 1.8）。他私下简要介绍了原理，Bercé 于 1672 年向法国科学院介绍了这一方法，并在 *Journal des Scavans*[27]上介绍这个望远镜，说它 "十分精巧灵活"（比牛顿反射望远镜更灵敏）。随后，牛顿（还有惠更斯）批评卡塞格林的方法，并列出了这种方法与他自己的设计和格里高利相比的缺点；他没有意识到卡塞格林更紧凑的设计可能是一个巨大的优势，提供更大的长焦效果，用于建造大型反射望远镜。除此之外，笛卡儿提倡透镜发展。

在这种情况下，卡塞格林并未尝试建造他的反射望远镜。关于卡塞格林的重要的历史记录由 A. Baranne 和 F. Launay 提供[10]。

下面四个将介绍的科学家建立了完整的用于建造双镜金属反射面望远镜的基本框架包括理论以及镜面技术。在 1674 年，Robert Hooke 成功建立了一个 180cm 口径、焦比为 15 的格里高利望远镜。1721 年，John Hadley 建造了一个 150cm 口径、焦比为 10 的牛顿反射望远镜，还建造了几个小的卡塞格林和格里高利反射望远镜。1740 年左右，James Short 成为伦敦著名的反射镜制造商，他逐渐建起可以制造超过 1000 个反射镜的工厂。直到 1768 年，他列出的目录[85]中包括了 12 种从 28 到 450cm 不等的孔径、焦比 $f/3$ 到 $f/8$ 的主反射镜和从 18 到 1000 倍放大倍数的目镜。Short 参与了冶金工作，以铸造精密的镜面镜坯；他还开发了精确的机械系统，以保证 Gregorian 望远镜在调焦时对准。1730 年至 1769 年期间，路易十五王国时期的工程师和科学仪器制造商 Claude Siméon Passement 制造了显微镜和许多格里高利望远镜。

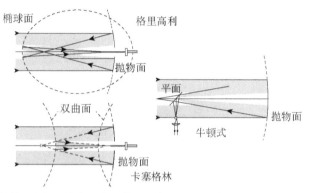

图 1.8　格里高利，牛顿和卡塞格林双镜望远镜。　P：抛物面，E：椭球面，H：双曲面

现在，我们需要注意，观察到的是正立的图像使得格里高利望远镜取得早期的成功，而牛顿或卡塞格林望远镜观察到的是倒像，前者更好地满足了公众地面观测的需求。

**William Herschel**（1738—1822）在 1773 年认为目前的望远镜不便于进行天文观测，因此投身于反射望远镜的设计和建造。他耐心准确地研磨从 $f/7$ 到 $f/15$ 的 220cm 口径的各种凹面金属镜，使用凸面金属工具，从金刚砂开始，到沥青抛光机结束。在成功地铸造大型金属盘和抛光机之后，赫歇尔于 1789 年建成了他的 1.22m 口径、$f/10$ 反射望远镜（40 英尺望远镜），使用到 1815 年。同年（1789 年），他完成了著名的 0.47m 口径、$f/13$ 的反射望远镜（20 英尺望远镜）的建造，直到 1826 年他都在使用这架望远镜，后来他的儿子 John Herschel 在南非也一直使用它（1834—1838）。大部分赫歇尔反射望远镜具有较低的焦比，可以在镜筒的前端上面直接观测（图 1.9 和图 1.10）：通过方便的倾斜镜面焦面被设置在镜筒壁附近。H. Draper 后来对赫歇尔前视望远镜发表了评论，认为他的前置反射望远镜产生了像散，从而通过选择的最佳方位来补偿或至少使所有倾斜光束的像散最小化。假设镜子通过环形变形完美矫正了前视像散，他的 40 英尺和 20 英尺反射望远镜在目镜中心分别产生 5.9" 和 3.1"（rms）的彗差。

**Lord Rosse** 即 **William Parsons**（1800—1867）在建造了几台望远镜之后，开始着手研制更大尺寸的反射望远镜。他搭建了一个铸造厂，工作车间和由蒸汽机驱动的抛光机。1839 年，他使用 CuSn32 合金建成了一个 0.91 m 口径、焦比为 13 的球面反射镜。第二年，他承建了一个口径 1.83 m、焦比为 10 的牛顿式反射望远镜（图 1.9），1847 年投入使用。

图 1.9　（右）赫歇尔（W. Herschel）40 英尺焦距望远镜（来自 King[85]）。（左）Lord Rosse 的 6 英尺或 1.83 m 孔径望远镜（来自 Imago Mundi）

　　由于镜子在空气中迅速生锈，所以必须每六个月重新抛光一次；因此建造了两块反射镜，以便一个可以在另一个被抛光时使用。这架反射望远镜被许多其他科学家使用并运行到 1878 年。虽然爱尔兰的天空一年只有几个可观测的夜晚，Lord Rosse 还是获得了优秀的星云和螺旋星系图像。他发现了并命名了扩展环状目标的蟹状星云，以及星系的螺旋结构，观测了 Whirlpool 星系 M51 以及许多其他目标，并且像照片一样逼真描绘了相关细节。

　　**William Lassel**（1799—1880）在 1859 年，建造了一台带有赤道仪的 1.22m 口径、焦比 9.5 的牛顿反射望远镜，并在 Malta 一直使用到 1865 年。为了尽量减少由于重力引起的镜面变形，他发明了无定向杠杆镜面支撑系统，用堆叠的三角形或无定向三角板支撑结构代替支撑系统，每个杠杆上的重量产生一个与天顶角余弦成比例的放大的力。他的系统在所有具有被动支撑的大型反射望远镜上得到普遍使用。

　　**James Nasmyth**（1808—1890），在 1845 年，设计和建造了一个 0.51m 口径的、可调节焦比 $f/9\sim f/25$ 的、地平式机架、由第三个平面反射镜转折 90°倾斜的改进型卡塞格林反射望远镜。第三块平面反光镜位于旋转方位轴和高度轴的交点处，转折后的水平光束通过高度轴孔，可以坐在方位旋转平台上在一个固定位置观测。这是卡塞格林形式的第一个大望远镜。从残余像差的角度来看，如果假设他的主镜和副镜都是球面镜，则近轴像斑直径为 1.7"。他的三反射镜概念，现在称为 Nasmyth 焦点（图 1.10

和图 1.11），而且总是和地平式（alt-az）圆顶关联起来，现在已经成为 5m 以上所有大型反射镜的标配。

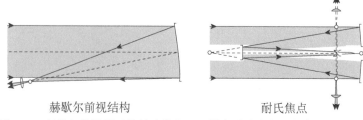

赫歇尔前视结构       耐氏焦点

图 1.10　赫歇尔前视望远镜的光学布置。带有耐氏焦点的卡塞格林望远镜

从上述构造的反射镜的焦比可以看出，对于简单地要求高精确球面抛光的反射镜，轴向图像残差的大小与 2"～3" 的大气视宁度限制相一致。考虑一个二次曲面镜（1.7 节），理论上的四级非球面校正，即当不平衡曲率项时，可以表示为

$$z_{max} = Ar_{max}^4 = \frac{\kappa}{1.024\Omega^3}D \tag{1.1}$$

其中 $\Omega = f/D$ 和 $\kappa$ 是焦比和二次曲面常数（参见 1.7 节）。

对于所有 Short 的反射镜，赫歇尔的 1.22m 口径、$f/10$ 的反射镜和 Rosse 的 1.83m 口径、$f/10$ 的反射镜，这些反射镜的非球面振幅 $z_{max}$ 都小于 1～1.5μm。由于视宁度限制，非球面化这些反射镜不会显著改善 1.5"～2" 的图像质量。

图 1.11　（左图）Nasmyth 的 20in 口径望远镜（来自 King[85]）。（右图）Foucault 的 0.8 米口径望远镜（马赛天文台）（1in=2.54cm）

在具有球面镜的卡塞格林形式中，主镜的球差部分由副镜补偿。由于缺乏准确的测试方法以及由于腐蚀而频繁重新抛光镜面的必要性，球面磨制是快速克服这些困难的唯一方法。很长一段时间，反射镜的面形问题不是无法完成正确的非球化，而是无法得到准确的球面：

→"球面或准球面反射镜"的时期，直到 Foucault 在 1860 年左右通过引入强大的刀口光学检测方法获得准确的抛物面才得以终结。

**Léon Foucault**（1819—1868）应用了 Drayton 化学工艺在由 Secretan-Eichens 抛光的 Saint-Gobain 玻璃盘上进行冷银镀膜，并得出结论，认为该方法可以在类似的玻璃镜片上轻松使用，因为玻璃是化学中性的。使用葡萄糖还原时，银从硝酸银和氨溶液中沉积下来[60, 160]。在慕尼黑，Steinheil 曾经使用 Liebig 的方法获得镀银玻璃；然而，使用的是热镀银法，需要使用危险的沸腾溶液。与镜面反射镜的生锈相比，镀银镜面解决了重新抛光问题；即使在多次重复镀银之后，化学除去暗哑的银层也可以保留玻璃的原始抛光形状。1858 年，Foucault 在 Moigno 的建议下，检测一个被认为球形的 36cm 口径的反射镜的真实形状。使用他刚刚发明的灵敏光学刀口进行测试，他发现了反射镜的轴对称中心和边缘存在缺陷。Foucault 不是像通常的做法那样对整个镜面进行重新成型，而是通过局部修磨方式进行，这样只花了几个小时就得到一个完美的球面镜；他说"局部的修磨方法……是一个既定的事实"[160]。使用放置在镜子前面的多孔屏幕进行基本的定量 Foucault 测试；屏幕确定径向和同心孔径区域，径向宽度从中心到边缘逐渐变窄。反射镜由缝隙光源照亮，当通过目镜观察时，一些反射光束可以通过可移动的刀口分割。假定狭缝和刀口保持在同一条直线上，并且孔径区域沿与其垂直的方向扩展，则刀口适当的轴向和侧向位移可以同时观察两个对称给定区域的自准直区。如果刀口的微小运动使得光线完全消失，则获得对焦区轴向位置的焦点。相对于对应的孔径区半径，用自准直的刀口连续轴向位置的数据表可以确定一个方向上的镜面形状。Foucault 因此获得了用于非球面控制的高精度定量工具。与 Secretan 和 Eichens 合作，在 1858 年完成了一个 40cm 孔径镀银玻璃反射镜，并提交给法国科学院[59]。他们还继续合作制造了一个 80cm 孔径的 $f/5.7$ 反射镜；Saint-Gobain 玻璃盘的中心厚度是边缘的两倍，被 Foucault 磨制成一个相当精确的抛物面，即 $r^4$ 上达到 4.3μm 的非球面度。望远镜焦点位于顶部中心的全反射棱镜内（或附近）；一个 $f/5.7 \sim f/20$ 的扩焦器对焦点进行了重新成像，然后在镜筒的侧面进行成像观测（图 1.11）。①

**George Airy**（1801—1892）在 1835 年[2]提出，即使在理想的视宁度条件下，例如接近真空条件，反射镜（或透镜）都不能对一个点成无限小的像。在高斯焦点处观察到的是由同心环包围的明亮中心峰构成的干涉图案。Airy 计算衍射图像的强度分布。考虑一个直径为 $D$ 的反射镜，对波长为 $\lambda$ 的光成像，它产生一个聚焦于高斯焦点的完美球面波前，衍射极限图像的最大（参见 1.11 节）分辨角度是

$$\varphi = 1.22 \frac{\lambda}{D} \qquad (1.2)$$

例如，在 0.55μm 波长处使用的 27cm 孔径望远镜产生完美的图像，只能分辨出两颗间隔 0.5″的恒星。

**William Rowan Hamilton**（1805—1865）于 1833 年[71, 170]首次通过引入特征函数来分析像差的几何理论。在共轴光学系统的情况下，他使用三个基本参数（孔径半径、场半径和方位角）根据幂级数推导出了像差函数的一般形式。

**Joseph Petzval**（1807—1891）为了实现大口径和宽视场的物镜用于摄影，相当成功地研究了三级像差理论。不幸的是，他关于这个问题的大量手稿被盗贼破坏，并且他一直没有重写；他在 1840 年左右[17]构建了一个无与伦比的"镜头"，从而展示他的像差分析的实用价值。佩茨瓦尔可能是第一个推导出用于同时定义了初级像散和场曲两个耦合系数的人。在无像散系统中，场曲通常称为佩茨瓦尔曲率。

**Ludwig von Seidel**（1821—1896）在 1856 年[144]中，通过引入给定的表面给出了明确的表达，首次详细阐述了五个单色三级像差的正式分析，给出了某个给定表面各像差量的数值的明确表达。因此，系统中独立地相加求和，赛德尔和可以推导出它的一般性质。

**Ernst Abbe**（1840—1905）在 1873 年[1]，发现一个系统可以同时校正初级球像和初级彗差，从而实现不晕成像。植物学家 J. Lister 先前已经注意到通过使用大口径显微镜可以得到非常好的图像质量，并得出结论，该系统不只校正了球差。阿贝正弦条件是光学设计中的一个重要定理。考虑轴向光束，这可以表述如下：如果由入射光线和出射共轭光线的交点轨迹产生的表面是一个球面，那么该系统是不晕系统。

---

① 在马赛天文台，望远镜从 1864 年一直用到 1965 年，用于研究星云、星系和双星。Stephan 第一次通过 Fizeau 预测的修正干涉图案测试了的恒星直径；不幸的是，受反射镜限制的双孔径底座直径太小，并且他在 1874 年得出结论：恒星的直径必须小于 0.16″（Stephan[148]）（第一颗恒星的直径在 1922 年由迈克尔逊用胡克望远镜和变大的基座解决）。后来，Fabry、Perot 和 Buisson 获得了第一个带有窄带标准具的天体物理图像。Foucault 的 40cm 和 80cm 反射望远镜中，镜子由充气垫支撑，观察者往充气垫中吹入或放出一些空气直至获得令人满意的图像。这个支撑系统在美国由 Henry Draper 继续使用[48]。

　　**Lord Rayleigh**（1842—1919）在 1879 年[123]提出，如果允许中央峰强度下降 20%，那么根据初级球差，相当于偏离高斯参考面的四分之一波长。进一步显示，对于初级彗差和像散，峰值强度受这种四分之一波长变形的影响较小。因此，这个结果被称为瑞利的四分之一波长判据，这是在制定的各种容差标准中最简单和最有用的规则之一[17]。

　　**Georges Ritchey**（1864—1945）在光学抛光、表面抛光机器的设计和制造以及精确光学测试的开发和实践方面是一个无可争议的专家。他具有非凡的能力使新型巨型反射镜的磨制取得圆满成功。在完成威尔逊山 60 英寸反射镜后，他于 1917 年成功使用了 100 英寸胡克反射镜。他对不晕系统优势的深刻理解和兴趣以及他对 Chrétien 的鼓励促成了 Ritchey-Chrétien 望远镜的发明，其第二个原型是一个 1m 口径的反射望远镜（图 1.12）。

　　**Karl Schwarzschild**（1873—1916）以其在物理学几个领域的一流学术成就而闻名于世，1905 年提出了完整的单反射镜系统和双反射镜系统的三级理论[142]。他的光程函数方法可以确定场中每一个给定点的三级像差的量。从其通用公式中，他得出了物在无穷远的双镜望远镜系统。他发现，对于任何双镜消像散望远镜，反射镜的轴向间隔必须是系统焦距的两倍。大部分这些消像散系统在 4.1 节中有描述。

　　**Henri Chrétien**（1879—1956）阐述了满足正弦条件的双镜望远镜的完整理论，由此校正了全阶球差和全阶线性彗差。显然在 1910 年以前，他通过包括这种条件的微分方程的积分推导了镜子的理论形状，完成了正式的镜像参数方程。从这些结果中，他得出了卡塞格林和 Schwarzschild 形式的望远镜三阶和五阶理论。在卡塞格林消球差消彗差望远镜，被称为 Ritchey-Chrétien 望远镜，Chrétien 导出的主镜和副镜准确表示为双曲面。这些研究在 1922 年发表在两篇文章中[30]。Chrétien 意识到各种光学系统及其像差校正的关键点，还发明了宽银幕电影，用于电影全景录制和投影。

　　他著名的 "*Calcul des Combinaisons Optiques*"[29]重新出版了数次，对光学系统的所有有用特性进行了精辟而深刻的论述；它还包含许多宝贵的历史笔记。Chretien 是 1920 年在巴黎创立的光学研究所的联合创始人。

　　**Bernhard V. Schmidt**（1879—1935）1929 年发明了一种新型反射镜，称为宽视场望远镜或宽视场相机。在汉堡，他使用 36cm 孔径的非球面校正板制作了第一个这样的反射镜，并在天空整个用弯曲照相胶片获得了 7.5° 的视场上完美图像质量。施密特望远镜迅速地被初次用于建立完整的天空制图。与帕洛玛 5m 望远镜相关的是，帕洛玛 1.2m 孔径施密特是为 5° 视场巡天任务而配建的（参见第 4 章和第 5 章）。随着需要平坦视场的大幅面 CCD 的出现，情况发生了变化。用相同曲率的两个反射镜的 Ritchey-Cretien 望远镜加上 Gascoigne 型两块像散改正板可以实现 1.5° 或 2° 的平视场。使用这种 2.5m 望远镜，斯隆数字巡天（SDSS）使用时间延迟和积分成像（或漂移扫描成像，也可用于液体镜望远镜（LMT）），并生成多通带测光巡天和光纤光谱测量。

图 1.12　1-m Ritchey-Chrétien 反射镜，主镜焦比 f/4，卡塞格林望远镜焦比 f/7.3，焦平面范围 28"/cm。由 George W. Ritchey 设计，并于 1934 年完成，最初安装在华盛顿特区的美国海军天文台，然后于 1955 年（在 Chrétien[29]之后）搬迁到 Flagstaff

全反射施密特系统为专门用于大视场光谱巡天，在 5° 视场上拥有 4000 根电动驱动光纤的 LAMOST 望远镜提供了一种高效解决方案，LAMOST 是世界上最大光学集光率的望远镜（参见 1.9.3 节和第 4 章和第 5 章）。

**Foucault** 之后在法国进行的 1～1.5m 口径的反射望远镜项目到 1907 年以失败告终。最后，美国在威尔逊山使用 Saint-Gobain 玻璃镜坯连续建造了 1.5m 和 2.5m 反射望远镜扩展了玻璃镜的尺寸。Pyrex 玻璃材料是为帕洛玛 5m 和高加索 6m 望远镜而发展的，大口径微晶玻璃是为 VLT 四个 8.2m 镜坯开发的。表 1.1 列出了 1900 年至 2008 年期间建造的一些望远镜。

**Fritz Zernike**（1888—1966）在 1934 年[178]为了改进 Foucault 测试最先发展了相位对比法。他对衍射理论的重要贡献使他发明了相位对比显微镜并且获得了诺贝尔奖。Zernike 还发明了用于表示波前的正交多项式，现在广泛用于光学检测中。

**Maurice Paul**（1890—1981）Chrétien 的一名学生，1935 年出版[170, 178]，对三镜望远镜进行了一般分析。他研究了消像散系统，并严密地分析了非球面板和透镜用于视场校正的情况。

**Albert Bouwers**（1893—1972）在 1948 年[19]介绍了一种同心弯月形透镜，用于球面凹面镜的宽视场折反射相机中。这些系统在天文学上被用于全景成像和光谱成像。

**Dimitri Maksutov**（1896—1964）在 1944 年[100]独立于 Bouwers，发明了折反射相机，其使用零光焦度透镜来校正凹面镜的球面像差。他的系统被广泛用于天文学研究。

**André Couder**（1897—1979）发明了一种带凹面副镜的双镜消像散望远镜：Couder 的望远镜（参见 4.1 节）是 Schwarzschild 双镜望远镜的理论产物，发明了大型镜子的零位测试方法（1927 年），他为反射镜的开发作出了许多贡献，例如提出镜子支撑系统的 Couder 定律，并倡导镀釉的花瓶形式金属镜（参见 7.2 和 8.2 节）。

**Cecil R. Burch**（1901—1983）描述了促成反射显微镜物镜发展的双镜 Schwarzschild 设计。1943 年，Burch 提出了一种强大的方法来处理光学系统的赛德尔像差，他称之为"see-saw 图"[23]或施密特板图。Burch 的方法一直并且仍然用于寻找齐明或者消像散解。

**表 1.1　1908～2008 年期间建造的一些重要的反射望远镜**

| 年份 | 口径/m | 望远镜名称及位置 | 类型 | 焦比 | 结构形式 | 焦点 |
|------|--------|------------------|------|------|----------|------|
| 1908 | 1.5 | Mt Wilson | PH | $f$/5/16 | equal | Ne, Ca |
| 1917 | 2.5 | Hooker, Mt Wilson | PH | $f$/5/16 | equal | Ne, Ca, Co |
| 1930 | .36 | Schmidt, Hamburg | WF | $f$/1.75 | equal | Schmidt |
| 1934 | 1.0 | Naval O., Flagstaff | RC | $f$/4/7.3 | equal | Ca |
| 1948 | 5.0 | Hale, Mt Palomar | PH | $f$/3.3/16 | equal | Pr, Ca, Co |
| 1948 | 1.2 | Sch, Mt Palomar | WF | $f$/2.5 | equal | Schmidt |
| 1959 | 3.0 | Shane, Lick Obs. | PH | $f$/5/13.5 | equal | Pr, Co |
| 1960 | 1.3 | Schm., Tautenburg | WF | $f$/3/10 | equal | Sch, Ca, Co |
| 1971 | 4.0 | KPNO, Arizona | RC | $f$/2.6/8 | equal | Pr, Ca, Co |
| 1973 | 1.2 | UK Sch., Australia | WF | $f$/2.5 | equal | Schmidt |
| 1974 | 6.0 | SAO, Caucasus | PH | $f$/4/30 | alt-az | Na |
| 1975 | 3.9 | AAT, Australia | PH | $f$/3.3/8 | equal | Pr, Ca, Co |
| 1977 | 2.5 | I.du Pont, Chile | RC | $f$/3/7.5 | equal | Ca |
| 1978 | ≡.1 | Einstein-Xray, USA | W | grazing | space | $F_2$ |
| 1979 | 3.6 | CFHT, Hawaii | PH | $f$/3.8/8 | equal | Pr, Ca, Co |
| 1983 | 0.6 | IRAS-IR, Us Euro. | RC | $f$/1.5/9 | space | Ca |
| 1985 | 2.4 | Hubble-HST, USA | RC | $f$/2.5/24 | space | Ca |
| 1987 | 4.2 | WHT, Canarics | PH | $f$/2.5/11 | alt-az | Pr, Ca, Na |
| 1989 | 3.5 | NTT, ESO Chile | RC | $f$/2.2/11 | alt-az | Na |
| 1990 | ≡.2 | Rosat-Xray, Europe | W | grazing | space | $F_2$ |
| 1993 | 10.0 | Keck-2, Hawaii | PH | $f$/1.7/15 | alt-az | Ca, Na, Co |
| 1994 | 2.7 | LMT, UBC-Laval | P | $f$/1.9 | transit | Pr |
| 1995 | 0.6 | ISO-IR, ESA | RC | $f$/1.6/9 | space | Ca |
| 1998 | 8.2 | VLT-4, MT Paranal | RC | $f$/1.8/14 | alt-az | Ca, Na, Co |

续表

| 年份 | 口径/m | 望远镜名称及位置 | 类型 | 焦比 | 结构形式 | 焦点 |
|---|---|---|---|---|---|---|
| 1999 | 2.5 | SDSS，New Mexico | WF | $f/2.25/5$ | alt-az | Ca |
| 1999 | 9.2 | HET，Texas | 4M | $f/1.5/5$ | az-track | Gr |
| 1999 | ≡.3 | Chandra-Xray，USA | W | grazing | space | $F_2$，$F_3$ |
| 1999 | ≡.4 | XMM-Xray，ESA | W | grazing | space | $F_2$，$F_3$ |
| 1999 | 8.2 | SUBARU，Hawaii | RC | $f/1.8/12$ | alt-az | Pr，Ca，Na |
| 2000 | 8.1 | CEMINI-2，US-Chile | RC | $f/1.8/9$ | alt-az | Pr，Ca，Na |
| 2000 | 6.5 | MAGELLAN-2，USA | PE | $f/1.2/11$ | alt-az | Na |
| 2003 | 0.5 | GALEX-UV，US-EU | RC | $f/2/6$ | space | Ca |
| 2003 | 0.8 | Spitzer-IR，USA | RC | $f/2/12$ | space | Ca |
| 2005 | 6.0 | LMT，UBC，Canada | P | $f/1.5$ | transit | Pr |
| 2005 | 8.4 | LBT-2，Arizona | PE | $f/1.2/15$ | alt-az | Pr，Gr，Co |
| 2005 | 10.2 | SALT，South Africa | 4M | $f/1.3/4$ | az-track | Gr |
| 2008 | 4.0 | SVISTA，Mt Paranal | WF | $f/1/3$ | alt-az | Ca |
| 2008 | 10.2 | GTC，Canaries | PH | $f/1.7/15$ | alt-az | Ca，Na |
| 2008 | 4.0 | LAMOST，Xinglong | WF | $f/5$ | Sideros. | Schmidt |

注：PH. 抛物面双曲面；WF. 宽场；RC. Ritchey-Chrétien；4M. 4 面镜设计；PE. 抛物面-椭球面；Ne. 牛顿；Ca. 卡塞格林；Co. coudé 或重新组合；Pr. 主焦；Na. Nasmyth 焦点；Gr. 格里高利焦点；W. Wolter 掠射系统；$F_i$. 经过第 $i$ 次掠入射后的最终像面焦点。

第二列中的符号≡代表等效孔径。

**John D. Strong**（1905—1992）开发了真空蒸发镀铝玻璃镜的方法 [150]。这需要一个真空箱、高效泵和钨加热器，用于产生 1460K 环境使得铝升华。对于大型反射镜面反射涂层，该技术在 1935 年后明确取代了化学镀银法。

**Mark U. Serrurier**（1905—1988）发明了帕洛玛 5m 望远镜的补偿桁架结构。这可以保持主镜和副镜之间的完美对准，从而防止偏心引起的初级彗差。他注意到，当赤纬轴固定在一个刚性中间块上，该中间块确定了望远镜镜筒的中心时，如果设计保持在平行平面上，支撑主镜的底端环和主焦支撑笼或卡塞格林副镜的上端环可以弯曲相同的量。他通过在上下杆之间选出适当的截面比例，找到了从中间块到每个端部的三角形桁架杆的解决方案。这被称为 Serrurier 桁架[145]，直接应用于所有大型望远镜桁架的设计或用作基本概念。

**James G. Baker**（1914—2005）发明了多种形式的大视场望远镜，这些望远镜大量建造用于地基和空间天文学。其中包括平场 Baker-Schmidt-Cassegrain 望远镜[170]，平场 Paul-Baker 三镜望远镜以及 1945 年的 Super-Schmidt 相机和 Baker-Nunn 卫星跟踪相机[8]。Baker 可能是第一个在光学设计中使用计算机的人。

**Norman J. Rumsey**（1922—2007）在 1969 年发现了一个平场和宽场三镜望远镜，

展现出特别有趣的特征。他的反射望远镜有三个双曲面,是一个比等效的施密特望远镜短四倍的消像散望远镜。此外,通过用相同的镜坯磨制,避免了主镜和第三镜的偏心问题。高质量的成像有利于用探测器阵列进行巡天。改进型 Rumsey 望远镜其主镜和三镜被设计在同一个镜坯上,有连续光学表面——可以通过主动光学方法同时进行非球面化(参见第 6 章)。

**Daniel Malacara** 在 1978 年,编辑了 *Optical Shop Testing*[101],其中描述了所有适用于光学元件和系统的测试。这本书已经成为光学车间的经典之作。与该领域的专家合作,本书对使用干涉仪,Foucault,Ronchi 和 Hartmann 测试的安装进行了综述,包括相位调制测试(Zernike,Lyot 等),恒星测试,全息测试,条纹扫描技术,以及用于补偿最常见的波前表面的像差的许多有用的零位检测配置。

## 1.2　斯涅尔(Snell)定律和玻璃的色散

Römer(1676)第一个证明了光的传播速度是有限的,他观察到木星被木卫一号遮挡的时间间隔每年都在变化。通过他的测试,他得出了光速的第一个测量值。1728 年,Bradley 注意到不在黄道极点的恒星位置的椭圆形年度变化——即所谓的恒星像差(20.5″)——从而推导出一种新的光速测量方法。1975 年,第十五次重量/测量和 BIPM①大会将真空中的光速定义为

$$c = 299792458 \text{ m/s} \tag{1.3}$$

光是电磁波谱的可见部分,电磁波按波长划分为 γ 射线到无线电波,所有波长都在真空中以速度 $c$ 传播。电磁矢量 $E$ 和 $H$ 的传播由麦克斯韦电磁方程表示(参见 Born 和 Wolf[17])。在均匀介质中(如下文所考虑的所有介质),这些方程简化为波动方程

$$\nabla^2 E - \frac{\varepsilon\mu}{c^2}\frac{\partial^2 E}{\partial t^2} = 0, \ \nabla^2 H - \frac{\varepsilon\mu}{c^2}\frac{\partial^2 H}{\partial t^2} = 0 \tag{1.4}$$

其中 $\varepsilon$ 和 $\mu$ 是介电常数(dielectric constant or permittivity)和介质的磁导率。从这些标准的波动方程可以得到,波的速度 $v$ 是

$$v = \frac{c}{\sqrt{\varepsilon\mu}} \leqslant c \tag{1.5}$$

---

① 国际计量局(Bureau International des Poids et Mesures)。

其中对于所有非磁介质 $\mu=1$，对于透明介质 $\varepsilon=1$（真空中 $\varepsilon=1$）。因此，在空气或玻璃中光速小于 $c$；这个结论首先在 1850 年由 Foucault 和 Fizeau 关于光在水中传播的实验证明。

为了介绍几何学波前的概念，让我们假设在各向同性介质中的点：来自点源 $O$ 的光线在间隔 $\Delta t$ 时间内以直线传播通过另一点 $P$。在相同的时间间隔，从 $O$ 传播的光线通过 $P$ 的临近点，位于通过 $P$ 的波前表面 $\Sigma$ 上。因此，波前表面包含的含义是光束包及在某个时间整个波前上具有恒定相位。波前或恒定相位表面通常是非球面，即非球形表面，因为在连续介质的边界处由折射或反射将产生几何像差。然而，波前概念仅仅是离焦点或障碍物边缘较远距离处的有用近似值。在聚焦区域附近，焦散面是光线的包络，衍射效应的光的相位起伏和强度分布需要使用电磁理论来正确描述。

让我们考虑一个光线或平面波 $\Sigma$，它在折射率为 $n$ 的介质中传播，并以入射角 $i$ 到达临界面，入射到达折射率为 $n'$ 的第二种介质，其中光线的折射角为 $i'$，所以折射平面波是 $\Sigma'$（图 1.13）。正弦折射定律首先由斯涅尔在 1621 年的实验中明确确定，并在 1637 年由 Descartes 发表（见 1.1 节），或称为斯涅尔定律

$$n' \sin i' = n \sin i \qquad (1.6)$$

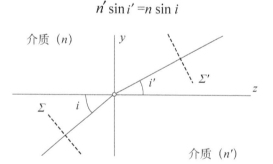

图 1.13　光线通过两种介质的分界面进行传播：斯涅尔定律

如果 $n'<n$ 并且 $\sin i'=1$，我们发现 $i=\arcsin(n'/n)$，即当 $n=1.5$ 时，$n'=1$ 时，$i=41.8°$。对于较大的 $i$ 值，（1.6）式不满足，因为不存在折射光线，光线在折射率较高的介质中的分界面被反射。这种全反射在棱镜设计中有许多应用。

用 $v$ 和 $v'$ 表示相应介质中的光速，则角度的正弦比等于速度比（参见 1.3 节），即

$$\frac{\sin i'}{v'} = \frac{\sin i}{v} \qquad (1.7)$$

所以我们获得 $n'v'=nv$。将真空介质设置为 $n=1$，每种介质的速度为

$$v = \frac{c}{n} \quad 且 \quad v = \frac{c'}{n'} \tag{1.8}$$

考虑（1.5）式给出了麦克斯韦形式的折射率公式：$n = \sqrt{\varepsilon \mu}$，对于任何透明介质 $n \geq 1$，传统上在真空中 $n=1$。

　　玻璃的折射率和波长的关系已由各种可能的公式表示。其中一些——被称为 Schott 或 Herzberger 公式——直接与波长 $\lambda$ 的幂级数有关。Sellmeier-1 色散公式，

$$n^2 = 1 + \sum_{i=1,2,3} \frac{K_i \lambda^2}{\lambda^2 - L_i} \tag{1.9}$$

有三对常数系数（$K_i$，$L_i$），被 Schott 和其他玻璃制造商使用。由于 Sellmeier-1 公式不具有线性系数，所以设置的色散是迭代的，因此比幂级数公式需要更多的计算机时间来拟合数据。给定一个波长，可以在较大的光谱范围内实现精度优于 $\Delta n/n = 10^{-5}$。Sellmeier-3 公式还附有（$K$，$L$）对。

　　无论表面边界交点处法向单位矢量 $n$ 的斜率如何，如果 $r$ 和 $r'$ 是沿着入射光线和折射光线的单位向量，斯涅尔定律的矢量积表示为

$$n' r' \times n = n r \times n \tag{1.10}$$

这种关系确保了两条光线与法线之间的局部共面性。对于分析光线追踪，通常采用第一介质中的光线从左向右朝向正 $z$ 轴的惯例。另外的符号约定是考虑入射光和折射光的 $z$ 方向余弦都由相同的符号表示，无论 $x$，$y$ 方向余弦的符号如何。使用一个方便的约定，人们也可以用（1.10）式由 $-n$ 代替 $n'$ 来处理反射光线的情况。

# 1.3　费马原理

1657 年，Pierre de Fermat 在给 Cureau[73]的一封信中指出，折射定律可以从最小值原理推导出来，这与 Heron of Alexandria（公元 100 年）对平面上的反射表述相似。1662 年，考虑到不同介质中两点之间的光路，他证明这条光路花的时间最短，因为这可以直接导出斯涅尔定律。

　　一般来说，费马的最短时间原理可以被表述为：光通过折射率 $n(x, y, z)$ 的介质从 $A$ 点传播到 $B$ 点所花的时间，

$$\Delta t = \int_A^B \frac{\mathrm{d}s}{v} = \frac{1}{c} \int_A^B n \mathrm{d}s \tag{1.11}$$

是最小的或是一个稳定值。该光线由基本长度 d$s$ 构成的曲线组成，并且局部光速 $v$ 是该轨迹上的坐标的函数。

值 $\ell = \int n\, ds = c\,\Delta t$ 被称为光程。如果光线传播成各向同性——即均匀——连续的介质，则光线沿着表面边界处连续偏离的直线行进。假定 $\Delta t$ 最小，$\Delta t$ 最小意味着最短的光程。这被称为费马原理的第二个表述。让我们用 $I_k$ 表示第 $k$ 个表面边界的交叉点，使得唯一可能的光线是 $A...I_k...B$，即最短时间光线：如果将它们在相关的表面边界上移动，交点变化导致的光程变化必须为零。在 Welford[167] 考虑描绘边界表面上的广义曲线坐标并表示这些横向坐标 $p_k$ 和 $q_k$ 之后，光程稳态意味着对于在物理上可能的光线，这些坐标必须是这样的，

$$\frac{\partial \Delta t}{\partial p_k} = \frac{\partial \Delta t}{\partial q_k} = 0 \quad 例如 \quad \frac{\partial \ell}{\partial p_k} = \frac{\partial \ell}{\partial q_k} = 0 \ (k=1,\ 2,\ 3,\ \cdots) \quad (1.12)$$

如果 $A$ 和 $B$ 是光学系统的普通点，例如包括为每个衍射级提供光谱的衍射光栅，则从（1.12）计算出的光学路径的积分不一定是最小值，而是稳态值。"稳态"一词意味着在变分法中把这个量置零后返回常数积分。Born 和 Wolf [17] 给出了关于平稳性的详细处理，包括涉及使用电磁方程的衍射理论。

让我们将费马原理应用于由平面边界 $k=1$ 隔开的两个均匀介质的简单情况，通过该平面边界唯一可能的光线——最少时间光线——在表示为 $I$ 的点 $I_1$ 处通过（图 1.14）。任何靠近 $AIB$ 的光线，如虚线光线，都不能满足方程（1.12）。在不失一般性的情况下，斯涅尔定律可以通过在 $x$，$y$ 平面将折射率为 $n$ 和 $n'$ 的介质分开，$z$，$y$ 平面中设置入射光和折射光。点 $A$，$I$ 和 $B$ 的坐标分别为（$0$，$0$，$z_A$），（$0$，$y$，$0$）和（$0$，$y_B$，$z_B$），光程为

$$\ell = n\left[ y^2 + z_A^2 \right]^{1/2} + n'[(y_B - y)^2 + z_B^2]^{1/2} \quad (1.13)$$

点 $I$ 沿着 $Y$ 轴的虚拟位移的平稳条件是

$$\frac{\partial \ell}{\partial y} = n \frac{y}{\left[ y^2 + z_A^2 \right]^{1/2}} - n' \frac{y_B - y}{\left[ (y_B - y) + z_B^2 \right]^{\frac{1}{2}}} = 0 \quad (1.14)$$

$n$ 和 $n'$ 的系数可以被认为是入射角度和折射角度 $i$ 和 $i'$ 的正弦值，从而证明了斯涅尔定律。使用时间延迟 $\Delta t$ 代替光程 $\ell$，以及相似的条件 $\partial(\Delta t)/\partial y = 0$，我们得到另一种形式$(\sin i')/v' = (\sin i)/v$，其中光速 $v$ 和 $v'$ 分别是 $c/n$ 和 $c/n'$。

非均匀介质折射率从极点沿径向按折射率为 $n = n_0 / (1 - r^2/a^2)$（其中 $n_0$ 和 $a$

是常数）分布导致弯曲光线并产生反转变换成像；这被麦克斯韦[105]进行了研究，并被称为麦克斯韦鱼眼。在梯度折射率介质中确定传播曲线，在光纤研究中得到重要的发展。**Caratéodory** 研究了给定一个折射率分布情况下，系统地确定满足 $\int nds$ 得到稳态值的光线路径[26]。

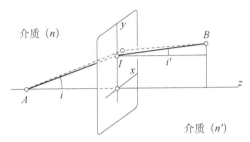

图 1.14　由费马原理推导斯涅尔定律

变分法具有相当重要的意义，因为它可以推导出在物理学各个领域具有类似重要意义的定理。Fermat 的几何光学原理与动力学中的粒子运动相关的原理之间紧密类似，这个粒子的运动由势能 $U(x, y, z)$ 驱动。哈密顿证明了运动 $\mathcal{A}$ 可以用 $\int \sqrt{U + a}d\ell$ 表示，其中 $a$ 是常数，并且应该是最小的或者至少是稳定的。哈密顿的稳态作用原理和费马原理的巧妙比较在德布罗意的波动力学（1924）中变得非常有价值。

考虑到均匀介质中的源点，发射的光线全部垂直于同心球形表面的波前传播，也被称为共心波前。光线与这些波前表面正交，形成正交光束（normal congruence）。如果光线现在被第二种均匀介质中的光学表面折射，则每条光线传播保持笔直，称为正交直线光束（normal rectilinear congruence）。在 1808 年，Malus 发现无论表面形状如何，折射或反射的光束——通常不再是同心圆——都会再次形成正交直线光束。Dupin（1816），Quetelet（1825）等将这一性质推广为 Malus-Dupin 定理：

→在任何各向均匀介质中，光线沿正交直线传播。

# 1.4　高斯光学和共轭距离

考虑一个弯曲表面将折射率为 $n$ 的物空间和折射率为 $n'$ 的像空间分开，垂直

于该屈光面的光轴 $z$，与表面的交点为 $O$，基于斯涅尔定律的一阶光学理论可以确定焦点 $F$ 和 $F'$ 的轴向位置以及物体与其真实或虚拟图像的共轭距离。

局部表面的一般形式由其两个主要曲率定义。在 $x$，$y$，$z$ 坐标系中屈光面形状由幂级数表示

$$z = \frac{1}{2}c_x x^2 + \frac{1}{2}c_y x^2 + O(x^p, \ x^q) \tag{1.15}$$

其中 $p$ 和 $q$ 是大于 2 的整数。

确定每个 $x$，$z$ 或 $y$，$z$ 平面中的焦点位置和共轭距离，在 $c_x$ 和 $c_y$ 中有相似的表达形式（参见 3.5.7 节）。然后，考虑 $c_x = c_y$ 的情况，屈光面表示为

$$z = \frac{1}{2}cr^2 + O\left(x^p, \ x^q\right) \tag{1.16}$$

K.F. Gauss[66] 在 1841 年的著名报告中（见 Wilson[171] 的评论），并且具有完全的一般性，证明了高阶项 $O$ 对确定焦点位置和共轭距离没有影响。这些是从一阶光学理论或高斯理论中获得的，也被称为近轴理论。在高斯光学中，光学系统的任何表面的表示降低到二次形式，

$$z_\ell = z_{0, \ \ell} + \frac{1}{2}c_\ell r^2, \quad \ell = 1, 2, 3, \cdots \tag{1.17}$$

所有轴对称的表面，依次用 $\ell$ 表示，有共同的轴线，这样的系统通常被称为共轴光学系统。

因此，考虑一个折射或反射球面，事实上我们不能将它与曲率相同的抛物面或其他二次曲面区分开来，因为它们形状的不同只存在于下一阶项。高斯理论涉及的是近轴光线，即对轴线附近的光线进行分析。在这个理论中，斯涅尔定律的正弦展开，它将折射率为 $n$，入射角为 $i$ 的介质与折射率为 $n'$，出射角 $i'$ 的介质相关联。

$$n'\left(i' - \frac{1}{3!}i'^3 + \cdots\right) = n\left(i - \frac{1}{3!}i^3 + \cdots\right) \tag{1.18}$$

被近似地表达为

$$n'i' = ni \tag{1.19}$$

符号约定：由于考虑了小角度，近轴绘图可能难以同时显示焦点和屈光面的曲率。该曲率由端部朝向曲率中心的括弧示意性地表示。我们使用笛卡儿符号约定：正曲率对应于凹面朝向 $z$ 轴为正的曲面。

### 1.4.1　屈光面曲率 $c=1/R$

让我们考虑一个表面——屈光面——将折射率为 $n$ 和 $n'$ 的两种介质分开（图 1.15），并将 $z$ 轴的原点设置在其顶点上。物空间中的物方焦点 $F$ 的横坐标 $f=OF$ 被定义为像空间中从无限远处的点源发出的光线从表面顶点 $O$ 到会聚点 $F$ 的距离。

相反，横坐标 $f'=OF'$ 的图像焦点 $F'$ 在像空间中，由物空间中的无限远处的点源定义。这些横坐标代表焦距

$$f' = \frac{n'}{n'-n}R, \qquad f = -\frac{n'}{n'-n}R \qquad (1.20a)$$

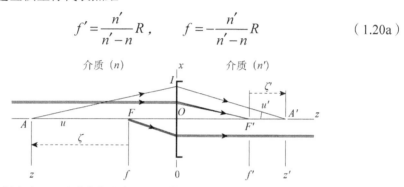

图 1.15　近轴焦点——也称高斯焦点——和共轭距。括弧朝向 $z$ 表示透镜曲率 $c=1/R>0$

从上面我们可以推导出，

$$\frac{n'}{f'} = -\frac{n}{f} = \frac{n'-n}{R} \quad \text{以及} \quad f'+f = R \qquad (1.20b)$$

参量

$$K = \frac{n'}{f} \qquad (1.21)$$

被称为表面或光学系统的光焦度。在像空间中，它的倒数 $f'/n'$ 是系统的有效焦距（efl）。

轴上点 $A$ 和其像点 $A'$ 的共轭距离 $z=OA$ 和 $z'=OA'$ 是通过求解 $u$，$i$，$i'$，$u'$ 的四个角度方程而获得的，表示在交点 $I$ 处的局部几何变换。量 $u$，$u'$ 是物点和像点处光线的孔径角度，有时称为会聚角度。

求解这个系统得到

$$\frac{n'-n}{R} = \frac{n}{z'-R} - \frac{n'}{z-R} \qquad (1.22a)$$

也可写为

$$\frac{1}{R}=\frac{n'}{n'-n}\frac{1}{z'}-\frac{n}{n'-n}\frac{1}{z} \tag{1.22b}$$

使用方程（1.20），我们得到顶点共轭距离方程

$$\frac{f'}{z'}+\frac{f}{z}=1 \tag{1.23a}$$

让我们用 $\zeta=FA$ 和 $\zeta'=F'A'$ 表示物体及其图像与各自焦点之间的距离。然后 $z=\zeta+f$，$z'=\zeta'+f'$。代入上式后，我们得到牛顿共轭距离方程。

$$\zeta'\zeta=f'f \tag{1.23b}$$

屈光顶点与焦点位置之间的共轭距离是相关的

$$\frac{\zeta'}{z'}+\frac{\zeta}{z}=1 \tag{1.23c}$$

另一个重要的光学量是横向放大率 $M$。考虑一个对象 $AB$ 和它的像 $A'B'$，令 $\eta=AB$ 以及 $\eta'=A'B'$ 是它们在 $x$ 方向的高度（图 1.16）。在高斯近似中，横向放大倍数可以通过共轭高度的比例或通过孔径角度 $u$，$u'$ 的比率来定义，如

$$M=\frac{\eta'}{\eta}=\frac{u}{u'} \tag{1.24}$$

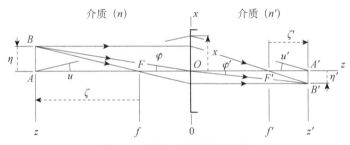

图 1.16　共轭点和横向放大率

如果图像倒置，则为负值。

$\varphi$ 和 $\varphi'$ 是视场角，即从原点 $O$ 看到的物和像的角度。我们有 $\eta=z\varphi$ 和 $\eta'=z'\varphi'$。由于在斯涅耳定律近似中 $n\varphi=n'\varphi'$，横向放大率为

$$M=\frac{\eta'}{\eta}=\frac{n}{n'}\frac{z'}{z} \tag{1.25a}$$

考虑物空间和像空间中的相似三角形，我们也可以用牛顿共轭分别表示横向放大率

$$M = -\frac{f}{\zeta} = -\frac{\zeta'}{f'} \tag{1.25b}$$

### 1.4.2　折射率为 $n$ 的介质中的反射镜

对于折射率为 $n$ 的介质中的反射镜，将像空间的折射率设置为 $n' = -n$，从（1.21）式可以知道

$$K = -\frac{n}{f'} = -\frac{n}{f} = -\frac{2n}{R} \tag{1.26a}$$

焦距、共轭距离方程和放大率为

$$\frac{1}{f'} = \frac{1}{f} = \frac{2}{R}, \quad \frac{1}{z'} + \frac{1}{z} = \frac{2}{R}, \quad \zeta'\zeta = \frac{R^2}{4}, \quad M = -\frac{Z'}{Z} \tag{1.26b}$$

无论介质折射率 $n$ 如何。

对于在折射率为 1 的折射介质中的反射镜，$n = 1 = -n'$，光焦度为

$$K = -\frac{1}{f'} = -\frac{1}{f} = -\frac{2}{R} \tag{1.26c}$$

在入射光线 $z > 0$ 方向传播的符号约定中，凹面镜具有的 $f'$，$f$ 和 $R$ 全为负，并且其光焦度 $K$ 为正。

对于由几个轴向分开的屈光面组成的共轴系统，高斯理论为确定整个系统的 efl $f'$ 提供了一种有效的方法。这个概念引入了物方和像方主点和主平面的概念。对于单屈光面，这些平面与顶点重合。对于整体系统，像方主平面穿过物空间的平行光线与经过像方焦点的共轭光线的交点。因此，efl 是从像方主平面到像方焦点的距离；这是光学系统焦距的严格定义。使用连续主平面的轴向位置的横坐标变换计算 efl。

这个过程提供了厚透镜和轴向分离表面的近轴特性。

### 1.4.3　组合系统的光焦度

轴向间隔距离为 $d$，光焦度分别为 $K_1$，$K_2$ 的两个系统的最终光焦度是

$$K = K_1 + K_2 - \frac{d}{n^*} K_1 K_2 \tag{1.27}$$

其中 $n^*$ 是这些系统之间介质的折射率。

### 1.4.4  空气或真空中的透镜

令 $c_1 = 1/R_1$，$c_2 = 1/R_2$，$d$ 为折射率为 $n$ 的透镜的曲率和轴向厚度。从（1.20a）到（1.21），我们得到 $K_1 = (n-1)/R_1$ 和 $K_2 = (n-1)/R_2$，因此，代入上式后，空气中透镜的光焦度是

$$K = \frac{1}{f'} = -\frac{1}{f} = (n-1)\left( \frac{1}{R_1} - \frac{1}{R_2} + \frac{n-1}{n}\frac{d}{R_1 R_2} \right) \qquad (1.28a)$$

然而，在正常的压力和温度条件下，真空的折射率近似为 $n_a = 1.0003$。但是，在光学设计中通用的做法是规定玻璃相对于空气的折射率，因此对于在空气中工作的透镜的上述光焦度不需要校正其折射率。

因此，如果透镜设计为在真空下工作，则在式（1.28a）中，需要用（$n + n_a - 1$）替换为（$n-1$）。

$$K = (n + n_a - 1)\left( \frac{1}{R_1} - \frac{1}{R_2} + \frac{n + n_a - 1}{n + n_a}\frac{d}{R_1 R_2} \right) \qquad (1.28b)$$

表示真空中透镜的光焦度。

### 1.4.5  无焦系统

通过至少两个光学表面，我们可以将产生的光焦度设置为零来获得无焦系统。例如，根据（1.28a）式，将空气中的厚透镜的厚度设为 $d = n(R_1 - R_2)/(n-1)$ 就可以实现。其他基本系统是 1636 年在 *L'Harmonie Universelle* 中的四个共焦抛物面的 Mersenne 双反射镜设计[32]，（参见 2.3 节）和伽利略形式以及开普勒形式的两个镜头设计（图 1.17）。在不知道消像散性质的情况下（参见 1.9 节），Mersenne 发明了这种无焦系统和以卡塞格林形式的无焦系统，他通过紧凑设计还发明了第一个长焦效应的反射镜（参见 Wilson[170]）。

无焦系统的特征在于压缩比或扩束比，从而可以确定共轭光束孔径的相对变化（参见 2.4 节）。

### 1.4.6  光瞳和主光线

所有视场光束进入光学系统的孔径区域被称为入射光瞳，或输入光瞳。在下一个介质中，可获得一个像面光瞳。在系统输出介质处，我们获得输出或出射光

瞳，它是系统入瞳的共轭。孔径光阑定义了所有光束都可以通过的光束区域，然后定义系统的所有光瞳。视场光阑物理定义了视场的线性大小。在天文学中，我们通常将望远镜的入瞳（或孔径光阑）定义为第一个镜面，即主镜。

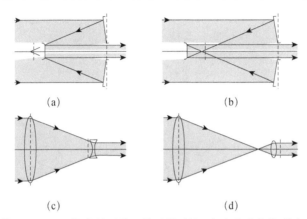

图 1.17　无焦系统。Mersenne 提出的两种 2 镜反射系统：（a）卡塞格林形式，（b）格里高利形式。2 个透镜的折射系统设计：（c）伽利略型，（d）开普勒型。入瞳和出瞳如图中虚线所示（摘自 King[85]和 Wilson[170]）

给定一个视场角，穿过入瞳中心的光线称为主光线。主光线也通过后续光瞳的中心。通过光瞳边缘的光线称为边缘光线。

如果系统是远心的，那么图像空间中的主光线平行于光轴，像方焦点是平面。这是通过将入射光瞳设置在物体焦平面上从而提供无穷远处的出射光瞳来实现的。

如果系统是同心的，那么图像空间中的主光线会聚到共同的中心，并且像方焦面是弯曲的且垂直于该中心方向。这通过入瞳和出瞳都位于共同中心的共心系统实现。在像空间中，主光线都与焦面垂直。

## 1.4.7　口径比或焦比

当一个系统被设计用于对无限远处或长距离的物体成像时，对聚光能力的方便度量就是所谓的孔径比或聚焦比或 $f$ 比。

将物空间中平行光束的直径表示为 $D$，并且将有效焦距表示为 efl——假定为正，$\Omega = \text{efl}/D$。在高斯近似中，焦比 $\Omega$ 是最大孔径角度 $u'_{\max}$ 的绝对值的两倍。

$$\Omega = \frac{\text{efl}}{D} = 2\left|u'_{\max}\right| \tag{1.29}$$

一个焦比 $\Omega=3$ 的系统通常表示为 $f/3$。

## 1.5  拉格朗日不变量

高斯光学的基本定律可以从 $A$，$B$ 点和它们的共轭 $A'$，$B'$导出（图 1.16）。这个将横向放大倍数 $M=\eta'/\eta$ 与孔径角比 $u/u'$ 相联系的定律是拉格朗日不变量，也称为 Smith，Lagrange 或 Helmholtz 关系。

让我们考虑单屈光面的情况，方程（1.25a）可以被写为

$$n\frac{1}{z}\eta = n'\frac{1}{z'}\eta' \tag{1.30}$$

从物点 $A$ 开始，光线以角度 $u$ 入射在高度 $x=uz$ 处与 $x$，$y$ 平面相交，然后从相同高度经过图像点 $A'$，

$$uz = u'z' \tag{1.31}$$

将上述方程相乘得到

$$nu\eta = n'u'\eta' \tag{1.32}$$

考虑一个具有下一个屈光面和介质折射率为 $n''$ 的情况，我们可以用相同的方式获得 $n''u''\eta'' = n'u'\eta'$ 等。结果适用于任何介质空间和光学系统的最后空间——像空间，因此

$$nu\eta = L - \text{invariant} \tag{1.33a}$$

它叫做拉格朗日不变量。

对于无焦点系统，孔径角度为 $u=u'=0$，物体和图像位置处于无穷远处，这导致 $\eta\to\pm\infty$ 以及 $\eta'\to\pm\infty$，所以上述公式是不定的。

在物体空间中，光学表面的光线高度为 $x=uz$，视场高为 $\eta=z\varphi$，其中 $\varphi$ 为视场角；（1.33a）中的 $u\eta$ 替换为 $x\varphi$ 得到

$$nx\varphi = L - \text{invariant} \tag{1.33b}$$

这是拉格朗日不变的无焦形式。

这种不变性属性对于两端在相同介质（$n'=n$）中的有焦和无焦系统会带来

以下结果。

焦比和线性视场：考虑当前在天文学中使用的缩焦系统，这些系统是以有限距离工作的仪器，其放大倍数 $M=\eta'/\eta$，使得 $M^2 < 1$。

→如果输出焦比比输入焦比快 $1/M$ 倍，则输出视场的线性尺寸比输入的线性尺寸小 $M$ 倍。

无焦光束和视场角：考虑一个无焦系统，例如 Mersenne 望远镜或激光扩束器，我们可以定义一个数 $K=\left|\dfrac{x'}{x}\right|$ 来表达共轭光束的直径变换。

→如果输出光束的直径减小 $1/K$，那么输出光束的视视场角会增加 $K$ 倍。

在天文学中拉格朗日不变结果的典型例子是：Courtes（1952）用缩焦器增加了对扩展物体的检测，另一个无焦点情况是众所周知的伽利略形式的折射望远镜（图 1.17）。

# 1.6 集光率不变量和拉格朗日不变量

## 1.6.1 拉格朗日不变量

通常，光学表面的像差引起像点的锐度变差。首先，图像质量的这种改变是由基本像差引起的（参见 1.8 节），其分析计算需要使用拉格朗日不变量。总结前面部分的结果，拉格朗日不变量 $H$ 的两种形式是

$$H= nu\eta \equiv nx\varphi =\text{Lagrange 不变量} \tag{1.34}$$

在光线追迹分析中，一些其他作者，例如 Welford[167] 和 Wilson[170]，使用相反符号定义拉格朗日不变量。

## 1.6.2 集光率不变量

让我们考虑一个光源——或焦平面——它的面积 $\overline{A}$ 在频带 $\delta v$ 内均匀发射强度为 $I_v$ 的光。假定发射表面居中并垂直于光学系统的轴线，则到达位于与源距离 $d$ 处的区域 $\mathcal{A}$ 的入瞳上每秒的总能量 $W$ 满足平方反比律

$$W = \frac{A\overline{A}}{d^2} I_v \delta v \tag{1.35a}$$

这种关系在光谱学和光度学中是众所周知的（Pecker 和 Schatzman[120]，Sterken 和 Manfroid[149]）。视场的立体角 $\Omega$ 是 $\Omega = \bar{A}/d^2$（图 1.18），所以能量为

$$W = A\Omega I_v \delta v \qquad (1.35b)$$

在能量 $W$ 的表达式中，几何项的乘积 $A\Omega$ 被 Jacquinot[81]称为光学集光率[81]，他将这个量形式化为一个通过完全透射光学系统的不变量。光学集光率通常表示为

孔径立体角　　焦面面积　　　　　瞳孔面积　　　　　　　　视场立体角

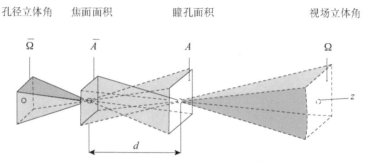

图 1.18　　在理想系统中光学集光率 $A\Omega \equiv \bar{A}\bar{\Omega}$ 是不变的

$$E = A\Omega = \bar{A}\bar{\Omega} = 集光率不变量 \qquad (1.36a)$$

其中 $\bar{A}$ 和 $\bar{\Omega}$ 是系统输入端的焦平面面积和全孔径立体角。因此，这个乘积可以用 $A'\Omega' = \bar{A}\bar{\Omega}$（$= A\Omega$）替代用于系统输出。

### 1.6.3　集光率和拉格朗日不变量等价

假设一个光学系统的两端在相同的介质（$n'=n$），如空气中，拉格朗日不变量和集光率之间的等价关系可以从上述关系中推导出来。

如果入瞳为方形孔径，则 $A = 4x^2$，如果视场是方形立体角，则 $\Omega = 4\varphi_{max}^2$，则我们从（1.36a）和（1.34）得到

$$E = 16x^2\varphi_{max}^2 \equiv 16H^2 \qquad (1.36b)$$

如果入射光瞳和视场是圆形的，则 $A = \pi x^2$ 并且 $\Omega = 2\pi(1-\cos\varphi_{max})$。如果视场角小，那么 $\Omega = \pi\varphi_{max}^2$，并且我们获得类似的等价性

$$E = \pi^2 x^2\varphi_{max}^2 \equiv \pi^2 H^2 \qquad (1.36c)$$

S. Carnot（1796—1832）在出版的文章中宣称（布鲁哈特[22]）："一个普遍的观点，驱动力本质上是自然界中不变的量，严格来说，它既不会产生也不会被破

坏。"这引起了 Clapeyron 的注意。1845 年，J. R. Mayer 首次提出了在转换过程中能量守恒的一般定律。这些概念被亥姆霍兹（Helmholtz，1847 年），以及后来引入"熵"这个术语的 Clausius（1850 年）和开尔文勋爵（1853 年）给出的更精确的数学形式。

因此，从高斯光学衍生而来的应用于任何光学系统的最基本的定理之一可以表述为：

→集光率不变量 $E$ 与热力学卡诺 Carnot 定律有关，"它表示在一个封闭系统中，熵不会减少，所以通过一个理想的光学系统传递的总能量是守恒的。

→拉格朗日不变量 $H$ 是光学集光率的一维表示。

表示 $D=2x$ 望远镜的输入瞳孔直径，对于圆形半视场 $\varphi_{\max}$ 从（1.36c）可以得到

$$E = \mathcal{A}\Omega = \frac{\pi^2}{4}D^2\varphi_{\max}^2 \qquad (1.36\mathrm{d})$$

例如，这种关系可以比较各种望远镜的集光率（图 1.19）。

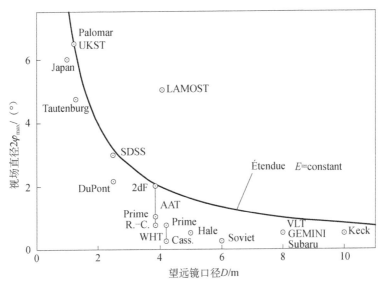

图 1.19　各种多目标光谱设施的光学集光率 $E = \frac{\pi^2}{4}D^2\varphi_{\max}^2$。

与显示的曲线相比，LAMOST 的集光率增益高出 6 倍

# 1.7　光学表面的解析表示

　　高斯光学仅考虑光学表面的曲率项和棱镜、反射镜的倾斜项。这些项构成了一阶理论的两个基本表面。光学像差的校正（见第 2 章）需要考虑下一阶项。通过分析消球差单透镜，笛卡儿奠定了具有非球形表面的卵形体的基本分析理论。在目前的术语中，非球形表面被称为非球表面或更简单地叫做非球面。

　　使用柱坐标系 $z$, $r$, $\theta$ 表示光学表面，我们可以区分共轴系统的轴对称非球面和非共轴系统的非轴对称非球面。它们的表示通常是针对顶点位于平面 $x$, $y$ 给出的，因此有表达式 $z\{r=0, \theta\}=0$。

## 1.7.1　圆锥面

　　圆锥面是旋转对称的非球面，它的子午截面属于二次曲线。它的形状通过下面的方程给出：

$$(1+\kappa)\, z^2 - 2Rz + r^2 = 0 ，\tag{1.37}$$

其中 $R=1/c$ 是曲率半径；$\kappa$ 是圆锥常数，也称为 Schwarzschild 常数，它表征非球面性，当 $\kappa=0$ 时表示一个球面。方程可以被改写成

$$z = \frac{cr^2}{1+\sqrt{1-(1+\kappa)\,c^2 r^2}}\tag{1.38a}$$

它的一级展开可以表示为

$$z = \frac{1}{2R}r^2 + \frac{1+\kappa}{8R^3}r^4 + \frac{(1+\kappa)^2}{16R^5}r^6 + \frac{5(1+\kappa)^3}{128R^7}r^8 + \cdots\tag{1.38b}$$

我们得到圆锥面的多级展开的一般表达式

$$z = \sum_{n=1,2,3,\cdots} \frac{(2n-2)!\,n}{2^{2n-1}(n!)^2} \frac{(1+\kappa)^{n-1}}{R^{2n-1}}r^{2n}\tag{1.38c}$$

当 $n \to 1$ 且 $\kappa \to -1$ 时，$(1+\kappa)^{n-1} \to 1$。

　　根据圆锥常数 $\kappa$ 的值将圆锥面归类（参见下文和图 1.20）：

$\kappa < -1$，　　　　　　双曲面；

$\kappa = -1$，　　　　　　抛物面；

$-1 < \kappa < 0$，　　　　拉长的椭圆面或扁长的椭圆面；

$\kappa = 0$ , 　　　　　　球面；

$\kappa > 0$ , 　　　　　　平整的椭圆面或扁平的椭圆面。

人们也可以使用偏心率 $e = \sqrt{-\kappa}$ 来描述，扁平椭圆面偏心率是一个虚数。

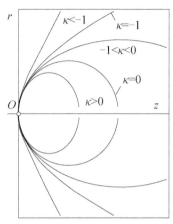

图 1.20　相同曲率的圆锥曲线截面

一个特殊的情况是双二次面；圆锥面的截线在 $x$ 方向和 $y$ 方向上不同。用 $c_x$, $c_y$ , $\kappa_x$ , $\kappa_y$ 表示曲率和圆锥常数，这个曲面由下式表示

$$z = \frac{c_x x^2 + c_y y^2}{1 + \sqrt{1 - (1+\kappa_x)\ c_x{}^2 x^2 - (1+\kappa_y)\ c_y{}^2 y^2}} \qquad (1.38d)$$

### 1.7.2　球面

轴对称表面展开式通常是从（1.38b）式的第三项开始不同。如果有 $A_2 = 1/2R$ 且 $A_4 = (1+\kappa)/8R^3$，以及 $A_6/A_4 \neq (1+\kappa)/2R^2$，这种形状被称为球面，并由幂级数表示

$$z = \sum_{n=2,4,6,\cdots} A_n r^n \qquad (1.39)$$

如果 $\dfrac{A_6}{A_4} = (1+\kappa)/2R^2$ 且下一阶展开与一般圆锥面的展开不同，则这种球面我们叫做变形的二次曲面，它的展开式从第七项开始偏离圆锥曲面（例如，$A_8 r^8$ 项）。

### 1.7.3　非轴对称表面和泽尼克多项式

非轴对称光学表面用于非共轴系统。这样的表面可以用来表示一些有光学像

差的波前面形。在 $z$，$x$ 平面上设置起始方位角 $\theta$ 的原点，设置

$x = r\cos\theta$ ， $y = r\sin\theta$ ，一般面形可以由下式表示：

$$Z = \sum z_{n,\,m} = \sum_{n,\,m}(A_{n,\,m}r^n\cos m\theta + B_{n,\,m}r^n\sin m\theta) \tag{1.40a}$$

其中 $n$，$m$ 为正整数，$n+m$ 为偶数，$m \leqslant n$，$A_{n,\,m}$，$B_{n,\,m}$ 为系数。一类特殊的非共轴系统表示一个对称的面：在 $z$，$x$ 平面中设置这种对称面可以研究 $B_{n,\,m} = 0$ 的光学系统。表面 $Z(r,\ \theta)$ 由连续光学表面模式 $z_{n,\,m}$ 表示

$$
\begin{aligned}
Z = {} & A_{00} + A_{20}r^2 + A_{40}r^4 + A_{60}r^6 + \ldots \\
& + A_{11}r\cos\theta + A_{31}r^3\cos\theta + A_{51}r^5\cos\theta + \ldots \\
& + A_{22}r^2\cos 2\theta + A_{42}r^4\cos 2\theta + \ldots \\
& + A_{33}r^3\cos 3\theta + \ldots \\
& + \ldots
\end{aligned}
\tag{1.40b}
$$

为简单起见，系数 $A_{n,\,m}$ 被记作 $A_{nm}$。具有连续的切平面的表面一般需要添加 $B_{n,\,m}r^n\sin m\theta$ 项获得。

光学表面或波前由 Zernike[178, 179]引入的多项式表示，每个多项式都具有某些不变性的简单性质。让我们考虑一个无量纲的孔径半径 $\rho = r/r_{max}$，并用来表示一个特定曲面，

$$z = \sum R_{n,0}\{\rho\} + \sum R_{n,\,m}\{\rho\}\cos m\theta + \sum R_{n,\,m}\{\rho\}\cos m\theta \tag{1.40c}$$

其中在每个 $R_{n,\,m}\{\rho\}$ 项前面的量纲系数被假定等于单位长度（它们不在这里出现）。这种展开式称为 Zernike 圆形多项式。径向分量 $R_{n,\,m}\{\rho\}$ 的归一化和确定如下（参见 Born 和 Wolf[17]）

$$R_{n,\,m}^2\{\rho\} \leqslant 1,\ \ \forall\rho\in[0,1]$$

并且 $m \leqslant n$，

$$R_{n,\,m}\{\rho\} = \sum_{s=0}^{(n-m)/2}\frac{(-1)^s\,(n-s)!}{s!\left[\dfrac{1}{2}(m+n)-s\right]!\left[\dfrac{1}{2}(n-m)-s\right]!}\rho^{n-2s} \tag{1.40d}$$

Zernike 圆多项式 $C_{mn}$ 维的表述是

$$
\begin{aligned}
Z = {} & c_{00} + c_{20}(2\rho^2 - 1) + c_{40}(6\rho^4 - 6\rho^2 + 1) + c_{60}(20\rho^6 - 30\rho^4 + 12\rho^2 - 1) + \ldots \\
& + c_{11}\rho\cos\theta + c_{31}(3\rho^2 - 2)\rho\cos\theta + c_{51}(10\rho^4 - 12\rho^2 + 3)\rho\cos\theta + \ldots \\
& + c_{22}\rho^2\cos 2\theta + c_{42}(4\rho^2 - 3)\rho^2\cos 2\theta + \ldots
\end{aligned}
$$

$$+c_{33}\rho^2\cos3\theta+\dots$$

$$+\dots$$

其中类似的正弦项的系数 $c'_{nm}$ 必须加上。

# 1.8　三级像差的赛德尔（Seidel）表示

为了改善用于摄影的镜头的性能，共轴光学系统引入的几何像差被大量研究,摄影镜头由 Nicephore Niepce 于 1816 年发明并于 1839 年由 J. Daguerre 改进。这些镜头需要大口径和大视场，因此需要更好地校正轴上和轴外像差。光学像差的早期研究需要通过光线追迹，但 J. Petzval 通过分析研究获得了很不错的结果（1.1 节）。虽然他的手稿已被毁坏，但他在 1840 年研制的四透镜装置，被称为"佩茨瓦尔镜头"[17,29]，证明了他分析计算的重要性。

## 1.8.1　赛德尔理论

最早关于轴对称系统的几何像差的分析由 W. Rowan Hamilton 于 1833 年发表[71]（参见 Wilson[170]），他介绍了系统的特征函数。他通过使用三个基本参数导出了初级像差的一般形式：光线的孔径高度，方位角和视场高。L.赛德尔在 1856 年发表了一篇关于光学像差的著名分析[144]。他的理论对光学系统每个表面引入的初级像差类型的数量提供了强有力的评估，然后用户可计算整个系统的像差总和。1895 年，Bruns 在一项关于像差的分析研究中考虑了一个与像差函数相关的光程函数。关于这项工作的历史笔记在 Herzberger 的书中有所介绍[75]。Schwarzschild 于 1905 年介绍了 Schwarzschild 光程函数，这与行星运动中的摄动函数密切相关，并由他称为赛德尔光程函数（参见 Born 和 Wolf[17]）。

一般来说，物空间的点源经过共轴系统出射的光线不是理想球面波前。波前像差或像差函数的一般形状可以由表征所有像差项的三个变量来定义。我们按照 Welford 方法（[167]第 8.2 节），将这些无量纲变量表示为

$\rho$：在出瞳 $x$，$y$ 平面处的孔径半径，归一化为 0 到 1；

$\theta$：出瞳平面处的方位角，和 $\rho$ 构成极坐标；

$\bar{\eta}$：图像焦平面 $\mathcal{X}$，$y$ 处的像高，归一化为 0 到 1。

其中 $x=\rho\cos\theta$，$y=\rho\sin\theta$，在这里取平行于 $x$ 轴的 $\mathcal{X}$ 方向上归一化像高 $\bar{\eta}=\eta'/\eta'_{\max}$。在高斯近似中，归一化视场角 $\bar{\varphi}=\varphi'/\varphi'_{\max}$ 对应归一化图像高度（$\bar{\varphi}\equiv\bar{\eta}$）；为了简化书写，省略了 $\bar{\eta}$ 和 $\bar{\varphi}$ 上的一撇。

与高斯参考球面相比，在出射光瞳处由波前像差函数表示的初级像差的波前

$$W_{[4]}\left(\rho,\ \theta,\ \bar{\eta}\right)=\frac{1}{8}S_{\mathrm{I}}\rho^4+\frac{1}{2}S_{\mathrm{II}}\bar{\eta}\rho^3\cos\theta+\frac{1}{4}S_{\mathrm{III}}\bar{\eta}^2\rho^2\cos2\theta$$

$$+\frac{1}{4}(2S_{\mathrm{III}}+S_{\mathrm{IV}})\ \bar{\eta}^2\rho^2+\frac{1}{2}S_V\bar{\eta}^3\rho\cos\theta \qquad（1.41）$$

其中 $S_{\mathrm{I}}$ 到 $S_V$ 是具有长度单位的五个三级赛德尔系数，分别表示初级球差、彗差、像散、场曲和畸变。这些被称为三级像差。为了将它们与可以包括更高级的系数分类区分开来，我们将其表示为

Sphe3，Coma3，Astm3，Petz3，Dist3

已经推导出清楚的关系来计算单个表面的所有三级像差的横向像斑大小，从而将其每个赛德尔系数 $S_i$ 作为 $\rho$，$\theta$，$\bar{\eta}$ 参数的函数。这些关系也考虑到非球面的情况。自赛德尔以来，许多作者重新确定了 $S_i$ 系数的简单表达式。例如，可以参考 Conrady[36]、Chrétien[29]、Kingslake[86]、Welford（[167]，附录 A）的书以及明确给出双反射镜望远镜赛德尔总和的 Wilson[170]。在光线追迹分析的普通实践中，通过每个表面的 $S_i$ 系数简单的加法 $\Sigma S_i$ 来计算整个系统的赛德尔总和。

给定源点的视场高度以及与波前 $W_{[4]}$ 垂直的相关主光线，（1.41）可以导出局部图像平面上任何孔径光线的横向偏移。横向像差量这种偏差的两个分量是，

$$\Delta\mathcal{X}=-\frac{1}{2}\left[S_{\mathrm{I}}\rho^3\sin\theta+S_{\mathrm{II}}\bar{\eta}\rho^2\sin2\theta+(S_{\mathrm{III}}+S_{\mathrm{IV}})\ \bar{\eta}^2\rho\sin\theta\right], \qquad（1.42）$$

$$\Delta\mathcal{Y}=-\frac{1}{2}\left[S_{\mathrm{I}}\rho^3\cos\theta+S_{\mathrm{II}}\bar{\eta}\rho^2\left(2+\cos2\theta\right)+(3S_{\mathrm{III}}+S_{\mathrm{IV}})\bar{\eta}^2\rho\cos\theta+S_V\sqrt{\eta}^{\,3}\right]$$

$$（1.43）$$

这样就可以画出球差、彗差、像散对应的像差图像的几何形状，以及全视场畸变。给定一个像差项，其图像模式将对固定高度 $\eta$=恒定的不同 $\rho$ 和 $\theta$ 的所有光线进行追迹。

几个重要的特性可以立即从像差函数（1.41）中得到。

如果没有球差、彗差、像散，即 $S_{\mathrm{I}}=S_{\mathrm{II}}=S_{\mathrm{III}}=0$，则我们看到 $S_{\mathrm{IV}}$ 的值是场曲的量度；这个曲率也被称为佩茨瓦尔曲率，1840 年佩茨瓦尔发现佩茨瓦尔条件 $S_{\mathrm{IV}}=$

0 是获得平场的必要条件。

如果像散没被校正，$S_{\mathrm{III}} \neq 0$，用下面的表达式重新组合（1.41）式子的第三和第四项

$$\frac{1}{4}(3S_{\mathrm{III}} + S_{\mathrm{IV}})\ \bar{\eta}^2 x^2 + \frac{1}{4}(S_{\mathrm{III}} + S_{\mathrm{IV}})\ \bar{\eta}^2 y^2,\tag{1.44}$$

其在像空间中分别是曲率为 $1/R_t$ 和 $1/R_s$ 的子午焦面和弧矢焦面的 $x, z$ 和 $y, z$ 截面。$1/R_p$ 是佩茨瓦尔焦面的曲率，通过（1.44）得到，这些表面满足

$$\frac{3}{R_s} - \frac{1}{R_t} = \frac{2}{R_p}\tag{1.45}$$

当像散是唯一的三级像差时，光束会聚在两个垂直段上，在主光线上，它们被散光长度（即子午和弧矢焦面之间的距离）隔开。

如果 $S_{\mathrm{III}} \neq 0$ 并且如果球差和彗差较小，那么在平均曲率焦面上获得最小弥散图像，其曲率是

$$\frac{1}{R_m} = \frac{1}{2}\left(\frac{1}{R_s} + \frac{1}{R_t}\right)\tag{1.46}$$

如式（1.41）的右边第四项所示的那样。

如果没有像散（$S_{\mathrm{III}} = 0$），则 $R_m = R_s = R_t = R_p$：四个表面合并成一个佩茨瓦尔表面。

在一般情况下，离轴光线等间隔地与这四个焦面相交（图 1.21），取决于像散的符号，各自的曲率半径下标依次为（t，m，s，P）或（P，s，m，t）。与式（1.41）中的 $W_{[4]}$ 描述的三级像差类似，其他函数也可以用来分析任何阶的像差。

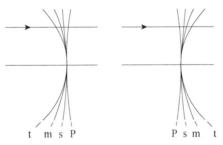

图 1.21　两种相反的像散符号下，等间距的子午、最小弥散、弧矢和佩茨瓦尔焦面在高斯平面上的子午截面

波前函数的一般形式由 Hamilton 特征函数定义展开，

$$W = W_{[0]} + W_{[2]} + W_{[4]} + W_{[6]} + \ldots \qquad （1.47）$$

其中每个函数 $W_{[i]}$ 包含一个或几个如下形式的项

$$w = a_{l,\,m,\,n}\overline{\eta}^{\,l}\rho^n\cos m\theta\,，\ l,\ m,\ n\ 为整数且 \geqslant 0，\ m \leqslant n \qquad （1.48）$$

第一个函数 $W_{[0]}$ 是一个常数（$l=n=m=0$）给定波前的初始坐标。$W_{[2]}$ 包括一阶项的曲率和倾斜——即高斯项——我们将称之为

$$Cv1 \quad 当 l=0，\ n=2，\ m=0 \qquad （1.49a）$$

$$Tilt\,1 \quad 当 l=1，\ n=1，\ m=1 \qquad （1.49b）$$

幂级数 $W$ 的每一项包含在定义为 $K_W$ 阶波前函数中

$$K_W = l + n - 1 \qquad （1.50）$$

表 1.2 显示了特征函数 $W$ 的哈密顿展开中涉及的高斯项以及三级、五级像差项，其中为了简单起见，没有示出具有长度尺寸的系数 $a_{l,\,m,\,n}$。

对于每个初级像差，波前的形状可以以 $w_{nm} = A_{mn}\rho^n\cos m\theta$ 形式的单独项表示，或者通过添加某个一阶项来表示（图 1.22）。

**表 1.2 哈密顿波前函数的主要项**

| $n$ | $m=0$ | $m=1$ | $m=2$ | $m=3$ | $K_W$ |
|---|---|---|---|---|---|
| 1 | | $\overline{\eta}\rho\cos\theta$ | | | 1 |
| 2 | $\rho^2$ | | | | |
| 1 | | $\overline{\eta}^3\rho\cos\theta$ | | | 3 |
| 2 | $\overline{\eta}^2\rho^2$ | | $\overline{\eta}^2\rho^2\cos 2\theta$ | | |
| 3 | | $\overline{\eta}\rho^3\cos\theta$ | | | |
| 4 | $\rho^4$ | | | | |
| 1 | | $\overline{\eta}^5\rho\cos\theta$ | | | 5 |
| 2 | $\overline{\eta}^4\rho^2$ | | $\overline{\eta}^4\rho^2\cos 2\theta$ | | |
| 3 | | $\overline{\eta}^3\rho^3\cos\theta$ | | $\overline{\eta}^3\rho^3\cos 3\theta$ | |
| 4 | $\overline{\eta}^2\rho^4$ | | $\overline{\eta}^2\rho^4\cos 2\theta$ | | |
| 5 | | $\overline{\eta}\rho^5\cos\theta$ | | | |
| 6 | $\rho^6$ | | | | |

## 1.8.2 赛德尔像差模式——弹性形变模式

主动光学方法用于反光镜和透镜非球面的生成，镜面形状由弹性方法产生，并由一个或多个幂级数（1.40b）项 $z_{m,\,n} = A_{m,\,n}\rho^n\cos m\theta$ 表示。

图 1.22　（上）存在初级球差 $w=5\lambda\,\rho^4$，$5\lambda\left(\rho^4-\dfrac{3}{2}\rho^2\right)$，$5\lambda\left(\rho^4-2\rho^2\right)$ 的情况下，波前会聚于高斯焦点、平均弥散焦点、边缘光线焦点。（中）初级彗差的波前为 $w=4\lambda\,\rho^3\cos\theta$，$4\lambda(\rho^3-\rho)$ $\cos\theta$。（下）初级像散波前为 $w=1.6\lambda\,\rho^2\cos2\theta$，$1.6\lambda\,\rho^2(\cos2\theta+1)$，$1.6\lambda\,\rho^2(\cos2\theta+2)$

在该式中，归一化的图像高度参数 $\overline{\eta}$——或归一化的视场角 $\overline{\varphi}$——和 $l$ 的连续幂级数没有明确地给出。通过在 $W$ 中重新组合相同整数 $n$ 和 $m$ 的像差项，我们可以获得 $A_{m,\,n}$ 系数。例如，如果镜子是弹性非球面化的，用于同时校正代表线性彗差的前两项的 $a_{1,3,1}\overline{\eta}\rho^3\cos\theta$ 和 $a_{3,3,1}\overline{\eta}^3\rho^3\cos\theta$，分别表示表 1.2 中的阶数 $K_W=3$ 和 5，系数 $A_{31}$ 应为

$$A_{31}=(a_{1,3,1}\overline{\eta}+a_{3,3,1}\overline{\eta}^3)\,/\,r_{\max}^3$$

从两个整数 $n$ 和 $m$，我们可以将（1.40b）的 $z_{m,\,n}$ 项定义为包括 $K_O$ 阶的光学表面模式，

$$K_O=n+m-1,\quad n+m\text{ 为偶数},\ m\leqslant n\qquad（1.51）$$

为简单起见，我们将通过与波前函数的最低阶 $K_W$ 中出现的像差波面相同的缩写来描述每个光学表面模式，其后跟级数 $K_O$[①]。

从（1.40b）式，以下和后续章节中用于主动光学的光学和弹性模式由以下缩

---

① 注意：我们在 $z_{\mathrm{Opt}}$ 中使用与光学表面模式相同的缩写，与 $W$ 中的波前项相同，但通常它们的含义不同。例如，像差波前项 Astm3 由两个项 $\overline{\eta}^2\rho^2$ 和 $\overline{\eta}^2\rho^2\cos2\theta$ 表示（参见（1.41）和表 1.2）。现在使用（1.52）中光学表面模式的缩写，该术语通过共同添加 Cvl 和 Astm3 模式获得。在上下文中，用词语"波前像差项"和"光学表面模式"或更简洁的"像差项"和"光学模式"来区分它们。

写模式表示：

$$Z_{Opt} = A_{00} + \underset{\text{Cvl}}{A_{20}r^2} + \underset{\text{Sphe 3}}{A_{40}r^4} + \underset{\text{Sphe 5}}{A_{60}r^6} + \cdots$$
$$+ \underset{\text{Tilt 1}}{A_{11}r\cos\theta} + \underset{\text{Coma3}}{A_{31}r^3\cos\theta} + \underset{\text{Coma5}}{A_{51}r^5\cos\theta} + \cdots$$
$$+ \underset{\text{Astm 3}}{A_{22}r^2\cos 2\theta} + \underset{\text{Astm 5}}{A_{42}r^4\cos 2\theta} + \cdots \qquad (1.52)$$
$$+ \underset{\text{Tri5}}{A_{33}r^3\cos 3\theta} + \cdots$$
$$+\cdots$$

根据关于等厚板的 Clebsch 弹性理论，可以看到属于该光学三角矩阵的两条下对角线的模式可以通过圆形板的挠曲容易地产生和叠加（参见 7.2 节）。还包括 Sphe3 模式，我们经常将它们称为 Clebsch-Seidel 模式。

### 1.8.3 泽尼克 rms 多项式

对于波前测试分析，通常需要知道偏离理论表面的均方根值。从泽尼克圆多项式，可以建立其相关的 rms 多项式，泽尼克均方根多项式 $z_{n,\,m}$（Noll[117]）。根据（1.40d）定义的径向分量 $R_{m,\,n}\{\rho\}$，$z_{n,\,m}$ 由下式给出

$$z_{n,\,m}\{\rho,\,\theta\} = k_{n,\,m}R_{n,\,m}\{\rho,\,\theta\}, \qquad k_{n,\,m} = \sqrt{n+1} \times \begin{cases} 1, & m=0 \\ \sqrt{2}, & m\neq 0 \end{cases} \qquad (1.53)$$

常数 $k_{m,\,n}$ 可以使得从 pv 多项式 $R_{n,\,m}$ 得到 rms 多项式 $z_{n,\,m}$（表 1.3）。

表 1.3　9 阶（$K_O = n+m-1 = 9$）rms 多项式 $z_{n,\,m}$ 的系数 $k_{n,\,m}$ 和 Zernike 多项式 $R_{n,\,m}$（Hugot[78]）

| $i$ | Mode | $k_{n,m}$ | $R_{n,m}(\rho,\,\theta)$ | $K_O$ |
|---|---|---|---|---|
| 1 | Piston | 1 | 1 | |
| 2 | Tilt 1 $x$ | 2 | $\rho\cos\theta$ | 1 |
| 3 | Tilt 1 $y$ | 2 | $\rho\sin\theta$ | |
| 4 | Cvl | $\sqrt{3}$ | $2\rho^2-1$ | |
| 5 | Astm3 $x$ | $\sqrt{6}$ | $\rho^2\cos 2\theta$ | 3 |
| 6 | Astm3 $y$ | $\sqrt{6}$ | $\rho^2\sin 2\theta$ | |
| 7 | Coma3 $x$ | $\sqrt{8}$ | $(3\rho^2-2)\rho\cos\theta$ | |
| 8 | Coma3 $y$ | $\sqrt{8}$ | $(3\rho^2-2)\rho\sin\theta$ | |
| 9 | Sphe3 | $\sqrt{5}$ | $6\rho^4-6\rho^2+1$ | |

| $i$ | Mode | $k_{n,m}$ | $R_{n,m}(\rho, \theta)$ | $K_O$ |
|---|---|---|---|---|
| 10 | Tri5 $x$ | $\sqrt{8}$ | $\rho^3\cos 3\theta$ | 5 |
| 11 | Tri5 $y$ | $\sqrt{8}$ | $\rho^3\sin 3\theta$ | |
| 12 | Astm5 $x$ | $\sqrt{10}$ | $(4\rho^2-3)\rho^2\cos 2\theta$ | |
| 13 | Astm5 $y$ | $\sqrt{10}$ | $(4\rho^2-3)\rho^2\sin 2\theta$ | |
| 14 | Coma5 $x$ | $\sqrt{12}$ | $(10\rho^2-12\rho^2+3)\rho\cos\theta$ | |
| 15 | Coma5 $y$ | $\sqrt{12}$ | $(10\rho^2-12\rho^2+3)\rho\cos\theta$ | |
| 16 | Sphe5 | $\sqrt{7}$ | $20\rho^6-30\rho^4+12\rho^2-1$ | |
| 17 | Squa7 $x$ | $\sqrt{10}$ | $\rho^4\cos 4\theta$ | 7 |
| 18 | Squa7 $y$ | $\sqrt{10}$ | $\rho^4\sin 4\theta$ | |
| 19 | Tri7 $x$ | $\sqrt{12}$ | $(5\rho^2-4)\rho^3\cos 3\theta$ | |
| 20 | Tri7 $y$ | $\sqrt{12}$ | $(5\rho^2-4)\rho^3\sin 3\theta$ | |
| 21 | Astm7 $x$ | $\sqrt{14}$ | $(15\rho^4-20\rho^2+6)\rho^2\cos 2\theta$ | |
| 22 | Astm7 $y$ | $\sqrt{14}$ | $(15\rho^4-20\rho^2+6)\rho^2\sin 2\theta$ | |
| 23 | Coma7 $x$ | $\sqrt{16}$ | $(35\rho^6-60\rho^4+30\rho^2-4)\rho\cos\theta$ | |
| 24 | Coma7 $y$ | $\sqrt{16}$ | $(35\rho^6-60\rho^4+30\rho^2-4)\rho\sin\theta$ | |
| 25 | Sphe7 | $\sqrt{9}$ | $70\rho^8-140\rho^6+90\rho^4-20\rho^2+1$ | |
| 26 | Penta9 $x$ | $\sqrt{12}$ | $\rho^5\cos 5\theta$ | 9 |
| 27 | Penta9 $y$ | $\sqrt{12}$ | $\rho^5\sin 5\theta$ | |
| 28 | Squa9 $x$ | $\sqrt{14}$ | $(6\rho^2-5)\rho^4\cos 4\theta$ | |
| 29 | Squa9 $y$ | $\sqrt{14}$ | $(6\rho^2-5)\rho^4\sin 4\theta$ | |
| 30 | Tri9 $x$ | $\sqrt{16}$ | $(21\rho^4-30\rho^2+10)\rho^3\cos 3\theta$ | |
| 31 | Tri9 $y$ | $\sqrt{16}$ | $(21\rho^4-30\rho^2+10)\rho^3\sin 3\theta$ | |
| 32 | Astm9 $x$ | $\sqrt{18}$ | $(56\rho^6-105\rho^4+60\rho^2-10)\rho^2\cos 2\theta$ | |
| 33 | Astm9 $y$ | $\sqrt{18}$ | $(56\rho^6-105\rho^4+60\rho^2-10)\rho^2\sin 2\theta$ | |
| 34 | Coma9 $x$ | $\sqrt{20}$ | $(126\rho^8-280\rho^6+210\rho^4-60\rho^2+5)\rho\cos\theta$ | |
| 35 | Coma9 $y$ | $\sqrt{20}$ | $(126\rho^8-280\rho^6+210\rho^4-60\rho^2+5)\rho\sin\theta$ | |
| 36 | Sphe9 | $\sqrt{11}$ | $252\rho^{10}-630\rho^8+560\rho^6-210\rho^4+30\rho^2-1$ | |

# 1.9　消球差，消球差消彗差和消像散

三级球差、彗差和像散——Sphe3，Coma3，Astm3——有时被称为光瞳像差，它们适合在孔径光阑上或附近进行校正。

## 1.9.1　消球差

如果光学系统没有球差（Sphe3）像差，则初级赛德尔和为 0，

$$\sum S_I = 0 \qquad\qquad (1.54)$$

这个设计叫做三级消球差系统。

**消球差单反射镜：** 第一个被知道的消球差表面是对无限远物体成像时的抛物面反射镜。这种几何特性由古希腊人发现。考虑子午平面，Diocles（参见 1.1.1 节）证明了抛物面可以使与其轴线平行的光线会聚于一点。椭球面和双曲面反射镜为有限距离处的物体提供了消球差特性。

加上平面和球面，和上述三种表面一起定义了二次曲面族（参见 1.7.1 节）。

**消球差单透镜：** 在笛卡儿尝试用单透镜做折射望远镜时，他发现了卵形表面——被称为笛卡儿的卵形体[45]（参见 9.1.2 节）——透镜的另一个表面与入射或折射波前是相同曲率的球面。这提供了一个消球差单透镜。尽管实际上笛卡儿为了解决消球差问题而发明了解析几何，但单透镜的轴向色差困难阻碍了它的发展。

笛卡儿卵形体包括了二次曲线子集。

**任意的轴对称系统：** 从上面的消球差反射镜或单透镜，我们有以下重要定理：

在任何折射系统、反射系统或折反射轴对称系统中，笛卡儿的卵型——包括二次曲线族——可校正各级球差。对于有限孔径角 $U$，$U'$ 可以完全校正 Sphe3，Sphe5 等的所有级数的球差。

笛卡儿消球差理论是第一个对于透镜系统、反射镜系统或两者都有的系统的像差理论。两个多世纪以来，这种理论即光学表面的子午截面可以是四次曲线，是唯一被保留下来的。

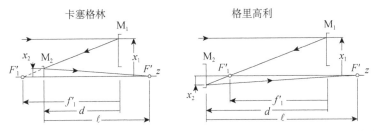

图 1.23　卡塞格林（Cassegrain）和格里高利（Gregory）形式的高斯参数。望远镜分别形成倒立的像和正立的像

消球差双反射镜望远镜：让我们考虑一般的双反射镜望远镜，即卡塞格林（Cassegrain）和格里高利（Gregory）形式（图 1.23）。

用代数 $d$ 表示从主镜的顶点到副镜的顶点距离 $M_1 M_2$（图 1.23 中两种形式都有 $d<0$，因为与 $z$ 方向相反），$R_1 = 2f_1'$，$R_2 = 2f_2'$ 为它们的曲率半径（两种形式都有的 $R_1<0$ 和 $f_1'<0$）。对于反射情况，在（1.28a）中设置 $n=-1$，系统的光焦度为

$$\frac{1}{f'} = 2\left(-\frac{1}{R_1} + \frac{1}{R_2} - \frac{2d}{R_1 R_2}\right), \begin{cases} >0, & \text{卡塞格林} \\ <0, & \text{格里高利} \end{cases} \tag{1.55}$$

因为在两种形式中 $R_2 = 2f_2'$ 的符号是相反的，（卡塞格林的 $R_2<0$，格里高利的 $R_2>0$）。副镜产生的横向放大率

$$M = \frac{f'}{f_1'} = \frac{2f'}{R_1}, \begin{cases} >0, & \text{卡塞格林} \\ <0, & \text{格里高利} \end{cases} \tag{1.56}$$

符号表明对于格里高利像是正立的而对于卡塞格林像是倒置的。$\ell$ 表示从副镜到焦点的距离 $M_2 F'$。$d/f'$ 由参数表示为

$$\frac{d}{f'} = \frac{1}{M}\left(1 - \frac{\ell}{f'}\right) \tag{1.57}$$

根据 Wilson[7]的双反射镜系统理论，初级赛德尔和表示如下：

$$\sum S_I = \frac{1}{4}\left(\frac{x_1}{f'}\right)^4 \left\{-M^3(1+\kappa_1)f' + (M+1)^3\left[\left(\frac{M-1}{M+1}\right)^2 + \kappa_2\right]\ell\right\} \tag{1.58}$$

其中 $x_1$ 是主镜上的边缘光线高度。消球差条件，$\sum S_I = 0$，

$$1 + \kappa_1 - \left[\left(\frac{M-1}{M+1}\right)^2 + \kappa_2\right]\left(\frac{M+1}{M}\right)^3 \frac{\ell}{f'} = 0 \tag{1.59}$$

存在无穷个满足该条件的（$\kappa_1$，$\kappa_2$）组。

经典形式使用抛物面主镜；因此圆锥常数为

$$\kappa_1 = -1 \tag{1.60a}$$

$$\kappa_2 = -\left(\frac{M-1}{M+1}\right)^2 \tag{1.60b}$$

卡塞格林系统为双曲面副镜，格里高利系统为椭圆副镜。

如果其中一个反射镜是球面镜（$\kappa_1=0$ 或 $\kappa_2=0$），那么总的像差 Sphe3 必须由另一个镜子校正。因此，我们从（1.59）获得卡塞格林和格里高利形式的两个其他系统（表 1.4）。具有球面主镜设计的称为 Pressman-Camichel 望远镜，而具有球面副镜的系统称为 Dall-Kirkham 望远镜。我们的表中还包括了 Ritchey-Chrétien（RC）望远镜，其圆锥常数由方程式（1.70）进一步给出。

可以将长焦效应 $T$ 定义为以下比率：

$$T = |f'/\ell| \tag{1.61}$$

仅当像位于主镜的顶点或主镜后朝向光传播方向时，该比率才可用于比较。大的长焦效应是紧凑系统的一个特征。与格里高利形式相比，卡塞格林望远镜的 $T$ 更高。

表 1.4  消球差双反射镜望远镜的圆锥常数比较：
卡塞格林、牛顿、类平面副镜和格里高利形式

| 望远镜类型 | 主镜面形 | | 副镜面形 | |
|---|---|---|---|---|
| Cassegrain PH | Paraboloid | $\kappa_1 = -1$ | Hyperboloid | $\kappa_2 < -1$ |
| Cass. $M_1$ spherical | Sphere | $\kappa_1 = 0$ | Ellipsoid | $\kappa_2 > 0$ |
| Cass. $M_2$ spherical | Ellipsoid | $-1 < \kappa_1 < 0$ | Sphere | $\kappa_2 = 0$ |
| Cass. Aplanatic RC | Hyperboloid | $\kappa_1 < -1$ | Hyperboloid | $\kappa_2 < -1$ |
| Flat $M_2$-Newton | Paraboloid | $\kappa_1 = -1$ | Plane | $1/R_2 = 0$ |
| Quasi-flat $M_2$ | Spherical | $\kappa_1 = 0$ | Aspherical | |
| Gregory PE | Paraboloid | $\kappa_1 = -1$ | Ellipsoid | $-1 < \kappa_2 < 0$ |
| Greg. $M_1$ spherical | Sphere | $\kappa_1 = 0$ | Hyperboloid | $\kappa_2 < -1$ |
| Greg. $M_2$ spherical | Hyperboloid | $\kappa_1 < -1$ | Sphere | $\kappa_2 = 0$ |
| Greg. Aplanatic RC | Ellipsoid | $-1 < \kappa_1 < 0$ | Ellipsoid | $-1 < \kappa_2 < 0$ |

## 1.9.2  不晕和阿贝正弦条件

如果光学系统没有球差和彗差项，则相应的赛德尔总和为

$$\sum S_{\mathrm{I}} = \sum S_{\mathrm{II}} = 0 \tag{1.62}$$

则该设计是三级消球差消彗差的不晕系统。直到 1873 年或更晚些时候不晕条件才用于消球差系统中。

光学设计中最基本的法则之一隐含地表达了上面两个条件。Welford[166,167]通过使用一条偏离子午平面的光线给出了该定律的完整证明，以及适用于任何轴对称系统的不变量。

考虑在介质 $n$ 中的点光源和光学高度为 $\eta$（图 1.16）发出的离轴光线，并由 $u$ 表示由该点产生的光线和局部主光线形成的近轴孔径角，不变量定理表示为

$$n'\eta'u' = n\eta u \qquad (1.63)$$

这意味着任何斜共轭平面，其中近轴孔径角 $u$，$u'$ 都以相同的方位角（$\theta' = \theta$）与它们各自的光瞳共轭平面相交。

现在考虑有限孔径角 $U$ 和共轭 $U'$，它们是光线追迹中使用的角度。如果物方区域 $\eta^2$ 发出的能量完全转移到像方区域 $\eta'^2$，那么能量一维守恒，如 Clausius 在 1864 年所示[33]（Clausius 的一般定律由 Chrétien[29]给出），表示如下

$$n'\eta'\sin U' = n\eta\sin U \qquad (1.64)$$

有限孔径角 $U$ 和 $U'$ 可能大到等于 $\pm\pi/2$。

对于小视场角 $\eta/f$ 和 $\eta'/f'$，后两个方程提供有限距离和近轴孔径角之间的关系。一般情况下

$$\frac{\sin U'}{u'} = \frac{\sin U}{u} \qquad (1.65a)$$

这一重要特性被称为阿贝正弦条件，其中所有级数的轴上球差和线性彗差被消除。1873 年 E. Abbe[1]首次以有些不同的形式得到了这一结果，他在显微镜物镜设计方面取得了重大进展（参见 9.1.3 节）。在现代意义上，在三级理论中必须严格使用术语"不晕系统"或"不晕条件"来说明球差和彗差都被消除，$S_I = S_{II} = 0$。①

---

①　现在使用的词汇不晕（aplanatic）[来自 $\alpha\pi\lambda\alpha\nu\eta\tau - o\varsigma$（$\alpha$ privative+ $\pi\lambda\alpha\nu\alpha - \epsilon\iota\nu$ to wander）=无误差的]——在 Abbe 前——仅用于表示消除轴向点的球面像差。它代表消球差（stigmatic）这个词，在 1900 年之前这个词并不存在于配镜师的语言中。因此，在他的 1873 年及其后续的回忆录中，阿贝指出正弦条件允许人们对轴向点 "消球差"之外，还可以对视场中任何其他点"消球差"，只要它们与轴的距离是无限小的。

在引入"消球差"（stigmatic）一词后，"不晕"（aplanatic）一词的意义是在 1920～1940 年被推广到现代文献中的。

在巴黎大会上为了标准化天体照相的规定 Carte du Ciel"（1889 年），主要是由于担任德国代表的 H.A. Steinheil 的建议，正弦条件引起了天文学家的注意。这个建议是为了避免单个消球差物镜产生的不对称彗差图像，这些图像会导致恒星位置的误差，并且需要使用不准确的幅度方程进行修正。

这些笔记是基于 Chrétien[29]的历史记载中 379 页。

当物和像都在无穷远处时，无焦系统的正弦条件表示为

$$\frac{X'}{x'} = \frac{X}{x}$$

（1.65b）

这里的 $X$，$x$ 和它们的共轭是孔径高度，用于代替孔径角。对于望远镜的物方和像方都是 $n = n' = 1$ 的情况，有 $x = -u'f'$；正弦条件写作

$$\frac{x}{u'} = \frac{X}{\sin U'} = -f' = 常数$$

这个基本结果可以通过以下定理来说明。

在任何共轴系统中，阿贝的正弦条件在所有阶上都可以实现不晕成像。对于有限孔径角 $U$，$U'$，可以完全校正所有级的球面像差，Sphe3，Sphe5 等，以及所有级的彗差，Coma3，Coma5 等。

阿贝正弦条件拥有下面一些轴上的特性（图 1.24）。

对于无穷远处的物体和满足正弦条件的系统，会聚在图像焦点 $F'$ 处的轴向光束的任何光线与其输入共轭光线在以焦点 $F'$ 为中心的球体"阿贝球"上相交。

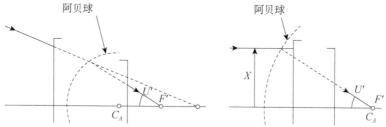

图 1.24　轴上光束满足阿贝正弦条件。中心位于 $C_A$ 的阿贝球由虚线显示
（左图是会聚光，右图是无穷远光线）

阿贝正弦条件意味着全阶球差项和线性彗差项都为零。因此，从（1.48）和表 1.2 可以知道，后一条件意味着线性依赖于视场高 $\bar{\eta}$ 的项——其总和称为线性彗差——也是零，

$$a_{1,n,1}\bar{\eta}\rho^n\cos\theta = 0, \qquad \forall n = 3,5,7,\cdots$$

（1.66）

正如 Welford[167]所证明的那样，上述条件来源于 Staeble-Lihotzky 等晕条件，由 F. Staeble 和 E. Lihotzky 于 1919 年同时发表，这也是在存在球面像差时零线性彗差的条件。

由于阿贝正弦条件不涉及和高度有关的非线性项，如 $\bar{\eta}^3\rho^3\cos\theta$ 彗差或 $\bar{\eta}^2\rho^4$ 球面像差，因此该条件的平稳性对于具有与系统无限接近的轴外距离的视场图像

点也是有效的。

**数值孔径：**数值孔径（N.A.）用以表征物方空间中光学系统的聚光能力（焦比优先用在像空间中）。该数值由介质 $n$ 中的有限孔径角 $U$ 的最大值定义。

$$\text{N.A.} = n\sin|U_{max}|$$

术语 N.A.用于表征显微镜物镜的输入光束的特征。这些物镜通常满足阿贝的正弦条件；它们的前部可以浸入油中，以提高数值孔径大小。

**等晕单透镜：**具有一个或两个非球面表面的任何单个厚透镜可以针对一个波长设计为消球差消彗差透镜。对于会聚光束，具有两个球面的单个透镜也可以满足不晕要求（参考 9.1.3 节）。如果单透镜仅用于校正彗差，则

$$S_{\text{I}} \neq 0, \qquad S_{\text{II}} = 0 \tag{1.67}$$

这种设计叫作等晕系统。

对于透镜，条件 $S_{\text{II}} = 0$ 需要独立的光瞳位置。这种远程瞳孔和镜头配置——等晕物镜结构——有时用于光谱仪准直器。

**等晕单反射镜：**表示单反射镜或双反射镜系统的赛德尔像差的分析关系是已知的（参见例如 Wilson[170]）。考虑到单个凹面镜和无限远物体，前两个赛德尔项是

$$S_{\text{I}} = -\frac{1}{4}\left(\frac{x}{f'}\right)^4 (1+\kappa) f', \qquad S_{\text{II}} = -\frac{1}{4}\left(\frac{x}{f'}\right)^3 \varphi\left[2f' - (1+\kappa)\ s\right] \tag{1.68}$$

其中 $\varphi$ 是由主光线定义的视场角，$s$ 是光瞳与镜顶点的轴向间距。一个球面反射镜（$\kappa = 0$），其中瞳孔位于 $s = 2f'$ 处，即在其曲率中心，则 $S_{\text{II}} = 0$ 且 $S_{\text{I}} \neq 0$。这种等晕反射镜结构是施密特望远镜的首要特性。

**消球差消彗差 Ritchey-Chrétien 望远镜：**H. Chrétien[30]在 1922 年的第二篇论文中发表了满足正弦条件的双反射镜望远镜理论，然后得到了所谓的精确的反射镜参数方程①。在由二次曲面代表的反射镜类中，从那时起已经建成了非常大尺寸的 Cassegrain 型消球差消彗差望远镜。在三级理论中，这需要满足由（1.59）表示的消球差条件 $\sum S_{\text{I}} = 0$，并且无论光瞳位置如何（参见 Wilson[170]）无彗差条件变换为

---

① G. Ritchey 鼓励 Chrétien 研究无彗差的双反射镜望远镜的情况。在不了解 Schwarzschild 关于消球差消彗差双反射镜望远镜的三级像差理论（1905 年）的情况下，据说 Chrétien 在 1910 年之前通过积分从正弦条件得到的微分方程推导出双镜望远镜的全阶理论（见 1.1 节中的历史记录）。

$$(\sum S_{II})_{\text{Stig}} = -\frac{1}{4}\left(\frac{x_1}{f'}\right)\varphi_1\left\{2f' + (M+1)^3\left[\left(\frac{M-1}{M+1}\right)^2 + \kappa_2\right]d\right\} = 0 \quad (1.69)$$

这确定了 $\kappa_2$，代入（1.59）中我们得到

$$\begin{cases} \kappa_1 = -1 - \dfrac{2}{M^3}\dfrac{\ell}{d} & (1.70a) \\[3mm] \kappa_2 = -\left(\dfrac{M-1}{M+1}\right)^2 - \dfrac{2}{(M+1)^3}\dfrac{f'}{d} & (1.70b) \end{cases}$$

这是卡塞格林和格里高利消球差消彗差望远镜的圆锥常数。

参考前面部分 $M$，$f'$，$d$ 和 $\ell$ 的符号，卡塞格林望远镜的 $M^{-3}\ell d^{-1}$ 为正，而格里高利望远镜为负。因此，卡塞格林形式不晕望远镜的主镜是双曲面，而格里高利形式的主镜是椭球面（参见表 1.4）。

满足正弦条件的双反射镜望远镜的参数表示：满足正弦条件的双反射镜望远镜的镜面的精确形状不是圆锥形的非球面。幸运的是，即使对于非常大的 Ritchey-Chrétien 望远镜的所有常见情况，也可以通过使用圆锥面来获得这些表面的真实表示。

例如，偶数多项式的光学表面的经典表示——例如用于圆锥面——不能用于严格满足正弦条件的掠入射望远镜的光线追迹，因为高阶彗差项不能忽略（参见 10.1.3 节）。

在 1922 年的第二篇论文中，引入正弦条件，Chrétien[30]是第一个对双反射镜望远镜的光学表面用积分光学表面参数方程的方法求解的，推导出全阶无球差和线性彗差的系统。

在柱坐标系 $z$，$r$ 中，Chrétien 用下面公式表示反射镜面形

$$z_{1,2} = F_{1,2}\left[t(U'),\ \ell/f',\ d/f'\right], \qquad r_{1,2} = G_{1,2}\left[t(U'),\ \ell/f',\ d/f'\right] \quad (1.71)$$

其中 $t(U')$ 是有限孔径角 $U'$ 的参数变量。

同样使用类似的参数表示，Lynden-Bell[98]对有限孔径角 $U'$（可以很大，例如 $\pm\pi/2$，甚至 $\pm\pi$）的双反射镜情况进行了一般性研究，以确定和绘制该系列中最典型的望远镜形状。在一些情况下，还包括虚像场，镜面在其顶点处被发现为尖角形或喇叭形。

随后 Willstrop 和 Lynden-Bell[169]对所有满足不同驱动参数 $\ell/f'$ 和 $d/f'$ 的正弦条件的双反射镜望远镜进行了分类研究。结果证明，所有具有实际意义的望

远镜都已被发现。

### 1.9.3   消像散

如果光学系统没有球差（Sphe3），彗差（Coma3）和像散（Astm3）项，那么三个赛德尔总和是

$$\sum S_{\mathrm{I}} = \sum S_{\mathrm{II}} = \sum S_{\mathrm{III}} = 0 \tag{1.72}$$

这种系统叫做三级消像散系统。

在这种情况下，子午平均曲率和弧矢面合并为一个佩茨瓦尔表面。

**消像散单透镜：**任何具有一个或两个非球面表面的单个透镜都可以设计为对一个波长消像散。一个特殊的消像散的例子是折射率为 $n$ 的单中心透镜，前后球面半径分别为 $R$ 和 $R/n$ 并且以 $C$ 为中心：如果入射光束在 $C$ 后面会聚在以 $C$ 为中心的半径为 $nR$ 的球面上，则所有折射光束会聚在其后表面上（参见 9.1.3 节）。

**消像散双反射镜望远镜：**如果两个初级赛德尔和被设置为零，一个消球差消彗差望远镜的像散是

$$\left(\sum S_{\mathrm{III}}\right)_{\mathrm{Aplan}} = \frac{1}{2}\left(\frac{x_1}{f'}\right)^2 \varphi_1^2 (d + 2f')\frac{f'}{\ell} \tag{1.73}$$

如果这个值也为 0，则

$$d + 2f' = 0 \tag{1.74}$$

这就是双镜反射镜的消像散条件。

通过在（1.70b）中的替换，消像散望远镜的圆锥常数是

$$\begin{cases} \kappa_1 = -1 + \dfrac{1}{M^3}\dfrac{\ell}{f'} & \text{(1.75a)} \\[2mm] \kappa_2 = -\left(\dfrac{M-1}{M+1}\right)^2 + \dfrac{1}{(M+1)^3} & \text{(1.75b)} \end{cases}$$

为了找到一台完美的望远镜，K. Schwarzschild 在他 1905 年发表的著名论文[142]中提出了完整包括上述所有条件的单镜和双镜望远镜的三级理论。他的光程函数方法使他能够确定满足 $\sum S_{\mathrm{I}} = \sum S_{\mathrm{II}} = \sum S_{\mathrm{III}} = 0$ 的望远镜，特别是 Schwarzschild 望远镜，它还满足平场的条件 $\sum S_{\mathrm{IV}} = 0$。不幸的是，他的望远镜是

不切实际的，因为这个理论导致了凸形的主镜。[①]

各种设计的消像散望远镜如 4.1 节所示。

**全反射施密特望远镜**：施密特望远镜毫无疑问是最重要的消像散设计。必须将其视为消像散双反射镜系列的进一步外推设计。虽然不知道 Schwarzschild 的结论，但 B. Schmidt[140] 在 1930 年间接地发现主镜可以用非平面折射校正板代替，该校正板位于第二镜的曲率中心。这满足了消球差和消像散条件，即（1.65c）和（1.74）。

已经研究了的反射施密特的情况①用于法线衍射非球面光栅的光谱仪，其用于主镜，②用于通过主镜倾斜放置的大望远镜进行光谱巡天（参见第 4、5 章和 LAMOST）。

让我们考虑一个有意思的例子，一个完全被遮挡的设计，这是反射施密特望远镜的基本例子。从消像散条件来看，焦点位于两个镜子之间（图 1.25）。

对于所有施密特望远镜，横向放大倍数为 $M \approx 0$，因为通常主要元件（校正板、反光镜或光栅）都具有非常低的光焦度。$M=0$ 意味着主镜 $M_1$ 是平面-非球面结构；那么从（1.75）开始，圆锥常数是 $\kappa_1 \to \infty$（因为主镜曲率为零），而 $\kappa_2 = 0$，这给出了三级球面副镜面形。从条件 $d + 2f' = 0$，我们将以两种不同的方式确定具有高阶项的镜面的形状：

（$C_1$）通过使用理想的球面副镜和消像散条件；

（$C_2$）使用阿贝正弦条件和阿贝球形结构。

为了确定每个条件的镜子形状，让我们用 $1/R_2$ 表示副镜的曲率，$f' = R_2 / 2$ 表示有效焦距，$\xi = z / f'$，$\rho = r / f'$ 是圆柱形坐标的无量纲变量，其原点位于主镜的顶点。

主镜和副镜的形状 $\xi_1$，$\xi_2$ 以 $\xi = \sum a_n \rho^n$ 的形式表示。对于条件（$C_1$），我们使用表 4.1 中给出的 $A_n$ 系数随后转化为无量纲系数 $a_n$。对于条件（$C_2$），我们使用幂级数 $\xi(\rho)$ 作为参数表示（Lemaitre[93]）。两种情况下 $n=0, 2, 4, 6, 8$ 时主镜和副镜的计算结果如下，

---

① Schwarzschild 广泛参与了许多重要的物理领域。在爱因斯坦出版《广义相对论》的一年内，他在 1916 年发现了该问题的第一个也是最重要的罕见解。这可能解释了为什么 Schwarzschild 没把注意力集中在双镜望远镜消球差消彗差的赛德尔条件上，这些条件隐含在他的理论中。

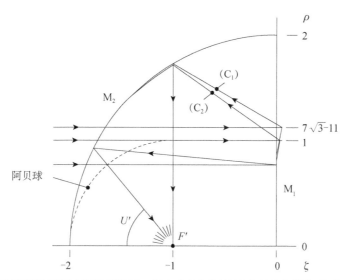

图 1.25　比较两种反射施密特望远镜，没有主镜倾斜并且满足消像散条件 $d+2f'=0$ 。
阿贝球—虚线—显示为到 $f/0$ ，其对应于有限孔径角 $U$ 的变化范围为 $\pm\pi/2$ 。
设计满足条件（$C_1$）：$\kappa_2=0$ 且 $\sum S_{\mathrm{I}}=0$ ，或条件（$C_2$）：$\sum S_{\mathrm{I}}=\sum S_{\mathrm{II}}=0^{[93]}$

$$(\zeta_1)_{\mathrm{Stig}}=\left\{0,0,1/2^6,3/2^9,5\times3^2/2^{14}\right\}$$
$$(\zeta_1)_{\mathrm{Aplan}}=\left\{0,0,1/2^6,3/2^9,3/2^{10}\right\}$$
$$(\zeta_2)_{\mathrm{Stig}}=\left\{-2,1/2^2,1/2^6,1/2^9,\ 5/2^{14}\right\}$$
$$(\zeta_2)_{\mathrm{Aplan}}=\left\{-2,1/2^2,1/2^6,1/2^9,\ 1/2^{11}\right\}$$

（1.76）

比较这些系数，表明无论（$C_1$）或（$C_2$）条件，反射镜的形状直到五阶都是相同的。

$$\begin{cases} \Delta\zeta_1=\Delta\zeta_2=0, n=0,2,4,6 & (1.77a) \\ \Delta\zeta_1(n=8)=\Delta\zeta_2(n=8)=-3\times2^{-14}\rho^8 & (1.77b) \end{cases}$$

考虑到焦比 $\Omega=f'/D$ ，最后一个方程导致 $\Delta(\mathrm{d}\xi/\mathrm{d}\rho)=-3\times2^{-18}\Omega^{-7}$ 的斜率差异，即使对于具有快速焦比的常用系统也是可以忽略的。虽然其他高阶视场像差仍然存在，但这一结果证实了具有完美球形凹面镜的反射式施密特设计的有效性。

我们将在本书的 4.1.4 节中看到像差校正的视场平衡需要低光焦度主镜，其极值径向曲率 $\mathrm{d}\xi_1^2/\mathrm{d}^2\rho$ 是负的。

无焦双反射镜望远镜— Mersenne 消像散透镜[108]：M. Mersenne[108]首先研究了双反射镜无焦系统，他们在 1636 年发现两个共焦抛物面提供了无球差光束压缩器（或扩展器）（$\sum S_{\mathrm{I}}=0$ ）。

在 Mersenne 论文出版三个世纪之后，他的光学系统已经十分著名——并且必须毫无疑问地被视为最重要的光学设计——因为它被发现满足 $\sum S_{\text{II}} = \sum S_{\text{III}} = 0$。关于发现 Mersenne 系统性质的简要历史记载在第 2、3 节介绍。

Mersenne 的无焦望远镜的四种形式在第 2、3 节介绍。

# 1.10　佩茨瓦尔场曲和畸变

## 1.10.1　佩茨瓦尔场曲

如果系统是消像散的，则子午、平均曲率和弧矢焦面会合并成佩茨瓦尔表面。因此，对于无穷远处的物体，像位于曲率为 $C_{\text{p}}$ 的佩茨瓦尔表面上。如果系统仅是消球差或消球差消彗差的，则在平均曲率焦面上获得最佳图像，该平均曲率焦面通常设计成平面形状。

光学系统的佩茨瓦尔曲率 $C_{\text{p}}$ 与第四个赛德尔和 Petz3 项相关

$$C_{\text{P}} = -\frac{n}{H^2} \sum S_{\text{IV}} \tag{1.78}$$

这里的 $H$ 为拉格朗日不变量，量纲是长度，$n$ 是最后一项介质的折射率。

佩茨瓦尔曲率可以分别从每个表面编号数为 $\ell$ 的曲率 $c_\ell = 1/R_\ell$ 或从表面之前和之后折射率 $n_\ell$ 和 $n'_\ell$ 导出。用 $n_{\ell+1}$ 而不是 $n'_\ell$ 表示 $\ell$ 之后的介质的折射率，并使用矢高沿 $Z$ 轴正向变化对应为正曲率的笛卡儿符号约定（与先前的部分一致）。

佩茨瓦尔定理提供了具有 $L$ 个表面的系统的佩茨瓦尔曲率的确定方法，

$$\begin{cases} C_{\text{P}} \equiv \dfrac{1}{R_{\text{P}}} = n_{L+1} \sum_{\ell=1}^{L} \left( \dfrac{1}{n_{\ell+1}} - \dfrac{1}{n_\ell} \right) \dfrac{1}{R_\ell} \\[2mm] \text{折射率：} \begin{cases} n_{L+1}，\text{最后一种介质的情况} \\ n_{\ell+1} = -n_\ell，\text{对反光镜的情况} \end{cases} \end{cases} \tag{1.79}$$

平场的重要条件 $C_{\text{p}} = 0$ 称为佩茨瓦尔条件。

**一些基本系统的佩茨瓦尔曲率**：上述关系可以在任何光学系统中推导出佩茨瓦尔曲率。例如，我们可能会考虑以下情况：

折射屈光面：$L = 1$，折射率 $n_1$ 和 $n_2 = n_{L+1}$，　　　　　$C_{\text{P}} = \dfrac{n_1 - n_2}{n_2} c_1$

单透镜：$L=2$，$n_1=1$，$n_2=n$，$n_3=1=n_{L+1}$，　　　　$C_P=\dfrac{n-1}{n}(c_2-c_1)$

单反射镜：$L=1$，$n_1=1$，$n_2=-1=n_{L+1}$，　　　　　　　$C_P=2c_1$

双反射镜：$L=1$，$n_1=1$，$n_2=-1$，$n_3=1=n_{L+1}$，　　　$C_P=2(c_2-c_1)$

三反射镜：$L=3$，$n_1=n_3=1$，$n_2=n_4=-1=n_{L+1}$，　　$C_P=2(c_1-c_2+c_3)$

Dyson 复印折反射系统：Dyson 复印系统[49]使用平凸单透镜和凹面镜，两个面均为球面且共球心（图 1.26）。在放大倍数 $M=-1$ 且单色光下工作，该系统是"完美的"，因为五个赛德尔像差的和为零。简单地通过从玻璃上的物体开始计算佩茨瓦尔和。返回后透过透镜，即 $L=3$ 之后，连续的折射率是 $n_1=n$，$n_2=1$，$n_3=-1$，$n_4=-n=n_{L+1}$，这通过将（1.79）设置为 $c_1=c_3$，得到

$$C_P=-n\left[\left(\frac{1}{1}-\frac{1}{n}\right)\frac{1}{R_1}+\left(\frac{1}{-1}-\frac{1}{1}\right)\frac{1}{R_2}+\left(\frac{1}{-n}-\frac{1}{-1}\right)\frac{1}{R_3}\right]=\frac{2n}{R_2}=\frac{2(n-1)}{R_1}$$

因此，如果 $c_2=\dfrac{n-1}{n}c_1$，则平场的佩茨瓦尔条件得以满足。

Offner 图像传输系统：Offner 图像传输系统[118]与 Dyson 系统反射类似。所有赛德尔像差的总和也为零。三个反射镜是共球心的球面（图 1.26）。因为 $c_3=c_1$，

$$C_P=2(c_1-c_2+c_3)=2(2c_1-c_2)。$$

因此，通过设置 $c_2=2c_1$ 获得平场条件 $C_P=0$。由于系统存在中心遮挡，所以系统需要离轴使用。

远心系统：光学中一个重要的特殊情况是远心系统的设计：如果在焦平面处主光线平行于系统的轴线，则称该系统具有远心光束。

因此，视场中任何像斑的质心的横向位置对于调焦误差是不变的。例如，远心设计目前用于天体测量望远镜，以提高确定恒星位置的准确度。

在有限焦距仪器中（物和像都在有限距离处），通过精确地位于入射焦平面处的孔径光阑获得远心输出光束。因此出瞳在无穷远处。

相反，如果输入光束是远心的，则输出光瞳位于图像焦点 $F'$。通过连续使用这样的直接系统和转换系统，我们获得了复合远心传输系统，其中输入和输出瞳孔都处于无穷远处。这是在 Dyson 和 Offner 设计中实现的。在折射光学形式中，远心传递在潜望镜的设计中成对地叠加实现。

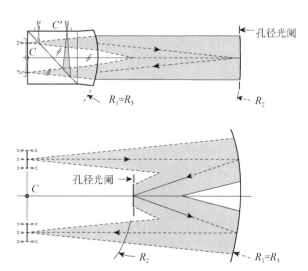

图 1.26　横向放大率 $M=-1$ 的平场远心消像散透镜。上图：Dyson 复印折反射系统；下图：Offner 图像传输系统。两种设计的所有赛德尔像差都为零，因此在三级像差理论中是"完美的系统"

### 1.10.2　畸变

第五个赛德尔和 $\sum S_\mathrm{V}$ 是三级失真，缩写为 Dist3。该像差引起像在其焦平面中的径向偏移，意味着物和像之间产生非线性对应。

在像平面中，主光线高度的第一个横向分量 $\eta'$ 由（1.24）中的横向放大率 $M$ 给出，其定义了近轴比例。

第二个分量来自（1.43）中的 $S_\mathrm{V}$，它给出了 Dist3 径向位移 $\Delta y = \Delta\eta' = -\dfrac{1}{2}S_\mathrm{V}\bar{\eta}^3$。

因此，像空间中的光线高度由其共轭的奇数展开为

$$\eta' = M\eta + k_3\eta^3 + k_5\eta^5 + \cdots \qquad （1.80）$$

其中 $M$ 表示横向放大率，$k_3 = -S_\mathrm{V}/(2\eta_{max}^3)$。

如果 $M$ 为负，则 $S_\mathrm{V}$ 正畸变为枕形，$S_\mathrm{V}$ 负畸变为桶形（图 1.27）。

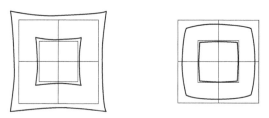

图 1.27　左边枕形畸变；右边桶形畸变

通常，望远镜不需要校正畸变，因为这种效果不会降低图像质量，并且总是可以通过图像处理来消除。

然而，液体反射镜望远镜（LMT）——它是天顶仪和中星仪装置——需要进行畸变校正，此外不在地球赤道工作时还需要进行天空投影校正。这首先由 E.H. Richardson 解决[76]，他证明了三镜头校正是不合适的，因此为大型 LMT 设计了专用的四镜头校正器（参见 7.7.2 节）。

# 1.11　衍　　射

位于水面上的薄油膜的彩色线条或相同厚度的非常薄透镜的彩色线条——被 T. Young 认为是干涉条纹——以及由点光源通过光学系统后产生的强度振荡的图像，是光波动性的证据。虽然很容易观察到这些现象，这些现象在文艺复兴时期被达·芬奇首次引用。F.M. Grimaldi 在他的书（1665 年）中，精确的描述了这些现象。几何光学—或光线追迹—不足以推断出这些现象，后来的粒子理论也不能解释衍射效应。为了解释衍射效应，1678 年惠更斯[80]构建了以下概念：

波前的任何点都会产生二次扰动，即产生一个球面小波，并且在任何后来的瞬间，光分布可以被视为这些小波的总和。

## 1.11.1　衍射理论

受惠更斯构想的启发，菲涅耳于 1816 年出版了一部著名的著作[62]，其中他解释了被称为惠更斯-菲涅耳原理的干涉原理。看了菲涅耳在法国科学院的获奖论文，Poisson 推论（1818），按照菲涅耳的理论，一个亮点应该出现在一个小圆盘阴影的中心，并得出结论认为菲涅耳理论应该是错误的，因为从未观察到过这样的现象。然而，Arago（也是评审人）进行了实验并观察到了预测的亮斑。1882 年，基尔霍夫[87]为菲涅耳的理论提供了更完整和可靠的数学基础；这被称为菲涅耳-基尔霍夫理论。

让我们假设波在真空中传播。根据波动方程（1.4），场矢量 $E$ 和 $H$ 的每个笛卡儿分量 $W(r, t)$ 必须满足标量波方程

$$\nabla^2 W - \frac{1}{c^2}\frac{\partial^2 W}{\partial t^2} = 0 \tag{1.81}$$

其中 $\nabla^2 W$ 是拉普拉斯算子。

使用指数函数而不是三角函数简化了标量波的计算。假设它是严格单色的波长 $\lambda = c/v$，其中频率 $v$ 是每秒振动的次数，我们可以分离空间和时间部分。$i = \sqrt{-1}$ 和 $\Re$ 表示实部，我们有形式

$$W(r,\ t) = \Re\left\{U(r)\ e^{-i\,(\omega t+\phi_0)}\right\} \tag{1.82a}$$

$$U(r) = U_0(r)\ e^{ikr} \tag{1.82b}$$

其中 $U$ 是复振幅，$\phi_0$ 是相位常数，$\omega$ 是角频率，$k$ 是波数。在真空中，这些量是

$$\omega = 2\pi v \equiv 2\pi c/\lambda$$

$$k = \omega/c \equiv 2\pi/\lambda$$

通过将 $W$ 代入（1.81），我们发现空间相关部分 $U$ 必须满足方程

$$\nabla^2 U + k^2 U = 0 \tag{1.83}$$

考虑到通过面积为 $\mathscr{A}(x,y)$ 的平面孔径光阑的波（图 1.28），空间相关项的解由菲涅耳-基尔霍夫衍射积分表示。

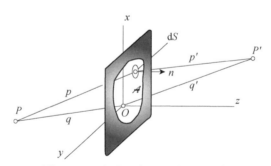

图 1.28　面积为 $\mathscr{A}$ 的平面孔径的衍射

$$U = U_0 \iint_{\mathscr{A}} \frac{e^{ik(p+p')}}{pp'}[\cos\,(n,\ p)-\cos\,(n,\ p')]\mathrm{d}S \tag{1.84a}$$

其中 $U_0$ 是常数，$p$，$p'$ 分别是源点 $P$ 和待确定衍射点 $P'$ 到区域 $\mathscr{A}$ 中的面元 $\mathrm{d}S$ 的相应距离，$(n,\ p)$，$(n,\ p')$ 表示与面元法线 $n$ 的夹角。在孔径 $\mathscr{A}$ 内的任何点设置 $x,y$ 平面的原点 $O$，我们将假设点 $P$ 和 $P'$ 距离原点 $O$ 很远，并且线 $PO$ 和 $OP'$ $P'$ 与 $PP'$ 产生的角度很小。因此，项 $pp'$ 可以用 $qq'$ 代替，并且用 $2\cos\delta$ 代替方括号中的项，其中 $\delta$ 是 $PP'$ 和 $z$ 轴之间的夹角。这两个项在孔径上不会有明显的

变化，而指数项 $p + p'$ 将改变很多波长。则 $P'$ 处扰动的衍射积分为

$$U = U_0 \frac{\cos\delta}{qq'} \iint_{\mathcal{A}} e^{ik(p+p')} dS \qquad (1.84b)$$

$p$ 和 $p'$ 展开为 $q$，$q'$，以及 $x/q$，$y/q$，$x/q'$ 和 $y/q'$ 的幂级数的函数，则波扰动是

$$\begin{cases} U = U_0 \dfrac{\cos\delta}{qq'} \iint_{\mathcal{A}} e^{ikf(x,y)} dxdy & (1.85a) \\ f(x,y) = r_x x + r_y y + g_1 x^2 + g_2 xy + g_3 y^2 + \cdots & (1.85b) \end{cases}$$

其中，用孔径平面坐标替换面元 $dS$，$r_x(P')$ 和 $r_y(P')$ 是光路 $p+p'$ 相对于 $q+q'$ 变化的笛卡儿分量。而 $g_1(P')$，$g_2$，$g_3$ 是下一阶相对变化的函数。

如果假设孔径面积 $\mathcal{A}$ 很小，则菲涅耳-基尔霍夫衍射理论可以通过仅考虑 $f(x, y)$ 的前两项来计算积分；最简单的例子是夫琅禾费衍射。当二次项不能忽略时，例如对于无限长边的衍射，这就是菲涅耳衍射。Born 和 Wolf[17] 详细介绍了这两种情况。

当观察孔径边缘附近的衍射波时，可以看到边缘处第一个条纹宽的光强振荡。Sommerfeld（1896 年）研究过这种现象，解释是认为观测到的图案是具有局部圆柱形边缘入射波的叠加结果，就像从边缘产生的边缘波。

## 1.11.2　圆孔衍射

对半径 $\rho = a$ 的圆孔径平面上的点建立 $\rho$，$\theta$ 表示的极坐标，此点的坐标为

$$\rho\cos\theta = x, \qquad \rho\sin\theta = y$$

根据（1.85b）中 $r_x$ 和 $r_y$ 的定义，得到像平面上衍射光线的极坐标 $r$，$\psi$ 是

$$r\cos\psi = r_x, \qquad r\sin\psi = r_y$$

将 $f(x, y) = r_x x + r_y y$ 代入（1.85a）后，衍射积分变为

$$U(r) = C \int_0^a \int_0^{2\pi} e^{ik\rho r\cos(\theta-\psi)} \rho d\rho d\theta \qquad (1.86a)$$

用众所周知的贝塞尔函数积分表示（参见 Jahnke 和 Emde[82]）

$$J_n(z) = \frac{i^{-n}}{2\pi} \int_0^{2\pi} e^{iz\cos\alpha} e^{in\alpha} d\alpha$$

因此我们可以得到

$$U = 2\pi C \int_0^a J_0(k\rho r)\ \rho d\rho \qquad (1.86b)$$

其中 $J_0$ 是零阶贝塞尔函数。因为 $\int_0^x u J_0(u)\ du = u J_1(u)$，且当 $u \to 0$ 时，$\dfrac{J_1(u)}{u} \to \dfrac{1}{2}$，所以高斯平面波的振幅是

$$U = \pi a^2 C \frac{2 J_1(kar)}{kar} \qquad (1.86c)$$

则光强表示为

$$I = |U|^2 = \left[ \frac{2 J_1(kar)}{kar} \right]^2 I_0 \qquad (1.87)$$

这个著名的公式，首先由 Airy[2] 于 1835 年以不同的方法推导出来。

令 $x = kar$，一个理想的球面波阵面会聚在高斯焦点，像点径向光强根据所谓的艾里函数 $[2 J_1(x)/x]^2$（图 1.29）分布，产生一种有连续暗环的图案（图 1.30）。该函数当 $x=0$ 时有最大值等于 1，在轴上。当 $J_1(1)=0$ 时有光强为 0，当 $[2 J_1(x)/x]^2$ 的导数为 0 时有光强次极大值（表 1.5）。第一个暗环发生在 $x = 1.220\pi$ 处。由于波数为 $k = 2\pi/\lambda$，相应的角半径是

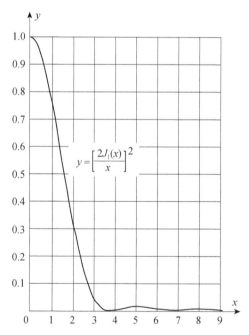

图 1.29　圆孔夫琅禾费衍射，归一化强度分布 $y = [2 J_1(x)/x]^2$（参考 Born 和 Wolf[17]）

$$r = 0.610\frac{\lambda}{a} \qquad (1.88a)$$

对于任何孔径 $D = 2a$ 的仪器，由衍射极限引起的最大角分辨率称为分辨率，由两个物体点（或恒星）的艾里斑定义所成的角度为

$$\varphi = 1.220\frac{\lambda}{D} \qquad (1.88b)$$

划分出中心亮斑。

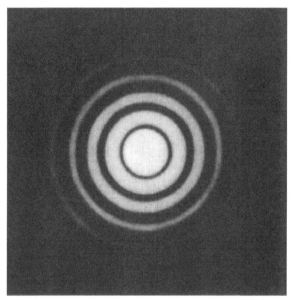

图 1.30　夫琅禾费衍射—艾里斑—圆孔直径 6mm，放大倍率 $50\times$，$\lambda = 579\text{nm}$。中心强度已过度曝光以显示暗弱的次极大值（Orsay 光学研究所）

表 1.5　函数 $y = \left[2J_1(x)/x\right]^2$ 的主最小值和最大值（引用自 Born 和 Wolf[17]）

|  | $x$ | $\left[2J_1(x)/x\right]^2$ |
|---|---|---|
| 中心极大 | 0 | 1 |
| 第一个极小 | $1.220\pi = 3.832$ | 0 |
| 第二极大 | $1.635\pi = 5.136$ | 0.0175 |
| 第二极小 | $2.233\pi = 7.016$ | 0 |
| 第三极大 | $2.674\pi = 8.417$ | 0.0042 |
| 第三极小 | $3.238\pi = 10.174$ | 0 |
| 第四极大 | $3.669\pi = 11.620$ | 0.0016 |

根据瑞利的定义，该角度是第一个 0 光强环的半径，称为瑞利两点分辨率判据。角分辨率也可以定义为 Airy 函数在最大值一半处的直径，角度满足

$\varphi = 1.04\lambda / D$，有时简写为 $\varphi = \lambda / D$。如果这种间隔减小到 $\varphi = 0.947\lambda / D$，两个亮斑之间的光强下降就会消失，这被称为 Sparrow 两点分辨标准（Wetherell[168]）。

为了与光学检测的波前比较，将理想的消球差波的环绕能量作为绝对参考是有用的（图 1.31）。

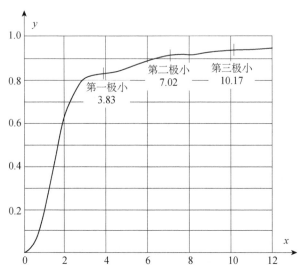

图 1.31 函数 $y = 1 - J_0^2(x) - J_1^2(x)$ 表示艾里斑中半径为 $r = x / ka$ 的环围能量比（参考 Born 和 Wolf[17]）

### 1.11.3 圆环衍射

望远镜的一个重要应用是考虑在其中心被遮挡的波前的衍射图像，例如由副镜引起的遮挡（Born 和 Wolf[17]）。让我们将这个孔径区域的边界定义为两个半径 $a$ 和 $\epsilon a$ 的同心圆，这里的 $\epsilon$ 是一个远小于无穷大的正数。在夫琅禾费情况下，焦平面上的光分布表示为

$$I(r) = \left[ \frac{2J_1(kar)}{kar} - \epsilon^2 \frac{2J_1(\epsilon kar)}{\epsilon kar} \right]^2 I_0 \qquad (1.89)$$

与全孔径相比，该结果表明分辨率略微增加，但环的最大强度也增加。对于 $\epsilon = 1/2$，（1.89）的第一个根是 $x = kar = 1.00\pi$ 而不是 $\epsilon = 0$ 对应的 $1.22\pi$，第二个最大值的强度是 0.092 而不是 $\epsilon = 0$ 时的 0.018。

### 1.11.4　点扩散函数（PSF）和衍射像差

点扩散函数（或 PSF）是表示高斯焦平面上图像区域中光强分布的相对函数 $I(x, y)/I_0$。

**球面波前：** 在完美球面波前的基本情况下，表示焦平面上的强度分布的归一化衍射函数是 PSF。

对于完整的圆形孔径，PSF 是（1.87）中的艾里函数 $I(r)/I_0$。

如果圆形孔径是一个环，则 PSF 是（1.89）中的比率 $I(r)/I_0$。

对于两条边是 $2a$ 和 $2b$ 的矩形孔，可以看出 PSF 是

$$\frac{I(x, y)}{I_0} = \left(\frac{\sin kax}{kax}\right)^2 \left(\frac{\sin kby}{kby}\right)^2$$

比如衍射图像中的一些重要情况，其光瞳透射是一个函数（切趾法），或者具有偏振输入光束。通过引入简单的参数，衍射理论大多以标量形式发展，从而避免了一般矢量形式的困难。

**像差波前：** 在存在单个初级像差的情况下，K. Nienhuis[116]，Francon 等[61] 已经记录了来自物点的许多衍射图案和各种像差幅度。F. Zernike 和 B. Nijboer[180]，Nienhuis，Kingslake 处理用于单个初级像差的衍射理论，他们在光束的子午交线和焦平面上获得了等光强线。理论结果与单个初级像差观察到的衍射图案一致（图 1.32）。Born 和 Wolf[17]对这些分析的详细信息以及由此产生的强度空间分布进行了详细叙述。

此后，在存在初级像差的情况下确定最佳衍射成像的理论结果可以用于定义光学系统容差。

### 1.11.5　衍射极限条件和波前公差

高精度光学系统的一个重要方面是实现衍射限成像。抛光面形和元件的安装始终存在一定的自由度，但这些参数必须符合严格的标准。光线追迹和制造过程必须与标准相匹配。

在存在像差的情况下，点扩散函数的形式非常复杂，但是当像差小时，对 PSF 的影响仅是中心光强减小，中心最大值的半宽度不会改变，而更多的光分布到亮环上。

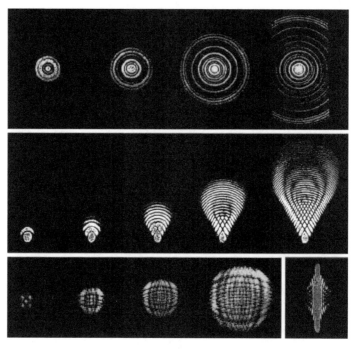

图 1.32  存在初级像差时的衍射图案。(上)在最小弥散焦平面上的初级球差 $w = A_{40}(\rho^4 - \frac{3}{2}\rho^2)$，

分别为 $A_{40} = 1.4\lambda, 3.7\lambda, 8.4\lambda, 17.5\lambda$。(中)高斯焦平面上的初级彗差 $w = A_{31}\rho^3\cos\theta$，分别为

$A_{31} = 0.3\lambda, 2.4\lambda, 5\lambda, 10\lambda$。(下)在最小弥散平面上的初级像散 $w = A_{42}\rho^2\cos 2\theta$，

$A_{31} = 1.4\lambda, 2.7\lambda, 3.5\lambda, 6.5\lambda$。包含 $w = 2.7\lambda\rho^2\cos 2\theta$ 的两条分离焦线之一的平面中的图像(参考

K. Nienhuis[116])

因此，我们可以设置某个像差量的容差，从而仅仅产生这种可感知的变化。瑞利[123]首先开展了该领域的研究，斯特列尔[147]进行了更系统地研究。

将具有残余像差的光学系统产生的点扩散函数表示为 $I_{\text{Aber}}/I_0$，如果该系统是理想的，则 $I_{\text{Th}}/I_0$ 表示理论 PSF，斯特列尔建议中心强度下降的适当容差水平如下

$$S \equiv \frac{I_{\text{Aber}}}{I_{\text{Th}}} \geqslant 0.8，\text{其中} S \text{是斯特列尔强度比} \qquad (1.90a)$$

是通常可以接受的容差。

例如，如果将离焦视为像差，则斯特列尔比 $S = 0.8$ 提供与瑞利早期的 $\lambda/4$ 离焦的结果容差一致。对于球差，此斯特列尔值也对应于四分之一波长瑞利准则。然而，对于彗差、像散或更高阶像差，四分之一波长标准不满足 $S=0.8$。因此，

斯特列尔可以作为包括所有像差类型的一般情况的扩展定义。

如果光学系统的斯特列尔强度比至少为 0.8 或更大，则系统得到很好的校正并且称为满足"衍射极限"。

考虑波前函数的一般形式，如（1.47）和（1.48）定义，其中（$\rho$, $\theta$）是圆形光瞳中一个点的归一化坐标，Marechal[103]已经证明了斯特列尔比值是( 参见 Born and Wolf[17]和 Wetherell[168])，

$$S = 1 - \frac{4\pi^2}{\lambda^2}\left\{ \iint W^2(\rho,\theta)\rho d\rho d\theta - \left[ \iint W(\rho,\theta)\rho d\rho d\theta \right]^2 \right\} \qquad (1.90b)$$

其中积分范围是瞳孔的归一化区域（$\rho \in [0,1]$， $\theta \in [0,2\pi]$）。当像差足够小时，该等式可以通过展开式的前两项来近似

$$S \simeq 1 - \frac{4\pi^2}{\lambda^2}\Delta W_{rms}^2 \equiv 1 - \sigma_\phi^2 \qquad (1.90c)$$

其中 $\Delta W_{rms}^2$ 和 $\sigma_\phi^2$ 分别是波前和相位像差的方差。当 $S=0.8$ 时，所谓的 Marechal 标准[103]是

$$\sigma_\phi^2 = 0.2\left[ \text{rad}^2 \right] \qquad (1.91a)$$

从（1.90c），我们得到波前像差的均方差或波前的方差，

$$\Delta W_{rms}^2 \simeq \lambda^2 / 197.4 \qquad (1.91b)$$

因此，波前像差值的均方根

$$\Delta W_{rms} \simeq \pm\lambda / 14 \qquad (1.91c)$$

无论像差类型如何都是有效的。因此，Marechal 的标准与斯特列尔值 $S=0.8$ 等价，并且可以表述如下：

如果波前与最佳拟合参考球面波的均方根偏离不超过 $\lambda/14$，则系统达到衍射极限。

现在考虑各种像差的波前公差，我们在下文中给出了 Welford[167]在他的"光学公差"一节中的结果。例如，用 $\alpha$， $\beta$ 和 $\gamma$ 表示如（1.47）和（1.48）所定义的波前函数 $W$ 的一些第一系数 $a_{l, n, m}\overline{\eta}^l$，把离焦视为一个像差，并将其写入 $\alpha_1\rho^2$，其中在瞳孔全孔径处 $\rho = 1$。对于离焦，斯特列尔公差 $S=0.8$ 会产生 $\Delta W_{ptv}$ 波前偏差

$$\alpha_1 = \pm 0.25\lambda \qquad (1.92a)$$

这是瑞利获得的著名结果，称为四分之一波长瑞利标准[123]，如果波前包含

在由半径相差 $\lambda/4$ 的两个同心表面之间，则可以认为光学系统是理想的。

同样，将 $\beta_1\rho^4$ 表示为初级球差，$\Delta W_{\text{ptv}}$ 容差极限为

$$\beta_1 = \pm 0.24\lambda \qquad (1.92\text{b})$$

如果这种像差是平衡过的但是选择最佳焦点，即考虑形式为 $\alpha_1\rho^2 + \beta_1\rho^4$ 的 $W = (\rho, \theta)$ 项，$\Delta W_{\text{ptv}}$ 容差极限是

$$\beta_1 = \pm 0.95\lambda \quad \text{以及} \quad \alpha_1 = -\beta_1 \qquad (1.92\text{c})$$

以同样的方式，我们可以找到其他像差的容差限制，并用适当的项来平衡它们。表 1.6 显示了满足斯特列尔标准 $S=0.8$ 或等效 Marechal 标准 $\Delta W_{\text{rms}} = \lambda/14$ 的一些 $\Delta W_{\text{ptv}}$ 波前容差极限。

表 1.6　获得衍射极限图像的最佳球面拟合波前公差 $\Delta W_{\text{ptv}}$，
即 $S=0.8$ 或等效 $\Delta W_{\text{rms}} = \lambda/14$。（参考 Welford[167]）

| 像差 | 像差多项式 | 误差容限系数 |
|---|---|---|
| 离焦 | $\alpha_1\rho^2$ | $\alpha_1 = \pm 0.25\lambda$ |
| 三级球差 | $\beta_1\rho^4$ | $\beta_1 = \pm 0.24\lambda$ |
| 三级球差+最佳曲率模式 | $\alpha_1\rho^2 + \beta_1\rho^4$ | $\beta_1 = \pm 0.95\lambda$<br>$\alpha_1 = \mp 0.95\lambda$ |
| 五级球差+三级球差+曲率 | $\alpha_1\rho^2 + \beta_1\rho^4 + \gamma_1\rho^6$ | $\gamma_1 = \pm 3.47\lambda$<br>$\beta_1 = \mp 5.62\lambda$<br>$\alpha_1 = \pm 2.24\lambda$ |
| 三级彗差 | $\beta_2\rho^3\cos\theta$ | $\beta_2 = \pm 0.20\lambda$ |
| 三级像散 | $\beta_3\rho^2\cos 2\theta$ | $\beta_3 = \pm 0.17\lambda$ |

**注意**：许多有用的光学系统在设计时不需要满足衍射限制质量。使用这些系统，例如摄影镜头，电视摄像机光学系统等，具体要求是为了达到给定数值的分辨单元，通常在 $x$，$y$ 方向的每个方向上有 400～1000 个单元。它们的光学容差基于光学传递函数的概念。

# 1.12　一些成像仪器选择

Lena，Rouan 等给出了天文系统在对整个电磁波谱的观测天体物理学中可能达到的理论和实际极限[96]。从极紫外到红外的成像仪器中，有许多选项，可以是

单望远镜系统或多望远镜系统，优选的望远镜设计和最佳望远镜焦距。一些相关联的成像系统可以具有两个或更多个串联仪器，例如，大气色散补偿器加上自适应光学模块，接着是成像光谱仪。

下文中我们参考 Richardson[131]关于成像仪器方案的一些描述。

### 1.12.1　人眼

如果接收仪器是人眼，则可以对无限远到明视近点（25cm）的距离内大视场的物体精确成像。人眼的光学标准参数通常假设透镜的低梯度折射率可以通过恒定折射率来近似。Le Grand[70]为此提出了折射率 $n_d$=1.44 或 1.45；我们发现对于 $n_d$=1.45 光线跟踪更为逼真（表 1.7）。

**表 1.7** 对无穷远处或在近点成像的标准人眼光学参数（参考 Le Grand[70]）和作者通过光线追迹做的一些补充（长度单位为[mm]）

| 表面 | 曲率半径 | | 轴向间隔 | | 折射率 |
|---|---|---|---|---|---|
| | ∞ | p.p. | ∞ | p.p. | $n_d$ |
| 角膜第一面 | 7.8 | 7.8 | 0.55 | 0.55 | 1.377 |
| 角膜第二面 | 6.5 | 6.5 | 3.05 | 2.65 | 1.337 |
| 瞳孔（$d$=4） | | | 0.00 | 0.00 | 1.337 |
| 透镜面 1 | 10.2 | 6.1 | 4.00 | 4.50 | 1.450 |
| 透镜面 2* | −6.0 | −5.5 | 16.60 | 16.50 | 1.336 |
| 视网膜[†] | −13.4 | −13.4 | | | |

\* 圆锥常数 $\kappa_\infty \simeq -4.6$，$\kappa_{p.p} \simeq -4.7$ 的变形双曲面；

[†] 扁平椭圆体，$\kappa_\infty = \kappa_{p.p} \simeq +0.1$；

从角膜第一表面到视网膜的轴向距离为 24.2mm。

对于无限远的物体，像空间的等效焦距 efl 为 22.4mm，相当于空气中的 efl 为 16.7mm。在约 5°的中心视场，物体空间中的分辨率为 1 弧分，对应于视网膜上的 5μm。低分辨率成像视场在左右方向上从轴上到达100°，上下方向上达到60°~80°（图 1.33）。虹膜的口径，即输入光瞳，在 2~8mm 变化，在正常白天条件下取 4mm 的值。

### 1.12.2　目镜

如果视场被放大并用眼睛观察，则处理器是目镜。目镜与物镜有着截然不同的任务，为了让观察者用眼睛观测，出射光瞳在目镜的最后一个镜头之后的一段距离称为"眼睛镜头"，相反的是"场镜"——该轴向距离在 5～20mm，称为良视距。此外，出瞳的直径应足够小，以使所有光束进入虹膜。目镜设计的另一个复杂因素是增加的视场，其与出瞳的直径成反比。例如，使用 1m 口径望远镜对（1/3）° 视场成像，具有 5mm 瞳孔的视场必须大 200 倍，也就是 67°，需要具有多片透镜的复杂设计。

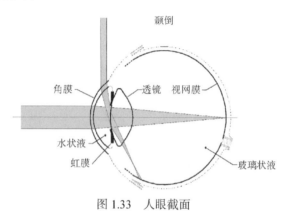

图 1.33　人眼截面

目镜的光线追迹会生成几种玻璃类型的系统具有多达八个球形表面的元件，或者具有较少元件但使用非球面表面。可用的目镜视场可达到 80°，需要眼睛转动以准确观察子视场。典型的 Zeiss 目镜是具有四片的阿贝消畸变目镜和经典 Plossl 目镜，以及具有五片的 Erfle 目镜（图 1.34）。泰勒[153]和史密斯[146]给出了一些目镜的描述和比较。

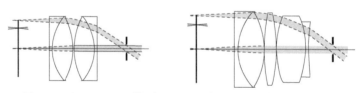

图 1.34　左：Plossl 目镜（2-2 型）；右：Erfle 目镜（2-1-2 型）

### 1.12.3　干涉仪

如果同一物体的图像是从两个或几个分离的孔径发出的，或者通过分束器或相位掩模将两个波前分开，这会产生光束叠加，这就是干涉仪。

干涉仪的例子包括红外傅里叶变换光谱仪（参见 2.5.1 节），由 E. Stephan 和 A. Michelson 提出的恒星干涉仪，由 A. Labeyrie 提出的望远镜阵列（参见

Sect.2.5.2），以及波前分析仪和日冕观测仪。对于一些需要视场补偿的干涉仪，可变曲率镜安装在移动支架的后向反射焦点上（第 2 章）。

### 1.12.4　日冕观测仪

日冕仪用于探测紧邻明亮物体的微弱目标。第一台日冕仪在焦平面上使用了一个空间滤波器，一个 Lyot 光阑，用于阻挡明亮的光源并将周围的光线传输到下一个成像系统。

对瞳孔的空间透过率函数的适当修改（切趾法）可以抑制次级最大值。在天文学中，这有助于在靠近明亮的准点物体时检测到微弱的目标。新型日冕观测仪使用干涉测量技术，例如使用相位掩模，或者基于通过瞳孔反转和一个光束的相位偏移的入射光束分割。光束合束后在视场的中心产生相消干涉。例如，D. Rouan 等提出并详细阐述了四象限相位掩模（2000 年）。D. Rouan 等最近提出了一种在视场中心一倍频的消色差相消干涉的新概念（详见 Lena 和 Rouan 等[1.96]）。它由在零位干涉仪的每个臂中引入的蜂窝移相镜（称为棋盘镜）组成。系外行星探测将受益于这一概念。

### 1.12.5　偏光计

如果仪器是偏振器，例如 N 形沃拉斯顿棱镜或半波片，可以使光波在单个平面内振荡，则该仪器是偏光计。通常的惯例是将线偏振描述为电场矢量的方向。

### 1.12.6　狭缝摄谱仪

如果仪器是衍射光栅或棱镜，则通过狭缝进入的光会按照光谱波长发生角度色散：这种仪器就是光谱仪。有反射和透射光栅，其沉积在平面、球面或非球面衬底上。全息过程产生的线分布提供等间距或可变间距的衍射光栅。

尽管具有等间隔刻线的凹面、环形、反射光栅或具有可变间隔刻线的凹球面光栅，对紫外研究是有效的单表面狭缝光谱仪（参见 3.5.7 节和 7.8.2 节），光谱仪通常在平面或平面非球面光栅前设计有准直光学系统，后面有相机。如果反射光栅将色散的光再反射回准直镜，使得准直镜也用作相机，则这种设计称为 Littrow 结构光谱仪。一些摄谱仪需要对瞳孔进行内部重新成像——例如，使用阶梯和经典光栅的交叉色散光谱仪——由额外的镜子或镜头实现。这种设计被称为白瞳设计或 Baranne 结构形式，由 A. Baranne[11,12]提出的。人们通常区分狭缝、长缝和多缝光谱仪；后一种情况称为多目标光谱仪（MOS）。

### 1.12.7 无缝光谱仪

如果色散元件位于望远镜的焦平面之前，则这种装置称为无缝光谱仪。

**物端光栅：**如果将凹面反射光栅代替小望远镜的主镜，则可以获得具有物镜光栅的无缝光谱的基本形式。对于无限远物体和给定的波长，采用抛物面反射光栅在法线衍射角下工作轴上的光是严格消球差的；类似地，利用球形反射光栅和可变间隔刻线也获得了消球差解。对于有限距离处的物点，总是存在二次曲面形状的光栅，其为垂直于光栅顶点衍射的波长提供消球差成像，有时称为法线衍射结构。由于没有很大尺寸的光栅，已经发展了用于物端光谱仪的其他替代方案。

**直视物端棱镜：**如果设计一对棱镜在波长 $\lambda_0$ 处没有偏移，但仍可以提供色散，则该仪器称为 Fehrenbach 棱镜或直视物端棱镜。为了确定恒星的视向速度，这种棱镜在 1944 年由 Fehrenbach 开创研究[56]并且制作出直径为 0.6m 的物端棱镜（Fehrenbach 等[57]）作为望远镜入瞳。采用棱镜在0°进行曝光，然后进行180°的面内旋转，Haute Provence 天文台的施密特望远镜获得了5°视场的两个反向色散光谱[58]。令 $n_{d,1}$ 和 $n_{d,2}$ 分别是具有小楔角 $A_1$ 和 $A_2$ 的棱镜的 d-黄色氢线折射率。如果楔形角相反，例如 $A_2 = -A_1 = A$，则形成平行平板的两个棱镜产生的光束偏离角为

$$\alpha = (n_{d,1} - n_{d,2})\, A$$

通过选择玻璃对，如 $n_{d,2} = n_{d,1} \equiv n_d$，偏差被抵消，$\alpha = 0$。引入阿贝数 $v_d = (n_d - 1)/(n_F - n_C)$，从上述关系来看，蓝色 F 和红色 C 氢波长之间的色散角是

$$\Delta\alpha = (1/v_{d,1} - 1/v_{d,2})\ (n_d - 1)\, A \qquad (1.93)$$

从 Schott 玻璃的（$n_d$，$v_d$）图可以看出，玻璃对 SK14-F5（$n_d = 1.603$）对这两个波长的色散比玻璃对 BK6-LLF6（$n_d = 1.531$）大约 2.3 倍。对于给定的中心波长 $\lambda_0$，Fehrenbach 直视物端棱镜的设计有时需要玻璃制造商精心制作一种特殊的玻璃。

必须注意的是，与任何无缝色散系统相比，Fehrenbach 直视棱镜具有最高的光通量。它们也可以位于大型望远镜重新成像的瞳孔上，而不是安装在望远镜输入端。对于距离非常远的星系，这应该可以有效地检测大的红移光谱——通常是 $z \simeq 7$——例如在近红外区域观察到的莱曼截止值。

　　**棱镜光栅**：如果仪器是简单的 Δ 形棱镜，则光束转过偏差角，但色散小于透射光栅。因此，如果透射光栅粘合到棱镜上，例如在波长 $\lambda_0$ 处产生的偏差抵消，则光束仍然是分散的。这种组合称为 grism 或 Carpenter 棱镜，通常位于用于物端光谱仪的望远镜焦点之前。

　　**透镜棱栅**：如果棱镜的表面——没有粘合到光栅上——被赋予了一些作为透镜的能力，这种仪器有时被称为透镜棱栅。例如，Richardson[127,128]在大型望远镜主焦点的大视场改正器上就设计了一块透镜光栅（图 1.35）。

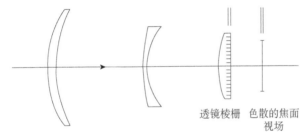

透镜棱栅　色散的焦面
视场

图 1.35　CFHT 主焦点上的 Richardson 透镜棱栅。第三片镜头的楔形角为 1.1°，$45\ell/\text{mm}$ 的光栅在倾斜 0.38° 的焦平面上产生 1000 Å/mm 的色散（参考 Richardson[127]）

### 1.12.8　具有狭缝或光纤的多目标光谱仪

　　如果光谱仪同时色散的目标在视场中的位置是离散的，则这种系统称为多目标光谱仪。两种经典的替代方案是使用多缝掩模或光纤。

　　**多狭缝掩模**：从光谱仪成像模式，在矩形视场中选择目标坐标，然后将多缝掩模作为光谱仪的输入。光谱通常在矩形探测器上获得，并且与望远镜视场中那些目标有对应的位置。该技术非常适用于典型的 5′～7′ 视场。精确的多缝掩模由高功率钇铝石榴石激光晶体（YAG）激光器加工，除了矩形狭缝之外，还可以切割在色散方向上具有等宽度的曲线狭缝切割，用于拱形目标研究（Di Biagio 等[14]）。

　　**光纤光学**：光学纤维具有选择目标的优点，无论它们在小视场（5′～7′）或大场中的位置如何。光纤输出端接一个或多个光谱仪的长缝。然而，光纤有焦比退化问题（FRD），因此光谱仪的准直镜必须具有比望远镜出射光束稍快的焦比。一些大视场光纤光谱仪器的例子是星系和类星体测量 2dF（4m 英澳望远镜（AAT）上，400 根光纤，2° 视场），SDSS（2.5m R-C 望远镜，640 根光纤，视场 $2 \times 1.5°$），6dF（1.2m UK 施密特望远镜，150 根光纤，6° 视场）和 LAMOST（4m 施密特望远镜，4000 根光纤，5° 视场）（参见表 1.1）。对于大天空尺度和低目标密度，每个光纤输入可以是电动控制的。

### 1.12.9　积分视场光谱仪

如果光谱仪可以接收视场区域（$\delta x$, $\delta y$）划分为 $N \times N$ 个单元的全部 $N^2$ 个连续子区域的光，则这种仪器是积分视场光谱仪（IFS）。数据记录为（$\delta x$, $\delta y$, $\lambda$），称为 3-D 光谱仪，可以同时获得视宁度尺寸的所有面源子区域的光谱。Monnet[109] 讨论了用二维探测器获取三维信息的基本约束——所谓的"数据立方体"。

如果可以用经典光谱仪串联放置的方法排布积分视场光谱仪，则称为积分视场单元（IFU）。

G. Courtes 在 1952 年[40]提出，使用快焦比相机光学系统可以大大提高对扩展物体的探测率。这种缩短望远镜有效焦距的系统称为缩焦器。通常，在相机光学器件前端的无焦光束中引入色散元件——棱栅，法布里-珀罗干涉仪，彩色或干涉滤光片。有时在会聚光束中使用干涉滤波器非常有效（Courtes[41]）。一个有趣的仪器概念——这不是一个真正的光谱仪，但是同时多带通成像仪或多带通光度计——包括在探测器的一个区域或几个探测器上对望远镜瞳孔的色散图像的几个光谱区域成像（Courtes[40]）。使用白瞳结构[11]会有利于光学设计。这些多带通光度计是用于确定具有大红移的暗弱天体目标的有效系统。

我们可以区分 IFS 的几种可选方案，全部使用准直光学系统，色散元件或扫描干涉仪，以及照相光学系统。

光纤束和小透镜：一捆光纤其输出端布置在长狭缝上是 IFU 的一个简单排布。然而，通过使用二维微透镜阵列可以避免由于光纤芯之间的间隙造成的光损失，该微透镜阵列将望远镜光瞳成像在光纤输入端。这需要将光纤的输入端（也是数量 $N^2$）按笛卡儿框架重新排布，如 Courtes[42]提出的一样，Allington-Smith

等进一步发展了该方法[4]。在光纤输出端，一维微透镜阵列也可用于在一个或多个长缝光谱仪上对视场单元进行锐利的再成像。

**小透镜**：大多数透明的 IFS 包括二维微透镜阵列或在小透镜上形成望远镜图像，其将望远镜光瞳成像在掩模处的 $N^2$ 个子光瞳上。掩模具有 $N^2$ 孔，比微透镜小得多，可以让所有光进入光谱仪。这就是一个简单的 IFU。在光束准直之后，必须围绕相机光轴适当地调整棱镜方向，以便优化探测器区域上的光谱的二维填充（Courtes[43]）。取决于光谱色散，在探测器区域上 $N^2$ 光谱填充的优化需要涉及微透镜尺寸，检测器尺寸和相对于小透镜的棱镜取向。该系统明确定义的孔或狭缝函数以及光学集光率（Jacquinot[81]）为恒星或扩展目标提供了均匀的光谱分辨率。

**扫描法布里–珀罗干涉仪**：对于 $N^2$ 个连续子区域的高采样，另一种替代方案是使用扫描法布里-珀罗而不是传统的色散器。如 Caplan[25] 和 Bland-Hawthorn[16] 所示，这需要处理比光栅光谱仪更复杂的点扩散函数（Airy 函数）的数据。除非使用快速扫描，否则在积分期间天空的短暂波动使得难以获得两个远距谱线的精确强度比（Caplan[25]）。Le Coarer，Amram 等[35]，Georgelin，Comte 等[67]和 Tully[163] 给出了这些仪器的一些说明由。

**傅里叶变换光谱仪**：随着二维红外探测器的出现，Maillard 设计并研制了用于红外的三维或成像傅里叶变换光谱仪（FTS），他为 JWST 太空望远镜项目提出了一种方案。用于近红外线[99]。最先进的探测器技术只能为远红外线提供适度的 $N^2$ 数量，而由 Dohlen 等设计的光学系统[47]SPIRE FTS 是安装在赫歇尔太空望远镜上的两个成像光谱仪之一，置于观测太阳-地球系统的 $L_2$ 拉格朗日点。

**像切分器**：Bowen[20]发明了第一台图像切分器（IS），以避免高分辨率恒星光谱仪窄缝处的光损失。这种像切分器由 $k$ 个薄镜堆叠而成的一维平面反射镜阵列组成，其通过薄镜产生近似 90°光线折转的方式将望远镜积分视场 $N^2a^2$ 内的 $N^2$ 个分辨单元反射到 $k$ 个对应子视场为（$Na/k$）×（$Na$）的积分视场单元内。Richardson[126,129]介绍了一种新的像切分器概念，它具有两个相等曲率的凹面反射镜，其曲率中心位于它们彼此的顶点上。这两块反射镜分别称为狭缝镜和光瞳镜，每块反射镜均等分为两部分，中间留有一个窄缝，狭缝镜的窄缝和光瞳镜的相互垂直。星光通过一块圆柱形透镜进入像切分器，在不同位置形成两个相互垂直的线形像斑：前一个线形像斑位于光瞳镜的窄缝处，后一个线形像斑则与狭缝镜的窄缝重合。后面的狭缝镜允许光束的中间部分直接通过窄缝，同时将其他部分的光反射回光瞳镜。所有四个反射镜的轻微倾斜使光束在偶数次反射后能产生另一个（通过狭缝的）切分像，这样的方式要求镜面膜层具有很高的反射效率。随后，位于狭缝处的透镜将望远镜光瞳投射到光谱仪的光栅上。奇数 $k$ 个切分像首尾相接，对称地分布在中心切分像的两侧。光谱仪通过位于相机系统后面的一块柱面镜来叠加这 $k$ 条切分光谱，从而实现光谱仪的探测增益（参见 Hunter[79]的说明）。Walraven 型像切分器[164]，将一块平行平板与一块棱镜的三角形区域光胶在一起，使光束在平行平板内部多次反射后能从三角形区域透射出去。在此后的 Walraven型像切分器的改进中，Diego[46]在像切分器的入射和出射面各增加一个相同楔角的棱镜，这样使 $k$ 个切分像在同个轴向位置上左右共焦。

**Lemaitre** 型像切分器[94]可以避免多次反射，他的设计包括两个凹球面反射镜。每组反射镜阵列中的 $k$ 块小反射镜单元绕横轴均匀旋转一定角度，按螺旋线分布，从而将一个方形积分视场切分成 $k$ 个长方形的子视场。如果场镜阵列的小反射镜的曲率半径为 $2R$，光瞳镜阵列的曲率半径为 $R$，并且它们的轴向间隔为 $R$，切分的子视场单元由光瞳镜成像于狭缝处，放大率为 $M=-1$。对于高光谱分辨率的恒星观测模式下，切分像重叠在一起（图 1.36-上图）。因此，由（1.34）表示的集光率不变量或拉格朗日不变量，使孔径角 $u$ 的望远镜光束的方形截面变换为变形的截面，其线性半孔径为 $u'_x = ku$ 和 $u'_y = u$，和输出的集光率不变量（ $N^2 a^2 / K$ ）$\times 4Ku^2$ 一致。通过在狭缝附近插入柱面场镜，在光谱仪光瞳（如光栅）处覆盖一个方形区域。在积分视场光谱仪模式中，子视场的切分像必须首尾相连以将信号传递给长缝光谱仪。这需要作为光瞳阵列的小反射镜单元围绕另一个正交方向做第二次旋转（图 1.36 下图），这种镜子更难磨制，因为它不是由连续镜面上的平行薄片元件做微小的旋转直接产生的。随着 Content 型像切分器应用于积分视场单元[37]中，积分视场光谱模式的像切分器在狭缝处附加一组光学镜阵列将光瞳重新投射到光谱仪中的正确位置。通过改变光瞳反射镜的曲率获得不同于 $-1$ 的横向放大率。

当切分数量 $k$ 变大时，由于小镜面元件的衍射效应可能会损失光效率，因此必须选择适当的像切分比例。

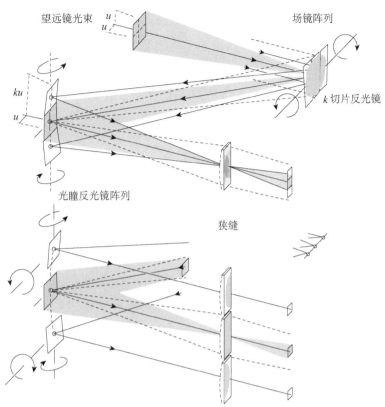

望远镜光束　　　　　　　　　　　　　　场镜阵列

$ku$

$u$

$k$切片反光镜

光瞳反光镜阵列

狭缝

图 1.36　螺旋像切分器的原理。光瞳由视场反射镜阵列成像到光瞳反射镜阵列上。光瞳反射镜重新对切分子视场成像,放大率为 $M = -1$。上:叠加光谱的经典模式,下:IFU 的长缝模式(参考 Lemaitre[94]和 Content[37])

### 1.12.10　背面反射镜

望远镜中的大反射镜大多数是前表面反射镜,但对于小反射镜,后表面反射有一定的优势。一个常见的例子是直角偏转棱镜。在这种情况下,不需要金属镀膜,因为在对角线的面上是通过内反射实现的。如果光的入射角小于临界入射角,则必须在后表面的外侧涂上反射涂层,就像浴室镜一样。这种反射表面可以很好地防止腐蚀和灰尘。

如果凹面背反镜的正面半径比背面的半径短,则该反射镜称为 Mangin 反射镜。对于给定波长的光,通过前表面时引起的球差由球面背面的反射引起的球面像差平衡。Mangin 反射镜在一些光谱仪中用作相机反射镜。

如果玻璃变厚,可以设计出非常快的焦比,例如实心或半实心施密特光谱仪照相机（参见 Schroeder 的 Astronomical Optics[141]）。为了方便探测器安装，实心施密特系统设计为折叠形式，而半实心施密特系统设计为卡塞格林形式（图 1.37）。与空气中的经典施密特系统相比，其焦比 $f/D$ 由反射镜的曲率限定，相同的曲率的后表面反射镜焦距为 $f/n'D$，折射率 $n'$ 产生了更快的焦比。因此有效焦距缩小了 $n'$ 倍，在直接成像模式中，该系统提供 $n'^2$ 倍的探测增益。

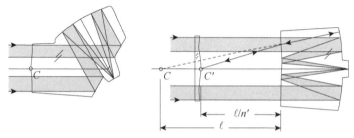

图 1.37　实心折叠（左）和半实心（右）施密特摄谱仪相机

### 1.12.11　视场旋转器

如果望远镜通过高度和方位运动来补偿地球的旋转，对于口径大于 5m 的望远镜通常采用地平式机架，则必须通过视场消旋器补偿视场的旋转。这是通过三个平面反射镜围绕视场轴旋转来实现的（图 1.38）。也可以通过焦面仪器绕轴旋转实现。

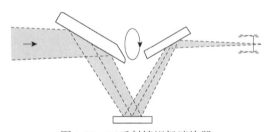

图 1.38　三反射镜视场消旋器

### 1.12.12　光瞳旋转器

如果一台日冕仪安装在 Nasmyth 焦面上的固定位置，就需要一个光瞳消旋器。其转速与视场消旋器的转速相反，而视场消旋器不使用。因此，望远镜的残余像差和来自副镜十叶架支撑的衍射光在观测过程中不会在探测器上旋转。

### 1.12.13 望远镜视场改正器

在望远镜焦点处同时校正球差、彗差、像散和场曲以及一些高阶像差的仪器称为视场改正器。这样望远镜就可以获得更大的视场。第一个需要视场改正器的就是主焦点。可以根据抛物面-双曲面（PH）望远镜或 Ritchey-Chretien（RC）望远镜来区别不同的校正器类型。

PH 望远镜的主焦点：主镜是抛物面，没有球差，只考虑校正彗差，F.E.Ross[135,136]在 1933 年为威尔逊山的 60in 望远镜和后来的 Palomar 的 200in 望远镜设计了最早的抛物面反射镜改正器。他设计的改正器包括一个薄的低光焦度的弯月透镜，第一个表面是一个非常凹的凹面，放置在有薄的空气间隔的双分离透镜前的一定距离，透镜在焦点前。因为有像散、场曲以及色球差等，Ross 改正器只能实现有限的视场扩展。随后，A.B.Meinel[106]通过几个非球面板进行视场校正，其中彗差、像散和相应的部分 5 阶项都可以被校正。消除四个三级像差和一些高阶项，C.G.Wynne[172]在 1967 年设计出了一种四透镜改正器，所有透镜都采用相同的玻璃，前两个透镜离得很近，而后两个透镜有一定间隔。考虑到前两个透镜相当于一个正透镜，正-负-正的光焦度分布为校正大视场提供了最好的设计排布。Faulde 和 Wilson[55]后面的设计表明，使用三个有一定间隔的透镜可以获得了等效的性能，其中间是个具有非球面表面的负透镜。Epps 等[50]为 Keck 望远镜设计了一种有两个非球面的三间隔透镜改正器，其中包括可以加入大气色散补偿器的方案。目前为抛物面反射镜研制的最大视场的改正器是 CFHT 的 $1° × 1°$ 视场校正器。

**RC 望远镜的主焦点**：对于主镜是双曲面的 RC 望远镜的主焦点，视场校正更容易，因为反射镜的球差可以用来补偿透镜的像差。最早，Gascoigne[64,65]发现球差和彗差都可以通过使用位于焦点前适当距离的非球面板来校正。因为有像散、场曲以及球差和彗差的一些像差残余，Gascoigne 改正器只能实现有限的视场扩展。

之后，Wynne[173]为大型望远镜设计了几个改正器用于消除四个三级像差和一些更高阶的像差，使用同一种玻璃材料的三个分离的透镜，光焦度分别为正-负-正，仅使用球面就可以实现大视场校正。Richardson[130]指出对于给定视场和焦比的望远镜，存在与图像质量要求相匹配的最佳改正器尺寸。

**球面主镜望远镜的主焦点**：像 Hobby-Eberly Telescope（HET）这样的大型拼接望远镜需要校正很大的三级球差以及其他像差。两对带孔的凹面镜可以校正 4′～5′的典型视场（Ramsey 等[122]l，Sebring 等[143]）。这些非球面反射镜在前面具有自己的凹面，可以对焦面连续地重新成像产生第二及第三焦点。

**RC 望远镜的卡式焦点**：通过均衡反射镜的曲率，可以使 RC 望远镜的卡塞格林焦面为平面（参见 1.10.1 节中的佩茨瓦尔和）。在这种特殊的形式中，消球差消彗差的组合称为平场 Ritchey-Chretien。这是由 I. S. Bowen 在 2.5m Ir'en'ee du Pont de Nemours 望远镜上实现的（表 1.1）。消像散的校正是由 Bowen 和 Vaughan[21]通过焦前放置一块非球面板获得的。这需要对镜子进行轻微的重新设计，因此偏离了严格的 RC 形式以实现更大的视场。由于像散的剩余色差和其他残余像差，Wynne[176]进一步用两个分离的不同玻璃材料的非球面透镜代替了非球面板。这种扩大望远镜视场的例子是 1.2°视场的紫外空间望远镜 GALEX 和 2°×1.5°视场的斯隆数字巡天（SDSS）望远镜（表 1.1）。

有关望远镜视场改正器的详细介绍参见 Wilson 的书[170]。

### 1.12.14　大气色散补偿器

如果仪器是两个棱镜单元，它们可以增加或减少色散从而与大气色散相匹配，这样的系统称为大气色散补偿器（ADC）。ADC 有两个方案：①两个可以对转的棱镜对，②两个具有可变轴向间隔的薄单棱镜。

在一项关于折射的研究中，Claudius Ptolemy（大约 140 年亚历山大人）提到了大气折射的影响，那时折射角被认为与入射角呈一定比例。Tycho Brahe 做了一些测量大气折射的尝试，但他对确定行星位置的视差（3 弧分）的校正是完全错误的，这推迟了他的折射校正。第一个大气折射模型可以追溯到 J-D Cassini（1662 年），他认为大气是一种具有恒定折射率的媒介，在"以太"之前某个固定的高度 $h_a$ 突然结束。尽管卡西尼的模型只需通过适当选择两个常数（$n_a$，$h_a$）来使用斯涅尔定律，我们可能会注意到他计算的折射角——两个 arsin 函数的差——对于 45° 以内的天顶距都非常准确。

对于水蒸气压力 $p_w$=550Pa，减去 0.2；对于其他值应用线性校正。对于其他温度和压力用 $pT_0$ / $p_0T$ 乘以（$n-1$）。

考虑到更真实的模型，让我们用 $n$ 表示空气的折射率，$z$ 表示天顶距离，当 $z \le 80°$ 时，大气衍射角精确表示为

$$\varphi = \big[ n(\lambda,\ p,\ T,\ p_w) - 1 \big] \tan z \qquad (1.94)$$

其中 $\lambda$，$p$，$T$ 和 $p_w$ 分别是观察位置的波长、气压、温度和水蒸气压力。表 1.8 中的折射率值取自 Allen 的天体物理量[31]。

大气色散是给定波长范围（$\lambda_1$，$\lambda_2$）内折射率的变化。这将星像变为光谱，ADC 的作用是校正这种退化。从式（1.94）知道，由大气色散引起的光谱角度可以表示为

$$\Delta\varphi = (n_{\lambda 1} - n_{\lambda 2}) \tan z$$

从大气紫外截止波长到 CCD 探测器灵敏度的红外上限波长，对应于 $300\sim$ 1000 nm 的光谱范围，从表 1.8 中可以得到角色散

$$\Delta\varphi\{z = 45°\} = 3.79'', \quad \Delta\varphi\{z = 60°\} = 6.57''$$

从这些结果可以看出，即使对于位于 4000m 的高海拔的望远镜，也必须校正大气色散引起的图像退化以用于提高像质。

表 1.8　在 $p_0 = 1013.25 \times 10^2$ **Pa**，$T_0 = 273.15$**K**，$p_w = 0$ 的情况下，
Allen 和 Cox[3]提供的空气的折射率与波长 $\lambda$ 对应表

| $\lambda$/nm | 300 | 400 | 500 | 600 | 700 | 800 | 1000 | 2000 |
|---|---|---|---|---|---|---|---|---|
| $(n-1)/(\times 10^6)$ | 307.6 | 298.3 | 294.3 | 292.2 | 290.9 | 290.1 | 289.2 | 288.0 |

**对转棱镜对：** 第一种形式的 ADC 带有两个 N 形棱镜，形成一个可对转的棱镜补偿器（图 1.39）。对应于中心光谱范围的平均折射率的波长光束，每个棱镜对不会产生偏离。这种设计是 Wynne[174]，Epps 等[50]为大视场改正器的一种方案提出的，Wynne 和 Worswick[175]，D-q. Su[151]，Bingham[15]，Wang 和 Su[165]等都进行了研究。

**可变间隔的薄棱镜对：** 第二种形式的 ADC 是两个薄棱镜，其轴向间距是变化的（图1.40）。Beckers 提出的这个概念是由 Avila 和 Rupprecht[7]设计的，他们将其称为线性大气色散补偿器（LADC）。与先前通过对转的方案相比，光路设计更长，但具有避免瞳孔轴倾斜的优点，并且仅使用一种玻璃材料（熔石英），因此从紫外线到红外线都有更高的透过率。

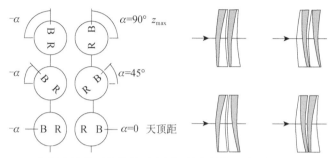

图 1.39　左图：ADC 中每个棱镜对的旋转示意图。最大补偿是当棱镜对的色散叠加时，$\alpha=90°$（B：蓝色，R：红色）。右图：在最大天顶距补偿 $z_{max}$ 时，四种可能形式的 ADC（大色散的玻璃以灰色显示）

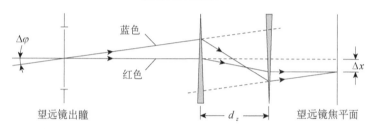

图 1.40　具有两个薄棱镜和可变距离的 ADC 示意图-LADC /
VLT（Avila，Rupprecht 和 Beckers[7]）

在地平式望远镜中，ADC 通常在视场消旋器之后。

### 1.12.15　自适应光学

**视宁度极限及衍射极限成像：** 地面天文观测受到地球大气层引起的波前退化的影响。因此，具有被动光学的大型望远镜只能进行视宁度极限的成像，而其口径理论上具有更高角度分辨率的衍射限成像。对于极短时间的曝光，视宁度极限的星像由一组散斑单元组成，其每个散斑大小就是一个艾里斑的尺寸。位于近海平面高度的大多数观测站点拥有 $1''\sim2''$ 的视宁度。对于海拔 4200m（Mauna Kea）的特别好的观测站，视宁度可以达到 $0.5''\sim1''$。

如果一个望远镜的反射镜面通过促动器对镜面形状，姿态和位置进行修正，在低频率下进行开环或闭环系统控制，例如，$f\leqslant0.1\text{Hz}$，那么这种系统称为主动光学系统。

如果反射镜的局部形状以及倾斜位置由高频率的闭环控制修正，比如 $f\geqslant50\text{Hz}$，这可以补偿由地球大气中的湍流引起的图像质量下降，这样的系统被称为自适应光学系统。

**变形镜校正大气视宁度**：使用具有自适应光学校正的望远镜可以获得恒星锐利的图像，即接近艾利斑。这通常称为高角度分辨率成像。为此目的，自适应光学系统的可变形反射镜（DM）必须位于望远镜输入光瞳重新成像的光瞳处或附近（图 1.41）。

在最近的一些望远镜中，第一个 DM 是卡塞格林反射镜，也是望远镜入瞳。目前极大望远镜（ELT）的研究包括望远镜主光路中的大口径 DM。

星像的实时波前传感器，通过分光或安装在望远镜视场边缘，以及用于波前重建的快速算法可以驱动 DM 促动器。闭环控制还可以补偿望远镜光学系统的残余像差和望远镜光学的振动误差，比如几分之一波长的量。如果在视场中没有足够明亮的参考星，则激光导星（LGS）可以用于波前分析，比如通过大气后向散射的钠双线做激光导星。

因为湍流效应大部分集中在几个主要的大气层，单层波前校正仅在近红外提供~30″的等晕视场。使用几个 DM 与几个波前导星相结合，可以将等晕视场增加到 2′~3′。这种技术称为多层共轭自适应光学（MCAO）。

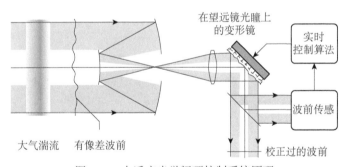

图 1.41　自适应光学闭环控制系统原理

正在研发的用于 ELT 项目的变形镜约有 $10^4$ 个促动器，其 DM 包括口径 2~3m 的超薄大镜面，是望远镜主光路系统中的组件；位于望远镜焦点之后的口径 10~20cm 的小反射镜；还有用在望远镜焦点后口径 20~30mm 的微光电机镜（MOEMS）。

无论作用力的原理是什么，磁致伸缩诱导应变或双压电晶片应变，波前校正实际上都是在薄且连续的反射面上产生的。虽然在大多数 DM 系统中反射镜的厚度完全均匀，但很明显，没有施加力的中间区域应设计成厚度小于有促动器作用力区域的厚度。类似于 2.1.2 节中介绍的镜面，镜面由连续的郁金香形（tulip-like）厚度分布，当郁金香轮廓单元具有双轴或三重对称性时，可以改善动态范围和影响函数的性能。

# 1.13  弹 性 理 论

弹性理论的详细描述是基于极小量形式的，且与折射光学相比，是更近期的科学。然而，在某些特殊情况下，比如随着几千年弓的发展，经验上发现了通过弓的横截面的一个适当的厚度分布可以最大地存储能量。这个现象引起了特定厚度分布的等约束悬臂杆问题，其截面面积在未夹紧端可能为零（参考 Galileo[63]，Clebsch[34]，Saint-Venant[138]），但也可能剩下有限的值（Lemaitre[95]）。

Todhunter 和 Pearson[161]，Love[97]和 Timoshenko[156,158,159]，Timoshenko 和 Woinowsky-Krieger[155]以及 Landau 和 Lifshitz[92]等都对弹性理论发展做出了重要的阐述。以下简要总结了弹性理论早期发展的第一个里程碑。

## 1.13.1  历史介绍

伽利略在 *Discorsi e Dimostrazioni Matematiche*（1638）中提出了在考虑固体强度使悬臂梁破裂时的弹性问题。这被称为*伽利略问题*，包括测定沿梁水平轴的横截面厚度分布，其一端嵌入墙内，而破坏它的趋势是由于其自身重量或施加在其另一端的载荷而产生的（图 1.42）。

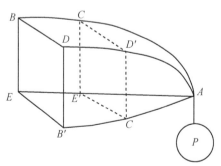

图 1.42  伽利略的载荷等强度悬臂问题。他对悬臂梁厚度变化的描绘接近于精确解（Galileo，*Discorsi e Dimostrazioni Matematiche*[63]）

虽然不知道弹性位移与产生它们的力之间的联系规律，但伽利略仍然明确地指出并强调了这个重要的力学问题。这导致了胡克关于压力和应变之间的比例规律的重要发现，他于 1678 年在 *De Potentia Restitutiva*[77]发表，称为胡克定律。

在不知道胡克定律的情况下，Mariotte[104]在 1680 年重新阐述了该定理，并指出梁的挠度来自其部分横截面的伸展和收缩（参见 Love[97]）。他总结说，解决伽利略问题所需的中性曲线的位置是该横截面的中心。

**杆和梁的平衡方程**：考虑到伽利略的问题，Jacob Bernoulli 在 1705 年也得出结论，由此产生的弹性挠度曲线来自延伸和收缩区域，这些区域在横截面中间被中性表面分开。这需要弯曲力矩 M 与弯曲时杆的曲率 $1/R$ 成比例，这是后来由欧拉（Leonhard Euler，1707—1783）提出的假设。这种局部比例关系表示为

$$M = EI / R \tag{1.95}$$

其中 $E$ 是表征材料的杨氏模量，用于描绘材料的特性，这个概念是由 Young[177]在 1807 年引入的，他还引入了切变作为弹性应变的概念，I 是惯性轴周围的横截面的转动惯量，它垂直于挠曲平面并穿过截面的中心。

对于直径为 $2a$ 的圆形截面，其面积元 $dA$ 由轮廓和与惯性轴线平行的两条线界定。用 $d$ 表示 $\mathrm{d}A$ 与该轴的距离，则转动惯量表示为

$$I = \int_A d^2 \mathrm{d}A = \frac{1}{4}\pi a^4 \tag{1.96a}$$

对于具有边长为 $2a$，$2b$ 的矩形横截面的梁，惯性主轴穿过其中心并平行于边。主惯性矩是

$$I_1 = \frac{4}{3}a^3 b, \quad I_2 = \frac{4}{3}ab^3 \tag{1.96b}$$

众所周知，瞬间做的功是力矩和旋转角度的乘积 $M\delta\theta$。因此，从（1.95）可以知道，杆的每单位长度的应变能可以表示为 $\frac{1}{2}EI/R^2$，其中变化量是曲率的平方。

1742 年，Daniel Bernoulli[13]向欧拉建议，通过使曲率的平方沿杆的积分最小，可以找到挠度微分方程。欧拉根据这个建议，考虑了在恒定圆形截面的细杆，并且在无应力笔直的状态下，相反的力 $F$ 和力矩 $M$ 施加到每个端部。使用曲线坐标 $s$、$\theta$，其中 $\theta$ 是杆的切线与 $z$ 轴之间的角度，其中 $\mathrm{d}y = \mathrm{d}s\sin\theta$，$\mathrm{d}z = \mathrm{d}s\cos\theta$，挠度的一般微分方程是

$$\frac{1}{2}EI(\mathrm{d}\theta / \mathrm{d}s)^2 + F\cos\theta = c_1 \qquad (1.97)$$

这里的 $c_1$ 是个常数。欧拉[51]在 1744 年得出了这个方程，给出了一些包括零、一个或几个环的弹性解（图 1.43）。他还将它们分类，注意到曲线可能包括也可能不包括拐点。

考虑到细杆或细梁，公式（1.97）导出曲线长度

$$S = \pm\sqrt{\frac{1}{2}EI}\int_{\theta_1}^{\theta}\frac{\mathrm{d}\theta}{\sqrt{c_1 - F\cos\theta}} + c_2 \qquad (1.98\mathrm{a})$$

所以函数 $\theta(s)$ 可以用椭圆函数来获得（参见例如 Landau 和 Lifshitz[92]）。表示细杆中心线挠度的参数方程是

$$y = \pm\sqrt{2EI\left(c_1 - F\cos\theta\right)/F^2} + c_3 \qquad (1.98\mathrm{b})$$

$$z = \pm\sqrt{\frac{1}{2}EI}\int_{\theta_1}^{\theta}\frac{\cos\theta\mathrm{d}\theta}{\sqrt{c_1 - F\cos\theta}} + c_4 \qquad (1.98\mathrm{c})$$

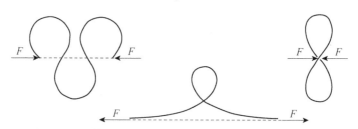

图 1.43  细圆杆的平面挠曲。这些曲线，也称为弹性曲线，
由欧拉[51]获得，他将各种形状分类（参考 Love[97]）

**具有恒定横截面的等曲率杆**：如果力 $F$ 为零并且围绕 $x$ 轴的每单位长度的力矩 $M$ 施加到自由端，则通过设置 $c_1 = M$ 在式（1.97）中引入该力矩。因此 $\frac{1}{R} = \sqrt{2M / EI} =$ 常数并且我们获得一个等曲率棒。曲线长度为

$$s = \sqrt{\frac{EI}{2M}}(\theta + 常数) \qquad (1.99)$$

**悬臂横梁**：限制于没有环的情况，即 $0 \leqslant \theta \leqslant \pi/2$ 或 $-\pi/2 \leqslant \theta \leqslant 0$，式（1.98）可解决沿 $y$ 轴在一端夹紧的恒定截面的悬臂的伽利略问题，其中 $s=0$，$\theta=\pi/2$，并且通过平行于 $z$ 轴的加力 $F$ 使另一自由端处变形，其中 $M=0$，即 $\mathrm{d}\theta/\mathrm{d}s=0$（图 1.44-左）。$\ell$ 表示横梁的总长度，$\theta_\ell = \theta_0$ 表示在自由端的旋转，这些条件得出

$$c_1 = F\cos\theta_0, \quad c_2 = 0, \quad c_3^2 = 2EIc_1/F^2, \quad c_4 = 0 \qquad (1.100a)$$

其中式（1.98b）的平方根项取负号，其他两个方程取正号。$\theta_0$ 的方程是

$$\ell = \int ds = \sqrt{\frac{EI}{2F}} \int_{\theta_0}^{\pi/2} \frac{d\theta}{\sqrt{\cos\theta_0 - \cos\theta}} \qquad (1.100b)$$

我们现在可以考虑小变形的情况，即 $\theta_0$ 接近 $\pi/2$。使用补角 $\varphi = \pi/2 - \theta$ 并用 $\varphi$ 约等于 $\sin\varphi$，$\ell$ 和 $z$ 的积分分别在悬臂的自由端提供

$$\varphi_0 = \frac{F\ell^2}{2EI}, \qquad z(\varphi_0) = \frac{F\ell^3}{3EI} \qquad (1.100c)$$

挠曲 $z(\varphi)$ 可以由具有由边界限定的系数的多项式形式 $z(y)$ 表示。因此，从式（1.98b）和式（1.98c），我们得到

$$z = \frac{F}{6EI}(3\ell y^2 - y^3) \qquad (1.100d)$$

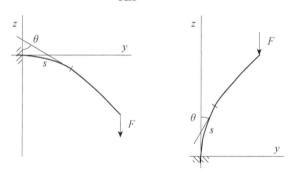

图 1.44　悬臂杆（左），压缩杆（右）

给出了 $\left[\dfrac{d^2 z}{dy^2}\right]_{y=l} = 0$，相应于自由端的零曲率情况。

如果力 $F$ 被取消并且围绕 $x$ 轴的力矩 $M$ 被施加到自由端，则中心线的挠曲近似为抛物线 $z = (M/2EI)\, y^2$；事实上，这个结果与先前的等曲率杆的情况结果形式上一致。对于在距离其末端一定距离处施加力的悬臂，或者对于具有两个自由端的杆等不同于悬臂的情况，$\varphi_0$，$z(\varphi_0)$ 和 $z(y)$ 的类似表示具有典型用途（参考 Roark 和 Young[134]）。

**可变截面悬臂–等约束–抛物线挠曲**：除了确定悬臂的强度之外，伽利略的问题隐含地包括确定等强度杆的可变截面，我们现在称之为相等约束的情况。他直观地制作了一幅接近正确解的绘图（图 1.42）。

伽利略的相同约束的可变横截面悬臂问题首先由 Clebsch[34]在 1862 年解决，其中一个等宽度的梁和一个集中在未夹紧端的力。如果横梁在 $x$ 方向上具有宽度 $a=$常数，在 $z$，$y$ 平面中的厚度解（即，如果力是重量则是垂直平面）是抛物线，其顶点位于横梁末端。

$M_y$ 表示沿 $y$ 轴的弯曲力矩和 $Q_y$ 表示作用在杆中的剪切力，静力平衡表示为

$$\frac{\mathrm{d}M_y}{\mathrm{d}y} + Q_y = 0 \tag{1.101}$$

考虑到相等约束和抛物线挠曲悬臂的情况，杆的 $y$，$z$ 平面中的最大应力 $\sigma$ 和中性线的曲率 $1/R$ 与 $\sigma = Et/2R$ 相关，其中 $t(y)$ 是该平面的厚度，$E$ 是杨氏模量。抛物线挠曲表示为 $z = 1/2Ry^2$。因此弯矩表示为

$$M_y = EI_x \frac{\mathrm{d}^2 z}{\mathrm{d}y^2} = I_x \frac{E}{R} = 2I_x \frac{\sigma}{t} \tag{1.102}$$

其中，从公式（1.96b）开始，杆的转动惯量为 $I_x = \pi t^4 / 64$，而梁的转动惯量为 $I_x = at^3 / 12$。剪切力在距离 $y$ 处的值确定为从夹紧杆的原点起到该距离的外力总和。悬臂的长度 $\ell$，对于总重量为 $P$ 的杆，剪切力为

$$Q_y = P - \frac{\pi\mu g}{4}\int_0^y t^2 \mathrm{d}y = \frac{\pi\mu g}{4}\int_y^\ell t^2 \mathrm{d}y \tag{1.103}$$

其中 $\mu$ 和 $g$ 分别为密度和重力。

考虑带有负载的杆的情况，即作为未夹紧端的集中力 $F$，沿杆施加的每单位长度的线性力 $f$，以及由于自重引起的挠曲，这些剪切力是

$$Q_y = \begin{cases} 杆: & F, \quad (\ell-z)f, \quad \frac{1}{4}\pi\mu g\int_y^\ell t^2 \mathrm{d}y \\ 横梁: & F, \quad (\ell-z)f, \quad a\mu g\int_y^\ell t\, \mathrm{d}y \end{cases} \tag{1.104}$$

这里的 $F$，$f$ 和 $g$ 都是负数，因为它们朝着 $z$ 轴的负方向。

在式（1.101）中改变力矩和剪切力后，我们得到一组 12 个微分方程，它们都可以用通用的形式表示

$$t^p \frac{\mathrm{d}t}{\mathrm{d}y} - \alpha G = 0, \quad G = \int_y^l t^q \mathrm{d}y \tag{1.105}$$

这里的 $p$，$q$ 是正整数，系数 $\alpha$ 和函数 $G$ 一起列在表 1.9 中。

表 1.9　指数 $p$ 和杆微分方程（1.105）的 $\alpha$, $G$ 和梁悬臂的等约束（$\sigma$）
或由各种载荷引起的抛物线挠曲（$y^2$），梁宽度 $a$ 恒定（Lemaitre[95]）

| 杆的类型 | 条件 | 指数 $p$ | 点力 $F$ | | 线负载 $f$ | | 自重 | |
|---|---|---|---|---|---|---|---|---|
| | | | $\alpha$ | $G$ | $\alpha$ | $G$ | $\alpha$ | $G$ |
| 杆 | $\sigma=$const. | 2 | $\dfrac{32F}{3\pi\sigma}$ | 1 | $\dfrac{32f}{3\pi\sigma}$ | $\ell-y$ | $\dfrac{8\mu g}{3\sigma}$ | $\displaystyle\int_y^\ell t^2\mathrm{d}y$ |
| 梁 | $\sigma=$const. | 1 | $\dfrac{3F}{a\sigma}$ | 1 | $\dfrac{3f}{a\sigma}$ | $\ell-y$ | $\dfrac{3\mu g}{\sigma}$ | $\displaystyle\int_y^\ell t\mathrm{d}y$ |
| 杆 | $z=\dfrac{1}{2R}y^2$ | 3 | $\dfrac{16RF}{\pi E}$ | 1 | $\dfrac{16Rf}{\pi E}$ | $\ell-y$ | $\dfrac{4R\mu g}{E}$ | $\displaystyle\int_y^\ell t^2\mathrm{d}y$ |
| 梁 | $z=\dfrac{1}{2R}y^2$ | 2 | $\dfrac{4RF}{aE}$ | 1 | $\dfrac{4Rf}{aE}$ | $\ell-y$ | $\dfrac{4R\mu g}{E}$ | $\displaystyle\int_y^\ell t\mathrm{d}y$ |

注：$F$, $f$ 和 $g$ 都是负数，因为它们朝着 $z$ 轴的负方向。

根据一般公式（1.105）和表 1.9 中的数据，我们可以得出当杆在其末端 $y=\ell$ 时具有零或有限厚度时的分布 $t(y)$。当梁的厚度有限时，当其为自由端截断的类型。它的长度和未被截断的梁的长度 $\ell$ 相同。

将 $y=0$ 时的厚度表示为 $t_0$，在 $y=\ell$ 处的厚度表示为 $t_\ell$，我们在下文中简要列出由积分产生的悬臂几何形状。

**1. 杆的等约束挠曲和集中力 $F$**：可得到 $t^2\dfrac{\mathrm{d}t}{\mathrm{d}y}-\dfrac{32F}{3\pi\sigma}=0$。解是

$$t=t_0\left\{1-\left[1-\left(\frac{t_l}{t_0}\right)^3\right]\frac{y}{l}\right\}^{1/3}\quad\text{以及}\quad 1-\left(\frac{t_l}{t_0}\right)^3=-\frac{32lF}{\pi t_0^3\sigma}\quad(1.106a)$$

是截去顶端的三次抛物线，其顶点位于杆外，在 $y_v=l/(1-t_l^3/t_0^3)$ 处。如果杆的末端具有零厚度（$t_l=0$），由 Clebsch[34] 首次推导出的结果是一个三次抛物线，这由于均匀对称性而引入。

**2. 梁的等约束挠曲和集中力 $F$**：获得 $t\dfrac{\mathrm{d}t}{\mathrm{d}y}-\dfrac{3F}{a\sigma}=0$。解为

$$t=t_0\left\{1-\left[1-\left(\frac{t_l}{t_0}\right)^2\right]\frac{y}{l}\right\}^{1/2}\quad\text{以及}\quad 1-\left(\frac{t_l}{t_0}\right)^3=-\frac{6lF}{at_0^2\sigma}\quad(1.106b)$$

是一个被截断的抛物线（图 1.45）。如果 $t_l=0$，则 $t^2=t_0^2(1-y/l)$ 是一个抛物线。

**3. 杆的抛物线挠曲和集中力 $F$**：得到 $t^3\dfrac{\mathrm{d}t}{\mathrm{d}y}-\dfrac{16RF}{\pi E}=0$。解是

$$t = t_0 \left\{ 1 - \left[ 1 - \left( \frac{t_l}{t_0} \right)^4 \right] \frac{y}{l} \right\}^{1/4} \quad , \quad \text{这里的} \quad 1 - \left( \frac{t_l}{t_0} \right)^4 = -\frac{16RF}{\pi t_0^4 E} \quad (1.106c)$$

是一个截断的双二次曲线，有零曲率的顶点。

**4. 梁的抛物线挠曲和集中力 _F_：** 得到 $t^3 \dfrac{dt}{dy} - \dfrac{4RF}{aE} = 0$。解为

$$t = t_0 \left\{ 1 - \left[ 1 - \left( \frac{t_l}{t_0} \right)^3 \right] \frac{y}{l} \right\}^{1/3} \quad , \quad \text{这里的} \quad 1 - \left( \frac{t_l}{t_0} \right)^3 = -\frac{12lRF}{at_0^3 E} \quad (1.106d)$$

是一个截断的三次抛物线。

**5. 线载荷 _f_ 的等约束和抛物线挠曲：** 表 1.9 中展示了四个例子，通解是形式为（Lemaitre[95]）

$$t = t_0 \left\{ 1 - \left[ 1 - \left( \frac{t_l}{t_0} \right)^{p+1} \right] \left( 2 - \frac{y}{l} \right) \frac{y}{l} \right\}^{1/(p+1)} \quad (1.107a)$$

截断条形类的几何形状由 $p=1$，2 或 3 给出。

如果边缘的厚度变为 $t_l = 0$，这些分布简化为

$$t = t_0 \left[ 1 - \frac{y}{l} \right]^{2/(p+1)} \quad (1.107b)$$

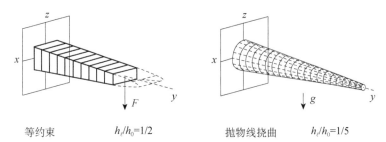

等约束      $h_l/h_0 = 1/2$          抛物线挠曲      $h_l/h_0 = 1/5$

图 1.45 （左）相等约束的梁通过集中力 _F_ 产生挠曲。边缘厚度比为 $t_l / t_0 = 1/2$。其在 _y_，_z_ 平面上的厚度部分是一个截断抛物线。（右）杆由于自重而具有抛物线挠曲。边缘厚度比为 $t_l / t_0 = 1/5$。它的厚度分布与截锥形的略有不同（参考 Lemaitre[95]）

其中，对于 $p=1$（梁 $\sigma$=常数）给出具有切割线末端的楔形分布，对于 $p=2$（杆 $\sigma$=常数，并且梁 _R_=常数）给出另一种在 $y = l$ 处具有圆形末端的三次抛物线，并且对于 $p=3$（杆 _R_=常数）给出抛物线。

**6. 由于自重导致的相等约束和抛物线挠曲：** 对于表 1.9 中的四个情况显示[95]，

截断杆的一般情况的微分方程是

$$\frac{dt}{t_0} = -\frac{2\beta}{p-q+1}\left[\left(\frac{t}{t_0}\right)^{p+q+1} - \left(\frac{t_\ell}{t_0}\right)^{p+q+1}\right]^{\frac{1}{2}}\left(\frac{t}{t_0}\right)^{-p}\frac{dy}{\ell} \qquad (1.108a)$$

其中 $q$ 是整数，$\beta$ 是无量纲常数。从边缘处的相对厚度 $t_\ell / t_0$ 的给定值开始，数值积分可确定常数 $\beta$，然后确定厚度分布 $t / t_0$。对于等曲率杆的情况 $p=3$，$q=2$，解是一个近似的截断圆锥（图 1.45）。

边缘处厚度为 0 的情况，$t_\ell = 0$，对应于 $\beta=1$ 的情况。积分后我们得到一般形式

$$t = t_0\left[1 - \frac{y}{\ell}\right]^{2/(p-q+1)} \qquad (1.108b)$$

其中，对于 $\sigma$=常数（$p-q=0$）的杆和梁给出抛物线厚度分布，对于具有抛物线挠曲（$p-q=1$）的杆和梁，分别给出锥体和楔形厚度分布。①

**7. 等厚梁悬臂的特殊情况：** 当厚度 $t$=常数时，如果现在 $x$ 方向上的宽度 $a$($y$) 随横截面的位置 $y$ 变化，则可以获得具有相同约束或具有抛物线挠曲的梁。我们假设 $a(y)|\max \ll \ell$。转动惯量 $I_x = at^3 / 12$ 随 $a$ 变化，对于表 1.9 中考虑的载荷情况，剪切力是

$$Q_y = F , \quad (\ell - z) f , \quad t\mu g\int_y^\ell a dy \qquad (1.109)$$

在将弯曲力矩 $M_y$ 和 $Q_y$ 代入平衡方程（1.101）后，对于相等的约束情况，我们得到

$$\frac{da}{dy} = -\frac{6F}{t^2\sigma} , -\frac{6f}{t^2\sigma}(\ell-y) , -\frac{6\mu g}{t\sigma}\int_y^\ell a dy \qquad (1.110)$$

并且由于 $R = Et / 2\sigma$，取代 $\sigma$ 给出抛物线挠曲梁的相同形式的表达式。

考虑第一种情况是集中力 $F$ 并用 $a_0$ 和 $a_l$ 表示在 $y$=0 和 $\ell$ 处的宽度，解由下式表示

---

① 对于零厚度端，$t_\ell = 0$，Clebsch [34]通过考虑类似的截面，当杆通过其自身的重量弯曲时，得到了相等约束的解。在杆和梁的情况下，他发现了抛物线挠曲。对于方形横截面梁，可以很容易地证明其结果：转动惯量和剪切力变为 $I_x = t^4 / 12$ 和 $Q_y = \mu g\int_y^\ell t^2 dy$，代入平衡方程（1.105）后，使 $p=q=2$，因此 $p-q=0$，因此 Clebsch 抛物线是伽利略问题的精确答案，也是伽利略绘制的图 1.42 所示的相似横截面。

在 Clebsch 的书的注释中，Saint-Venant [138]p.359，参见 Thodhunter and Pearson[161]vol.II，第二部分，第 263-164 页）评论说"零厚度的悖论"在悬浮的端点导致无穷大的剪切力，但这可以通过使顶点有限的厚度来解决。他没有考虑 Clebsch 的积分常数使得常数默认为零，常数可以导致有限厚度的悬臂，对于上面的截断类。

$$a = a_0 \left[ 1 - \left( 1 - \frac{a_l}{a_0} \right) \frac{y}{l} \right], \text{ 这里的 } 1 - \frac{a_l}{a_0} = -\frac{6lF}{t^2 a_0 \sigma} \equiv \frac{12lRF}{t^3 a_0 E} \qquad (1.111)$$

因此，对于具有相同约束或抛物线挠曲的等厚梁，几何形状是相同的：一个秋千形，当 $a_l = 0$ 时它会退化为三角形（图1.46）。

从（1.111）开始，无论是截断的还是有尖端的，如果由侧面形成的角度 $\varphi$ 如下，

$$\varphi = 2\arctan \left| \frac{6F}{t^2 \sigma} \right| \equiv 2\arctan \left| \frac{12RF}{t^3 E} \right| \qquad (1.112)$$

则满足恒定约束和抛物线挠曲。

在实践中，已经将这些解决方案用于通过向悬臂添加相对于 $x, z$ 平面的对称部分来改进悬架系统，因此在 $y=0$ 处施加的力与在端部 $\pm \ell$ 处的两个相反方向的力作用。将秋千形板切成平行的条带，这些条带在中央条带上对称地重新排列，可以滑动。这种结构称为多片弹簧系统（图1.46）。

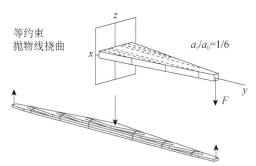

图1.46 （上）等厚度梁提供等约束和抛物线挠曲。对有限宽度的端部是秋千形，否则就是三角形。（下）从切面看，图中虚线所示，可以得到经典的悬架系统的排布

**压缩梁和屈曲临界载荷**：欧拉[52,53]研究了圆形和等截面的压缩梁（或杆）的主要情况。考虑一端在原点固紧，另一端自由的情况（图1.44右），公式（1.98）中的力 $F$ 要替换成 $-F$，边界条件是对 $s=0$，$\theta=0$，对 $s(\theta_0)=l$，$\frac{d\theta}{ds}=0$。这使得

$$c_1 = -F\cos\theta_0, \quad c_2 = 0, \quad c_3^2 = \frac{2EI(F+c_1)}{F^2}, \quad c_4 = 0 \qquad (1.113a)$$

其中式（1.98b）的平方根项取负号，其他两个方程取正号。关于 $\theta_0$ 的方程是

$$\ell = \sqrt{\frac{EI}{2F}} \int_0^{\theta_0} \frac{d\theta}{\sqrt{\cos\theta - \cos\theta_0}} \qquad (1.113b)$$

对于小的挠度，$\theta_0 \ll 1$，积分得到 $\arcsin\theta / \theta_0$

$$\ell = \sqrt{\frac{EI}{F}} \int_0^{\theta_0} \frac{\mathrm{d}\theta}{\sqrt{\theta_0^2 - \theta^2}} = \frac{\pi}{2}\sqrt{\frac{EI}{F}} \qquad (1.113c)$$

$\theta_0$ 消失了，这表明只有 $\theta_0$ 存在时才存在挠度，如果

$$F \geqslant \pi^2 EI / 4\ell^2 \qquad (1.113d)$$

欧拉的这个重要结果定义了所谓的挠度临界载荷，这里的力 $F_{Cr} = \pi^2 EI / 4\ell^2$，其中梁突然不再是直的。这引入了弹性稳定概念的第一个数学形式。

等式（1.100b）和（1.113b）几乎相同。它们仅在积分范围上有所不同。一个用于悬臂杆，而第二个用于压缩梁和屈曲极限。直梁的其他屈曲极限可以从等式（1.98）确定并考虑到边界，例如对于端部夹紧或自由旋转的梁（图 1.47）。

另一个重要的情况，即梁在自身重量下不再是直的，欧拉和拉格朗日也进行了研究。在 1773 年，拉格朗日[90]确定了柱的可变截面分布，提供最强的抗屈曲性。

各种截面梁的扭转：1784 年 Coulomb[39]首次研究了恒定直径杆的扭转，以确定静电和电磁中的吸引定律，发展了扭转平衡以精确测量这些力并发现平方反比定律 $q_1 q_2 / d^2$，Coulomb 显示绕杆的 $z$ 轴的扭矩 $M_t$ 与其每单位长度的扭转角 $\tau$ 成比例。

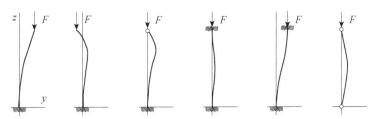

图 1.47　各种边界条件下梁的屈曲。左侧的两个梁显示第一和第二屈曲模式

对于任何均匀横截面的圆柱体，总旋转是角度 $\tau$ 和杆的长度 $L$ 的乘积 $\theta = \tau L$。常量 $c$ 是 $M_t$ 和 $\tau$ 的比值，即所谓的扭转刚度，单位是[F][L²]（参见例子 Timoshenko[158]）。

$$c = \frac{M_t}{\tau} = \frac{G\mathcal{A}^4}{4\pi^2 I_p}, \quad I_p = \int_{\mathcal{A}} r^2 \mathrm{d}\mathcal{A} \qquad (1.114)$$

其中 $G$ 是材料的剪切模量，$\mathcal{A}$ 是横截面的面积，$I_p$ 是围绕横截面中心的极惯性

矩，其中 $r$ 是与面积元 $\mathrm{d}\mathcal{A}$ 的极坐标距离。

对于直径为 $2a$ 的杆，极惯性矩和扭转刚度为

$$I_p = \frac{1}{2}\pi a^4 = 2I, \quad c = \frac{1}{2}\pi G a^4 \tag{1.115a}$$

对于主轴长度为 $2a$，$2b$ 的椭圆形横截面圆柱体，极惯性矩和扭转刚度为

$$I_p = \frac{1}{4}\pi ab\left(a^2 + b^2\right), \quad c = \pi G\frac{a^3 b^3}{a^2 + b^2} \tag{1.115b}$$

Saint-Venant[91]注意到，只有当 Coulomb 理论仅限于杆的情况下，在扭转期间横截面保持平面才是完全有效的。对于任何其他情况，他在著名的回忆录 *La Torsion des Prismes*（1855）中设计了各种截面圆柱体的大扭转理论。调查方形条（图 1.48），矩形、椭圆形和以多项式形式表示的各种横截面，Saint-Venant 得出轴向和横向位移。例如对于椭圆柱体，他表明任何横截面的形状由局部方程表示

$$z = \frac{M_t(b^2 - a^2)}{\pi G a^3 b^3}xy \tag{1.116}$$

当扭曲时，$x, y$ 坐标与椭圆形横截面的主轴重合。该曲面的等高线是双曲线，其渐近线是椭圆的主轴。

无论每单位长度的扭转角度如何，如果没有轴向力施加到棱镜端部，那么由两个横截面构成的任何体元件的变形具有恒定的体积并且被认为是纯剪切变形（参见 1.13.3 节）。

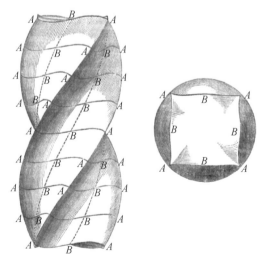

图 1.48　大变形理论中方形截面梁的扭转（来自 Saint-Venant 的 *La Torsion des Prismes*[91]）

### 1.13.2　各向同性材料的弹性常数

各向同性介质的弹性理论涉及表征材料弹性性质的两个弹性常数，因此有时称为双常数理论。

然而，通常从各种实验测试中测量四种不同的常数，因此四种中的任何一种都可以表示为另外两种常数的函数。

无论其测量中涉及的符号约定如何，四个弹性常数可以确定如下：

**杨氏模量 $E$**：考虑通过施加在每端上的均匀应力 $\sigma_z$，杆沿 $z$ 轴拉长 $\delta z$，杨氏模量是比率 $E=\left| \sigma_z / \left( \dfrac{\delta z}{z} \right) \right|$。其单位为 $[\mathbf{F}] [\mathbf{L}^{-2}]$。

**剪切模量 $G$**：考虑直径 $2a$ 的杆，通过扭矩 $M$ 使每单位长度的角度变形 $\tau$，剪切模量是比率 $G=|2M/\pi\tau a^4|$。其单位为 $[\mathbf{F}] [\mathbf{L}^{-2}]$。

**泊松比 $\nu$**：通过均匀应力，一个杆沿 $z$ 轴拉长 $\delta z/z$ 并且其横截面变化了 $\delta r/r$，泊松比为比率 $\nu=-\left( \delta r/r \right)/\left( \delta z/z \right)$。

**各向同性压缩模量**：考虑到由压力 $p>0$ 压缩的半径为 $a$ 的球体，各向同性压缩模量是比率 $K = -\dfrac{1}{3} p / \left( \dfrac{\delta a}{a} \right)$。其单位为 $[\mathbf{F}] [\mathbf{L}^{-2}]$。

这些量由以下公式相互联系，

$$E = \frac{9KG}{3K+G}, \qquad \nu = \frac{3K-2G}{2(2K+G)} \tag{1.117a}$$

$$K = \frac{E}{3(1-2\nu)}, \qquad G = \frac{E}{2(1+\nu)} \tag{1.117b}$$

两个 Lame 系数[91]，$\lambda = \nu E / \left[(1-2\nu)(1+\nu)\right]$ 和 $\mu \equiv G$ 经常被使用。

尽管从这些量中，泊松比可以具有诸如 $-1<\nu<1/2$ 的值，但是实际上我们没找到具有 $\nu<0$ 的连续和各向同性材料，即当纵向拉长时它将横向扩展。对于所有材料，泊松比都在 $0 \leqslant \nu \leqslant 1/2$ 区间中。对于橡胶，泊松比接近 $1/2$，因此它的各向同性压缩模量 $K$ 接近无穷大；这意味着对于橡胶，变形导致的体积变化接近零。

玻璃或陶瓷材料在破裂前拥有完全不变的量 $E$，$G$，$\nu$ 和 $K$。例如，在 $E$ 的测量中，轴向应力 $\sigma z$ 与应变 $\delta z/z$ 精确地成比例，直到破裂，其对应于极限强度 $\sigma_{\text{ult}}$。然而，许多物质，例如大多数金属合金，显示出应力和应变之间的线性偏差。由于这种偏差，专用试验机对这些弹性常数的实验测量通常在其弹性域的低应力水平下进行。

按照弹性分析的惯例，通常使用弹性常数 $E$ 和 $v$ 代替 $G$ 和 $K$。对于主动光学中使用的一些典型线性材料，这些常数的值和拉伸最大应力 $\sigma_{T\max}$ 在表 1.10 中给出。

**表 1.10  20°C 时某些线性应变-应力材料的杨氏模量 $E$，泊松比 $v$ 和拉伸最大强度 $\sigma_{T\max}$**

| 材料 | $E$/GPa | $v$ | $\sigma_{T\max}$（*）/MPa |
|---|---|---|---|
| 硼硅酸盐玻璃 | 64.0 | 0.200 | 7 |
| 熔石英-极低膨胀玻璃 | 68.8 | 0.170 | 20 |
| 熔石英 SiO₂ Suprasil | 77.5 | 0.165 | 19 |
| BK7 光学玻璃 | 82.0 | 0.206 | 10 |
| U-BK7 光学玻璃 | 90.0 | 0.206 | 12 |
| 肖特微晶陶瓷 | 90.2 | 0.243 | 22 |
| 新沪微晶陶瓷 | 91.0 | 0.247 | 22 |
| 钛合金 | 122 | 0.333 | 900 |
| ZPF 陶瓷 | 150 | 0.280 | 60 |
| 不锈钢 Fe87 Cr13 | 201 | 0.315 | 1000 |
| 淬火的不锈钢 Fe87 Cr13 | 201 | 0.315 | 1400 |
| 真空热压纯铍 | 287 | 0.110 | 400 |
| 碳化硅多晶 cvd | 430 | 0.210 | 150 |
| 蓝宝石多晶 Al₂O₃ | 440 | 0.300 | 100 |

\* $\sigma_{T\max}$ 是金属合金的极限线性范围。对于易碎材料，$\sigma_{T\max} = \dfrac{1}{4}\sigma_{10^3\sec}$ 对应负载持续时间开始的 $10^3$ 秒（参见 5.2.5 节中的表 5.2）

### 1.13.3  位移矢量和应变张量

让我们考虑在没有应力的状态下坐标为 $x$，$y$，$z$ 的任意点，基于原点用 $r$ 表示其位置矢量。当固体因外力或内力如重力场所施加的力而变形时，位置矢量变为 $r'$。代表挠度的位移矢量 $u$ 是

$$u = r' - r \qquad (1.118)$$

其笛卡儿分量 $u_x(x, y, z)$，$u_y(x, y, z)$ 和 $u_z(x, y, z)$ 可以表示为 $u_i$。

如果 $dl$ 是分隔两个相邻点的长度，$dl^2 = dx^2 + dy^2 + dz^2 = dx_i^2$，则在变形的影响下该长度变为 $dl'$，$dl'^2 = (dx_i + du_i)^2$。使用下标 $i$，$k$，$l$，简化求和

$$dl'^2 - dl^2 = 2\varepsilon_{ik} dx_i dx_k \qquad (1.119)$$

这里的 $\varepsilon_{ik}$ 是应变张量。根据 Landau 和 Lifschitz[92] 的观点，他们提出对于小变形，

可以忽略高阶项，应力张量对称，满足 $\varepsilon_{ik} = \varepsilon_{ki}$。因此，应变张量由下式定义

$$\varepsilon_{ik} = \frac{1}{2}\left(\frac{\partial u_i}{\partial x_k} + \frac{\partial u_k}{\partial x_i}\right), \quad \varepsilon_{ik} = \varepsilon_{ki} \tag{1.120}$$

应变分量包括 $x_i$ 方向上的相对轴向位移 $\varepsilon_{ii}$ 或法向应变，以及 $x_k$ 和 $x_l$ 方向上相关的相对横向位移 $\varepsilon_{ik}$ 和 $\varepsilon_{il}$ 或剪切应变。

现在介绍 $u$，$v$，$w$ 作为代表位移矢量分量的通常命名法；在笛卡儿坐标系中，做如下等效表示

$$u \equiv u_x, \quad v \equiv u_y, \quad w \equiv u_z$$

以下只使用 $u$，$v$，$w$ 表示法。从（1.120）得到，应力分量为

$$\varepsilon_{xx} = \frac{\partial u}{\partial x}, \quad \varepsilon_{yy} = \frac{\partial u}{\partial y}, \quad \varepsilon_{zz} = \frac{\partial u}{\partial z}$$

$$2\varepsilon_{yz} = \frac{\partial w}{\partial y} + \frac{\partial v}{\partial z}, \quad 2\varepsilon_{zx} = \frac{\partial u}{\partial z} + \frac{\partial w}{\partial x}, \quad 2\varepsilon_{xy} = \frac{\partial v}{\partial r} + \frac{\partial u}{\partial y} \tag{1.121a}$$

在圆柱坐标系中，用下标 $t$ 表示切线方向，该切线方向垂直于 $z$ 轴和径向方向 $r$，因此位移矢量的分量分别用 $u \equiv u_r$，$v \equiv u_t$ 和 $w \equiv u_z$ 表示。应力分量是

$$\varepsilon_{rr} = \frac{\partial u}{\partial r}, \quad \varepsilon_{tt} = \frac{1}{r}\frac{\partial v}{\partial \theta} + \frac{u}{r}, \quad \varepsilon_{zz} = \frac{\partial w}{\partial z}$$

$$2\varepsilon_{tz} = \frac{1}{r}\frac{\partial w}{\partial \theta} + \frac{\partial v}{\partial z}, \quad 2\varepsilon_{zr} = \frac{\partial u}{\partial z} + \frac{\partial w}{\partial r}, \quad 2\varepsilon_{rt} = \frac{\partial v}{\partial r} - \frac{v}{r} + \frac{1}{r}\frac{\partial u}{\partial \theta} \tag{1.121b}$$

从一般形式的应变张量 $\varepsilon_{ik}$，令 $\varepsilon^{(i)}$ 是在给定点的主方向上取得的三个对角线应变。根据（1.119）式，在一级近似中，固体在这些主要方向上的应变或相对伸长率为

$$\sqrt{1 + 2\varepsilon^{(i)}} - 1 \cong \varepsilon^{(i)} \tag{1.122a}$$

所以当发生位移时产生的体积是

$$\mathrm{d}V' = (1 - \varepsilon^{(1)})\ (1 - \varepsilon^{(2)})\ (1 - \varepsilon^{(3)})\ \mathrm{d}V \cong (1 + \varepsilon^{(1)} + \varepsilon^{(2)} + \varepsilon^{(3)})\ \mathrm{d}V \tag{1.122b}$$

由于张量的主值 $\varepsilon^{(1)} + \varepsilon^{(2)} + \varepsilon^{(3)}$ 之和是不变的，它也等于其对角项的和 $\varepsilon_{ii} = \varepsilon_{11} + \varepsilon_{22} + \varepsilon_{33}$。因此，在任何坐标系中，相对体积变化是

$$\frac{\mathrm{d}V' - \mathrm{d}V}{V} = \varepsilon_{ii} \tag{1.122c}$$

如果 $\varepsilon_{ii} = 0$ ，则体积元素不会改变。可以证明，这对应于由扭转产生的应变情况。除了泊松比 $\nu = 1/2$ 的物质（如橡胶），保持恒定的体积，结果如下。

→对于任意的泊松比 $\nu \in [0, 1/2]$ ，如果小单元的弹性变形后具有恒定的体积，则几何变换是扭转。

### 1.13.4 应力-应变线性关系和应变能

考虑一个完全弹性和各向同性物质的体积元 $dV$ ，具有特定的杨氏模量 $E$ 和泊松比 $\nu$ 。一个定义了应力分量 $\sigma_{ik}$ ，用于表示在体积元的平面上产生的应力矢量（图 1.49）。由于 $\sigma_{kl} = \sigma_{lk}$ ，三个轴向应力分量 $\sigma_{ii}$ 和三个剪切应力分量 $\sigma_{kl}$ 以每单位表面积的力表示。这些应力是诸如下式的应变的函数

$$\sigma_{xx} = \frac{E}{(1+\nu)\,(1-2\nu)}\Big[(1-\nu)\varepsilon_{xx} + \nu\big(\varepsilon_{yy} + \varepsilon_{zz}\big)\Big],$$

$$\sigma_{yy} = \frac{E}{(1+\nu)\,(1-2\nu)}\Big[(1-\nu)\varepsilon_{yy} + \nu\big(\varepsilon_{zz} + \varepsilon_{xx}\big)\Big],$$

$$\sigma_{zz} = \frac{E}{(1+\nu)\,(1-2\nu)}\Big[(1-\nu)\varepsilon_{zz} + \nu\big(\varepsilon_{xx} + \varepsilon_{yy}\big)\Big],$$

$$\sigma_{yz} = \frac{E}{1+\nu}\varepsilon_{yz}, \qquad \sigma_{zx} = \frac{E}{1+\nu}\varepsilon_{zx}, \qquad \sigma_{xy} = \frac{E}{1+\nu}\varepsilon_{xy} \qquad （1.123a）$$

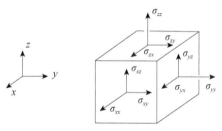

图 1.49　作用在体积元上的轴向和剪切应力分量（ $\sigma_{kl} = \sigma_{lk}$ ）

倒数关系是

$$\varepsilon_{xx} = \frac{1}{E}\Big[\sigma_{xx} - \nu\big(\sigma_{yy} + \sigma_{zz}\big)\Big],$$

$$\varepsilon_{yy} = \frac{1}{E}\Big[\sigma_{yy} - \nu\big(\sigma_{zz} + \sigma_{xx}\big)\Big],$$

$$\varepsilon_{zz} = \frac{1}{E}\Big[\sigma_{zz} - \nu\big(\sigma_{xx} + \sigma_{yy}\big)\Big],$$

$$\varepsilon_{yz} = \frac{1+v}{E}\sigma_{yz}, \qquad \varepsilon_{zx} = \frac{1+v}{E}\sigma_{zx}, \qquad \varepsilon_{xy} = \frac{1+v}{E}\sigma_{xy} \qquad （1.123\text{b}）$$

这个应力-应变关系，也称为胡克定律或 Navier 关系，Navier[113]在 1820 推导出了上述一般表达形式。①

如果实心载荷和变形载荷都围绕 $z$ 轴具有旋转对称性，则切向位移分量 $v \equiv u_t = 0$，并且 $\partial u / \partial \theta = \partial w / \partial \theta = 0$；因此，根据式（1.121b），$\varepsilon_{tz} = \varepsilon_{rt} = 0$。在这种情况下，所谓的厚板理论包括如下应力-应变关系

$$\begin{pmatrix} \sigma_{rr} \\ \sigma_{tt} \\ \sigma_{zz} \\ \sigma_{zr} \end{pmatrix} = \frac{E}{(1+v)(1-2v)} \begin{pmatrix} 1-v & v & v & 0 \\ v & 1-v & v & 0 \\ v & v & 1-v & 0 \\ 0 & 0 & 0 & 1-2v \end{pmatrix} \begin{pmatrix} \varepsilon_{rr} \\ \varepsilon_{tt} \\ \varepsilon_{zz} \\ \varepsilon_{zr} \end{pmatrix} \qquad （1.124\text{a}）$$

反过来，应变分量是

$$\begin{pmatrix} \varepsilon_{rr} \\ \varepsilon_{tt} \\ \varepsilon_{zz} \\ \varepsilon_{zr} \end{pmatrix} = \frac{1}{E} \begin{pmatrix} 1 & -v & -v & 0 \\ -v & 1 & -v & 0 \\ -v & -v & 1 & 0 \\ 0 & 0 & 0 & 1+v \end{pmatrix} \begin{pmatrix} \sigma_{rr} \\ \sigma_{tt} \\ \sigma_{zz} \\ \sigma_{zr} \end{pmatrix} \qquad （1.124\text{b}）$$

从应力分量中，导出体积元变形产生的能量是有用的。单元变形所做的功或自由能按体积单位表示如下，

$$\text{d}\mathcal{F} = \frac{1}{2}\sigma_{ik}\varepsilon_{ik} = \frac{E}{2(1+v)}\left(\varepsilon_{ik}^2 + \frac{v}{1-2v}\varepsilon_{ll}^2\right) \qquad （1.125）$$

其中 $\varepsilon_{ik}^2$ 是 $\varepsilon_{ik}$ 对称张量的所有分量的平方和，$\varepsilon_{ll}^2$ 是其对角分量之和的平方。

$$\varepsilon_{ik}^2 = \varepsilon_{11}^2 + \varepsilon_{22}^2 + \varepsilon_{33}^2 + 2\left(\varepsilon_{12}^2 + \varepsilon_{23}^2 + \varepsilon_{31}^2\right)$$

$$\varepsilon_{ll}^2 = \left(\varepsilon_{11} + \varepsilon_{22} + \varepsilon_{33}\right)^2$$

确定位移矢量的问题，即其变形分量 $u$, $v$, $w$，包括找到满足应力或应变对称性的积分函数的形式（如果有的话），并在边界处设定它们的极限值。通常，三维问题非常复杂，需要通过有限元分析和计算机来解决。

在主动光学方法中，镜面通常设计成具有旋转对称性。位移矢量的 $z$ 向分量 $w$ 是起始特征，它代表了变形产生的量。因此，问题包括确定应力分量。这导致

---

① Navier 关系的剪切分量最终由 A. Cauchy 在 1827 年至 1829 年确定。Navier，Poisson，Cauchy 和 Lame 假设所有材料都是 $v = 1/4$，然后导致所谓的单常数理论。后来 G. Green 提出了双常数表达，他证明了晶体的弹性模量达到 21。

确定边界处产生的外力和力矩，并确定适当的厚度分布。

### 1.13.5　杆的均匀扭转和应变分量

杆扭转的三维弹性变形问题是一个经典的例子，其位移量可以通过分析方法很容易地获得（参见例如 Timoshenko[157]）。虽然假设每单位长度的扭转角 $\tau$ 较小，但对于长度与半径比 $l/a$ 较大的杆，一端的总旋转角 $\theta_m = \tau l$ 可以达到 $2\pi$ 的一或几倍。从公式（1.114）开始，每单位长度的扭转角是 $\tau = M/c$，其中 $M$ 和 $c$ 是扭转力矩和扭转刚度。考虑剪切模量为 $G$ 和半径为 $a$ 的杆，根据公式（1.115a）得到

$$\tau = 2M/(\pi Ga^4) \tag{1.126}$$

在小 $\tau$ 值的一级近似中，对杆的扭转的研究得出结论：除了剪切应变 $\varepsilon_{tz}$ 之外，所有应变分量 $\varepsilon_{ik}$ 都是零，因此杆的体积在扭转时保持不变，因为 $\sigma_{rr} + \sigma_{rr} + \sigma_{rr} = 0$。

然而，如下所示，当发生大的扭转使得 $\tau^2 a^2$ 项不能忽略时，杆的尺寸就会变化，除非施加增加其长度的相对轴向力到产生扭转的对扭力矩上。

仅由扭矩产生的扭转：考虑一个直杆，只有反向扭矩 $M_t$ 施加于其绕 $z$ 轴的端部。离该轴径向距离 $r = a$ 的母线变形为螺旋形状（图 1.50）。在该螺旋线的任何点处，无论 $z$ 坐标如何，相对于平行于 $z$ 方向的倾斜角是常数 $a\tau$。扭转时，体积元两个 $z =$ 常数的面保持平行，它们的轴向间距是 $\mathrm{d}z' = \mathrm{d}z\cos\tau a$。因此轴向应变分量是

$$\varepsilon_{zz} = \frac{\mathrm{d}z' - \mathrm{d}z}{\mathrm{d}z} = \cos\tau a - 1 = -\frac{1}{2}\tau^2 a^2 \tag{1.127}$$

将位移矢量的分量表示为

$$u \equiv u_r,\ \ v \equiv u_t \, \text{和} \, w \equiv u_z,$$

垂直于 $z$ 轴的任何横截面都保持平面（$\partial w/\partial\theta = \partial w/\partial r = 0$），因此轴向位移 $w$ 仅为 $z$ 的函数。从公式（1.121b）得到

$$w = \varepsilon_{zz}z + \text{常数} = -\frac{1}{2}\tau^2 a^2 z \tag{1.128}$$

这表明杆的轴向长度缩短了。

这些横截面保持圆形，因此在式（1.121b）中 $\partial v/\partial\theta = \partial u/\partial\theta = 0$，应变分量变为

$$\varepsilon_{rr} = \frac{\partial u}{\partial r}, \quad \varepsilon_{tt} = \frac{u}{r}, \quad \varepsilon_{zz} = -\frac{1}{2}\tau^2 a^2,$$

$$2\varepsilon_{tz} = \frac{\partial v}{\partial z}, \quad 2\varepsilon_{zr} = \frac{\partial u}{\partial z}, \quad 2\varepsilon_{rt} = \frac{\partial v}{\partial r} - \frac{v}{r} \tag{1.129}$$

扭曲横截面的直径不随 $z$ 变化，因此位移的径向分量仅是半径的函数，表示为 $u = u(r)$。

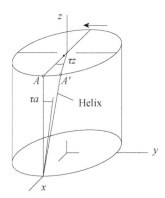

图 1.50 通过在杆端部施加的反向扭矩来产生扭转

假设在扭转中，即使对于二次形式的应变项，例如 $\tau^2 a^2$，从公式（1.122c）$\varepsilon_{rr} + \varepsilon_{tt} + \varepsilon_{zz} = 0$，体积元的体积也不会改变。从公式（1.121b）开始，

$$\frac{\partial u}{\partial r} + \frac{u}{r} - \frac{1}{2}\tau^2 a^2 = 0 \tag{1.130a}$$

我们得到 $u = \frac{1}{4}\tau^2 a^2 (r + c_1 / r)$。对普通杆设定常数 $c_1 = 0$，

$$u = \frac{1}{4}\tau^2 a^2 r \tag{1.130b}$$

这表明横截面的半径增加了。

位于横截面中的任何点旋转相同的角度 $\theta = \tau a$；因此，假设横截面的直线径向线保持笔直。在距离原点 $z$ 处，曲线位移的长度是 $v = \tau a z$，并且对于杆的任何点，该位移由下式表示

$$v = \tau r z \tag{1.131}$$

剪切应变 $\varepsilon_{tz}$ 完全用于沿着以 $z$ 轴为中心的圆面，对于距离 $r = a$ 的任何点，$\varepsilon_{tz} = \tau a / 2$。最后，应力和位移分量是

$$\begin{cases} \varepsilon_{rr} = \frac{1}{4}\tau^2 a^2, \quad \varepsilon_{tt} = \frac{1}{4}\tau^2 a^2, \quad \varepsilon_{zz} = -\frac{1}{2}\tau^2 a^2 \\ \varepsilon_{tz} = \frac{1}{2}\tau a, \quad \varepsilon_{zr} = 0, \qquad \varepsilon_{rt} = 0 \\ u = \frac{1}{4}\tau^2 a^2 r, \quad v = \tau r z, \qquad w = -\frac{1}{2}\tau^2 a^2 z \end{cases} \tag{1.132}$$

由 $r$, $t$, $z$ 代替的下标 $x$, $y$, $z$ 的应变-应力关系（1.111a）提供了在当前点 $r = a$ 处的应力分量。仅使用剪切模量而不是杨氏模量和泊松比（参见式（1.117）），简化后获得

$$\sigma_{zz} = -G\tau^2 a^2, \quad \sigma_{tz} = G\tau a \tag{1.133}$$

可以注意到应力分量 $\sigma_{zz}$ 随扭转角的平方而变化。这使得当 $\tau$ 值大时，该应力对剪切应力分量 $\sigma_{tz}$ 的影响变得重要。

令 $a$ 为杆的外半径。如果杆的中心长度不变，则轴向应力在横截面的中心处为零。但是从公式（1.128）得出，杆轴的缩短 $w = -\tau^2 a^2 z/2$ 是由于中心区域的压缩。因此，轴向应力分布或应力函数 $\sigma_z(r)$ 必须在横截面上变化 $r^2/a^2$，并且必须在轴上具有有限值。适当的表示形式

$$\sigma_z(r) = \sigma_{zz}\left(C_1 - \frac{r^2}{a^2}\right) \tag{1.134}$$

其中 $C_1$ 是常数。由于在杆端部没有施加轴向力，因此在横截面上的应力单元的合力必须在该方向上为零，

$$\int_{\mathcal{A}} \sigma_z \mathrm{d}\mathcal{A} = 2\pi \int_0^a \sigma_{zz}\left(C_1 - r^2/a^2\right) r \mathrm{d}r = 0 \tag{1.135}$$

给出 $C_1 = 1/2$。应力分布是

$$\sigma_z(r) = G\tau^2 a^2\left(\frac{r^2}{a^2} - \frac{1}{2}\right) \tag{1.136a}$$

并在距离轴 $r/a = 1/\sqrt{2}$ 处取 0 值。横截面中心处的轴向应力是压缩的，并且在边缘处相反，

$$\sigma_z(0) = -\sigma_z(a) = -G\tau^2 a^2/2 \tag{1.136b}$$

由于只有力矩施加在杆的末端，我们假设杆足够长，因此应力分布 $\sigma(r)$ 出现在杆的主要部分并且在端部局部消失。

恒定长度的扭转：从上述结果可以得出结论，除了相反的扭转力矩 $M_t$ 之外，

如果将相反的外力 $F_z$ 施加到端部,则对于大的扭转角度,杆的直径和长度可以保持不变(图 1.50)。

施加到正 $z$ 端的拉伸力 $F_z$ 的强度来自(1.136b)中的 $\sigma_z(0)$,

$$F_z = -2\pi \int_0^a \sigma_z(0) r \mathrm{d}r = \frac{1}{2}\pi G \tau^2 a^4 \qquad (1.137)$$

因此杆伸长并恢复其初始长度

### 1.13.6　Love-Kirchhoff 假说和薄板理论

板的弯曲是一个复杂的三维问题,只能通过有限元分析来精确求解。对于基本和经典情况,板的厚度 $t$ 与其二维表面面积中的整体尺寸 $l$ 相比较小,所谓的薄板理论允许通过引入一些条件将问题减少到二维。这些条件通常被称为 Love-Kirchhoff 假说。

假设一个平板,并设置位于其中面的 $x$,$y$ 平面和垂直于该平面的 $z$ 轴,Love-Kirchhoff 假说如下。

1. 对于初始位于中间平面的点,位移矢量的分量减少为

$$u|_{z=0} = v|_{z=0} = 0, \ w|_{z=0} = w(x,\ y) \qquad (1.138a)$$

2. 位于中平面法线上的任何点都保持在变形中面的法线上(称为 Euler-Bernoulli 假说)。这些法线上没有压力,

$$\sigma_{zz} = \sigma_{yz} = \sigma_{xz} = 0 \qquad (1.138b)$$

3. 因此,应力-应变关系减少到三个应力和三个应变,

$$\begin{pmatrix} \sigma_{xx} \\ \sigma_{yy} \\ \sigma_{xy} \end{pmatrix} = \frac{E}{(1+v)(1-2v)} \begin{pmatrix} 1-v & v & 0 \\ v & 1-v & 0 \\ 0 & 0 & 1-2v \end{pmatrix} \begin{pmatrix} \varepsilon_{xx} \\ \varepsilon_{yy} \\ \varepsilon_{xy} \end{pmatrix} \qquad (1.138c)$$

当厚度比满足 $t/l < 1/10$,Love-Kirchhoff 假说是准确成立的。另外假说 2 还暗示板的中间表面没有任何"平面内"应力,$\sigma_{xx}|_{z=0} = \sigma_{yy}|_{z=0} = \sigma_{xy}|_{z=0} = 0$。

这不一定意味着挠度与厚度相比较小。例如,以下处理的圆柱形弯曲板的情况可能导致低应力产生大挠度。

### 1.13.7  薄板弯曲和可展面

根据 Love-Kirchhoff 假说，如果考虑薄板的基本情况，位移的分量 $u$, $v$ 和 $w$ 可采用极为简化的形式。我们还要考虑板的几何形状和载荷，例如挠曲的形状是可展开的表面。最简单的这种表面是圆柱面。圆柱形挠曲可以通过在矩形板 $y$ 方向的长边上均匀分布的反向弯矩来获得（图 1.51）。

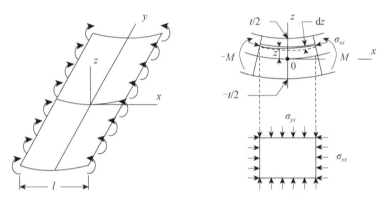

图 1.51  左：长板的圆柱形弯曲。右：单位应力作用于体积元上

我们假设长边可以考虑宽度为 $dy$ 的板单元条，在弯曲时发生严格的圆柱变形，因此剪切应变 $\varepsilon_{xy}$ 可以忽略，$\varepsilon_{xy} = 0$。

这可以通过将长边保持为直线来实现，因此任何 $x$=常数的截面上的曲率为 0（$1/R_y = 0$）。如果在长边上没有在 $x$ 方向上施加"面内"力，则在弯曲期间不会拉伸中间表面；条形单元中的应力 $\sigma_{xx}$ 和 $\sigma_{yy}$ 仅由力矩导致的曲率 $1/R_x$ 变化产生。用 $t$ 表示板的厚度，对于薄板，即 $t/|R_x| \ll 1$，这些应力在板的中间表面或中性表面处为零，并且在 $z = \pm t/2$ 的面上线性地增加至最大相反值。

对于严格的薄板情况，当没有施加外部载荷时，可以忽略条板的体积单元中的应力分量 $\sigma_{zz}$，因此 $\sigma_{zz} = 0$。假设在弯曲期间 $y$ 长度是恒定的，则分量 $\varepsilon_{yy}$ 为 0。由应力-应变线性关系（1.123b）得到

$$\varepsilon_{xx} = \frac{1}{E}\left(\sigma_{xx} - v\sigma_{yy}\right), \qquad \varepsilon_{yy} = \frac{1}{E}\left(\sigma_{yy} - v\sigma_{xx}\right) = 0 \qquad （1.139a）$$

其中

$$\sigma_{xx} = \frac{E\varepsilon_{xx}}{1+v^2}, \qquad \sigma_{yy} = v\sigma_{xx} \qquad （1.139b）$$

对于薄板，位移或挠度分量 $w \equiv u_z$ 在板的任何高度 $z$ 处是相同的并且不沿 $y$

变化，因此 $w = w(x)$。将曲率表示为 $1/R = \mathrm{d}^2 w/\mathrm{d}x^2$，与中间表面的距离 $z$ 处的应变 $\varepsilon_{xx}$ 是 $\varepsilon_{xx} = -z/R$。因此从（1.139b）得到，

$$\sigma_{xx} = -\frac{Ez}{1-v^2}\frac{\mathrm{d}^2 w}{\mathrm{d}x^2} \qquad (1.140)$$

根据长边的边界条件，板也可以承受在 $x$ 方向上作用的拉力或压力的作用。必须在上述应力中加入相应的诱发应力。

根据 $\sigma_{xx}$ 的表达式，在 $y$ 方向上每单位长度的条板单元中的弯矩是

$$M = -\int_{-t/2}^{t/2}\sigma_{xx}z\mathrm{d}z = \frac{Et^3}{12(1-v^2)}\frac{\mathrm{d}^2 w}{\mathrm{d}x^2} \qquad (1.141)$$

通常将把弯矩 $M$ 与曲率 $\mathrm{d}^2 w/\mathrm{d}x^2$ 联系起来的量表示为

$$D = \frac{Et^3}{12(1-v^2)} \qquad (1.142)$$

并称为抗弯刚度或刚度。

条板单元的 $z$ 轴位移或挠曲曲线 $w$ 是下面方程的一种解

$$\frac{\mathrm{d}^2 w}{\mathrm{d}x^2} - \frac{M}{D} = 0 \qquad (1.143)$$

与由（1.95）表示的杆或梁的挠曲相比，弯曲刚度 $D$ 类似于量 EI，单位中少了长度，因为在（1.143）式中的 $M$ 是每单位长度的力矩。

如果坐标原点位于板中性表面的中心处，该中心表面仅受到板的边缘 $x = \pm l/2$ 处的弯矩 $\pm M_0$ 的影响，则两个积分常数为零。从而挠曲

$$w = \frac{M_0}{2D}x^2 \qquad (1.144)$$

是一个抛物线。实际上，真实的挠曲是圆弧，抛物线必须被认为是对于恒定曲率的一阶近似的结果。

符号约定：当变形曲率也为正时，对于弯矩我们采用正符号约定。由于 $x > 0$，$M_0 > 0$，并且 $D > 0$，因此 $w(\pm l/2) > 0$。[①]

在长板的圆柱形弯曲的一般情况下，可以考虑以下各种载荷：

$q$：应用于条板单元的每单位长度的均匀载荷，

---

① 　许多作者更倾向于使用相反的符号约定来表示（1.143）中的弯矩 $M$（参见例如 Timoshenko 和 Wolnowsk-Krieger[155]）；这导致挠度表示的符号相反。对于主动光学方法的应用，我们在这里总是使用更自然的符号约定，即正曲率表示正挠度，即正二阶导致。

$F$：施加到 $x$ 方向的正边缘力，

$M_0$：施加在正边缘的弯矩，

在条板的任何横截面上产生的效果由弯矩表示

$$M = -\frac{q}{2}\left(\frac{\ell^2}{4} - x^2\right) + Fw + M_0, \quad x^2 \leqslant \ell^2/4 \tag{1.145}$$

替换后，挠曲的微分方程为

$$\frac{d^2 w}{dx^2} - \frac{F}{D}w = -\frac{q}{2D}\left(\frac{\ell^2}{4} - x^2\right) + \frac{M_0}{D} \tag{1.146}$$

● 在 $x$ 方向上没有边缘力的加载板（$F = 0$）：让我们考虑在整个板上施加均匀载荷 $q$ 以及施加到长边的弯曲力矩 $\pm M_0$。如果在长边处没有力作用在 $x$ 方向上，则边缘处的第一个对应边界是在 $x$ 方向上移动的自由度。各种边界情况如图 1.52 所示。

式（1.146）与 $F=0$ 的连续积分得到

$$w = \frac{q}{24D}x^4 + \left(\frac{M_0}{2D} - \frac{q\ell^2}{16D}\right)x^2 + C_1 x + C_2 \tag{1.147a}$$

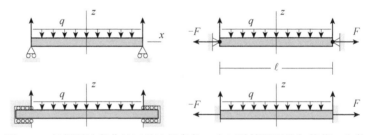

图 1.52　长板圆柱弯曲的四种边界条件。在四种情况下均匀载荷 $q$ 为负

取 $z, y$ 坐标系的原点在中性面中间，并且由于载荷是对称的，纵坐标和斜率在原点处为零。所以常数 $C_1 = C_2 = 0$，挠曲是

$$w = \frac{q}{24D}x^4 + \left(\frac{M_0}{2D} - \frac{q\ell^2}{16D}\right)x^2 \tag{1.147b}$$

如果板具有可在 $x$ 轴方向自由移动的简支边缘，则边缘处的弯矩为零（图 1.52）。设置 $M_0 = 0$ 需要

$$w = \frac{q}{48D}\left(2x^2 - 3\ell^2\right)x^2, \quad w\{\pm\ell/2\} = -5q\ell^4/384D \tag{1.148a}$$

其中如果 $q < 0$，则 $w\{\pm l/2\} > 0$。

如果板具有可在 $x$ 中自由移动的内置边缘，则边缘处的斜率为零（图 1.52）。设置 $dw/dx|_{\pm l/2} = 0$ 得出 $M_0 = ql^2/12$ 和

$$w = \frac{q}{48D}\left(2x^2 - \ell^2\right)x^2, \quad w\{\pm l/2\} = -q\ell^4/384D \tag{1.148b}$$

其中如果 $q < 0$，则 $w\{\pm l/2\} > 0$。

● **在 $x$ 方向上具有相反边缘力 $F$，$-F$ 的负载板**：其他的负载配置类似于前两种情况，负载 $q$，力矩 $M_0$，$-M_0$，但现在包括相反的力 $F$，$-F$，应用于 $x = \pm l/2$ 处的长边和 $x$ 方向（图 1.52）。在 $x = l/2$ 处设置 $F > 0$，并且用 $\mu$ 表示无量纲量，并定义为

$$\frac{F}{D} = \frac{4\mu^2}{l^2} \tag{1.149}$$

因此挠曲的微分方程（1.144）变为

$$\frac{d^2w}{dx^2} - \frac{4\mu^2}{l^2}w = -\frac{q}{2D}\left(\frac{\ell^2}{4} - x^2\right) + \frac{M_0}{D} \tag{1.150}$$

特解 $w_1$ 的形式为 $w_1 = A_1x^2 + A_2$。在确定系数 $A_1$ 和 $A_2$ 后，得到

$$w_1 = -\frac{q\ell^2}{8D\mu^2}x^2 - \frac{q\ell^4}{32D}\frac{2-\mu^2}{\mu^4} - \frac{M_0\ell^2}{4D\mu^2} \tag{1.151}$$

没有（1.150）右侧项的解是

$$w_2 = C_1\cosh\frac{2\mu x}{\ell} + C_2\sinh\frac{2\mu x}{\ell} \tag{1.152}$$

由于板的负载相对于 $z$，$y$ 平面是对称的，因此 $C_2 = 0$。通解是 $w = w_1 + C_1\cosh\left(\dfrac{2\mu x}{\lambda}\right)$ 的形式。如果设置挠曲的原点在中性表面和边缘之间，如果满足

$$C_1 - \frac{q\ell^4}{32D}\frac{2-\mu^2}{u^4} - \frac{M_0\ell^2}{4D\mu^2} = 0, \quad \text{即 } C_1 = -w_1(0) \tag{1.153}$$

则 $w(0) = 0$。

$$w = w_1(0)\left(1 - \cosh\frac{2\mu x}{\ell}\right) - \frac{q\ell^2}{8D\mu^2}x^2 \tag{1.154a}$$

$1 - \cosh\dfrac{2\mu x}{l} = -2\sinh\dfrac{2\mu x}{l}$，我们可以将挠度表示为力 $F$（或 $\mu$）和力矩 $M_0$ 的

函数

$$w = \left( \frac{q\ell^4}{16D} \frac{2-\mu^2}{\mu^4} + \frac{M_0\ell^2}{2D\mu^2} \right) \sinh^2 \frac{\mu x}{\ell} - \frac{q\ell^2}{8D\mu^2} x^2 \qquad (1.154b)$$

最有趣的情况是当不允许边缘在 $x$ 方向上移动时，相反的力 $F$，$-F$ 由板本身的变形产生。在弯曲期间，板材伸长并且其曲线宽度 $l$，没有应力时增加 $\delta l$，它表示沿挠曲曲线的弧与长度 $l$ 的绳之间的长度差。

我们已经看到式（1.148b）（可移动的）内置边缘条件需要 $dw/dx|_{\pm\pi/2} = 0$ 并且 $M_0 = ql^2/12$。现在可以获得由于不可移动的内置边缘引起的力 $\pm F$ 的强度。这是由 Timoshenko 和 Woinowsky-Krieger（文献[155]，第 1 章）解决的，他们表明，对于小的挠度，条带元伸长

$$\delta \ell = \frac{1}{2} \int_{-\ell/2}^{\ell/2} \left( \frac{dw}{dx} \right)^2 dx \qquad (1.155a)$$

这种伸长仅由板从受阻边缘延伸引起。仍然假设条带的横向应变 $\varepsilon_{yy}$ 在长板中不变，从（1.139b）式得到恒定应力的分量叠加是 $\sigma'_{xx} = -E\delta/(1-v^2)\, l \equiv -F/t$。由（1.149）和（1.142）式，可以得到

$$\delta \ell = \left(1-v^2\right) \frac{F\ell}{Et} = \frac{t^2\mu^2}{3\ell} \qquad (1.155b)$$

将后两个表达式相等并代入由式（1.154b）表示的挠曲，得到对不可移动的固定边缘，该关系现在仅包含未知数 $\mu$，

$$\left(1-v^2\right)^2 \frac{q^2 l^8}{E^2 t^8} \psi(\mu) = \mu^2 \qquad (1.156)$$

其中 $\psi(\mu)$ 来自（1.155a）并包括 $\mu^n$ 和 $\tanh^m \mu$ 的有限项多项式。无量纲比 $\left(1-v^2\right)^2 \left( \frac{q}{E} \right)^2 \left( \frac{l}{t} \right)^8$ 的任何数值求解可以获得（1.149）中的力 $F$ 和（1.154b）的挠度。

## 1.13.8　薄板弯曲和不可展表面

下面考虑一个厚度为 $t$ 的薄板和面内典型的尺寸 $l$，例如 $t/l \ll 1$，假设在弯曲中发生的最大曲率的绝对值 $|1/R_{min}|$，$l/|R_{min}| \ll 1$。后一条件等价于在整个表面上挠度的最大值 $w_{max}$ 与板的厚度相比保持较小的状态。因此条件分别为

$$\frac{t}{l} \ll 1, \quad \frac{w_{max}}{t} \ll 1 \qquad (1.157)$$

在这些条件下，弯曲引入的应变沿中间表面可忽略，垂直应力分布在其上为零；将该表面称为中性表面。

人们通常以拱形曲面（synclastic surface）和鞍型曲面（anticlastic surface）区分板的弯曲。拱形曲面的主曲率半径 $R_x$ 和 $R_y$ 满足 $R_x R_y > 0$，而对于鞍型表面有 $R_x R_y < 0$（图 1.53）。

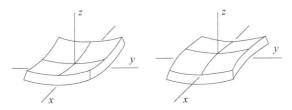

图 1.53　左：拱形曲面，$R_x R_y > 0$。右：鞍型表面，$R_x R_y < 0$

让我们假设板在未弯曲时是平的，并设置坐标系 $x$，$y$，$z$，原点位于中性表面，$z$ 轴垂直于表面。上述薄板和小变形的假设使得挠度 $w$ 仅是 $x$ 和 $y$ 的函数。由于中间表面也是中性表面，因此该表面上的位移矢量的分量是

$$u|_{z=0} = v|_{z=0} = 0 , \qquad w|_{z=0} = w(x, y) \qquad (1.158a)$$

对于薄板和小变形，Love-Kirchhoff 的第二个假设是压力

$$\sigma_{zz} = \sigma_{yz} = \sigma_{zx} = 0 \qquad (1.158b)$$

在板的外表面以及在其内部体积处。位于距中间表面的任何距离 $z$ 处的所有点的挠度可以通过与中间表面的挠曲正交和相等的长度导出。

由应力-应变关系的第三个方程（1.123a）导出

$$\sigma_{zz} = \frac{E}{(1+v)(1-2v)} \Big[ (1-v)\varepsilon_{zz} + v\big(\varepsilon_{xx} + \varepsilon_{yy}\big) \Big] = 0 \qquad (1.159)$$

因此，Love-Kirchhoff 条件（1.158）得出

$$\varepsilon_{zz} = -\frac{v}{1-v}\big(\varepsilon_{xx} + \varepsilon_{yy}\big), \quad \varepsilon_{yz} = 0, \quad \varepsilon_{zx} = 0 \qquad (1.160)$$

当板在水平静止时，垂直于 $x$ 轴和 $y$ 轴的部分在弯曲时分别围绕 $y$ 轴和 $x$ 轴倾斜，但它们保持平坦并垂直于中间表面。由于倾斜角等于 $w$ 的斜率，因此位移矢量的另外两个分量是

$$u = -z\frac{\partial w}{\partial x}, \qquad v = -z\frac{\partial w}{\partial y} \qquad (1.161)$$

满足中性表面零值的条件（1.158a）。从 $u$ 和 $v$，确定应变张量的所有分量（1.121a）

$$\varepsilon_{xx} = -z\frac{\partial^2 w}{\partial x^2}, \qquad \varepsilon_{yy} = -z\frac{\partial^2 w}{\partial y^2}, \qquad \varepsilon_{zz} = \frac{vz}{1-v}\left(\frac{\partial^2 w}{\partial x^2} + \frac{\partial^2 w}{\partial y^2}\right)$$

$$\varepsilon_{yz} = \varepsilon_{zx} = 0, \qquad \varepsilon_{xy} = -z\frac{\partial^2 w}{\partial x\partial y} \tag{1.162a}$$

并且，从应力-应变关系（1.123a），相关的应力是

$$\sigma_{xx} = -\frac{Ez}{1-v^2}\left(\frac{\partial^2 w}{\partial x^2} + v\frac{\partial^2 w}{\partial y^2}\right), \qquad \sigma_{yy} = -\frac{Ez}{1-v^2}\left(\frac{\partial^2 w}{\partial y^2} + v\frac{\partial^2 w}{\partial x^2}\right),$$

$$\sigma_{zz} = \sigma_{yz} = \sigma_{zx} = 0, \qquad \sigma_{xy} = -\frac{Ez}{1+v}\frac{\partial^2 w}{\partial x\partial y} \tag{1.162b}$$

● 弯板的能量：这些量可以用于确定体积元的自由能。将它们代入基本自由能 $\mathrm{d}\mathcal{F}$ 的表达式（1.125），简化后得到

$$\mathrm{d}\mathcal{F} = \frac{Ez^2}{1+v}\left[\frac{1}{2(1-v)}\left(\frac{\partial^2 w}{\partial x^2} + \frac{\partial^2 w}{\partial y^2}\right)^2 + \left(\frac{\partial^2 w}{\partial x\partial y}\right)^2 - \frac{\partial^2 w}{\partial x^2}\frac{\partial^2 w}{\partial y^2}\right] \tag{1.163a}$$

通过在其总体积上积分获得板的总自由能。对于厚度从 $-t/2$ 到 $t/2$ 变化的常数厚度板，并且由（1.142）定义刚度 $D = Et^3/12(1-v^2)$，板的总自由能或挠曲能量是

$$\mathcal{F} = D\iint_A\left\{\frac{1}{2}\left(\frac{\partial^2 w}{\partial x^2} + \frac{\partial^2 w}{\partial y^2}\right)^2 + (1-v)\left[\left(\frac{\partial^2 w}{\partial x\partial y}\right)^2 - \frac{\partial^2 w}{\partial x^2}\frac{\partial^2 w}{\partial y^2}\right]\right\}\mathrm{d}A \tag{1.163b}$$

其中 $\mathrm{d}A = \mathrm{d}x\mathrm{d}y$，并且在板的表面积 $A$ 上进行积分。在推导后一个等式时，假设薄板和小变形，因此板上任何点的 $w$ 位移与中性面内具有相同 $x, y$ 坐标的点的 $w$ 位移相同。

● 平面板变形方程：由内应力和拉力引起的自由能可用于获得等厚板的挠曲方程 $w(x, y)$ 的一般形式。首先，需要注意自由能和势能的总和是一个常数。势能与沿法线方向施加到 A 表面的外部载荷做的功相反。对于小的变形，法线方向是 $z$ 轴方向，因此在整个板获得的功是 $\iint qw\mathrm{d}A$，其中 $q$ 是外部负载，单位为 $FL^{-2}$。其次，我们认为在所有位移变化 $\delta w$ 中的总能量是最小的。这种条件需要满足

$$\delta \mathcal{F} - \iint_A q\delta w \mathrm{d}\mathcal{A} = 0 \qquad (1.164\text{a})$$

通过考虑板的轮廓线 $\mathcal{C}$ 处施加的边界条件来获得自由能的变化 $\delta F$。一般的情况，这个需要使用曲线坐标。Landau 和 Lifshitz[92]给出了一个完整的分析，从（1.163b）开始，得出以下表达式

$$\iint_A \nabla^2\nabla^2 w \delta w \mathrm{d}\mathcal{A} + \oint_{\mathcal{C}} P_1 \delta w \mathrm{d}\mathcal{C} + \oint_{\mathcal{C}} P_2 \delta w \mathrm{d}\mathcal{C} - \frac{1}{D}\iint_A q\delta w \mathrm{d}\mathcal{A} = 0 \quad (1.164\text{b})$$

这里的 $\nabla^2 \bullet = \partial^2 \bullet/\partial x^2 + \partial^2 \bullet/\partial y^2$ 是拉普拉斯算符，$P_1$，$P_2$ 项是 $w$，$v$ 和轮廓形状的函数。两个响应在轮廓上的积分必须等于零，从而提供了两个条件，每个条件定义了轮廓处施加的力和力矩。满足两个条件，关系变为

$$\iint_A \left[ \nabla^2\nabla^2 w - \frac{q}{D} \right] \delta w \mathrm{d}\mathcal{A} = 0 \qquad (1.164\text{c})$$

由于挠曲的变化 $\delta w$ 是任意发生的，如果括号中的因子为零，则满足最小能量原理。因此获得了平衡方程，

$$\nabla^2\nabla^2 w - q(x,y)/D = 0 \qquad (1.164\text{d})$$

或者展开为

$$\frac{\partial^4 w}{\partial x^4} + \frac{2\partial^4 w}{\partial x^2 \partial^2 y} + \frac{\partial^4 w}{\partial y^4} - \frac{q}{D} = 0 \qquad (1.164\text{e})$$

这个双调和方程，也称为泊松方程，在中间表面不存在平面内力的情况下，给出了薄且等厚板的小变形解（$D$=常数）。这种关系最初是由 S. Denis Poisson[121]推导出来的，他发现了圆形无孔板的完整通用积分解（1828）①。

　● 弯曲力矩、扭力矩、剪切力和净剪切力：弯曲力矩 $M_x$ 和 $M_y$ 分别在板体积

---

① 在法国科学院的历史文件中记录了 Sophie Germain[68]建立了一个双调和方程，这是 1815 年末，试图解释弹性板的振动模式。Chladni[28]神奇的实验展示了当被不同音调的声弦激发时，振动板上的沙子形成的各种图案，直到达到二维的节点位置。这个问题引起了 Germain 的注意。在 1810 年看到 Chladni 的图案，或节点曲线之后，拿破仑资助法国研究所设立一项卓越奖，授予提供数学解释的理论。在竞赛公告发布时，Germain 最后的记事录中提到审查委员会注意到了她推理中的一些缺陷，但推断出她的方法是正确的，并将该奖项在 1816 年授予她。实际上，对 Germain 问题的全面分析首先需要知道涉及板边缘处的扭转力矩 $M_{rt}$ 的边界条件。这种非轴对称变形的条件在 1850 年由基尔霍夫发现（见下文）。

对于弹性膜振动的情况，仅涉及二阶导数，圆形膜的结点曲线—就像鼓面皮一样—首先由 Clebsch[34]在 1862 年推导出来，其中径向部分的解是贝塞尔函数。

通过使用薄板理论的基尔霍夫边界条件，Rayleigh[124,125]在 1873 年最终解决了 Germain 圆形板问题。他还解决了方形板的结点曲线问题。Ritz[133]后来推广了 Rayleigh 总能量（势和动能）的极值方法，通常称为 Rayleigh-Ritz 方法。

元 $t\mathrm{d}x\mathrm{d}y$ 的 $y$，$z$ 和 $x$，$z$ 面上围绕 $y$ 轴和 $x$ 轴切向作用。扭转力矩 $M_{xy}$ 和 $M_{yx}$ 作用在相同的面上但垂直于它们，即围绕 $x$ 轴和 $y$ 轴。根据应力分量（1.124b），这些力矩是单元面的每单位长度的量。

$$M_x = -\int_{-t/2}^{t/2} \sigma_{xx} z\mathrm{d}z = D\left(\frac{\partial^2 w}{\partial x^2} + v\frac{\partial^2 w}{\partial y^2}\right) \qquad (1.165\mathrm{a})$$

$$M_y = -\int_{-t/2}^{t/2} \sigma_{yy} z\mathrm{d}z = D\left(\frac{\partial^2 w}{\partial y^2} + v\frac{\partial^2 w}{\partial x^2}\right) \qquad (1.165\mathrm{b})$$

$$M_{xy} = M_{yx} = -\int_{-t/2}^{t/2} \sigma_{xy} z\mathrm{d}z = D(1-v)\left(\frac{\partial^2 w}{\partial x\partial y}\right) \qquad (1.165\mathrm{c})$$

根据符号规则（参考前面的描述）。

结合这些力矩得出

$$\frac{1}{D(1+v)}\left(M_x + M_y\right) = \nabla^2 w \qquad (1.166\mathrm{a})$$

以及

$$\frac{1}{D}\left(\frac{\partial^2 M_x}{\partial x^2} + \frac{2\partial^2 M_{xy}}{\partial x\partial y} + \frac{\partial^2 M_y}{\partial y^2}\right) = \nabla^2\nabla^2 w \qquad (1.166\mathrm{b})$$

因此，从（1.164d）看出，如果没有横向载荷（$q=0$），则力矩的二阶导数总和必须为零。

每单位长度的剪切力 $Q_x$ 和 $Q_y$ 作用在体积元的 $z$ 方向上。从 $y$ 轴和 $x$ 轴周围的力矩以及 $z$ 方向的力获得的静力学平衡方程分别是

$$\frac{\partial M_x}{\partial x} + \frac{\partial M_{xy}}{\partial y} + Q_x = 0, \quad \frac{\partial M_y}{\partial y} + \frac{\partial M_{yx}}{\partial x} + Q_y = 0 \qquad (1.167)$$

以及

$$\frac{\partial Q_x}{\partial x} + \frac{\partial Q_y}{\partial y} + q = 0 \qquad (1.168)$$

从（1.167）得到剪切力的表达式

$$Q_x = -D\frac{\partial}{\partial x}\nabla^2 w, \quad Q_y = -D\frac{\partial}{\partial y}\nabla^2 w \qquad (1.169)$$

将它们代入（1.168）得到

$$\frac{\partial^2}{\partial x^2}\nabla^2 w + \frac{\partial^2}{\partial y^2}\nabla^2 w - \frac{q}{D} = 0$$

这是双调和泊松方程。

最后基尔霍夫[88,89]在 1850 年将每单位长度的净剪切力 $V_x$ 和 $V_y$ 定义为

$$V_x = Q_x - \frac{\partial M_{xy}}{\partial x}, \quad V_y = Q_y - \frac{\partial M_{yx}}{\partial y} \qquad （1.170）$$

这产生一个作用在板中的轴向力。这些力代入边界条件的表达式，称为基尔霍夫边界条件。①

对于具有自由边缘的板，净剪切力在廓线上变为零。

### 1.13.9　等厚矩形平板的弯曲

● 弯曲力矩导致的平面变形：考虑长度为 $a$，$b$ 的扁平矩形板在 $x$，$y$ 方向上的仅受相反的弯矩 $M_a$ 和 $M_b$ 作用，即没有横向载荷施加到其表面（$q=0$）时。假设弯矩是在坐标框架的主方向上，$x$ 和 $y$ 是正方向，并且当静止时和弯曲时，坐标原点保持在中间表面的中心（图 1.54）。

将原点设置在中间表面的中心，并且因为满足对称，

$$w\{0,0\} = 0, \quad \left.\frac{\partial w}{\partial x}\right|_{x=0} = \left.\frac{\partial w}{\partial y}\right|_{y=0} = 0 \qquad （1.171a）$$

具有自由边界的板的基尔霍夫条件是净剪切力 $V_x$ 和 $V_y$ 在该边界上归零，

$$V_x\{a,y\} = V_y\{x,b\} = 0 \qquad （1.171b）$$

由于 $x$ 轴和 $y$ 轴是在弯矩的主方向上，因此无论 $x$，$y$ 轴，扭矩 $M_{xy}$ 和 $M_{yx}$ 都没有，满足 $Q_x = Q_y = 0$ 且 $V_x = V_y = 0$。无论 $x$ 和 $y$ 如何，弯矩 $M_x$ 和 $M_y$ 都是常力矩。将它们等同于应用于边缘的力矩 $M_a$ 和 $M_b$，得到（1.165a）和（1.165b），

$$\frac{\partial^2 w}{\partial x^2} = \frac{M_a - vM_b}{D(1-v^2)}, \quad \frac{\partial^2 w}{\partial y^2} = \frac{M_b - vM_a}{D(1-v^2)}$$

根据原点和边界条件，所有积分常数都为 0。解等于

$$w = \frac{1}{2D(1-v^2)}\left[(M_a - vM_b)x^2 + (M_b - vM_a)y^2\right] \qquad （1.172a）$$

---

① 基尔霍夫对净剪切力的定义是板边缘边界条件的重要公式。这引起了 Rayleigh 的注意，进行了详细阐述板的振动理论。

正如 Kelvin 和 Tait 所解释的那样[83]，它的物理意义带来了边界问题的澄清。Boussinesq[18]独立地解释了相同的问题[18]。关于基尔霍夫条件的详细说明由 Love[97]，p.460，Timoshenko 和 Woinowsky-Krieger[155]给出，p.84。

引入主曲率 $1/R_x$ 和 $1/R_y$，挠曲可以表示为

$$w = \frac{x^2}{2R_x} + \frac{y^2}{2R_y}$$（1.172b）

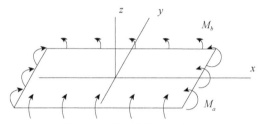

图 1.54　矩形板仅在边缘承受到弯曲力矩 $M_a$ 和 $M_b$

以及

$$\frac{1}{R_x} = \frac{M_a - vM_b}{D\left(1 - v^2\right)}, \quad \frac{1}{R_y} = \frac{M_b - vM_a}{D\left(1 - v^2\right)}$$（1.173）

如果 $M_b = M_a$，则 $R_y = R_x = D(1+v)/M_a$，挠曲是抛物面，

$$w = \frac{M_a}{2D(1+v)}\left(x^2 + y^2\right)$$（1.174）

如果 $M_b = -M_a$，那么 $R_y = -R_x = -D(1-v)/M_a$，挠曲是一个鞍型曲面或马鞍面，

$$w = \frac{M_a}{2D(1-v)}\left(x^2 - y^2\right)$$（1.175）

如果 $M_b = 0$，可以比较挠曲（1.172a）和长板的挠曲，长板简单地沿直线支撑并且施加均匀弯矩弯曲，而长度保持不变（参见 1.13.6），即挠曲仅含有 $x^2$ 项。对于仅在两个相对侧上承受弯曲力矩 $M_a$ 和 $-M_a$ 的矩形板，在 $y$ 方向上产生挠曲分量，

$$w = \frac{M_a}{2D\left(1 - v^2\right)}\left(x^2 - vy^2\right)$$（1.176）

相对于静止时板的初始平面，偏转表面的等高线是由渐近线分开的双曲线。根据（1.175）并且用 $\alpha$ 表示是渐近线之间最大角度的半值，泊松比表示为

$$v = -\frac{R_x}{R_y} = \tan^{-2}\alpha$$（1.177）

Cornu[38]提出了这个结果，表明角度 $\alpha$ 与 $v$ 简单相关，用于确定泊松比

（图 1.55）。因为 $v \leq 1/2$，总是有 $\arctan\alpha \geq \sqrt{2}$，即 $\alpha \geq 54.735°$。

因为板的四个边缘在弯曲时不保持直线，为了更精确地应用边界，通常在长板的短边缘施加力矩 $M_a$，然后获得光学干涉图。使用 He-Ne 激光源的 Cornu 方法已成为泊松比精确测量的经典方法。

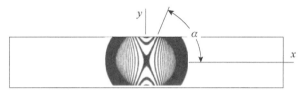

图 1.55　用于确定泊松比的弯曲矩形板的干涉图。这种方法由 Cornu[38]提出（参考 Timoshenko[158]）

● **负载引起的板弯曲**：由于板拐角处的边界的不连续性，承受负载 $q$ 的矩形板的挠曲是一个复杂的问题。

对于一个简支的矩形板，其边缘保持直线，该问题的第一个经典解是由 Navier[114]给出的，如果负载 $q$ 和挠曲 $w$ 都可以表达为双三角级数

$$\sum_{m=1}^{\infty}\sum_{n=1}^{\infty} \sin\frac{m\pi x}{a}\sin\frac{m\pi y}{b} \qquad (1.178)$$

则满足泊松方程。

Timoshenko 和 Woinowsky-Krieger[155]给出了使用双级数表示和其他表示的矩形板挠曲分析发展的扩展说明，他们还考虑了具有各种边缘条件的情况并处理了连续的楼板型板的问题。对于主动光学，矩形平面板的情况意义不大。

### 1.13.10　等厚圆形板的轴对称弯曲

由泊松方程可导出轴对称载荷产生的薄圆板中间表面的挠曲 $w$。根据（1.164b），该等式现在仅与距离中心的径向距离 $r$ 相关，

$$\nabla^2\nabla^2 w \equiv \frac{1}{r}\frac{d}{dr}\left\{r\frac{d}{dr}\left[\frac{1}{r}\frac{d}{dr}\left(r\frac{dw}{dr}\right)\right]\right\} = \frac{q(r)}{D} \qquad (1.179)$$

其中 $q(r)$ 是每单位表面积的载荷，$D$ 是恒定刚度。

考虑到均匀的载荷分布在板的整个表面上，所以 $q$=常数，可以直接进行连续的积分。正如 Denis Poisson[121]在其著名的 1829 年记事录中首次证明的那样，可发现

$$w = \frac{q}{64D} r^4 + C_1 r^2 + C_2 r^2 \ln r + C_3 \ln r + C_4 \qquad (1.180)$$

其中 $C_i$ 是从边界确定的未知常数。$r^2 \ln r$ 和 $\ln r$ 可以用于处理受环形力或中心力和有中孔板的情况。

通过应力关系（1.124b），与矩形板类似，我们推导出三个不等于零的应力分量，即 $\sigma_{rr}$，$\sigma_{tt}$ 以及 $\sigma_{zr}$。从而确定每单位长度的挠曲和扭曲力矩如下：

$$M_r = D\left(\frac{d^2 w}{dr^2} + \frac{v}{r}\frac{dw}{dr}\right), \quad M_t = D\left(v\frac{d^2 w}{dr^2} + \frac{1}{r}\frac{dw}{dr}\right), \quad M_{rt} = 0 \qquad (1.181)$$

剪切力 $Q_r$，$Q_t$ 和净剪切力 $V_r$，$V_t$ 等于

$$Q_r = -D\frac{d}{dr}\nabla^2 w, \quad V_r = Q_r, \quad Q_t = V_t = 0 \qquad (1.182)$$

沿半径 $r$ 的圆作用的总剪切力为 $2\pi r Q_r$。该力与该区域内施加的总载荷产生的力处于静态平衡状态。例如，在整个表面上施加均匀负载时，$2\pi r Q_r + \int_0^r 2\pi q r dr = 0$，在此负载情况下 $Q_r = -qr/2$。因此，剪切力 $Q_r$ 总是可以根据负载配置来确定。

从（1.182）中的剪切力导出挠曲总是有利的。泊松方程的积分就可以由积分微分方程直接处理

$$\frac{d}{dr}\left(r\frac{dw}{dr}\right) = -\frac{r}{D}\int Q_r dr \qquad (1.183)$$

代入已知负载的函数 $Q_r$ 的表达式。

### 1.13.11 圆板和各种轴对称载荷

**符号约定**：在所有章节中，挠度 $w$ 在 $z$ 方向上的符号约定，有时表示为 $u_z$ 或 $z$，正向挠度表示朝向 $z$ 正方向，曲率项 $w(r^2)$ 为正，该项被视为挠度的一阶模式。因此外力或者负载的符号可以很方便的选择，

——如果力 $F$ 或者负载 $q$ 是正的，则它沿正向作用。

——如果 $w(r^2) = 0$，则对下一阶项 $w(r^4)$ 应用相同的规则。

——在外边缘的正力矩 $M_r$ 产生一个正的曲率。

在小变形的薄板理论中，人们用它来在板的中间平面顶点设定挠度的原点，但挠度在其外表面是相同的。我们在下文中列出了各种载荷和边界的挠度，相关的剪切力 $Q_r = V_r$，以及边缘处的最大挠度 $w\{a\}$。载荷的符号依据产生正曲率的

挠度（项 $w(r^2) > 0$）给出，如果此项为零，则根据 $w(r^4) > 0$ 给出。

**1. 自由边缘以及均匀的边缘弯曲力矩**

如果 $M>0$ 是边缘处的恒定弯矩并且没有其他力作用在板上，那么 $Q_r = 0$，以及

$$w = \frac{Ma^2}{2(1+v)D}\frac{r^2}{a^2}, \quad w\{a\} = \frac{Ma^2}{2(1+v)D} \tag{1.184a}$$

**2. 简支的边界以及均匀的负载**

如果 $q < 0$ 是在所有表面上施加的均匀载荷，那么 $M_r\{a\}=0$，$Q_r = -qr/2$，并且

$$w = \frac{qa^4}{64D}\left(\frac{r^2}{a^2} - 2\frac{3+v}{1+v}\right)\frac{r^2}{a^2}, \quad w\{a\} = -\frac{5+v}{1+v}\frac{qa^4}{64D} \tag{1.184b}$$

**3. 固定（或夹紧）边缘和均匀负载**

如果 $q < 0$ 是均匀负载，则边缘处的斜率为 $dw/dr|_{r=a} = 0$，$Q_r = -qr/2$，并且

$$w = \frac{qa^4}{64D}\left(\frac{r^2}{a^2} - 2\right)\frac{r^2}{a^2}, \quad w\{a\} = -\frac{qa^4}{64D} \tag{1.184c}$$

**4. 简支的边缘以及中心的集中力**：如果 $F<0$ 是在中心施加的力，那么 $M_r\{a\} = 0$，$Q_r = -F/2\pi r$，并且

$$w = \frac{Fa^2}{16D}\left(\ln\frac{r^2}{a^2} - \frac{3+v}{1+v}\right)\frac{r^2}{a^2}, \quad w\{a\} = -\frac{3+v}{1+v}\frac{Fa^2}{16\pi D} \tag{1.184d}$$

**5. 固定边缘以及中心集中力①**：如果 $F<0$ 是在中心施加的力，那么 $dw/dr|_{r=a} = 0$，$Q_r = -F/2\pi r$，并且

$$w = \frac{Fa^2}{16D}\left(\ln\frac{r^2}{a^2} - 1\right)\frac{r^2}{a^2}, \quad w\{a\} = -\frac{Fa^2}{16\pi D} \tag{1.184e}$$

**6. 自由边缘以及相反的中心力和负载**：如果 $F<0$ 是中心力，例如 $F + \pi a^2 q = 0$，那么 $M_r\{a\} = 0$，$Q_r = -(F/2\pi)$ $(1/r - r/a^2)$，并且

$$w = \frac{Fa^2}{64D}\left(4\ln\frac{r^2}{a^2} - 2\frac{3+v}{1+v} - \frac{r^2}{a^2}\right)\frac{r^2}{a^2}, \quad w\{a\} = -\frac{7+3v}{1+v}\frac{Fa^2}{64\pi D} \tag{1.184f}$$

**7. 产生 $r^4$ 挠曲的均匀载荷弯曲和支撑边缘**：如果 $q>0$ 是负载并且通过产生

---

① 1~5 的情况挠曲由泊松在 1828 年著名的回忆录[121]中详细地给出，他使用了单恒定理论 $\{E, v=1/4\}$，从而创造了薄板弹性理论。另见 Love 的书[97]中 p.489 的评论。

边缘力矩 $M = (3+\nu)\,qa^2/16 > 0$，那么 $Q_r = -qr/2$，并且

$$w = \frac{qa^4}{64D}\frac{r^4}{a^4}, \qquad w\{a\} = \frac{qa^4}{64D} \qquad (1.184\text{g})$$

**8. 由同心环力产生的板的弯曲**：当环形力作用在半径为 $b$ 的圆心上并且板在边缘处自由支撑或夹紧时，挠度的测定必须分离为内部区域，$r \leqslant b$，外部区域 $b \leqslant r \leqslant a$。这个问题首先由 Saint-Venant[138]解决（参见文献[158]p.64）。

**9. 偏离中心的力产生的平板弯曲**：Clebsch 确定了当从板的偏心处施加力时的挠度[34]。从极坐标 $(r, \theta)$ 的泊松方程可以看出挠曲是由 Clebsch 多项式表示的（参见第 7 章）。

### 1.13.12　重力场下的平面板的变形

重力场产生的体积力作用于物体的所有部分上。例如，当杆垂直或水平放置在地面上时，杆的长度是不同的。一个物体因重力导致的挠度通常称为自重挠度。

水平放置的平板在边缘支撑时，很容易获得重力作用下产生的挠度。将板的密度表示为 $\mu$，对厚度为 $t$ 的板，每单位表面积受到的体积力的总和等于 $t\mu g$。根据符号规则，重力矢量 $g$ 与 $z$ 轴方向相反，并且均匀负载 $q$ 朝向 $z$ 轴正方向。因此，

$$q \rightarrow t\mu g, \quad g < 0 \qquad (1.185)$$

因此可以直接得到在重力作用下板的挠度。

例如，代入到（1.184b），（1.184c）或（1.184f）中就可以得到边缘简支板、固定板或其顶点悬挂的板的挠度。

### 1.13.13　Saint-Venant's 原理

圆形板的小变形理论可以简单地表达中间表面的位移矢量 $u, v, w$ 的分量 $w(r)$，以及离开中面的任何其他相同半径 $r$ 的点位移相同的量 $w(r)$。薄圆板的大变形理论（参见第 2 章）认为径向应变 $\varepsilon_{rr}$ 是 $u$ 和 $w$ 的函数。小变形的厚板理论考虑了剪切应变，该剪切应变导致板厚度上的横截面不再与中间表面正交并变成 S 形。随着基本薄板理论的这些进步，寻找位移量的数学表达式很难，通常无法获得显性解。

在厚度和挠度都不小的固体或板的一般情况下，寻找满足偏导数方程组的函数很复杂，即使边界条件特别简单。

从另一个实际的观点来看，考虑对于所有载荷情况，在给定区域 $\delta \mathscr{A}$ 上精确地施加给定的表面力分布 $F$，这在实验上是不现实的。虽然不管弯如何，都可以通过压力差精确地分布均匀载荷，但是在大多数情况下，局部变形仅由于施加集中力而产生，如通常在固体边界处发生的那样。当然，这些局部变形可以通过使用赫兹的接触公式[74]（参见 Landau 和 Lifshitz [92]p.42）或狄拉克函数来确定，但当主要目的是获得整个位移时，很明显这些局部变形对它们没有实质影响。

这些研究促使 Saint-Venant 提出了一项有用的原则，该原则使得边界条件在实际应用中更加灵活。[①]一组力定义的矢量，在任何给定的点上，它由合力和合力矩全局表示。Germain 和 Muller[69]给出了 Saint-Venant 等效原则的一个很好的表述如下：

→如果把作用于边界区域的一个部分 $\delta \mathscr{A}_B$ 上的给定表面力 $F$ 的一个分布，替换为作用于邻域的第二个表面力分布并且确定相同的矢量，同时 $\mathscr{A}_B$ 的相对于 $\mathscr{A}$ 的互补区域上的其他边界条件保持不变，那么在距离 $\mathscr{A}_B$ 足够远的 $\mathscr{A}$ 的所有区域中，应力和应变分量实际上没有变化。

Saint-Venant 原理的应用可以在固体轮廓上确定几个准等效加载结构（图 1.56）。

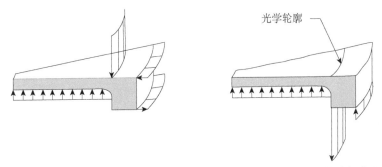

图 1.56 Saint-Venant 的等效原理：在轴对称反射镜的边界处应用两个准等效负载配置的例子

---

① Saint-Venant 首次在 *Sur la Torsion des Prismes*[139]第 298-299 页中提出了等效原则。

在主动光学方法中，Saint-Venant 原理的应用可以找到使通光孔径轮廓附近光学表面的最小化局部变形对应的边缘外部力分布。我们将经常在接下来的章节中使用它，例如在第 7 章中的单模式和多模式可变形镜。

### 1.13.14 计算模型及有限元分析

计算建模，有时被称为"科学的第三个分支"，用于桥接分析理论和实验，是准确解决任何类型的平衡或时间依赖性问题的最终方法。有限元分析可以确定静态平衡中固体的弹性变形。

经过三十多年的发展，有限元分析的软件现在可以简单有效地解决复杂的三维弹性力学问题。有限元分析可简要总结如下。对于每个有限体积元，三维弹性方程使得可以用与该单元相关联的六个应力 $\sigma_{ik}$ 得到的三个平衡方程写出连续性条件。作用在相关体积元边界处的载荷决定了所有部分的应力。Navier 的应力-应变关系（见 1.13.4 节中的（1.123b））让我们可以推导出所有有限单元的应变 $\varepsilon_{ik}$，从而获得每个单元的位移矢量的分量（参见 1.13.3 节中的式（1.121b））。

$$u(r,\theta,z), v(r,\theta,z), w(r,\theta,z) \qquad (1.186)$$

迭代算法允许重复求解过程，直到位移矢量不发生变化，对应于静态平衡。增加有限元的数量达到准等效位移以实现适当的精度。

# 1.14 主 动 光 学

## 1.14.1 球面抛光

两个相同尺寸的坯料相互接触且有相对的三维运动，通过磨料磨制后自然产生球面面形。

这些运动是三个旋转，当磨制平面时是一个旋转和两个平移。通过逐渐减小磨料的尺寸，这种方法可以产生很精确的球面，人类在"抛光石器时代"就已经知道，并用于制作斧头和低反射率的镜面。

对于天文光学，加工工艺通常使用热封在磨具基板上的方形的小沥青块，沥青是软材料，最初也使用过硬化的松树脂。达到衍射极限标准内的球面抛光是通过与光学表面相同直径的刚性磨具实现。

设 $d$ 为磨具或光学表面的直径。在圆柱形坐标系 $z$，$r$，$\theta$ 中，一些适当的规则如下：（i）两个表面之间的沿 $z$ 旋转 $2\pi$ 的持续时间必须至少比 $z$，$r$ 平面中的全回路相对位移的持续时间大 7 倍，（ii）$z$，$r$ 平面中的全位移必须是 $\Delta r \cong d / 3$，（iii）接触的两个表面的横向偏心变化范围例如 $l / d \in [0, 1 / 7]$。

关于磨削磨料，抛光氧化物，光学胶合剂，抛光沥青和磨镜机的运动学的有关信息可以在文献[5,154]中找到。

### 1.14.2　没有纹波误差的光学表面

时常有一种说法，表面非球面加工最重要的工具是有效的光学检测。这种肯定的说法无疑承认了传统方法的原理，使用方便的小抛光工具进行区域修饰来获得所需峰-谷（ptv）或均方根（rms）误差的光学表面。然而，这些小尺寸的抛光工具难以避免地在光学表面上产生很明显的局部印痕，工具尺寸越小印痕数越多。斜率不连续性的这种影响（称为纹波误差或极高的空间频率误差）导致光的散射，即便环绕能量是严格的衍射极限公差标准，也可能难以检测（参见 1.11.2 节）。压力盘抛光是一种替代方案，其可控的柔性工具可以部分地避免纹波误差，但是也并不十分令人满意。

通过光学表面的弹性变形，直接应用主动光学方法具有独特的意义，因为通过全孔径研磨和抛光工具可以将表面磨成球面，自然地具有了连续性、平滑性和精确性的优点。与产生非球面的传统方法相比，主动光学可以避免由于局部小抛光工具引起的斜率不连续的区域缺陷。所以，由主动光学产生的光学表面没有"纹波误差"和"高空间频率误差"。

主动光学方法不仅可以将抛光的球面变成非球面表面，也可以生成不同面形的表面。

### 1.14.3　主动光学和时间相关控制

在以下三种情况下，可以通过"主动光学"获得光学表面：①在弹性松弛状态下进行球面的应力抛光，②球面抛光后的实时应力期，或③两种情况的组合。挠度可达到 10mm 或更大范围，没有时间依赖性。

一些光学系统需要"实时主动光学"控制，例如望远镜上的反光镜，用于双臂干涉仪中视场补偿的可变曲率反射镜等。通常这些系统使用低频带通控制。

相反，"自适应光学"是一种高频带通控制，主要涉及大气视宁度的波前校正，因此不能补偿多于几个波长的范围，如可见光中 1μm 或 1.5μm。

### 1.14.4　主动光学的各个方面

主动光学方法可以产生轴对称表面和非轴对称表面。目前主动光学的研究和发展可以细分为以下几个方面：

- 通过应力抛光和/或实时应力产生大的非球面。
- 校正光学系统不同指向时重力导致的面形和漂移变化。
- 产生不同非球面度的反光镜，通过镜子切换变化实现不同的焦点。
- 望远镜干涉仪中可变曲率镜做视场补偿。
- 通过主动子母板的复制技术实现光学元件和衍射光栅加工。
- 通过带有主动补偿器的光敏记录进行衍射校正。
- 用自适应光学系统进行光学模式校正的镜面概念。

1965 年，国际天文学联合会在图桑举行了一次关于大型望远镜建设的专题讨论会。会上讨论了上述主动光学用于提高望远镜成像质量的第二种情况。在会议论文集中有人提出"主镜可以用中继光学系统主动准直"，还有如下内容：①

> *[...] 主动光学是天文学家迄今还尚未考虑的复杂系统，但我担心当我们考虑非常大的光学系统时，光学元件准直装调的误差将要求我们像面形校正一样考虑主动控制准直。*

Aden B. Meinel[107]

同年，使用伯纳德·施密特（Bernard Schmidt）于 1930 年提出的应力成形方法，通过主动光学技术实现了望远镜校正板完整的非球面加工：

> *[...] 该方法容易产生无环带效应的板，[...] 尽管该理论是基础的*

---

① 感谢 Marc Ferrari 提供的参考。

*并且方法并不困难，但似乎长期被忽视。*

Edgar Everhart[54]

在接下来的章节中我们将描述主动光学的各种理论及其应用领域。主动光学方法是本书的主要内容。

## 参 考 文 献

[1] E. Abbe，in Schultze's *Archiv für Mikroskopische Anatomie*，**IX**，413–468（1873）22，55

[2] G.B. Airy，Trans. Camb. Phil. Soc.，**5**，283（1835）21，68

[3] C.W. Allen，*Allen's Atrophysical Quantites*，Fourth issue by A.N.Cox，Springer，263（2000）88

[4] J. Allington-Smith，R. Content，R. Haynes，I. Lewis，in *Optical Telescopes of Today and Tomorrow*，SPIE Proc.，**2871**，1284–1294（1996）82

[5] *Amateur Telescope Making*，A.G. Ingalls ed.，Scientific American Inc. publ.，Book one（1953）and two（1954）128

[6] J. M. Arnaudiès，P. Delezoide，Nombres（2，3）-constructibles，Advances in Mathematics，158（2001），Constructions géométriques par intersection de coniques，APMEP bull. **446**，367–382（2003），and www.apmep.asso.fr/BV446Som.html 1，4，8

[7] G. Avila，G. Rupprecht，J. Beckers，in *Optical Telescopes of Today and Tomorrow*，SPIE Proc.，**2871**，1135（1996）53，88，89

[8] J.G. Baker，U.S. Patent No. 2 458 132（1945）26

[9] W.W. Rouse Ball，*Short Account of the History of Mathematics*，Sterling Publ.，London，（2002）3

[10] A. Baranne，F. Launay，Cassegrain：un célèbre inconnu de l'astronomie instrumentale，J.Opt.，**28**，158–172（1997）17

[11] A. Baranne，Un nouveau montage spectrographique，Comptes Rendus Acad. Sc.，**260**，2383（1965）79，81

[12] A. Baranne，White pupil story，in *Very Large telescope and their Instrumentation*，ESO Proc.，Garching，Vol. II，1195–1206（1998）79

[13] D. Bernoulli，26th letter to Euler（Oct. 1742），in *Correspondance Mathématique et Physique* by Fuss，t. 2，St Petersburg（1843）. Also cf. Love（loc. cit.）93

[14] B. Di Biagio，E. Le Coarer，G.R. Lemaitre，in *Instrumentation in Astronomy VII*，SPIE Proc.，**1235**，422–427（1990）81

[15] R.G. Bingham，in *Very large Telescopes and their Instrumentation*，ESO Proc.，Garching，**2**，

1157（1988）88

[16] J. Bland-Hawthorn, in *Tridimensional Optical Spectroscopic Methods in Astrophysics*, IAU Proc., G. Comte & M. Marcelin eds., ASP Conf. Ser., **71**, 72–84（1995）82

[17] M. Born, E. Wolf, *Principles of Optics*, Cambridge Univ. Press（1999）7, 21, 22, 27, 30, 44, 45, 68, 69, 70, 71

[18] J. Boussinesq, J. Math., Paris, ser. 2, **16**, 125–274（1871）, and ser.3, **5**, 329–344（1879）120

[19] A. Bouwers, *Achievements in Optics*, Elsevier edt., New York（1948）

[20] I.S. Bowen, Astrophys. J., **88**, 113（1938）82

[21] I.S. Bowen, A.H. Vaughan, The optical design of the 40-in. telescope and the Irenee DuPont telescope at Las Campanas, Appl. Opt., **12**, 1430–1434（1973）87

[22] G. Bruhat, *Thermodynamique*, Masson edt., issue 8, p.74,（1968）40

[23] C.R. Burch, On aspheric anastigmatic systems, Proc. Phys. Soc., **55**, 433–444（1943）24

[24] J. Caplan, private communication, and Marseille Observatory Inventory No. IM13000003 in www.oamp.fr/patrimoine/museevirtuel-lunettes.html 8

[25] J. Caplan, in *Tridimensional Optical Spectroscopic Methods in Astrophysics*, IAU Proc., G. Comte & M. Marcelin eds., ASP Conf. Ser., **71**, 85–88（1995）82

[26] C. Carathéodory, *Geometrische Optik*, Springer, Berlin（1937）31

[27] L. Cassegrain, Journal des Sçavans, J.-B. Denis edt., **7**, 71–74, April 25 issue（1672）16

[28] E.F.F. Chladni, *Die Akustik*, Leipzig（1802）119

[29] H. Chrétien, *Calcul des Combinaisons Optiques*, 5th ed., Masson edt., Paris, 422（1980）12, 23, 45, 46, 55

[30] H. Chrétien, Le télescope de Newton et le télescope aplanétique, Rev. d'Optique, **1**, 13–22 and 51–64（1922）22, 58

[31] J.A. Church, Refractor designs: Clairaut's forgotten legacy, Sky & Telescopes, **66**( 3 ), 259–261（1983）11, 88

[32] A.C. Clairaut, Mémoires sur les moyens de perfectionner les lunettes d'approche, Mém. Acad. Roy. Sc., 380–437（1756）, 524–550（1757）and 378–437（1762）. Due to the Seven Years' War, the publications of these memoirs were somewhat delayed; they appear in the 1761, 1762 and 1764 Memoirs of the ARS. 9, 36

[33] R. Clausius, Poggendorf Ann., **121**, 1–44（1864）55

[34] A.R.F. Clebsch, *Theorie der Elasticität fester Körper*, Teubner edt., Leipzig（1862）91, 95, 96, 98, 119, 126

[35] E. Le Coarer, P. Amram et al., Astron. Astrophys., **257**, 289（1992）82

[36] A.E. Conrady, *Applied Optics and Optical Design*, Oxford（1929）, reissued by Dover Publ., New York（1957）46

[37] R. Content, in *Optical Telescopes of Today and Tomorrow*, SPIE Proc., **2871**, 1295–1307（1997）83, 84

[38] A. Cornu, Méthode optique pour l' étude des déformations élastiques, Comptes Rendus Acad. Sc. Paris, vol. 69, 333–337（1869）122

[39] C. Coulomb, *Histoire de l'Académie* for 1784, 229–269（1787）100

[40] G. Courtès, Comptes Rendus Acad. Sc., **234**, 506（1952）81

[41] G. Courtès, Astron. J., **69**, 325–333（1964）81

[42] G. Courtès, An integral field spectrograph（IFS）for large telescopes, Proc. IAU Conf., C.M. Humphries ed., Reidel Publ. Co., 123–128（1982）82

[43] G. Courtès, in *Tridimensional Optical Spectroscopic Methods in Astrophysics*, IAU Proc., G. Comte & M. Marcelin eds., ASP Conf. Ser., **71**, 1–11（1995）82

[44] A. Danjon, A. Couder, *Lunettes et Télescopes*（1933）,（reissued: Blanchard edt., Paris, 1979）5, 14

[45] R. Descartes, *La Géometrie Livre II* and *La Dioptrique* in *Discours de la Méthode*, Adam & Tannery edt., 389–441（1637）, reissue Vrin edt., Paris（1996）7, 8, 52

[46] F. Diego, Appl. Opt., **31**（31）, 6284（1993）83

[47] K. Dohlen, A. Origne, D. Pouliquen, B.M. Swinyard, in *UV, Optical and IR Space Telescopes and Instrumentation*, SPIE Proc., **4013**, 119–128（2000）82

[48] H. Draper, *Smithsonian Contributions to Knowledge*, **14**（article 4）,（1864）,（reissued 1904）21

[49] J. Dyson, Unit magnification system without Seidel aberrations, J. Opt. Soc. Am., **49**, 713（1946）63

[50] H.W. Epps, J.P.R. Angel, E. Anderson, in *Very Large Telescopes, their Instrumentation and Programs*, IAU Proc., **79**, 519（1984）86, 88

[51] L. Euler, *Methodus Inveniendi Lineas Curvas Maximi Minimive Proprietate Gaudentes* in the *Additamentum* of *De Curvis Elasticis*, Lausanne（1744）93

[52] L. Euler, Sur la Force des Colonnes, Mémoires Acad. Sc. Berlin, t. XIII, 252–281（1758）99

[53] L. Euler, Sur la Force des Colonnes, *Acta Acad. Petropolitanae*, Pars prior edt., 121–193（1778）99

[54] E. Everhart, Making corrector plates by Schmidt's vacuum method, Appl. Opt., **5**（5）, 713–715（1966）130

[55] M. Faulde, R.N. Wilson, Astron. Astrophys., **26**, 11（1973）（1934）86

[56] C. Fehrenbach, Principes fondamentaux de classification stellarie, Annales d'Astrophysique, **10**, 257（1947）79

[57] C. Fehrenbach, R. Burnage, Comptes Rend. Acad. Sc. Paris, **281**-B, 481–483（1975）79

[58] C. Fehrenbach, *Des Hommes, des Télescopes, des Étoiles*, CNRS edt., ISBN 2-222-04459-6（1991）and 2nd issue with complements, Vuibert edt., ISBN 978-2711740383（2007）. Note: This book gives an historical account on the French development of astronomical telescopes and instrumentation during the first half of the 20th century. 79

[59] L. Foucault, Essai d'un nouveau télescope en verre argenté, C.R. Acad. Sc., **49**, 85–87（1859）

[60] L. Foucault, C.R. Acad. Sc., **44**, 339–342（1857）20

[61] M. Françon, M. Cagnet, J.-C. Thrierr, Institut d'Optique de Paris, in *Atlas of Optical Phenomena*, Springer-Verlag edt.（1962）72

[62] A. Fresnel, Ann. Chim. et Phys, **1**（2）, 239（1816）（cf. also Mém. Acad. Sc. Paris, Vol. 5, 338–475（1821–22））66

[63] G. Galilei, *Discorsi e Dimostrazioni Matematiche Intorno á due Nuove Scienze*, Leiden, Elsevier edt.（1638）91, 92

[64] S.C.B. Gascoigne, The Observatory, **85**, 79（1965）86

[65] S.C.B. Gascoigne, Recent advances in astronomical optics（p. 1419–1429）, Appl. Opt., **12**（4）, 1419（1973）86

[66] K.F. Gauss, *Dioptrische Untersuchungen*, Göttingen, Memories from 1838 to 1841（1841）32

[67] Y.P. Georgelin, G. Comte et al., in *Tridimensional Optical Spectroscopic Methods in Astrophysics*, IAU Proc., G. Comte & M. Marcelin eds., ASP Conf. Ser., **71**, 300–307（1995）82

[68] S. Germain, *Recherches sur la Théorie des Surfaces Élastiques*, Mme. V. Courcier edt., Paris（1821）119

[69] P. Germain, P. Muller, *Introduction à la Mécanique des Milieux Continus*, Masson edt., Paris, 2nd issue, 140（1995）127

[70] Y. Le Grand, in *Optique Physiologique*, Revue d'Optique edt., Paris, 3rd issue, Vol. I, 68, 74 and 103（1965）76

[71] Sir W.R. Hamilton, Report Brit. Assoc., **3**, 360（1833）21, 45

[72] H. Harting, Zur Theorie der Zweitheiligen Verkitteten Fermrohrobjective, Z. Instrum., **18**, 357–380（1898）12

[73] C. Henry, P. Tannery, *Oeuvres de Fermat* – 5 Vol., Gauthier-Villars edt., Paris. Vol.2, 354

（1891）29

[74] H. Hertz, Über die Berührung fester elastischer Körper（1881）, English translation in *H. Hertz Miscellaneous Papers*, Macmillan edt., New York, 146–183（1896）127

[75] M. Herzberger, *Modern Geometrical Optics*, Interscience Publ., New York（1958）45

[76] P. Hickson, E.H. Richardson, A curvature-compensated corrector for drift-scan observations, Publ. Astron. Soc. Pac., **110**, 1081–1086（1998）65

[77] R. Hooke, *De Potentia*, or *of Spring Explaining the Power of Springing Bodies*, London（1678）92

[78] E. Hugot, Performance evaluation of toroid mirrors generated by elasticity, Phase B study on PLANET-FINDER/VLT, report Obs. Astron.Marseille Provence（2006）51

[79] D.M. Hunter, in *Methods of Experimental Physics*, L. Marton edt., Academic, New York, Vol. 12, Part 4, 193（1974）83

[80] C. Huygens, Traité de la Lumière,（completed in 1678）, Leiden（1690）65

[81] P. Jacquinot, The luminosity of spectrometers with prisms, gratings or Fabry-Perot etalons, J. Opt. Soc. Am., **44**, 761–765（1954）39, 82

[82] E. Jahnke, F. Emde, *Tables of Functions*, Dover Publ., 4th issue, 149（1945）68

[83] W. Kelvin（Lord, Thomsom）, G.P. Tait, *Treatise of Natural Philosophy*, vol.1, part 2, 188（1883）120

[84] A. Kerber, Ueber di chromatische Korrektur von doppelobjektiven, Central-Zeitung für Optik und Mechanik, t. **8**, p.145（1887）. Chrétien also refers to Kerber's paper in Central Ztg. f. Opt. u. Mech., t. **10**, p.147（1889）12

[85] H.C. King, *The History of the Telescope*, C. Griffin Co. edt., London（1955）5, 9, 11, 15, 16, 17, 18, 19, 36

[86] R. Kingslake, *Lens Design Fundamentals*, Academic Press, New York（1978）46

[87] G. Kirchhoff, Berl. Ber., 641（1882）, Ann. d Physik, **18**（2）, 663（1883）66

[88] G.R. Kirchhoff, Uber das Gleichewicht und die Bewegung iener elastischen Scheibe, Journ. Crelle, **40**, 51（1850）120

[89] G.R. Kirchhoff, Vorlesungen über Mathematische Physik, *Mechanik*, 450（1877）120

[90] J.L. Lagrange, *Miscellanea Taurinensia*, vol.5（1773）100

[91] G. Lamé, *Leçons sur la Théorie de l'Élasticité des Corps Solides*, Ecole Polytechnique, Paris（1852）101, 102, 103

[92] L.D. Landau, E.M. Lifshitz, *Theory of Elasticity* in *Course of Theoretical Physics*–Vol.7, USSR Acad. of Sc., Butterworth & Heinemann eds, 3rd edition（1986）91, 93, 104, 118, 127

[93] G.R. Lemaitre, Reflective Schmidt anastigmat telescopes and pseudo-flat made by elasticity,

J. Opt. Soc. Am., **66**, No.12, 1334–1340（1976）61

[94] G.R. Lemaitre, private communication to P. Connes（1978）and G. Monnet（1978）83, 84

[95] G.R. Lemaitre, Equal curvature and equal constraint cantilevers: Extension of Euler（sic）and Clebsch formulas, Meccanica, **32**, 459–503（1997）. In fact Euler did not do any research on this subject and only Clebsch must be credited with the first advances on this problem. 91, 96, 97, 98

[96] P. Léna, D. Rouan, F. Lebrun, F. Mignard, D. Pelat, in *L'Observational en Astrophysique*, edt. EDP Science/CNRS（2008）. 75

[97] A.E.H. Love, *A Treatise on the Mathematical Theory of Elasticity*, Dover Publ., 4th edition （1944）, reissue（1980）91, 92, 93, 120, 125

[98] D. Lynden-Bell, Exact optics: a unification of optical telescopes, Mont. Not. R. Astron. Soc., **334**, 787–796（2002）59

[99] J.-P. Maillard, in *Tridimensional Optical Spectroscopic Methods in Astrophysics*, IAU Proc., G. Comte & M. Marcelin eds., ASP Conf. Ser., **71**, 316–327（1995）82

[100] D. Maksutow, New catadioptric menicus systems, Journ. Opt. Soc. Am., **34**, 270（1944）

[101] D. Malacara, *Optical Shop Testing*, John Wiley & Sons edt., New York, 2nd edition（1992）26

[102] E. Malus, Optique Dioptrique, Journ. École Polytechn., **7**, 1–44, 84–129（1808）31

[103] A. Marechal, Rev. Optique, **26**, 257（1947）74

[104] E. Mariotte, *Traité du Mouvement des Eaux*, Paris, 1886 92

[105] J.C. Maxwell, Cambridge and Dublin Math. J., **8**, 188（1854）30

[106] A.B. Meinel, Astrophys. J., **118**, 335–344（1953）86

[107] A.B. Meinel, in *The Construction of Large Telescopes*, Proc. of IAU Symposium No. 27, D.L.Crawford ed., Section: optical design, 31（1966）130

[108] M. Mersenne, *L'Harmonie Universelle*, Paris（1636）14, 62

[109] G. Monnet, in *Tridimensional Optical Spectroscopic Methods in Astrophysics*, IAU Proc., G. Comte & M. Marcelin eds., ASP Conf. Ser., **71**, 12–17（1995）81

[110] O.F. Mossotti, Nuova theoria degli instrumenti ottici, Anal. Univ. Toscana, Pisa, **4**, 38–165 （1853）12

[111] O.F. Mossotti, Nuova theoria degli instrumenti ottici, Anal. Univ. Toscana Pisa, **5**, 5–95 （1858）

[112] O.F. Mossotti, *Nuova Theoria Strumenti Ottici*, Casa Nistri edt., Pisa, 171–191（1859）12

[113] C.L. Navier, *Sur les Lois de l'Équilibre et du Mouvement des Corps Solides Elastiques*, Mém.

Acad. Sc. Paris，Vol. 7，375–393（1827）.（The memoir was read in 1821. In this memoir, Navier refers to *Mécanique Analytique*, vol. 1, which seems to have been published by him in 1815 probably as a revised version of Lagrange's book）106

［114］C.L. Navier，*Mémoire sur la Flexion des Plans Élastiques*，lithographic edition，Paris，38 pages（1820）and issued in Bulletin de la Société Philomatique，Paris（1823）. This paperwas presented to the French Academy in 1820. The original manuscript is in the library of the École des Ponts et Chaussées. 123

［115］I. Newton，Phil. Trans.，**7**，4006–4007（1672）16

［116］K. Nienhuis，Thesis，University of Groningen（1948）72，73

［117］R.J. Noll，Zernike polynomials and atmospheric turbulence，J. Opt. Soc. Am.，**66**，207–211（1976）50

［118］A. Offner，New concept in projection mask aligners，Opt. Eng.，**14**，131（1975）63

［119］M. Paul，Systémes correcteurs pour réflecteurs astronomiques，Rev. d' Optique **14**（5），169–202（1935）

［120］J.-C. Pecker，E. Schatzman，*Astrophysique Générale*，Masson edt.，Paris，121–122（1959）39

［121］S.D. Poisson，*Mémoire sur l'Équilibre et le Mouvement des Corps Solides*，Mém. Acad. Sc. Paris，vol. 8（1829）119，123，125

［122］L.W. Ramsey，T.A. Sebring，C. Sneden，in *Advanced Technology Telescopes V*，SPIE Proc.，**2199**，31（1994）87

［123］Lord Rayleigh，Phil. Mag.，**8**（5），403（1879）22，72，74

［124］J.W. Rayleigh（Lord，Strutt），Proc. London Mathematical Society，No. 86，**20**（1873）119

［125］J.W. Rayleigh（Lord，Strutt），*The Theory of Sound*，London，vol.1（1877），vol.2（1878）119

［126］E.H. Richardson，The spectrographs of the Dominion Astrophysical Observatory，J. Royal Astron. Soc. Canada，**62**，313（1968）82

［127］E.H. Richardson，Canadian J. Phys.，**57–9**，1365–1369（1979）80

［128］E.H. Richardson，Proc. SPIE Conf. on *Instrumentation in Astronomy IV*，**331**，253（1982）80

［129］E.H. Richardson，J.M. Fletcher，W.A. Grundman，in *Very Large Telescopes，their Instrumentation and Programs*，IAU Proc.，**79**，469（1984）82

［130］E.H. Richardson，C.F.H. Harmer，W.A. Grundmann，MNRAS，**206**，47–54（1984）87

［131］E.H. Richardson，in *Encyclopedia of Astronomy and Astrophysics*（2003）76

[132] R. Riekher, *Fernrohre und ihre Meister*, Verlag Tecknik edt., Berlin( 1957 ),( reissued 1990 ) 5, 13

[133] W. Ritz, *Gessamelte Werke* (1911) 119

[134] R.J. Roark, W.C. Young, *Formulas for Stress and Strain*, McGraw-Hill Book Co., 5th issue ( 1975 ) 95

[135] F.E. Ross, Astrophys. J., **77**, 243 ( 1933 ) 86

[136] F.E. Ross, Astrophys. J., **81**, 156 ( 1935 ) 86

[137] N.J. Rumsey, A compact three-reflection astronomical camera, in *Optical Instruments and Techniques*, ICO8 Meeting, London, Home Dickson edt., Oriel Press Newcastle, 514–520 ( 1969 ) 26

[138] A. Saint-Venant ( Barré de ), Flamant *Théorie de l'Élasticité des Corps Solides de Clebsch*, Dunod edt., Paris, 858–859( 1881 ).( This is a French translation of Clebsch's book including many important annotations and complements. This book is often referred to as "Clebsch Annoted Version" ) 91, 98, 125

[139] A. Saint-Venant( Barré de ), *La Torsion des Prismes*, Mémoires des Savants Étrangers, Acad. Sc., Paris, vol. 14 ( 1855 ) 127

[140] Schmidt, B., Mitteilungen der Hamburger Sternwarte, R. Schorr edt., 10 ( 1930 ) 60

[141] D.J. Schroeder, *Astronomical Optics*, Academic Press edt. ( 1987 ) 85

[142] Schwarzschild, K., Untersuchungen zur geometrischen Optik, I, II, III, Göttinger Abh, Neue Folge, Band IV, No. 1 ( 1905 ) 22, 60

[143] T.A. Sebring, J.A. Booth, J.M. Good, V.L. Krabbendam, F.B. Ray, in *Advanced Technology Telescopes V*, SPIE Proc., **2199**, 565 ( 1994 ) 87

[144] L. von Seidel, Astronomische Nachrichten, **43**, Nos1027 p289, 1028 p305 and 1029 p321 ( 1856 ) 21, 45

[145] M. Serrurier, *Structural structure of 200-inch telescope for Mount Palomar Observatory*, Civil Engineering, **8**, 524 ( 1938 ) 26

[146] P.J. Smith, http://www.users.bigpond.com/PGIFL/INDEX.html 77

[147] K. Srehl, Z. f. Instrumkde, **22**, 213 ( 1902 ) 72

[148] J.-M.E. Stephan, C.R. Acad. Sc., **78**, 1008–1012 ( 1874 ) 21

[149] C. Sterken, J. Manfroid, *Astronomical Photometry*, R. Boyd edt., Kluwer Acad. Publ. Dordrecht ( 1992 ) 39

[150] J. Strong, *Procedure in Experimental Physics*, Prentice-Hall edt., Englewood Cliffs, N.J., 24th issue ( 1966 ) 25

[151] D.-q. Su, Astron. Astrophys., **156**, 381 ( 1986 ) 88

［152］A. Szulc, Improved solution for the cemented doublet, Appl.Opt., **35**( 19 ), 3548–3558( 1996 ) 10, 13

［153］E.W. Taylor, The inverting eyepiece and its evolution, J. Sci. Instrum., **22**（ 3 ）, 43（ 1945 ） 77

［154］J. Texereau, *How to Make a Telescope*, Willmann-Bell Inc., 2nd issue（ 1998 ）128

［155］S.P. Timoshenko, S. Woinowsky-Krieger, *Theory of Plates and Shells*, McGraw-Hill edt.（ 1959 ）91, 113, 115, 120, 123

［156］S.P. Timoshenko, *Theory of Elastic Stability*, McGraw-Hill edt.（ 1961 ）

［157］S.P. Timoshenko, *Elements of Strength of Materials*, Wadsworth Publ., 5th issue, Sect. 55（ 1968 ）107

［158］S.P. Timoshenko, *Theory of Elasticity*, McGraw-Hill edt.（ 1970 ）101, 122, 125

［159］S.P. Timoshenko, *History of Strength of Materials*, McGraw-Hill edt.（ 1983 ）

［160］W. Tobin, in *Léon Foucault*, Cambridge Univ. Press（ 2002 ）20

［161］I. Todhunter, K. Pearson, *A History of the Theory of Elasticity*, Dover Publ., Vol. I and Vol. II, reissue（ 1960 ）91, 98

［162］G.J. Toomer, *DIOCLES – On Burning Mirrors*, Sources in the History of Mathematics and the Physical Sciences 1, Springer-Verlag, New York（ 1976 ）3, 7

［163］B. Tully, Astrophys. J., **27**, 415（ 1974 ）82

［164］T. Walraven, J.H. Walraven, in *Auxiliary Instrumentation for Large Telescopes*, ESO Proc., Garching, 175（ 1972 ）83

［165］Y.-n. Wang, D.-q. Su, Astron. Astrophys., **232**, 589（ 1990 ）88

［166］W.T. Welford, A note on the skew invariant in optical systems, Optica Acta, **15**, 621（ 1968 ）55

［167］W.T. Welford, *Aberrations of Optical Systems*, Adam Hilger edt., 4th edition（ 2002 ）29, 39, 45, 46, 55, 57

［168］W.B. Wetherell, in *Applied Optics and Optical Engineering*, R.R. Shannon & J.C. Wyant eds., Academic Press, London, Vol. VII, Chap. 6, 214（ 1980 ）70, 74

［169］R.V. Willstrop, D. Lynden-Bell, Exact optics – II: Exploration of designs on- and off-axis, Mont. Not. R. Astron. Soc., **342**, 33–49（ 2003 ）59

［170］R.N. Wilson, *Reflecting Telescope Optics I*, Springer edt.（ 1996 ）5, 13, 14, 21, 24, 26, 36, 37, 39, 45, 46, 57

［171］R.N. Wilson, Karl Schwarzschild and Telescope Optics, Karl Scharzschild Lecture to the German Astronomical Society, Bochum, 1993, published in *Review of Modern Astronomy*, **7**, 1（ 1994 ）32

[172] C.G. Wynne，Appl. Opt.，**6**（7），1227（1967）86

[173] G.G. Wynne，Astrophys. Jour.，**152**（3），675（1968）87

[174] C.G. Wynne，The Observatory，**104**，140（1984）88

[175] C.G. Wynne and S.P. Worswick，Mont. Not. R. Astron.，**620**，657（1986）88

[176] C.G. Wynne，MNRAS，**253**，160–166（1991）87

[177] T. Young，*A Course of Lectures on Natural Philosophy and the Mechanical Arts*，London，Lecture XIII（1807）92

[178] F. Zernike，Diffraction theory of the knife-edge test and its improved form, the phase-contrast method，Mont. Not. R. Astron. Soc.，**94** 377–384（1934）24，44

[179] F. Zernike，*Physica*，**1**，689（1934）44

[180] F. Zernike，B.R.A. Nijboer，Contribution to *La Théorie des Images Optiques*，Revued'Optique，Paris（1949）72

# 第2章 反射光学和弹性力学–可变曲率反射镜（VCM）

对应光学矩阵（表征波前形状）一阶模式的弹性变形包括曲率（$Cv1$）和倾斜（Tilt 1），这也是高斯光学中的两种基本模式。因为通过刚性基底的整体旋转，就能获得倾斜模式，所以本章仅讨论产生曲率模式的反射镜，称之为可变曲率反射镜（VCM）或变焦镜。

这里用 $z(r)$（而不是 $w(r)$）来表示通过圆板弯曲得到的光学面形，因为 $z$ 通常被用于描述一个光学表面，该圆板在静止状态下为平面。基于薄板理论，$Cv1$ 模式可以表示为

$$z \equiv w = A_{20}r^2 \equiv \frac{1}{2R}r^2 \tag{2.1}$$

其中 $R$ 是弯曲光学表面的曲率半径。

本章将讨论实现曲率模式的两类基板厚度形式，即等厚分布（CTD）和可变厚度分布（VTD）。

## 2.1 薄圆板和小变形理论

### 2.1.1 等厚分布板——CTD

考虑一个有孔的平面圆板，具有等厚度为 $t$，刚度 $D = Et^3 / [12(1-v^2)]$ 为常数，其中 $E$ 和 $v$ 分别是杨氏模量和泊松比。如果没有表面载荷（$q = 0$），在板的圆周区域施加一对外部同心圆环力或弯矩，则圆板的弯曲表面 $z$ 的双拉普拉斯-泊松方程表示为

$$\nabla^2\nabla^2 z = 0 \tag{2.2}$$

其一般解为

$$z = B_{20} + C_{20}\ln r + D_{20}r^2 + E_{20}r^2\ln r \tag{2.3}$$

该解中包含曲率项 $D_{20}$。公式（2.2）中涉及的外力包括：作用于中心的力、均匀

分布在同心圆环上的力，或者作用在内边缘和外边缘上的均匀径向力矩。当变形原点为平板顶点时，则 $B_{20} = 0$。

通过施加一定的外力和/或径向力矩，使 $C_{20} = E_{20} = 0$ 条件满足，则拉普拉斯算子可以表示为

$$\nabla^2 z = \frac{1}{r}\frac{\mathrm{d}}{\mathrm{d}r}\left(r\frac{\mathrm{d}z}{\mathrm{d}r}\right) = 4\left(D_{20} + E_{20} + E_{20}\ln r\right) \tag{2.4}$$

所以单位长度的径向剪切力为［参见（1.187）］

$$Q_r = -D\frac{\mathrm{d}}{\mathrm{d}r}\left(\nabla^2 z\right) = -4E_{20}D\frac{1}{r} \tag{2.5}$$

其中 $E_{20} = 0$ 意味着整个平板上的剪切力为零，$Q_r = 0$。所以公式（2.3）中的 $r^2\ln r$ 项的系数为零意味着不能通过在板上施加中心力或圆形-线力来实现 $Cv1$ 模式。根据条件 $B_{20} = E_{20} = 0$，单位长度的径向弯矩为

$$M_r = D\left(\frac{\mathrm{d}^2 z}{\mathrm{d}r^2} + \frac{v}{r}\frac{\mathrm{d}z}{\mathrm{d}r}\right) = D\left[2(1+v)D_{20} - (1-v)C_{20}\frac{1}{r^2}\right] \tag{2.6}$$

系数 $C_{20}$ 和 $D_{20}$ 由边界条件确定，即平板边缘处的弯矩 $M_r\{a\}$ 和其中心孔边缘处的弯矩 $M_r\{b\}$，通过求解得到

$$C_{20} = \frac{1}{1-v}\frac{a^2 b^2\left[M_r\{a\} - M_r\{b\}\right]}{\left(a^2 - b^2\right)D} \tag{2.7a}$$

$$D_{20} = \frac{1}{2(1+v)}\frac{a^2 M_r\{a\} - b^2 M_r\{b\}}{\left(a^2 - b^2\right)D} \tag{2.7b}$$

如果没有公式（2.3）中的对数项，即 $C_{20} = 0$，则获得单纯的曲率模式 $Cv1$，由（2.7a）式可知，存在两个解：$b = 0$ 和 $M_r\{b\} = M_r\{a\}$。这两个解代入公式（2.7b），得到相同的系数 $D_{20}$：

$$B_{20} = C_{20} = E_{20} = 0 \quad \text{和} \quad D_{20} = \frac{M_r\{a\}}{2(1+v)D} \tag{2.8a}$$

最后，用系数 $D_{20}$ 代替公式（2.1）中的系数 $A_{20}$，得到弯曲模式 $Cv1$ 的曲率为

$$\frac{1}{R} \equiv 2A_{20} = \frac{M_r\{a\}}{(1+v)D} = 12(1-v)\frac{M_r\{a\}}{Et^3} \tag{2.8b}$$

● **弯矩情况下 CTD 类型解的结论**：如果平板或具有微小弯曲的弯月板的厚度 $t = T_{20}t_0$ 为常数，例如：

$$T_{20} = 1 \ , \quad \frac{t_0}{a} = \left[ 6(1-v)\frac{M_r\{a\}}{A_{20}Ea^3} \right]^{1/3} \tag{2.9}$$

并且仅施加一个弯矩 $M_r$，则可以产生可变曲率 $Cv1$ 变形模式 $z = A_{20}r^2$。得到该模式的两种解为：

（1）对于没有中心孔的平板，即 $b = 0$，在其边缘施加均匀弯矩 $M_r\{a\}$。

（2）对于有孔的平板，在其边缘施加均匀弯矩 $M_r\{b\} = M_r\{a\}$。

由应力-应变关系可知，径向应力 $\sigma_{rr}$ 和切向应力 $\sigma_{tt}$ 是相等的，在平板表面（$z = \pm t/2$）处有最大值：

$$\sigma_{rr} = \sigma_{tt} = \pm\frac{Et}{2(1-v)R} = \pm\frac{6M_r\{a\}}{t^2} \tag{2.10}$$

图 2.1 为平板获得曲率模式 $Cv1$ 的基本解。采用外环内置板的两种方法是等效的，都可以通过轴向力产生弯矩。这些力的强度可以从第 7 章中关于花瓶形（vase form）板的研究中得到。

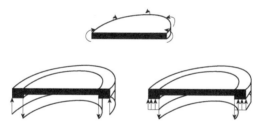

图 2.1　由 CTD 类型平板得到可变曲率反射镜。上图：基本解，沿圆周施加均匀弯曲力矩；下图：施加于花瓶形板的轴向力，等效于弯曲力矩

### 2.1.2　可变厚度分布板—VTD—摆线形（Cycloid-Like Form）和郁金香形（Tulip-Like Form）

对于可变厚度分布（VTD）板，有多种方案能够主动产生一阶曲率模式 $Cv1$（Lemaitre[35,36]）。下面将看到，基于薄板理论，VTD 几何形状取决于载荷分布和基板边界处的相关反作用。径向和切向弯矩 $M_r$ 和 $M_t$ 可表示为

$$M_r = D\left( \frac{\mathrm{d}^2 z}{\mathrm{d}r^2} + \frac{v}{r}\frac{\mathrm{d}z}{\mathrm{d}r} \right), \quad M_t = D\left( v\frac{\mathrm{d}^2 z}{\mathrm{d}r^2} + \frac{1}{r}\frac{\mathrm{d}z}{\mathrm{d}r} \right) \tag{2.11}$$

其中 $D(r) = Et^3(r)/\left[ 12(1-v^2) \right]$ 是可变刚度。径向和切向弯矩 $M_r$，$M_t$ 与作用在平板单元的剪切力 $Q_r$ 之间的静态平衡从局部切向轴获得，表示为

$$M_r + r\frac{\mathrm{d}M_r}{\mathrm{d}r} - M_t + rQ_r = 0 \qquad (2.12)$$

代入 $M_r, \mathrm{d}M_r/\mathrm{d}r, M_t$，方程两边除以 $rD$，得到以下微分方程：

$$\frac{\mathrm{d}^3z}{\mathrm{d}r^3} + \left(\frac{1}{D}\frac{\mathrm{d}D}{\mathrm{d}r} + \frac{1}{r}\right)\frac{\mathrm{d}^2z}{\mathrm{d}r^2} + \left(\frac{v}{rD}\frac{\mathrm{d}D}{\mathrm{d}r} - \frac{1}{r^2}\right)\frac{\mathrm{d}z}{\mathrm{d}r} = -\frac{Q_r}{D}$$

即

$$D\frac{\mathrm{d}}{\mathrm{d}r}\left(\nabla^2 z\right) + \left(\frac{\mathrm{d}^2z}{\mathrm{d}r^2} + \frac{v}{r}\frac{\mathrm{d}z}{\mathrm{d}r}\right)\frac{\mathrm{d}D}{\mathrm{d}r} = -Q_r \qquad (2.13)$$

由公式（2.1）所表示的弯曲曲率模式得到 $\nabla^2 z = 4A_{20}$，代入上式得到刚度的一阶导数

$$\frac{\mathrm{d}D}{\mathrm{d}r} = -\frac{Q_r}{2(1+v)A_{20}} \equiv -\frac{R}{1+v}Q_r \qquad (2.14)$$

因此是剪切力的直接函数。

三种载荷方案和基板边界反作用力在实际应用中很有意义，且每种方案都具有一个特殊的剪切力。

- **VTD 类型 1——表面均匀载荷和边缘反作用力**：在整个基底表面施加均匀载荷 $q$，在边缘 $r=a$ 处有反作用力。当前基底半径 $r$ 处，由平衡方程 $\pi r^2 q + 2\pi rQr = 0$ 获得的剪切力为

$$Q_r = -\frac{1}{2}qr \qquad (2.15)$$

代入公式（2.14）得到刚度

$$D = -\frac{qR}{4(1+v)}\left(\text{constant} - r^2\right)$$

constant 为常数。

VTD 的好处在于避免了在边界处施加力矩。由公式（2.11），当刚度 $D(a)=0$ 时，边缘处弯矩为零，即 $M_r(a) = 0$，所以刚度为

$$D = -\frac{qa^2R}{4(1+v)}\left(1 - \frac{r^2}{a^2}\right)$$

厚度分布为

$$t = -\left[3(1-v)\frac{qR}{Ea}\left(1 - \frac{r^2}{a^2}\right)\right]^{1/3}a$$

由于沿 $r$ 具有平滑下降的廓线且在基底边缘 $r=a$ 处有垂直切线，我们称这种厚度分布为摆线形，如图 2.2 所示。

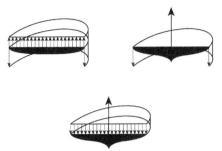

图 2.2   VTD 类型的可变曲率反射镜。定义无量纲厚度 $T_{20}$ , $\rho = r / a$ 和 $\rho \in [0,1]$

（Lemaitre[35]）。左上图为均匀负载及边缘反作用力，此时 $T_{20} = \left(1 - \rho^2\right)^{1/3}$ 。右上图为中心轴向

力及边缘反作用力，此时 $T_{20} = \left(-\ln\rho^2\right)^{1/3}$ 。下图为均匀载荷以及中心反作用力，此时

$$T_{20} = \left(\rho^2 - \ln\rho^2 - 1\right)^{1/3}$$

- **VTD 方案 1 的结论**：该类型可变曲率反射镜由表面均匀载荷 $q$ 和边缘处反作用力得到，具有摆线形厚度分布 $t = T_{20}t_0$ ，即

$$T_{20} = \left(1 - \frac{r^2}{a^2}\right)^{1/3} \quad , \quad \frac{t_0}{a} = -\left[3(1-v)\frac{qR}{Ea}\right]^{1/3} \quad (2.16)$$

其中 $1 / R = 2A_{20}$ 是变形曲率，乘积 $qR$ 为负。①

将刚度代入公式（2.11）的 $M_r, M_t$ ，从而得到镜面最大应力表达式如下：

$$\sigma_{rr} = \pm\frac{6M_r}{t^2} = \pm\frac{3}{2}\frac{a^2}{t_0^2}qT_{20} = \pm\left[\frac{3}{8(1-v)^2}\frac{a^2}{R^2}qE^2\right]^{1/3}T_{20} \quad (2.17a)$$

$$\sigma_{tt} = \pm\frac{6M_t}{t^2} = \sigma_{rr} \quad (2.17b)$$

这里可以看到不管 $r$ 是多少，径向和切向应力是相同的，与 CTD 型板一样［见（2.10）］，并且最大应力在基板的中心。

- **VTD 方案 2——中心轴向力和边缘反作用力**：通过施加中心轴向力 $F$ ，引起边缘反作用力 $-F$ ，获得基底变形。如果等效为表面均匀载荷 $q$ ，定义中心力

---

① 在半径 $r$ 接近边缘半径 $a$ 的区域，如 $0.75 < r/a \leqslant 1$ 时，我们可以将这种 VTD 的渐近展开与类型 1 的渐近展开进行比较，$T_{20} = \left[1 - r^2 / a^2\right]^{1/3}$ ，其也能产生 Astm3 模式。我们有

$$\ln x = x - 1 - \frac{1}{2}(x-1)^2 + \frac{1}{3}(x-1)^3 - \cdots, 0 < x \leqslant 2,$$

其中令 $\rho = r/a$ ，对于一个 2 型 VTD，需要

$$\left(-\ln\rho^2\right)^{1/3} = \left[1 - \rho^2 + \frac{1}{2}\left(1-\rho^2\right)^2 + \frac{1}{3}\left(1-\rho^2\right)^3 + \cdots\right]^{1/3}。$$

$F = \pi a^2 q$，和相关的剪切力 $\pi a^2 q + 2\pi r Q_r = 0$，从而

$$Q_r = -\frac{q a^2}{2r} \qquad (2.18)$$

将上式代入公式（2.14）并积分，得到刚度

$$D = -\frac{q R a^2}{2(1+v)}(\text{ constant } - \ln r)$$

constant 为常数。

与前面的方案相同，取公式（2.11）中的 $D_r(a) = 0$，即选择边缘处的弯矩为零，所以 constant = $\ln a$，那么刚度为

$$D = -\frac{q a^2 R}{4(1+v)}\left(-\ln \frac{r^2}{a^2}\right)$$

由于在 $r = 0$ 处厚度无限大，且在基板边缘切向垂直，我们称这种厚度分布为郁金香形，如图 2.2 所示。

• **VTD 方案 2 的结论**：该类型可变曲率反射镜由中心轴向力 $F$ 和边缘处反作用力得到，具有郁金香形厚度分布 $t = \mathcal{T}_{20} t_0$，即

$$\mathcal{T}_{20} = \left(-\ln \frac{r^2}{a^2}\right)^{1/3} \qquad , \qquad \frac{t_0}{a} = -\left[3(1-v)\frac{FR}{\pi E a^3}\right]^{1/3} \qquad (2.19)$$

其中 $1/R = 2A_{20}$ 是变形曲率，乘积 $FR$ 为负。①

• **VTD 方案 3——均匀载荷和中心反作用力**：通过施加均匀载荷 $q$ 和中心反作用力 $F = -\pi a^2 q$，获得基底变形。由静态平衡方程 $F + \pi r^2 q + 2\pi r Q_r = 0$ 获得半径 $r$ 处的剪切力

$$Q_r = \frac{q}{2}\left(\frac{a^2}{r} - r\right) \qquad (2.20)$$

将上式代入公式（2.14）并积分，得到刚度表达式为

---

① 因此得到

$$\lim\left\{\frac{\mathcal{T}_{20\,\text{Type 2}}}{\mathcal{T}_{20\,\text{Type 1}}}\right\}_{\rho \to 1} = \lim\left\{\left[1 + \frac{1}{2}\left(1-\rho^2\right) + \frac{1}{3}\left(1-\rho^2\right)^2 + \cdots\right]^{1/3}\right\} = 1$$

所以这两种类型在边缘附近渐近相同。对于 $\rho = 0.85$，上述的比率极限为 1.05。

由于类型 2 仅需要中心力和在边缘处的反作用力，当在 Astm3 模式上叠加 Cv1 模式时，促动器的数量低于类型 1 的情况，因为类型 1 需要产生边缘力矩，这在实际应用中更难实现。因此，虽然理论上不如类型 1 完美，但是 Hugot[24]已经提出了类型 2 具有 Cv1 和 Astm3 叠加模式的镜面用于望远镜积分场单元（参见 1.12.9 小节）。在这个发展过程中，人们可以找到更合适的形式为 $T = \alpha \mathcal{T}_{20T1} + (1-\alpha)\mathcal{T}_{20T2}$ 的 VTD，其中 $0 \leqslant \alpha \leqslant 1$，从而可以匹配两个生成的模式相对于波前容差的精度。

$$D = \frac{qRa^2}{2(1+v)}\left( \text{constant} + \frac{r^2}{2a^2} - \ln r \right)$$

constant 为常数。

与前面的方案类似，取公式（2.11）中的 $D_r(a) = 0$，即选择边缘处的弯矩为零，所以 $\text{constant} = 1/2\left(\ln a^2 - 1\right)$，则刚度为

$$D = \frac{qa^2R}{4(1+v)}\left( \frac{r^2}{a^2} - \ln\frac{r^2}{a^2} - 1 \right)$$

由于 $r = 0$ 处的厚度很大和基板边缘处的垂直切线，所以这种厚度分布也被称为郁金香形，如图 2.2。

● **VTD 方案 3 的结论**：该类型可变曲率反射镜由表面均匀载荷 $q$ 和中心反作用力得到，具有郁金香形厚度分布 $t = \mathcal{T}_{20}t_0$，

$$\mathcal{T}_{20} = \left( \frac{r^2}{a^2} - \ln\frac{r^2}{a^2} - 1 \right)^{1/3} \quad , \quad \frac{t_0}{a} = \left[ 3(1-v)\frac{qR}{Ea} \right]^{1/3} \quad （2.21）$$

其中 $1/R = 2A_{20}$ 是变形曲率，乘积 $qR$ 为正。

### 2.1.3 光学焦比变化

通过以上 3 种 VTD 方案，可以确定由可变曲率反射镜的 $Cv1$ 变形引起的光学焦比变化，即变焦范围。假设一个无应力的平面反射镜，焦比变化为

$$\Omega = | f / 2a | = | R / 4a | = \left| 1/8aA_{20} \right| \quad （2.22）$$

将上式代入以上 3 种 VTD 方案中，得到

$$\frac{t}{a} = \left[ 12(1-v)\Omega\frac{q}{E} \right]^{1/3} \mathcal{T}_{20} \quad （2.23）$$

对于这种厚度分布，径向和切向应力是相同的，$\sigma_{rr} = \sigma_{tt}$。在实际应用中，这些应力必须明显低于镜面基底的最大拉伸应力 $\sigma_{T\max}$。因此，由公式（2.17a）和（2.17b）导出应力 $\sigma_{rr}$ 或 $\sigma_{tt}$ 的最大值必须满足

$$\left[ \frac{3}{128(1-v)^2\Omega^2}qE^2 \right]^{1/3} \left| \mathcal{T}_{20} \right|_{\max} < \sigma_{T\max} \quad （2.24）$$

对于郁金香形 VCM，由于在中心处施加点力，式（2.19）和式（2.21）中的 $\mathcal{T}_{20}(0) \to \infty$，公式（2.24）的应力也一样。事实上，由于中心点力产生的无限压力导致的 $\left(-\ln\rho^2\right)^{1/3}$ 对数分布特性，厚度主干轮廓非常窄。在实际应用中，中心

厚度通常为有限值。中心厚度处的截断标准为瑞利四分之一波长准则；轴向力不是施加在一个点上，而是施加在一个小区域上，通常半径为 $a/50$。

对于摆线形 VCM，由公式（2.16）可知，$|\mathcal{T}_{20}|_{max} = \mathcal{T}_{20}(0) = 1$。

### 2.1.4  屈曲失稳

当曲率改变时，可能会发生自身弯曲不稳定，类似于聚合物材料的弯月板壳的"jumping toy"现象，这是一种暂时的人为引入的相反曲率。避免屈曲不稳定性，需要考虑存在于中间表面的径向张力 $N_r$，并且 $N_r$ 的最大压缩值要一直小于临界值。通过在变焦期间始终限制曲率为相同的方向，从而避免这种自身弯曲不稳定性。此外，所有三种 VTD 的 $\mathcal{T}_{20}$ 在边缘处减小到零，这也防止了这种不稳定性。

## 2.2  薄板和大变形理论——VTD

在上一节中，没有考虑平板中间面的径向和切向应力，所以只有当矢高 $a^2/2R$ 小于基底的平均厚度 $\langle t \rangle$ 时，其结果才有效。为了设计能够产生最佳精度的大变焦范围的 VCM，必须进一步分析中间表面的应变。对于轴对称的均匀厚度板（参见 Timoshenko 和 Woinowsky-Krieger[58]），中间表面点的位移可以分解为两个部分：假设一个施加载荷前的平面中间表面，用 $z, u$ 表示轴向和径向位移（而不是使用符号 $w, u$，它更适合于静止时的曲面）。接下来考虑大变形理论，径向和切向方向上的相对拉伸或应变为

$$\varepsilon_{rr} = \frac{du}{dr} + \frac{1}{2}\left(\frac{dz}{dr}\right)^2, \quad \varepsilon_{tt} = \frac{u}{r} \tag{2.25}$$

其中第二项 $\varepsilon_{rr}$ 考虑了大的变形情况，可以与（1.109b）中的小变形应变进行比较。中间表面相应的单位长度的径向和切向拉力 $N_r$ 和 $N_t$ 由下式定义

$$\varepsilon_{rr} = \frac{1}{Et}(N_r - vN_t), \quad \varepsilon_{tt} = \frac{1}{Et}(N_t - vN_r)$$

由此得出

$$N_r = \frac{Et}{1-v^2}(\varepsilon_{rr} + v\varepsilon_{tt}) = \frac{Et}{1-v^2}\left[\frac{du}{dr} + v\frac{u}{r} + \frac{1}{2}\left(\frac{dz}{dr}\right)^2\right] \tag{2.26a}$$

$$N_t = \frac{Et}{1-v^2}\left(v\varepsilon_{rr}+\varepsilon_{tt}\right) = \frac{Et}{1-v^2}\left[v\frac{\mathrm{d}u}{\mathrm{d}r}+\frac{u}{r}+\frac{v}{2}\left(\frac{\mathrm{d}z}{\mathrm{d}r}\right)^2\right] \qquad (2.26b)$$

考虑到拉力（图 2.3），和一个单元尺寸为 $\mathrm{d}r$，$r\mathrm{d}\theta$ 和厚度 $t$ 的平衡，除以 $r\mathrm{d}r\mathrm{d}\theta$ 后，这些力在径向上的投影之和为

$$N_r - N_t + r\frac{\mathrm{d}N_r}{\mathrm{d}r} = 0 \qquad (2.27)$$

计算 $N_r$ 关于 $z$，$u$ 和 $t$ 的导数，代入（2.27），同时方程两边除以 $Etr/\left(1-v^2\right)$，得到了第一平衡方程：

$$\frac{\mathrm{d}^2u}{\mathrm{d}r^2}+\left(\frac{1}{t}\frac{\mathrm{d}t}{\mathrm{d}r}+\frac{1}{r}\right)\frac{\mathrm{d}u}{\mathrm{d}r}+\left(\frac{v}{t}\frac{\mathrm{d}t}{\mathrm{d}r}-\frac{1}{r}\right)\frac{u}{r}+\frac{1}{2}\left(\frac{1}{t}\frac{\mathrm{d}t}{\mathrm{d}r}+\frac{1-v}{r}\right)\left(\frac{\mathrm{d}z}{\mathrm{d}r}\right)^2+\frac{\mathrm{d}^2z}{\mathrm{d}r^2}\frac{\mathrm{d}z}{\mathrm{d}r}=0 \quad (2.28)$$

下面由弯矩平衡推导第二方程。公式（2.13）中，$Q_r$ 代表总剪切力 $Q_r^*$，它包括了作用在中间面的径向力 $N_r$ 的轴向分量。

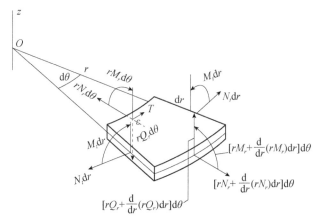

图 2.3　提供板单元平衡的力和力矩

总剪切力 $Q_r^*$ 表示为

$$Q_r^* = -N_r\frac{\mathrm{d}z}{\mathrm{d}r}+Q_r \qquad (2.29)$$

其中剪切力 $Q_r$ 由公式（2.15），（2.18）或（2.20）的外部载荷情况确定，再由（2.26a）中的 $N_r$ 表达式，可以得到

$$\frac{Q_r^*}{D} = -\frac{1}{t^2}\left[\frac{\mathrm{d}u}{\mathrm{d}r}+v\frac{u}{r}+\frac{1}{2}\left(\frac{\mathrm{d}z}{\mathrm{d}r}\right)^2\right]\frac{\mathrm{d}z}{\mathrm{d}r}+\frac{Q_r}{D} \qquad (2.30)$$

将上式代入公式（2.13），得到第二平衡方程

$$\frac{d}{dr}(\nabla^2 z) + \left(\frac{d^2 z}{dr^2} + \frac{v}{r}\frac{dz}{dr}\right)\frac{1}{D}\frac{dD}{dr} - \frac{1}{t^2}\left[\frac{du}{dr} + v\frac{u}{r} + \frac{1}{2}\left(\frac{dz}{dr}\right)^2\right]\frac{dz}{dr} + \frac{Q_r}{D} = 0 \quad （2.31）$$

假设施加外力后抛物面挠曲产生的曲率为 $1/R = 2A_{20}$ ，由于 $dD/D = 3dt/t$ ，代入公式（2.28）和（2.31）中，得到下面的系统（Ferrari[17, 18]）。

$$\begin{cases} \dfrac{d^2 u}{dr^2} + \left(\dfrac{1}{t}\dfrac{dt}{dr} + \dfrac{1}{r}\right)\dfrac{du}{dr} + \left(\dfrac{v}{t}\dfrac{dt}{dr} - \dfrac{1}{r}\right)\dfrac{u}{r} + \left(\dfrac{1}{t}\dfrac{dt}{dr} + \dfrac{3-v}{r}\right)\dfrac{r^2}{2R^2} = 0 & （2.32a） \\[4mm] \dfrac{du}{dr} + v\dfrac{u}{r} - 3(1+v)\dfrac{t}{r}\dfrac{dt}{dr} + \dfrac{r^2}{2R^2} + 12(1-v^2)\dfrac{R}{r}\dfrac{Q_r}{Et} = 0 & （2.32b） \end{cases}$$

该系统方程需要数值积分，这是为了设计一些大变焦范围的 VCM 而进行的。

2.1.2 节中讨论的三种 VTD 方案，每个对应的剪切力 $Q_r$ 的表达式为式（2.15）、（2.18）或（2.20）。边界条件为零边缘厚度和中心有限径向伸长 $\varepsilon_0$ 。

$$(t)_{r=a} = 0, \quad \left(\frac{du}{dr}\right)_{r=0} = \varepsilon_0 \quad （2.33）$$

对于给定 VTD 方案，用无量纲变量进行积分：

$$\rho = \frac{r}{a}, \quad U = \frac{u}{r}, \quad \mathcal{T}_{20} = \frac{t}{t_0}, \quad \kappa = \frac{q}{E}, \quad \Omega = \left|\frac{R}{4a}\right|$$

其中 $\Omega$ 是变焦范围内设计优化的焦比（参见 2.6.2 节）。由于 $u(0) = 0$ ，考虑基于小变形理论从式（2.16）、（2.19）或（2.21）获得的一个厚度解，所以按上面的一个方程从 $\mathcal{T}_{20}\{\rho_{i=1}\}$ 开始进行积分计算，并且增加一个未知量 $(dU/d\rho)_{\rho_1} = \varepsilon_0$ ，其中 $\rho_1$ 很小。式（2.32b）和（2.32a）分别得到 $d\mathcal{T}_{20}/d\rho$ 和 $d^2 U/d\rho^2$ ，后者还给出 $U_{i+2}$ 。因此，下一步积分中 $\rho_2 = \rho_1 + \delta\rho$ ，增量 $\delta\rho$ 很小，所有量可知。通过连续增加 $\rho_{i+1} = \rho_i + \delta\rho$ 实现径向方向的连续积分。所以，改变径向伸长率 $\varepsilon_0$ 的初始值，重复数值计算过程直到满足边缘厚度 $\mathcal{T}_{20}\{1\} = 0$ 。

基底的每个表面上的最大径向应力 $\sigma_{rr}$ 是两个分量的总和

$$\sigma_{rr} = N_r / t \pm 6M_r / t^2 \quad （2.34）$$

图 2.4 和图 2.5 显示了摆线形（VTD 方案 1）和郁金香形（VTD 方案 2）的 VCM 积分后，厚度 $\mathcal{T}_{20} = t/t_0$ ，径向变形 $u$ 和最大应力 $\sigma_{rr}$ 随半径的分布。在整个变焦范围内气压负载产生凸起的弯曲，用于积分的基本矢高是

$$z_0 = A_{20}a^2 = a^2 / 2R = -2a / \Omega \quad （2.35）$$

并且在两种情况下，其值均为负 （$R < 0$ ， $q > 0$ 和 $F > 0$ ）。在 VTD 方案 1 和方案 2 的积分中，厚度分布按变焦范围的平均值 $f/3.33$ 确定，从而确定 $z_0$ 。在变焦范围的极限处，VTD 方案 1 的最大变形比在 $f/2.5$ 处达到 $z_0/t_0 = -1.33$ ，即弯

曲矢高大于厚度。

$N_r$ 和 $N_t$ 在基板的中心区域都是正的，在外部区域，$N_r$ 在边缘减小到零，而 $N_t$ 变为负。对于更大的变形，这可能会有沿边缘多个小波传导引起的弹性不稳定性，类似于 Casal[7] 在他的薄膜理论中的分析研究。

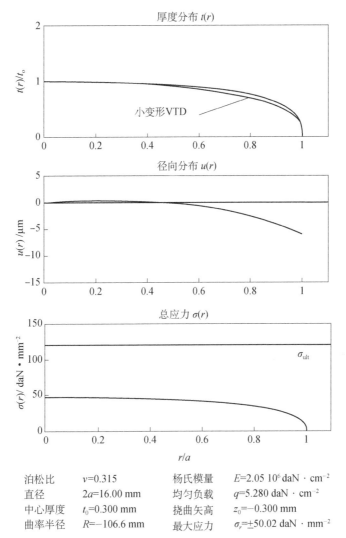

泊松比　　　$v$=0.315　　　杨氏模量　$E$=2.05 10$^6$ daN · cm$^{-2}$
直径　　　　$2a$=16.00 mm　　均匀负载　$q$=5.280 daN · cm$^{-2}$
中心厚度　　$t_0$=0.300 mm　　挠曲矢高　$z_0$=−0.300 mm
曲率半径　　$R$=−106.6 mm　　最大应力　$\sigma_r$=±50.02 daN · mm$^{-2}$

图 2.4　方案 1 型—均匀载荷和边缘反作用力—摆线形 VCM，大变形理论的积分结果。变焦范围：$[f/\infty \sim f/2.5]$，基底材料为淬火状态的 Fe87 Cr13 不锈钢合金（参考 Ferrari[18]）

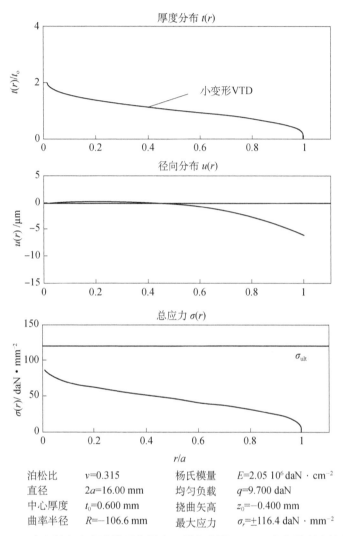

图 2.5　方案 2——中心轴向力和边缘反作用力—郁金香形 VCM，大变形理论的积分结果。变焦范围：$[f/\infty \sim f/2.5]$，基底材料为处于淬火状态的 Fe87Cr13 不锈钢合金（参考 Ferrari[18]）

　　Ferrari 确定了载荷 $q$ 或中心力 $F$ 与变焦范围 $[f/\infty \sim f/2.5]$ 内的变形比 $z/t_0$ 之间的关系[20]，图 2.6 中的曲线显示了 VTD 方案 1 和方案 2 重要的非线性特性。

　　根据这些结果，载荷 $q$ 或 $F$ 可以用变形比 $z/t_0$ 的奇次幂级数表示

$$\frac{a^4}{t_0^4}\frac{q}{E} \equiv \frac{a^4}{t_0^4}\frac{F}{\pi t_0^4 a^2 E} = \sum_{i=1,3,5,\cdots} \alpha_i \left(\frac{z}{t_0}\right)^i \qquad （2.36）$$

其中 $\alpha_i$ 是无量纲系数。

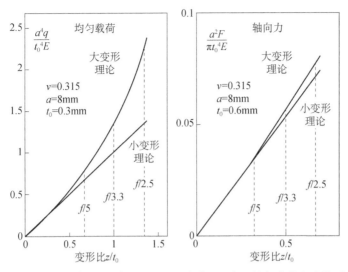

图 2.6 无量纲载荷—挠曲关系的比较。左：VTD 方案 1—表面均匀载荷和边缘反作用力。右：VTD 方案 2—中心轴向力和边缘处反作用力

## 2.3 梅森（Mersenne）无焦双镜望远镜

梅森双镜望远镜于 1636 年提出[45, 46]，由两个共焦抛物面反射镜组成，形成了一个无焦系统。

假设一个曲率为 $1/R_1$ 的凹面抛物面主镜 $M_1$ 和两个抛物面副镜 $M_{2a}$ 和 $M_{2b}$，所有镜子的焦点都位于圆柱坐标系的原点。它们的形状表示为

$$z_i = -\frac{R_1}{2k_i} + \frac{k_i}{2R_1}r^2 \qquad (2.37)$$

其中后缀 $i = 1$，$2a$ 和 $2b$ 是标识每个镜面，$k_i$ 是无量纲参数，定义为

$$k_1 = 1, \quad k_{2a} = \frac{R_1}{R_{2a}} > 0, \quad k_{2b} = -k_{2a} < 0 \qquad (2.38)$$

因此 $M_{2a}$ 和 $M_{2b}$ 的表面具有相反的曲率 $1/R_{2b} = -1/R_{2a}$。

假设 $M_{2a}$ 和 $M_{2b}$ 的每侧镜面都可以使用，梅森系统可以获得了四种不同的无焦形式（图 2.7）。

- 形式 1 使用 $M_{2a}$ 镜面的凸面（卡塞格林形式），
- 形式 2 使用 $M_{2b}$ 镜面的凹面（格里高利形式），
- 形式 3 使用 $M_{2b}$ 镜面的凸面（后向反射形式），

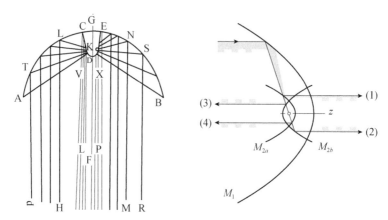

图 2.7　梅森无焦双镜望远镜。

左图：梅森于 1636 年提出的无焦形式之一[45]。右图：四种不同的无焦形式

- 形式 4 使用 $M_{2a}$ 镜面的凹面（后向反射形式）。

形式 1 和 2（图 1.6）可用于近轴区域以及两个反射镜的掠入射。后向反射形式 3 和 4 更适合用于在主镜处高度较高的光线，与副镜处高度较低的光线共轭，反之亦然；然而，使用经典哈密顿/赛德尔公式[53]的三级像差理论可能无法正确地模拟后两种形式。

定义一般的表达式

$$k = R_1 / R_2 \tag{2.39}$$

$k$ 为两个镜子的半径之比，$h$ 是入射光线的高度，可以很容易证明系统出射光线的共轭高度 $h'$ 是下式的一个解

$$h'^2 - \left( h - \frac{R_1^2}{h} \right) \frac{h'}{k} - R_2^2 = 0 \tag{2.40}$$

由此得到

$$\left\{ \begin{array}{l} \dfrac{h}{h'} = k = \text{constant}, \quad \left\{ \begin{array}{l} \text{形式 1} \\ \text{形式 2} \end{array} \right. \tag{2.41a} \\[2em] hh' = -\dfrac{R_1^2}{k} = \text{constant}, \quad \left\{ \begin{array}{l} \text{形式 3} \\ \text{形式 4} \end{array} \right. \tag{2.41b} \end{array} \right.$$

constant 为常数。

对于前两种形式，入射光线的高度根据（2.41a）变化，符合高斯光学的相似变换。后两种反射系统，如果入射光线远离光轴，则出射光线更接近望远镜光轴。其高度根据（2.41b）变化，称之为共轭高度的反向变换；后一种情况 Marin

Mersenne 在其著作 *Harmonie Universelle*（1636）中已指出，如图 2.7 中左图中的很多光线所示。

四种梅森形式不受各级球差影响；因此，在三级赛德尔理论中，三级球差和为

$$\Sigma_1 S_1 = \Sigma_2 S_1 = (\Sigma_3 S_1) = (\Sigma_4 S_1) = 0 \qquad (2.42)$$

括号中标识指出的是由于输入和输出共轭光线之间的反向变换，对于梅森形式 3 和 4，该理论不能恰当地推导出这些求和表达式；在一些光学设计中，光线与光学表面的另一个交叉点的选择是通过 Zemax 中的 "alternate even" 的特殊选项实现的。例如，即使对于极小的视场，通常为 $1''$ 或 $10''$，对梅森形式 3 进行光线追迹，其中 $k = -2$，中心线性遮挡为 0.3 或 0.4，结果显示有很大的视场像差；当无像散聚焦后，残余模糊图像显示出显著的旋转对称性。

**准完美的双镜系统**：仅限于梅森无焦形式 1 和 2，在长达三个半世纪的时间里，这些系统的所有附加属性未被了解。但是，我们现在知道它们是非常出色的消像散系统，不含彗差和像散，

$$\Sigma_1 S_{\mathrm{II}} = \Sigma_2 S_{\mathrm{II}} = \Sigma_1 S_{\mathrm{III}} = \Sigma_2 S_{\mathrm{III}} = 0 \qquad (2.43)$$

如果入瞳位置得当，则可消除畸变，得到 $\Sigma S_{\mathrm{V}} = 0$。令人惊讶的是，直到 20 世纪 60 年代，这两个简单系统的不晕特征才被清楚地认识到。而消像散特性则更久之后才被说明。[①]

用佩茨瓦尔定理或赛德尔求和 $\Sigma S_{\mathrm{IV}}$ 可以得到佩茨瓦尔曲率（参见 1.10.1）。对于梅森形式 1 或 2，Petz 3 曲率也是视场曲率。无论瞳孔和镜子的位置如何，对于双镜系统来说，这个曲率都是

$$1/R_P = -2/R_1 + 2/R_2 \qquad (2.44)$$

这就使得对于任何卡塞格林形式（对应梅森形式 1），佩茨瓦尔曲率的绝对值是最小的。

威尔逊[62]给出的广义 Schwarzschild 定理指出

---

① 虽然赛德尔理论自 19 世纪 60 年代以来已经建立起来，但是共焦的 Mersenne 两镜的不晕特性似乎只是在 20 世纪 60 年代才被提到，可能源自望远镜主焦点处缝光谱仪的光线追迹设计。完整的消像散特性的阐述看起来是 Martin Krautter [29] 在 1986 年首次给出的，他采用了首先由 Schwarzschild 在两镜望远镜（1905）上提出的一般像差理论中的系数。使用 Seidel 和，D. Korch [28]等也给出了消像散理论的阐述，R. Wilson [62]给出了更经典的公式表述。

令人惊讶的是人们所了解的 M. Paul 在 1935 年[51]的工作，他当时并没有建立他著名的消像散三镜望远镜，而是脱离了梅森望远镜的原理。相反，他是通过抛物面主镜由两个分离的反光镜组成的无焦像场改正器导出的望远镜形式。很明显，他并没有参考梅森望远镜的特性。

→包含 $n$ 个非球面子反射镜或者任意形状的透镜可以校正 $n$ 种像差。

必须补充的是，某些特定的几何结构比其他几何形状更有利。

例如，梅森形式 1 和 2 的特定共焦结构排布提供了三个情况的校正，$\Sigma S_{\mathrm{I}} = \Sigma S_{\mathrm{II}} = \Sigma S_{\mathrm{III}} = 0$，这种校正仅用两个非球面，也是特别基本的光学系统。因为这种系统还校正了所有阶次的球面像差和线性彗差，所以梅森双镜系统对于 3 镜、4 镜和 5 镜系统的设计和研制都很重要。

另一个特殊情况是平场消像散三镜 Rumsey 望远镜的特殊结构[52]，其中 $M_1$-$M_2$ 是一对准共焦镜面，使得系统在只有三个非球面镜的情况下满足四个条件 $\Sigma S_{\mathrm{I}} = \Sigma S_{\mathrm{II}} = \Sigma S_{\mathrm{III}} = \Sigma S_{\mathrm{IV}} = 0$。在一个改进的设计中，Rumsey-Lemaitre 望远镜[39] 的 $M_1$ 和 $M_3$ 反射镜是通过主动光学方法从相同的球面开始加工的，它们都在一个基板上，因此仅通过对两个球面的应力成形实现望远镜三个球面的非球面面形（参见 6.6.7 节，关于 $M_1$-$M_3$ 双花瓶形式镜子的非球面生成，以及 3.3.5 节，$M_2$ 郁金香形状镜子的非球面生成）。

## 2.4　缩束和扩束以及猫眼反射镜——主动光学光瞳转换

双臂干涉仪的研究用于高空间或高光谱分辨率观测，需要使用后向反射系统。因后向反射式梅森望远镜系统（形式 3 和 4）不能用于近轴区域的所有光线［参见 2.3 节式 (2.41b)］，所以考虑格里高利型梅森消像散系统（形式 2），该系统具有实际中间焦点。通过在 $M_1$ 和 $M_3$ 抛物面的共同焦点处添加反射镜 $M_2$ 来获得后向反射系统，如图 2.8 所示。当 $M_2$ 偏离平面形状时，系统不再是消像散的，但保持消球差消彗差。

这种三镜光束压缩系统或扩束系统的特征参数是压缩比。当压缩比为 1 时，该系统称之为猫眼系统。如果反射镜 $M_2$ 是 VCM，则系统可以进行主动瞳孔转换。

定义光束压缩比为 $k = R_1/R_3$。考虑后向反射始终具有 $k > 0$ 的系统。定一个坐标系，其原点位于 $M_1$ 镜顶点，其中 $f_i = R_i/2$ 都为负（图 2.8），横坐标 $p_1$ 处是物面光瞳，共轭距离方程为

$$(p_1' - f_1)(p_1 - f_1) = f_1^2 \tag{2.45}$$

其中横坐标 $p_1'$ 是像面坐标。将系统原点平移到 $M_2$ 的顶点，该对应的物面光瞳横坐标为 $p_2$。转换方程是 $p_2 = p_1' - f_1$，由 $M_2$ 的共轭距离方程可以得到像面横坐标 $p_2'$ 为

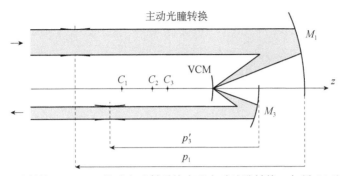

图 2.8 反射镜 VCM-$M_2$ 的后向反射系统实现主动瞳孔转换。如果 $M_1$ 和 $M_3$ 是共焦抛物面，则该系统是不晕的

$$p_2' = \frac{f_2^2}{\dfrac{f_1^2}{p_1 - f_1} - f_2} + f_2$$

最后，因为 $p_3 = p_2' + f_3$，由 $M_3$ 的共轭距离方程可以得到相对于 $p_1$ 的出瞳横坐标 $p_3'$

$$p_3' = \frac{f_3^2}{\dfrac{f_2^2}{\dfrac{f_1^2}{p_1 - f_1} - f_2} + f_2} + f_3$$

变换后得到

$$p_3' = -\left(\frac{f_3}{f_1}\right)^2 p_1 + \left(1 + \frac{f_3}{f_1} + \frac{f_3}{f_2}\right) f_3 \tag{2.46}$$

其中 $f_3 / f_1 = 1/k$ 是波束压缩比倒数。

对于后向反射光束压缩器，瞳孔共轭距离 $k > 1$。

对于后向反射扩束器，瞳孔共轭距离 $0 < k < 1$。

对于后向反射猫眼系统，$k = 1$，输入和输出光束的截面具有相同的尺寸，因为抛物面 $M_1$ 和 $M_3$ 一样，$R_3 = R_1$。因此相对于 $M_1$ 反射镜顶点的光瞳共轭距离 $p_1$ 和 $p_3'$ 之间的关系为

$$p_3' = -p_1 + \left(2 + \frac{f_1}{f_2}\right) f_1 \tag{2.47}$$

当 VCM-$M_2$ 镜面为平面时，$R_2 = \infty$，上式简化为 $p_1 + p_3' = 2f_1$。在这种情况下，如果 $p_1 = f_1$，则 $p_3' = f_1$：→入瞳和出瞳在焦点横坐标位置。

这些后向反射系统的不晕特性在小视场的高分辨率干涉测量中十分有用。

# 2.5 用于干涉仪视场补偿器的 VCM

安装在猫眼系统焦面的 VCM 能够控制出瞳距离，并维持在一个便于光束合束的位置。同时，瞳孔共轭便于校正视场内的光程差，所以这种系统称为视场补偿器。

傅里叶变换光谱仪和望远镜阵干涉仪需要 VCM 用于*主动光学控制系统*。

## 2.5.1 傅里叶变换光谱仪

双臂干涉仪在红外和远红外( 通常在 $1 \sim 20\mu m$ 范围内 )光谱分析中十分有用。与迈克尔逊干涉仪类似，使用平面平行板将准直光束分为两路。其中一个臂的平移提供光程差的变化。合束后成像在探测器上。通过干涉臂移动过程中干涉条纹强度的测量来记录光谱，再通过傅里叶变换分析计算得到光谱。最大的傅里叶变换光谱仪（ 简称 FTS ）是由巴黎皮埃尔-玛丽·居里大学 LPMA 实验室（ the Laboratoire de Physique Moleculaire et Applications ）建造的，如图 2.9。

为了在不使用衍射光栅的情况下获得高光谱分辨率，Jacquinot[25, 26]提出并研发了 FTS 光谱仪。尽管一些不需要在线计算的 FTS 概念，通过在全息板上记录下静态干涉条纹，已被提出和建造（ Stroke[56] ），但大多数仪器还是基于多路计算分析的。

在天体物理学的研究领域中，默东天文台( Meudon )、国立太阳天文台( NSO )的 McMath-Pierce 太阳望远镜及其他一些研究机构（ Connes[9]，Brault[5] ）建造了用于太阳、木星和土星红外研究的高分辨率 FTS，以及用于恒星红外研究的低分辨率 FTS（ Maillard[41] ）。在实验室开展的分子物理研究中，也建造了具有非常高分辨率的 FTS（ Valentin[60] ）。FTS 方法的近期研究发展了各种各样的仪器，每种仪器都专门用于特定问题的物理研究（ 见 Bracewell[4]，Mertz[47]，Thorne[57]，Smith[54]，Davis[11]，Christy 等[8] ）。

使用一维和二维探测器的紧凑型 FTS 在宽带研究中很有用。一种使用了一维探测器和轻微倾斜反射镜的 FTS 可以不需要平移反射镜（ Dohlen[14] ）；同样的设计，如果其使用二维探测器，则可获得长缝模式（ Dohlen[15] ）。若将迈克尔逊反射镜替换为衍射光栅（ Dohi and Suzuki[13] ），则二维探测器还可以用来快速记录随时化学反应过程，类似于长缝模式。这些仪器不需要改变光程，所有的光学元件都是静态的。

在使用二维红外探测器及改变光路的情况中，猫眼 FTS 可以提供三维超级成像，并成为类似于可见光积分视场光谱仪的红外积分视场光谱仪（参见 1.12.9 节），但是具有自由分辨率的优势，即不需要光学设计的提前筛选。Maillard 在 CFHT 中已经研制出 3 维和超级成像 FTS[42]，用于光谱范围 1～5μm 的观测。

Lemaitre 于 1975 年最初研制出 VCM 和猫眼系统用于 Bellevue Aime Cotton 实验室的 FTS 光谱仪的移动臂（参见 Connes 和 Michel[10]）。近年来，Valentin 和 Henry 将该系统应用在巴黎皮埃尔-玛丽·居里大学 LPMA 实验室，巴黎天文台的大型 FTS 光谱仪上，如图 2.9 所示。

双臂干涉仪中大的光程变化（Jussieu LPMA FTS 的光程变化 $\Delta\ell = 22m$），能够在红外波段实现高光谱分辨率，从而 VCM 和猫眼系统可以大幅提高亮度和信噪比。这要归功于光学系统集光本领的提高，通常能够提高 100 倍。

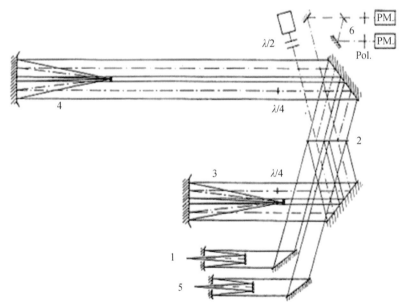

图 2.9　在 Jussieu LPMA 的大型 FTS 光谱仪的光学设计。最大光程差为 22m。
1：红外光源和准直器，2：光束分束器，3：固定猫眼，4：具有可移动 VCM 的猫眼，
5：相机光路和探测器，6：He-Ne 激光激光器光程差控制（−·−·−）（Valentin[60]）

## 2.5.2　恒星干涉仪和望远镜阵列

基于杨氏和斐索理论，即单个光波波前通过一对小孔获得干涉条纹，天文学中发展出了用于测量恒星直径的干涉测量法。第一种方法是在直径为 80cm 的 Foucault 望远镜上使用两个距离 65cm 的子孔径（半月形的）；虽然子孔径的小尺

寸克服了大气视宁度的影响，但 Stephan[55]在 1873 年就推断：此光学基线太小，无法观测到与恒星角直径相关的条纹，并且他还给出一个正确结论：比邻亮星的直径小于 0.15″。迈克尔逊利用大基线双孔径望远镜，安装在直径为 100 英寸的威尔逊山望远镜上，获得恒星直径的首次测量结果为 0.05″～0.04″[48]。这类已被应用的干涉仪，其观测的恒星直径分辨率高达 0.02″。

另一类恒星干涉仪通过将两个望远镜的光束进行合束，从而获得更长的基线以及相应更高的分辨率。基于指向精度和单元灵敏度的提高，Hanbury Brown[6]利用两个射电望远镜和强度相关的方法，获得恒星直径测量分辨率高达 $0.7 \times 10^{-3}″$。由于可见光二维探测器和激光定位控制的发展进步，Labeyrie[32, 33]实现了两台光学望远镜（I2T）的相关合束，开启了望远镜阵列的研究。

通过使用足够多的望远镜单元，形成望远镜阵列，能够获得高分辨率像，其分辨率相当于一个口径大小等于基线长度的单口径望远镜。为了提高单个望远镜的集光能力，望远镜阵列和自适应光学校正相结合，从而观测更暗弱的天体。超长基线计划用于空间望远镜，空间可以直接实现衍射限成像。对于地基天文学，Vakili、Percheron[59]和 Mourard[49]等人使用 GI2T 取得了显著进展，促进天文学家开展阵列技术研究，并与极大望远镜共同发展。

由欧洲南方天文台( 简称 ESO )建造的 VLT 望远镜及其配套的干涉仪( VLTI )通过使用四个口径 8m 的望远镜和几个辅助望远镜，实现了包括深视场、高分辨成像以及干涉测量的综合方法观测。关于 ESO 干涉阵列的主要特征的发展与描述可参阅 Woltjer 等[63]，Beckers[1-3]，Merkle[44]，von der Lühe 等，Mariotti 等，Glindeman 等[23]，Koehler 和 Flebus[27]（图 2.10）。

VLTI 将来自四个 8m 望远镜和四个 1.8m 辅助望远镜的星光合束。这是第一个能够进行视场补偿（有时也被称为视场共相）的望远镜阵列。多个猫眼延迟线小车配置在 8 个延迟线上（Derie[12]），从而在合束实验室进行干涉测量采集的过程中保持光程相等，如图 2.11 所示。

自 2006 年开始运行以来，VCMs 实现了 2″～3″的视场补偿（Ferrari 等[19]）。每个 VCM 安装在焦比范围为 $f/1.6～f/6.5$，口径为 550mm 的 R-C 望远镜的卡塞格林焦点。这种猫眼系统开启了使用大面阵探测器进行双目标研究的方法（Leinert 和 Graser[34]，Paresce 等[50]）。每个 VCM 控制光瞳变换到合束腔。得益于很宽的变焦范围 $[f/\infty～f/2.5]$，VCM 的凸曲率和猫眼小车位置共同进行闭环控制。一个延迟线小车的平移能够补偿高达 120m 的光程差。

图 2.10　位于 Cerro Paranal 的 VLT 干涉仪（来自 ESO）

图 2.11　VLTI 延迟线与猫眼平移（来自 ESO）。该猫眼系统是在焦点上装有 VCM 的
R-C 望远镜（参见 F. Derie[12]）

## 2.6　VTD 型可变曲率反射镜的研制

### 2.6.1　弹性变形和基底材料的选择

在主动光学的应用中，材料的选择很重要。这些材料必须是非常线性的，即
符合胡克定律的线性应力-应变关系。玻璃、微晶陶瓷以及一些金属合金都具有
这种线性特性。如果需要大的变形，则还需要考虑另一个重要特征：弹性变形比。

为定义此参数，用一个包含多个与基底材料相关的物理量的函数来表示抛物面挠曲，其对应曲率模式 $Cv1$。为此既可以使用等厚度分布的反射镜（CTD），也可以使用可变厚度的反射镜（VTD）。例如，对于 CTD，从（2.1）及（2.8b）、（2.10）可得到挠曲的表达式为

$$z = \frac{1}{2R}r^2 = \pm(1-v)\frac{|\sigma|}{Et}r^2 \qquad (2.48a)$$

当 $R > 0$ 时，$z$ 的符号为正，整个镜面的变形矢高为

$$z\{a\} = \pm(1-v)\frac{|\sigma|}{E}\frac{a^2}{t} \qquad (2.48b)$$

其中 $\sigma = \sigma_{rr} = \sigma_{tt}$ 是平板表面产生的应力。例如可以得到 VTD 方案 1 型的相同解，其在中心具有连续厚度 $t_0$，即公式（2.48b）中 $t$ 取 $t_0$，平板在 $r=0$ 产生的应力 $\sigma$，与前面所述的 CTD 结果一样。

从材料力学试验可知，拉伸极限应力远低于压缩极限应力。设 $\sigma_{T\max}$ 为材料的最大拉伸应力，这是为避免断裂和塑性应变的可接受极限。因为张力 $\sigma$ 在符号约定中为正，由（2.48b）可知，对于直径为 $2a$ 和厚度为 $t$ 的平板，用以下无量纲量表征的材料弹性变形比

$$(1-v)\frac{\sigma_{T\max}}{E} \qquad (2.48c)$$

由于在主动光学中使用的大多数材料的泊松比 $v \in [0.11, 0.33]$，因此习惯上将弹性变形简单地定义为

$$\text{elastic deformability} = \frac{\sigma_{T\max}}{E} \qquad (2.48d)$$

（注：elastic deformability 为弹性变形）

以表 1.10 为例，比较微晶陶瓷（其 $\sigma_{T\max} = 22$ MPa，$E = 90.2$ GPa）与淬火不锈钢 Fe87Cr13（其 $\sigma_{T\max} = 1.4 \times 10^3$ MPa，$E = 201$ GPa），合金的弹性变形提高约 28 倍；若考虑泊松比，则提高约 25 倍。

其他可用于反射镜的线性合金，比如 Ti90Al6V4 或 Be95Cu5，也能实现高弹性变形，但在实际应用中若想把它们加工成合适的 VTD 几何形状比较困难。对于具有大变焦范围的 VCM，淬火的不锈钢 Fe87Cr13 更加适合。

## 2.6.2 变焦范围与厚度分布的选择

对于小变焦范围，使用 VTD 的 VCM 设计很简单。以图 2.6 为例，若变焦范

围为 $[f\infty\sim f/7]$，采用 VTD 方案 1，或变焦范围为 $[f\infty\sim f/5]$，采用 VTD 方案 2，这里应力-应变关系是准线性的，并且任何厚度轮廓 $T_{20}$ 都能获得精确的仿射抛物线曲率。

对于大变焦范围，例如 $[f\infty\sim f/2.5]$，不可能在整个变焦范围内得到仿射抛物线。假设 VCM 被抛光为平面或微凸面，但在静止状态下焦比 $\Omega_0$ 接近无穷大，变焦范围缩小到 $\Omega_{\min}$，如果能够确定变焦范围 $\Omega\in[\Omega_0,\Omega_{\min}]$ 内的厚度 $T_{20}$，就能得到变形表面与抛物面之间的偏差的平衡。在此范围内，将整个矢高偏差划分为四个相等的段，计算厚度 $T_{20}$ 的最优焦比是利用平衡判据在最后两段连接处得到，

$$\frac{1}{\Omega}=\frac{1}{\Omega_0}+\frac{3}{4\Omega_{\min}} \tag{2.49}$$

因此，对于平面 VCM 或静止状态下的准平面 VCM（ $\Omega_0\simeq\infty$ ），用这个判据来确定 $T_{20}$ 意味着在 $f/\Omega$ 处镜面为抛物面，而光学表面的最大球差残差出现在 $\sim f/2\Omega_{\min}$ 和 $f/\Omega_{\min}$ 处，符号相反。

### 2.6.3　边界条件的实现

考虑 VTD 类型的情况，方案 1 和方案 2 的 VCM 外周的边界条件为自由支撑边缘，而 VTD 方案 3 的边界条件为自由边缘。由公式（2.34）可知，所施加的径向弯矩和径向张力为零：

$$M_r(a)=0 \quad, \quad N_r(a)=0$$

对于金属镜面，考虑到方案 1 和方案 2 只在边缘处具有轴向反作用力，利用一个小的圆柱形圈将 VCM 和外圆环连接起来，从而近似满足这些条件，如图 2.12 所示。可以针对边缘附近的厚度 $T_{20}$ 来定义圆柱形连接圈合适的轴向长度和径向厚度，例如 $T(0.99)$。

由于方案 3 中作用力的平衡不稳定性，其边界仅要求 VCM 径向保持为外环形。由于边缘没有施加反作用力，一种可能的解决方案是在临近边缘处使用一个非常薄的连接板，通过在变形期间中间接触区的轴向位移来补偿矢高变化。尽管这些边界条件很难完全满足，但图 2.2 所示的无量纲厚度的比较表明，方案 3 VCM 在边缘处要薄得多。因此，相比于方案 1 和 2，方案 3 的 VCM 对来自抛物面的面形偏差不太敏感，理论上应提供最大的变焦范围。

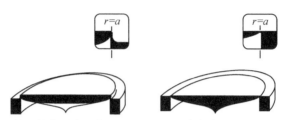

图 2.12　主动基板和外环的全固态连接。左图：VTDs 类方案 1 和 2：边界条件是由薄圆柱支撑实现；右图：VTD 类方案 3，Type 3：边界条件由薄的平板实现

## 2.6.4　VTD 方案 1 的设计和结果——摆线形

1 类 VCMs 已被研制用于光学望远镜阵干涉仪和傅里叶变换光谱仪（Ferrari 等[21]）。根据图 2.4 的设计参数得出以下结果，确定 $f/\Omega = f/3.33$ 的厚度分布 $\mathcal{T}_{20}$ 以优化变焦范围 $[f/\infty \sim f/2.5]$。通过大气压力载荷产生凸面形状。基底为不锈钢 Fe87Cr13，在布氏硬度 BH = 330 下淬火。对（2.32）系统积分获得无量纲厚度 $\mathcal{T}_{20}$ 以及厚度 $t$。为了补偿由预应力引起的塑性变形，在 $t$ 中加入一个小量的正透镜状厚度。最终得到的厚度 $t^*(r)$ 通过数控机床在基底背面加工（表 2.1）。

预应力是通过稍微超过变焦范围的最大曲率施加的（参见下一节）。在经过预应力和最终的平面加工后，这些 VCMs 的平均厚宽比可近似为 $<t>/D \approx 1/60$。使用不同曲率的斐索透镜和分辨率为 $10^{-4}$ 精确的压力表进行 He-Ne 干涉测量（图 2.13）。

**表 2.1　1 型 VCM 在进行平面成形前的厚度 $t^*(r)$。ESO VLTI 和 Jussieu LPMA：变焦范围 $[f/\infty \sim f/2.5]$。在 VCM 边缘，圆柱形连接圈的径向厚度为 25μm。$t^*$ 在中心有一个 18μm 的额外厚度，包括了一个用于塑性校正的 14μm 正透镜形状的厚度（见 2.7 节）（LOOM）**

| $r$ | 0 | 1 | 2 | 3 | 4 | 5 | 6 | 7 | 7.9 | 8+ | 12 |
|---|---|---|---|---|---|---|---|---|---|---|---|
| $t^*$ | 318 | 316 | 311 | 301 | 286 | 265 | 235 | 188 | 150 | 5,000 | 5,000 |

注：$[r:\text{mm},\ t:\mu\text{m}]$。

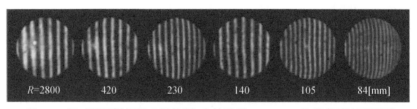

图 2.13　1 型 VCM 相对凹面样板的光学检测。有效孔径 $2a = 5\text{mm}$ 的斐索干涉测量图（LOOM）

### 2.6.5　VTD 方案 2 的设计和结果——郁金香形

方案 2 的 VCMs 已被用于特定的应用中，在这些应用中，优先使用离散曲率而非连续曲率变化（Lemaitre[37]）。中心力由电动丝杆产生。与带有控制器的气压单元相比，这些促动器使用起来不那么复杂，但在变曲率过程中可能会产生一些振动。郁金香形 VCMs 对望远镜阵列中第一个光瞳的初定位很有用，比如 VLTI 中的辅助望远镜。图 2.6 表明，在给定的变焦范围内，从大变形理论和小变形理论进行 VTDs 的比较，2 型的偏差更小。在下面的例子中，VCM 为淬火不锈钢 Fe87Cr13。一个正的中心力产生凸面形。对于设计值 $f\Omega = f/6$ 和变焦范围 $[f\infty \sim f/4.5]$，通过求解方程组（2.32）的 $\mathscr{T}_{20}$，得到厚度 $t$。在光学成形前，给理论厚度 $t(r)$ 增加一个恒定的额外厚度，由数控车床在镜面背面加工（表 2.2）。

**表 2.2**　在平面成形前的 2 型 VCM 的厚度 $t^*(r)$。变焦范围 $[f/\infty \sim f/4.5]$。在 VCM 边缘，圆柱形连接圈的径向厚度为 25μm。$t^*$ 包括了 5μm 的额外厚度（LOOM）

| $r$ | 0.1 | 1 | 2 | 3 | 4 | 5 | 6 | 7 | 7.9 | 8⁺ | 12 |
|---|---|---|---|---|---|---|---|---|---|---|---|
| $t^*$ | 515 | 410 | 359 | 320 | 286 | 253 | 217 | 171 | 135 | 5,000 | 5,000 |

注：[ $r$: mm, $t$:μm]。

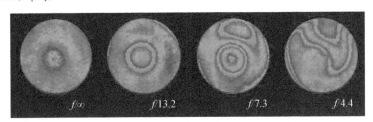

图 2.14　2 型 VCM 相对凹面样板的光学检验。变焦范围 $f\infty \sim f/4.5$。全孔径 $2a = 16$ mm 的 He-Ne 干涉测量图。中心力从 0 变化到 5.85 daN（LOOM）

对于此变焦范围，塑性变形可忽略不计，不需要厚度分布的补偿。经过预应力和平面成形后，使用离散曲率的斐索透镜和编码电动驱动的滚珠丝杆促动器进行干涉测量（图 2.14）。

## 2.7　塑性和迟滞

使用摆线形 VCMs 用于 8m 口径合束望远镜（VLTI）中，其变焦范围非常大，因此有必要考虑金属基底的塑性*变形*和*迟滞变形*。塑性变形的发现可追溯到远古时代，而迟滞是 J.A. Ewing 在 19 世纪 80 年代发现的。

对塑性变形和迟滞环的补偿是为了提高（ i ）光学曲率的几何精度和（ ii ）曲率控制的分辨率。在镜面面形成形过程中，对塑性变形误差进行修正，并通过*闭环控制系统*对迟滞误差进行补偿。

### 2.7.1　应力-应变线性化与塑性补偿

● 对于金属合金，*Ewing-Muir 过程*[16]可以延长应力-应变关系的线性范围。这个塑性收紧，法语为 *raidissement plastique*，应用于 VCM 基底，材料为淬火的 Fe87Cr13 合金。在此处理过程中以略高于最大拉伸应力 $\sigma_{t\,max}$ 的 $\sigma_{p.s}$ 对基底施加预应力。图 2.15 展示了对拉长杆的处理过程。在施加预应力 $\sigma_{p.s}$ 后，静止时新的长度将永久增加，但对于预应力之后的负载 $\sigma_{p.s}$，应力-应变定律得到了扩展，同时保持线性。

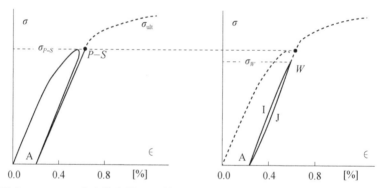

图 2.15　淬火 Fe87 Cr13 合金的塑性和迟滞。左图：应力-应变图，通过预应力进行 Ewing-Muir 线性化。右图：经过预应力后的迟滞环在延伸的弹性域里

施加在 1 型 VCMs 上的预应力( 表 2.1 中的设计 )通常为 $\sigma_{p.s} = 70\ \mathrm{daN \cdot mm^{-2}}$，对应于负载 $q = 8.25\ \mathrm{daN \cdot cm^{-2}}$。经过最终抛光后，VCMs 最大拉伸应力为 $\sigma_{t\,max} = 68.4\ \mathrm{daN \cdot mm^{-2}}$，对应于最大允许曲率 $C_{max}$ 的负载 $q_{max} = 8.05\ \mathrm{daN \cdot cm^{-2}}$。

将从未受力的 VCM 的初始曲率记为 $C_0$，经过预应力后静止时的最终曲率变为 $C_0^*$。由塑性引起的曲率差为

$$\Delta C_{Plas} = C_0^* - C_0 \qquad (2.50)$$

图 2.16 中的 He-Ne 干涉图展示了一个不受力的 VCM 在预应力加载循环中的 VCM 面形。光学面形通过与不同离散曲率的参考凹面透镜样板的条纹记录。安装在 VCM 对面的斐索干涉仪转轮上。

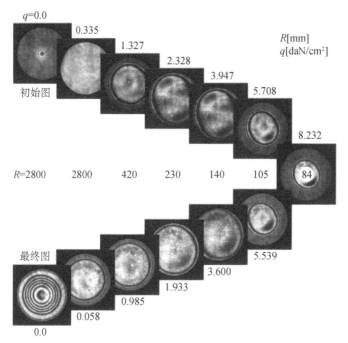

图 2.16　预应力循环中的 VCM 镜面（VTD 1 型）。相对不同曲率半径样板的 He-Ne 干涉图。从左边两个图导出弹性变形（LOOM）

在第一近似中，初始和最终干涉图之差表明塑性变形是二次型的

$$z_{Plas} \propto r^2 \tag{2.51}$$

根据图 2.4 中的设计参数加工的 1 型 VCMs，对于最后一个样板 $R = 84mm$，最大测试的弹性变形矢高是 $z_{Elas} = -381\mu m$；测量的塑性变形矢高的均值是 $z_{Plas} = -14\mu m$。因此，典型的*塑性弹性变形比*是

$$z_{Plas} \, / \, z_{Elas} \equiv \left(C_0^* - C_0\right) / \left(C_{max} - C_0\right) = (3.67 \pm 0.15)\% \tag{2.52}$$

这些结果可用于模型研究的塑性理论分析（Lubliner[40]）。给定应力分布 $\sigma_r$（图 2.4），且有摆线形结构，塑性变形出现在从镜面轴线到半径约为孔径一半的基底表面附近，$r \approx a/2$。

为了补偿由塑性变形引起的影响，应用如下条件（Lemaitre 等[38]）：

● 塑性补偿：*假设 VCM 为准平面，静止时曲率为 $C_0$，预应力后静止时变为 $C_0^*$，记 $\Delta plas = C_0^* - C_0$，*

*1→若在预应力之前和之后始终以相同曲率进行光学面形成形，*

*2→若基底背面的 $Z_{RS}$（r）由厚度分布（弹性项）和透镜形状（塑性项）的叠加来定义，且遵循负载的符号约定，*

$$Z_{RS} = t(r) - \Delta C_{Plas}\left(a^2 - r^2\right)/2 \, , \, q > 0 \text{ 即} \forall C < 0, \text{ 或} \tag{2.53a}$$

$$Z_{RS} = t(r) + \Delta C_{Plas} r^2/2 \quad , q < 0 \text{ 即} \forall C > 0 \tag{2.53b}$$

则利用大变形理论可以保持 VCM 设计的优化特性。

这些条件可以通过初步原型的研制和预应力测试来实现，从而可以确定透镜形状的校正。因此，塑性变形校正在 1 型 VCMs 的最后设计中进行，由（2.53a）知，对所有的负曲率都可以生成一个变焦范围。此校正包括在表 2.1 的 $t^*(r)$ 中，$C_0 = 0$，$C^*_0 = -0.4410^{-3}$ mm$^{-1}$ 及 $\Delta$plas $= C^*_0 - C_0 = C^*_0$。

### 2.7.2　迟滞补偿和曲率控制

从 2.2 节中的大变形理论可知，负载作为挠曲比的函数，它的表达式（2.36）不是线性的，而是 $z/t_0$ 的奇次幂级数。对于利用气压变形的 1 型 VCMs，变焦范围 $[f\infty \sim f/2.5]$，这个表达式中设 $i=5$，就能达到很好的精度。现在考虑曲率 $C$ 而非挠曲比，则从（2.36）可得到负载-曲率关系（Ferrari 等[22]）

$$q = \beta_1\left(C - C_0\right) + \beta_3\left(C - C_0\right)^3 + \beta_5\left(C - C_0\right)^5 \tag{2.54}$$

其中 $\beta_i$ 是系数，$C_0$ 是静止时的镜面曲率，且 $\forall C < 0$。

对于大变形，金属基底有弯曲迟滞：

1→在去负载过程中，通过减小施加的负载可以获得与加载时相同的曲率。

2→经过加载和减载循环后，初始和最终曲率相同。

最大的迟滞环是 AIWJA（图 2.14 右图），其中外部工作点 $W$ 达到最大负载 $q_{max}$ 和最大曲率 $C_{max}$。考虑一个加载序列到 $q_{seq}$，只要像预应力中定义的 $q_{seq} \leqslant q_{max} < q_{p.s}$，则上述负载-曲率关系只对压力增加时有效；当从 $q_{seq}$ 减小负载时，$\beta_i$ 系数略有不同。设这些系数为 $\overline{\beta_i}|_{seq}$。若已知曲率 $C$，则增加和减小压力之间的负载差 $\Delta q$ 是最大压力 $q_{seq}$ 的函数，或者是上升序列中相关曲率的函数。迟滞振幅 $\Delta q$ 随着变形序列增加而变大，也可表示成 5 阶奇次多项式，

$$\Delta q|_{seq} = \beta^*_1\left(C - C_0\right) + \beta^*_3\left(C - C_0\right)^3 + \beta^*_5\left(C - C_0\right)^5 \tag{2.55}$$

其中

$$\beta^*_i = \beta_i - \overline{\beta_i}|_{seq}$$

保持低于 2.6.1 节中预应力所确定的最大工作应力，对变焦范围在 $[f\infty \sim f/2.5]$ 的 12 个摆线形 VCMs 镜进行了测量。通过对加载序列 $q_{seq} < q_{max}$ 的夏克-哈特曼光学检测来确定迟滞振幅。考虑迟滞 $\Delta q$ 为负载 $q$ 的函数表达式的情况（而非曲率

的函数），得到

$$\Delta q\big|_{seq} = \delta_1 q + \delta_3 q^3 + \delta_5 q^5, \quad q \leqslant q_{seq} \leqslant q_{max} \tag{2.56}$$

其中 $\delta_i$ 系数从（2.54）和（2.55）推导得出。

基于（2.56）式，可以从简单的特性对所有的迟滞环进行模拟。根据定义，给定一个加载序列，迟滞在序列中的最大负载（即 $q = q_{seq}$）处为零。此外，夏克-哈特曼检验的结果表明，迟滞环在 $q = 0$ 和 $q = q_{seq}$ 处的斜率是相反的(Ferrari[22])。因此，可得到两个条件

$$\Big[\Delta q\big|_{seq}\Big]_{q=q_{seq}} = 0, \quad \left[\frac{d}{dq}\Delta q\Big|_{seq}\right]_{q=q_{seq}} = -\left[\frac{d}{dq}\Delta q\Big|_{seq}\right]_{q=0}$$

这就需要

$$\delta_3 = -\frac{3}{2q_{seq}^2}\delta_1 \quad, \quad \delta_5 = \frac{1}{2q_{seq}^4}\delta_1 \tag{2.57}$$

确定 $\delta_1$ 的第三个条件是最大振幅的坐标。夏克-哈特曼检测的结果表明，起点的斜率具有如下形式

$$\delta_1 = a_1 q_{seq} + a_3 q_{seq}^3 \tag{2.58}$$

其中 $a_1$ 和 $a_3$ 是系数。这使得我们可以从最大值的点即腹点 A 的坐标，建立一个迟滞网格模型。因此，对于任何到 $q_{seq}$ 的负载序列，迟滞振幅网格定义为

$$\Delta q\big|_{seq} = \frac{1}{2}\left(a_1 q_{seq} + a_3 q_{seq}^3\right)\left(2 - 3\frac{q^2}{q_{seq}^2} + \frac{q^4}{q_{seq}^4}\right)q \tag{2.59a}$$

$$腹点 \begin{cases} q_A\big|_{seq} = \kappa_1 q_{seq} \\ \Delta q_A\big|_{seq} = \kappa_1\kappa_2\left(a_1 q_{seq}^2 + a_3 q_{seq}^4\right) \\ \kappa_1 = [(9-\sqrt{41})/10]^{1/2} = 0.5095 \\ \kappa_2 = (13+3\sqrt{41})/50 = 0.6441 \end{cases} \tag{2.59b}$$

腹点 A 的轨迹是四次曲线（图 2.17 的*虚线*）。所有这些曲线由（2.59a）和方程组（2.59b）代入以下系数值来确定

$$a_1 = 7.6510^{-3}\, cm^2 \cdot daN^{-1} \quad, \quad a_3 = 2.0510^{-5}\, cm^6 \cdot daN^{-3}$$

为了获得曲率控制的最佳分辨率，此迟滞补偿模型被包含在 VCM 曲率闭环控制系统中，与猫眼平移的位置控制处于相同水平。

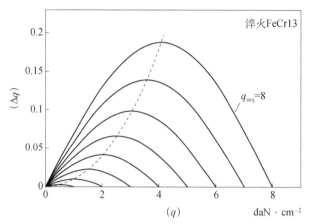

图 2.17 迟滞 $\Delta q(q)$—负载序列 $q_{seq}$ 曲线。摆线形 VCM-VTD 1 型-由气压加载。在 $q_{max} = 8\text{daN} \cdot \text{cm}^{-2}$ 处径向应力为 $\sigma = 68\text{daN} \cdot \text{mm}^{-2}$，迟滞振幅 $\Delta q/q_{sec}$ 达到 2.3%[38]

## 参 考 文 献

[1] J.M. Beckers, Field of view considerations for telescope arrays, SPIE Proc., **628**, 255 (1986) 157

[2] J.M. Beckers et al., The VLTI implementation plan, ESO/VLT Report No. 59b (1989)

[3] J.M. Beckers, Interferometric imaging with the VLTI, J. Optics (Paris), **22**, 73 (1991) 157

[4] R.N. Bracewell, in *The Fourier Transform and Its Applications*, McGraw-Hill ed., New York (1965) 156

[5] J.W. Brault, Fourier transform spectroscopy, in *High Resolution in Astronomy*, 15th Advanced Course, SAAS-FEE, 1-62 (1985) 156

[6] R. Hanbury Brown, Measurement of stellar diameters, Ann. Rev. Astron. Astrophys., **6**, 13-38 (1968) 157

[7] P. Casal, C. Fayard, B. Authier, Calculations of the elastic deformations of revolution membranes, Appl. Opt., **20**(11), 1983-1989 (1981) 149

[8] A.A. Christy, Y. Ozaki, V.G. Gregoriou, in *Modern Fourier Transform Infrared Spectroscopy*, Elsevier ed., ISBN 0444 500 448, (2001) 156

[9] P. Connes, Astronomical Fourier spectroscopy, Ann. Rev. Astron. Astrophys., **8**, 209-230 (1970) 156

[10] P. Connes, G. Michel, Astronomical Fourier spectrometers, Appl. Opt., **14**, 9, 2067-2084 (1975) 156, 169

[11] S.P. Davis, M.C. Clark, J.W. Brault, in *Fourier Transform Spectroscopy*, Academic Press, San Diego ISBN 0120 425 106 (2001) 156

[12] F. Derie, VLTI delay lines: Design, development and performance requirements, in *Interfer-*

*ometry in Optical Astronomy*, SPIE Proc., **4006**, 25-30 (2000) 157

[13] T. Dohi and T. Suzuki, Appl. Opt., **10**, 1137 (1971) 156

[14] K. Dohlen, Design of a FTS for environmental surveillance, Doctoral dissertation, University of London (1994) 156

[15] K. Dohlen, Interferometric spectrometer for liquid mirror survey telescopes, in *Optical Telescopes of Today and Tomorrow*, SPIE/ESO Proc., **2871**, 1359-1364 (1997) 156

[16] J.A. Ewing, *The Strength of Materials*, Cambridge Univ. Press, 2nd ed., (1906). See also S.P. Timoshenko, *Résistance des Matériaux*, Dunod edt., Paris, 365-366 (1968) 163

[17] M. Ferrari, G.R. Lemaitre, Analysis of large deflection zoom mirrors for the ESO VLTI, Astron. Astrophys. **274**, 12-18 (1993) 146

[18] M. Ferrari, Optique active et grandes déformations élastiques, Doctoral dissertation, University Aix-Marseille I (1994) 146, 147, 148

[19] M. Ferrari, F. Derie, B. Delabre, J.-M. Mariotti, VLTI's VCMS - Pupil transfer inside the delay line cat's eye, ESO Report No VLT-TRE-ESO-15220-1509 (1997) 157

[20] M. Ferrari, Development of variable curvature mirrors for the delay lines of the VLTI, Astron. Astrophys. Suppl. Ser., **128**, 221-227 (1998) 149

[21] M. Ferrari, G.R. Lemaitre, S. Mazzanti, P. Lanzoni, F. Derie, VLTI pupil transfer: Variable curvature mirrors [10], Final results and performances, in *Astronomical Telescopes and Instrumentation*, SPIE Proc., **4006**, 104-116 (2000) 161

[22] M. Ferrari, S. Mazzanti, G.R. Lemaitre, J. Lemerrer, P. Lanzoni, P. Dargent, F. Derie, A. Huxley, A. Wallanders, Variable curvature mirrors - Implementation in the VLTI delay lines for field compensation, in *Interferometry for Optical Astronomy* II, SPIE Proc., **4838**, 1155-1162 (2002) 166, 167

[23] A. Glindeman et al. The VLT Interferometer, in *Interferometry in Optical Astronomy*, SPIE Proc., **4006**, 2-12 (2000) 157

[24] E. Hugot, Optique astronomique et élasticité - Ph. D., Université de Provence - Aix Marseille I, Chap. 4 (2007) 143

[25] P. Jacquinot, C. Dufour, J. Rech. CNRS, Lab. Bellevue (Paris), **6**, 91 (1948) 156

[26] P. Jacquinot, J. Opt. Soc. Amer., **54**, 761 (1954) 156

[27] B. Koehler, C. Flebus, VLT auxiliary telescopes, in *Interferometry in Optical Astronomy*, SPIE Proc., **4006**, 13-24 (2000) 157

[28] D. Korsch, in *Reflective Optics*, Academic Press Inc., 173 (1991) 152

[29] M. Krautter, Aplanatic two-mirror surfaces, in *Optical System Design, Analysis, and Production for Advanced Technology Systems*, SPIE Proc., **655**, 127-137 (1986) 152

[30] O. von der Lühe, J.M. Beckers, R. Braun, The configuration of the VLTI on the Paranal site, in *High Resolution by Interferometry* **II**, ESO Conf. Proc., 959-968 (1991) 157

[31] O. von der Lühe et al., A new plan for the VLTI, The Messenger, ESO ed., **87**, 8-14 (1997) 157

[32] A. Labeyrie, Stellar interferometry methods, Ann. Rev. Astron. Astrophys., **16**, 77-102 (1978) 157

[33] A. Labeyrie, Interferometry with arrays of large-aperture ground based telescopes, Proc. KPNO Conf. on *Optical and Infrared Telescopes for the 1990s*, **II**, 786-796 (1980) 157

[34] C. Leinert, U. Graser, MIDI - The Mid-Infrared interferometer instrument for the VLTI, in *Astronomical Interferometry*, SPIE Proc., **3350**, 389-402 (1998) 157

[35] G.R. Lemaitre, Élasticité et miroirs à focale variable, C. R. Acad. Sc. Paris, **282 B**, 87-89 (1976) 139, 141

[36] G.R. Lemaitre, French patent No 2343262 (1976), US patent No 4119 366 (1976) 139

[37] G.R. Lemaitre, S. Mazzanti, M. Ferrari, P. Montiel, P. Lanzoni, Tulip-form variable curvature mirrors, in *Astronomical Interferometry*, SPIE Proc., **3350**, 373-379 (1998) 162

[38] G.R. Lemaitre, M. Ferrari, S. Mazzanti, P. Lanzoni, P. Joulié, VLTI pupil transfer: Variable curvature mirrors [2], Plasticity, hysteresis and curvature control, in *Astronomical Telescopes and Instrumentation*, SPIE Proc., **4006**, 192-197 (2000) 164, 167

[39] G.R. Lemaitre, P. Montiel, P. Joulié, K. Dohlen, P. Lanzoni, Active optics and modified-Rumsey wide-field telescopes: MINITRUST demonstrators with vase- and tulip-form mirrors, Appl. Opt., **44**(34), 7322-7332 (2005) 153

[40] J. Lubliner, in *Plasticity Theory*, MacMillan Publ. ed., New York (1991) 164

[41] J.-P. Maillard, Seismology with Fourier transform spectrometer, Appl. Opt., **35**, 16, 2734-2746 (1996) 156

[42] J.-P. Maillard, A super-imaging FTS for the VLTI, in *Scientific Drivers for* ESO *Future* VLT/VLTI *instrumentation*, ESO Conf., 193 (2002) 156

[43] J.-M. Mariotti et al., The VLTI program: A status report, in *Astronomical Interferometry*, SPIE Proc., bf 3350, 800-806 (1998) 157

[44] F. Merkle, Synthetic-aperture imaging with the VLT, Journ. Opt. Soc. Am., **A 5**(6), 904 (1989) 157

[45] M. Mersenne, *Traité de l' Harmonie Universelle*, Paris (1636) 150

[46] M. Mersenne, *L'Optique et la Catoptrique*, posthume publication, in *La Perspective Curieuse* by J.-F. Niceron, F. Langlois alias Chartres edt., Paris (1652) 150

[47] L. Mertz, in *Transformation in Optics*, John Wiley and Sons ed., New York (1965) 156

[48] A.A. Michelson, On the application of interference methods to astronomical measurements, Ap.

J., **51**, 257-262 (1920) 157

[49] D. Mourard et al., The GI2T / REGAIN interferometer, in *Astronomical Interferometry*, SPIE Proc., **3350**, 517-525 (1998) 157

[50] F. Paresce, F. Delplancke, F. Derie, A. Glindemann, A. Richichi, M. Tarrenghi, Scientific objectives of ESO's PRIMA facility, in *Interferometry for Optical Astronomy* I, SPIE Proc., **4838**, 486-495 (2002) 157

[51] M. Paul, Systèmes correcteurs pour réflecteurs astronomiques, Rev. Opt., **14**(5), 169-202 (1935) 152

[52] N.J. Rumsey, A compact three-reflection astronomical camera, in *Optical Instruments and Techniques*, ICO 8 Meeting, London, Home Dickson edt., Oriel Press Newcastle, 514-520 (1969) 153

[53] L. Seidel, Astron. Nachr., **43**, 289 (1856) 151

[54] B.C. Smith, in *Fundamentals of Fourier Transform Infrared Spectroscopy*, CRC Press, Florida ISBN 0849 324 610, (1996) 156

[55] E. Stephan, Sur les franges d'interférence observées avec de grands instruments, C. R. Acad. Sc., **76**, 1008-1010 (1873) 157

[56] G.W. Stroke and A.T. Funkhauser, Physics Letters, **16**, 272 (1965) 156

[57] A.P. Thorne, in *Spectrophysics*, Chapman and Hall ed., London (1988) 156

[58] S.P. Timoshenko, S. Woinowsky-Krieger, *Theory of plate and shells*, McGraw-Hill ed., 396 (1976) 145

[59] F. Vakili, I. Percheron, Beam combination and coherence tracking with diluted arrays, in *High Resolution by Interferometry* **II**, ESO Conf. Proc., 1247-1256 (1991) 157

[60] A. Valentin, Fourier spectroscopy with a very long optical path length, Spectrochim. Acta, **51**-A(7), 1127-1142 (1995) 156

[61] A. Valentin, A. Henry, The Fourier infrared spectrometer of Laboratoire de Physique Moléculaire et Applications, Paris-Jussieu, Internal report of LPMA/CNRS, Univ. P. & M. Curie, Paris (2002) 156

[62] R.N. Wilson, Karl Schwarzschild and Telescope Optics, Karl Schwarzschild Lecture given to the German Astronomical Society, Bochum (1993), published in *Review of Modern Astronomy*, **7**,1 (1994). See also *Reflecting Telescope Optics I*, Springer edt., 88 (1996) 152

[63] L. Woltjer et al., Proposal for the construction of the 16-m VLT, ESO/VLT Report no. 57 (1987) 157

# 第 3 章　主动光学和三级像差校正

## 3.1　等厚分布板的弹性理论——CTD类

CTD 类圆板的弹性形变，可归结为求解双拉普拉斯方程 $\nabla^2\nabla^2 z - q/D = 0$，其中 $D$ 为圆板刚度，$q$ 为施加在圆板表面的外部载荷。由作用于一点的力或圆板上的均匀分布载荷产生的轴对称和非轴对称形变可从这个四阶微分方程推导得到，此方程也被称为"泊松方程"。

弯曲特殊的光学模式，例如 3 阶像差，包括球差 Sphe3、彗差 Coma3 和像散 Astm3，或者某些高阶像差，具有严格的弹性结构。仅考虑施加于整个光学孔径上的外部载荷 $q$ 为 0 或常数的情况，这种变形被称之为 Clebsch-Seidel 模式（定义见第 7 章），它需要弯矩的方位调制 $m\theta$，该弯矩施加于圆边缘。

CTD 板不仅具有以上单模式的弯曲，还具有叠加模式的特点，在第 7 章通过弯月面和花瓶形（vase form）板展开研究。

## 3.2　可变厚度分布板的弹性理论——VTD类

VTD 型圆形基底的弹性形变，可以形成一些特殊的简单镜面结构，该结构产生的弯曲精确对应于三级像差模式和其他光学模式[14, 19]。例如，一个 VTD 板用于曲率 Cv1 模式，可以直接通过作用力和反作用力获得弯曲 $z=A_{20}r^2$（第 2 章），而不需要 CTD 板在边缘廓线上施加均匀弯矩。相较于弯矩，更容易获得线性力，所以如果可能的话，设计镜面时倾向于采用 VTD 和简支轮廓。本章主要研究使用简支边缘的 VTD 和使用固定夹紧边缘的 CTD。

假设一个 VTD 板，其柱坐标系刚度表达式为 $D(r, \theta)$，单位长度的径向/切向弯矩和扭矩定义为

$$M_r = D(r,\theta)\left[\frac{\partial^2 z}{\partial r^2} + v\left(\frac{1}{r}\frac{\partial z}{\partial r} + \frac{1}{r^2}\frac{\partial^2 z}{\partial \theta^2}\right)\right] \tag{3.1a}$$

$$M_t = D(r,\theta)\left[\frac{1}{r}\frac{\partial z}{\partial r} + \frac{1}{r^2}\frac{\partial^2 z}{\partial \theta^2} + v\frac{\partial^2 z}{\partial r^2}\right] \tag{3.1b}$$

$$M_{rt} = M_{tr} = (1-v)D(r,\theta)\left[\frac{1}{r^2}\frac{\partial z}{\partial \theta} - \frac{1}{r}\frac{\partial^2 z}{\partial r\partial \theta}\right] \tag{3.1c}$$

第 1 章和下一章均使用这种弯矩和扭矩的表达式, 如果在 $r=a$ 的位置存在一个正的径向弯矩, 产生基本模式 $z_{20}$ (曲率模式), 则上述弯矩表达式需要一个正弯曲。对于 $z_{nm}$ 模式, 当 $m=n$ 时, 即 $y=\theta=0$ 时, 可以证明 $M_r$ 在 $(x,z)$ 截面是正的。这样的符号约定是符合惯例的, 且与通常使用的光学符号约定一致: 若 $\forall r$, $z_{20}(r) > z_{20}(0)$, 则曲面 $z_{20}$ 的曲率为正。

由于拉普拉斯算子表达式为

$$\nabla^2 z = \frac{\partial^2 z}{\partial r^2} + \frac{1}{r}\frac{\partial z}{\partial r} + \frac{1}{r^2}\frac{\partial^2 z}{\partial \theta^2}$$

则弯矩满足:

$$M_r + M_t = (1+v)D(r,\theta)\nabla^2 z \tag{3.2}$$

剪切力的径向分量 $Q_r$ 和切向分量 $Q_t$[14]是弯矩和扭矩的函数, 可以通过一个 $trd\theta dr$ 的单元绕切向轴 $O\tau'$ (平行于 $\omega\tau$) 和径向轴 $O\omega$ 方向的平衡方程推导得到, 如图 3.1 所示。

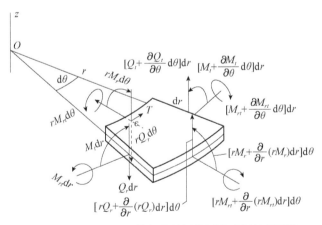

图 3.1 弯矩、扭矩和剪切力共同作用实现板单元平衡

对于径向剪切力 $Q_r$, 沿 $O\tau'$ 轴的分量为

$$Q_r r d\theta dr + \frac{\partial}{\partial r}(rM_r)d\theta dr - M_t d\theta dr - \frac{\partial M_{rt}}{\partial \theta}d\theta dr = 0$$

其中第三项 $M_t$ 为相对于径向轴 $O\omega$ 倾斜±d$\theta$/2 的两个分量之和。化简后, 径向剪

切力可表示为

$$Q_r = -\frac{\partial M_r}{\partial r} - \frac{1}{r}\left(M_r - M_t - \frac{\partial M_{rt}}{\partial \theta}\right) \tag{3.3}$$

沿 $O\omega$ 方向的弯矩和扭矩推导得到切向剪切力 $Q_t$，对应的分量为

$$Q_t r \mathrm{d}\theta \mathrm{d}r + \frac{\partial M_t}{\partial \theta}\mathrm{d}\theta \mathrm{d}r - M_{rt}\mathrm{d}\theta \mathrm{d}r - \frac{\partial}{\partial r}\left(r M_{rt}\right)\mathrm{d}\theta \mathrm{d}r = 0$$

化简后，切向剪切力为

$$Q_t = -\frac{1}{r}\left(\frac{\partial M_t}{\partial \theta} - 2M_{rt}\right) + \frac{\partial M_{rt}}{\partial r} \tag{3.4}$$

最终，施加于基本单元表面的单位面积外部载荷 $q$ 与剪切力处于静态平衡状态，如图 3.2 所示。将平衡方程中的项除以单元面积 $r\mathrm{d}\theta \mathrm{d}r$，得到

$$\frac{1}{r}\left[\frac{\partial}{\partial r}\left(r Q_r\right) + \frac{\partial Q_t}{\partial \theta}\right] + q = 0 \tag{3.5}$$

这个偏微分方程将剪切力与外部载荷联系起来，是可变厚度平板具有的普遍关系[14]。当 $D$ 为常数时，此方程退化为泊松方程 $D\nabla^2\nabla^2 z - q = 0$（参见 7.2 节）。VTD 板的厚度 $t(r, \theta)$ 定义为

$$t^3(r, \theta) = 12\left(1 - v^2\right) D(r, \theta) / E$$

假设板的弯曲形状具有波前像差模式，并且这些模式属于圆形（circular）多项式级数，表示为

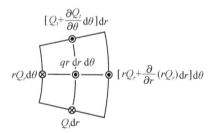

图 3.2　为板单元在 $z$ 方向提供平衡的外部载荷和剪切力

$$z \equiv z_{nm} = A_{nm} r^n \cos m\theta, \quad m \leqslant n, \quad m+n \text{ 为偶数且} \geqslant 2 \tag{3.6}$$

其中 $n$ 和 $m$ 是整数。当 $m \leqslant n$ 时，这些光学模式的级数展开会产生一个三角矩阵项。对于低阶模式，使用更简洁的后缀 $nm$ 来代替 $n$, $m$。当 $m+n=4$ 时，三项为三级像差模式 $z_{40}$，$z_{31}$ 和 $z_{22}$，即分别为球差、彗差和像散，也可表示为 Sphe3，Coma3 和 Astm3。

由以下偏微分表达式：

$$\frac{\partial^2 z}{\partial r^2} = n(n-1)A_{nm}r^{n-2}\cos m\theta$$

$$\frac{1}{r}\frac{\partial z}{\partial r} + \frac{1}{r^2}\frac{\partial^2 z}{\partial \theta^2} = \left(n - m^2\right)A_{nm}r^{n-2}\cos m\theta \qquad (3.7)$$

$$\frac{1}{r}\frac{\partial^2 z}{\partial r\partial\theta} - \frac{1}{r^2}\frac{\partial z}{\partial\theta} = -m(n-1)A_{nm}r^{n-2}\sin m\theta$$

可以从公式（3.1a，b，c）中推导出弯矩和扭矩为

$$M_r = \left[n(n-1) + v\left(n - m^2\right)\right]D(r,\theta)A_{nm}r^{n-2}\cos m\theta \qquad (3.8a)$$

$$M_t = \left[n - m^2 + vn(n-1)\right]D(r,\theta)A_{nm}r^{n-2}\cos m\theta \qquad (3.8b)$$

$$M_{rt} = m(n-1)(1-v)D(r,\theta)A_{nm}r^{n-2}\sin m\theta \qquad (3.8c)$$

假如 VTD 板是旋转对称的，其在实际应用很有意义，下面考虑刚度 $D(r,\theta) \equiv D(r)$，它的解析表达式为

$$D = A_0 \ln r + \sum_{i=1}^{j} A_i r^{-\alpha_i} \qquad (3.9)$$

其中未知常数系数 $A_0$，$A_i$ 和 $\alpha_i$ 仅为外部载荷的函数。设

$$A_0' = A_0 A_{nm}, \qquad A_i' = A_i A_{nm} \qquad (3.10)$$

代入刚度表达式（3.9），则弯矩和扭矩可表示为

$$M_r = \left[n(n-1) + v\left(n - m^2\right)\right]\left[A_0'r^{n-2}\ln r + \sum A_i'r^{n-2-\alpha_i}\right]\cos m\theta \qquad (3.11a)$$

$$M_t = \left[n - m^2 + vn(n-1)\right]\left[A_0'r^{n-2}\ln r + \sum A_i'r^{n-2-\alpha_i}\right]\cos m\theta \qquad (3.11b)$$

$$M_{rt} = m(n-1)(1-v)\left[A_0'r^{n-2}\ln r + \sum A_i'r^{n-2-\alpha_i}\right]\sin m\theta \qquad (3.11c)$$

经过计算，从平衡方程（3.3）推导出径向剪切力为

$$Q_r = -(n-2)\left(n^2 - m^2\right)A_0'r^{n-3}\ln r\cos m\theta$$

$$-\left[n(n-1) + v\left(n - m^2\right)\right]A_0'r^{n-3}\cos m\theta$$

$$+\sum_{i=1}^{j}\left\{-(n-2)\left(n^2 - m^2\right)\right.$$

$$\left.+\left[n(n-1) + v\left(n - m^2\right)\right]\alpha_i\right\}A_i'r^{n-3-\alpha_i}\cos m\theta \qquad (3.12)$$

从（3.4）推导出切向剪切力为

$$Q_t = m\left(n^2 - m^2\right) A_0' r^{n-3} \ln r \sin m\theta$$
$$+ m(n-1)(1-v) A_0' r^{n-3} \sin m\theta$$
$$+ \sum_{i=1}^{j} m\left[n^2 - m^2 - (n-1)(1-v)\alpha_i\right] A_i' r^{n-3-\alpha_i} \sin m\theta \qquad （3.13）$$

最后，平衡方程（3.5）提供了施加于平板表面的外部载荷，经过计算，载荷表示为

$$q = \left(n^2 - m^2\right)\left[m^2 - (n-2)^2\right] A_0' r^{n-4} \ln r \cos m\theta$$
$$-\left[n(n-2)(2n-1+v) - m^2(2n-3-v)\right] A_0' r^{n-4} \cos m\theta \qquad （3.14）$$
$$+ \sum_{i=1}^{j} \left( \begin{array}{c} +\left[n(n-1) + v\left(n - m^2\right)\right]\alpha_i^2 \\ -\left[n(n-2)(2n-1+v) - m^2(2n-3-v)\right]\alpha_i \\ +\left(n^2 - m^2\right)\left[(n-2)^2 - m^2\right] \end{array} \right) A_i' r^{n-4-\alpha_i} \cos m\theta$$

对于一个给定的模式 $z_{nm}$，通过这些结果能够确定刚度、施加于镜面的相关外力以及施加于边缘轮廓的力和弯矩/扭矩。出于实际应用考虑，后面将主要考虑两种情况：$q=0$ 和均匀载荷 $q=$ 常数。

如前所述，对于可变曲率反射镜，即 $Cv1$ 模式，若在公式（3.14）中选择外部载荷 $q=0$ 或 $q=$ 常数，CTD 板可恢复出唯一解，并且 $D\{a\}=$ 常数，$M_r\{a\}=$ 常数，同样地，VTD 板可恢复出具有 $D\{a\}=0$，$M_r\{a\}=0$ 的三个解，并且按照摆线形和郁金香形两种形式分类。第 2 章中所述的四个刚度，出自系数 $A_0$（对数项），$A_1$，$A_2$ 和根 $\alpha_1 = 0$，$\alpha_2 = -2$。

净剪切力 $V_r$ 表示在半径 $r$ 处作用在平板上沿着 $z$ 方向的合作用。此力最先由基尔霍夫推导得到[11, 12, 27]，其条件为：当扭矩 $M_{rt}$ 作用于一个平板上，产生非轴对称形变。此力定义为①

$$V_r = Q_r - \frac{1}{r}\frac{\partial M_{rt}}{\partial \theta} \qquad （3.15）$$

---

① 此处净剪切力 $V_r$ 的定义中的正号约定与前面式（3.1）中三个弯矩的正号约定一致。

在 Timoshenko 和 Woinowsky-Krieger 所著的 *Theory of Plates and Shells* 中，284 页的式（j）有一处错误：他们在三个弯矩 $M_r$，$M_t$ 和 $M_{rt}$ 的定义中使用了负号约定，然而在定义与拉普拉斯项相关的剪切力 $Q_r$ 和 $Q_t$ 的符号是与前面式（3.3）和（3.4）一致。因此，根据他们的符号标记方法，正确的净剪切力相关表达式应为 $V_r = Q_r + \partial M_{rt} / (r\partial r)$。

其他作者在定义两个弯矩时既有使用 TWK 的负号约定，也有使用本书中的正号约定，但不管使用哪种符号约定，扭矩 $M_{rt}$ 都是以反号出现。为了遵守静态平衡方程，在这些方程中 $M_{rt}$ 前的符号需要改变以满足泊松双调和方程。不管怎样，$\partial M_{rt} / (r\partial r)$ 前面的符号都有错误。

经过代换, 净剪切力为

$$V_r = -\left[(n-2)n^2 + m^2 - v(n-1)m^2\right] A_0' r^{n-3} \ln r \cos m\theta$$
$$\quad -\left[n(n-1) + v(n-m^2)\right] A_0' r^{n-3} \cos m\theta$$
$$\quad + \sum_{i=1}^{j} \left( \begin{array}{c} -\left[(n-2)n^2 + m^2 - v(n-1)m^2\right] \\ + \left[n(n-1) + v(n-m^2)\right]\alpha_i \end{array} \right) A_i' r^{n-3-\alpha_i} \cos m\theta \qquad (3.16)$$

● **边界条件与连续性条件**：在本章中, 基于薄板理论, 假设在中间层的"面内"力可以忽略, 因此平板可在边界自由地径向移动。所以通过以下四种情况来描述边缘边界条件, 或在半径 $r = a$ 的边缘轮廓上的相邻区域连接处的连续性条件。

1. 内置或夹紧边缘边界

$$\left(\frac{\partial z}{\partial r}\right)_{r=a} = 0 \qquad (3.17a)$$

2. 自由边缘边界

$$V_r\{a,\theta\} = 0 \quad , \quad M_r\{a,\theta\} = 0 \qquad (3.17b)$$

3. 简支边缘边界

$$M_r\{a,\theta\} = 0 \qquad (3.17c)$$

4. 相邻区域 1 和 2 的连接边缘——连续性

$$z\{a,\theta\}\big|_1 = z\{a,\theta\}\big|_2, \quad \left(\frac{\partial z}{\partial r}\right)_{r=a}\bigg|_1 = \left(\frac{\partial z}{\partial r}\right)_{r=a}\bigg|_2,$$
$$M_r\{a,\theta\}\big|_1 = M_r\{a,\theta\}\big|_2 \quad , \quad V_r\{a,\theta\}\big|_1 = V_r\{a,\theta\}\big|_2 \qquad (3.17d)$$

在下一节中将讨论产生三级像差模式的刚度和相关力结构。首先, 对于某个给定的模式 $n$, $m$, 由公式（3.14）可知, 通过载荷 $q$ 的选择, 可以求解系数 $\alpha_i$, 并确定 $A_0$ 的有无, 从而最终确定刚度。然后, 通过合并公式（3.9）中所有的 $A_0$ 和 $A_i$ 项, 可得到刚度的整体形式。由公式（3.11a）和（3.16）给出的弯矩 $M_r$ 和净剪切力 $V_r$, 明确了外力和边界可能的相关结构, 能够选择合理的 $A_0$ 和 $A_i$ 项, 从而获得不同厚度分布的最终刚度。

## 3.3　主动光学和三级球差

三级球差, 即 Sphe3 模式, 由 $n = 4$ 和 $m = 0$ 定义。相应的轴对称的波前函数表示为

$$z_{40} = A_{40}r^4 \tag{3.18}$$

考虑到 $\alpha_i$ 的解必须尽可能地具有简单形式，比如两个平衡载荷结构，所以需要以下三种基本外力单元中的两种组合，这三种力为：中心轴向力、镜面上的均匀载荷、沿着边缘轮廓的恒力。

公式（3.14）中，$\ln\{r\}$ 和 $r_0$ 中的第一项，无法同时提供 $q=0$ 或 $q=$常数，除非 $A'_0 = A_0 = 0$ 及 $q = 0$，所以刚度中不可能包括 $A_0 \ln r$ 成分。从公式（3.11a）、（3.16）和（3.14）得到，$M_r$，$V_r$ 和 $q$ 的剩余部分分别为

$$M_r = 4(3+v)A_{40} \sum_{i=1}^{j} A_i r^{2-\alpha_i} \tag{3.19a}$$

$$V_r = Q_r = 4A_{40} \sum_{i=1}^{j} \left[ -8 + (3+v)\alpha_i \right] A_i r^{1-\alpha_i} \tag{3.19b}$$

$$q = 4A_{40} \sum_{i=1}^{j} \left[ (3+v)\alpha_i^2 - 2(7+v)\alpha_i + 16 \right] A_i r^{-\alpha_i} \tag{3.19c}$$

根为

$$\begin{cases} q = 0 \rightarrow \alpha_1 = 8/(3+v) \text{ and } \alpha_2 = 2 \\ q = \text{constant} \rightarrow \alpha_3 = 0 \end{cases}$$

（注：constant 为常数。）

因此，将这些 $\alpha_i$ 代入公式（3.9），则所有弯曲刚度的分布都包含在下式中

$$D = A_1 r^{-8/(3+v)} + A_2 r^{-2} + A_3 \tag{3.20}$$

将刚度写为

$$\frac{D}{D_0} = C_1 \left( \frac{a^2}{r^2} \right)^{4/(3+v)} + C_2 \frac{a^2}{r^2} + C_3 \tag{3.21}$$

以及

$$D_0 C_i a^{\alpha_i} = A_i \tag{3.22}$$

其中刚度 $D_0$ 是常数，用于归一化，$C_1$，$C_2$ 和 $C_3$ 是无量纲系数。因为 $D = Et^3/12(1-v^2)$，无量纲厚度 $\mathcal{T}_{40}$ 可以通过一个常数 $t_0$ 定义，也被称为比例厚度：

$$\mathcal{T}_{40} = \frac{t}{t_0} = \left( \frac{D}{D_0} \right)^{1/3} \tag{3.23}$$

将根 $\alpha_i$ 代入（3.19a）和（3.19b），得到弯矩和净剪切力

$$M_r = 4(3+v)A_{40} \left[ A_1 r^{2-8/(3+v)} + A_2 + A_3 r^2 \right] \tag{3.24a}$$

$$V_r = -8A_{40}\left[(1-v)A_2\frac{1}{r} + 4A_3r\right]$$  （3.24b）

在 CTD 和 VTD 类中，有多种方案均能够产生三级球差模式，取决于可能的排布和系数 $A_i$ 值的选择。

### 3.3.1　CTD 类板的方案（$A_1 = A_2 = 0$）

当系数 $A_1 = 0$ 及 $A_2 = 0$ 时，可以得到 CTD 板的解：其为在表面施加均匀载荷的平板或中等弯曲弯月面。当 $a_3 = 0$ 时，由公式（3.19c）得到

$$A_3 = \frac{q}{64A_{40}}$$  （3.25）

在边缘轮廓上，公式（3.24a）和（3.24b）给出了由均匀分布载荷引起的弯矩 $M_r\{a\}$ 和轴向应力 $V_r$，如果 $D_0 = A_3$，则结果为

→ 在平板或弯月面的表面施加一个均匀载荷 $q$ 及在其边缘施加弯矩和剪切力，将会得到 3 阶球差变形 $z = A_{40}r^4$，其特征量为

$$\mathcal{T}_{40} = 1$$  （3.26a）

$$M_r\{a\} = \frac{3+v}{16}qa^2, \quad V_r\{a\} = -\frac{1}{2}qa, \quad t_0 = \left[\frac{3(1-v^2)}{16A_{40}}\frac{q}{E}\right]^{1/3}$$  （3.26b）

其中乘积 $qE_{40}$ 为正。

在边缘轮廓上的均匀弯矩 $M_r\{a\}$ 精确消除了弯曲形变中的曲率成分（参见 7.3 节）。图 3.3 展示了这种方案的例子。

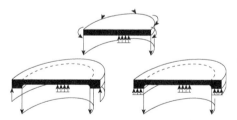

图 3.3　CTD 类型镜面产生 3 阶球差模式形变 $z_{40} = A_{40}r^4$。上图：基础解。下图：花瓶形产生的弯矩

### 3.3.2　VTD 板的方案

对于 VTD 板，假设在边缘轮廓处的刚度为零，即 $D\{a\} = 0$，则可以得到一

个很有意思的解。满足该条件需要 $M_r\{a\}=0$，在实际应用中很容易实现，比如简支边缘或者自由边缘。

由公式（3.21）可知，如果满足下式则可实现条件 $D\{a\}=0$：

$$C_1 + C_2 + C_3 = 0 \qquad (3.27)$$

替换掉 $C_3$ 后，这些结构都具有如下形式[13]：

$$\frac{D}{D_0} = C_1 \left( \frac{a^2}{r^2} \right)^{4/(3+v)} + C_2 \frac{a^2}{r^2} - (C_1 + C_2) \qquad (3.28)$$

令 $M_r\{a\}=0$，基于对 $A_i$ 的不同选择，得到三种解（Lemaitre[14]）。

• **VTD 方案 1——均匀载荷及简支边（$A_2=0$）：**

令 $A_2=0$，因 $M_r\{a\}=0$，置换弯矩表达式（3.24a）中的 $A_1$、$\alpha_1$ 和 $A_3$、$\alpha_3$，得到 $A_1 = -a^{8/(3+v)} A_3$。从公式（3.22）得到 $C_3 = -C_1$，这与公式（3.27）一致，前提是 $C_2=0$。

选择 $D_0 = -q/64A_{40}$，由（3.24b）可以得到净剪切力 $V_r = -qrC_1/2$。这是一个有边缘反作用力的均匀载荷，如果 $C_1=1$，则 $A_3 = -D_0$。此种情况总结如下：

→ 在郁金香形镜面施加一个均匀载荷 $q$，并在其边缘处有反作用力，将会得到 3 阶球差变形 $z = A_{40} r^4$。其特征量为

$$\mathcal{T}_{40} = \left[ \left( \frac{a^2}{r^2} \right)^{4/(3+v)} - 1 \right]^{1/3} \qquad (3.29a)$$

$$M_r\{a\}=0, \quad V_r = -\frac{1}{2}qr, \quad t_0 = -\left[ \frac{3(1-v^2)}{16A_{40}} \frac{q}{E} \right]^{1/3} \qquad (3.29b)$$

其中乘积 $qA_{40}$ 为负。

• **VTD 方案 2——中心力及简支边（$A_3=0$）**

令 $A_3=0$，因 $M_r\{a\}=0$，置换弯矩表达式（3.24a）中的 $A_1$、$\alpha_1$ 和 $A_3$、$\alpha_3$，得到 $A_1 = -a^{2(1-v)/(3+v)} A_2$，从公式（3.22）得到 $C_1 + C_2 = 0$；刚度表达式（3.28）的第 3 项为零。选择 $D_0 = -q/64A_{40}$，由（3.24b）可以得到净剪切力 $V_r = -(1-v)qa^2 C_2/8r$。这是由中心施加的力 $F$ 和边缘反作用力获得的，当 $C_2 = -4/(1-v)$ 和 $F = \pi a^2 q$ 时，则 $A_2 = -4D_0 a^2/(1-v)$。镜面和其变形结构总结如下：

→ 在郁金香形镜面施加一个中心力 $F$，并在其边缘处有反作用力，将会得到 3 阶球差变形 $z = A_{40} r^4$。其特征量为

$$\mathcal{T}_{40} = \left(\frac{4}{1-v}\right)^{1/3} \left[\left(\frac{a^2}{r^2}\right)^{4/(3+v)} - \frac{a^2}{r^2}\right]^{1/3} \qquad (3.30a)$$

$$M_r\{a\} = 0, \quad V_r = -\frac{F}{2\pi r}, \quad t_0 = -\left[\frac{3(1-v^2)}{16A_{40}}\frac{q}{E}\right]^{1/3} \qquad (3.30b)$$

其中 $F = a^2 q$，乘积 $qA_{40}$ 和 $FA_{40}$ 为负。

• **VTD 方案 3——均匀载荷及自由边：**

在表达式（3.19c）中输入 $A_1$，$A_2$ 和 $A_3$，得到 $A_3 = q/64A_{40}$，替换（3.24b）中的 $A_i$ 后，得到剪切力 $V_r$ 为

$$V_r = -\frac{1}{2}qr - 8(1-v)A_{40}A_2\frac{1}{r}$$

如果上式右边第二项被认为是 $qa^2/2r$ 或者 $F/2\pi r$，其中 $F = \pi a^2 q$，$V_r$ 表达式表示由均匀载荷 $q$ 和中心作用力 $-F$ 产生的净剪切力，对应于自由边缘条件 $V_r\{a\} = 0$；所以，在这种情况下，令 $A_2 = -qa^2/16(1-v)A_{40}$。将 $A_2$ 和 $A_3$ 代入公式（3.24a），若 $A_1 = (3+v)qa^{8(3+v)}/64(1-v)A_{40}$，得到 $M_r\{a\} = 0$。像之前的方案一样使用 $D_0 = q/64A_{40}$ 进行归一化，最终从（3.22）得到系数 $C_i$ 为

$$C_1 = \frac{3+v}{1-v}, \quad C_2 = -\frac{4}{1-v}, \quad C_3 = 1$$

→ 在郁金香形镜面施加一个均匀载荷 $q$，并在其中心处有反作用力，将会得到 3 阶球差变形 $z = A_{40}r^4$。其特征量为：

$$\mathcal{T}_{40} = \left[\frac{3+v}{1-v}\left(\frac{a^2}{r^2}\right)^{4/(3+v)} - \frac{4}{1-v}\frac{a^2}{r^2} + 1\right]^{1/3} \qquad (3.31a)$$

$$M_r\{a\} = 0, \quad V_r = \frac{q}{2}\left(\frac{a^2}{r} - r\right), \quad t_0 = \left[\frac{3(1-v^2)}{16A_{40}}\frac{q}{E}\right]^{1/3} \qquad (3.31b)$$

其中乘积 $qA_{40}$ 为正。

这三种方案显示了中心厚度 $\mathcal{T}_{40}(0) \to \infty$，表明镜面中心曲率局部零变化。在实际应用中，镜面中心厚度取为有限值，且要考虑到尽量理想的衍射图像，即有限中心厚度会导致曲率的微小变化，但是符合四分之一波长瑞利判据或 Marechal 判据 [3（a）]。为便于比较，图 3.4 展示了归一化厚度分布，图 3.5 展示了相关外部力。

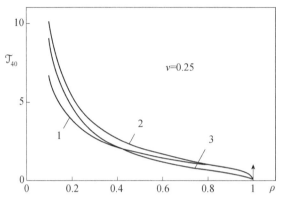

图 3.4 VTD 板归一化无量纲厚度 $\mathcal{T}_{40}$，产生弯曲 $z_{40}=A_{40}r^4$，即 3 阶球差模式，其中 $\rho=r/a \in [0,1]$

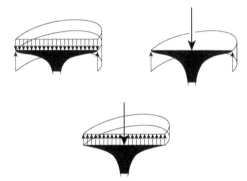

图 3.5 VTD 板：三种情况下实现的三级球差模式，$z=A_{40}r^4$

（1）均匀载荷和边缘反作用力 $\mathcal{T}_{40}=\left[\rho^{-8/(3+v)}-1\right]^{1/3}$；

（2）中心轴向力和边缘反作用力 $\mathcal{T}_{40}=\left[\dfrac{4}{1-v}\rho^{-8/(3+v)}-\dfrac{4}{1-v}\rho^{-2}\right]^{1/3}$；

（3）均匀载荷和中心反作用力 $\mathcal{T}_{40}=\left[\dfrac{3+v}{1-v}\rho^{-8/(3+v)}-\dfrac{4}{1-v}\rho^{-2}+1\right]^{1/3}$。

径向和切向最大应力必须低于材料的极限应力。最大应力表示为

$$\sigma_r=\frac{6M_r}{t^2}<\sigma_{\text{ult}} \quad , \quad \sigma_t=\frac{6M_t}{t^2}<\sigma_{\text{ult}} \tag{3.32}$$

考虑三级球差的情况，由公式（3.1a）和（3.1b）可以得到弯矩 $M_r$ 和 $M_t$，其中径向弯矩为

$$M_r=4(3+v)A_{40}r^2D$$

结合之前的三个刚度，经过计算和化简后，得到径向最大应力为

$$\sigma_r = \frac{3(3+v)a^2 q}{8t_0^2} S_r, \quad \text{其中} \quad S_r = \frac{r^2}{a^2} \mathcal{T}_{40} \tag{3.33}$$

其中 $S_r$ 是无量纲最大应力（图 3.6）。

对于相同的尺寸、载荷和弯曲，VTD 方案 3 的径向最大应力最小。所有这些方案的切向最大应力 $S_t$ 小于径向最大应力 $S_r$。

### 3.3.3　混合方案

如图 3.3 所示的 CTD 方案中，3 阶球差模式在 $r \leq a$ 的区域内可以完全实现，也就是说镜面的光学通光孔径受限于固定在环上的内部平板或弯月面。通过在环上施加一对外部力，能够在此环产生弯矩 $M_r\{a\}$，但它的弯曲不完全是四次方。然而，后面的讨论结果证明，直到 $r = a$ 区域也能获得精确的三级球差弯曲。

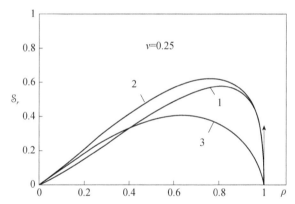

图 3.6　VTD 类型：在 1、2、3 种方案中，产生三级球差弯曲模式 $z_{40} = A_{40} r^4$ 时，无量纲最大应力 $S_r = \rho^2 \mathcal{T}_{40}$。无量纲半径 $\rho = r/a \in [0,1]$

考虑由两个同心区域组成的方案。第一区域为 CTD，如式（3.26）所定义，应用于 $0 \leq r \leq a$；第二区域延伸至 $a \leq r \leq b$，为 VTD 方案 3，如式（3.31）所定义，其中 $a$ 替换为 $b$。代换之后，外部区域的弯矩表示为

$$M_r = \frac{3+v}{16} q \left[ \frac{3+v}{1-v} r^2 \left( \frac{b^2}{r^2} \right)^{4/(3+v)} - \frac{4}{1-v} b^2 + r^2 \right]$$

满足 $M_r\{b\} = 0$。

假设 VTD 方案 3 的内侧和 CTD 的外侧连接固定处（$r = a$）厚度相同，同时施加强度和符号都相同的均匀载荷 $q$。则这两个条件可以表示为

$$\mathcal{T}_{40}(a)\big|_{\text{VTD3}} = \mathcal{T}_{40}(a)\big|_{\text{CTD}} \quad \text{和} \quad q\big|_{\text{VTD3}} = q\big|_{\text{CTD}} \tag{3.34}$$

第一个等式提供了两个区域连接处的径向位置，从（3.26a）到（3.31a），

$$\frac{3+v}{1-v}\left(\frac{b^2}{a^2}\right)^{4/(3+v)} - \frac{4}{1-v}\frac{b^2}{a^2} + 1 = 1$$

因此，$a$ 为刚性连接半径，同时在此处有环形反作用力，半径 $a$ 具有如下关系：

$$\frac{a^2}{b^2} = \left(\frac{3+v}{4}\right)^{\frac{3+v}{1-v}} \tag{3.35}$$

将此比值代入 VTD 方案 3 的弯矩表达式中，得到 $M_r\{a\} = (3+v)qa^2/16$，它和 CTD 的 $M_r\{a\}$ 相同［见式（3.26b）］，从而满足条件（3.35）。

→ 对于一个具有两个同心区域的镜面，如果在整个表面施加均匀载荷 $q$，在刚性连接处 $r=a$ 存在一个环形反作用力，最终能够在整个表面 $r \in [0, b]$ 实现三级球差变形模式 $z = A_{40}r^4$。该镜面的厚度 $t = \mathcal{T}_{40}t_0$ 和几何参数为

$$\mathcal{T}_{40} = 1, \quad 0 \leq r \leq a$$

$$\mathcal{T}_{40} = \left[\frac{3+v}{1-v}\left(\frac{b^2}{r^2}\right)^{4/(3+v)} - \frac{4}{1-v}\frac{b^2}{r^2} + 1\right]^{1/3}, \quad a \leq r \leq b, \tag{3.36}$$

$$\frac{a^2}{b^2} = \left(\frac{3+v}{4}\right)^{\frac{3+v}{1-v}}, \quad t_0 = \left[\frac{3(1-v^2)}{16A_{40}}\frac{q}{E}\right]^{1/3}$$

其中乘积 $A_{40}q$ 为正。

连接比 $a/b$ 随泊松比缓慢变化。当 $v \in [0, 1/2]$ 时，得到 $a/b \in [0.6495, 0.6266]$。图 3.7 展示了这种混合方案：左图为肖特微晶材料，其中 $v= 1/4$，$a/b = 0.6377$。通过改变外圈区域的刚度和相关载荷，可以得到其他的混合方案。如果这两个区域的比率 $t_0^3/q$ 是相同的，就可以实现这一点（图 3.7 的右图）。

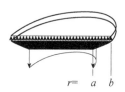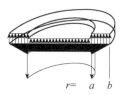

图 3.7　对于混合 CTD-VTD 方案的镜面，均匀载荷作用在整个通光孔径上，孔径直径为 $2b$，产生三级球差模式形变 $z = A_{40}r^4$。左图：两个区域施加相同载荷。右图：外部区域载荷大于内部区域载荷

**NB**：采用 CTD 和 VTD 的混合方案同样可以产生 $Cv1$ 模式，在这种模式下，施加于中心区域的均匀载荷被限制在 $0 \leq r \leq a$ 区域。

### 3.3.4　曲率模式平衡

包含球差的波前的最佳焦点，即最小弥散图像，是位于其近轴（高斯）和孔径边缘焦点之间。令 $Z(\rho)$ 为双二次型波前，相对于曲率半径 $R$ 的无量纲表示为 $\zeta = Z/R$。$Cv1$ 和三级球差两个模式的和可以写

$$\zeta = 2\rho_0^2 \rho^2 - \rho^4, \quad \rho \in [0,1]$$

其中 $\rho = 1$ 和 $\rho_0$ 分别为通光孔径的半径和零光焦度半径。

当 $\rho_0 = \sqrt{3}/2$ 时，实现一阶导数极值的代数平衡，并定义最小弥散焦点的位置。相应地，在 $\rho = 1/2$ 或 1 处的斜率 $d\zeta/d\rho = \pm 1$。

当 $\rho_0 = \sqrt{3/2}$ 时，实现二阶导数极值的代数平衡，并用作全反射系统中达到像差视场平衡的最佳镜面形状（见第 4 章和第 5 章）。相应地，在 $\rho = 0$ 或 1 处的曲率 $d^2\zeta/d\rho^2 = \pm 6$。

这些特殊形状如图 3.8 中等值条纹所示。

图 3.8　Sphe3 和 $Cv1$ 模式的叠加：$\zeta = 2\rho_0^2 \rho^2 - \rho^4$。从左至右：$\rho_0 = 0 \leftrightarrow$ 平坦中心；$\rho_0 = \sqrt{3}/2 \leftrightarrow$ 倾斜平衡；$\rho_0 = \sqrt{3/2} \leftrightarrow$ 曲率平衡

类似地，在基本边界情况下，如固定边缘或简支边缘，平板的弹性变形通常包括结合了 $z_{20}$ 和 $z_{40}$ 两种模式的弯曲。

第 5～7 章中研究了利用 CTD 类、准 CTD 类或混合刚度类的多种方案实现 $z_{20}$ 模式和 $z_{40}$ 模式组合弯曲。在这些章节中我们将看到，相比于此处单纯的三级球差模式 $z_{40}$（$z_{40} \propto r^4$），可以通过一种更简单的方法获得主动光学的方案。

### 3.3.5　应用实例

● **弹性光学设计参数**：应用 Schwarzschild 的标记，轴对称反射镜的二次曲面表示为

$$z = \frac{1}{2R}r^2 + \frac{1+\kappa}{8R^3}r^4 + \frac{(1+\kappa)^2}{16R^5}r^6 + \cdots$$

其中 $\kappa$ 是圆锥常数。仅取该级数展开的前两项，与曲率半径 $R$ 的球面的偏离，即非球面项，是右边第二项 $\kappa r^4 / 8R^3$ 部分。通过弯曲实现的非球面度是 $z = A_{40}r^4$；然后，对照可得

$$A_{40} = \frac{\kappa}{8R^3} = \frac{\kappa}{512a^3\Omega^3} \quad , \quad \Omega = \frac{f}{d} = \left|\frac{R}{4a}\right| \tag{3.37}$$

其中 $\Omega$ 是镜面的焦比，$2a$ 是有效通光孔径。

考虑由（3.26b）给出的 CTD 的比例厚度 $t_0$，之前讨论的三种 VTD 方案和混合方案，即公式（3.29 b）、（3.30b）和（3.31 b），（3.36），都具有相同的 $t_0$ 表达式，代入 $A_{40}$，得到

$$\frac{t_0}{a} = \left[\frac{3(1-v^2)}{2\kappa}\frac{q}{E}\right]^{1/3} 4\Omega \tag{3.38}$$

这个比值提供了可使用条件的设置：通过镜面半径（$a$）、光学参数（$\Omega$，$\kappa$）和材料参数$(v, E)$以及载荷 $q$ 可以完全定义镜面的比例厚度（$t_0$）。

- **采用 VTD 方案 2 设计的金属反射镜：**

目前已经开展了通过中心力和边缘简支反作用力完成非球面反射镜的设计和研制。由于边缘支撑条件中没有弯矩，所以首选金属反射镜。该郁金香形反射镜的设计包括：厚度轮廓通过一个径向厚度很薄的圆柱形连接圈支撑在外环上[16, 17]，做成一体。

这种与外环相连的背部支撑会产生一个中心力 $F \equiv \pi a^2 q$。图 3.9 为镜面图和三级球差变形模式下在线检测得到的干涉图，该镜面设计参数由（3.38）导出。

图 3.9　（左）金属镜面实物图，能够实现弯曲 $z = A_{40}r^4$。（右）由中心力得到的三级球差模式的 He-Ne 干涉图。设计参数：不锈钢合金 FE8CRL3 淬火，$a$=90mm，$\kappa$=−1（抛物面），$\Omega$=3/2，$v$ =0.305，$E/q$=−2.510 6，$a/t_0$=20.41

● **采用 VTD 方案 3 设计的微晶玻璃反射镜**：

目前已经开展了用均匀载荷和中心反作用力完成凸双曲面反射镜的设计和研制。此反射镜是平场三反射望远镜 MINITRUST 的副镜。

这种改进的 Rumsey 光学系统（图 3.10）是一个非常紧凑的消像散系统（比施密特系统短 4 倍），为大视场天文学中的大幅面探测器提供新的能力，用于地基天文台和空间巡天。在应力抛光过程中，自由边缘条件（没有弯矩或轴向力的边缘）通过不溶于水的粘合剂来保证。在镜面边缘及其周边可移动环之间，通过部分真空将粘合剂吸入间隙，从而确保了气密性。该镜面所需的中心孔，为应力抛光提供了方便的侧向稳定支撑。在望远镜上，有中心孔支撑的镜子的其他优点是：重量减少很多，以及自身的重力变形小[15]。由于中心孔的直径相对较大，内置条件不完全满足；这引起内环的轻微旋转，从而产生小曲率 $Cv1$ 加入到三级球差形变种。此外，通过 VTD 朝向边缘的轻微变化，还能同时获得这种应用所需的 Sphe5 模式。所以，通过对三种模式 $Cv1$、Sphe3 和 Sphe5 的共同分析来确定实际 VTD。然而，$Cv1$ 和 Sphe5 的影响较小，所以最终结果与只有 Sphe3 的参数相近，该参数通过公式（3.38）推导得到。图 3.11 展示了施加了载荷的镜面，即已经过弹性松弛后变形的干涉图以及设计参数。

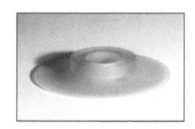

图 3.10　（左）MINITRUST 平场三反消像散望远镜。（右）应力抛光的空心双曲副镜（LOOM）

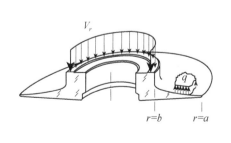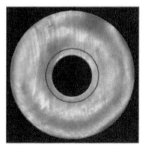

图 3.11　（左图）郁金香形副镜和应力抛光载荷。（右图）在应力作用下相对于球面的 He-Ne 干涉图。设计参数：肖特微晶玻璃，$a=103mm$，$\kappa=3.917$（双曲面），$\Omega=-8/3$，$\nu=0.240$，$E/q=8.8910^5$，$a/t_0=18.31$（M INITRUST[23]）

# 3.4 主动光学与三级彗差

三级彗差，即 Coma3 模式，由 $n=3$ 和 $m=1$ 定义。相应的非对称的波前函数或镜面形状，表示为

$$z_{31} = A_{31}r^3 \cos\theta \tag{3.39}$$

通过设定载荷 $q$ 为零，由公式（3.14）可以推导出这种模式 $\alpha_i$ 的解。对于 Coma3 模式，无论 $A_0'$ 是多少，代入 $n$、$m$ 都会使包含 $r^{-1}\ln r \cos\theta$ 的第一项的系数为零。但是包含 $r^{-1}\cos\theta$ 的第二项的系数为 $-4(3+v)/A_0'$，只有 $q=0$ 时，才需要 $A_0'=0$。因此，经过简化后，通过公式（3.11a）、（3.16）、（3.14）第三项和后面的项可以得到 Coma3 的结构，这些项是

$$M_r = 2(3+v)A_{31}\sum_{i=1}^{j} A_i r^{1-\alpha_i}\cos\theta \tag{3.40a}$$

$$V_r = -2A_{31}\sum_{i=1}^{j}\left[5-v-(3+v)\alpha_i\right]A_i r^{-\alpha_i}\cos\theta \tag{3.40b}$$

$$q = 2(3+v)A_{31}\sum_{i=1}^{j}(\alpha_i-2)\alpha_i A_i r^{-1-\alpha_i}\cos\theta \tag{3.40c}$$

因为分布为 $q=q_0\cos\theta$ 的二维棱柱形的载荷在实际应用中是很难实现的，所以不采用，保留的根对应于零均布载荷：

$$q=0 \rightarrow \alpha_1=2 \quad , \quad \alpha_2=0$$

将 $\alpha_i$ 代入（3.9），弯曲刚度的分布如下式：

$$D = A_1 r^{-2} + A_2 \tag{3.41}$$

根据（3.22）和（3.23）的定义，刚度和无量纲厚度写为

$$\frac{D}{D_0} = C_1\frac{a^2}{r^2} + C_2, \quad \mathcal{T}_{31} = \left(\frac{D}{D_0}\right)^{1/3} \tag{3.42}$$

从（3.40a）和（3.40b）得到弯矩和净剪切力为

$$M_r = 2(3+v)A_{31}\left[\frac{A_1}{r} + A_2 r\right]\cos\theta \tag{3.43a}$$

$$V_r = 2A_{31}\left[(1+3v)\frac{A_1}{r^2} - (5-v)A_2\right]\cos\theta \tag{3.43b}$$

公式（3.41）给定了刚度的形式，可以导出如下所述的两种方案。

### 3.4.1 CTD 方案（$A_1 = 0$）

对于 CTD 板，当系数 $A_1 = 0$ 时，其解为在平板或中等弯曲的弯月面轮廓上施加弯矩和净剪切力产生的形变。定义 $V_0$ 为作用于单位长度的净剪切力振幅，$r = a$，即棱柱环力

$$V_r\{a\} = V_0 \cos\theta$$

从（3.43b），推导出此力的振幅

$$V_0 = -2(5-v)A_{31}A_2$$

设置 $A_2 = 4D_0 / (5-v)$，结合公式（3.22），$D_0 C_i a^{\alpha_i} = A_i$，则 $C_i$ 和无量纲厚度为

$$C_1 = 0, \quad C_2 = \frac{4}{5-v}, \quad \frac{D}{D_0} = \frac{4}{5-v}$$

同样地，弯矩 $M_r\{a\}$ 可从（3.43a）导出。该方案的参数概括如下[19]：

→如果一个平板或一个稍微弯曲的弯月面的厚度 $t = \mathcal{T}_{31} t_0$ 是一个常数，并在其圆周施加棱柱弯矩 $M_r$ 和棱柱环力 $V_r = V_0 \cos\theta$，则它将产生一个 Coma3 变形模式 $z = A_{31} r^3 \cos\theta$：

$$\mathcal{T}_{31} = \left(\frac{4}{5-v}\right)^{1/3} \tag{3.44a}$$

$$M_r\{a,\theta\} = -\frac{3+v}{5-v}aV_r, \quad V_0 = -8A_{31}D_0, \quad t_0 = -\left[\frac{3(1-v^2)}{2A_{31}}\frac{V_0}{E}\right]^{1/3} \tag{3.44b}$$

其中乘积 $V_0 A_{31}$ 为负值。

此方案如图 3.12 左图所示。

图 3.12 提供 Coma3 模式形变 $z_{31} = A_{31}r^3\cos\theta$ 的反射镜。（左）CTD 类的解。（右）VTD 类的解

### 3.4.2 VTD 类的方案

在边缘处刚度为零的情况，$D\{a\} = 0$ 时可得到 VTD 类板的一个解。由公式（3.42）可知，如果 $C_2 = -C_1$，将系数 $C_1$ 设置为 $2/(3+v)$，得到

$$C_1 = -C_2 = \frac{2}{3+v}, \quad \frac{D}{D_0} = \frac{2}{3+v}\left(\frac{a^2}{r^2} - 1\right)$$

由（3.22），有 $A_1 = 2D_0 a^2 / (3+v)$ 和 $A_2 = -2D_0 / (3+v)$，代入式（3.43）后，得到弯矩为

$$M_r = 4A_{31}D_0\left(\frac{a^2}{r} - r\right)\cos\theta$$

净剪切力为

$$V_r = 4A_{31}D_0\left(\frac{1+3v}{3+v}\frac{a^2}{r^2} + \frac{5-v}{3+v}\right)\cos\theta$$

考虑到在边缘 $r=a$ 以及中心附近 $r=b$ 很小，可以得到

$$M_r\{a,\theta\} = 0, \qquad M_r\{b,\theta\} \propto A_{31}D_0 a^2 \cos\theta / b$$
$$V_r\{a,\theta\} = 8A_{31}D_0\cos\theta, \quad V_r\{b,\theta\} \propto A_{31}D_0 a^2 \cos\theta / b^2$$

对应于一个施加于简支边缘单位长度上 $V_r = V_0\cos\theta$ 的棱柱外部环力。此方案总结如下（Lemaitre[14]）：

→如果沿郁金香形镜面的简支边缘施加棱柱环力 $V_r = V_0\cos\theta$，并且在中心附近有力矩作用，则郁金香形镜面将产生 Coma3 变形模式 $z = A_{31}r^3\cos\theta$。其厚度 $t = \mathcal{T}_{31}t_0$，特征量为

$$\mathcal{T}_{31} = \left[\frac{2}{3+v}\left(\frac{a^2}{r^2} - 1\right)\right]^{1/3} \qquad （3.45a）$$

$$M_r\{a,\theta\} = 0, \quad V_0 = 8A_{31}D_0, \quad t_0 = \left[\frac{3(1-v^2)}{2A_{31}}\frac{V_0}{E}\right]^{1/3} \qquad （3.45b）$$

其中乘积 $V_0 A_{31}$ 为正。

此方案如图 3.12 右图，无量纲厚度分布 $\mathcal{T}_{31}(\rho)$ 如图 3.13 所示。

镜面中心部分可以被认为是无限刚性的，因此，对应于棱柱环力 $V_r\{a\}$ 的唯一反作用力可由 $y$ 轴附近的一个中心矩 $M_y$ 产生，此 $M_y$ 为

$$\mathcal{M}_y = -4\int_0^{\pi/2} a\cos\theta V_r\{a,\theta\} a\,\mathrm{d}\theta = -\pi V_0 a^2$$

出于实际原因，此反作用矩可以施加于距离镜面中心很小的距离，$b \ll a$。

径向和切向最大应力 $\sigma_r$ 和 $\sigma_t$ 必须低于材料的极限应力 $\sigma_{\text{ult}}$。将此 Coma3 的弯曲模式代入（3.1a），得到径向弯矩

$$M_r = 2(3+v)A_{31}Dr\cos\theta$$

径向最大应力 $\sigma_r = 6M_r / t^2 \sigma$，结合比例厚度 $t_0$ 公式（3.45b）和刚度的定义，导出最大应力 $\sigma_r$ 为

$$\sigma_r = \frac{3(3+v)aV_0}{2t_0^2}\mathcal{S}_r \quad , \quad \mathcal{S}_r = \frac{r}{a}\mathcal{T}_{31}\cos\theta$$

其中 $\mathcal{S}_r$ 是无量纲最大应力（图 3.13）。

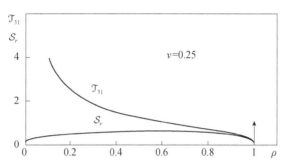

图 3.13　VTD 类型：3 阶彗差弯曲模式 $z_{31} = A_{31}r^3\cos\theta$，无量纲厚度

$\mathcal{T}_{31} = \left[\dfrac{2}{3+v}\left(\rho^{-2}-1\right)\right]^{1/3}$，其中 $\rho = r/a$，无量纲最大应力 $\mathcal{S}_r = \rho\mathcal{T}_{31}\cos\theta$，其中 $\theta = 0$

### 3.4.3　混合方案

混合方案使用多种刚性类别的组合，能够在整个镜面实现 Coma3 模式弯曲。一个简单的组合为：中心区域 $0 \le r \le a$ 为 CTD 类，外部区域 $a \le r \le b$ 为 VTD 类。由于在（3.44）和（3.45）两种刚度情况中，无量纲厚度已经用相同弯曲幅度 $A_{31}$ 和比例厚度 $t_0$ 进行了归一化，所以，这两个分布的厚度结合处可以写为

$$\mathcal{T}_{31}(a)\big|_{\text{CTD}} = \mathcal{T}_{31}(a)\big|_{\text{VTD}}$$

→ 对于一个具有两个同心区域的反射镜，如果在边缘 $r = b$ 处施加棱柱环力 $V_r = V_0\cos\theta$，在刚性连接处 $r = a$ 存在一个环形反作用力，最终能够在整个表面 $r \in [0,b]$ 实现 Coma3 模式变形 $z = A_{31}r^3\cos\theta$。该镜面的厚度 $t = \mathcal{T}_{31}t_0$ 和几何参数为

$$\mathcal{T}_{31} = \left(\frac{4}{5-v}\right)^{1/3}, \quad 0 \le r \le a \tag{3.46a}$$

$$\mathcal{T}_{31} = \left[\frac{2}{3+v}\left(\frac{b^2}{r^2}-1\right)\right]^{1/3}, \quad a \le r \le b \tag{3.46b}$$

$$\frac{a^2}{b^2} = \frac{5-v}{11+v}, \quad V_0 = 8A_{31}D_0, \quad t_0 = \left[\frac{3\left(1-v^2\right)}{2A_{31}}\frac{V_0}{E}\right]^{1/3} \tag{3.46c}$$

其中乘积 $V_0 A_{31}$ 为正。

当 $v \in [0, 1/2]$ 时，得到 $a/b \in [0.6742, 0.6255]$。图 3.13 展示了不锈钢合金 Fe87 Cr13 的混合方案，其中 $v = 0.305$，$a/b = 0.6444$。通过改变外圈区域的刚度和棱柱环力强度，可以得到其他的混合方案。如果 $t_0^3 / v_0$ 的比值恒定，就可以实现这一点。这种方案有 2 个优势：①在连接 $r = a$ 处，自然形成反作用力矩；②Coma3 模式下有全孔径的解（图 3.7 的右图）。

### 3.4.4 倾斜模式平衡

彗差波前的几何性质：$n$ 阶彗差模式定义为 $z_{n1} = A_{n1} r^n \cos\theta$，其中 $n = 3, 5, 7, \cdots$。考虑存在一个绕 $y$ 轴的倾斜平面，即 $z_{11} = A_{11} r \cos\theta$，两个面的交集是位于圆柱 $r = (A_{11} / A_{n1})^{1/(n-1)}$ 上的椭圆（图 3.14）。

如果考虑一个由倾斜 Tilt1 模式和 $n$ 阶彗差 Coma 模式叠加产生的平衡波前，即 $Z = A_{11} r \cos\theta - A_{n1} r^n \cos\theta$，则对于所有的 $n$，它在 $z = 0$ 平面里的截面都是有前述柱面半径的圆。

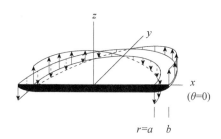

图 3.14　通过在 $r=a$ 和 $r=b$ 处施加两个棱柱环力，产生 Coma3 模式 $z = A_{31} r^3 \cos\theta$ 的混合型 CTD-VTD 结构

由于 Tilt1 模式的叠加不会改变彗差图像，并且弯矩和净剪切力都不产生任何弹性模式，所以会有如下结果：

→彗差模式形变的镜面边界可以通过一个薄径向厚度的圆柱形连接圈将镜面与刚性圆环连接起来：

● VTD 类：固定中心，通过一个薄连接圈与外周单棱柱环力相互作用，仅产生 $V_r\{a, \theta\}$，从而实现简支边缘。

● CTD 和混合类：一对相反的棱柱环力，通过一个薄连接圈，分别作用在 $r = a$ 和 $r = a' > a$，产生 $M_r\{a, \theta\}$ 和 $V_r\{a, \theta\}$，从而实现位于 $r = a$ 的连接边缘 [见（3.17d）]。

这些性质简化了在实际应用中边界条件的实现。图 3.15 展示了叠加了不同 Tilt1 模式和 Coma3 模式的等值干涉条纹。

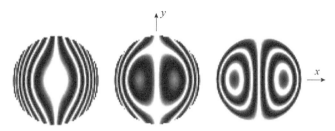

图 3.15 Coma3 与 Tilt1 模式的叠加：$\zeta = \left(3\rho_0^2\rho - \rho^3\right)\cos\theta$（从左到右）$\rho_0 = 0 \leftrightarrow$ 平坦中心。$\rho_0 = 1/\sqrt{6}$ 和 $1/\sqrt{3}$ $\leftrightarrow$ 在 $1/\sqrt{2}$ 和 1 的圆环

注：在光学模式的径向泽尼克多项式表征式中 [3（b），6，32（a）]，对于一个给定阶数的多项式 $Z_n^m(\rho)$，是由直到 $n$ 阶的相同子集共同叠加而成的，并且系数是归一化的，例如 $Z_n^m(0) = Z_n^m(1) = 1$。举例来说，因 $Z_1^1 = \rho$，$Z_3^1 = 3\rho^3 - 2\rho$，则包含无量纲半径的 Coma3 模式的泽尼克表达式为 $z_{31} = A_{31}\rho^3\cos\theta = \frac{1}{3}A_{31}\left(Z_3^1 + 2Z_1^1\right)\cos\theta$。

### 3.4.5 光瞳和凹面镜系统的彗差

考虑一个无穷远处的物体，发出入射平行光束，并经过入瞳，被曲率为 $1/R$、圆锥常数为 $\kappa$ 的凹面镜反射。$s$ 表示入瞳与镜面之间的轴向分离，$i$ 表示相对于对镜面光轴的主光线入射角，$a_{Tel}$ 表示望远镜主镜面的半口径，$\Omega = f/d = R/4a_{Tel}$ 表示焦比。如果入射主光线位于 $(x, z)$ 平面，基于赛德尔和的 Wilson 方程 [32（b）] 可以得到，Coma3 模式的波前表达式为

$$z_{31} = \frac{i}{16\Omega^2 a_{Tel}^2}\left[1 - \frac{s}{R}(1+\kappa)\right]r^3\cos\theta \tag{3.47}$$

此关系包含入瞳和镜面系统的一些基本性质，特别是：

→对于一个球面镜 $k=0$，如果入瞳位于镜面曲率中心 $s = R$ 处，则该系统为无彗差系统——施密特系统。

→如果入瞳位于镜面（$s = 0$），则无论圆锥常数是多少，Coma3 的大小都相同。

对于后一种情况（$s = 0$），在凹面镜的焦平面上，Coma3 像差的线性大小是 $\ell_x = 3iR/32\Omega^2$ 和 $\ell_y = 2iR/32\Omega^2$（图 3.16），彗差的峰指向镜面轴线。

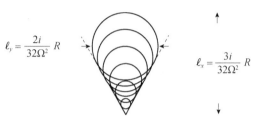

$$\ell_y = \frac{2i}{32\Omega^2} R \qquad\qquad \ell_x = \frac{3i}{32\Omega^2} R$$

图 3.16 物体无限远，入瞳位于凹面镜上（$s = 0$），则无论圆锥常数是多少，彗差图像的线性大小图

### 3.4.6 主动光学彗差校正实例

- **用"消彗差镜"对三级彗差进行局部校正-星跟踪系统:**

假设入瞳在凹面镜上，即式（3.47）中的 $s=0$，望远镜主镜就是这种情况，星跟踪系统或导星成像系统经常用于焦面的离轴区域。这些系统通常采用光学中继转换对选定的天区再成像到探测器上。在非齐明望远镜的情况下，可以通过在转换成像光路中应用"消彗差镜"来改善像质。对于入射角 $i$，从式（3.47）得到补偿像差的等效望远镜镜面面形为

$$z_{31} = -\frac{i}{32\Omega^2 a_{Tel}^2} r^3 \cos\theta \qquad\qquad （3.48）$$

要指出的是公式（3.48）给出的面形和公式（3.39）给出的消彗差镜的面形之和为零，即

$$z_{31}\{a_{Tel}, \theta\}\big|_{Tel} + z_{31}\{a, \theta\}\big|_{AM} = 0$$

我们得到在角度 $i$ 下补偿望远镜镜面彗差的消彗差镜的系数 $A_{31}$

$$A_{31} = \frac{i}{32\Omega^2} \frac{a_{Tel}}{a^3} \qquad\qquad （3.49）$$

将此系数代入比例厚度 $t_0$ 的表达式（3.44b）、（3.45b）或（3.46b）中，根据选择的刚度类型，包括 CTD、VTD 或混合型，得到高宽比

$$\frac{t_0}{a} = 4\left[\frac{3(1-v^2)\Omega^2}{4i} \frac{V_0}{a_{Tel}E}\right]^{1/3} \qquad\qquad （3.50a）$$

该相对比率给出了消彗差镜的使用条件设置: 包括比例厚度（$t_0$）、孔径半径（$a$）、望远镜光学参数（$a_{Tel}$，$\Omega$，$i$）、弹性常数（$v$，$E$）以及单位长度的环力强度。

从 Coma3 波前的几何特性出发（3.4.4 节），边界条件可以由轴向厚圆柱体来实现，该圆柱体通过薄径向圆圈连接到镜面基底。只要在圆柱背面 $\theta = 0$ 和 $\theta = \pi$

位置施加两个相反的点力 $\mathcal{F} = \pm a \int V_r \mathrm{d}\theta = \pm 2aV_0$，这种连接方式就能够产生棱柱环力 $V_r = V_0 \cos\theta$。于是，圆柱轴向厚度可以自然实现余弦调制。在点力 $\mathcal{F}$ 作用下，设计关系变成

$$\frac{t_0}{2a} = \left[ \frac{3\left(1 - v^2\right)\Omega^2}{i} \frac{\mathcal{F}}{aa_{\text{Tel}}E} \right]^{1/3} \qquad (3.50\mathrm{b})$$

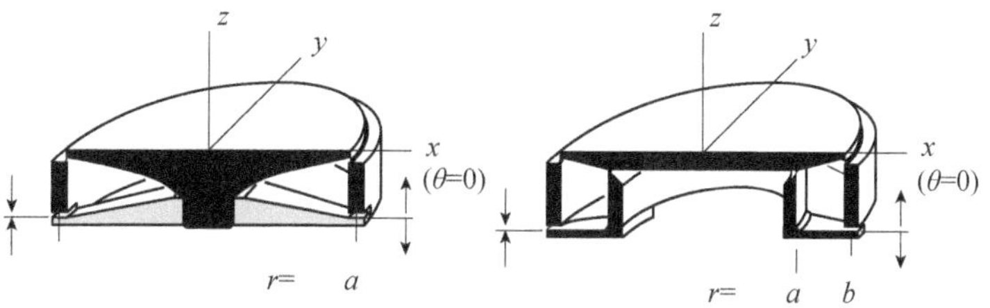

图 3.17　星跟踪系统中采用的通过 $\theta = 0$ 和 $\theta = \pi$ 位置施加两个点力 $\mathcal{F} = \pm a \int V_r \mathrm{d}\theta$ 获得 Coma3 模式弯曲的方案。( 左图 )VTD 镜面。( 右图 )混合镜面。设计参数：望远镜孔径 $2a_{\text{tel}} = 3.6\,\mathrm{m}$，消彗差镜 $2a = 0.16\mathrm{m}$，$t_0/a = 1/10, v = 0.305, \Omega = f/d = 3.8, i = 0.005\,\mathrm{rad}, \mathcal{F}/aa_{\text{tel}}E = 7.95 \times 10^{-9}$

用金属基体很容易获得薄连接圈，如淬火不锈钢 Fe87Cr13。图 3.17 展示了 VTD 和混合类反射镜通过在 $\theta = 0$ 和 $\theta = \pi$ 位置施加两个方向相反的点力 $\mathcal{F}$ 和 $-\mathcal{F}$ 获得 Coma3 模式变形。

在 CTD 类中，通过固定径向臂造成弯月面或花瓶形面的弯曲，获得 Coma3 模式的解，详见第 7 章。径向臂固定的方式常用于玻璃或微晶消彗差镜面中。

- **会聚光束中的光谱仪和消彗差光栅：**

在无缝光谱仪和低光谱分辨率的一些天体物理研究中，采用透射光栅，其位于望远镜焦平面和探测器前面适当位置（典型的色散 $\cong 1000\text{Å/mm}$）。通过使用多通带滤波片，这些系统能够对恒星状物体进行快速光谱选择，其中部分光谱再用狭缝光谱仪进行后随分析。

在会聚光束中使用平面透射光栅会在色散图像中产生彗差。对于给定的色散级数，可以通过使用非球面光栅来校正该光谱中心波长所对应的像差。CFHT 望远镜成功设计和实现了针对卡焦（焦比 $f/8$）的消彗差光栅[19, 20, 33]，使用一个 $75\ell/\mathrm{mm}$ 的光栅，工作于 1 极，平均色散 750Å/mm。对 $\lambda_0 = 500\mathrm{nm}$ 进行 Coma3 校正后，下一个剩余像差是 Astm3，它不会降低光谱分辨率；剩余的主要模糊效应是单个光谱相对于焦平面的倾斜（图 3.18）。

通过复制应力状态下的主动光学子母板，可以得到消彗差光栅。依照 CTD 类( 图 3.12-左图 )来设计子母板，采用花瓶形结构，材料是淬火的不锈钢 Fe87Cr13。

不受力时，在子母板的平面上上沉积平面光栅。通过两个圆柱和一个薄的连接圈沿轴向按推拉螺杆的方式作用力可以在 $r=a$ 和 $r=b$ 处产生一组方向相反的环力。螺杆在方位角 $\theta=0$ 和 $\theta=\pi$ 处作用产生点力 $F=\pm2aV_0$。消彗差光栅复制在肖特 UBK7 材料上获得，并采用具有相同折射率的透射树脂（图 3.19）。

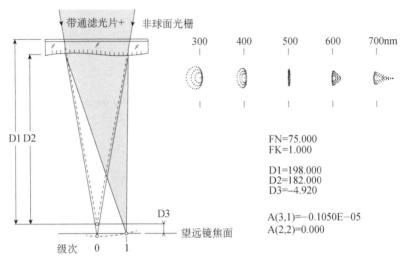

图 3.18　工作于第一衍射级的消彗差透射光栅。中心波长 500nm 上，焦面有残余子午像散

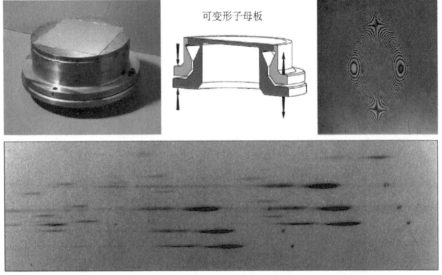

图 3.19　（左图）在应力作用下通过复制 VTD 类花瓶形金属子母板，生成消彗差光栅。（右图）准直光时光栅零级相对于平面的 He-Ne 干涉图。（下图）CFHT 望远镜观测的 Markarian 382 光谱，采用了分辨率 75l/mm 的消彗差光栅和位于卡焦（焦比 f/8）的宽视场电子相机拍摄，Wlérick, Cayrel, Lelièvre, and Servan[33]（LOOM）

# 3.5　主动光学与三级像散

三级像散，即 Astm3 模式，由 $n=2$ 及 $m=2$ 定义。此双对称波前函数，或镜面形状，由二次曲面表示为

$$z_{22} = A_{22}r^2 \cos 2\theta \qquad (3.51)$$

这是一个双曲抛物面（鞍形）。

由公式（3.14）关于载荷 $q$ 的定义可以推导出这种模式 $\alpha_i$ 的解，其中无论 $A_0'$ 是多少，$\ln r$ 的第一项都为零，但是第二项导致一个在实际应用中很难产生的表面荷载 $q \propto A_0' r^{-2} \cos 2\theta$，所以之后的讨论假设 $A_0' = 0$。那么，$M_r$、$V_r$ 和 $q$ 都分别包含在（3.11a）、（3.16）和（3.14）的第三项和剩余项里。化简后，表达式为

$$M_r = 2(1-v)A_{22}\sum_{i=1}^{j} A_i r^{-\alpha_i} \cos 2\theta \qquad (3.52a)$$

$$V_r = -2A_{22}\sum_{i=1}^{j} (2-\alpha_i)A_i r^{-1-\alpha_i} \cos 2\theta \qquad (3.52b)$$

$$q = 2(1-v)A_{22}\sum_{i=1}^{j} \alpha_i (2+\alpha_i) A_i r^{-2-\alpha_i} \cos 2\theta \qquad (3.52c)$$

由于具有 $q = q_0 r^\beta \cos\theta$ 形式的二维棱柱形荷载在实际中极其难以获得，因此不考虑这种载荷。则保留的 $\alpha_i$ 是零均匀荷载的根

$$q = 0 \rightarrow \quad \alpha_1 = 0 \quad , \quad \alpha_2 = -2$$

将 $\alpha_i$ 代入（3.9），则弯曲刚度的分布包含在下面的表达式中

$$D = A_1 + A_2 r^2 \qquad (3.53)$$

根据（3.22）和（3.23）的定义，刚度和无量纲厚度为

$$\frac{D}{D_0} = C_1 + C_2 \frac{a^2}{r^2}, \quad \mathcal{T}_{31} = \left(\frac{D}{D_0}\right)^{1/3} \qquad (3.54)$$

由（3.52a）和（3.52b）得到，弯矩和净剪力为

$$M_r = 2(1-v)A_{22}\left(A_1 + A_2 r^2\right)\cos 2\theta \qquad (3.55a)$$

$$V_r = -4(1-v)A_{22}\left(\frac{A_1}{r} + 2A_2 r\right)\cos 2\theta \qquad (3.55b)$$

公式（3.54）给定了刚度的形式，可以导出如下所述的两种方案。

### 3.5.1 CTD 类中的方案（$A_2 = 0$）

当（3.53）中的系数 $A_2 = 0$ 时，可以得到 CTD 型反射镜的解：其解为在平板或中等弯曲弯月面边缘施加弯矩和净剪切力产生的形变。定义 $V_0$ 为作用于镜面圆周上（$r = a$）单位长度的净剪切力最大振幅，则环力为

$$V_r\{a\} = V_0 \cos 2\theta$$

从（3.55 b），推导出此力的振幅为

$$V_0 = -4(1-v)A_{22}A_1 / a$$

设置 $A_1 = D_0$，结合公式（3.22），$D_0 C_i a^{\alpha_i} = A_i$，得到 $C_i$ 和无量纲厚度为

$$C_1 = 1, \quad C_2 = 0, \quad \mathcal{T}_{22} = 1$$

类似地，弯矩 $M_r\{a\}$ 可从（3.55a）导出。该方案的参数概括如下[19]：

→如果一个平板或一个稍微弯曲的弯月面的厚度 $t = \mathcal{T}_{22}t_0$ 是一个常数，并在其圆周（$r = a$）施加弯矩 $M_r$ 和环力 $V_r = V_0 \cos 2\theta$，则它将产生一个像散 Astm3 变形模式 $z = A_{22}r^2\cos\theta$：

$$\mathcal{T}_{22} = 1 \tag{3.56a}$$

$$M_r\{a, \theta\} = -\frac{aV_r}{2}, \quad V_0 = -4(1+v)\frac{A_{22}D_0}{a}, \quad t_0 = -\left[3(1+v)\frac{aV_0}{A_{22}E}\right]^{1/3} \tag{3.56b}$$

其中乘积 $V_0 A_{22}$ 为负。

该 CTD 方案如图 3.20 左图所示。

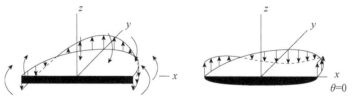

图 3.20　提供 Astm3 模式 $z_{22} = A_{22}r^2\cos2\theta$ 的镜面。（左图）CTD 类的解。（右图）VTD 类的解

### 3.5.2 VTD 类中的方案

边缘处的刚度为零时，即 $D\{a\} = 0$，可以得到 VTD 类型板的解。由公式（3.53）可知，$A_2 = -A_1 / a^2$，设置系数 $A_1 = D_0$，得到 $A_2 = -D_0 / a^2$。

$$C_1 = 1, \quad C_2 = -1, \quad \frac{D}{D_0} = 1 - \frac{r^2}{a^2}$$

代入式（3.55），得到弯矩和净剪力分别为

$$M_r = 2(1-v)A_{22}D_0\left(1 - \frac{r^2}{a^2}\right)\cos 2\theta$$

$$V_r = -4(1-v)A_{22}D_0\left(\frac{1}{r} - \frac{2r}{a^2}\right)\cos 2\theta$$

在边缘处，$M_r\{a,\theta\} = 0$；净剪切力分布 $V_r$ 完全来自边缘处：

$$V_r\{a,\theta\} = 4(1-v)\frac{A_{22}D_0}{a}\cos 2\theta$$

这种简单的方案对应于一个施加在简支边缘单位长度的外部环力（$\cos 2\theta$ 形式的力），总结如下：（Lemaitre[14]）：

→如果沿摆线形（cycloid-like）镜面的简支边缘施加环力 $V_r = V_0 \cos 2\theta$，则摆线形镜面将产生一个 Astm3 模式变形 $z = A_{22}r^2\cos 2\theta$。这种力分布是自反力。镜面厚度 $t = \mathcal{T}_{22}t_0$ 和特征量为

$$\mathcal{T}_{22} = \left(1 - \frac{r^2}{a^2}\right)^{1/3} \tag{3.57a}$$

$$M_r\{a,\theta\} = 0, \quad V_0 = 4(1-v)\frac{A_{22}D_0}{a}, \quad t_0 = \left[3(1+v)\frac{aV_0}{A_{22}E}\right]^{1/3} \tag{3.57b}$$

其中乘积 $V_0 A_{22}$ 为正。

该 VTD 方案如图 3.20 右图所示。

径向和切向最大应力 $\sigma_r$ 和 $\sigma_t$ 必须低于材料的极限应力 $\sigma_{ult}$。径向最大应力 $\sigma_r = 6M_r/t^2$，则比例厚度 $t_0$ 和刚度定义为

$$\sigma_r = \frac{3aV_0}{t_0^2}\mathcal{S}_r, \quad \mathcal{S}_r = \mathcal{T}_{22}\cos 2\theta$$

当 $\theta = 0$ 时，无量纲最大应力 $\mathcal{S}_r$ 分布在（$x$，$z$）面，与厚度 $\mathcal{T}_{22}$ 相同。（图 3.21）。

值得注意的是，产生 Astm3 模式和 2.1.2 节中 1 型 Cv1 模式的 VTD 方案是相同的，从（3.14）得到，当 $m = n$ 时，$\mathcal{T}_{nn} = \left(1 - \frac{r^2}{a^2}\right)^{1/3}$。

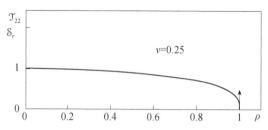

图 3.21　VTD 类：Astm3 弯曲模式 $z_{22} = A_{22}r^2\cos 2\theta$ 的厚度和应力：$\mathcal{T}_{22} = \left(1 - r^2/a^2\right)^{1/3}$，
$\mathcal{S}_r = \mathcal{T}_{22}\cos 2\theta$，$\theta = 0$

### 3.5.3　混合方案

与 Sphe3 和 Coma3 模式类似，Astm3 模式也可以采用混合方案，从而在整个镜面产生这种形变。中心区域为 CTD，外部区域 $a \leqslant r \leqslant b$ 为 VTD，在 $r = a$ 处将这两个区域连接起来，假设它们的厚度是局部相等的，即 $t(a)\big|_{\mathrm{CTD}} = t(a)\big|_{\mathrm{VTD}}$。然而，必须考虑以下两个特征：

-对于 Astm3 的情况而言，VTD 的 $\mathcal{T}_{22}$ 在中心处具有有限的厚度，

-施加于 VTD 镜面边缘的外力是自反力。

因为这些属性，混合方案不能进行一些有意义的简化来产生 Astm3 变形模式。

### 3.5.4　曲率模式和圆柱变形之间的平衡

将一个 Astm3 模式 $z = A_{22}r^2\cos 2\theta$ 与特定值的曲率模式 $Cv1$ 相结合，可以产生圆柱形表面 $z \propto x^2$ 或 $z \propto y^2$（见图 3.22 中等值干涉条纹）。也可以通过 CTD 或 VTD 来实现这种面形，但是使用 VTD 时的边界是最简单的，因为不需要在边缘施加弯矩。

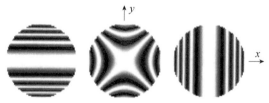

图 3.22　Astm3 模式与变化的 $Cv1$ 模式的叠加。曲率模式分别为 $z_{20} = -A_{22}r^2, 0, A_{22}r^2$

注意到，由均匀载荷和边缘反作用力产生的 $Cv1$ 模式的 VTD（2.16），与产生 Astm3 模式的 VTD 完全相同，可以应用这些模式的叠加。因此，可以通过厚度廓线

变形 $\mathcal{T}_{22} \equiv \mathcal{T}_{20} = \left(1 - \dfrac{r^2}{a^2}\right)^{1/3}$ 来产生圆柱形镜面，$Cv1$ 与 $Astm3$ 的结合写成下式，

$$Z = z_{20} + z_{22} = A_{20}r^2 + A_{22}r^2\cos 2\theta$$

如果考虑曲率振幅 $A_{20}$ 与 $\theta = 0$ 和 $\pi/2$ 处的像散振幅 $\pm A_{22}$ 具有相同的矢高，则圆柱形变形表示为

$$Z_{\text{Cyl}} = A_{22}r^2(\pm 1 + \cos 2\theta) \quad , \quad A_{20} = \pm A_{22} \tag{3.58}$$

从公式（2.16）导出的相关荷载为

$$\frac{t_0}{a} = -\left[3(1-v)\frac{qR}{Ea}\right]^{1/3}$$

公式（3.57b）给出的相关荷载为

$$\frac{t_0}{a} = \left[3(1+v)\frac{V_0}{A_{22}Ea^2}\right]^{1/3}$$

上面两个等式右边相等，令 $A_{20} = \pm A_{22}$，得到净剪力和均匀荷载的耦合关系

$$q = \pm 2\frac{1+v}{1-v}\frac{V_0}{a} \tag{3.59}$$

因此 $q$ 和圆周上外力

$$V_r(a) = \left(\cos 2\theta \pm \frac{1+v}{1-v}\right)V_0 \quad , \quad V_0 = \frac{A_{22}Et_0^3}{3(1+v)a} \tag{3.60}$$

完全定义了产生圆柱变形的每一个情况。

### 3.5.5　镜面成像中的弧矢和子午光线

● **一般情况下的共轭关系**：我们来考虑像散入射光被双轴对称曲面反射的一般情况，该双轴对称曲面在弧矢面和子午面的曲率分别为 $1/R_s$ 和 $1/R_t$[4, 30]。设一个像散物体从表面顶点到弧矢和子午焦点的距离为 $s$ 和 $t$，从顶点到共轭成像焦点的距离为 $s'$ 和 $t'$。共轭成像的关系为

$$\left.\begin{aligned}\frac{1}{s} + \frac{1}{s'} &= \frac{2\cos i}{R_t}\end{aligned}\right\} \tag{3.61a}$$

$$\left.\begin{aligned}\frac{1}{t} + \frac{1}{t'} &= \frac{2}{R_s\cos i}\end{aligned}\right\} \tag{3.61b}$$

→弧矢光线扇提供位于子午焦面上的子午焦点，

→子午光线扇提供弧矢焦面上的弧矢焦点。

● **轴对称凹面镜中心附近的像散**：离轴照明的凹面镜或单透镜如果具有旋转对称性，将产生三级像散。例如，曲率为 $1/R$ 的凹球面反射镜的情况，其顶点 $V$ 对应于机械中心，$C$ 对应于曲率中心（图 3.23）。

镜面反射后，与 $C$ 点相距 $h$ 的 $O$ 点，形成有像散的共轭点。反射光束聚焦在两个相隔一段距离的垂直线段上，这两个线段的中点 $T'$ 和 $S'$ 位于主光线上。这些线段即分别为子午和弧矢焦点。记 $i=h/R$ 为主光线在镜面顶点的入射角，则像散长度（即这些线段的轴向距离）是 $i$ 的函数。由于入射光与出射光的截面是一个球面（即镜面），所以该设计满足阿贝正弦条件[1]，即 Sphe3 = 0，Coma3 = 0。

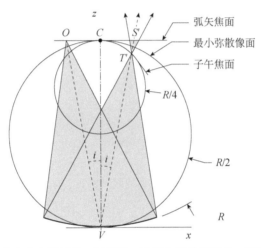

图 3.23　球面反射镜曲率中心附近的三级像散。这种方案是不晕的，所以 Sphe3=0，Coma3=0

由于镜面为球面，所以 $R_s = R_t = R$，又由于入射光是消球差的，所以

$$s = t = R / \cos i$$

从顶点到共轭焦面像点的距离为

$$s' = s \simeq R\left(1 + i^2 / 2\right) \quad , \quad t' \simeq R\left(1 - 3i^2 / 2\right)$$

记 $\ell = s' - t'$，$2a$ 为镜面的通光孔径直径，$\Omega = R/2a$ 为光束的焦比，像散长度和横向最小弥散像的直径分别为

$$\ell_{M=-1} = 2Ri^2 \quad , \quad d = Ri^2 / \Omega \quad\quad （3.62）$$

子午焦面、最小弥散面和弧矢焦面的曲率半径分别为

$$\mathcal{R}_t = R / 4, \quad \mathcal{R}_{l.c} = R / 2, \quad \mathcal{R}_s = \infty \quad\quad （3.63）$$

若镜面替换为球面衍射光栅，则这些结果同样适用。在结构的对称平面上，光谱专家把入射狭缝沿着主光线从 $s = R/\cos i$ 移动到 $s = R\cos i$，即移动到在半径

为 $R/2$ 的圆上；那么，子午像也跟着移动到了同一球面上。由于没有彗差，该罗兰圆［3（c）］目前被用于凹面光栅的光学结构上。

● **轴对称凹面镜对无限远物体（$M=0$）的像散**：在这种情况中，物到焦点的距离为 $s=t=\infty$，如果入瞳在镜面上，则共轭关系变成

$$\frac{1}{s'} = \frac{2\cos i}{R_t} \quad , \quad \frac{1}{t'} = \frac{2}{R_s\cos i}$$

若镜面是轴对称的 $R_t = R_s = R$，无论它的非球面形状是什么，得到的像散长度 $\ell = s' - t'$ 是

$$\ell_{M=0} = Ri^2/2 = \ell_{M=-1}/4 \tag{3.64}$$

→放大率 $M=-1$ 时的像散长度是放大率 $M=0$ 时的像散长度的四倍。

● **在任意放大率（$M$）下校正 Astm3 的镜面形状**：

使用（3.61）中的符号约定，放大率定义为 $M=-s/s'=-t/t'$。于是，主曲率为

$$R_t = \frac{2\cos i}{1-M}s' \quad , \quad R_s = \frac{2}{(1-M)\cos i}t'$$

若 $s'=t'$，则该校正提供消球差成像。则不考虑 $M$，无论放大率是多少，都可以得到

$$R_t = R_s\cos^2 i \tag{3.65}$$

主动产生一个 $r^2\cos 2\theta$ 的弹性形变（马鞍面），将其增加到曲率为 $1/R$ 的轴对称镜面上，并将镜面曲率设置为弧矢和子午曲率的均值，所以

$$\frac{2}{R} = \frac{1}{R_s} + \frac{1}{R_t} \tag{3.66}$$

所以，通过解这个方程组，得到

$$\frac{1}{R_s} = \left(1 - \frac{1-\cos^2 i}{1+\cos^2 i}\right)\frac{1}{R} \quad , \quad \frac{1}{R_t} = \left(1 + \frac{1-\cos^2 i}{1+\cos^2 i}\right)\frac{1}{R} \tag{3.67}$$

其中曲率半径 $R_s$ 属于弧矢面（$R_x \equiv R_s$）。

对于两个主曲率具有相同符号的凹面镜，该结果存在一个不是众所周知的性质：

→对于给定的入射角 $i$，无论放大率 $M$ 是多少，Astm3 改正镜都具有相同的面形。[①]

---

① 这个特征也可以展示说明如下，考虑一个在二次曲面表面反射的倾斜光锥，主光线通过其中一个几何焦点：其共轭点沿主光线的任何位置都没有像散（参见第 1 章文献[16]，161 页）。

镜面形状是球面和鞍面的叠加，用级数展开表示为

$$Z = \frac{1}{2R}r^2 - \frac{1-\cos^2 i}{1+\cos^2 i}\frac{1}{2R}r^2\cos 2\theta + \frac{1}{8R^3}r^4 - \frac{3i^2}{16R^3}r^4\cos 2\theta + \cdots \quad （3.68）$$

其中 $\theta$ 的原点是 $x$ 轴。

- **不晕成像转换镜的光学设计（ $M = -1$ ）：**

对于入射角 $i$，成像转换的镜面形状由（3.68）表示。忽略具有小量鞍形矢高的五阶像散（Astm5 模式），由弯曲产生的 Astm3 模式为

$$z_{22} = -\frac{1-\cos^2 i}{1+\cos^2 i}\frac{1}{2R}r^2\cos 2\theta \simeq -\frac{i^2}{4R}r^2\cos 2\theta \quad （3.69）$$

与图 3.23 相比，这种结构的光学设计必须按如下修改。设置 $s = t = s' = t'$，对应的放大率 $M = -1$。根据（3.67） $R_s$ 和 $R_t$ 的表达式，得到如下结构

$$s = t = s' = t' = \left(1 + \frac{i^4}{8} + \cdots\right)R \simeq R \quad （3.70）$$

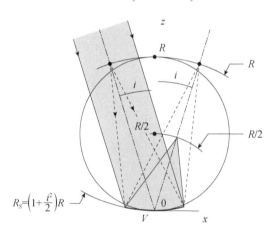

图 3.24　相同的像散改正镜面的消球差像的位置。 $M = -1$ ：物与像位于球面 $R$ 上。$M = 0$ ：像位于球面 $R/2$ 上

因此，经过弹性变形后，消球差的物与像位于以镜面顶点为中心，$R$ 为半径的球面上（图 3.24 虚线所示）。与图 3.23 中的点源 $O$ 的初始位置相比，若 $i$ 很小（ $R_s \cong \left(1 + \frac{i^2}{4}\right)R$ ），则朝镜面的轴向位移为 $\Delta z = -Ri^2/2$。此外，为了获得最佳成像，共轭视场必须便于绕 $y$ 轴倾斜。

在准垂直入射情况下，上述高斯近似等价于假设镜面形状为两个二次曲面的叠加，即抛物面和双曲抛物面的叠加，这将产生局部区域为环形面［参见（1.38d）］。

● **无限远物体** ( $M = 0$ )：镜面形状与 $M = -1$ 时相同 [ 见（3.68）]，镜面顶点到消球差像的距离为

$$s' = t' = \left(1 + \frac{i^2}{4} + \cdots\right)\frac{R}{2} \tag{3.71}$$

因此，在一级近似下，消球差像点位于以镜面顶点为中心，以 $R/2$ 为半径的球面上。

### 3.5.6　举例——凹面镜的非球面化

● **VTD 凹面镜对离轴像散的校正**：采用单个光学表面（一个反光镜用于离轴视场）的图像传输系统设计常用于紫外、可见光和红外波段。例如，本书作者提出了这样一种系统，在光谱狭缝输入处观察反射视场，用作望远镜焦点处的星跟踪器[18]。对于多目标光谱仪，不能倾斜反射狭缝用于离轴导星，但是现在使用 YAG 激光器对直线或曲线微狭缝的二维掩模切割[5]，就有可能使用多孔径刻槽的正入射掩模光栅来替代狭缝倾斜面，从而知道出射光束间隙。这种场光栅的线密度较低，使得光学传输镜面可以对所有阶数的光束再次成像，从而覆盖整个视场且避免了反射狭缝掩模光栅造成的光能损失。

为保证整个视场内的成像传输质量，凹鞍形镜面设计需要焦比和平均曲率 $R$ 缩放的调整。镜面的弧矢和子午曲率定义了通过应力抛光或在线加力产生的弹性变形。从（3.69）可以得到 $A_{22}$ 系数，代入（3.57b）得到弹性光学耦合，进而给出周向环力 $V_r = V_0 \cos 2\theta$。对于中等大小的角度 $i$，有

$$A_{22} = -\frac{i^2}{4R}, \quad V_0 = -\frac{i^2}{12(1+v)}\frac{Et_0^3}{aR} \tag{3.72}$$

用 $\Omega$ 表示图像传输光束的焦比：

$$\Omega = \frac{R}{2a}, \quad V_0 = -\frac{\Omega i^2}{6(1+v)}\frac{Et_0^3}{R^2} \tag{3.73}$$

对于给定的光学设计参数（ $R$ ， $\Omega$ ， $i$ ）和材料（ $E$ ， $v$ ），后面的关系式定义了摆线形镜面上单位长度的环力相对中心厚度的振幅，如图 3.25 右图所示。

通过一个径向厚度很薄的圆圈连接镜面和外圆环区域，这样就能确保简支边界条件（3.17），从而最终实现该设计。这个设计允许使用两对方向相反的点力获得平滑的角度变形。镜面和外连接圈和外环制作成一体。由于外环的刚度大于内部廓线刚度，所以施加的力和应力由外环提供。将半个圆环展成一个直杆，并且两端固定，如果环的径向厚度与半径 $a$ 相比很小的话，杆和悬臂理论提供了一个等效应力应变（Lemaitre[21]）。

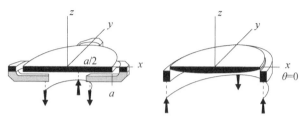

图 3.25 通过在 $\theta = 0$，$\pi/2$，$\pi$ 和 $3\pi/2$ 处施加四个轴向力，得到 Astm3 模式 $z_{22} = A_{220}r^2 \cos 2\theta$ 的配置图。（左图）CTD 类——弯月面。（右图）VTD 类——摆线形

设 $t_2$ 为外环的轴向厚度，则得到最大应力

$$\sigma_{max} = \frac{1}{1+\nu}A_{22}Et_2 < \sigma_{ult} \tag{3.74}$$

其中 $\sigma_{ult}$ 是极限应力。

金属基底可以方便地制造出包括边缘连接圈和外环的单块镜面。现在已经研制出多个不锈钢镜面，使用 Fe87Cr13 淬火合金，光学测试与分析结果一致，并能提供衍射限图像（图 3.26）。

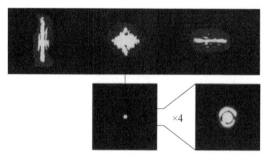

图 3.26 VTD 类：凹面镜的鞍形非球面化。设计：摆线形-固定圈-外环，如图 3.25 右图所示。Fe87Cr13 淬火合金。孔径直径 $2a = 80\text{mm}$，$R = 640\text{mm}$，焦比 $f/8$ 光束，$i = 8.6°$，$A_{22}$ $= -3.51 \times 10^{-5}\text{mm}^{-1}$，$t_0 = 4\text{mm}$，$t_2 = 12\text{mm}$。通过施加于外环的 $\theta = 0$，$\pi/2$，$\pi$，$3\pi/2$ 的四个轴向力产生 Astm3 模式。（上图）弯曲校正前像散焦点和最小弥散像斑。（下图）弯曲校正后的艾里斑（LOOM）

- **CTD 凹面镜对离轴像散的校正**：花瓶形和弯月形镜面通过设计可以实现 Astm3 模式，仅用四个外力的解已得到[22]（7.4 节）。对于花瓶形镜面，通过外环的轴向厚度也可实现包含 $\cos 2\theta$ 的平滑调制，如图 3.27 所示。

相较于 VTD，这些解很好地适用于玻璃或微晶玻璃基底。在这两个 CTD 中，更倾向于使用花瓶形，因为其载荷的几何配置比弯月形的更紧凑（Lemaitre[22]）（图 3.25 左图）。花瓶形的折叠臂可以比弯月形的短。

使用四个力配置的花瓶形镜已经被研制和测试（见图 7.4 的干涉图）。由

（7.22a）和（7.23a）确定这四个力的位置和强度。

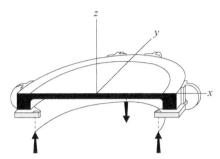

图 3.27　第二种情况的 CTD：花瓶形的方案，只需施加于 $\theta = 0$，$\pi/2$，$\pi$，$3\pi/2$ 方向的四个轴向力就能实现 Astm3 模式变形 $z_{22}$

### 3.5.7　凹面衍射光栅与鞍形校正

● **等间距线凹面光栅的像差**：反射凹面光栅同时提供成像和色散模式。由于不需要准直镜和相机光学元件，因此预期它的像差要比使用平面光栅系统的像差大得多。该理论已经经过了包括 Zernike[34]，Beutler[2]，Namioka[24, 25]，Welford[30, 31(b)] 等众多作者的研究发展，它基于从消球差点源 $P$ 经过光栅点 $G$ 到像点 $P'$ 的光程 $l$ 长度。类似于费马原理证明，无论 $G$ 是在光栅表面上的什么位置，$l$ 的级数展开都应该是不变的（图 3.28）。

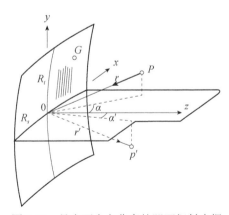

图 3.28　具有两个主曲率的凹面衍射光栅

考虑一个凹面光栅，它在弧矢截面（$x$，$z$）和子午截面（$y$，$z$）的主曲率分别为 $1/R_s$ 和 $1/R_t$，其在光栅顶点 $O$ 的切平面（$x$，$y$）上的线投影平行于 $y$ 轴且间距恒定。设（$x$，$y$，$z$）为 $G$ 点坐标；$\delta$ 和 $\delta'$ 为 $P$ 和 $P'$ 到（$x$，$z$）平面的 $y$ 方向距离；$r$ 和 $r'$为 $OP$ 和 $OP'$的长度；$\alpha$ 和 $\alpha'$为主光线在（$x$，$z$）平面投影的入射角和衍射角。光程长度 $\ell = GP + GP'$ 前面的项为

$$\ell = r + r' - (\sin\alpha + \sin\alpha')x + \frac{1}{2}\left(\frac{\delta^2}{r^2}\sin\alpha + \frac{\delta'^2}{r'^2}\sin\alpha'\right)x$$

$$-\left(\frac{\delta}{r} + \frac{\delta'}{r'}\right)y + \frac{1}{2}\left[\left(\frac{\cos^2\alpha}{r} - \frac{\cos\alpha}{R_s}\right) + \left(\frac{\cos^2\alpha'}{r'} - \frac{\cos\alpha'}{R_s}\right)\right]x^2$$

$$+\frac{1}{2}\left[\left(\frac{1}{r} - \frac{\cos\alpha}{R_t}\right) + \left(\frac{1}{r'} - \frac{\cos\alpha'}{R_t}\right)\right]y^2 + \cdots \tag{3.75}$$

$G$ 点可在光栅表面沿着 $x$、$y$ 移动，为了保证 $\ell$ 是不变的，除了通过在 $x$ 方向线性位移获得色散的 $x$ 项外，则此级数展开式中次数 $\geq 1$ 的所有项的系数必须设置为零。则 $\ell$ 的变化为

$$\frac{\partial\ell}{\partial x} = \text{constant}, \quad \frac{\partial\ell}{\partial y} = 0$$

它同时需要以下条件：

$$\frac{\delta}{r} + \frac{\delta'}{r'} = 0, \quad \sin\alpha + \sin\alpha' = \frac{k\lambda}{\sigma} \tag{3.76}$$

第二个关系式是光栅方程，$k$ 是衍射级次，$\sigma$ 是线间隔。将其代入（3.75），乘积 $\lambda x$ 是常数。

记

$$T = \frac{\cos^2\alpha}{r} - \frac{\cos\alpha}{R_s}, \quad S = \frac{1}{r} - \frac{\cos\alpha}{R_t}, \quad \cdots \tag{3.77}$$

则光程长度可简写为

$$\ell = \text{constant} - \frac{k\lambda}{2\sigma}\left(1 - \frac{\delta'^2}{r'^2}\right)x + \frac{1}{2}(T + T')x^2 + \frac{1}{2}(S + S')y^2 + \cdots \tag{3.78}$$

弧矢截面定义了子午焦点，通过将子午线平行于光栅线，获得最佳光谱分辨率。通过以下条件获得

$$T + T' = 0 \tag{3.79}$$

在（3.78）中，Astm3 的第二分量表示为 $(S + S')y^2/2$。对于给定的波长 $\lambda$，右手边第二项包含 $\delta'^2 x$ 的分量，对应于相对直线输入狭缝的谱线曲率。

级数展开的下一项是 $y^2 x$ 和 $y^3$，对应于 Coma3，如果

$$T = T' = 0 \tag{3.80}$$

则可以通过这些系数得到像差为零。$P$ 与 $P'$ 在垂直于线的对称平面上的投影落在罗兰圆上。半径为 $R_s/2$ 的圆与光栅顶点相切。

- **鞍形变形凹面光栅**：若光栅形状是环形表面的外切面，Haber[7]指出，光谱中的两个像点可以准确地消球差，像点与光栅法线对称。将 $P$ 与 $P'$ 移动到罗兰圆上，从而构成（3.80），$r = R_s \cos\alpha$ 及 $r' = R_s \cos\alpha'$。从（3.78）知，如果

$$S + S' = 0 \tag{3.81}$$

就可以得到消像散校正。代入 $r$ 和 $r'$，对于给定值 $\alpha' = \alpha_0'$，下述条件

$$R_t = \cos\alpha \cos\alpha_0' R_s \tag{3.82}$$

在衍射角 $\pm\alpha_0'$ 处形成消球差点。

下面产生一个弹性变形 $r^2 \cos 2\theta$（鞍形）并叠加一个曲率 $1/R$ 的轴对称光栅。将后者设置为弧矢和子午曲率的均值，因此

$$\frac{2}{R} = \frac{1}{R_s} + \frac{1}{R_t}$$

解该方程组，

$$\frac{1}{R_s} = \left(1 - \frac{1 - \cos\alpha \cos\alpha_0'}{1 + \cos\alpha \cos\alpha_0'}\right)\frac{1}{R}, \quad \frac{1}{R_t} = \left(1 + \frac{1 - \cos\alpha \cos\alpha_0'}{1 + \cos\alpha \cos\alpha_0'}\right)\frac{1}{R} \tag{3.83}$$

其中弧矢曲率 $1/R_s$ 属于弧矢平面，即 $x$ 轴上 $\theta = 0$ 的色散平面 $(x, z)$（$R_x \equiv R_s$）（图 3.29）。

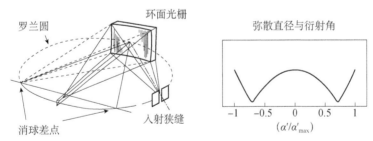

图 3.29　罗兰圆上有两个消球差点的圆环面光栅。（左图）消球差点位于衍射角 $\pm\alpha_0'$。（右图）视场上像质平衡 $\alpha_{\max}' = \sqrt{2}\alpha_0'$；（致谢 Huber 等[9]）（SOHO Mission）

平均曲率 $1/R$ 使我们可以用带鞍形的球面的 $z_{20}$，$z_{22}$ 和 $z_{40}$ 叠加模式的展开式来表达光栅椭圆形状，光栅形状为

$$Z = \frac{1}{2R}r^2 - \frac{1 - \cos\alpha \cos\alpha_0'}{1 + \cos\alpha \cos\alpha_0'}\frac{1}{2R}r^2 \cos 2\theta + \frac{1}{8R^3}r^4 - \cdots \tag{3.84}$$

对应于在衍射角 $\alpha' = \pm\alpha'_0$ 的两个消球差点。

对于一个对这两个消球差点成像的探测器，在罗兰圆上的横向像散变化的视场平衡确定了半视场的尺寸 $\alpha'_{max} = \sqrt{2}\alpha'_0$（图 3.29）。

### 3.5.8　举例——单表面光谱仪的非球面化

由于极端紫外仪器可用镀膜的反射率很低，因此要求使用最少数量的光学表面。在 [100～2000Å] 的波长范围内，单表面光谱仪的效率最高。

通过复制方法和主动光学子母板叠加马鞍模式，可以获得环形光栅的非球面。作者发展了这种方法（参见 Huber 等[8, 9]）。复制技术是光栅制造中的基本用法。虽然可以使用凹面子母板，若选择使用凸面子母板，则可以将用于制造凹环形光栅的复制面数量降至最少。首先第一步，在无应力的条件下将球面光栅置于一个子母板上，在控制载荷的过程中，通过在刚性基底上进行第二次复制，从而获得光栅的马鞍型非球面。

记

$$\psi^2 = 2\frac{1-\cos\alpha\cos\alpha'_0}{1+\cos\alpha\cos\alpha'_0} \simeq 2\frac{\alpha'^2_0 + \sin^2\alpha}{(1+\cos\alpha)^2} \qquad (3.85)$$

其中假设 $\alpha'_0$ 很小。

考虑一个由 VTD 子母板产生的马鞍面 $z_{22}$，即厚度 $T_{22} = 1 - \rho^2$（3.2.5 节），（3.57b）中的 $A_{22}$ 系数和相关作用在周边的环力 $V_r = V_0\cos 2\theta$ 分别为

$$A_{22} = -\frac{\psi^2}{4R}, \quad V_0 = -\frac{\psi^2}{12(1+v)}\frac{Et_0^3}{aR} \qquad (3.86)$$

上式定义了弹性光学耦合。对于给定的光学设计参数（$R$，$a$，$\psi$）和材料（$E$，$v$），对于郁金香形子母板，这些关系定义了相对于摆线形子母板中心厚的像散幅值和圆周上单位长度力的幅值。

在等线距光栅类中（在顶点切平面内），利用主动光学子母板，首次研制非球面椭圆光栅用于 CDS 和 UVCS 单表面光谱仪中，这些光谱仪用在围绕拉格朗日点 $L_1$ 运行的太阳日光层天文台上（SOHO）[10, 26]。这些摆线形子母板使用淬火 Fe87Cr13 合金制作（图 3.30）。环面度 $R_s/R_t = 1.010$（CDS），1.022 和 1.058（UVCS）。环面光栅由 BACH Research Corp 研制。

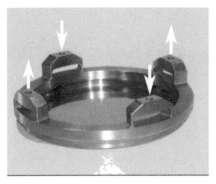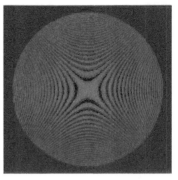

图 3.30　通过复制方法获得凹面光栅的马鞍形非球面。（左图）厚度为 $\mathfrak{T}_{22} = \left(1 - \rho^2\right)^{1/3}$ 的主动子母板。（右图）最终复制光栅的 0 级泰曼 干涉条纹。光谱范围 ［520-630Å］。对角孔径 $2a$=0.1m，$R$=1m，$f$/10，$1/\sigma$=3，600l/mm，$\alpha$ =11.947°，$\alpha'_0$ =±0.825°，$R_s/R_t$ =1.0222[9]（LOOM and ETH-Zurich）

### 3.5.9　单表面光谱仪的高阶非球面化

Wang[28, 29]的研究得出结论：摆线形厚度 $T = (1 - \rho^2)^{1/3}$ 不仅是 Astm3 模式的唯一 VTD 解（3.57a），也是 Tri5 模式 $z = A_{33}r^3\cos3\theta$ 的解。证明如下：如果在主动光学表面上没有施加荷载，即在 $0 \leqslant r \leqslant a$ 处 $q$=0，将 $n = m = 3$ 代入（3.14），当 $A'_0 = 0$，根 $\alpha_1 = 0$，$\alpha_2 = -2$。从（3.9）得到，刚度 $D \propto A_1 + A_2 r^2$。对于简支边，条件（3.17c）中要求的零弯矩就需要在 $r = a$ 处刚度为零。则对应 Tri5 模式的唯一 VTD 解的刚度形式为 $D \propto 1 - \rho^2$。

对于摆线形厚度分布 $T = (1 - \rho^2)^{1/3}$，允许以下几种模式的叠加：

- 一阶曲率 $z = A_{20}r^2$，即 Cv1 模式，
- 三级像散 $z = A_{22}r^2 \cos 2\theta$，即 Astm3 模式，以及
- 五阶三角像差 $z = A_{33}r^3 \cos 3\theta$，即 Tri5 模式。

除了由均匀荷载产生的 Cv1 模式外，Astm3 和 Tri5 模式由简支边的轴向位移产生。

在实际应用中，通过在薄固定圈和外环上施加至少 6 个轴向力，可以获得子母板边缘的轴向位移。由于凹面光栅用在罗兰圆上，提供了彗差校正，所以校正 Astm3 之后，下一个需要校正的像差是 Tri5。通过在主动子母板上叠加 Astm3 和 Tri5 模式，实现的非球面光栅如图 3.30 左图，能够增强单镜面光谱仪的性能。

# 参 考 文 献

［1］E. Abbe, Beitrage zur Theorie des Mikroskops und der mickroskopischen Wahrnehmung, in *Schultzes Arch. f. mikr. Anat.*, Iena, **9**, 413-468 (1873) 203

［2］H.G. Beutler, J. Opt. Soc. Am., **35**, 311 (1945) 209

［3］M. Born, E. Wolf, in *Principles of Optics*, Cambridge University Press, Cambridge 7th Edition, (a) 329, (b) 524, (c) 459 (1999)

［4］H. Chrétien, in *Calcul des Combinaisons Optiques*, Masson edt., Paris, 475 (1980)

［5］B. Dibiagio, E. Le Coarrer, G.R. Lemaitre, 2D mask generation by pulsed YAG lasers for multi-object spectroscopy, in *Instrumentation in Astronomy VII*, SPIE proc. **1235**, 422-427 (1990) 207

［6］P. Dierickx, Eso internal report for the VLT (1989), and J. Mod. Optics, **39** (3), 569-588 (1992)

［7］H. Haber, The torus grating, J. Opt. Soc. Am., **40**, 153 (1950) 211

［8］M.C.E. Huber, G. Tondello, Stigmatic performance of an EUV spectrograph with a single toroidal grating, Appl. Opt., **18** (23), 3948-3953 (1979) 212

［9］M.C.E. Huber, E. Jannitti, G.R. Lemaitre, G. Tondello, Toroidal grating obtained on an elastic substrate, Appl. Opt., **20** (20), 2139-2142 (1981) 212

［10］M.C.E. Huber, J.G. Timothy, J.S. Morgan, G.R. Lemaitre, G. Tondello, Imaging extreme ultraviolet spectrometer employing a single toroidal diffraction grating: The initial evolution, Appl. Opt., **27** (16), 3503-3510 (1988) 213

［11］G.R. Kirchhoff, Uber das gleichgewicht und die bewegung eiver elastischen scheibe, Journ. Crelle, **40**, 51 (1850) 176

［12］G.R. Kirchhoff, Vorlesungen über Mathematische Physik, *Mechanik*, 450 (1877) 176

［13］G.R. Lemaitre, Sur les dioptres asphériques en Optique astronomique, Comptes Rendus Acad. Sc. Paris, **276**, 145-148 (1973) 179

［14］G.R. Lemaitre, Compensation des aberrations par élasticité, Nouv. Rev. Optique, **5** (6), 361-366 (1974) 171, 172, 173, 174, 180, 190, 200

［15］G.R. Lemaitre, Sur la flexion des miroirs secondaires de télescopes, Nouv. Rev. Optique, **7** (6), 389-387 (1976) 187

［16］G.R. Lemaitre, Reflective Schmidt anastigmat telescope and pseudo-flat made by elasticity, J. Opt. Soc. Am., **66**, 12, 1334-1340 (1976) 186

［17］G.R. Lemaitre, J. Flamand, Spectrographic development of diffraction gratings aspherized by elastic relaxation, Astron. Astrophys., **59**, 249-253 (1977) 186

［18］G.R. Lemaitre, L. Wigroux, All-reflective aspherized grating spectrographs at the prime focus of CFHT, in *Instrumentation for Ground-Based Optical Astronomy*, Springer-Verlag, New York, 275-295 (1987) 206

[19] G.R. Lemaitre, Various aspects of active optics, SPIE Proc. on *Active Telescope Systems*, **1114**, 328-341 (1989) 171, 189, 196, 199

[20] G.R. Lemaitre, Off-axis metal mirrors aspherized by Active optics, Proc. Intl. Workshop CNRS/NSO-Tucson on *Mirror Substrate Alternatives*, Publ. OCA-CERGA Grasse - France, 217-226 (1995) 196

[21] G.R. Lemaitre, Equal curvature and equal constraint cantilevers: Extensions of Euler and Clebsch formulas, *Meccanica*, Kluwer Acad. Publ., **32**, 493-503, (1997) 207

[22] G.R. Lemaitre, Active optics and aberration correction with multimode deformable mirrors, in *Laser Optics 2003: Wavefront Transformation and Laser Beam Control*, SPIE Proc. **5481**, 70-81 (2004) 208

[23] G.R. Lemaitre, P. Montiel, P. Joulié, K. Dohlen, P. Lanzoni, Active optics and modified-Rumsey wide-field telescopes: MINITRUST demonstrators with vase- and tulip-form mirrors, Appl. Opt., **44** (34), 7322-7332 (2005) 187

[24] T. Namioka, Theory of ellipsoidal concave gratings I, J. Opt. Soc. Am, **51**, 4 (1961) 209

[25] T. Namioka, Theory of ellipsoidal concave gratings II, J. Opt. Soc. Am, **51**, 13 (1961) 209

[26] NASA-ESA, Four years of SOHO discoveries, ESA Bulletin, **102** (2002) (http://sohowww.nascom.nasa.gov) 213

[27] S.P. Timoshenko, S. Woinowsky-Krieger, in *Theory of Plates and Shells*, McGraw-Hill edit., New York 282 (1959) 176

[28] M. Wang, G.R. Lemaitre, Aspherized concave grating by active submaster for high resolution spectroscopy, ESO Conf. Proc. on *Progress in Telescope and Instrumentation Technologies*, Garching, 729-732 (1992) 213

[29] M. Wang, G.R. Lemaitre, Active optics and deformed toroid concave gratings: Higher-order aspherizations, Astron. Astrophys., **271**, 365-372 (1993) 213

[30] W.T. Welford, Aberration theory of gratings and grating mountings, *Progress in Optics* IV, North Holland Publ., p. 243 (1965)

[31] W.T. Welford, in *Aberrations of Optical Systems*, The Adam Hilger Series edt., Bristol, (a) 189, (b) 214 (2002)

[32] R.N. Wilson, in *Reflecting Telescope Optics* I, Springer edt., New York (a) 281, (b) 77 (1997)

[33] G. Wlérick, R. Cayrel, G. Lelièvre, B. Servant, Internal CFHT Report on the 80mm wide field electronic camera (1983) 196, 197

[34] F. Zernike, in *Festschrift Pieter Zeeman*, Martinus Nijhoff edt., The Hague, 323 (1935) 209

# 第 4 章 施密特概念的望远镜 和光谱仪的设计

## 4.1 施密特概念

### 4.1.1 双反射镜消像散望远镜类

伯恩哈德·施密特（Bernhard Schmidt），爱沙尼亚光学技师，同时也是天文学家，他在 1928 年发明了宽视场望远镜（文献 [67-70]，E. Schmidt[72]），该望远镜的基本原理是：一块在曲率中心处设有孔径光阑的单块凹球面反射镜光轴不唯一，因此视场内的所有点产生等尺寸的像斑。在三级像差理论中，这种结构没有彗差 Coma3 和像散 Astm3；所有像具有相同大小的由球面镜带来的球差 Sphe3。通过在反光镜曲率中心使用折射校正板，可以在整个视场中产生一样好的像。在欧洲历史上，曾经有三位科学家在先前就已经对两镜类的不晕望远镜做过理论分析，但是他们都没有发现或意识到主镜其实可以离轴使用或者用同轴的折射元件来替代。Kellner 在 1910 年为几个使用了校正透镜的设计申请了专利[25]，但是他把宽视场补偿的校正板放在了错误的位置。施密特将非球面板放在反射镜面曲率中心，并强调了该位置对望远镜入瞳的重要性。焦面与球面主镜共球心。在 1930 ~ 1931 年，他成功建造了第一台宽视场望远镜，有效口径 36cm，焦比 $f/1.75$，并在随后的两年中使用它展示了 $7.5°$ 宽视场的观测性能，Kelbner 和 Wachmann 一起在弯曲胶片上获得了两百多次曝光，具有非常好的像质。这样高的天体密度是以前从未见过的。在 1932 年，施密特发表了他的著名论文 *Ein Lichtstarkes Komafreies Spiegelsystem*[70]和照片[71]。实际上，他的无彗差望远镜，即不晕望远镜，也是无三级像散的，如今被称为消像散望远镜。Schorr[73]，Mayall[47]，Wachmann[84,85]，Kross[27]以及最近施密特的侄子 E. Schmidt[72]发表了关于施密特工作的评论论文。

在满足阿贝正弦条件的一类双镜不晕系统中（Schwarzschild 1905[76]，Chrétien 1922[16]），用参数化方程镜面重新考虑后（Popov[61]，Lynden-Bell[44]），双镜消像散系统是一个特殊解。在这个子类中，施密特望远镜与 Schwarzschild 或 Couder 的设计（Couder[18]，1926）相比具有的优势在于，它只需要一个非球面（Linfoot[41]，Wynne[95]）。Schwarzschild 的设计是平视场，但是它需要一个凸面主镜，这对于中型或大型仪器来说并不方便。

让我们简要回顾一下双镜消像散系统，作为佩茨瓦尔曲率因子 $p$ 的函数，介绍如下七种设计。

主镜曲率：$c_1$

副镜曲率：$c_2$

系统焦距 $[>0]$：$f'$

两镜间距 $[<0]$：$d = M_1M_2$

消像散条件：$d = -2f'$

光焦度：$1/f' = 2(c_2 - c_1 - 2dc_1c_2)$

匹兹万场曲：$C_P = -2(c_1 - c_2) = -p/f'$

曲率 $c_1$ 和 $c_2$ 是

$c_1 - c_2 = p/(2f')$，$c_1c_2 = (1+p)/(8f'^2)$ 的解。

$$c_1 = \left[\pm\sqrt{(1+p)^2 + 1} + p\right]/(4f')$$

$$c_2 = \left[\pm\sqrt{(1+p)^2 + 1} - p\right]/(4f')$$

| # | $p$ | $c_1$ | $c_2$ | $\kappa_1$ | $\kappa_2$ |
|---|---|---|---|---|---|
| 1 | $-\infty$ | $\dfrac{-1}{4f}$ | $\infty$ | —— | —— |
| 2 | $-2$ | $\dfrac{\sqrt{2}-2}{4f}$ | $\dfrac{2+\sqrt{2}}{4f}$ | $-18.025$ | $-0.5181$ |
| 3 | $-1$ | $0$ | $\dfrac{1}{2f}$ | asph. | $0$ |
| 4 | $-\dfrac{1}{2}$ | $\dfrac{\sqrt{5}-1}{8f}$ | $\dfrac{\sqrt{5}+1}{8f}$ | $52.989$ | $0.1666$ |
| 5 | $0$ | $\dfrac{1}{2\sqrt{2}f}$ | $\dfrac{1}{2\sqrt{2}f}$ | $5.807$ | $0.1722$ |
| 6 | $\dfrac{1}{3}$ | $\dfrac{1}{2f}$ | $\dfrac{1}{3f}$ | $2.001$ | $0.1254$ |
| 7 | $1$ | $\dfrac{\sqrt{5}+1}{4f}$ | $\dfrac{\sqrt{5}-1}{4f}$ | $0$ | $0$ |

图 4.1 的示意图展示了七种双镜消像散的设计。

带有折射校正板的施密特望远镜的建设使它们迅速发展成为 Palomar 和 Tautenburg 天文台最大的仪器，分别具有 1.2m 和 1.4m 口径的改正板（Ross[65]）。通过非球面的主镜缩短望远镜镜筒长度的改进方法也被提出来（Wright[92]，Väisälä[83]），这样系统的光学特性也从消像散变成了只消球差和彗差。

有各种各样从基本的施密特设计扩展而来的设计被提出和建造：

（1）施密特卡塞格林设计：使用一对曲率相同的镜面，可以得到平视场和内部焦面（Baker[2]）；或使用一对曲率不同的镜面，可以得到弯曲视场和外部焦面（Burch[13]），如用于水手号空间探测器（Momtgomery 等 [53]，Courtès[19]）；或使用同心的卡塞格林镜面（Linfoot[39]，Sigler[77]），可以得到天空更大尺度的观测。

（2）通过折射马克苏托夫[45]透镜和/或弯月透镜（Baker[3]，Wynne[93, 94]），得到扩展视场。

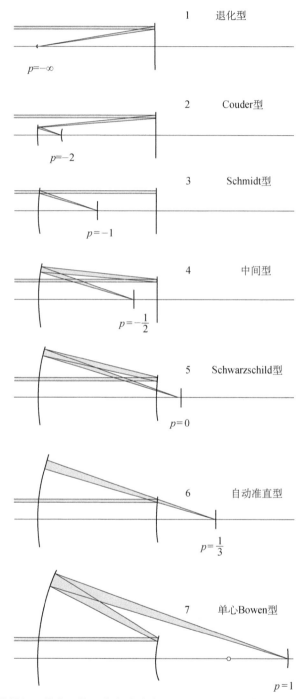

图 4.1　双镜消像散望远镜类。镜面曲率公式中 $c_1$ 和 $c_2$ 在平方根前取为正号。负号提供虚像系统。佩茨瓦尔曲率为 $C_P = -p/f'$，$f'$ 是有效焦距。在设计（1）中，副镜退化成无限小的面

（3）使用单棱镜（Schmidt 和 Wachmann[70]）和一个 Fehrenbach 正常色散棱镜（Fehrenbach[20，21]）的物端光谱仪，其中棱镜位于紧靠近改正板的前方。

（4）用于光谱仪的折反施密特相机最初使用的是弯曲胶片，现在已经广泛配备了平场改正器。这些设计极其丰富多样，例如由发明了白瞳转换[4]的 Baranne 提出的特殊结构[5]以及由 Richardson 提出的一些设计[64]。也有一些独特的采用实心或半实心形式的相机设计（Hendrix[24]，Schulte[75]），它们能够在相同的几何尺寸下提供与材料折射率成比例的更快焦比的仪器（关于这些快焦比相机的内容请参阅 Schroeder[74]和 Wilson[88]的综述）。苏提出了在折射施密特系统中通过一个转折镜实现具有平场的缩焦器方案（Su 等[80]）。

（5）折反施密特望远镜的形式已被研究和建造（Lemaitre[29]），得到能够在整个视场获得最佳角分辨率（Lemaitre[31]）的特殊校正镜形状，它的单片校正镜的非球面可以通过主动光学实现（Lemaitre[32]）。在 2008 年，这种全反射形式的大型施密特望远镜 LAMOST（Wang，Su 等[86,87]，Su 和 Cui[82]）建成，它的入瞳直径是 4m，主镜由 24 个主动拼接镜组成。

（6）使用非球面反射光栅和一个单一透镜做平场校正的准折反光谱仪已经被设计和制造以用于暗弱目标光谱仪（Lemaitre 和 Flamand[30]，Lemaitre[33,34]，Lemaitre 和 Kohler[36]，Lemaitre 等[37]，Lemaitre 和 Richardson[38]）。

对折射施密特系统的三级像差理论有很多研究，如色差的最小化（Schmidt[67]和 Strömgren[79]）、更精确的确定轴上最小像差（Carathéodory[14,15]）以及卡塞格林形式的研究（Linfoot[40]）。

我们将在 4.1.2 节中进行施密特系统的高阶波前分析。图 4.2 显示了使用折射校正板的施密特望远镜的基础设计，图 4.3 展示了首台建造的施密特望远镜。

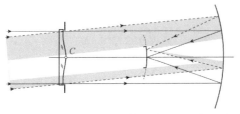

图 4.2 经典施密特望远镜结构，它有一个折射非球面改正板，在球面镜曲率中心 C 处有一个孔径光阑。参见图 4.1 中的设计 3，M₁ 镜被改正板替代（以上非球面是被放大显示的）

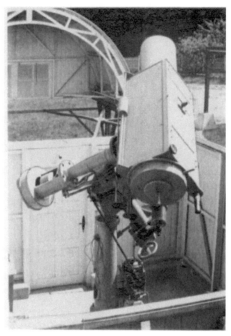

图 4.3  第一台施密特望远镜，有效口径 36cm，焦比 $f/1.75$，视场 7.5°。改正板和主镜的面形是由施密特于 1930~1931 年在 Bergedorf 天文台磨制的（Hamburg）

施密特望远镜的长度是焦距的两倍。为了避免视场渐晕，主镜的尺寸为改正板的尺寸加上视场尺寸的两倍。0.6~1.4m 折射改正板的情况下主要采用焦比 $f/3.5$ 到 $f/2.7$ 以及 4°~−5°的视场。对大视场天区巡天，例如使用完全施密特形式的 Palomar、ESO 和 UK 望远镜，残余像差和由大气视宁度引起的退化与探测器的分辨单元相匹配。改正板的色球差限制了宽波段望远镜系统的光学性能。后面会介绍减小色球差效应的办法。新的发展，例如全反射设计和使用非球面反射光栅的光谱仪相机，则需要比三级像差理论更为详尽复杂的理论分析。

通过预应力或弹性松弛方法得到折射改正板、反射改正板和非球面反射光栅的主动方法将在第 5 章中介绍。

### 4.1.2　球面镜曲率中心处的波前分析

为了确定置于球面反光镜曲率中心的改正镜元件产生的光学面形 $Z_{\mathrm{Opt}}$，通过确定一个点源 $S$ 经过球面反光镜反射后在此位置的波前形状 $Z_{\mathrm{W}}(r)$ 很有帮助（图 4.4）。

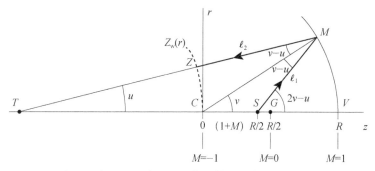

图 4.4 点源经过球面反光镜反射后在球心处的波前

如果现在考虑光沿相反方向传播，那么点源 $S$ 就是施密特系统的消球差像。如果单独使用球面镜，并且目标物点在无穷远处，则镜面的高斯焦点 $G$ 位于线段 $CV$ 的中间，其中 $V$ 是镜面顶点。

回到 $S$ 是点源的情况，设 $R$ 为镜面的曲率半径，并且

$$GS = M \times R/2$$

其中 $M$ 是无量纲参数，对于有限工作距的施密特相机，$M$ 不必很小但是可以取 $0 \sim -1$ 的任何负值（图 4.4）。对于无限远处的目标，$M$ 为正且相对较小；出于对残余像差的视场平衡，$M$ 的值通常不为零。

在圆柱坐标系中，设 $Z_w(r)$ 为从点源 $S$ 发出经过球面反光镜反射后在曲率中心位置 $C$ 处的波前。波前曲面可以用多项式级数的偶数项来表示

$$Z_W(r) = \sum_{n=2,4,6,\cdots} \mathcal{A}_n r^n / R^{n-1} \tag{4.1}$$

其中 $\mathcal{A}_n$ 系数是无量纲的。对于具有快速焦比（$f/1.5$ 或 $f/1$）的大型光谱仪相机，为了进行精确的光学校正，必须确定公式（4.1）的高阶项。高阶项的确定对于可产生非球面改正板、反射面、光栅的可变形光学元件设计中的弹性问题也是必须的。

波前形状 $Z_w(r)$ 可以从常数光程条件获得，沿 $z$ 轴表示为 $2 \times SV + VC = (3-M)R/2$，因此，对于镜面上的点 $M$，正长度 $SM = l_1$ 与 $MZ = l_2$ 的和与此光程相等。从图 4.4 所示的几何性质可以推导出一组关系，其中 $u$ 和 $v$ 分别为线段 $ZM$ 和 $CM$ 与 $z$ 轴之间的夹角。这些关系是

$$\ell_1 + \ell_2 = (3-M)R/2 \tag{4.2a}$$

$$Z_W = R\cos v - \ell_2 \cos u \tag{4.2b}$$

$$r = R\sin v - \ell_2 \sin u \tag{4.2c}$$

$$\ell_1 \cos(2v - u) = R\cos v - (1 + M)R/2 \tag{4.2d}$$

$$\ell_1^2 = \left(5 + 2M + M^2\right)R^2/4 - (1 + M)R^2 \cos v \tag{4.2e}$$

其中未知数为 $Z_W$，$u$，$v$，$l_1$ 和 $l_2$。使用镜面曲率半径 $R$ 表示一些无量纲量

$$\mathcal{Z}_W = Z_W/R = \sum \mathcal{A}_n \rho^n, \quad \mathcal{L}_1 = \ell_1/R, \quad \mathcal{L}_2 = \ell_2/R, \quad \rho = r/R \tag{4.3}$$

方程组（4.2）变为

$$\mathcal{L}_1 + \mathcal{L}_2 = (3 - M)/2 \tag{4.4a}$$

$$\mathcal{Z}_W = \cos v - \mathcal{L}_2 \cos u \tag{4.4b}$$

$$\rho = \sin v - \mathcal{L}_2 \sin u \tag{4.4c}$$

$$\mathcal{L}_1 \cos(2v - u) = \cos v - (1 + M)/2 \tag{4.4d}$$

$$\mathcal{L}_1^2 = \left(5 + 2M + M^2\right)/4 - (1 + M)\cos v \tag{4.4e}$$

每一个 $\mathcal{A}_n$ 系数通过如下获得

$$\mathcal{A}_n = \frac{1}{n!}\left(\frac{\mathrm{d}^n \mathcal{Z}_W}{\mathrm{d}\rho^n}\right)_{\rho=0} \tag{4.5}$$

因此，$\rho = 0$ 时，$\mathcal{Z}_W$ 的逐次导数需要确定。这个通过公式（4.4）每个方程中未知数对参数 $\rho$ 的逐级求导获得，写出表达式，求解 $\rho = 0$ 时 $n = 0$，1，2，…的解。例如，这些方程的其中一个是 $\ddot{\mathcal{Z}}_W = -\dot{v}^2 + \mathcal{L}_2 \dot{u}^2 - \ddot{\mathcal{L}}_2$，$\rho = 0$。表格 4.1 中以级数展开的形式列出了得到的光程 $\mathcal{L}_1, \mathcal{L}_2$，$u$，$v$ 角以及 $\mathcal{A}_n$ 系数（Lemaitre，1985，未发表）。

三级球差 $Sphe3$ 系数，如表 4.1 中所示，也可以写成 $\mathcal{A}_4 = -\dfrac{1}{4} + \dfrac{M\left(1 - M^3\right)}{(1 - M)(1 + M)^3}$。

$Sphe5$ 的系数是完全确定的，但是 $\mathcal{A}_6$ 似乎并没有一个简单紧凑的形式。

更高阶的系数分别为 $\mathcal{A}_8 = -\dfrac{45}{64} + 4M + \cdots$，$\mathcal{A}_{10} = -\dfrac{193}{128} + \cdots$，$\mathcal{A}_{12} = -\dfrac{1761}{512} + \cdots$。

### 4.1.3　包含放大率 $M$ 的波前方程

无量纲参数 $M$ 是球面反光镜的横向放大率，定义为

$$M = -CS/CT = -VS/VT$$

从公式（4.3）和表 4.1 中的 $\mathcal{A}_n$ 系数得到在曲率中心 $C$ 处的波前表面的量纲方程为

表 4.1　无量纲光程 $\mathcal{L}_1$, $\mathcal{L}_2$、角度 $v-u$、$v$、$u$ 以 $\rho^n$ 的级数展开以及公式（4.1）所描述的反射波前 $\mathcal{Z}_W$ 中无量纲系数 $\mathcal{A}_n$ 与放大率 $M$ 的关系。从点源 S 发出，反射波前通过镜面曲率中心（$\mathcal{A}_0 = 0$）

| 级数数 n | 0 | 1 | 2 | 3 | 4 | 5 | 6 |
|---|---|---|---|---|---|---|---|
| $\mathcal{L}_1/\rho^n$ | $\dfrac{1-M}{2}$ | 0 | $\dfrac{1-M}{1+M}$ | 0 | $3\left[\left(\dfrac{2}{1+M}\right)^3 - 1\right]$ | 0 | $45\left[\left(\dfrac{2}{1+M}\right)^5 + 8\dfrac{M(1-M)^3}{(1+M)^4} - 1\right]$ |
| $\mathcal{L}_2/\rho^n$ | 1 | 0 | $\dfrac{1-M}{1+M}$ | 0 | $-\mathcal{L}_1[4]/\rho^4$ | 0 | $-\mathcal{L}_1[6]/\rho^6$ |
| $(v-u)/\rho^n$ | 0 | 1 | 0 | 1 | 0 | $3\left[20\dfrac{M(1-M)^2}{(1+M)^3} + 3\right]$ | 0 |
| $v/\rho^n$ | 0 | $\dfrac{1-M}{1+M}$ | 0 | $\left(\dfrac{2}{1+M}\right)^3 - 1$ | 0 | $3\cdot 3\left[3\left(\dfrac{2}{1+M}\right)^5 + 20\dfrac{M(1-M)^3}{(1+M)^4} - 3\right]$ | 0 |
| $u/\rho^n$ | 0 | $-\dfrac{2M}{1+M}$ | 0 | $\left(\dfrac{2}{1+M}\right)^3 - 2$ | 0 | $3\cdot 3\left[3\left(\dfrac{2}{1+M}\right)^5 - 40\dfrac{M^2(1-M)^2}{(1+M)^4} - 6\right]$ | 0 |
| $\mathcal{A}_n$ | 0 | 0 | $\dfrac{M}{1+M}$ | 0 | $-\dfrac{1}{4} + \dfrac{M}{1+M} - \dfrac{M^2}{(1+M)^2}$ | 0 | $-\dfrac{3}{8} + \dfrac{2M}{(1+M)^4} + \dfrac{3M^2}{2(1+M)^2} - \dfrac{2M^4}{(1+M)^5}$ |

$$Z_{\mathrm{W}} = \frac{M}{1+M}\frac{r^2}{R} - \left[\frac{1}{4} - \frac{M\left(1-M^3\right)}{(1-M)(1+M)^3}\right]\frac{r^4}{R^3}$$

$$- \left[\frac{3}{8} - \frac{2M\left(1+M-M^3\right)}{(1+M)^5} - \frac{3M^2}{2(1+M)^2}\right]\frac{r^6}{R^5}$$

$$- \left[\frac{45}{64} - 4M + \cdots\right]\frac{r^8}{R^7} - \left[\frac{193}{128} + \cdots\right]\frac{r^{10}}{R^9} - \cdots \tag{4.6}$$

当共轭点都在有限远时可以验算这个方程。[①]

当点源 S 接近高斯焦点 $G$ 时，$M$ 很小。当 $M = 0$ 且给定一个镜面焦比 $\Omega = f / d = R / 4r_{\max}$ 时，对应瑞利判据 $\lambda/4$ 的 $r^{10}$ 系数的幅值可以用一对参数（$\Omega$；$d$）表征，其中 $\Omega = [193d / 2^{24}\lambda]^{1/9}$。例如，在 $\lambda = 550\mathrm{nm}$ 处，它们为（$f/1.2$；0.25），（$f/1.4$；1.00）或（$f/1.6$；3.30），其中括号里的第二个数为在 $z = 0$ 处的光束直径 $d$（单位为米）。

### 4.1.4　改正板的光学设计——序言

不管是对于光谱仪或成像系统中的衍射限光束或非衍射限光束，正轴折射改正板和倾斜的反射改正板对大视场的研究都很有用。从前面的波前方程 $Z_{\mathrm{W}}\left(r, M\right)$ 出发，可以进行确定最佳校正形状 $Z_{\mathrm{Opt}}$ 的分析。在放大率 $M$ 为较小值的情况下，通过光线追迹表明该分析并不是必要的。考虑 100%反射改正板的情况，直接通过 $Z_{\mathrm{Opt}} = Z_{\mathrm{W}}/2$ 设定改正板面形：当 $f/1.5$ 和 $M \in [0; 0.03]$ 时（这包含了在有效孔径之外具有零光焦度带的可能性），光线追迹的结果表明在由 $\mathcal{L}_1(M)$ 定义的焦点位置处的轴向像斑的尺寸小于 $1/50''$。轴向弥散斑大小与采用折射改正板的情况一样锐，其改正板的面形 $Z_{\mathrm{Opt}} = -Z_{\mathrm{W}}/(N-1)$，对应波长的折射率是 $N$。此结果可以扩展到所有基于施密特概念的实际设计。

对于焦比为 $f/1.7 \sim f/1.5$ 的球面反光镜，改正板放在其曲率中心且 $M \in [0; 0.03]$，即对于无穷远物体，放大率是确定波前零光焦度区域的位置参数，且：

（1）所有类型的轴对称光学改正板都可以从与波前方程的关系中精确导出，即 $Z_{\mathrm{Opt}} = \mathrm{constant} \times Z_{\mathrm{W}}\left(r, M\right)$；

（2）所有类型的倾斜的光学改正板都可以从与波前方程的关系中精确导出，即 $Z_{\mathrm{Opt}} = \mathrm{constant} \times Z_{\mathrm{W}}\left(x, y, M\right)$。

这些关联规则使得人们不必对每种情况（折射或反射，衍射或非衍射）都进

---

① 作为验证，对于 $M = 1$ 和 $M = -1$ 的特殊情况，分别对应于点 S 在 V 和点 S 在 C 的情况，波前式（4.6）的第一个系数给出了一个球面形状。

行确定改正板光学形状 $Z_{Opt}$ 的光程分析问题。此外，这些规则也适用于迭代光学程序中非球面系数的解。对于反射施密特系统，为了实现整个视场像质平衡控制，这些规则也可以用于改正板的过校正或欠校正。

## 4.1.5　无穷远物体——零光焦度区域位置

在本节和下文中，将只考虑点 $T$ 变成无穷远物体的情况（图 4.4），因此它的共轭像点 $S$ 接近球面镜高斯焦点 $G$。对于 $G$ 处的 $S$，放大率参数 $M=0$ 以及系数 $A_2=0$，即非球面波前在点 $C$（$z=0$）不存在曲率。例如，当对改正板进行优化以减小轴外像差时，或者最小化折射元件的轴上色球差时，就需要把系数 $A_2$ 的符号与高阶系数的符号相反。这些波前就会显示出拐点，对于径向距离 $r_0$，传播方向与 $z$ 轴平行。若 $r_m$ 是有效孔径光束的半径，则光线沿平行方向传播的半径 $r_0$ 可以用零光焦度带比 $\sqrt{k}$ 表征

$$k = r_0^2 / r_m^2 \tag{4.7}$$

将焦比 $f/d$ 定义为 $\Omega = |R/4r_m|$，其中 $R$ 仍然是球面镜的曲率半径。由于参数 $M$ 是很小的，所以从式（4.6）前两项的导数的一阶近似提供了 $M$ 与 $k$ 之间的联系

$$M \approx k / 2^5 \Omega^2, \quad \Omega = |R / 4r_m| \tag{4.8}$$

对于 $k=1$，光线在高度 $r_0 = r_m$ 处（即在全孔径边缘处）平行于 $z$ 轴。如下将会显示，光学优化主要研究 $0 \leqslant k \leqslant 2$ 的情形。利用前两个关系，并用 $\rho = r/r_m$ 表示相对于全孔径的归一化半径，位于镜面曲率中心处的波前的第一个三阶近似是 $Z_W = Z_W / R = (2k\rho^2 - \rho^4) / 2^{10}$。图 4.5 展示了不同 $k$ 值的子午面轮廓。

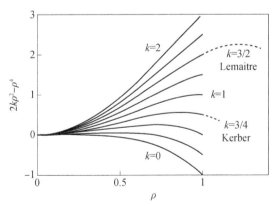

图 4.5　不同参数 $k = r_0^2/r_m^2$ 下的表示波前轮廓的函数 $2k\rho^2 - \rho^4$，$k$ 以 1/4 为步长从 0 增长到 2。Kerber 条件 $k = 3/4$ 应用于折射施密特的优化，而 Lemaitre 条件 $k = 3/2$ 应用于反射施密特望远镜和光谱仪的优化

### 4.1.6 不同改正元件的光学方程

无论是折射改正板、反射改正板还是自校正光栅，它们都是施密特设计的多样形式。设 $z$、$r$ 和 $\theta$ 是改正板相关联的柱面系统坐标，其中 $r$ 和 $\theta$ 平面与顶点相切；令朝向曲率为 $1/R$ 的球面镜的方向为 $z$ 轴正向，系统的对称平面 $(z,x)$ 上 $\theta = 0$，所以 $x = r\cos\theta$，$y = r\sin\theta$。改正光学元件通用的面形 $Z_{\mathrm{Opt}}(r,\theta)$ 具有如下形式

$$Z_{\mathrm{Opt}} = \sum B_{n,m} r^n \cos m\theta, \quad n = 2,3,4,\cdots, \quad m \leqslant n \qquad (4.9)$$

其中系数 $B_{n,m}$ 是从波前系数 $\mathcal{A}_n(M)$ 和倾斜角 $i$ 或入射角 $\alpha$ 推导出的，$i$ 表示反光镜时轴向入射光线与 $y$ 轴方向的倾角，$\alpha$ 表示反射光栅情况下的入射角。这些系数可用如下形式表示

$$B_{n,m} = s\mu T_{n,m}(i \text{ 或 } \alpha)\mathcal{A}_n / R^{n-1} \qquad (4.10)$$

其中 $s$ 是一个视场优化时表征欠校正或过校正的因子，接近于 1，$\mu$ 描述改正板的类型。对于共轴改正板，系数 $T_{n,m}$ 都等于 1。表 4.2 列出了参数 $\mu$ 和系数 $B_{n,m}$。

对于折射板，设定光线从面对着凹面镜的非球面出射。非倾斜反射改正板的情况将导致正轴全遮挡，但该系统可用于离轴；该类都属于共轴系统。表 4.2 列出了反射改正板以角度 $i$ 倾斜的情况，$\tau = 1/2\sin^2 i$（$\tau^2$ 省略），此表达式对于 Littrow-结构的反射光栅也有效；这些情况属于非共轴系统类，其中由于彗差项非常小，所以改正板的面形可以通过双轴对称来近似。对于法线衍射（$\beta_0 = 0$）的光谱仪相机情况，反射光栅具有旋转对称性。

**表 4.2**  不同改正板类型的 $\mu$ 和 $B_{n,m}R^{n-1}$。第 2、3 和 5 列是共轴系统 $[C.S.]$。第 4 列是非共轴系统 $[N\text{-}C.S.]$

| | 折射改正板校正, 折射率 $N$ $[C.S.]$ | 离轴工作的反光镜 $[C.S.]$ | 反光镜倾斜角 $= i$ $\left(\tau = \dfrac{1}{2}\sin^2 i\right)$ $[N\text{-}C.S.]$ | 反射光栅入射角 $=\alpha$ 衍射角 $\beta_0 = 0$ $[C.S.]$ |
|---|---|---|---|---|
| $\mu$ | $-1/(N-1)$ | $1/2$ | $1/2\cos i$ | $1/(1+\cos\alpha)$ |
| $B_{2,0}R$ | $-s\mathcal{A}_2/(N-1)$ | $s\mathcal{A}_2/2$ | $s(1-\tau)\mathcal{A}_2/2\cos i$ | $s\mathcal{A}_2/(1+\cos\alpha)$ |
| $B_{2,2}R$ | $0$ | $0$ | $-s\tau\mathcal{A}_2/2\cos i$ | $0$ |
| $B_{3,1}R^2$ | $0$ | $0$ | $-8s^2\mathcal{A}_2^2\tan i$ | $0$ |
| $B_{4,0}R^3$ | $-s\mathcal{A}_4/(N-1)$ | $s\mathcal{A}_4/2$ | $s(1-2\tau)\mathcal{A}_4/2\cos i$ | $s\mathcal{A}_4/(1+\cos\alpha)$ |
| $B_{4,2}R^3$ | $0$ | $0$ | $-2s\tau\mathcal{A}_4/2\cos i$ | $0$ |
| $B_{5,1}R^4$ | $0$ | $0$ | $-24s^3\mathcal{A}_4^3\tan i$ | $0$ |
| $B_{6,0}R^5$ | $-s\mathcal{A}_6/(N-1)$ | $s\mathcal{A}_6/2$ | $s(1-3\tau)\mathcal{A}_6/2\cos i$ | $s\mathcal{A}_6/(1+\cos\alpha)$ |
| $B_{6,2}R^5$ | $0$ | $0$ | $-3s\tau\mathcal{A}_6/2\cos i$ | $0$ |
| $B_{7,1}R^6$ | $0$ | $0$ | $8s^2\mathcal{A}_4^2\tan i$ | $0$ |

### 4.1.7　欠校正或过校正因子 $s$

若光学表面方程 $Z_{Opt}$（例如式（4.9）和式（4.10）所定义的）中没有应用欠校正或过校正因子 $s$，则 $s=1$。

在使用圆形孔径折射板的望远镜情况下，①在视场边缘，校正元件比在轴上工作时提供更强的校正，这是由于入射光束的倾斜角 $\phi$ 引起的；②离轴光束的截面是椭圆形的，因此，校正元件增强了在光束弧矢截面里的校正。由于这两个离轴效应，当在整个视场中优化望远镜像质时，有必要选择一个比 1 稍小一点的 $s$ 值，即欠校正非球面元件（$s<1$）。

在使用圆形光束照明的白瞳光栅全反射光谱仪情况下，变形与前面的情况相反。有必要选择一个比 1 稍大一点的 $s$ 值，即过校正非球面元件（$s>1$）。

下面将会见到，对于所有类型的施密特设计，分辨率都被五阶像散 Astm5 限制。该像差的角尺寸正比于 $\phi^2/\Omega^3$。此外，折射改正板产生的球差的轴上色差变化正比于 $f(\Delta N, N)/\Omega^3$。

# 4.2　折射改正板望远镜

## 4.2.1　单块改正板的轴外像差和色差

面对球面镜的折射板的光学面形可从表 4.2 中第 2 列的 $B_{n, m}$ 系数得到，即

$$Z_{Opt} = -\frac{s}{N-1}\sum_{2,4,6,\cdots}\frac{\mathcal{A}_n(M)}{R^{n-1}}r^n \qquad (4.11)$$

其中 $N$ 是平均折射率，$\mathcal{A}_n$ 系数来自表 4.1。

首先，在单色情况下，研究使用折射改正板的施密特系统的视场像差。通过光线追迹获得离轴视场角 $\varphi$ 处的像斑大小。首先，考虑 $s=1$ 并且放大率 $M$ 不同取值情况，也就是在式（4.8）中的零光焦度带 $k$ 值。离轴像斑点图如图 4.6 所示，同时画出了相对于式（4.7）中 $k$ 值的径向和切向的像斑尺寸变化 $l_r$, $l_t$, $d$ 表示圆直径，$\Delta f$ 是中心在 $C$ 点半径 $(1+M)R/2$ 的球面的调焦量，也是参数 $\Omega$, $\varphi$ 和 $R$ 的函数。通过 $k=3/4$ 可实现最小色差（见下文），即零光焦度带 $r_0=0.866r_m$，最大像斑直径为

$$d_\varphi = 0.020\varphi^2/\Omega^3, \quad s=1, \quad k=3/4 \text{ 即 } M=3/128\Omega^2 \qquad (4.12a)$$

（参见图 4.6 的 $A$ 点）。对于 $k=3/4$，零光焦度带位于 $r_0=1.155r_m$ 有效孔径之外，并且像斑直径 $d_\varphi = 0.0185\,\varphi^2/\Omega^3$（参见图 4.6 的 $B$ 点）$s=1$ 时最小。

在纯单色光成像的情况下，通过欠校正改正板可能提高分辨率。若 $\varphi_m$ 是最大半视场角，则欠校正参数 $s = \cos^2\varphi_m$ 可提供最佳优化。在调焦之后，图 4.6 的虚线示出了 $\varphi_m$ 处的离轴弥散斑的大小。$k = 4/3$ 时的最好分辨率是（参见图 4.6 的 $B$ 点）

$$d_\varphi = 0.011\varphi_m^2 / \Omega^3, \quad s = \cos^2\varphi_m, \quad k = 4/3 \quad \text{i.e.} \quad M = 1/24\Omega^2 \quad (4.12b)$$

这样优化后的单色光像斑如图 4.6 的最底下一行所示，不同视场 $\varphi/\varphi_m$ 的光成像在一个球面上。例如，对于 $f/3$ 和 $2\varphi_m = 5°$，根据式（4.12a）和式（4.12b），像斑直径分别不超过 0.29″和 0.16″。

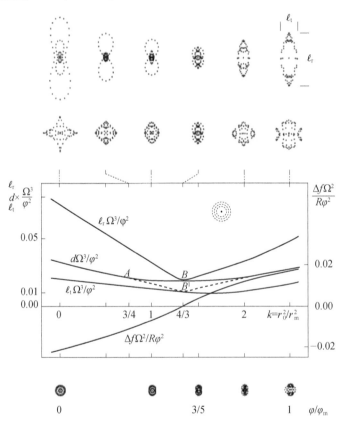

图 4.6 折射改正板施密特系统的单色离轴残余像差。参数 $s = 1$ 时，画出了离轴像斑与 $k$ 值（式（4.7））的曲线，成像在曲率中心 $C$ 点，半径 $(1+M) R/2$ 的球面上，轴上消球差像的位置。这些点图（顶部点列图）的二维尺寸在径向和切向方向上表示为 $l_r$ 和 $l_t$。除了 $k = 4/3$ 外，通过正向朝主镜方向的调焦，每个像斑可以改进到直径为 $d$ 的最小尺寸（第二行点列图）。为了使色差最小，必须设置 $k = 3/4$，即零光焦度带在 $r_0 = 0.866r_m$，最佳像斑的直径 $d_\varphi = 0.020\,\varphi m^2/\Omega^3$（参见 $A$ 点）。对于纯单色像，最佳拟合是 $k = 4/3$，所以零光焦度带在有效口径之外，$r_0 = 1.155r_m$，像斑直径 $d_\varphi = 0.0185\,\varphi m^2/\Omega^3$（参见 $B$ 点）

遗憾的是，对于通常的光谱范围，来自平板的色球差是最主要的残余像差。为了减少此影响，改正板的斜率必须尽可能缓。

从折射双透镜的光学设计来看（参见 1.1.4 节），Kerber[26]在 1886 年提出的最小化色球差的经典条件就包括了设置零光焦度带 $k$ 值，比如 $k=3/4$。该条件也适用于折射施密特板。

**Kerber 条件**：折射改正板的轮廓必须提供一阶导数极值的平衡。因此，在半口径位置处的局部斜率必须与边缘处的相反，此条件通过零光焦度带的比值 $r_0/r_{\mathrm{m}} = \sqrt{k} = \sqrt{3}/2 = 0.866$ 来满足。①

对于设计用于校正波长 $\lambda_0$，折射率为 $N_0$ 的校正板（完善的轴上消球差点），它在对应折射率为 $N$ 的波长 $\lambda$ 的轴上像斑的角直径（Bowen[11,12]）是

$$d_\lambda = 1/128\Omega^3 v , \quad v = \left(N_0-1\right)/\left(N_0-N\right) \tag{4.13}$$

对于 $f/3$ 望远镜，一个校正波长为 $\lambda_0 = 405\mathrm{nm}$ 的熔融石英校正板，对于 $\lambda = 320\mathrm{nm}$ 或 $656\mathrm{nm}$，有 $|v|=36$，根据式（4.13）得到 $d_\lambda = 1.65\,\mathrm{arcsec}$。因此，在球面焦面上，含折射校正板的望远镜的分辨能力为

$$\begin{cases} d_{\lambda,\varphi} \leqslant d_\lambda + d_\varphi = 1/128\Omega^3 v + 0.020\varphi^2/\Omega^3 \\ s=1, \quad k=3/4 \quad \text{i.e.} \quad M=3/128\Omega^2 \end{cases} \tag{4.14}$$

---

①　考虑到式（4.11）前两项的最重要部分，Kerber 条件（参见 1.1.4 节）的示例如下。设置 $s=1$，从表 4.1 得到 $A_2=M/(1+M) \simeq M$ 及 $A_4 = -1/4$，因此改正板的非球面可近似为

$$Z_{\mathrm{Opt}} = -\frac{1}{N-1}\left(M\frac{r^2}{R} - \frac{r^4}{4R^3}\right), \quad r \in [0, r_{\mathrm{m}}]$$

代入半径 $r_0 = \sqrt{2MR}$，采用无量纲半径 $\rho = r/r_{\mathrm{m}}$，其中 $r_{\mathrm{m}}$ 是改正板的最大半口径，

$$Z_{\mathrm{Opt}} = -\frac{r_{\mathrm{m}}^4}{(N-1)R^3}\zeta(\rho), \quad \zeta = \frac{1}{2}\rho_0^2\rho^2 - \frac{1}{4}\rho^4, \quad \rho \in [0,1]$$

一阶导数方程 $\zeta'=0$ 给出了具有零光焦度的高度 $\rho = \rho_0$。方程 $\zeta''=0$ 给出了拐点高度 $\rho_i = \rho_0/\sqrt{3}$。光谱色散是改正板局部楔角的函数。因此，当拐点高度处的斜率与边缘处的相反（即 $\zeta'(\rho_i) = -\zeta'(1)$）时，色球差最小。代入后，这个条件就需要

$$\frac{2}{3\sqrt{3}}\rho_0^3 + \rho_0^2 - 1 = 0$$

其中唯一可接受的根是 $\rho_0 = r_0/r_{\mathrm{m}} = \sqrt{3}/2 = 0.8660$。

若忽略改正板的近轴光焦度，则从式（4.8）可得到焦比为 $\Omega = f/D = R/4r_{\mathrm{m}}$ 因此，改正板的非球面表达式是

$$Z_{\mathrm{Opt}} = -\frac{r_{\mathrm{m}}}{256(N-1)\Omega^3}\left(\frac{3}{2}\rho^2 - \rho^4\right)$$

其中校正板的光焦度在傍轴区为正。

考虑设计单块施密特改正板的情况，波长范围 320～656nm，焦比 $f/3$、视场 $2\phi_m = 5°$，在视场边缘的残余像差是 $d_{\lambda,\,\phi} = 1.95''$。在相同的条件下，将此分辨率提高两倍将得到 $f/3 \times 2^{1/3} \approx f/3.8$ 的望远镜，因此会有一个很长的镜筒。由于 $d_\lambda \approx 6d_\varphi$ 所以引起像斑弥散的主要像差是色差。

通过采用欠校正因子 $s = \cos^2\phi_m$ 及稍微调焦，在视场边缘 $\phi = \phi_m$ 的离轴像斑显著减少（B 点处的虚线）。通过参数 $s$ 平衡优化后的点列图画在图 4.6 的最底下一行，归一化视场 $\phi/\phi_m = 0$、2/5、3/5、4/5、1（与顶部一行的点列图的比例相同）。对于 $k = 4/3$，单色光的残余像斑直径减小到 $d_\phi = 0.011\phi_m^2/\Omega^3$。

### 4.2.2 双胶合消色差改正板

校正由单改正板产生的色球差的一种方法是设计两块改正板。若 $\lambda$ 和 $\lambda'$ 是仪器校正的波长（对应折射率为 $N$ 和 $N'$），则可对每个玻璃定义阿贝数 $v = (N_0 - 1)/(N - N')$ 为 $v_1$ 和 $v_2$。假设 $v_2$ 对应色散最大的玻璃。假设 $\psi_1$ 和 $\psi_2$ 是两块改正板在给定 $k$ 值时各自的光焦度，$\psi$ 是双胶合改正板在折射率 $N_0$ 时总体的光焦度，则消色差的条件是

$$\psi_1/v_1 + \psi_2/v_2 = 0 \quad , \quad \psi_1 + \psi_2 = \psi \tag{4.15a}$$

因此每个改正板的光焦度是

$$\psi_1 = \frac{v_1}{v_1 - v_2}\psi \quad , \quad \psi_2 = \frac{-v_2}{v_1 - v_2}\psi \tag{4.15b}$$

最大色散玻璃的改正板在轴上是发散的。假设二级色差可忽略，则可以通过选择比值 $k = 4/3$ 来获得两块改正板更好的离轴校正［参见式（4.12b）给出的分辨率］此时的零光焦度带在有效通光口径之外。两块改正板的面形可以用式（4.10）的参数 $s$ 来表示为

$$s_1 = \frac{v_1}{v_1 - v_2}\cos^2\varphi_m \quad , \quad s_2 = \frac{-v_2}{v_1 - v_2}\cos^2\varphi_m \tag{4.16}$$

例如，设计一个 $f/3$ 施密特系统，在 $\lambda = 365nm$ 和 $\lambda' = 588nm$ 消色差（使用肖特晁牌玻璃 UBK7（$v_1 \approx 27$）和轻火石玻璃 LLF1（$v_2 \approx 18$）），$f/2.06$ 的晁牌玻璃改正板与 $f/2.35$ 的火石玻璃改正板有等效的非球面度，方向相反。这种改正板用于澳大利亚 Siding Spring 天文台的 1.2m、$f/3$ UK 施密特望远镜中，以及大约在 1987 年建设在智利 La Silla 天文台的欧南台 1m、$f/3$ 施密特望远镜中。关于消色差改正板的研究和介绍可参见 Su[81]、Schroeder[74] 或 Wilson[88] 的文献。

### 4.2.3　蓝端用单块改正板和红端增加单中心滤光片的情况

利用施密特望远镜，天文学家可以在不同光谱范围（例如 U、B、V 和 R 波段）获得巡天测量数据。与详细阐述的高成本的双胶合消色差改正板不同，还有一种在单块改正板的基础上减少色球差（它是折射施密特改正板的最主要的像差）的低成本的方案，使用单中心弯月形滤光片来消除一部分像差[8]。单块改正板的非球面是按照在蓝端光谱范围内单独工作而优化的。在特定的红端区域工作时，就在焦前插入一块弯月形滤光片，短波长截断。这些弯月滤光片对于中间波长是带通滤波器，对于后面的红外就是通常的颜色滤光片。望远镜的整个光谱范围可以分为蓝端、红端和红外三个谱段，每个谱段对应一个等效的改正板折射率变化量 $\Delta N$。使用 $k = 3/4$ 对蓝色波段进行优化的施密特校正板对于红色波段是球差欠校正，可以使用适当厚度的单中心弯月镜完全补偿。反射镜面和弯月面都有一个共同的曲率中心，因此弯月面不会增加离轴像差。这需要几个曲率略有不同的夹持补偿板和调焦。红端或红外对应的天空比例尺略小于蓝端的比例尺。

设 $N_{pl}$ 和 $N_{me}$ 为改正板和弯月镜在红色光谱范围的平均折射率。弯月镜的厚度 $t_{me}$ 可从球差量推导得到；也可以从一个会聚光路中的平板近似中得到。弯月形滤光片提供了一个小的离焦量 $\Delta f$。这些量为

$$t_{me} = \frac{1}{8} \frac{\Delta N_{pl}}{N_{pl} - 1} \frac{N_{me}^3}{N_{me}^2 - 1} R \ , \qquad \Delta f = \left(1 - \frac{1}{N_{me}}\right) t_{me} \qquad (4.17)$$

其中 $1/R$ 是反光镜曲率，$\Delta N_{pl}$ 是改正板在两个相邻光谱范围之间的平均折射率差。

分辨能力仍然由式（4.14）给出，其中 $d_\lambda \propto 1/v$ 对应于所使用的光谱范围。那么对于中间光谱范围，弯月镜可以作为带通滤波器。例如，一个通光孔径 1m 焦比 $f/3$ 的望远镜，它的改正板采用 BK7 玻璃，设计用于蓝端 380～510nm，$N_{pl}$（415nm），它的弯月镜用于红端 510～1000nm，$N_{me}$（675nm）=3/2，蓝端对红端的天空比例尺比值是 1.0058。弯月镜厚度适中，$t_{me}$=51.85mm，蓝和红之间的调焦距离 $\Delta f = t_{me}/3$（图 4.7）。当工作于蓝端光谱范围时，需要一个薄的低通滤波器。

这种弯月镜的方案设计在用弯焦面照相板的红蓝巡天望远镜中没有被了解或使用。它的优点有：①在紫外区的透过率比双胶合改正板的更高；②只需磨制一个非球面板，因此成本低，而双胶合的改正板有两个非球面要加工且正光焦度的那块改正板具有更高非球面度；③采用在相应的弯月镜上镀滤光片膜或

直接用滤光片玻璃材料做弯月镜可以提高整体效率，从而避免了额外的空气-玻璃-空气界面。

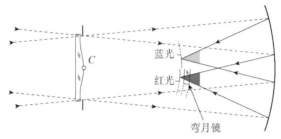

图 4.7　增强性能的施密特望远镜。改正板的非球面针对蓝端光谱范围优化。对于红端光谱范围，通过附加厚度适当的同心弯月滤光片，可以获得与蓝端类似的性能。三个光谱范围也可以通过使用两个弯月镜来定义，从而再次减少色球差残差

## 4.3　全反射望远镜

全反射式或反射式施密特（图 4.8）已经被提出用于从空间进行紫外或红外巡天（Henize[23]），起初采用磁场聚焦的 Lallemand 型探测器[28]。直接成像的另一种方法是使用平场透镜校正视场弯曲，CCD 阵列成像探测。对于具有大量光纤的多光谱仪观测，每个光纤的位置可以控制在曲面焦面上，例如 LAMOST[87]视场 5°。下面将会对基本的全反射施密特系统的光学性能与在离轴工作的共轴系统和非共轴系统进行比较，后者的结果更好。

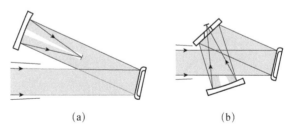

(a)　　　　　　　　　　(b)

图 4.8　全反射施密特：（a）双镜；（b）折叠三镜

### 4.3.1　离轴使用的共轴光学系统

首先考虑一个全遮拦的共轴系统。非球面镜的光学面形由表 4.2 第 3 列中的 $B_{n,m}$ 系数得到，即

$$Z_{\text{Opt}} = \frac{s}{2} \sum_{2,4,6,\cdots} \frac{\mathcal{A}_n(M)r^n}{R^{n-1}} = \frac{s}{2} \left\{ \frac{M}{1+M}\frac{r^2}{R} - \left[ \frac{1}{4} - \frac{M(1-M^3)}{(1-M)(1+M)^3} \right] \frac{r^4}{R^3} - \cdots \right\} \quad （4.18）$$

其中 $\mathcal{A}_n$ 系数在表 4.1 中。

　　与采用折射改正板的望远镜类似，视场内的像点被绘制在以 $C$ 为中心，以（$1+M$）$R/2$ 为半径的球上，轴上消球差像的位置（$s=1$）。这些像是位置比 $k = r_0^2 / r_m^2 = 2^5 \Omega^2 M$ 的函数［参见式（4.7）］。在这个球上，像的径向和切向大小分别用 $l_r$ 和 $l_t$ 表示。调焦量 $\Delta f$ 能够得到最小的近似圆形的直径为 $d$ 的像。图 4.9 展示了这些残余像斑的尺寸变化。零光焦度带比值 $k=3/2$，即在有效口径之外时像斑最好。这是最小化视场像差的 Lemaitre 条件[31]，此视场像差最主要的是五阶像散 Astm5。该条件适用于包括光栅在内的所有类型的反射式改正板情况。

　　**Lemaitre 条件**：反射改正板的轮廓必须提供二阶导数极值的平衡。因此，中心处的局部曲率必须与边缘的相反，此条件可通过零光焦度带比值 $r_0 / r_m = \sqrt{k} = \sqrt{3/2} \approx 1.225$ 来满足。

　　此条件也适用于 4.3.2 节中研究的非共轴系统和衍射系统。若 $\phi_m$ 是待优化的最大半视场角，则欠校正的最佳参数是 $s=\cos\phi_m$。经过重新调焦后，最佳分辨率是 $d = 0.011\varphi_m^2 / \Omega^3$，$k=3/2$。对于不同的归一化视场 $\phi/\phi_m$，在球面上得到此 $s$ 参数平衡优化后的点列图（图 4.9）。

　　为了使双镜望远镜切实可行，必须尽量避免次镜对主镜的遮挡。当主光线的入射角至少为

$$i = \varphi_m + 1/4\Omega \quad （4.19a）$$

时，可以实现这一点。

　　当加入一块开有中孔的转折平面镜后，这种三块反光镜的设计能提供更好的焦面探测器接口。此时入射角须至少是

$$i = \varphi_m + 7/16\Omega \quad （4.19b）$$

关系式（4.19a）和（4.19b）在入射光束具有圆形横截面时成立。在这些设计中，主镜的光学面形由表 4.2 第三列中的 $B_{n,0}$ 系数定义。从 $M$ 值可以导出最佳拟合球面焦面——中心在 $M_1$ 镜顶点，以及最大残余像差的直径 $d_C$，主要是由五阶像散引起的。

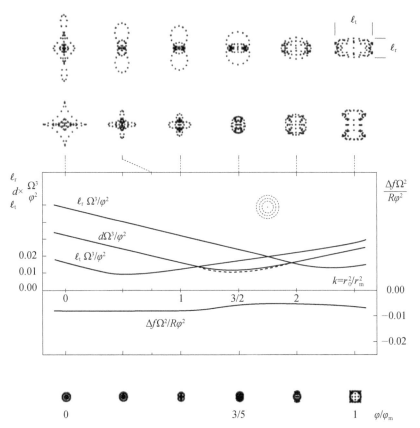

图 4.9 共轴反射式施密特的离轴残余像差−100%遮拦的情况。参数 $s=1$，轴外视场的像与 $k$ 值的函数被绘制在以 $C$ 为中心，以（$1+M$）$R/2$ 为半径的球上。这些像斑（顶部第一行点列图）的二维尺寸在径向和切向方向上表示为 $l_r$ 和 $l_t$。通过重新调焦 $\Delta f$，可得到最佳圆形轴外像的直径 $d$；然后，通过轴外圆形像斑的尺寸随 $k$ 的变化（第二行点列图）表明，$k=3/2$ 时，即零光焦度带在 $r_0=1.225 r_m$，产生最小弥散像。通过欠校正因子 $s=\cos\varphi_m$，$k=3/2$ 和少量调焦，视场边缘 $\varphi=\varphi_m$ 处的像斑得到了改善（虚线）。此 $s$ 参数平衡优化的在归一化视场上的点列图示于图中的底部，$\varphi/\varphi_m=0$、$1/5$、$2/5$、$3/5$、$4/5$ 和 $1$（与顶部点列图的比例尺相同）。在任何波长下，残余像斑的直径都是 $d=0.011\varphi_m^2/\Omega^3$

全反射共轴施密特望远镜系统离轴模式工作时的分辨率是

$$
\begin{cases}
d_C = 0.011(i+\varphi_m)^2/\Omega^3 \\
s = \cos(i+\varphi_m), \quad k=3/2 \quad \text{i.e.} \quad M=3/64\Omega^2
\end{cases}
\tag{4.20}
$$

欠校正因子 $s$ 可以用于平衡一小部分三级球差和五级像散（图 4.10）。此分辨率公式与单色折射改正板望远镜的式（4.12b）类似，但是与式（4.14）相比，大波长范围的增益是相当大的。轴对称主镜可以通过弹性松弛技术容易地磨制出来

（参见 5.3.2 节）。

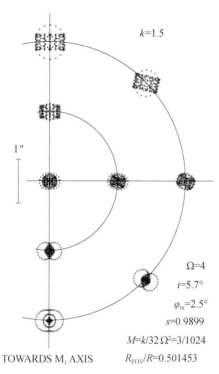

图 4.10　一个 $f/4$，视场 5°的共轴反射施密特系统用于离轴模式时的最小残余像差。镜面 $M_1$ 为旋转对称，有效孔径直径为 $2r_m$。点列图是对应于 $k = 3/2$，零光焦度带位于 $r_0 = 1.224r_m$，即在有效孔径之外。这样的镜面可以通过采用一个环支撑在 $r_0$ 处内嵌的圆形板主动产生非球面，环比圆形板稍微厚一点

## 4.3.2　非共轴光学系统

考虑非共轴系统，主镜的基本倾斜角 $i$ 也由式（4.19a）（双镜系统）和（4.19b）（带有一个附加平面转折镜）给出。理论上，主镜的精确形状只有一个对称平面。表格 4.2 第 4 列的镜面系数 $B_{n,m}$ 可以在视场中心产生完善像。

对于达到 $f/1.7 \sim f/1.5$ 中等焦比的情况，当 $n$ 为奇数时，$B_{n,m}$ 中的彗差项可忽略。因此，镜面接近双轴对称形状，该形状由通过结合 $B_{n,m}$ 和 $B_{n,0}$（$n$ 为偶数）得到的准位似椭圆生成。镜面形状的第一对表达式是

$$Z_{\text{Opt}} = B_{2,0}r^2 + B_{2,2}r^2 \cos 2\theta + \cdots \tag{4.21a}$$

从表 4.2 第 4 列的系数可以得到

$$Z_{\mathrm{Opt}} = \frac{s\mathcal{A}_2}{4R\cos i}\left[\left(2 - \sin^2 i\right)r^2 + \sin^2 ir^2\cos 2\theta\right] + \cdots \qquad (4.21\text{b})$$

由 $x = r\cos\theta$，$y = r\sin\theta$ 以及后面的系数对 $B_{4,0}$ 和 $B_{4,2}$

$$Z_{\mathrm{Opt}} = \frac{s}{2\cos i}\left[\frac{\mathcal{A}_2}{R}\left(x^2\cos^2 i + y^2\right) + \frac{\mathcal{A}_4}{R^3}\left(x^2\cos^2 i + y^2\right)^2 + \cdots\right] \qquad (4.21\text{c})$$

得到级数形式

$$Z_{\mathrm{Opt}} = \sum_{n=2,4,6,\cdots} C_n\left(h^2x^2 + y^2\right)^{n/2}, \quad C_n = \frac{s\mathcal{A}_n}{2R^{n-1}\cos i}, \quad h^2 = \cos^2 i \qquad (4.21\text{d})$$

替换 $\mathcal{A}_2$ 和 $\mathcal{A}_4$（表 4.1），此级数变成

$$Z_{\mathrm{Opt}} = \frac{s}{2\cos i}$$
$$\times \left\{\frac{M}{1+M}\frac{h^2x^2 + y^2}{R} - \left[\frac{1}{4} - \frac{M\left(1-M^3\right)}{(1-M)(1+M)^3}\right]\frac{\left(h^2x^2 + y^2\right)^2}{R^3} - \cdots\right\} \qquad (4.21\text{e})$$

现在考虑自由参数 $k = r_0^2/r_{\mathrm{m}}^2$，零光焦度带比值 $\sqrt{k} = \sqrt{3/2}$ 时，可得到视场中最佳分辨率，和共轴系统一样。然后，从式（4.8）得到 $M = k/2^5\Omega^2 = 3/2^6\Omega^2$，其中 $\Omega = R/4y_{\mathrm{m}}$ 是望远镜焦比，$y$ 轴垂直于望远镜对称面。因此，可以用一阶近似表示主镜的光学表面，它的椭圆入瞳接收柱面入射光束

$$Z_{\mathrm{Opt}} \simeq \frac{s}{\cos i}\left[\frac{3}{2^7\Omega^2 R}\left(h^2x^2 + y^2\right) - \frac{1}{8R^3}\left(h^2x^2 + y^2\right)^2\right] \qquad (4.21\text{f})$$

欠校正因子 $s < 1$ 并不能改善性能。在望远镜对称面的两个视场边缘点内，最大的弥散对应于具有最大偏转角的点。相应的中间视场（sideways field）的残差是对称面内两个反向残差的平均弥散尺寸。从 $M$ 值可以得到最佳拟合球面焦面（现在稍微有点倾斜了），和最大残余像差的直径 $d_{\mathrm{C}}$，它也和共轴系统一样，以五阶像散为主（Lemaitre[31,32]）。

全反射非共轴系统施密特望远镜的分辨率为

$$\begin{cases} d_{\mathrm{NC}} = 0.012\varphi_{\mathrm{m}}\left(\frac{3}{2}i + \varphi_{\mathrm{m}}\right)/\Omega^3 \\ s = 1, \quad k = 3/2\ \text{即}\ M = 3/64\Omega^2 \end{cases} \qquad (4.22)$$

$k=1$ 和 $k=3/2$ 的点列图表明后者是最优的（图 4.11）。通过弹性松弛技术可很容易地得到主镜形状（参见 5.3.3 节和 5.3.4 节）。

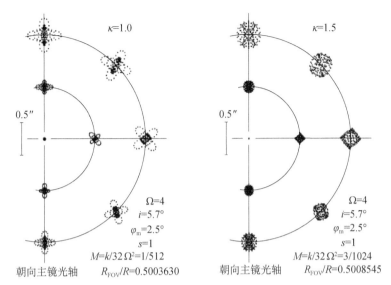

图 4.11　一个焦比 $f/4$，视场 5°的非共轴反射施密特望远镜的最小残余像差。双轴对称的主镜由位似椭圆产生，主轴长度比 cos$i$。当 $k=1$ 时，零光焦度带位于孔径边缘，所以镜面的非球面可通过一个从有效口径边缘内嵌的椭圆板用主动光学技术轻易实现。当零光焦度带比 $\sqrt{k}=\sqrt{3/2}$ 时，可得到最佳像斑，即从圆形入射光束定义的椭圆零光焦度带 $r_0=1.224r_m$，在有效孔径直径 $2r_m$ 之外

### 4.3.3　非共轴系统相对共轴系统的增益

对超过探测器像元的大尺寸残余像斑，可以很容易地从式（4.20）和（4.22）确定非共轴设计相比于共轴设计的星等增益。考虑具有式（4.19b）的折叠三反设计，可以得到极限星等的增益

$$\Delta_{mag}=2.5\log\left(d_C^2/d_{NC}^2\right)=5\log\left[\frac{11}{18}\frac{\left(32\Omega\varphi_m+7\right)^2}{\Omega\varphi_m\left(40\Omega\varphi_m+7\right)}\right]$$

例如，一个 $f/3$ 的系统，半视场 $\phi_m=2.5°$，星等的增益是 $\Delta_{mag}=2.4$。在视场边缘以及使用根据（4.21d）设计的镜面，非共轴设计的像质其 100%光能量等于或小于 1.2″，对应于 rms 像斑优于 0.6″。

### 4.3.4　LAMOST：一个采用主动光学技术的巨型非共轴施密特望远镜

非共轴系统的一个杰出例子是大天区面积多目标光纤光谱天文望远镜（Large Area Multi-Object Spectroscopy Telescope，LAMOST）（Wang，Su 等[87]，

Su 和 Cui[82]）。LAMOST 位于兴隆站，是全反射式施密特望远镜，专用于光谱巡天。直径 4m 的星光光束被平面-非球面镜面反射向凹球面镜，经反射后在两镜的中间位置形成了焦比 $f/5$ 的弯曲焦面，天区视场 5°，即直径为 1.75m 的焦面；这些特征使得 LAMOST 具有无与伦比的集光率（参见 1.6.3 节）。它的光轴（不是极轴）固定于子午面，与地平线倾斜 25°。对赤纬范围 $\delta \in [-10°, 90°]$ 内的目标，当天体通过子午面前后 1.5h 对其进行观测（图 4.12）。

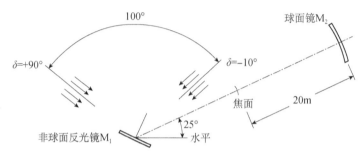

图 4.12　LAMOST 非共轴光学系统。上图：实时变形的非球面主镜孔径大小 5.7 m×4.4 m，由 24 个主动变形的子镜拼接组成。固定不动的球面次镜孔径大小 6.7 m×6.0 m，由 37 个子镜组成（参见 Wang，Su 等[87]，Su 和 Cui[82]-NIAOT/CAS）。下图：LAMOST 全景，兴隆站（NAOC/CAS 供图）

第一镜 $M_1$ 和第二镜 $M_2$ 分别由 24 块和 37 块子镜组成。所有子镜都为六边形，材料是肖特的微晶玻璃和 LZOS 的微晶玻璃，对角线长度 1.1m。主镜子镜的厚度为 25mm，相对于最接近的倾斜平面主动光学系统产生的最大变形 ~7.5μm。建筑的中间部分是可转动的焦面和 4000 根电动可控的光纤。每根光纤直径对应天空张角 3.3″，即直径为 320μm。十六台低分辨率光谱仪和一些高分辨率光谱仪，每台光谱仪接 250 根光纤。光谱仪位于焦面下方的专用仪器房里。

$M_1$ 的子镜在不工作时是平面的，工作时实时加力变形，产生一个连续的非球面校正 $M_2$ 的球差。赤纬角度 $\delta$ 和从子午面的跟踪分量角决定了 $M_1$ 的形状、入射倾角 $i$ 和机架的方位-高度角；所有这些量在跟踪过程中都会变化。

望远镜观测时，$M_1$ 的面形维持采用常数的零光焦度带比值 $\sqrt{k}$，即对于 $M_1$ 面内的任意方向 $\theta$，始终满足条件（4.22）$k = r_0^2 / r_m^2 = 3/2$。此非球面由促动器进行弹性变形产生，由 $Z_{Opt} = \sum C_n \left( h^2 x^2 + y^2 \right)^{n/2}$ 形式的位似椭圆得到，其中系数 $C_n$ 和光瞳变形比 $h = \cos i$ 由式（4.21d）决定。在两项近似中，$M_1$ 的镜面形状由式（4.21f）表示，其中校正因子 $s$ 设置为 1（见式（4.22））。在跟踪过程中，$i$，$C_n$，$h$ 和主镜的高度-方位转动由开环控制确定。星光探测进行闭环校正。

## 4.4　使用非球面光栅的全反射光谱仪

基于采用位于球面镜曲率中心的非球面反射光栅的反射光谱仪具有出色的性能（Lemaitre[30]）。有两个问题需要解决：①它们的光学设计需要专用程序，将非球面度和局部方程都考虑在内，以计算衍射光线的方向余弦；②还需要采用复制法的专用主动光学方法从平面光栅生成非球面光栅。虽然现在已经有了这样的程序，但这些困难还是能够解释为什么这些光谱仪从 20 世纪 80 年代以来只有最近才有发展。

### 4.4.1　反射光栅光谱仪设计的比较

使用反射光栅的传统折反式光谱仪，遇到的困难之一是相机光学元件对入射光束的遮挡。为了避免这种情况，相机光学元件设计放置在光栅上准直直径的几倍距离处。若要在光谱边缘处避免由渐晕造成的严重光损失，就要使相机光学元件的孔径远大于准直光束的孔径。这些比光栅尺寸大得多的光学元件增加了非球面度，对于具有快焦比的相机，校正元件的面形变得至关重要。作为比较，图 4.13 展示了具有相同焦距、焦比、色散和光谱范围的四种光谱仪设计[30]。

图 4.13（a）是经典折射施密特相机。在图 4.13（b）的相机中，使用所有面都为球面的两块透镜改正板。两块透射改正板可替换为马克苏托夫[45]或 Bouwers[9]弯月透镜，但它们的光学位置更靠近光栅，会对准直光束造成一些遮挡。

避免如图 4.13（a）所示的口径大且非球面高的改正板的一种方法是在光栅前直接放置一个改正板（Bowen[10]），如图 4.13（c）所示。然后光束两次通过改正板，一次在光栅衍射之前，一次在之后。在这种情况下，此光束通过两次的改正板的面形为（1+cosα）/cosα，比相同瞳孔大小的光束只通过一次的改正板的面形低约2 倍，其中 α 是光栅的入射角。

　　使用非球面光栅，不存在色差，四次折射（图 4.13（c））造成的光损失问题也消失了，从而为宽光谱范围和 UV 研究提供了一种性能好的设计。表 4.2 显示校正光栅的非球面度为（1+cosα）/（N −1），比相同孔径的光束只通过一次的校正板的低约 4 倍。

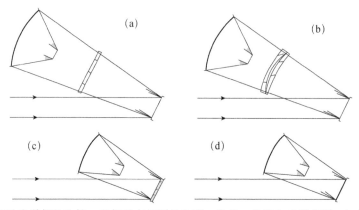

图 4.13　四种光谱仪的比较，它们具有相同的焦距、焦比、色散和光谱范围。（a）传统施密特望远镜，带有折射非球面改正板和平面光栅；（b）两块透射改正板，所有的面都为球面。两块透射改正板可替换为马克苏托夫透镜或同心 Bouwers 弯月镜，但这将带入对入射光束造成遮挡的困难；（c）Bowen 提出的在平面光栅前面放置一个折射非球面改正板，光束将通过两次；（d）带有 Lemaitre 非球面光栅的全反射式相机。此设计仅使用两个表面和最小的非球面度校正

　　望远镜光瞳与相机光学系统的衔接非常靠近光栅的位置。这为实现图4.13(c)和（d）设计为快焦比相机提供了条件。此外，图 4.13（d）中所示的相机中的法线衍射方案通常是实用可行的，并且可以使用轴对称光栅（就像 100%遮挡情况下的两镜共轴系统），有两镜消像散共轴系统的优良性能。

## 4.4.2　衍射光栅方程

　　设 α 和 β 分别为入射角和衍射角，$\delta = \alpha + \beta$ 为光栅的偏转角，$\delta_0$ 为准直镜和相机轴之间的夹角。这些参数由光栅方程和角方程相关联，

$$\sin\alpha - \sin\beta = K\lambda / \ell \quad , \quad \delta_0 = \alpha + \beta_0 \qquad (4.23)$$

其中 $K$、$\lambda$ 和 $\ell$ 分别为衍射级次、波长和刻槽间隔；$\beta_0$ 是光谱仪视场中心的衍射角。光谱边缘处的最大半视场角 $\phi_m$ 为衍射角 $\beta$ 在光谱范围 $[\lambda_1, \lambda_2]$ 上的总偏角的一半。

一般来说，对于中等色散的光谱仪，可以通过选择入射角 $\alpha$、刻线密度和相机尺寸使得光栅工作于接近法线衍射角 $\beta_0 = 0$。假设有一个圆形截面的入射光束照射光栅，则孔径比 $\Omega$ 和零光焦度带比 $\sqrt{k}$ 都是在从光栅中心刻线开始的有效长度的 $y$ 方向定义。在法线衍射中，光栅上椭圆光瞳的半尺寸 $(x, y)$ 是 $(r_m/\cos\alpha, r_m)$。

根据中心波长是否在 $\beta_0 = 0$ 或 $\beta_0 \neq 0$ 衍射，可以将光栅光学面形分为两类。

### 4.4.3　轴对称光栅（$\beta_0 = 0$）

旋转对称性有助于简化光栅研制。在这种情况下，中心波长的衍射角必须为 $\beta_0 = 0$ 或很小。定义光栅表面的系数式（4.9）和（4.10）在表 4.2 第 5 列给出，其中 $B_{n,m}$ 简化为 $B_{n,0}$。残余像差由共轴反射施密特系统的式（4.20）得到，并在 $\alpha^2/\Omega^3$ 中增加了 Astm5 分量。所有光栅都必须满足零光焦度比值条件 $r_0 / r_m = \sqrt{k} = \sqrt{3/2}$。

对于工作在法线衍射角 $\beta_0 = 0$ 的全反射式光谱仪，在最佳球面焦面上以及在垂直于光栅刻线的对称平面中，它的分辨率是（$\varphi_m \equiv \beta_m$）

$$\begin{cases} d_C = 0.000\,43\sin^2\alpha / \Omega^3 + 0.011\varphi_m^2 / \Omega^3 \\ s = \cos^2\varphi_m, \quad k = 3/2 \text{ i.e. } M = 3/64\Omega^2 \end{cases} \qquad (4.24)$$

从格 4.2 第 5 列，光栅的面形表示为

$$Z_{Opt} = \sum_{2,4,6,\cdots} B_{n,0} r^n = \sum C_n r^n \quad , \quad C_n = \frac{s\mathcal{A}_n}{(1+\cos\alpha)R^{n-1}} \qquad (4.25)$$

由于现在人们已经制造了快焦比如 $f/1.2$ 的大尺寸光谱仪，因此研究光栅面形的幂级数展开表达式很有作用。它可以用于确定花瓶形主动子母板的可变厚度分布，通过复制法产生衍射光栅的非球面。通过一个具有少量球差的平场透镜，及采用大于 1 的 $s$ 因子（产生过校正）可以有效进行视场优化。

若没有平场透镜，最佳 $s$ 因子对应的是 $s = \cos^2\varphi_m$（欠校正），光栅面形由下列展开式表示

$$Z_{\mathrm{Opt}} = \frac{\cos^2 \varphi_{\mathrm{m}}}{1+\cos \alpha} \left\{ \frac{M}{1+M} \frac{r^2}{R} - \left[ \frac{1}{4} - \frac{M(1-M^3)}{(1-M)(1+M)^3} \right] \frac{r^4}{R^3} \right.$$

$$- \left[ \frac{3}{8} - \frac{2M(1+M-M^3)}{(1+M)^5} - \frac{3M^2}{2(1+M)^2} \right] \frac{r^6}{R^5} \qquad (4.26)$$

$$\left. - \left[ \frac{45}{64} - 4M + \cdots \right] \frac{r^8}{R^7} - \left[ \frac{193}{128} + \cdots \right] \frac{r^{10}}{R^9} - \cdots \right\}$$

其中 $M = k / 2^5 \Omega^2 = 3 / 2^6 \Omega^2$ , $r \leqslant r_{\mathrm{m}} = R / 4\Omega$ 。

考虑基于施密特概念的各种光谱仪设计，由于设计简单紧凑且具有很高的效率以及在 4.4.8 节中列出的其他几个重要优点，使用工作于法线衍射的轴对称非球面光栅的反射式设计引起了人们极大的兴趣。

### 4.4.4　双轴对称光栅（ $\beta_0 \neq 0$ ）

对于衍射角超出范围的情况（例如 $\beta_0 = \pm 5°$ ），双轴对称光栅能够提供更有效的像差校正。这将可以达到类似于轴对称光栅情况的残余像斑，以及如式（4.24）给出的分辨率。

使用双轴对称光栅非法线衍射角工作的全反射式光谱仪，在最佳拟合球面焦面以及垂直于光栅刻线的对称平面上，它的分辨率是

$$\begin{cases} d_{\mathrm{NC}} = 0.000\,43 \sin^2(\alpha + \beta_0) / \Omega^3 + 0.011 \varphi_{\mathrm{m}}^2 / \Omega^3 \\ s = \cos^2 \varphi_{\mathrm{m}}, \quad k = 3/2 \quad \text{i.e.} \quad M = 3/64\Omega^2 \end{cases} \qquad (4.27)$$

例如使用非共轴反射式施密特望远镜（4.3.2 节），通过产生位似椭圆来近似光栅表面。因此，光栅的光学表面为

$$Z_{\mathrm{Opt}} = \sum_{2,4,6,\cdots} C_n \left( h^2 x^2 + y^2 \right)^{n/2} \qquad (4.28)$$

其中

$$C_n = \frac{s \mathcal{A}_n}{(\cos \beta_0 + \cos \alpha) R^{n-1}} \quad , \quad h = \cos \beta_0 \qquad (4.29)$$

双轴对称光栅也适用于全反射式 Schmidt-Littrow 结构的（ $\beta_0 = -\alpha$ ）设计，但迄今为止似乎还没有研制出来。一般来说，Littrow 结构关注的是需要长焦距、大入射角和慢焦比的高分辨率光谱仪。这将需要中等非球面度的光栅。

对于焦比到 $f/2$ 的光谱仪相机，为了在必要时得到一个更易于接近的焦点，可以在光栅和相机镜面之间添加一个反射镜。这个开孔的反射镜既可以转折入射

光束和衍射光束，也可以只转折衍射光束。对于焦比 $f/2$ 更快的相机，探测器就安装在焦面内，因此需要更大尺寸的光栅（4.4.11 节）。

### 4.4.5　平场全反射式非球面光栅光谱仪

鉴于目前探测器的最新技术水平，探测器表面基本不可能做成平面之外的面形。因此，探测器的杜瓦封窗必须用平场透镜来代替。这样设计会小幅度增加光栅的非球面度，以补偿平场透镜引入的球差；相机光学元件还要朝向光栅做小量位移补偿彗差。

平场透镜具有正的光焦度。从 1.10.1 节中的佩茨瓦尔条件（或参阅 Chrétien[17]，Born 和 Wolf[7]）可知，设在第 $i$ 个反射面的折射率为 $N_{i+1} = -N_i$，曲率半径为 $c_i$，最后一个介质的折射率为 $N_{I+1}$，满足如下条件可得到零曲率焦面，

$$C_P \equiv N_{I+1} \sum_{i=1}^{I} \left( \frac{1}{N_{i+1}} - \frac{1}{N_i} \right) c_i = 0 \qquad (4.30)$$

因此，关于镜面曲率 $1/R$ 和单块透镜的曲率 $c_1$ 和 $c_2$，经过替换后，若满足下式则可得到平场

$$(N-1)(c_1 - c_2)/N - 2/R = 0 \qquad (4.31)$$

其中 $N$ 是透镜对中心波长的折射率。

尽管在会聚光束的情况下，可以通过曲率 $c_1$、$c_2$、厚度和到探测器的后截距优化设计无轴向色差的单透镜（Wynne[96]），光线追迹优化表明，使用厚度最小的凸-平结构的单透镜（即 $c_2 \approx 0$），可以获得最佳平场校正。对于宽光谱范围光谱仪，最常用的材料之一是熔石英，因为它具有低色散和高极限强度，可安全用作杜瓦封窗。假设光线通过凸平透镜的第一个表面（具有曲率 $c_1$），由一阶近似得到

$$c_1 = 2N/(N-1)R \quad, \quad c_2 = 0 \qquad (4.32)$$

通过微量调整 $c_1$ 和 $c_2$ 可对性能有一些改进，使 $c_2$ 有一个很小的曲率，这样可以使透镜的像散最小化，同时它的光焦度 $c_1 - c_2$ 保持不变。

由杜瓦真空导致的透镜弹性变形不会明显改变其厚度分布，没有弹光效应改变视场中的像质。如果将平场透镜用做杜瓦封窗，用于大气压差 $q \approx 10^5 \text{Pa}$，则必须仔细确定透镜的厚度。若用 $a$ 表示透镜的半口径，则它的轴向和边缘厚度必须满足以下弯曲和剪切条件

$$t_0 \geq \sqrt{\frac{3(3+v)}{8} \frac{q}{\sigma}} a \quad, \quad t_{\text{edge}} \geq \frac{1}{2} \frac{q}{\sigma} a \qquad (4.33)$$

其中应力 $\sigma$ 必须比极限应力 $\sigma_{\text{ult}}$ 小两到三倍（参阅 5.2.5 节中 "玻璃的破裂和加载

时间"部分）。对于熔融石英，$\sigma_{ult} = 700 \times 10^5$Pa，泊松比 $v = 0.16$。

### 4.4.6　全反射式非球面光栅光谱仪的实例

下文将要介绍的光谱仪并不全是严格的全反射式系统，因为其中的一些为了实现平场使用了单透镜作为探测器杜瓦封窗。尽管如此，使用"全反射式"这个术语也基本正确，因为紧靠近焦前的单透镜不会引入明显的色差，而只会轻微改变系统球差的校正。

**使用 $k = 0$ 几何结构光栅的实验室光谱仪**：尽管 $k = 3/2$ 的结构是最佳像差校正的优选，但是第一个用于实验室光谱仪的非球面光栅是通过郁金香形的子母板（Lemaitre 和 Flamand[30]）生成的平面非球面光栅，$k = 0$。不锈钢的子母板在无应力情况下被抛光成平面，并在其表面上复制了标准 Jobin-Yvon 平面光栅。接着，通过中心加力和自由边缘响应使子母板产生弹性非球面变形，然后复制到肖特微晶玻璃的刚性基底上。这样复制产生的就是最终的非球面光栅（见第 5 章，5.4.4 节）。

郁金香形子母板的厚度接近 $\mathcal{T}_{40} \propto \left[ \rho^{8/(3+v)} - 1/\rho^2 \right]^{1/3}$ ［参见公式（3.30）］，它能产生纯 $\rho^4$ 的挠曲，对应于表 4.1 中的 $M = 0$，$\mathcal{A}_2 = 0$ 以及 $\mathcal{A}_4 = -1/4$。这就要 $k = r_0^2 / r_m^2 = 0$，因此零光焦度带位于子母板的顶点。实际上，这种结构略有修改也可以校正五阶球差。此厚度分布产生了三级 *和* 五级球差模式，但不产生任何曲率挠曲 $Cv1$，尽管后一种情况因为郁金香形的中心有限厚度引起很小量的挠曲，但没有副作用。

对于 $\rho = 1$，相应的简支子母板边缘是 $r = 85$mm。光线追迹的最佳拟合发现欠校正因子 $s = \cos\varphi_m = 0.991$ ［而不是式（4.24）中 $k = 3/2$ 时对应的 $s = \cos^2\varphi_m$］，包括子母板五阶主动变形的理论面形为 5.4.4 节的式（5.90）。

第一个非球面光栅（$1200\, l.\text{mm}^{-1}$，$102 \times 102$mm）安装在如图 4.13（d）所示的实验光谱仪中，用于光学评估。通过狭缝和准直镜产生直径 $2r_m = 90$mm 的平行光束，照射到工作在法线衍射角结构的光栅上，在 $\lambda_0 = 4000$Å 处 $\beta_0 = 0°$，对应于入射角 $\alpha = \delta_0 = 28.7°$。光栅处椭圆光阑的口径 $90\,\text{mm} \times 100\,\text{mm}$，从而相机在中心波长 $\lambda_0$ 处两个主方向的焦比是 $f/2 \times f/1.8$。在紫外波段 3000 ~ 5000 Å，获得了铁（Fe）和镉（Cd）的光谱，记录在弯曲胶片上，色散率 42Å/mm，相机半视场 $\varphi_m = \beta_m = \pm7.5°$。光学测试结果与理论像斑弥散完全一致（图 4.14）。

**使用 $k = 3/2$ 几何结构光栅的天文光谱仪**：通过主动光学复制过程为天文观测制作的第一个非球面光栅被用于夏威夷 CFHT 的 UV 主焦点（UVPF）光谱仪，使用轴对称非球面光栅，工作于衍射角 $\beta_0 = 0$，$\lambda = 4000$Å。

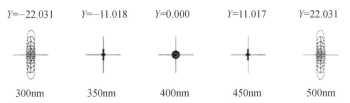

图 4.14　采用平面-非球面光栅，光谱范围 3000 ~ 5000Å，$k = 0$，$\beta_0 = 0$，成像到长度 44mm 的弯曲焦面上，或 15°视场。相机光束在中心波长 $\lambda_0$ 处为 $f/2 \times f/1.8$。虽然当 $k = 3/2$ 时会得到更好的像差校正，但此设计（$k = 0$）也可以在色散方向上提供良好的校正，残差小于 $25 \times 5\mu m$。残余的视场像差导致中心处的三级球差和边缘处的五级像散

UVPF 光谱仪是 1980 年初 CFHT 首次运行的仪器。它最初使用紫外增强的胶片摄影（Lemaitre[33]）进行观测，对应天空视场 4'，可观测星云。之前的实验室光谱仪（图 4.14）用作开发非球面光栅的模型。光谱仪相机的反光镜将主焦焦比 $f/3.8$ 提高到 $f/1.26$。在 4000Å 的色散为 55Å/mm。后来这台光谱仪经过升级后使用 CCD 探测（Lemaitre 和 Vigroux[35]，Boulade 等[8]）。这就需要采用一个凸-平结构的平场透镜作为探测器杜瓦封窗（图 4.15）。轴对称光栅的非球面是通过气压加力复制花瓶形主动子母板的方法实现的（见 5.4.3 节）。

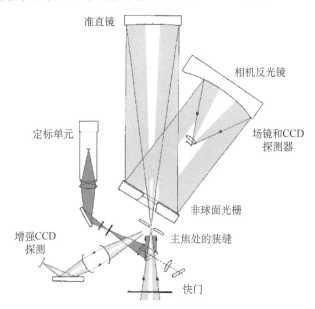

图 4.15　CFHTUVPF 光谱仪的光学设计。轴对称非球面光栅刻线密度 1200 $l.$mm$^{-1}$，用于光谱范围［3000 ~ 5200Å］。4000Å 的法线衍射在色散方向产生 $f/1.10$ 的相机光束。起初所有的光谱范围都能被长度 36mm 的弯曲的 UV 胶片所覆盖。1985 年经过升级后，使用减薄的 CCD 可以在一帧覆盖 890Å。通过在柱面上分步移动 CCD 和平场透镜，可以在三个位置覆盖所有的光谱范围（Lemaitre 和 Vigroux[35]）

子母板被设计用于产生结构为 $k = r_0^2/r_m^2 = 3/2$ 的光栅，能够使视场像差残余达到最好。$r_0 = 71$mm 使得光栅复制可以使用椭圆孔径面积。此面积由准直镜横截面光束直径决定，为 $2r_m = 2r_0/\sqrt{k} = 116$mm，对应于光栅宽度。在另一个方向上，对于法线衍射角，准直镜入射角 $\alpha = 28.7°$ 对应于光栅长度132mm。因此，光栅的有效孔径（在一个有中孔的微晶基板上进行非球面）是尺寸为 116mm×132mm 的椭圆。

使用了 CCD 的 UVPF 光谱仪的设计参数如表 4.3 所示，残余像斑如图 4.16 所示。

**表 4.3  UVPF 光谱仪光学参数 $f/1.26 \times f/1.10$**　　　　（单位：mm）

| 元件 | 曲率半径 | 轴向间隔 | 面形 |
| --- | --- | --- | --- |
| CFHT 主镜 | 27 066 | 13 533 | parabola |
| 狭缝 | ∞ | 437 | — |
| 准直镜 | −874 | −372 | parabola |
| 反射光栅 | $Z_{opt}(*)$ | 225 | asphere |
| 相机反光镜 | −282.5 | −129.495 | sphere |
| 熔石英场镜封窗 | −50 | −4 | sphere |
|  | ∞ | −4 | sphere |
| 焦面 | ∞ |  | plane |

注：$*k = 3/2$，$r_m = 58$mm，$\alpha = 28.7°$，4000Å 处 $\beta_0 = 0$。平场透镜的过校正因子 $s = 1.042$。光栅光学面形：$Z_{Opt} = 6.021 \times 10^{-5} r^2 - 5.42 \times 10^{-9} r^4 - 9.8 \times 10^{-14} r^6 - 2 \times 10^{-18} r^8$。非球面光栅 LOOM/Jobin-Yvon，1200$l$.mm$^{-1}$，1 级衍射，口径 116mm×132mm。相机准直镜入射角 $\delta_0 = 28.7°$。

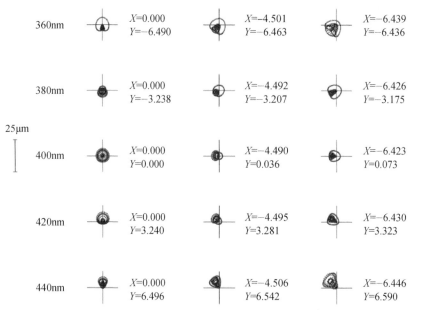

图 4.16　CFHT 的 UVPF 光谱仪——中心波长为 4000Å 时，在减薄的 CCD 上的残余像差。其他两组位置的像斑是通过在柱面上移动平场透镜和 CCD 获得的，具有相似的残余像差，全波段范围（3000～5200Å）没有重新调焦

全反射式光谱仪对于红外波段的研究和宽带光谱范围也很有效。将光学表面的数量减少到最小，这样的设计特别适用于中等分辨率和低分辨率光谱仪，即暗弱目标研究。在同一个仪器中，可以通过切换不同的光栅来得到不同的色散。

这种基于平面的非球面光栅具有旋转对称性且 $k = 3/2$，已被制作用于 Haute Provence 和南京紫金山天文台的 MARLY 光谱仪（Lemaitre 和 Kohler[36]），以及 Haute Provence 的 $2\,\mathrm{m}\,f/5 \sim f/15$ 望远镜的 CARELEC 光谱仪（Lemaitre 等[37]）。这些仪器的光学设计表明，轴对称光栅可以提供非常好的像质，衍射角可以从 $\beta_0 = 0$ 到 $\beta_0 = 12°$ 或 $15°$。

通过在相机光学系统中增加开中孔的转折镜（图 4.17），可以提供更有利的探测器和杜瓦安装接口。有几种花瓶形主动子母板通过气压加力平面光栅产生非球面，来自于 Jobin-Yvon 公司，并且具有最优轮廓参数 $k = 3/2$。CARELEC 装配了五个轴对称非球面光栅，设计用于各种角度对 $\alpha$，$\beta_0$ 的情况（表 4.4）。

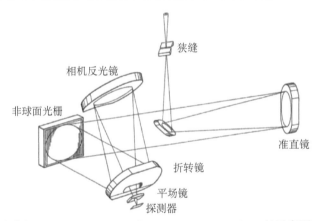

图 4.17　反射光谱仪 MARLY $f/8 \sim f/3.2$ 和 CARELEC $f/15 \sim f/2.5$ 的示意图，它们分别使用了 66mm 和 100mm 中心刻槽长度的轴对称非球面光栅。准直镜和相机轴之间的夹角为

$$\delta_0 = \alpha + \beta_0 = 30°^{[37]}$$

**表 4.4　$f/2.5 \times f/2.15$ 光谱仪 CARELEC 的轴对称光栅**

| J-Y# | $(1/\ell)\,/\mathrm{mm}^{-1}$ | $K$ | $\lambda_B/\text{Å}$ | $\alpha/(°)$ | $\beta/(°)$ | $\lambda_{\min}/\text{Å}$ | $\lambda_{\max}/\text{Å}$ | $\mathcal{R}$ $\lambda_B/\Delta\lambda$ |
|---|---|---|---|---|---|---|---|---|
| 51006 | 1 200 | 1 | 4 000 | 29.4 | 0.6 | 3 000 | 6 500 | 3 750 |
| 51009 | 1 200 | 1 | 7 500 | 42.8 | −12.8 | 6 000 | 10 500 | 7 000 |
| | | 2 | 3 750 | 42.8 | −12.8 | 3 000 | 4 950 | 7 000 |
| 51013 | 600 | 1 | 5 000 | 23.9 | 6.1 | 3 800 | 9 000 | 2 000 |
| 51049 | 150 | 1 | 5 000 | 17.7 | 12.3 | 3 800 | 8 500 | 600 |
| 510SP | 150 | 1 | 8 500 | 18.8 | 11.2 | 5 750 | 11 000 | 1 000 |

光栅的非球面化采用 $k = 3/2$。结构夹角 $\delta_0 = 30°$。表格中显示的列包括：Jobin-Yvon 光栅编号，线密度 $1/l$，光栅阶数 $K$，闪耀波长 $\lambda_B$，入射角 $\alpha$，视场中心的衍射角 $\beta_0$，光谱范围 $\lambda_{min}$ 和 $\lambda_{max}$，光谱分辨率 $R$。

### 4.4.7　无中心遮拦的全反射式光谱仪

通过使用图 4.13（d）所示设计的离轴区域，可以获得无中心遮拦的全反射式光谱仪。因此，若起始设计的焦比是 $f/n$，则无遮拦设计的焦比为 $f/（2.2n）$。后一种设计也表现出 $f/n$ 光谱仪的残余像差。因此，从焦比不太快的有中心遮拦的设计中推导出无中心遮拦的设计才是切实可用的。

对于这种无遮拦的光谱仪，通过主动光学技术在气压加力的作用下（高达 $q = 25Atm$）复制轴对称可变形光栅子母板的离轴区域（不加力时是平面）生成离轴平面非球面光栅。

这些研究的开展是为了设计和制造 ISARD 和 OSIRIS 光谱仪（Lemaitre 和 Richardson[38]）。ISARD 是一个 $f/5 \sim f/25$ 的成像光谱仪，专用于 Pic du Midi 天文台的 2m Bernard Lyot 望远镜进行暗弱目标研究。OSIRIS 是一个 $f/5$ 的望远镜和 $f/2.2$ 的光谱仪，搭载于 2001 年发射的卫星 ODIN 上。

### 4.4.8　准全反射式光谱仪的优点

上述准全反射式光谱仪的几个优点对中等亮度和暗弱目标的研究具有吸引力。

除了场镜外，使用非球面镜来替换非球面反射光栅，可以很简单地就得到全反射式的成像模式；如有必要，通过在杜瓦封窗平场镜前增加一个稍有柱面形状的透镜，可以在一定程度上提高成像质量。

全反射式多目标光谱仪和成像光谱仪受益于：

（1）视场内所有光谱的均匀色散定律，

（2）全光谱范围内的准常数线性色散，

（3）在刻线方向上几乎没有畸变，

（4）从 320nm 的大气截止波长到远红外都有高透过率。

这些特性对于提高数据处理过程中的精度非常重要，尤其是对于专用于 3-D 光谱研究的仪器。

### 4.4.9  衍射光栅和电磁理论模型

浮雕衍射光栅的加工厂家已经在闪耀角的研制上获得了非常好的性能。在一个给定的衍射倍频程中，此技术可控制衍射能量，与电磁理论模型高度吻合。

对于这种宽带光谱范围，反射光栅比透射光栅更高效。对于使用于可见光波段的线密度 $1/l \leqslant 900\text{mm}^{-1}$ 的光栅，在闪耀角或其附近测得的绝对反射率达到金属理论反射率；例如，Jobin-Yvon 光栅铝膜通常可以达到 90%以上的效率（见下文）。

对于刻线间距小于五个波长（$l/\lambda \leqslant 5$）的面起伏衍射光栅，光传播的电磁效应将会出现，偏振分量的反射率随着 $\lambda$ 而改变。自 20 世纪初以来，实验者们就知道局部不连续性的存在，例如 Wood 不规则[89]等。Rayleigh[62,63]以及后来的 Meecham[52]、Stroke[78]、Maréchal 和 Stroke[46]等进行了初步的研究和解释。Petit 和 Cadilhac[58]以及 Pavageau 和 Bousquet[57]等得到了新的形式化分析。

Petit[59,60]、Maystre[48-50]、Nevière[54-56]以及 McPhedran[51]等进行了理论分析研究和发展，可对反射率曲线 $R_{\perp,\parallel}(\lambda)$ 以及随着 $\lambda$ 变化的重要的局部起伏进行预测。这些模型可将许多情况的刻线轮廓考虑在内，例如三角形半矩形小阶梯光栅、全息正弦波、矩形薄片式或者低刻线密度阶梯光栅。例如，用于一些天文仪器中的透射光栅，即 Carpenter 光栅或棱栅，即胶合在棱镜上的光栅，棱镜折射率提供一定的偏转补偿，研究发现，通过在刻线的小侧面上沉积一层金属薄层，可以显著提高透过率。毫无疑问，制造这样的光栅会带来技术困难。而使用反射光栅能够获得最高的效率。

电磁理论模型的成就可以预测出光栅的加工者对给定的光栅类型从哪里能再提高一些反射率。Loewen 等[42,43]对反射光栅效率随闪耀角和偏转角的变化进行了理论综述。此研究比较了半矩形和正弦刻线的情况。

图 4.18 展示了这些理论结果的一个例子——带有无限大导体表面的半矩形刻线阶梯光栅。图 4.19 展示了相同光栅类型在非偏振光下的实验结果，其中两个分量分别用 $S$ 和 $P$ 表示。

必须注意的是，线密度 $\leqslant 900\text{mm}^{-1}$ 的全息和刻划浮雕面衍射光栅在大光谱范围内都具有高效率。

对于小的和中等的闪耀角区域，即 $\theta_B = 5° \sim 18°$ 及偏转角 $\delta = \text{D.A.} = 0° \sim 45°$，在从 0.66 倍到 1.80 倍闪耀波长（Littrow 型中 $\lambda_B = 2l\sin\theta_B$）的波长范围内，可以得到高于 50%的非偏振光栅效率（$P+S$）/2。

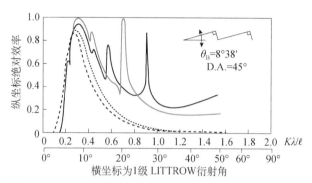

图 4.18　闪耀角 8°38′阶梯光栅的一阶效率曲线，良好导体，用于 45°偏转角。
实线：在 S-偏振面上。虚线：在 P-偏振面上。浅颜色实线显示了作为参考的 Littrow 结构的
结果（Loewen，Nevière 和 Maystre[43]）

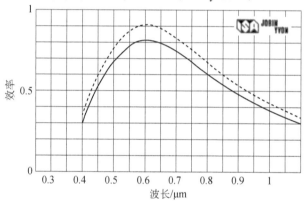

图 4.19　一个刻线密度 300$l.$mm$^{-1}$ 镀铝光栅的典型绝对反射率，参考 Jobin-Yvon 51019，
Littrow 条件（$\beta = -\alpha$）下测量的一阶效率。$\lambda = 600$nm 时闪耀角 $\theta_B = 5.16°$，$\lambda/l = 2\sin\theta_B =$
5.5。实线：$S$ 和 $P$ 偏振面的平均值。虚线：Ag+MgF$_2$ 镀膜的预期反射率（图片来自 J.
Famand，Horiba Jobin Yvon Corp.）

### 4.4.10　光栅制造方法

**A 类型：金刚石刻划光栅**：夫琅禾费（Joseph von Fraunhofer）在 1813 年首
创了世界上第一个制造衍射光栅的经典方法，通过金刚石平移台来刻划金属基
底，以及使用精密螺丝来控制刻槽间隔。通过使用刻划光栅，他发现和测量了太
阳光谱的主要吸收线，即夫琅禾费线。罗兰（H. R. Rowland）后来改进了刻划机
器，制得了 7.5in 的光栅和第一个凹形光栅，迈克耳孙（A. A. Michelson）和其他
人也对刻划机器做了改进。G. R. Harrisson 及他的合作者在 1955 年引入了激光干
涉反馈来控制光栅间隔，可以制作 30cm 的光栅。由于金刚石的寿命限制，在刻

划过程中无法获得超过 ~15km 的刻划长度。

**B 类型：全息面浮雕光栅**：自 1960 年以来，随着激光的出现，在感光胶片上进行干涉条纹的全息记录渐渐取代了刻划过程。从 20 世纪 80 年代开始，J. Flamand 等[22]在 Jobin-Yvon 发展了使用离子束方法制作的闪耀全息光栅。此方法可以获得高闪耀率的全息面浮雕光栅。对于大多数制造者来说，可用的标准光栅的尺寸被限制在 12cm×14cm 或 15cm×20cm，这实际上是从经典的金刚石刻划法中留下的旧标准尺寸。目前可以获得最大为 30cm×40cm 的原型平面光栅，线密度从 150 到 1200$l$.mm$^{-1}$。

**C 类型：体相位全息光栅**：最近人们研发了另一种体相位全息光栅。与前面的 A 和 B 类型不同，光不是被面浮雕结构衍射，而是当光穿过厚度从几微米到几百微米的感光胶片体时，发生布拉格衍射。在最近的发展中，通过将胶片夹在两个平面封窗中形成三明治结构（Arns[1]），光学精度得到了提高。在平面光栅的全息记录过程中，感光胶片的折射率被倾斜的平行相位面调制（Barden[6]）。用此方法可以制作大尺寸的透射和反射光栅。然而，这种光栅的像差校正受色差影响。

### 4.4.11　面向大尺寸的非球面光栅

具有像差校正能力的反射式浮雕面光栅可消色差，因此它对于很宽的光谱范围都很有效。体相位全息光栅只能在给定波长 $\lambda_0$ 下进行像差校正；对于 $\lambda \neq \lambda_0$ 的波长，它会产生明显的色差偏差，从而限制了光谱范围。全息面浮雕光栅（非球面反射光栅）避免了这一困难，因此非常适用于暗弱物体光谱仪。

随着超大望远镜项目的发展，天文学家们有望很快获得更大尺寸的全息面浮雕反射光栅，例如 20cm×25cm 甚至 40cm×50cm。如前所述，只有这一类型（C型）的光栅能有效提供各种消色差校正。它们的非球面需要使用主动光学和复制技术实现（参见第 5 章）。

### 4.4.12　大型全反射式非球面光栅光谱仪

对于给定的光谱仪相机的焦比和望远镜中心遮光比，在不增加遮光的情况下大尺寸的光栅是采用大面阵探测器的自然之选。

对于巨型施密特望远镜 LAMOST 的第二代光谱仪（参见 4.3.4 节），光谱分辨率将被翻倍，即对于蓝色通道和红色通道 $R = 2000$（而不是 $R = 1000$）。对于这种仪器，通过使用衍射角接近 $\beta_0 = 0$ 的轴对称面浮雕光栅，可以使效率达到最佳（图 4.20 及表 4.5）。对于前面的例子，这种反射光栅的非球面化提供了色球差的校正，然后得到最大可能的光谱范围。

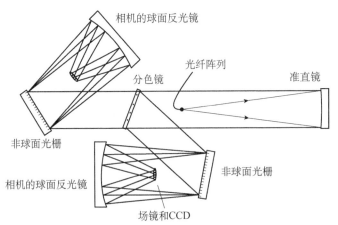

图 4.20 LAMOST 光谱仪的光学设计，$R = 2000$。它使用了刻线长度 200mm 的非球面反射光栅，以及在此方向上 $f/1.5$ 的焦比。分色镜提供了两个光谱范围 370～590nm 和 570～900nm。CCD 探测器为 2048×2048 像素，像素大小为 24μm×24μm。准直镜和相机轴之间的夹角为 $\delta_0 = 35°$。法线衍射角 $\beta \approx 0$，可以采用轴对称非球面光栅的设计（Zhu 和 Lemaitre[97]）

非球面反射光栅的另一个优点是避免了制作巨大的非球面折射施密特板的难题，因此也消除了两个相关联的鬼像问题。此外，应当提到的是，通过使用反射光栅也消除了由体相位透射光栅（通常夹在两个平板之间）的玻璃基底产生的两个鬼像的影响。采用准全反射式设计（折射元件仅包括平场透镜兼杜瓦封窗），蓝色通道和红色通道的光学性能相似（图 4.21）。

光纤阵列的输出（即光谱仪狭缝）是 $X$，$Z$ 平面上的抛物线。在 $\lambda_0$ 处，光谱的横向移动在视场中产生一个矢高 $\Delta Y \approx 0.495$mm；对于 $\lambda_0 = 735$nm，在探测器处红色通道也有很相似的横向矢高 $\Delta Y \approx 0.505$mm。$\lambda_0$ 光谱的 $X$，$Y$ 轨迹可以通过重新排布输出光纤阵列拉直——光谱仪的狭缝输入，在一个横向圆弧上排布，其 $Y$ 向具有相反的比例为 $f_{Col}/f_{Cam} = 4/1.5$ 的矢高。

**表 4.5　LAMOST 光谱仪的光学参数，$R = 2000$。蓝端通道 370~590nm，红端通道 570~900nm**

（单位：mm）

| 元件 | 曲率半径 | 轴向间隔 | 面形 |
|---|---|---|---|
| 孔径光阑 | — | 802.374 | |
| 狭缝（光纤输出） | −802 | 797.626 | on sphere |
| 准直镜 | −1600 | −1600.000 | sphere |
| 反射光栅 | $Z_{Opt}$(*) | 536.000 | asphere |
| 相机反光镜 | −600 | −283.020 | sphere |
| 熔石英场镜封窗 | $R_{1Lens}$(†) | −9.000 | sphere |
| | 3240 | −4.000 | sphere |
| 焦面 | ∞ | | plane |

*光栅刻线 1200 和 800 $l.mm^{-1}$，$\alpha = 35°$，$\beta_0 = 0°$，$Z_G = \Sigma C_n r^n$：$C_2 = 2.0150 \times 10^{-5}$，$C_4 = -6.068 \times 10^{-10}$，$C_6 = -2.34 \times 10^{-15}$，$C_8 = -1.2 \times 10^{-20}$。

†第一个透镜面 $R_{1Lens} = -105$ mm（蓝端）和 −103.2mm（红端）。

通过光栅中心的有效刻线长度是 $2r_m = 200$mm；光栅零光焦度带位于 $r_0 / r_m = y_0 / y_m = \sqrt{3/2}$，$\delta_0 = 35°$ 准直镜 $f/4$。相机 $f/1.5 \times f/1.22$。每台光谱仪接 250 根光纤。对角线视场角 $\varphi_m = \pm 6.3°$。

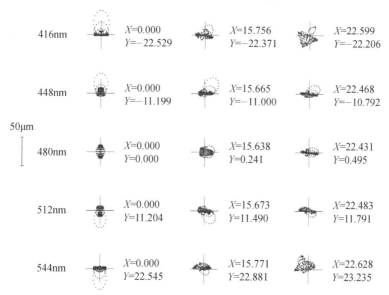

图 4.21　LAMOST 光谱仪的残余像差，分辨率 $R = 2000$，蓝端通道。点图显示了 5 个光谱像，中心波长 $\lambda_0 = 480$nm，位于 49mm×49mm 像面视场的不同高度 0，0.7，1，CCD 为 2048×2048 像素，像素大小为 24μm×24μm。光栅的两个位置覆盖了蓝端波段 370~590 nm。每个点图的 $X$，$Y$ 视场坐标显示主光线的位置（Zhu 和 Lemaitre[97]）

根据 4.4.8 节中列出的属性，从图 4.21 中每个主光线的 $X$，$Y$ 视场坐标可以证明，色散准则是准线性的，并且在垂直方向上也是均匀的。

## 参 考 文 献

[1] J.A. Arns, W.S. Colburn, S.C. Barden, Volume phase gratings for spectroscopy, in *Current Developments in Optical Design VIII*, SPIE Proc., **3779**, 313-323 (1999) 255

[2] J.G. Baker, A family of flat-field cameras, equivalent in performance to the Schmidt cameras, Proc. Am. Philos. Soc., **82**, 339 (1940) 218

[3] J.G. Baker, US Patent No 2458 132 (1945) 218

[4] A. Baranne, Un nouveau montage spectrographique, Comptes Rendus, **260**, 3283-3286 (1965) 220

[5] A. Baranne, M. Mayor, J.-L. Poncet, Coravel-A new tool for radial velocity measurements, Vistas Astro., **23**, 279-316 (1979) 220

[6] S.C. Barden, J.A. Arns, W.S. Colburn, Volume-phase holographic gratings, in *Current Developments in Optical Design VIII*, SPIE Proc., **3779**, 313-323 (1999) 255

[7] M. Born, E. Wolf, *Principles of Optics*, Cambridge University Press, Cambridge 253 (1999) 246

[8] O. Boulade, G.R. Lemaitre, L. Vigroux, UV prime focus spectrograph for the CFHT, Astron. Astrophys., **163**, 301-306 (1986) 248

[9] A. Bouwers, in *New Optical Systems-Achievements in Optics*, Elsevier Edit., Amsterdam (1946) 242

[10] I.S. Bowen, Spectrographic equipment of the 200-inch Hale telescope, Ap. J. **116**, 1-7 (1952) 242

[11] I.S. Bowen, Schmidt cameras, in *Stars and stellar Systems* I-*Telescopes*, G.P. Kuiper and B.M. Middlehurst edts., Univ. of Chicago Press, Chicago 43-61 (1960) 231

[12] I.S. Bowen, Astronomical optics, *Annual Review of Astronomy and Astrophysics*, L. Goldberg ed., **5**, 45-70 (1967) 231

[13] C.R. Burch, On the optical see-saw diagram, MNRAS **102**, 159-165 (1942) 218

[14] C. Carathéodory, *Geometische Optik*, Springer edt., Berlin (1937) 220

[15] C. Carathéodory, *Elementare Theorie des Spiegeltelescops von B. Schmidt*, B.G. Teubner edt., Leipzig u. Berlin, 1-36 (1940) and Hamburg. Math. Einzelschr., 28 (1940) 220

[16] H. Chrétien, Le télescope de Newton et le télescope aplanétique, Rev. d'Opt., **1**, 13 et 51 (1922) 217

[17] H. Chrétien, *Le Calcul des Combinaisons Optiques*, Sennac Edit., Paris, 346-350 (1958) 246

[18] A. Couder, Sur un type nouveau de télescope photographique, Comptes Rendus, **183**, 1276-1279

(1926) 218

[19] G. Courtès, *New Techniques in Space Astronomy*, IAUConf. Paris,Labuhn&L̈ust edt. (1971) 218

[20] C. Fehrenbach, Principes fondamentaux de classification stellaire, Ann. Astrophys. **10**, 257-306 (1947), and **11**, 35 (1948) 220

[21] C. Fehrenbach, R. Burnage, Vitesses radiales mesurées au prisme objectif de 620-mm de l'Observatoire de Haute Provence, Astron. Astrophys. Suppl. Series, **43**, 297 (1981) 220

[22] J. Flamand et coll., *Diffraction Gratings Ruled and Holographic*, Horiba Jobin-Yvon handbook (2003) 255

[23] K.G. Henize, The role of surveys in space astronomy, *Optical Telescopes Technology*, NASASP-233, US Gov. Print. Off., Washington DC (1970) 234

[24] D.O. Henrix,W.H. Christie, Some applications of the Schmidt principle in optical design, Sci. Am., **8**, 161, 118-123 (1939) 220

[25] G.A.H. Kellner, American Patent No 969 785, Fig. 3 (1910) 217

[26] A. Kerber, Central Zeitg. f. Opt. and Mech., **8**, 157 (1886) (see Chrétien's book) 231

[27] J. Kross, in *L'oeil du grand Tout*, Life story of B. Schmidt from its invention to the Palomar Schmidt, Laffont edt., Paris (1997) 217

[28] A. Lallemand, N. Duchesne, G. Wlerick, *Advance in Electronics and Electron Physics*, **12**, 5 (1960) 234

[29] G.R. Lemaitre, Reflective Schmidt anastigmat telescopes and pseudo-flat made by elasticity, J. Opt. Soc. Am., **66**(12), 1334-1340 (1976) 220

[30] G.R. Lemaitre, J. Flamand, Spectrographic development of diffraction gratings aspherized by elastic relaxation, Astron. Astrophys., **59**(2), 249-253 (1977) 220, 242, 247

[31] G.R Lemaitre, Sur la résolution des télescopes de Schmidt de type catoptrique, Comptes Rendus Acad. Sc., **288 B**, 297 (1979) 220, 235, 239

[32] G.R. Lemaitre, Asphérisation par relaxation élastique de miroirs astronomiques dont le contour circulaire ou elliptique est encastré ou semi-encastré, Comptes Rendus, **290 B**, 171 (1980) 220, 239

[33] G.R. Lemaitre, Combinaisons optiques à réseaux asphériques: Le spectrographe UV Prime Focus CFHT, Astron. Astrophys. Letters, **103**(2), L14-L16 (1981) 220, 248

[34] G.R. Lemaitre, Optical design with the Schmidt concept, *Astronomy with Schmidt Type Telescopes*, IAU Coll. Proc., M. Capaccioli edt., Asiago, Reidel publ., 533-548 (1984) 220, 227

[35] G.R. Lemaitre, L. Vigroux, All-reflective aspherized grating spectrographs at the prime focus of the CFHT, *Instrumentation for Ground-based Astronomy*, L.B. Robinson ed., Springer-Verlag,

New York, 275-295 (1987) 248, 249

[36] G.R. Lemaitre, D. Kohler, Spectrographes à réseaux asphériques par réflexion: LesMarlys des observatoires de Haute-Provence et de Nanjing, Comptes Rendus Acad. Sc., **308 II**, 381-387 (1989) 220, 250

[37] G.R. Lemaitre, D. Kohler, D. Lacroix, J.-P. Meunier, A. Vin, All reflective aspherized grating spectrographs for Haute-Provence and Nanjing observatories: Marlys and Carelec, Astron. Astrophys. **228**, 546-558 (1990) 220, 250, 251

[38] G.R. Lemaitre, E.H. Richardson, Ground-based and orbital off-axis aspherized grating imagerspect-rographs: ISARD/Pic-du-Midi and OSIRIS/Odin-Orbiter, *Optical Astronomical Instrumentation*, SPIE Proc., **3355**, 682-695 (1998) 220, 252

[39] E.H. Linfoot, The optics of the Schmidt camera, M.N.R.A.S. **109**, 279-297 (1949) 218

[40] E.H. Linfoot, E. Wolf, On the corrector plates of Schmidt cameras, J. Opt. Soc. Am. **39**, 752 (1949) 220

[41] E.H. Linfoot, Two-mirror systems, *Recent Advances in Optics*, Clarendon edt., Oxford, **277**, Chap. 3, 176-183 (1955) 218

[42] E.G. Loewen, D.Maystre, R.C.McPhedran, Correlation between efficiency of diffraction gratings and theoretical calculations over awide range, Japan J.Appl. Phys., **141**, 143-152 (1975) 253

[43] E.G. Loewen, M. Nevière, D. Maystre, Grating efficiency theory as it applies to blazed and holographic gratings, Appl. Opt., **16**(10), 2711-2721 (1977) 253

[44] D. Lynden-Bell, Exact optics: A unification of optical telescope design, MNRAS, **334**, 4, 787-796 (2002) 218

[45] D. Maksutov, New catadioptric menicus systems, J. Opt. Soc. Am., **34**, 270 (1944) 218, 242

[46] A. Maréchal, G.W. Stroke, Sur l'origine des effets de polarisation et de diffraction dans les réseaux optiques, Comptes Rendus Acad. Sc., **248**, 2042-2044 (1959) 253

[47] N.U. Mayall, Bernhard Schmidt and his coma-free reflector, PASP **58**, 282-290 (1946) 217

[48] D. Maystre, R. Petit, Détermination du champ diffracté par un réseau holographique, Optics Communications, **2**(7), 309-311 (1970) 253

[49] D. Maystre, R. Petit, Sur l'efficacité du réseau échelette, Nouv. Rev. Opt. Appliquée, **2**(2), 115-120 (1971)

[50] D. Maystre, Rigorous vector theories of diffraction gratings, in *Progress in Optics* XXI, E. Wolf edt., Elsevier Sciences publ. (1984) 253

[51] R.C. McPhedran, D. Maystre, A detailed theoretical study of the anomalies of a sinusoidal diffraction grating, Optica Acta, **21**(5), 413-421 1974) 253

[52] W.C. Meecham, Variational method for the calculation of the distribution of energy reflected

from a periodic surface. I., J. Appl. Phys., **27**, 361 (1956) 253

[53] D.R. Montgomery, L.A. Adams, Optics and the Mariner imaging instrument, Appl. Opt., **9**, 277 (1970) 218

[54] M. Nevière, M. Cadilhac, Opt. Commun., **4**, 13 (1971) 253

[55] M. Nevière, P. Vincent, R. Petit, Nouv. Rev. Opt. Appliquée, **5**(2), 65-67 (1974)

[56] M. Nevière, D. Maystre, J.-P. Laude, Perfect blazing for transmission gratings, J. Opt. Soc. Am., A-**7**(9), 1736-1739 (1990) 253

[57] J. Pavageau, J. Bousquet, Optica Acta, **17**, 469 (1970) 253

[58] R. Petit, M. Cadhilac, Sur la diffraction d'une onde plane par un réseau infiniment conducteur, Comptes Rendus Acad. Sc., B-**262**, 468-471 (1966) 253

[59] R. Petit, Optica Acta, **14**, 3, 301-310 (1967) 253

[60] R. Petit, Electromagnetic theory of gratings, in *Topics in Current Physics*, **22**, Springer-Verlag ed. Berlin (1980) 253

[61] G.M. Popov, New two-mirror systems for astrophysics, *Instrumentation in Astronomy*, SPIE Proc. **2198**, 559-569 (1994) 218

[62] J.W. Rayleigh (Lord Strutt), On the dynamical theory of gratings, Proc. R. Soc. London, A-**79**, 349-416 (1907) 253

[63] J.W. Rayleigh (Lord Strutt), Phil. Mag., **14**, 60 (1907) 253

[64] E.H. Richardson, D. Salmon, The CFHT Herzberg spectrograph, CFHT Bull., Hawaii, **13** (1985) 220

[65] F.E. Ross, The 48-inch Schmidt Telescope, Ap. J., **92**, 400–407 (1940) 218

[66] B. Schmidt, Original manuscript (1929), conserved by The Academy of Estonia, University of Tallin (and by Erik Schmidt). Several aspherical plate profiles are considered which include a Kerber profile, (1929)

[67] B. Schmidt, Mitteilungen der Hamburger Sternwarte, R. Schorr edt., **10** (1930) 217, 220

[68] B. Schmidt, A.A. Wachmann, Mitteilungen der Hamburger Sternwarte, R. Schorr edt., 6 and Plate I (1931)

[69] B. Schmidt, Y. Wachmann, Mitteilungen der Hamburger Sternwarte, R. Schorr edt., 11 and Plate I (1932)

[70] B. Schmidt, Ein Lichtstarkes Komafreies Speigelsysten, Central Zeitung f'ur Optik und Mechanik, **52**, Heft 2, 25 (1932) 217, 220

[71] B. Schmidt, Mitteilungen der Hamburger Sternwarte, R. Schorr edt., 10 and Plates I and II (1936) 217

[72] E. Schmidt, in *Optical Illusions*, Estonian Academy Publishers (Life story of Bernhard Schmidt),

124-125 (1995) 217

[73] R. Schorr, Astronomische Nachrichten, Berlin **259**, 45 (1936)This reviewpaper onB. Schmidt works was translated into English by N.U. Mayall (see also Wachmann, A.A., Kross, J., Schmidt, E.) 217

[74] D.J. Schroeder, *Astronomical Optics*, Academic Press, London (1987) 220, 233

[75] D.H. Schulte, Auxiliary optical systems for the Kitt Peak Observatory, Appl. Opt., **2**(2), 141-151 (1963) 220

[76] K. Schwarzschild, Untersuchungen zur geometrischen Optik, I, II, III, G¨ottinger Abh, Neue Folge, Band IV, No. 1 (1905) This article is a general investigation of aplanatic systems obtained with two centred mirrors. 217

[77] R.D. Sigler, Compound Schmidt telescope designs with nonzero Petzval curvature, Appl. Opt. **14**, 2302-2305 (1975) 218

[78] G.W. Stroke, Revue d'Optique, **39**, 350 (1960) 253

[79] B. Stromgren, Das Schmidtsche Spiegelteleskop, Viert. Astron. Gessellsch, Leipzig, **70**, 65-86 (1935) 220

[80] D.-q. Su, C. Cao, M. Liang, Some new ideas of the optical system of large telescopes,*Avanced Technology Optical Telecopes* III, SPIE Proc. **628**, 498-503 (1986) 220

[81] D.-q. Su, Researches on Schmidt and achromatic Schmidt telescopes, Acta Astronomica Sinica, **29**(4), 384-395 (1988) 233

[82] D.-q. Su, X. Cui, Active optics in LAMOST, Chin. J. Astron. Astrophys., **4**(1), 1-9 (2004) 220, 240, 241

[83] Y. Väisälä, Uber Spiegelteleskope mit grossemGesichtsfeld, Astr.Nach., **259**, 197-204 (1936) 218

[84] A.A. Wachmann, From the life of Bernhard Schmidt, Sky and Telescope, November, 4-9 (1955) 217

[85] A.A. Wachmann, Private communications to Erik Schmidt (1985-90). It appears that B. Schmidt probably did not use the stress polishing technique for making its corrector plate although the plate thickness was thin enough for this to work. 217

[86] S.-g.Wang, D.-q. Su, Q.-q. Hu, Two telescope configurations for China, *Advanced Technology Optical Telescopes* IV, SPIE Proc. **2199**, 341-351 (1994) 220

[87] S.-g. Wang, D.-q. Su, Y.-q. Chu, X. Cui, Y.-n. Wang, Special configuration of a very large Schmidt telescope for extensive astronomical spectroscopic observations - LAMOST, Appl. Opt., **35**, 25, 5155–5161 (1996) 220, 234, 240, 241

[88] R.N. Wilson, *Reflecting Telescope Optics* I, Springer-Verlag edt. New York (1996) 220, 233

[89] R.W. Wood, Phil. Mag., **4**, 396 (1902) 253

[90] J.D. Wray, F.G. O'Callaghan, Folded all-reflective Schmidt, *Space Optics*, SPIE Proc., Santa Barbara (1969) 240

[91] J.D. Wray, H.J. Smith, K.G. Henize, G.R. Carruthers, SPIE Proc. **332**, 141 (1982) 240

[92] F.B. Wright, An aplanatic reflector with a flat field related to the Schmidt telescope, Publ. Astron. Soc. Pac., **47**, 300-304 (1935) 218

[93] C.G. Wynne, MNRAS, **107**, 356 (1947a) 218

[94] C.G. Wynne, Chromatic correction of wide-aperture catadioptric systems, Nature, **160**, 91 (1947b) 218

[95] C.G. Wynne, Two-mirror anastigmats, J. Opt. Soc. Am., **59**, 572-580 (1969) 218

[96] C.G. Wynne, Shorter than a Schmidt, MNRAS, **180**, 485-490 (1977) 246

[97] Y.-t. Zhu, G.R. Lemaitre, LAMOST multi-object spectrographs with aspherized gratings, in *Instrument Design for Ground-based Telescopes*, SPIE Proc. **4841**, 1127-1133 (2002) 256, 257

# 第5章 应用主动光学技术研制施密特改正板和非球面衍射光栅

## 5.1 不同类型的非球面施密特改正板

主动光学技术最初是应用于折射式施密特改正板的成形。随着反射式改正板和反射-衍射式改正板的发展，主动光学技术也得到了进一步的发展。获得这三种不同类型改正板的方法也各不相同。

（1）发展的用于折射改正板制作的方法被称为弹性松弛法或应力成形法。

（2）有两种不同的获得反射式改正板的方法，被称为应力成形法和实时应力法。

（3）从平面或球面光栅出发，也有两种获得反射式非球面光栅的方法：一种是在主动母板上复制，然后加应力和二次复制（更常用）；另一种是简单的复制和施加应力。

这些方法的主要特点是直接从球面或平面获得非球面固有的光滑性。这就避免了经典区域修磨过程中的高空间频率误差。采用主动光学技术可以获得具有最好像质的望远镜和天文仪器。

## 5.2 折射式改正板

### 5.2.1 折射式改正板的三阶光学轮廓

式（4.11）和表 4.1 显示了折射式改正板的精确非球面形状。最小化色球差的科伯（Kerber）条件（4.14），$k=3/4$，给出了零光焦度带的位置在 $r_0/r_m = \sqrt{k} = \sqrt{3}/2$ 处。在径向区 $r_m/2$ 和 $r_m$ 点处色散最大，对应于符号相反的最大局部斜率（图 5.1）。

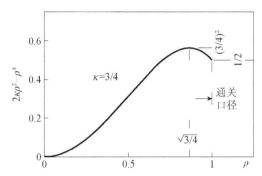

图 5.1　折射式施密特改正板的非球面面形。Kerber 条件，当 $\kappa = 3/4$ 时，使轴向色球差最小。光学形状 $Z_{\mathrm{Opt}} \propto 2\kappa\rho^2 - \rho^4 = 3\rho^2/2 - \rho^4$，其中 $\rho = r/r_{\mathrm{m}} \in [0, 1]$。改正板的光焦度在轴上为正，且当 $\rho = \sqrt{\kappa} = 0.866$ 时为零。这个条件提供了一阶导数极值平衡，符号相反的最大斜率分别在半孔径 $\rho = 1/2$ 和通光孔径边缘 $\rho = 1$ 处

用已简化的式（4.11）中的 $\mathcal{A}_2$，$\mathcal{A}_4$ 系数表示非球面的三阶形状，即 $\mathcal{A}_2 \approx M$，$\mathcal{A}_4 \approx -1/4$ 且欠校正因子也化简为 $s = 1$。用 $\Omega = f/d = R/4r_{\mathrm{m}}$ 表示望远镜的焦比，$\rho = r/r_{\mathrm{m}}$ 表示相对半径，从式（4.8）可知，Kerber 条件 $k = 3/4$ 时，$M = 3/2^7\Omega^2$。在此近似中，折射面表示为

$$Z_{\mathrm{Opt}} \simeq -\frac{1}{2^8(N-1)\Omega^3}\left(\frac{3}{2}\rho^2 - \rho^4\right)r_{\mathrm{m}} \quad, \quad 0 \leqslant \rho \leqslant 1 \tag{5.1}$$

### 5.2.2　弹性圆形等厚板

对于折射式改正板，需考虑等厚板的弯曲。泊松提出了圆板在均匀载荷 $q$ 作用下的小变形弹性理论[28]。挠度 $Z_{\mathrm{Elas}}$ 是由泊松四阶导数方程推导出来的：

$$\nabla^2\nabla^2 Z_{\mathrm{Elas}} - q/D = 0 \tag{5.2}$$

其中拉普拉斯算子

$$\nabla^2 = \frac{1}{r}\frac{\mathrm{d}}{\mathrm{d}r}\left(r\frac{\mathrm{d}}{\mathrm{d}r}\right) \tag{5.3}$$

挠曲刚度

$$D = Et^3/12\left(1-v^2\right) \tag{5.4}$$

其中 $t$，$E$ 和 $v$ 分别是改正板的厚度，杨氏模量和泊松比。

其通解为

$$Z_{\mathrm{Elas}} = (q/64D)r^4 + C_1 r^2 \ln r + \left(C_2 - C_1\right)r^2 + C_3 \ln r + C_4 \tag{5.5}$$

其中 $C_1, C_2, C_3, C_4$ 是与边界条件相关的常量。

径向应力 $\sigma_r$ 和切向应力 $\sigma_t$ 由相应的弯矩 $M_r$ 和 $M_t$ 推导出：

$$M_r = D\left(\frac{d^2 Z}{dr^2} + \frac{v}{r}\frac{dZ}{dr}\right) \tag{5.6a}$$

$$M_t = D\left(\frac{1}{r}\frac{dZ}{dr} + v\frac{d^2 Z}{dr^2}\right) \tag{5.6b}$$

$$\sigma_r = \pm 6M_r / t^2 \quad , \quad \sigma_t = \pm 6M_t / t^2 \tag{5.7}$$

应力 $\sigma_r$ 和 $\sigma_t$ 的最大值和材料的极限强度 $\sigma_{ult}$ 进行比较，可以确定应用主动光学方法的有效性。

### 5.2.3  折射式校正器和球面成形方法

施密特是采用区域修磨方法加工天文镜面的专家。然而，为了制作非球面校正板，他研究了弹性理论（施密特的科学论文，第 4 章[8]）①。他明确强调，对边缘支撑的板通过部分真空产生弯曲，然后进行表面磨制，可以获得更光滑的面形轮廓。施密特推导出了一种厚度适中的玻璃板，这使得主动光学的非球面化成为可能。我们不知道他设计的望远镜中的 36cm 口径校正板是否完全使用了这种方法（图 4.3）。然而，施密特率先提出了主动光学应力成形的概念或称为弹性松弛法，这种方法提供了最佳的连续面形，避免了纹波误差，这是一种现在广泛使用的技术。

施密特提出的主动光学非球面化方法只需要使用一个全尺寸的球面工具，因此完全不需要任何局部修磨。Couder 在 1940 年[6]完全解决了这个理论问题，虽然他没有使用这种方法。之后 Chretien[3]重新提出了该方法，他指出了精确光学面形的优点。最后，施密特的球面成形方法在 1964 年被 Clark[4]首次用于制作小型改正板，在 1966 年被 Everhart[8]用于制作 29cm 口径的非球面板。在 1971 年，被尝试用于制作一个直径 53cm 的改正板[29]。然而，该方法在实现精确的边缘支撑和刀具曲率控制方面存在一定的难度。另一种使用平面成形工具的主动光学方法现在被广泛采用（参见 5.2.4 节）。

---

① 施密特论文中的公式主要涉及梁的挠曲，但提供了有用的尺寸参数。汉堡天文台的天文学家 A.A. 瓦赫曼（A. A.Wachmann）把施密特的个人科学论文交给了他在马略卡岛拉帕尔马（La Palma De Mallorca）的侄子埃里克·施密特（Eric Schmidt）。承蒙 E. Schmidt 之赐，作者查阅了这些论文。

施密特的想法和这种方法的应用之间的长时间延迟可能是由于技术上的困难，例如，能否找到一个足够精确的压力控制器。非球面改正板的最简单方法是在板的所有表面下施加一个部分真空，在边缘有反作用力，同时用一个很方便的有曲率的工具来磨制成形（图 5.2）。

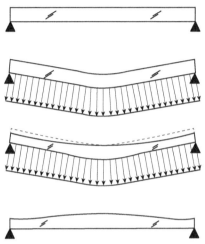

图 5.2　用施密特-库特-埃弗哈特（Schmidt-Couder-Everhart）球面成形法进行折射改正板主动光学非球面的过程

厚度为 $t$ 的板沿边缘由一个可旋转的碗状结构的光学级平边支撑。空气被部分抽离到板下的压力为 $p$，即板上承受 $q = p_0 - p$ 的均布载荷，其中 $p_0$ 为大气压。对于无孔板，从中心到边缘均匀加载，式（5.5）中的常数 $C_1$ 和 $C_3$ 消失，对于 $C_4$，选择板顶点坐标原点。假设板边缘 $r_m$ 处是简支，使用无量纲半径 $\rho = r / r_m$，弹性变形为

$$Z_{\text{Elas}} = \frac{3\left(1 - v^2\right)}{16} \frac{q r_m^3}{E t^3} \left(2 \frac{3 + v}{1 + v} \rho^2 - \rho^4\right) r_m, \quad 0 \leqslant \rho \leqslant 1 \tag{5.8}$$

改正板的上表面是使用凸球面工具研磨和抛光过的。

令 $\varpi = r_m / 2 R_{\text{Tool}}$，$R_{\text{Tool}}$ 是研磨工具的曲率半径，抛光表面方程，仍然有压力变形，现在是球面：

$$Z_{\text{Sphe}} = \varpi \left(\rho^2 + \varpi^2 \rho^4\right) r_m, \quad 0 \leqslant \rho \leqslant 1 \tag{5.9}$$

当打开板边缘支撑的碗边，改正板弹性释放，后表面将恢复到一个平面。板的两个表面必须抛光，这样一个或两个表面都可以是非球面。$\wp = 1$ 表示为一个非球面，$\wp = 2$ 表示两个面且每个面上只有一半非球度，由主动光学叠加定律可知，前表面变成具有 Kerber 轮廓的非球面

$$Z_{\text{Opt}} + \wp\left(Z_{\text{Elas}} - Z_{\text{Sphe}}\right) = 0 \quad , \wp = 1 \text{ 或 } 2 \quad (5.10)$$

由 $\rho_2$ 和 $\rho_4$ 的系数可以解出 $R_{\text{Tool}}$ 和 $t$ 这两个参数，由 $\varpi$ 可得出以下三阶方程：

$$2^{10}\frac{3+v}{1+v}\wp\,\bar{\varpi}^3 + 2^9\wp\varpi - \frac{9+v}{(1+v)(N-1)}\frac{1}{\Omega^3} = 0 \quad (5.11)$$

这个方程总是有一个唯一的正实根。这个根远小于 1，因为 $\Omega_2 > 2$ 和 $0 < v < 1/2$，$\varpi_3$ 是很小的。这相当于说相对于弹性变形方程中 $\rho_4$ 项的系数，球面展开式中 $\rho_4$ 项的系数是可以忽略不计的。当 $R_{\text{Tool}} / R = 1/8\varpi\Omega$ 时，球面工具的半径和改正板的厚度可以分别用镜子曲率半径 $R$ 来表示：

$$\begin{cases} R_{\text{Tool}} = 64\dfrac{1+v}{9+v}(N-1)\wp\Omega^2 R & (5.12a) \\[2mm] t = \left[\dfrac{3}{4}\wp\ (1-v^2)(N-1)\dfrac{q}{E}\right]^{1/3} R & (5.12b) \end{cases}$$

这些关系完全定义了非球面度条件。例如，当 $v = 1/5$ 和 $N = 3/2$ 时，由第一个公式得出 $R_{\text{Tool}} = 4.174\wp\Omega^2 R$。

为了避免破损（内破裂），径向和切向应力必须小于极限应力 $\sigma_{\text{ult}}$。这些应力在板的中心最大且相等，

$$\sigma_{\text{r}}(0) = \sigma_{\text{t}}(0) = \frac{3+v}{96\Omega^2}\left[\frac{9}{2\wp\left(1-v^2\right)(N-1)}\frac{E}{q}\right]^{2/3}, \quad q \leqslant \begin{cases} \sigma_{\text{ult}}/2 \\ \text{or} \\ 2\sigma_{\text{ult}}/3 \end{cases} \quad (5.13)$$

这表明最大的非球面度是由很低的载荷产生的。在一个基本的实际情况下，$q = 0.85\text{bar}$ 的载荷，在抛光结束前，可以通过低于或高于此压力的情况校正球差 Sphe3，一个保守的规则是工作在极限应力 $\sigma_{\text{ult}}$ 的一半或三分之二处。例如，熔石英材料（$N = 1.48$，$v = 0.17$，$E = 77.5\ \text{GPa}$，$\sigma_{\text{ult}} \approx 76\ \text{MPa}$），$\sigma_{\text{ult}}/2$ 工作应力可得到焦比为 $\Omega = 1.78$ 仅有一个面是非球面的改正板（$\wp = 1$），或焦比为 $f/1.41$ 两个面都有一半非球面度的改正板（$\wp = 2$）。

所必需的条件是，支撑边的平面和板的边缘必须达到四分之一波长的几何精度，这是最难实现的。在实际应用中，改正板的尺寸必须略大于支撑边的尺寸，这将导致上述公式中 $R_{\text{Tool}}$ 有一个小的修正。考虑到由于改正板半径超过支撑边的半径会在 $r_{\text{m}}$ 处产生一个小的弯矩，该问题可以很好地处理。改正板伸出来的这部分半径只给 $Z_{\text{Elas}}$ 中 $\rho^2$ 项的曲率带来了一点微小变化，对 $\rho^4$ 项没有影响。之前的理论曲率 Cv1 可以通过在支撑边半径外施加一个小的均匀载荷来恢复。

### 5.2.4 折射式改正板及平面磨制成形方法

在施密特提出的方法中，主要的不便之处是为了实现零光焦度区域 $r_0$ 的正确定位而控制磨具的曲率。另一个困难是在改正板边缘处得到四分之一波长准则的轴对称几何形状。最后一个缺点来自成形工具，每磨制一块不同焦比的改正板都需要不同曲率的磨具。采用 Lemaitre 的双带区应力磨制方法可以克服以上这些困难[11-13,15]，这种方法使用全孔径的平面磨制工具，并可在夜间通过在平面基准坯料上的压力过程轻松控制。

$$R_{Tool} = \infty, \quad Z_{Sphe} \equiv 0, \quad Z_{Opt} + \wp Z_{Elas} = 0 \quad （5.14）$$

外半径 $r = b$ 的改正板被支撑在通光口径 $r = a \equiv r_m$ 处的金属环上，该金属环将表面划分为两个同心区域。在里面的区施加均匀载荷 $q_1$，外面的区施加与 $q_1$ 方向相同的较高载荷 $q_2$（接近大气压载荷），如图 5.3 所示。

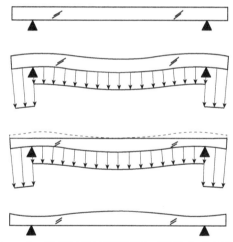

图 5.3 用 Lemaitre 双区域法计算折射改正板的主动光学非球面过程

改正板在载荷作用下时，它的外表面由一个全孔径的平面磨具进行磨制。连接到支撑板上的外围环有助于改正板的定心，并通过 O 形环或模型浆来确保密封。这种密封不接触改正板的表面，只接触板的边缘，施加的径向力可以忽略不计，所以改正板的边缘可以沿轴向自由运动。

$a \equiv r_m$ 表示有效通光半径，$\rho = r / a$ 表示无量纲的半径，内部区域 $z_1$ 和外圈区域 $z_2$ 的弹性变形 $Z_{Elas}$ 都可以从通用公式（5.5）推导出来

$$z_1 = \left( q_1 a^4 / 64D \right) \rho^4 + X_1 \rho^2 + X_2, \quad 0 \leqslant \rho \leqslant 1 \quad （5.15a）$$

$$z_2 = \left(q_2 a^4 / 64D\right)\rho^4 + X_3 \rho^2 \ln\rho + \left(X_4 - X_3\right)\rho^2 + X_5 \ln\rho + X_6, \quad 1 \leqslant \rho \leqslant b/a$$

（5.15b）

其中积分常数 $X_{1,\cdots,6}$ 是由连续性条件和边界条件确定的。

环形支架的连续性条件为

$$\rho = 1 \begin{cases} z_1 = 0, & \text{变形原点} & （5.16a） \\ z_2 = 0, & \text{变形原点} & （5.16b） \\ dz_1/d\rho = dz_2/d\rho, & \text{斜率} & （5.16c） \\ d^2 z_1/d\rho^2 = d^2 z_2/d\rho^2, & \text{曲率} & （5.16d） \end{cases}$$

自由边界条件为

$$\rho = b/a \begin{cases} d\nabla^2 z_2/d\rho = 0, & \text{剪切力} & （5.16e） \\ d^2 z_2/d\rho^2 + (v/\rho)dz_2/d\rho = 0, & \text{弯矩} & （5.16f） \end{cases}$$

在求解未知数时，这三个参数：泊松比 $v$，半径比 $b/a$ 和载荷压力比 $q_2/q_1$ 定义了几何轮廓。例如，当 $v = 1/5$，$\eta = 1$ 时，对于不同的 $b/a$ 比值，一个由 $Z_{\text{Elas}}$（$b/a$）组成的挠曲阵列分别表示 $z_1$ 和 $z_2$ 的面形（图 5.4）。

由于 $X_1$ 由式（5.15）直接得到，改正板厚不依赖于 $q_2$，只依赖于 $q_1$，因此（5.12）为

$$R_{\text{Tool}} = \infty, \quad t = \left[\frac{3}{4}\wp\left(1-v^2\right)(N-1)\frac{q_1}{E}\right]^{1/3} R \quad （5.17）$$

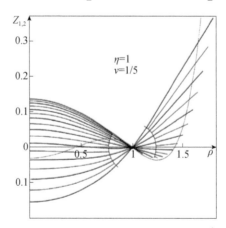

图 5.4 此图展示了双区域方法下的改正板的弹性变形 $Z_{\text{Elas}}$，$v = \dfrac{1}{5}$，$\eta = q_2/q_1 = 1$，以及不同的半径比 $b/a$。所有的改正板的支撑半径为 $\rho = r/a = 1$。Kerber 轮廓在 $b/a = 1.4903$ 时获得。虚线是拐点的轨迹

泊松比由玻璃类型决定，有无穷多对（$b/a$，$\eta$）形式上满足 Kerber 轮廓条件。对大多数光学玻璃，在 $1/6 < v < 1/2$ 范围搜索（$b/a$，$\eta$）对。当 $\eta = 1$ 时，外圈区域的表面积（在光学上是无用的）是最大的。当 $\eta > 1$ 时，外圈面积减小。对于大的 $\eta$ 值，改正板的厚度太小而变得不可用。因此，$\eta$ 取值范围 $3 \leqslant \eta \leqslant 6$，被选择用来制作大口径改正板。$b/a$ 的最终取值，是 $v$ 与 $\eta$ 的函数在表 5.1 中列出。

表 5.1　半径比 $b/a$ 是载荷比 $\eta$ 和泊松比 $v$ 的函数，确定了 Kerber 轮廓改正板的有效通光口径为 $2\, r_m = 2a$

| $\eta = q_2/q_1$ | 1 | 2 | 3 | 4 | 5 | 6 |
|---|---|---|---|---|---|---|
| $v = 1/6$ | 1.4888 | 1.3527 | 1.2909 | 1.2536 | 1.2279 | 1.2088 |
| $v = 1/5$ | 1.4903 | 1.3537 | 1.2917 | 1.2542 | 1.2285 | 1.2093 |
| $v = 1/4$ | 1.4926 | 1.3552 | 1.2929 | 1.2552 | 1.2293 | 1.2101 |
| $v = 1/3$ | 1.4962 | 1.3576 | 1.2948 | 1.2569 | 1.2308 | 1.2114 |
| $v = 1/2$ | 1.5030 | 1.3623 | 1.2985 | 1.2600 | 1.2335 | 1.2138 |

为与极限强度比较，改正板表面的最大应力由式（5.15a）的 $X_1 = -3a/2^9$ $(N-1)\, \wp\, \Omega^3$，以及式（5.6a）和（5.6b）的弯矩 $M_r$ 和 $M_t$ 导出。因此，当 $r = a = r_m$ 时，应力达到最大值 $\sigma_r$，为

$$\sigma_r(a) = \frac{9+v}{384\Omega^2}\left[\frac{9}{2\wp\left(1-v^2\right)(N-1)}\frac{E}{q_1}\right]^{2/3}, \quad q_1 \leqslant \begin{cases} \sigma_{ult}/2 \\ \text{或} \\ \sigma_{ult}/3 \end{cases} \quad (5.18)$$

选择 $\eta = 1$ 适合磨制小口径改正板。对于中等和大口径的改正板，当均匀载荷在 $q_2 = 0.85$bar，$\eta = 4$ 即 $q_1 = 0.2125$bar 时，可减少玻璃有效通光口径外的尺寸。球差 Sphe 3 的校正通过在抛光结束前稍微调整压力的高低，同时保持 $\eta$ 比值为常数实现。真空压力控制器可以保持正确的压力 $q_1$，$q_2$ 和恒定的比值。

对于直径达 1m 的非球面改正板的磨制，已经研制了一台磨制设备和在静压聚乙烯油垫上旋转的熔细粒钢工作台。施密特改正板直接支撑在一个从转台上伸出的圆环上，精确的负载控制器在预应力成形过程中工作（图 5.5）。

例如，对熔石英材料，工作应力是 $\sigma_{ult}/2 \equiv \sigma_{10^3 s}/2$（表 5.2），当仅有一面是非球面（$\wp = 1$）时，可得到改正板的焦比为 $\Omega = 1.2$，或如果两个面都磨制到一半的非球面度（$\wp = 2$），得到的焦比 $f/1.2 \times 2^{-1/3} = f/0.95$。已有 50 多个有效孔径为 4 ~ 10cm、焦比范围为 $f/2$ 至 $f/1.1$ 的改正板，当 $\eta = 1$ 且外圈载荷小于 0.3bar 时（最快焦比时），在比较保守的条件 $\sigma_{ult}/2$ 下工作。这主要用于紫外的空间实验和传统

的地面光谱仪，例如 Scap 飞行器、Janus 飞行器、Courtes 等的 Skylab 任务相机[7]以及 Haute Provence 天文台的半实心施密特 P EDISCOU 光谱仪。利用氦氖激光和各平板表面反射光形成的平板检验干涉图，对非球面校正进行了分析（图 5.6）。

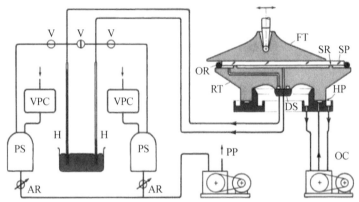

图 5.5　具有两个部分真空区和全口径平面磨制工具的大口径改正板的非球面化示意图

SP. 施密特改正板；FT. 刚性磨制工具；SR. 支撑环；OR. O 形圈和径向作用垫；RT. 旋转台；DS. 双回转式密封装置；HP. 静力聚乙烯油垫；OC. 油压缩机及调节器；PP. 主真空泵；VPC. 真空压力控制器；H. 水银绝对计量表；V. 阀门；PS. 空气压力稳定器；AR. 空气流通调节器

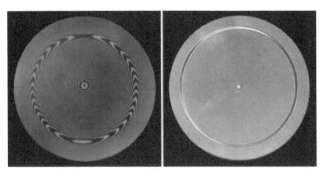

图 5.6　5cm 有效口径熔石英改正板检测的斐索干涉图，改正板是采用平面磨制和双区域部分真空法进行非球面加工成形的。右边所示为焦比 $f/1.1$ 的改正板（Lemaitre[13]）（LOOM）

在费伦巴赫的鼓动下[9]，该方法用于制作位于 Haute Provence 天文台的焦比 $f/3.3$、口径 62cm 的 Franco-Belgium 施密特望远镜的改正板，此望远镜后来配置口径 62cm 的费伦巴赫色散双棱镜广泛用于在无缝光谱模式下进行视向速度的测量（参考 1.12.7 节）。在费伦巴赫方法中，恒星的视向速度是由有相反色散的同一平板记录的两个光谱的相对位移得到的。这是通过 180° 面内旋转的双棱镜和望远镜微量的横向偏置指向实现的，微量的偏置指向是为了避免因光谱叠加而造成的谱线模糊。

**表 5.2 几种脆性材料的拉伸断裂应力或拉伸极限强度 σ 和加载时间［MPa］**

| 加载延迟 | [*] | [†] | 应力抛光 | | 长时间 | |
|---|---|---|---|---|---|---|
| | 1s | $10^3$s | 10h | 1m | 5a | 10a |
| SCHOTT BK7 | 82.0 | 50.0 | 38.7 | 28.6 | 21.3 | 20.3 |
| KODAK Photo-plates | 96.6 | 59.0 | 45.7 | 33.6 | 25.1 | 23.8 |
| HERAEUS Fuse SiO$_2$ | 122.8 | 75.0 | 58.0 | 42.8 | 31.9 | 30.4 |
| SCHOTT Zerodur | 147.4 | 90.0 | 69.6 | 51.3 | 38.3 | 36.4 |
| UGINE Sapphire Al$_2$O$_3$ | 655.1 | 400.0 | 309.5 | 228.1 | 170.3 | 162.1 |
| MORTON SiC CVD | 974.5 | 595.0 | 460.6 | 339.4 | 253.3 | 241.0 |

注：考虑了两种情况下不同的加载时间：（a）应力磨制过程中每天去除或不去除负荷，（b）准永久性预应力光学，即实时主动光学。所有应力都是利用定律（5.19b），其中 $p=14$，从 $\sigma_{10^3\text{s}}$ 计算出来的。

† 制造商提供的拉伸极限强度，对应于 $\sigma_{10^3\text{s}}$。

\*这些值是式（5.19b）中的 $\sigma_{1\text{s}}$。

N.B.：在主动光学方法中，为了安全起见，在长时间的过程中，通常不超过最大拉伸应力 $\sigma_{\text{Tmax}}=\dfrac{1}{3}\sigma_{10^3}$ 或 $\dfrac{1}{5}\sigma_{10^3\text{s}}$。

采用主动光学进行非球面改正板加工需要研制一个专用的磨镜机，且配有装在静压油垫上的刚性旋转台。金属–油–塑料垫提供了低摩擦转台，避免了球轴承的变形误差。用这台 1m 的磨镜机加工了里昂天文台 $f/2.7$ 施密特望远镜上 50cm 口径的 BK7 非球面改正板（Lemaitre[15]）。采用中心吸盘的方法对板的两侧进行精磨后，直接支撑在从旋转平台上伸出的精磨过的环上，这个支撑环是通过在线车床的加工方法把两侧各磨掉 0.3~0.4 mm。在 Haute Provence 天文台，对 UBK7 玻璃的改正板和旋转台支撑环也做了类似的准备工作。设计参数为 $2a=2r_{\text{m}}=620\text{mm}$，$\dfrac{b}{a}=1.2542,\eta=4,q_2=0.85\text{bar},v=\dfrac{1}{5},E=82\text{GPa},R=4,170\text{mm},\wp=2,t=24.14\text{mm}$。用这个改正板替换了以前用经典的环带抛光工具加工的改正板。离焦恒星图像显示，采用主动光学方法加工的改正板光学质量明显改善（图 5.7）。

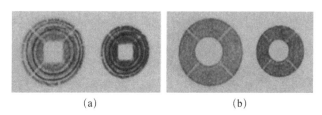

(a) (b)

图 5.7 Haute Provence 天文台 $f/3.3$Franco-Belgium 施密特望远镜上口径 62cm 的改正板更换前后相同的焦前离焦图像比较。（a）用经典的环带磨具方法加工的改正板。（b）采用双区域应力磨制法和全尺寸磨具加工的新改正板。后一幅图像显示出平滑而均匀的图案，显示望远镜优异的光学像质（LOOM）

之前的分析是考虑等厚板的情况下进行的，但这并不是完全实际的情况，因为板在有效孔边缘比在其中心略薄。事实上，更细致的分析表明，主动光学方法至少可以提供为高阶球差校正所需的五阶球差系数。

1968～2005 年期间，双区域应力磨制方法在 LOOM 得到了广泛应用，用这种方法磨制了 60 多块改正板，用于空间、地面望远镜和光谱仪。

### 5.2.5　玻璃破裂和加载时间的依赖性

在磨制小口径和快焦比改正板（这种情况下平面磨具方法很有用）可能会发生断裂。这是磨制一些 $f/1$，口径 4～10cm 的非球面板发生的情况。这验证了最大应力公式，由式（5.18）中的 $\sigma_r(a)$ 给出。破裂线从支撑圆环 $r=a$ 处开始，沿此圆线继续延伸至边缘处（图 5.8）。

图 5.8　焦比 $f/1$ 和 $f/1.2$ 的两个改正板在平面抛光过程中的破裂图片
（$\wp=2, \nu=1/6, b/a=1.4888$，材料熔石英）。破裂线从支撑圆环 $r=a\equiv r_m$
处开始，延伸至边缘处，形成了 Ω 形（LOOM）

在粗磨过程中，可以设想，表面粗糙度高的地方首先出现破裂。但事实并非如此，在抛光过程中也可能出现破裂。粗磨过程与抛光相比，总是相对较快，玻璃的断裂应力很大程度上取决于加载时间。这种玻璃力学现象为玻璃制造商所熟知，但在文献中却鲜有描述。

采用弯曲为不同曲率圆柱面的矩形玻璃板进行了断裂试验。从柯达的照相底片上剪下了大约 40 个矩形的样品来实验，这些底片的每一面都经过抛光，属于硼硅酸盐类，可能处于某种淬火状态。玻璃的弹性常数，如柯达给出：$E=7.5\text{GPa}$ 和 $\nu=0.24$。样品厚度 $t$ 在 0.60～0.75mm 范围内。每个样品分别在曲率半径为 $R_x=$ 414、377 和 350mm 的圆柱体上连续弯曲两小时。后一种曲率是所有试样在经过前两种曲率各弯曲两小时后的情况。断裂应力 $\sigma_{rupt}$ 由公式 $\sigma_{rupt}=Et/2\left(1-\nu^2\right)R_x$ 计算。这些试验的结果可以用渐近线律来模拟（图 5.9）。

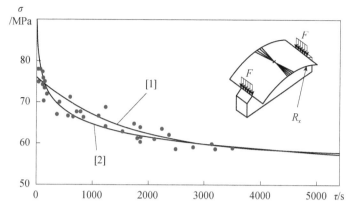

图 5.9　圆柱形弯曲玻璃试样的断裂拉伸应力随应力时间 $\tau$ 的对应图。
样品是柯达公司的超平底片（LOOM）

考虑两个可能的断裂定律。第一个公式为

$$\sigma_{rupt} = \sigma_{ult} + \sigma_{dyna}e^{-\mu\tau} \qquad (5.19a)$$

其中 $\mu$ 是一个常数，$\tau$ 是加载时间。通过柯达感光板的断裂试验，得到 $\sigma_{ult} = 57.22\text{MPa}$，$\sigma_{dyna} = 18.77\text{MPa}$，$\mu = 654 \times 10^{6}$。这条曲线在图 5.9 中表示出来了[28]。$\tau = 0$，$\sigma_{rupt}$ 可以被定义为一个瞬时应力且其明显大于 $\sigma_{ult}$。当加载时间 $\tau \to \infty$ 时，$\sigma_{rupt}$ 与 $\sigma_{ult}$ 相等，这对于在加载 1～2h 后发生断裂的结果来说太乐观了。

第二定律，Haward[10]提到过，更加符合现实。可以写成以下公式：

$$\sigma_{rupt} = \sigma_{1s}\tau^{-1/p} \qquad (5.19b)$$

其中 $p=14$，$\sigma_{1s} = 96.6\text{MPa}$ 是柯达底片在一秒后破裂的应力。这条曲线在图 5.9 中也表示出来了[6]。这个定律给出柯达微淬火板 $\sigma_{ult}$（$10^{3}$s）=59MPa，这与肖特给出的 BK7 光学玻璃（不淬火）的 50MPa 值很好地吻合。对于石英玻璃，测量得出 $\sigma_{ult}$（$10^{3}$s）=75MPa。

使用实验值 $\sigma_{ult}\left(10^{3}\text{s}\right)$ 和公式（5.19b），其中 $p=14$，可以确定一些脆性材料在不同加载时间下的断裂拉伸应力或极限拉伸强度（表 5.2）。

根据材料是否只是为了磨制成形而受力（每天或一个月）或者是否处于永久的实时非球面状态，表 5.2 中依赖于时间值的 $\sigma$ 使我们可以采用最大拉伸应力的设计值 $\sigma_{Tmax}$ 用于主动光学加工过程，从而最大限度地减少破坏的风险。

从表 5.2 的结果，可得到以下结论。

熔石英和多晶蓝宝石是用于主动光学非球面加工实现高变形量最方便的各向同性折射材料。

除非极限拉伸应力 $\sigma_{\mathrm{ult}}$ 明确由玻璃制造商给出是对应于 $10^3\mathrm{s}$ 的加载时间，制造商通常推荐具有一定安全因子的应力 $\sigma$，对应于无限长的负载时间；因此 $10^3\mathrm{s}$ 对应的 $\sigma_{\mathrm{ult}}$ 于用户来说是未知的。例如，BK7 玻璃在永久应力作用下工作时，肖特建议拉伸应力不要超过 $10\,\mathrm{MPa}$。然而，在 $20\mathrm{MPa}$ 的拉应力作用下，对几个 $20\mathrm{cm}$ 口径的 BK7 改正板进行非球面磨制也是可能的。

玻璃生产厂家应对玻璃的最大拉应力及其随时间的变化规律作一些说明。

# 5.3 反射式改正板

## 5.3.1 主镜的光学面形

定义反射改正板（或主镜）形状的基本光学参数可以从表 4.1、表 4.2 和式（4.9）中得到。此外，Lemaitre 最小化视场中残余像差的条件（4.3.1 节）要求 $k=3/2$ 时设定的零光焦度区的位置，即 $\dfrac{r_0}{r_{\mathrm{m}}}=\sqrt{k}\approx1.225$。因此，镜面的局部光焦度在径向 $r=0$ 和 $r=r_{\mathrm{m}}$ 处取极值，对应于相反符号的局部曲率（图 5.10）。

总结一下 4.3 节关于共轴或非共轴反射望远镜的结果，当用以下的设计参数时可得到最佳图像：

$$k = 3/2, \quad \text{i.e. } M = 3/64\Omega^2, \quad \Omega \equiv f/d = R/4r_{\mathrm{m}} \qquad (5.20\mathrm{a})$$

导出主镜形状的简化表示形式会很有用。在三阶理论中，如果式（4.6）中 $Z_{\mathrm{W}}$ 的前两个系数是由它们的主要部分来近似的，即 $\mathcal{A}_2 \approx M$，$\mathcal{A}_4 \approx -1/4$，$\rho = r/r_{\mathrm{m}}$ 表示无量纲半径，得到了以下简化的光学表面表示。

**轴对称圆形镜面**：对于离轴使用的共轴系统（$s=\cos(i+\varphi_{\mathrm{m}})$），

$$Z_{\mathrm{Opt}} \simeq \frac{\cos(i+\varphi_{\mathrm{m}})}{2^9\Omega^3}\left(3\rho^2 - \rho^4\right)r_{\mathrm{m}} \quad , \quad 0 \leqslant \rho \leqslant 1 \qquad (5.20\mathrm{b})$$

**双对称圆形镜面**：对于非共轴系统（$s=1$，镜面上的偏转角 $2i$，$\tau = \dfrac{1}{2}\sin^2 i$（见表 4.2）），

$$Z_{\mathrm{Opt}} \simeq \frac{1}{2^9\Omega^3\cos i}\Big[3(1-\tau)\rho^2 - 3\tau\rho^2\cos2\theta \\ -(1-2\tau)\rho^4 + 2\tau\rho^4\cos2\theta\Big]r_{\mathrm{m}}, \quad 0 \leqslant \rho \leqslant 1 \qquad (5.20\mathrm{c})$$

其中 $\theta$ 的原点是在望远镜的对称面（$z$, $x$）中（$x = r\cos\theta$）。

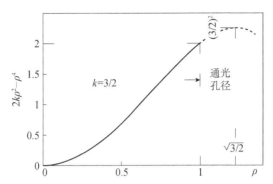

图 5.10　施密特反射镜的非球面截面。Lemaitre 条件 $k=3/2$ 提供了视场剩余像差的最佳平衡。轴对称反射改正镜，$Z_{\mathrm{Opt}} \propto 2\,k\rho^2 - \rho^4 = 3\,\rho^2 - \rho^4$ 其中 $\rho = r/r_{\mathrm m} \in [\,0,\,1\,]$，在全孔径上有正光焦度。零光焦度区位置是在 $\rho = \sqrt{k} \approx 1.225$，因此位于通光孔径的外面。这个条件实现了二阶导数极值平衡设置，即在 $\rho=0$ 和通光孔径边缘 $\rho=1$ 的曲率最大且相反

（见第 4 章）

**双对称椭圆镜面**：对于一个非共轴系统（$s=1$）和一个由直径为 $2r_{\mathrm m}$ 的圆形光束照明的镜面，与式（4.21c）等效的表达式为

$$Z_{\mathrm{Opt}} \simeq \frac{1}{2^9 \Omega^3 \cos i}\left[3\,\frac{x^2 \cos^2 i + y^2}{y_{\mathrm m}^2} - \left(\frac{x^2 \cos^2 i + y^2}{y_{\mathrm m}^2}\right)^2\right]y_{\mathrm m} \qquad （5.20d）$$

其中 $y_{\mathrm m} = r_{\mathrm m}$ 是镜子的半孔径，垂直于望远镜对称面的方向，且焦比 $\Omega = \dfrac{R}{4 y_{\mathrm m}} = R/4 r_{\mathrm m}$。椭圆孔径的半轴表示是（$x_{\mathrm m}$，$y_{\mathrm m}$）且 $x_{\mathrm m} = y_{\mathrm m}/\cos i$。式（5.20d）的表达式满足 $x \le x_{\mathrm m}$，$y \le y_{\mathrm m}$。

**准确的表征**：使用表 4.1 和表 4.2 中系数 $A_n(M)$ 和 $\mathrm B_{n,m}$ 的准确表示，可以得到镜面的精确形状（第 4 章）。

如果为了平场在焦点前增加一块正透镜，则系数的微量增加可以保持 $k=$ 常数的镜面几何形状。通过在式（4.10）中设置略大于 1 的 $s$ 因子，很容易实现球差的过度校正。

### 5.3.2　$k=3/2$ 的轴对称圆形镜面——花瓶形

**轴对称系统**：由 4.3.1 节可知，$k=3/2$ 时，得到了视场中最佳图像的镜面形状。尽管光学表面可以近似为式（5.20b），下面考虑如式（4.18）所表示的轴对称镜面的形状 $Z_{\mathrm{Opt}}$，包含 $Cv1$ 和 $Sphe3$ 的精确系数。

对于在均匀载荷 $q$ 作用下弯曲的等厚板，无论圆周是简支边界还是内嵌边

缘，泊松方程的特解总是出现在式（5.5）中的通解 $Z_{Elas}$ 中，有相同的四次项；这一项是（$q/64D$）$r^4$。非球面化过程可以直接在光滑的平面上进行（$Z_{Sphe}=0$）。然后用主动光学的叠加定律：

$$R_{Tool} = \infty, \quad Z_{Sphe} \equiv 0 \quad, \quad Z_{Opt} + \wp Z_{Elas} = 0 \tag{5.21}$$

其中 $\wp = \pm 1$ 是取决于应力磨制成形或实时应力加载。

弹性变形项 $Z_{Elas}$（$r^4$）与式（4.18）中的光学面形 $Z_{Opt}$（$r^4$）的确定提供了光-弹性耦合的第一部分。焦比 $\Omega = R/4r_m$，光学镜面厚度 $t_1$，简化后，均匀的加载表达为

$$q = \frac{\wp \cos(i + \varphi_m)}{24(1-v^2)\Omega^2}\left[\frac{1}{4} - \frac{M(1-M^3)}{(1-M)(1+M)^3}\right]\frac{t_1^3}{r_m^3}E \tag{5.22a}$$

因为 $M = k/2^5\Omega^2$ 且 $k = \dfrac{r_0^2}{r_m^2} = 3/2$ $M = 3/2^6\Omega^2$，到镜面孔径边缘的常数厚度为

$$t_1 = 4\Omega\left[\frac{3\wp(1-v^2)}{2\cos(i+\varphi_m)}\frac{q}{E}\right]^{1/3}\left(1 + \frac{1}{16\Omega^2} + \cdots\right)r_m \tag{5.22b}$$

确定了校正 Sphe3 的参数。

为在圆周 $r_m$ 处获得正确的斜率而需要的 Cv1 项，可以通过花瓶形式来实现。这就要确定两个刚性区域的刚度比 $\gamma = \dfrac{D_1}{D_2} = (t_1/t_2)^3$，与泊松比和环的外内半径比 $\dfrac{b}{r_m} = b/a$ 有关。$k = 3/2$ 时平衡 Cv1 和 Sphe3 模式的几何条件详见 7.6.1 节（Lemaitre[25]）。这个条件是（见式（7.47）），

$$\frac{t_2^3}{t_1^3} = \frac{16\left[2\dfrac{a}{b} - 1 - (1+v)\ln\dfrac{a}{b}\right] - (5+v)\left[1 + v + (1-v)\dfrac{a^2}{b^2}\right]}{(1-v^2)\left(1 - \dfrac{a^2}{b^2}\right)} \tag{5.22c}$$

表 5.3 给出了满足式（5.22c）的花瓶形几何结构的各种（$t_2/t_1$, $v$, $b/a$）解。

表 5.3　$k = 3/2$ 时厚度比 $t_2/t_1$（确定花瓶形板的几何形状）与泊松比 $v$ 和半径比 $b/a$ 的对应表

| $v$ | 1/2 | 1/3 | 1/4 | 1/5 | 1/6 | 1/7 |
|---|---|---|---|---|---|---|
| $b/a = 1.05$ | 4.127 | 3.972 | 3.937 | 3.926 | 3.922 | 3.921 |
| $b/a = 1.10$ | 3.341 | 3.204 | 3.169 | 3.157 | 3.152 | 3.150 |
| $b/a = 1.15$ | 2.982 | 2.848 | 2.811 | 2.797 | 2.790 | 2.787 |
| $b/a = 1.20$ | 2.772 | 2.636 | 2.597 | 2.580 | 2.571 | 2.566 |

均匀载荷 $q$ 作用于瓶形的内部，其反作用力发生在轮廓 $r = r_m \equiv a$ 处。为了使等厚分布 CTD 最有效，两个厚度 $t_1$ 和 $t_2$ 之间的连接是通过曲率半径等于厚度 $t_1$ 来实现的（图 5.11）（也参见图 7.9-上）。

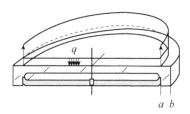

图 5.11　通过均匀局部真空生成花瓶形镜的实时非球面。取 $k = 3/2$，镜子用微晶（ $\nu = 1/4$ ），从表 5.5 得到可能的设计参数例如 $b/a = 1.15$ 和 $t_2/t = 2.811$

通过可变厚度的花瓶形式可以实现包括 Sphe5，Sphe7 和高阶项的球差修正。有效孔径上的厚度分布可以采用类似于 5.4 节中 $k = 3/2$ 时制作轴对称光栅的方法确定。其结果是一个厚度从中心到边缘缓慢减小的分布。反射施密特望远镜的焦比通常慢于 $f/2.5$ 或 $f/3$，所以 Sphe5 项仍然很小。

### 5.3.3　$k=3/2$ 的双对称圆形镜面——MDM

**非共轴系统**：在三级理论中，光学面形用式（5.20c）表示，这是一个包含像散校正模式的双轴对称面形。在此情况下，由上述花瓶形镜面再加上径向臂就可以得到花瓶形多模式可变形镜或称花瓶形 MDMs，可通过主动光学技术较方便地实现。

这些 MDMs，主要在第 7 章中讨论，可以通过均匀加载和施加在径向臂上的轴向力实现 $Cv1$，Sphe3，Astm3 和 Astm5 模式的叠加（参见表 7.2 和图 7.9-下）。

### 5.3.4　$k=0$ 的双对称圆形镜面——郁金香形（Tulip Form）

**非共轴系统**：$k = 3/2$ 提供了最佳的视场像差平衡，但下面考虑 $k = 0$ 时，镜面在其近轴区是完全平的。在这种情况下，主动光学方法可生成有趣的解——郁金香形状的镜面。对于 100% 环围能量，视场残余像斑大小将是 $k = 3/2$ 时的 3 倍左右（参见图 4.9-实线，残差像斑随 $k$ 的变化），但这对设计中等视场，快焦比优先的反射施密特望远镜只是一个小的障碍。当 $k=0$ 时，式（5.20c）中的前两项为

0，此时镜面的形状为

$$Z_{\text{Opt}} = \frac{1}{2^9 \Omega^3 \cos i} \Big[ -(1-2\tau)\rho^4 + 2\tau\rho^4 \cos 2\theta + \cdots \Big] r_{\text{m}} \qquad （5.23）$$

其中第二项是 Astm5。

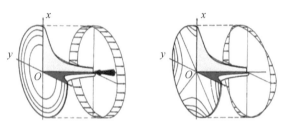

图 5.12　在 $k=0$ 的特殊情况下，圆形镜面的郁金香形状厚度分布图。左图：厚度 $T_{40}$，中心力 $F_{40}$ 及反射镜边缘的反作用力，产生 Sphe3 校正。右图：$\mathcal{T}_{42} = \mathcal{T}_{40}$，和圆周边力 $F_{42} \cos 2\theta$，通过环由两个正交力生成提供 Astm5 校正[18]

郁金香形状的镜子（见 3.3.2 节）可以提供 Sphe3 的补偿，表示为式（5.23）的第一项。避免前述需要一个均匀的外部载荷 $q$ 的结构，可以使用一个中心外力 $F_{40}$，在边缘 $\rho = 1$ 处有反作用力镜面结构。可以看到当 $q=0$ 的时候，在 3.3.2 节（VTD-2）中的 $A'_{40}$ 方程的两个根为 $\alpha_1 = 8/(3+v)$ 和 $\alpha_2 = 2$。这决定了厚度的分布式（3.30a），

$$t = \mathcal{T}_{40} t_0 \quad , \quad \mathcal{T}_{40} = \left( \frac{4}{1-v} \right)^{1/3} \Big[ 1/\rho^{8/(3+v)} - 1/\rho^2 \Big]^{1/3} \qquad （5.24a）$$

镜面边缘零厚度处的无限大斜率允许使用简支边缘作为边界条件，而中心处无限大的厚度是由于近轴零曲率造成的。中心厚度可根据瑞利四分之一波长准则取为有限值（图 5.12）（Lemaitre[14,16]）。

3.2 节中可变厚度分布（VTD）类郁金香形式的镜子可以准确地生成 Astm5 模式。在式（3.14）中设置 $q=0$，$n=4$ 且 $m=2$ 时，得到了生成 Astm5 模式的根，即 $A'_{42}$ 系数，为 $\alpha_1 = 3+v$ 且 $\alpha_2 = 0$。这使得厚度的变化为

$$\mathcal{T}_{42} \propto \left( 1/\rho^{3+v} - 1 \right)^{1/3} \qquad （5.24b）$$

其中的挠曲是通过在镜子的周边施加角度调制的力 $F = F_{42} \cos\theta$ 得到的。在实际应用中式（5.24a）中的 $\mathcal{T}_{40}$ 和上面的 $\mathcal{T}_{42}$ 的厚度轮廓仅有百分之几的差别。因此，球差 Sphe3 和像散 Astm5 的同步校正可以通过采用 $\mathcal{T}_{40}$ 的厚度轮廓分布并将两种加载系统叠加来实现。这非常有效，因为像散 Astm5 比球差 Sphe3 小得多。

非球面是从平面镜面形直接得到的。起始条件是

$$R_{Tool} = \infty, \quad Z_{Sphe} \equiv 0, \qquad Z_{Opt} + \wp Z_{Elas} = 0$$

其中 $\wp = \pm 1$ 取决于是预应力成形还是实时加力变形。从式（5.23）可知，Sphe3 系数为

$$A_{40} = -\frac{\cos i}{2^9 \Omega^3} \frac{1}{r_m^3}$$

代入相关厚度 $t = t_0 \mathcal{T}_{40}(\rho)$ 中，并且参考式（3.30a），得到

$$t_0 = -\left[\frac{3(1-v^2)}{16\pi A_{40}} \frac{F}{r_m^2 E}\right]^{1/3} = 4\Omega \left[\frac{3\wp(1-v^2)}{2\pi\cos i} \frac{F_{40}}{r_m^2 E}\right]^{1/3} r_m \qquad （5.24c）$$

它将镜面厚度 $t(r)$ 与中心力 $F_{40}$ 联系起来。

例如，已经研制的全反射施密特望远镜 FAUST，焦比 $f/1.5$，用于极紫外空间扩展目标巡天。此望远镜用的不锈钢 Fe87Cr13 镜面，有效口径 18cm，已经研制完，有效口径之外抛光成平面。厚度分布取 $t_0 = 5.6\,mm$。边缘简支由一个径向薄的圆柱形轴环支撑，连接到一个厚度为 $t_z = 25mm$ 和 $t_r = 14mm$ 的刚性环上。图 5.13 的干涉图显示了每种模式的挠曲结果及其叠加情况。图 5.14 显示了 FAUST 火箭计划的理论像质（Monnet et al.[27]，Cohendet[5]）以及非球面化过程中像质的改善。

图 5.13　（左图）VTD 类中 $k = 0$ 的圆形镜面。FAUST 实验用的不锈钢镜面（不包含变形单元）。取无量纲的厚度 $\mathcal{T}_{40} = \left(\dfrac{1}{\rho^{\frac{8}{3+v}}} - 1/\rho^2\right)^{1/3}$ 可以补偿焦比 $f/1.5$，光束偏角 30°的系统的像差。（右图）平面与弹性非球面的 He-Ne 干涉图。①Sphe3 模式由一个中心力 $F_{40}$ 和外圈的作用力得到。②Astm5 模式通过两个相等的轴向力 $F_{42}$ 作用于圆周边（$\theta = 0$，$\pi$），以及在 $\theta = \pm\pi/2$ 方向的两个力 $-F_{42}$ 产生。③两种模式[16]的叠加（LOOM）

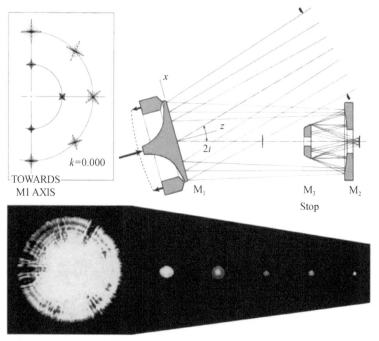

图 5.14 （左上图）反射施密特系统在四个分区的光线追迹，$i = 15°$，$f/1.5$，视场角度 $\varphi =$ $0°$，$1.25°$ 和 $2.5°$。光线追迹的像面为最佳曲面焦面上。（右上图）FAUST 反射式施密特望远镜焦比 $f/1.5$，FOV=5°，$F=270mm$，光线偏转角 $2i=30°$，改正镜面的设计取 $k = 0$ 和 180mm 有效圆形孔径。（下图）改正镜实时非球面化过程中图像质量的变化。第一个像斑位于无应力状态下的高斯焦点。测量的分辨率是 50 线对/毫米@2.5°视场半径（LOOM）

### 5.3.5　$k=3/2$ 的双对称椭圆镜面——花瓶形-双板

**非轴对称系统：采用双轴对称的改正镜面的**全反射施密特通常提供更好的像质（4.3 节）。考虑到入射光束为圆形截面，采用椭圆轮廓的等厚改正板可以同时补偿 Cv1、Sphe3 以及 Astm3 和 Astm5 像散模式（由第 7 章式（7.49）确定）。镜子的椭圆轮廓——望远镜光瞳由主光束的入射角 $i$ 确定。利用主动光学方法对此类镜面进行非球面化是一项很有意义的工作。这个简单的过程也可以用于其他系统，而不仅用于施密特系统，其要求椭圆镜面最好在光瞳上进行像差校正。

为了直接获得 $k = 3/2$ 时子午轮廓的仿射曲线挠曲，一个花瓶形板必须被修改成由两个相同的椭圆花瓶形板组成的"双板形状"，它们在外圈处密封在一起。

**花瓶形椭圆板的挠曲：**考虑图 5.15 所示的椭圆板的系统坐标，用 $n$ 表示光学有效孔径轮廓 $\mathcal{C}$ 的法线；　$\mathcal{C}$ 的方程为

$$\frac{x^2}{a_x^2} + \frac{y^2}{a_y^2} - 1 = 0 \qquad (5.25)$$

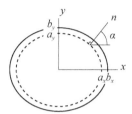

图 5.15　椭圆花瓶形板的俯视图。有效孔径由半轴半径（$a_x, a_y$）定义的椭圆轮廓 $C$ 确定。刚度恒定的花瓶板固支在沿 $C$（虚线）处的圆周环上，$n$ 方向垂直于 $C$。环的外缘是由（$b_x$, $b_y$）定义的椭圆轮廓 $C'$

由均匀载荷 $q$ 产生的挠曲的微分方程为

$$\nabla^4 z \equiv \partial^4 z/\partial x^4 + 2\partial^4 z/\partial x^2 \partial y^2 + \partial^4 z/\partial y^4 = q/D \qquad (5.26)$$

在边缘夹紧的边界条件下，即 $z|\,C = 0$，沿椭圆（$a_x, a_y$）轮廓 $C$ 挠曲的曲线斜率 $\partial z/\partial n|$ $C = 0$，如果挠曲用下式（Bryan[2], Love[26], Timoshenko 和 Woinovsky-Krieger[30a]）表示，则满足双拉普拉斯方程，

$$z = z_0 \left(1 - \frac{x^2}{a_x^2} - \frac{y^2}{a_y^2}\right)^2 \qquad (5.27)$$

通过对双调和方程的代换，得到了挠曲的矢高 $z_0$ 为

$$z_0 = \frac{q}{8D} \frac{a_x^4 a_y^4}{3a_x^4 + 2a_x^2 a_y^2 + 3a_y^4} \qquad (5.28)$$

弯矩 $M_x$，$M_y$ 和扭转力矩 $M_{xy}$ 定义为

$$\left\{ \begin{array}{l} M_x = D\left(\dfrac{\partial^2 z}{\partial x^2} + v\dfrac{\partial^2 z}{\partial y^2}\right), \quad M_y = D\left(\dfrac{\partial^2 z}{\partial y^2} + v\dfrac{\partial^2 z}{\partial x^2}\right) \qquad (5.29) \\[3mm] M_{xy} = -(1-v)D\dfrac{\partial^2 z}{\partial x \partial y} = -8(1-v)z_0 D\dfrac{xy}{a_x^2 a_y^2} \qquad (5.30) \end{array} \right.$$

由式（5.26）表示的挠曲 $z$，可得

$$M_x = 4z_0 D\left[\frac{3x^2}{a_x^4} + \frac{y^2}{a_x^2 a_y^2} - \frac{1}{a_x^2} + v\left(\frac{x^2}{a_x^2 a_y^2} + \frac{3y^2}{a_y^4} - \frac{1}{a_y^2}\right)\right] \qquad (5.31)$$

在 $x$ 轴和 $y$ 轴的末端，这些力矩分别是

$$M_x\{\pm a_x, 0\} = 8z_0 D/a_x^2, \quad M_y\{0, \pm a_y\} = 8z_0 D/a_y^2 \qquad (5.32)$$

然后，将最大的弯矩作用于 $\mathcal{C}$ 的最短主轴的两端。

边界由弯矩 $M_n$ 和作用于椭圆（$a_x$, $a_y$）轮廓 $\mathcal{C}$ 的净剪力 $V_n$ 的曲线表达式定义。在轮廓的任何点，令 $\alpha$ 为 $x$ 轴和法线 $n$ 之间的夹角。因为 $\mathrm{d}s^2 = \mathrm{d}x^2 + \mathrm{d}y^2$，

$$\sin\alpha = -\frac{\mathrm{d}x}{\mathrm{d}s} = \frac{a_x^2 y}{\sqrt{a_y^4 x^2 + a_x^4 y^2}}, \quad \cos\alpha = \frac{\mathrm{d}y}{\mathrm{d}s} = \frac{a_y^2 x}{\sqrt{a_y^4 x^2 + a_x^4 y^2}} \quad (5.33)$$

曲线的弯矩 $M_n$ 和 $M_{nt}$ 表示为

$$M_n = M_x \cos^2\alpha + M_y \sin^2\alpha - 2M_{xy}\sin\alpha\cos\alpha, \quad (5.34)$$

$$M_{nt} = M_{xy}\left(\cos^2\alpha - \sin^2\alpha\right) + \left(M_x - M_y\right)\sin\alpha\cos\alpha \quad (5.35)$$

代入后得到

$$M_n = 4z_0 D \frac{a_x^4 a_y^4}{a_y^4 x^2 + a_x^4 y^2}\left[\frac{3x^4}{a_x^8} + \frac{3y^4}{a_y^8} - \frac{x^2}{a_x^6} - \frac{y^2}{a_y^6}\right.$$

$$\left. + \left(\frac{1}{a_x^4} + \frac{1}{a_y^4} - 4\frac{1-2v}{a_x^2 a_y^2}\right)\frac{x^2 y^2}{a_x^2 a_y^2}\right], \quad (5.36)$$

$$M_{nt} = 4(1-v)z_0 D \frac{a_x^2 a_y^2 xy}{a_y^4 x^2 + a_x^4 y^2}\left(\frac{x^2}{a_x^4} - \frac{y^2}{a_y^4} - \frac{x^2 - y^2}{a_x^2 a_y^2}\right) \quad (5.37)$$

剪切力 $Q_x$ 和 $Q_y$ 分别为

$$Q_x = -D\frac{\partial}{\partial x}\nabla^2 z = -8z_0 D\left(\frac{3x}{a_x^4} + \frac{x}{a_x^2 a_y^2}\right), \quad Q_y = -D\frac{\partial}{\partial y}\nabla^2 z \quad (5.38)$$

曲线剪力为

$$Q_n = Q_x \cos\alpha + Q_y \sin\alpha \quad (5.39)$$

代入之后，

$$Q_n = -8z_0 D \frac{a_x^2 a_y^2}{\sqrt{a_y^4 x^2 + a_x^4 y^2}}\left(\frac{1}{a_x^2 a_y^2} + \frac{3x^2}{a_x^6} + \frac{3y^2}{a_y^6}\right) \quad (5.40)$$

净剪力即在边缘处的轴向作用力 $V_n$ 为

$$V_n = Q_n - \frac{\partial M_{nt}}{\partial s} \quad (5.41)$$

在轮廓 $\mathcal{C}$ 处表达 $M_n$ 和 $V_n$ 的前述方程，完全确定了椭圆板的边界条件。在 $x$ 和 $y$ 方向上可以很容易地确定净剪力。考虑在 $y$ 轴上的 $V_n$（$x=0$），$y=a_y$，式（5.40）中的第二项消失，在短轴 $a_y$ 的末端 $V_y\{0, \pm a_y\} = Q_n\{0, \pm a_y\}$，即

$$V_y\left\{0,\pm a_y\right\} = -8z_0 D\frac{3a_x^2 + a_y^2}{a_x^2 a_y^3}, \quad a_y < a_x \tag{5.42a}$$

同样的，在 $x$ 轴和轮廓 $\mathcal{C}$ 上，主轴 $a_x$ 末端的作用力是 $V_x\{\pm ax,\ 0\} = Q_n\{\pm ax,\ 0\}$，并且

$$V_x\left\{\pm a_x, 0\right\} = -8z_0 D\frac{a_x^2 + 3a_y^2}{a_x^3 a_y^2}, \quad a_y < a_x \tag{5.42b}$$

其绝对值略低于 $|V_y\{0,\pm ay\}|$。若 $a_x = a_y = a$ 则椭圆变为圆，后两种关系可以恢复到已知的圆形板的结果：$V_r\{a\} = Q_r\{a\} = -qa/2$。

上面的分析适用于一个内置的轮廓，现在来考虑一种由叠加的二次模式组成的挠曲 $z$，如：

$$z = z_0\left[\left(1 - \frac{x^2}{a_x^2} - \frac{y^2}{a_y^2}\right)^2 + \kappa\left(1 - \frac{x^2}{a_x^2} - \frac{y^2}{a_y^2}\right)\right] \tag{5.43}$$

其中 $\kappa$ 是一个自由参数。新矢高 $z\{0, 0\} = (1+\kappa) z_0$，这种挠曲也满足 $\nabla^4 z = q/D$，$z_0$ 由式（5.28）给出。$\kappa = 0$ 对应于前面边缘处斜率为零的情况。所以 $\kappa \neq 0$，主曲率发生变化，这意味着沿板边缘的弯矩修改了。

在 $x$、$y$ 轴的端点处，弯矩分别为

$$M_x\left\{\pm a_x, 0\right\} = 2z_0 D\left(\frac{4-\kappa}{a_x^2} - v\frac{\kappa}{a_y^2}\right) \tag{5.44a}$$

$$M_y\left\{0, \pm a_y\right\} = 2z_0 D\left(\frac{4-\kappa}{a_y^2} - v\frac{\kappa}{a_x^2}\right) \tag{5.44b}$$

而净剪切力 $V_x\{\pm a_x,\ 0\}$ 和 $V_y\{0,\ \pm a_y\}$ 保持不变，因为叠加模式（5.43）中含 $\kappa$ 项的 $\partial M_{nt}/\partial s$ 分量为零。

考虑一个花瓶形的板，用 $z_1$ 表示先前内板的挠曲，有限几何尺寸的外圈可以提供绕其中性轴的旋转。这就可以在轴对称情况下按 $k = 3/2$ 设置零光焦度带，$z \propto 2 k\rho^2 - \rho^4$ 可推出 $2 k = 2+\kappa$，对应 $\kappa = 1$。可以把椭圆形板零光焦度带表示为

$$U^2 - \frac{3}{2} = 0, \quad U^2 \equiv \frac{x^2}{a_x^2} + \frac{y^2}{a_y^2} \tag{5.45}$$

假设一个连接到圆环内侧的椭圆有效孔径 $(\alpha_x, \alpha_y)$，圆环能否独立地产生一部分二次弯曲？对两个对数项（对应于圆形环的 $r^2\ln r^2$ 和 $\ln r^2$），挠曲 $z_2$ 不能用函数 $1-U^2$ 表示，因为双拉普拉斯方程 $\nabla^4 z_2 = 0$ 的条件不满足，即 $\nabla^4\ln U \neq 0$。因此，只有均匀载荷而没有在轮廓处施加特殊力矩和力的情况下，椭圆环的挠曲就不能

提供仿射曲线椭圆。然而另一种方法是使用两个花瓶形板，由一个封闭的外椭圆形圆柱体连接在一起（见下文）。这就避免了 7.6.2 节中所述的 $F_{a,k}$ 和 $F_{c,k}$ 力的要求。

从圆板的情况可以设想具有简支边的椭圆板的情况。将对应于 $\kappa = 4 / (1+v)$ 并且

$$z = z_0 \left(1-U^2\right)\left(\frac{5+v}{1+v}-U^2\right) \qquad (5.46)$$

这将形成一个沿椭圆线的零光焦度带，椭圆线由以下公式定义

$$U^2 - \frac{3+v}{1+v} = 0 \qquad (5.47)$$

简支边缘的边界条件应该对应于边缘轮廓上的弯矩 $M_n = 0$ 和净剪力 $V_n = 0$。这些条件并不完全满足，因为

$$M_x\{\pm a_x, 0\} = \frac{8vz_0 D}{1+v}\left(\frac{1}{a_x^2}-\frac{1}{a_y^2}\right), M_y\{0,\pm a_y\} = \frac{8vz_0 D}{1+v}\left(\frac{1}{a_y^2}-\frac{1}{a_x^2}\right) \qquad (5.48)$$

与夹紧边缘的情况相比，以及定义椭圆度比 $a_y/a_x = \cos i$ 的入射角 $i$，可以看到这些力矩很小。然而，除夹紧边缘情况外，对于简支边缘或准简支边缘得到的挠曲，其平面轮廓严格要求通过适当的外力分布附加弯矩 $M_n$ 和净剪力 $V_n$ 作用于外筒上。

光学中感兴趣的各种椭圆板的挠曲可以用以下公式表示

$$z = \frac{q}{8D}\frac{a_x^4 a_y^4}{3a_x^4 + 2a_x^2 a_y^2 + 3a_y^4}\left(1-U^2\right)\left(\kappa + 1 - U^2\right), \quad \kappa = 2(k-1) \qquad (5.49)$$

相关的参数 $k$ 和 $\kappa$ 确定零光焦度带的位置列出如下。

| 挠曲几何体 | $k$ | 零光焦度区域 $U$ | $\kappa$ |
|---|---|---|---|
| 夹紧边界 | 1 | 1 | 0 |
| 反射式施密特 | 3/2 | $\sqrt{3/2} = 1.225$ | 1 |
| 半简支边界 | $U^2$ | $\sqrt{(3+v)/(1+v)}$ | $4/(1+v)$ |

由于泊松比 $v \in (0, 1/2)$，对简支边缘情况椭圆零光焦度范围在 $1.527 \leqslant U \leqslant 1.732$；当 $v = 1/4$ 时，若 $y = 0$ 这使得 $U = x/a_x = 1.612$。对于反射施密特系统，零光焦度椭圆的光学位置介于夹紧边缘和准简支边缘之间。

**封闭双板形式的椭圆板的挠曲**：要得到 $k = 3/2$ 的轮廓，即 $\kappa = 1$，下面考虑一个封闭的双板形式（图 5.16）用作反射施密特系统的镜面。由两个相同的板，厚度也相同，在其椭圆形轮廓 $C$ 通过一个圆柱面连接在一起。由于连续性的原因，椭圆柱面的外端沿 $C$ 方向圆绕，以便向板传递弯矩。考虑到直角接头所产生的应

力集中的影响，可以看出，夹紧板的精确几何形状由曲率半径等于板厚四分之一的圆角实现。

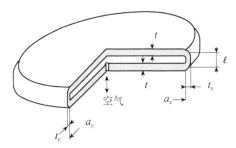

图 5.16　仅通过均匀加载产生仿射椭圆挠曲的封闭双板。板的椭圆廓线 $c$ 与圆柱体相连。圆柱体的径向厚度实现半内置条件，且沿着 $c$ 变化满足具有最好的光学廓线 $\kappa = 1$（即 $k = 3/2$）。在 $(z, x)$ 和 $(z, y)$ 截面中，外筒的主径向厚度分别为 $t_x = b_x - a_x$ 和 $t_y = b_y - a_y$

在非球面化过程中，从平面镜出发，当满足如下条件时，挠曲直接提供光学面形

$$R_{\text{Tool}} = \infty, \quad Z_{\text{Opt}} + \wp Z_{\text{Elas}} = 0 , \ k = 3/2 \ \text{i.e.} \ \kappa = 1 \qquad (5.50)$$

其中 $\wp = \pm 1$ 取决于考虑实时压力变形或预应力磨制成形。假设实时压力变形，就取正值，挠曲为（$\kappa = 1$ 式（5.49））

$$\wp z_0 = \frac{y_{\text{m}}}{2^9 \Omega^3 \cos i} ,$$

$$Z_{\text{Elas}} \equiv z = z_0 \left[ 1 - \frac{x^2}{a_x^2} - \frac{y^2}{a_y^2} + \left( 1 - \frac{x^2}{a_x^2} - \frac{y^2}{a_y^2} \right)^2 \right] \qquad (5.51)$$

其中 $z_0$ 由式（5.28）给出。从式（5.20d）中镜面光学形状 $Z_{\text{Opt}}$ 出发，推导出有效孔径上半轴半径

$$a_x = x_{\text{m}} = y_{\text{m}}/\cos i , \quad a_y = y_{\text{m}} = r_{\text{m}}$$

通过对 $U^4$ 系数的确认，得到

$$\wp z_0 = \frac{y_{\text{m}}}{2^9 \Omega^3 \cos i}$$

通过刚度替代和简化，得到各封闭形板的厚度为

$$t = 4\Omega \left[ \frac{12\wp (1 - v^2) \cos i}{3 + 2\cos^2 i + 3\cos^4 i} \frac{q}{E} \right]^{1/3} y_{\text{m}} \qquad (5.52)$$

这就确定了第一部分的可执行条件，第二部分是圆周椭圆柱面的设计。

**封闭双板形式——椭圆柱面轮廓设计**：在轮廓线 $C$ 上，在 $x$ 和 $y$ 方向上，弯矩 $M_n$ 和净剪力 $V_n$ 分别为

$$M_x\{\pm a_x,0\} = 2z_0 D\left(\frac{3}{a_x^2} - \frac{v}{a_y^2}\right), \quad V_x\{\pm a_x,0\} = -8z_0 D\frac{a_x^2 + 3a_y^2}{a_x^3 a_y^2} \quad （5.53a）$$

$$M_y\{0,\pm a_y\} = 2z_0 D\left(\frac{3}{a_y^2} - \frac{v}{a_x^2}\right), \quad V_y\{0,\pm a_y\} = -8z_0 D\frac{3a_x^2 + a_y^2}{a_x^2 a_y^3} \quad （5.53b）$$

对于圆形板，记 $a_x = a_y = a$，$s_{pl}$ 为其边缘斜率，弯矩为

$$M\{r=a\} = 2(3-v)z_0 D / a^2 = -(3-v)Ds_{pl} / a \quad （5.54）$$

在 $(z, x)$ 和 $(z, y)$ 截面，连接板的椭圆柱面的径向厚度 $t_x$ 和 $t_y$ 可以用无量纲系数 $\gamma_x$，$\gamma_y$ 定义

$$\gamma_x = \frac{t_x}{t} = \frac{b_x - a_x}{t}, \quad \gamma_y = \frac{t_y}{t} = \frac{b_y - a_y}{t} \quad （5.55）$$

其中 $t$ 为两块板的厚度。

为了用一个圆柱体连接并封闭两个分离板的边缘，首先考虑圆柱面轴对称情况，设置 $\gamma = \gamma_x = \gamma_y = t_{cyl}/t$，$t_{cyl}$ 为圆柱体的径向厚度。令 $b = b_x = b_y$ 为其外半径，$a_{cyl} = (a+b)/2$ 为其平均半径。在不改变坐标系符号的情况下，沿着平行的方向移动平板 $(z, r)$ 面的轴线，这样坐标原点现在位于圆柱体中性表面的中点。挠曲是下面微分方程的一个解[30b]

$$\frac{\mathrm{d}^4 r}{\mathrm{d}z^4} + 4\beta^4 r = \frac{q}{D_{cyl}} \quad （5.56）$$

其中圆柱的刚度 $D_{cyl}$ 和系数 $\beta$ 由以下公式定义：

$$D_{cyl} = \frac{Et_{cyl}^3}{12(1-v^2)}, \quad \beta^4 = \frac{3(1-v^2)}{a_{cyl}^2 t_{cyl}^2} \quad （5.57）$$

为了确定圆柱体的厚度 $t_{cyl}$ 和高度 $\ell$，首先注意到圆柱体在其边缘 $z = \pm \ell/2$ 处受到相反的力矩 $M$，因此弯曲 $r(z)$ 必须是均匀的。式（5.56）的解是

$$r = C_1 \sinh\beta z \sin\beta z + C_2 \cosh\beta z \cos\beta z + f(z) \quad （5.58）$$

其中奇数项，即 $C_3$ 和 $C_4$ 系数已被取消，且

$$f(z) = q / 4\beta^4 D = \text{ constant}$$

这是由于加载 $q$ 而得到的特解。假定在很短圆柱体的情况下，与施加于端部的弯矩 $M$ 和 $-M$ 的影响相比，载荷 $q$ 引起的拉伸变形可以忽略不计。由式（5.53）可

知，作用力 $V_x\{\pm a_x, 0\}$，$V_y\{0, \pm a_y\}$ 仅取决于加载强度 $q$，无论加载边界是固支夹紧、半夹紧还是简支的。在一阶近似中，也忽略了圆柱体在 $z$ 方向上的变形。

由于与板相连接，圆柱体的端部不能沿径向 $r$ 明显移动，但可以旋转。弯矩定义为 $M = D \mathrm{d}^2 r / \mathrm{d} z^2$。因此，外圆柱的边界条件为

$$(r)_{z=\ell/2} = 0, \quad \left(\frac{\mathrm{d}^2 r}{\mathrm{d} z^2}\right)_{z=\ell/2} = \frac{M}{D_{\mathrm{cyl}}} \quad (5.59)$$

令

$$\omega = \beta \ell / 2$$

代入后发现

$$C_1 \sinh \omega \sin \omega + C_2 \cosh \omega \cos \omega = 0 \quad (5.60a)$$

$$C_1 \cosh \omega \cos \omega - C_2 \sinh \omega \sin \omega = \frac{M}{2\beta^2 D} \quad (5.60b)$$

使用 $\cosh^2 \omega \cos^2 \omega + \sinh^2 \omega \sin^2 \omega = 1/2 (\cosh 2\omega + \cos 2\omega)$，系数是

$$C_1 = \frac{M}{\beta^2 D} \frac{\cosh \omega \cos \omega}{\cosh 2\omega + \cos 2\omega}, \quad C_2 = -\frac{M}{\beta^2 D} \frac{\sinh \omega \sin \omega}{\cosh 2\omega + \cos 2\omega} \quad (5.61)$$

有了这些系数，柱面边缘处挠曲的斜率为

$$s_{\mathrm{cyl}} = \left(\frac{\mathrm{d} r}{\mathrm{d} z}\right)_{z=\ell/2} = \frac{M}{2\beta D_{\mathrm{cyl}}} \frac{\sinh 2\omega + \sin 2\omega}{\cosh 2\omega + \cos 2\omega} = \frac{M\ell}{2D_{\mathrm{cyl}}}\left(1 - \frac{8}{15}\omega^4 + \cdots\right) \quad (5.62)$$

为了获得一个基本的公式，可以通过选择足够小的 $\omega$ 值限制在圆括号中的项为 1。让 $8/15 \omega^4 \leqslant 10^{-2}$，得到不等式：

$$16\omega^4 = \beta^4 \ell^4 = \frac{3(1-v^2)\ell^4}{a_{\mathrm{cyl}}^2 t_{\mathrm{cyl}}^2} \leqslant \frac{3}{10} \quad (5.63)$$

由式（5.62）可知，斜率 $s_{\mathrm{cyl}}$ 的一阶项与圆柱平均半径 $a_{\mathrm{cyl}} = a + \frac{1}{2} t_{\mathrm{cyl}}$ 无关。令上述不等式中的 $a_{\mathrm{cyl}}$ 等于 $a$，圆柱体长度的条件为

$$\ell^2 \leqslant \frac{a t_{\mathrm{cyl}}}{\sqrt{10(1-v^2)}} \quad (5.64)$$

由于刚度 $D_{\mathrm{cyl}} = \gamma^3 D$，如果板和圆柱使用相同的材料，式（5.54）和（5.62）给出

$$\left|\frac{M}{s_{\mathrm{pl}}}\right| = \frac{(3-v)D}{a}, \quad \left|\frac{M}{s_{\mathrm{cyl}}}\right| = \frac{2\gamma^3 D}{\ell} \quad (5.65)$$

通过封闭形式实现了板与圆柱的斜率相等，如果

$$\gamma = \frac{t_{\text{cyl}}}{t} = \sqrt[3]{\frac{3-v}{2}\frac{\ell}{a}} \tag{5.66}$$

则满足了半夹紧条件。此外，由于圆柱体最好与板用四分之一圆弧连接，所以在实际中 $\ell \leqslant t$ 时边界条件难以实现。当 $\ell \gtrsim t$ 时，两个板边的连接将服从圣维南（Saint-Venant's）原理和弯矩的紧凑传递。因此，圆柱体的 $z$ 长度 $\ell$ 应该略大于两块板的厚度 $t$。

（1）在轴对称情况下，如果外圈圆柱的厚度 $t_{\text{cyl}}$，圆柱在两个厚度 $t$ 的板之间的长度 $\ell$，满足条件 $t_{\text{cyl}} = \left[(3-v)\ell/2a\right]^{1/3}t$ 和 $t < \ell \leqslant \left[10\left(1-v^2\right)\right]^{-1/4}\sqrt{at_{\text{cyl}}}$，封闭的双板形式则提供了直径 $2a$ 的全口径镜面作为反射施密特系统的改正镜。

取泊松比 $v = 1/4$ 和厚度比 $\gamma = t_{\text{cyl}}/t = 1/2$，这些条件给出 $a/\ell = 11$，因此 $t < \ell \leqslant 1.8t$。例如，这样就可以选 $\ell = 3t/2$。当 $v = 1/4$ 和 $\gamma = 1$ 时，不等式不成立。当 $v = 1/4$ 和 $\gamma = 2/3$ 时，不等式成立。当 $v$ 取 $\{0, 1/2\}$ 中不同值的时候，结果非常相似。

（2）在轴对称情况下，封闭双板用于反射施密特系统改正镜的方案，圆柱面与板厚度比 $t_{\text{cyl}}/t \leqslant 2/3$，其中 $t_{\text{cyl}}$ 为圆柱的径向厚度，$t$ 为两板的轴向厚度。

由式（5.66）可知，轴对称圆柱的外半径为

$$b = a + t_{\text{cyl}} = a + [(3-v)\ell/2a]^{1/3}t \tag{5.67}$$

返回到 $\kappa = 1$ 时椭圆板挠曲情况，并考虑在主轴和廓线 $\mathcal{C}$ 上的弯矩 $M_x$ 和 $M_y$，如式（5.53）给出，这些弯矩与局部斜率比值的绝对值为

$$\left|\frac{M_x}{s_x}\right|_{\text{pl}} = D\left(\frac{3}{a_x} - v\frac{a_x}{a_y^2}\right), \quad \left|\frac{M_y}{s_y}\right|_{\text{pl}} = D\left(\frac{3}{a_y} - v\frac{a_y}{a_x^2}\right) \tag{5.68}$$

椭圆柱面对应的 $M/s$ 比分别为

$$\left|\frac{M_x}{s_x}\right|_{\text{cyl}} = D\frac{2\gamma_x^3}{\ell}, \quad \left|\frac{M_y}{s_y}\right|_{\text{cyl}} = D\frac{2\gamma_y^3}{\ell} \tag{5.69}$$

确定了这些比值，就得到了椭圆主轴上封闭形式板半夹紧的条件：

$$\gamma_x = \frac{t_x}{t} = \sqrt[3]{\left(3-v\frac{a_x^2}{a_y^2}\right)\frac{\ell}{2a_x}}, \quad \gamma_y = \frac{t_y}{t} = \sqrt[3]{\left(3-v\frac{a_y^2}{a_x^2}\right)\frac{\ell}{2a_y}} \tag{5.70}$$

与式（5.64）类似，得到不等式：

$$\ell^2 \leqslant \frac{a_x t_x}{\sqrt{10\left(1-v^2\right)}}, \quad \ell^2 \leqslant \frac{a_y t_y}{\sqrt{10\left(1-v^2\right)}} \tag{5.71}$$

（3）在椭圆的情况下，如果外圆柱面的厚度 $t_x$，$t_y$，圆柱在两个厚度 $t$ 的板之间的长度 $\ell$，满足条件 $t_{x,y} = \left[ (3 - va_{x,y}^2 / a_{y,x}^2)\ell / 2a_{x,y} \right]^{1/3} t$ 和 $t < \ell \leqslant \left[ 10(1 - v^2) \right]^{-1/4}$ $\sqrt{a_{x,y}t_{x,y}}$，则封闭的双板形式提供了一个尺寸为 $2a_x \times 2a_y$ 的全口径镜作为反射施密特系统的改正镜。

由式（5.70）可以得到椭圆圆柱厚度 $t_y$ 和 $t_x$ 的关系：

$$\left( \frac{t_y}{t_x} \right)^3 = \frac{a_x}{a_y} \frac{3 - v\dfrac{a_y^2}{a_x^2}}{3 - v\dfrac{a_x^2}{a_y^2}} \qquad （5.72a）$$

椭圆面位于入瞳，其轮廓由 $a_x/a_y = 1/\cos i$ 定义，$i$ 为入射角。反射后为圆截面主入射光束。因此，对于圆柱体的主轴，厚度比可展开为

$$\frac{t_y}{t_x} = 1 + \frac{1}{2}\frac{1 + v}{3 - v}i^2 + \cdots \qquad （5.72b）$$

其中泊松比 $v = 1/4$，偏向角 $2i \leqslant 60°$，展开式的前两项与式（5.72）相比偏离 $\leqslant 6 \times 10^{-3}$。

（4）在椭圆情况下，圆柱外轮廓（$b_x$，$b_y$）的椭圆度与其内轮廓（$a_x$，$a_y$）的椭圆度不同。圆柱的主径向厚度 $t_y$、$t_x$ 必须满足：

$$t_y^3 a_y \left( 3 - va_x^2 / a_y^2 \right) = t_x^3 a_x \left( 3 - va_y^2 / a_x^2 \right) \quad , \quad a_x / a_y = 1 / \cos i \qquad （5.73）$$

式中 $i$ 为来自无穷远处目标的圆形截面光束入射角。因此，圆柱径向厚度最大的是在封闭双板的短轴处。

表 5.4 给出了沿主方向的径向厚度比，是泊松比和在椭圆面上的光束偏转角 $2i$ 的函数，椭圆面几何形状由 $a_x/a_y = 1/\cos i$ 定义，即 $a_x \geqslant a_y$，对应于无穷远处目标的圆形截面主入射光束。

表 5.4　封闭双板形式。外圆柱径向厚度比 $t_y/t_x$ 与泊松比和光束偏转角 $2i$ 的函数关系。内椭圆轮廓由 $a_x/a_y = 1/\cos i$ 定义，即 $a_x \geqslant a_y$

| 光束偏转角 $2i$ | 15° | 30° | 45° | 60° | 75° | 90° | 105° |
|---|---|---|---|---|---|---|---|
| $v = 0$ | 1.003 | 1.011 | 1.027 | 1.049 | 1.080 | 1.122 | 1.180 |
| $v = 1/6$ | 1.003 | 1.014 | 1.033 | 1.061 | 1.101 | 1.156 | 1.237 |
| $v = 1/5$ | 1.004 | 1.015 | 1.034 | 1.064 | 1.105 | 1.164 | 1.250 |
| $v = 1/4$ | 1.004 | 1.016 | 1.037 | 1.068 | 1.112 | 1.176 | 1.271 |
| $v = 1/3$ | 1.004 | 1.017 | 1.040 | 1.075 | 1.125 | 1.197 | 1.310 |
| $v = 1/2$ | 1.005 | 1.021 | 1.049 | 1.091 | 1.153 | 1.248 | 1.410 |

封闭双板的椭圆外圆柱的主半径为

$$b_{x,y} = a_{x,y} + t_{x,y} = a_{x,y} + \left[ \left( 3 - v \frac{a_{x,y}^2}{a_{y,x}^2} \right) \frac{\ell}{2a_{x,y}} \right]^{1/3} t \qquad (5.74)$$

在给定弹性材料的情况下，封闭式花瓶形板的 8 个几何量 $t$、$a_x$、$a_y$、$b_x$、$b_y$、$t_x$、$t_y$ 和均匀载荷 $q$ 完全决定了作为非共轴反射施密特望远镜光瞳的椭圆镜面的非球面条件。

**椭圆封闭双板形式的其他应用**：上述用于非共轴全反射施密特反射镜的结果也适用于其他光学系统中平行光束必须由平面镜转折的反射镜。这种椭圆轮廓的非球面镜，当位于光瞳或光瞳附近时，可以提供最佳的像差校正效果。

### 5.3.6  LAMOST：一种拼接的双对称椭圆镜面

LAMOST 是一个巨大的全反射施密特，4m 有效口径和 5°视场，专用于光谱研究。它的非球面镜是双对称椭圆形，由 24 个对角线 1.1m 的六边形子镜组成。不观测时每块子镜都是平面；观测时，主动光学闭环控制系统通过促动器产生所需的非球面，这个非球面是观测目标天空位置的函数。

由于 LAMOST 拼接子镜是多模式可变形镜（MDM），望远镜观测中实时变化成不同的非球面，这些发展在 7.6.4 节和 8.7.3 节中给出。

# 5.4  非球面反射衍射光栅

## 5.4.1  光栅非球面的主动光学复制

所有衍射光栅制造商都很清楚复制技术。在基本技术中，要复制的光学表面——或"母"表面——首先镀一层金；然后将一层环氧树脂压在这个表面并稍微加热。聚合后金层有利于两表面的分离。用于天文观测的中低色散光栅通常是复制的；这就大大降低了成本。此外，人们早就知道，从古老的金刚石刻划光栅中，一次甚至两次复制可以去除金刚石造成的尖锐边缘来提高光栅效率。

主动光学复制技术是一种直接获取非球面的方法。应用于非球面光栅的制作，该技术采用两个复制阶段，需要一个主动光学子母板。例如，从一个平面母光栅开始，第一阶段在次母板上进行平面复制；在改变子母板的应力状态后，第二个复制阶段是在经典刚性基板上实现最终的非球面光栅复制。

## 5.4.2　非球面反射光栅的光学轮廓

类似于全反射型施密特系统，采用 Lemaitre 条件 $k = 3/2$（4.3.1 节）的非球面反射光栅可获得最小的视场残余像差。因此，光栅的局部径向曲率在其中心和有效孔径边缘取极值，符号相反（图 5.10）。

由于衍射光束的光束变形，并且入射光束通常是圆形截面，直径 $2r_m$，一个基本的相机焦比定义为在包含光栅中心刻线的（$y$, $z$）平面（$y_m = r_m$，是中心刻线的半长度），$\Omega = f/d = R/4r_m = R/4y_m$。因光栅刻线与光谱仪狭缝平行，所以称 $\Omega$ 为刻线焦比。

总结 4.4 节中所有的反射光栅光谱仪，如全反射望远镜一样，采用如下设计参数可得到最佳像质

$$k = 3/2, \quad \text{i.e.} \quad M = 3/64\Omega^2, \quad \Omega = R/4y_m = R/4r_m \quad (5.75)$$

随着近年来大型快焦比（比如 $f/1.5$）光谱仪的设计，今后有必要对光栅光学面形的高阶和三阶表达进行总结。以下表示的是圆形截面的入射主光束。

**轴对称光栅（$\beta_0 = 0$）**：对于法线衍射结构（见式（4.23）），$\beta_0 = 0$，光栅的形状是轴对称，通光孔径的轮廓是一个椭圆。如果光谱仪仅使用一个球面镜相机——弯曲焦面，则 $s = \cos 2\psi_m$ 为最佳欠改正因子。从式（4.26）可知，$\rho = r/r_m$ 为无量纲半径，光栅的面形

$$Z_{Opt} = \frac{\cos^2 \varphi_m}{1 + \cos \alpha} \sum_{2,4,6,\cdots} \frac{A_n r''}{R^{n-1}} \simeq \frac{\cos^2 \varphi_m}{2^8 \Omega^3 (1 + \cos \alpha)} \left(3\rho^2 - \rho^4\right) r_m \quad (5.76a)$$

椭圆形的有效通光孔径 $\begin{cases} 0 \leqslant \rho \leqslant 1, & \text{在星光方向 } y, \\ 0 \leqslant \rho \leqslant 1/\cos \alpha, & \text{在色散方向 } x, \end{cases}$ 其中 $A_n$ 由表 4.1 给出。

圆形的零光焦度区 $r_0$ 的位置在有效通光半径 $r_m$ 之外，在三阶校正时定义为 $\rho_0 = \dfrac{r_0}{r_m} = \sqrt{k} = \sqrt{3/2}$。高阶校正的情况 $\rho_0$ 可以准确地从 $d^2z/dr^2|0 = -d^2z/dr^2|_{r_m}$ 推出。

**双对称椭圆光栅（$\beta_0 \neq 0$）**：对于非法线衍射角的情况，$\beta_0 \neq 0$，光栅的面形必须是双轴对称。没有平场透镜，对球面相机反光镜 $s = \cos^2 \varphi_m$。由式（4.28）可知，光栅面形为

$$Z_{\text{Opt}} = \frac{\cos^2 \varphi_{\text{m}}}{\cos \beta_0 + \cos \alpha} \sum_{2,4,6,\cdots} \frac{\mathcal{A}_n}{R^{n-1}} \left( \cos^2 \beta_0 x^2 + y^2 \right)^{n/2} \qquad (5.76b)$$

椭圆形的通光孔径 $\begin{cases} 0 \leqslant y \leqslant y_{\text{m}}, & \text{在星光方向 } y, \\ 0 \leqslant x \leqslant x_{\text{m}}, & \text{在色散方向 } x, \end{cases}$

其中 $\mathcal{A}_n$ 系数见表 4.1。假设圆截面的准直入射光束孔径 $2r_{\text{m}}$，表面等位线为椭圆表示

$$\cos^2 \beta_0 x^2 + y^2 = \text{constant} \qquad (5.76c)$$

在三阶近似中，零光焦度带是椭圆形的，位于有效通光孔径之外

$$\cos^2 \beta_0 x^2 + y^2 = r_{\text{o}}^2 = \frac{3}{2} r_{\text{m}}^2 \qquad (5.76d)$$

对于直径为 $2r_{\text{m}}$ 的圆形截面准直光束，光栅有效孔径内的轮廓线是椭圆，对 Littrow 结构的光栅也一样。

$$\cos^2 \alpha x^2 + y^2 = r_{\text{m}}^2, \quad \text{i.e.} \quad x_{\text{m}} = r_{\text{m}} / \cos \alpha, \quad y_{\text{m}} = r_{\text{m}} \qquad (5.76e)$$

这些关系对于设计弯曲焦平面的光谱仪是有用的。欠校正因子 $s = \cos^2 \varphi_{\text{m}}$ 沿着中心谱线提供了最佳的弥散图像，但对横向光谱或多目标光谱会略微不同。对 $s$ 稍加修改就可以保持 $k = 3/2$ 的条件，既可以用于后一种像差平衡，也可以用于通常用作探测器杜瓦窗口的平场正透镜系统的设计。

**非球面复制过程**：在接下来的所有部分中，反射光栅的非球面是通过两个复制阶段来实现的，采用了如下所述的中间主动光学子母板。从经典的平面衍射光栅"母光栅"开始，第一步是在零应力状态下对子母板的平面进行复制。然后，在第二阶段，以与最终复制在刚性基底上的光栅面形相反的量对子母板光栅进行非球面化。

### 5.4.3 $k = 3/2$ 的轴对称光栅和内置子母板

具有 $k = 3/2$ 几何形状的非球面反射光栅很容易通过复制内置可变形的子母板实现。在轴对称光栅的情况下，对应于在中心波长法线衍射角 $\beta_0 = 0$，最佳设计是圆形的主动子模板，内置的半径在零光焦度半径 $a = r_{\text{o}}$。非球面光栅使用时是一个椭圆形的通光孔径包括内置的圆；$r_{\text{m}} / \cos \alpha \leqslant r_{\text{o}}$ 这个条件对通常的入射角度都满足。

设 $Z_{\text{Sub}}$ 为在有应力状态下主动变形子母板光栅的面形，假设它被制作成应力释放后为平面形状（$Z_{\text{Sphe}} = 0$）。利用主动光学叠加法则，实现了光栅复制的非球

面 $Z_{\mathrm{Opt}}$

$$Z_{\mathrm{Elas}} \equiv Z_{\mathrm{Sub}}, \quad Z_{\mathrm{Sphe}} = 0 \quad , \quad Z_{\mathrm{Sub}} + Z_{\mathrm{Opt}} = 0 \qquad (5.77)$$

其中 $Z_{\mathrm{Elas}}$ 是弹性挠曲。

**用于慢焦比相机的等厚子母板光栅**：利用三阶光学理论，可以很容易地推导出用于制作慢焦比光谱仪中光栅的主动子母板的设计，即仅限于 $Cv1$ 和 $Sphe3$ 项。在这种情况下，弹性理论提供了一个等厚板的解决方案，这是一个均匀载荷弯曲的内置板。因此，用于光栅复制的子母板是一个花瓶形状的板，由内置在厚外圈上的等厚板组成。

通过分别确定式（5.5）和式（5.76a）中 $Z_{\mathrm{Elas}}$ 和 $Z_{\mathrm{Sub}}$ 的 $r^4$ 项，在均匀载荷 $q$ 作用下，可以得到

$$\frac{q}{64D} = -\frac{\cos^2 \varphi_{\mathrm{m}}}{1 + \cos \alpha} \frac{\mathcal{A}_4}{R^3} \qquad (5.78a)$$

其中代入系数 $A_4$ 和刚度 $D$ 后

$$\frac{q}{E} = \frac{4\cos^2 \varphi_{\mathrm{m}}}{3(1-v^2)(1+\cos\alpha)} \left[ 1 - \frac{4M(1-M^3)}{(1-M)(1+M)^3} \right] \frac{t^3}{R^3} \qquad (5.78b)$$

使用式（5.75）中定义的 $M$ 和 $\Omega$，内置半径在 $r_0$ 板的厚度是

$$\begin{cases} t = 4\Omega \left[ \dfrac{3(1-v^2)(1+\cos\alpha)}{4\cos^2 \varphi_{\mathrm{m}}} \dfrac{q}{E} \right]^{1/3} \left( 1 + \dfrac{1}{16\Omega^2} + \cdots \right) r_{\mathrm{m}}, \\ r_{\mathrm{o}} = \sqrt{3/2} r_{\mathrm{m}} \end{cases} \qquad (5.78c)$$

这就确定了可变形子母板光栅的可使用条件，用于慢焦比的光谱仪，例如焦比慢于 $f/2.5$。在内置边缘 $r_0$ 处，通过曲率为 $1/t$ 的四分之一圆弧实现与厚外圈的连接。在施加几个大气压的内空气压力时，金属子母板如铬不锈钢等是考虑到线性和安全的首选材料。在聚合过程中环氧树脂的收缩效应将在最后复制的非球面过程中通过施加少量的过载 $\Delta q$ 来校正，通常是 $\Delta q/q \approx 4\%$。这也需要使用最少的树脂量；因此，用于最终光栅复制的刚性微晶基板在复制前必须给一个微凹的球面形状，树脂的厚度在中心和边缘也是最小的。

**用于快焦比相机的变厚度子母板光栅**：设计用于快焦比光谱仪光栅制作的主动子母板需要使用式（5.76a）的幂级数对球差的高阶校正。利用一个内置在厚外圈上的主动光学子母板，将在后面说明，这些校正会使主动子母板的厚度从中心到边缘略有减小。

板的静力平衡由径向弯矩、切向弯矩和剪力推导出。这些由如下方程组定义（2.1.2 节）：

$$\begin{cases} M_r + \dfrac{dM_r}{dr}r - M_t + Q_r r = 0, \\[2mm] M_r = D\left(\dfrac{d^2 z}{dr^2} + \dfrac{v}{r}\dfrac{dz}{dr}\right), \\[2mm] M_t = D\left(v\dfrac{d^2 z}{dr^2} + \dfrac{1}{r}\dfrac{dz}{dr}\right), \\[2mm] Q_r = -\dfrac{1}{2\pi r}\displaystyle\int_0^r q2\pi r dr = -\dfrac{1}{2}qr \end{cases}$$

将 $M_r$、$M_t$、$Q_r$ 代入后，平衡方程变为

$$\frac{dD}{dr}\left(\frac{d^2 z}{dr^2} + \frac{v}{r}\frac{dz}{dr}\right) + D\frac{d}{dr}\left(\frac{d^2 z}{dr^2} + \frac{1}{r}\frac{dz}{dr}\right) = \frac{1}{2}qr \quad (5.79)$$

其中子母板的挠曲可从式（5.76a）和（5.77）得到，

$$z \equiv Z_{Sub} = -\frac{\cos^2 \varphi_m}{1+\cos\alpha}\sum_{2,4,6,\cdots}\frac{A_n r^n}{R^{n-1}} \quad (5.80)$$

为求解刚度 $D(r)$，展开项 $A_n(M)$ 中给定的 $p$ 值，首先要确定夹紧边缘的边界半径 $r_0$。这个半径是以下方程的根：

$$\sum_{2,4,\cdots,p} nA_n\left(\frac{r}{R}\right)^{n-1} = 0 \quad , \quad M = 3/64\Omega^2 \quad (5.81)$$

定义无量纲量

$$\zeta = \frac{z}{R}, \quad \rho = \frac{r}{R}, \quad g = -\frac{\cos^2\varphi_m}{1+\cos\alpha}, \quad \mathcal{D} = \frac{2g}{qR^3}D \quad (5.82)$$

替换和简化后得到

$$\begin{cases} \dfrac{d\mathcal{D}}{\rho d\rho}\left(\dfrac{d^2\zeta}{d\rho^2} + \dfrac{v}{\rho}\dfrac{d\zeta}{d\rho}\right) + \mathcal{D}\dfrac{d}{\rho d\rho}\left(\dfrac{d^2\zeta}{d\rho^2} + \dfrac{1}{\rho}\dfrac{d\zeta}{d\rho}\right) = g, & (5.83) \\[3mm] \zeta = g\displaystyle\sum_{2,4,\cdots,p} A_n\rho^n \qquad p\text{为偶数} & (5.84) \end{cases}$$

其中无量纲刚度是下式的解

$$\frac{d\mathcal{D}}{\rho d\rho}\sum_{2,4,\cdots,p} n(n-1+v)A_n\rho^{n-2} + \mathcal{D}\sum_{4,6,\cdots,p}(n-2)n^2 A_n\rho^{n-4} = 1 \quad (5.85)$$

用 $D(\rho)$ 表示刚度，$\rho$ 的取值一直到零光焦度带 $\rho_0 = r_0/R$，这个是连在外圈厚环

的主动板的无量纲夹紧半径。偶次展开为

$$\mathcal{D} = \sum_{0,2,4,\cdots,p'} X_n \rho^n \quad , \quad 0 \leqslant \rho \leqslant \rho_0 \qquad (5.86)$$

代入式（5.85）和确定常数 $\rho^2$，$\rho^4$ 项等，得到如下线性系统，

$$32\mathcal{A}_4 X_0 + 4(1+v)\mathcal{A}_2 X_2 = 1$$

$$18\mathcal{A}_6 X_0 + (7+v)\mathcal{A}_4 X_2 + (1+v)\mathcal{A}_2 X_4 = 0$$

为下一个包括未知的 $X_6$、$X_8$ 等项和为零的系统。

如果 $A_6 = 0$ 且高阶系数为零，则 $X_n = 0$，$n \geqslant 2$，$D = X_0 = 1/(32\mathcal{A}_4)$，由式（5.82）和（5.78a）得到熟知的等厚板可校正 Sphe3。如果 $\mathcal{A}_6 \neq 0$ 且高阶系数是零，那么式（5.85）中 $\rho^4$ 项的第三等式将用于确定产生额外的 Sphe5 校正的刚度。在后三个方程集中，$X_6 = 0$；因此无量纲的刚度表达式为 $D = X_0 + X_2\rho^2 + X_4\rho^4$。一般的结果是，对于高于 Sphe3 的高阶球差校正，由 $p/2-1$ 偶次项表示的刚度来生成 $n/2 = p/2$ 项的多项式挠曲。

对于生成校正光栅（刻线方向焦比 $f/3$ 到 $f/1.22$）的主动光学子母板的设计，方程集（5.85）的计算分辨率取决于 $n$，（5.86）式中一直取到 $n = 8$。这些刚度适用于已建立的法线或准法线衍射反射光栅光谱仪（图 5.17 和表 5.5）。例如因为 $\rho_{\mathrm{m}} = r_{\mathrm{m}}/R$，通光孔径边缘 $\Omega = 1/4\rho_{\mathrm{m}} = 1.22$，即刻线方向焦比 1.22，得到 $D(\rho_0)/D(0) = 0.785$；由于厚度和刚度相关 $t \propto D^{1/3}$，这对应于一个板的边缘比中心薄，比值 $t(\rho_0)/t(0) = 0.922$。

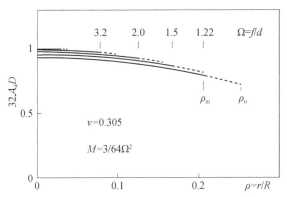

图 5.17　式（5.85）在 $v = 0.305$ 时积分得到的主动光学子母板的五个无量纲刚度。表 4.1 中的系数 $A_n$ 由 $M = 3/64\Omega^2$ 确定，$k \approx 3/2$（表 5.5）。该图绘制了 $32\mathcal{A}_4 D$ 与 $\rho = r/R$ 的对应曲线。（实线）：对应于狭缝方向上的光栅通光孔径 $\rho_{\mathrm{m}}$ 和相关焦比 $\Omega = 1/4\rho_{\mathrm{m}}$ 的刚度。（虚线）：从 $\rho_{\mathrm{m}}$ 延伸到内置边缘 $\rho_0$ 部分，部分用于色散方向的椭圆光瞳

**表 5.5**　用于各种光谱仪刻线方向（$y$）上焦比为 $\Omega = 1/4\rho_m$ 的花瓶形子母板的无量纲刚度 $D(\Omega, \rho)$。位置比率 $\sqrt{k} = \rho_o/\rho_m$，内置半径 $\rho_o$ 为式（5.81）的根。值 $32\mathcal{A}_4 X_n$ 来自式（5.85）的积分，其中 $D = \Sigma X_n \rho_n$ 和 $\nu = 0.305$

| $f/\Omega$ | $\sqrt{k}$ | $\rho_0$ | $32\mathcal{A}_4 X_0$ | $32\mathcal{A}_4 X_2$ | $32\mathcal{A}_4 X_4$ | $32\mathcal{A}_4 X_6$ |
|---|---|---|---|---|---|---|
| $f/9.0$ | 1.2247 | 0.0340 | 0.9986 | −3.6881 | 0.8293 | 0.2109 |
| $f/3.2$ | 1.2209 | 0.0953 | 0.9890 | −3.6312 | 0.7590 | −0.8093 |
| $f/2.0$ | 1.2126 | 0.1517 | 0.9720 | −3.5330 | 0.6485 | −2.6210 |
| $f/1.5$ | 1.2064 | 0.2010 | 0.9506 | −3.4143 | 0.5312 | −4.9023 |
| $f/1.22$ | 1.1979 | 0.2459 | 0.9256 | −3.2807 | 0.4199 | −7.5311 |

通过适当设置板厚，子母板的最终设计必须考虑夹紧边界处的应力水平。由内均压载荷 $q$（$>0$）引起的最大应力来自径向弯矩，位于内置半径 $r_o$ 处。在板的外表面，这些应力是

$$\sigma_r\big|_{\max} = \frac{6M_r}{t}\bigg|_{r=r_o} \simeq \pm\frac{3}{4}\frac{r_o^2}{t^2(r_o)}q \tag{5.87}$$

用于光栅非球面的子母板通常由高强度金属合金制成。最大应力必须低于弹性极限 $\sigma_{E0.2\%}$。最快焦比到 $f/1$，使用不锈钢 Fe87Cr13 合金可以轻松确定其厚度。增加线性应力应变的淬火和预应力循环之后，子母板被抛光为平面。虽然使用了高达 15bar 的均匀载荷，但更典型的值在 4～5bar 范围内。主动光学子母板的典型设计需要通过封闭板加强的厚边缘环实现（图 5.18）。

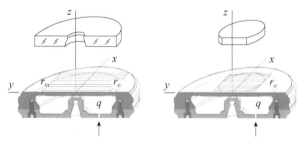

图 5.18　金属的主动光学子母板的典型设计，通过内部均匀载荷 $q$ 和复制法用于制作非球面光栅。内置板的厚度从中心到边缘逐渐减小。（左）：轴上复制。（右）：望远镜光束没有中心遮挡的离轴复制

例如，由 Zhu 和 Lemaitre[31]（见 4.4.11 节）设计的 LAMOST $f/1.5$ 第二代低分辨率光谱仪，校正光栅的子母板设计包括了平场透镜和球面准直镜的球差校正。口径 246mm 的内置平板是淬火不锈钢 Fe87Cr13（$E = 201$GPa，$\nu = 0.305$）。出于连续性原因，内置半径 $r_o$ 处的连接点通过与环内侧相切的半径为 8mm 的四分

之一圆环实现。

非球面载荷气压 $q$=5bar，子母板表面的最大径向应力不超过 $\sigma_r = 92$MPa（表 5.6）。

非球面光栅通常在熔融石英基底或玻璃陶瓷衬底（例如 Schott-Zerodur）上获得。由于树脂聚合后存在极低的张力，圆形、正方形、矩形或其他周边形状的基底复制可以同等地进行。同样对于望远镜光束的轴上入射，该过程可以使用带孔的基板。CFHT[1,19-21] $f$/1.22 的 UVPF 光谱仪就是这种情况（参见表 4.3）。已经研制的中等焦比的光谱仪如 MARLY 1，MARLY 2 和 CARELEC 也采用非球面光栅[22,23]，已用于 Haute-Provence 和紫金山天文台（见表 4.4）。

表 5.6　花瓶形子母板的设计，用于制作 LAMOST 低分辨率光谱仪的非球面光栅，$R =$ 2000，红光和蓝光通道，$f$/1.5。根据 4.4.11 节中的表 4.5，挠度为
$$Z_{Sub} = -2.015\,010 - 5r^2 + 6.068\,10 - 10r^4 + 2.3410 - 15r^6 + 1.210 - 20r^8$$

| $\rho_2$ | $D$ | $r$/mm | $t$/mm | $\sigma_r$ / MPa |
|---|---|---|---|---|
| 0.000 | 0.950 93 | 0.00 | 8.734 | 50.6 |
| 0.005 | 0.934 61 | 42.42 | 8.684 | 36.3 |
| 0.010 | 0.918 28 | 60.00 | 8.633 | 21.6 |
| 0.015 | 0.901 92 | 73.48 | 8.581 | 6.6 |
| 0.020 | 0.885 55 | 84.85 | 8.529 | −8.8 |
| 0.025 | 0.869 15 | 94.87 | 8.476 | −24.5 |
| 0.030 | 0.852 73 | 103.92 | 8.422 | −40.6 |
| 0.035 | 0.834 28 | 112.25 | 8.368 | −57.2 |
| 0.040 | 0.819 82 | 120.00 | 8.313 | −74.2 |
| 0.042 05 | 0.813 20 | 123.03⁻ | 8.256 | −91.6 |
| | | 123.03⁺ | 60.000 | — |
| | | 170.00 | 60.000 | — |

图 5.19　非球面反射光栅相对平面的 He-Ne 激光零级干涉图。微晶基板。（左）：$f$/3.18 MARLY 光谱仪中的一个光栅，$\delta = 30°$，$1200\ell$/mm，面积84mm×84mm，椭圆通光孔径 66.04mm×76.25mm。（右）：$f$/2.5 CARELEC 光谱仪中的一个光栅，$\delta = 30°$, $1200\ell$/mm，面积102mm×128mm，椭圆形有效孔径100mm×115mm（Coll.LooM-Horiba Jobin Yvon Corp.）

最终复制的非球面光栅的光学检测是使用相对于平面的 He-Ne 干涉图进行的（图 5.19）。所有的子母板都是用淬火的 Fe87Cr13 合金制成，如下所示。

MARLY 光谱仪：内置半径 $r_0 = 40.44$mm，$t(0) = 5.45$mm，$q = 4.22$bar。

CARELEC 光谱仪：内置半径 $r_0 = 65.70$mm，$t(0) = 6.83$mm，$q = 4.00$bar。

离轴设计的光谱仪避免了通常的准直望远镜光束朝向光栅导致的中心遮挡，并使焦面探测器更容易接近。因此，光栅复制可以通过轴对称子母板的离轴区复制非球面。为了获得与轴上设计相同的焦比，子母板挠曲必须至少大 2~2.5 倍，这可能导致快焦比离轴光谱仪制造的困难。在 Pic-du Midi 的 2m Bernard Lyot 望远镜上离轴反射成像光谱仪已经和 ISARD 一起研制了用于暗目标研究，并用 OSIRIS/ODIN 进行巡天观测（Lemaitre 和 Richardson[24]）。离轴非球面原件——（反射镜面和光栅）是用淬火的 Fe87Cr13 合金子母板通过双重复制工艺获得的，首先是在无应力时的平面，然后加力（图 5.20）。

图 5.20 离轴非球面的 He-Ne 干涉图，非球面是由用于 $I_{SARD}$ 成像仪和光谱仪的轴对称子母板的双重复制制作的，成像光谱仪位于 Pic du Midi 2m 望远镜上。（左）：非球面镜。（右）：零级的非球面光栅，分别为 75 和 150 $\ell$ /mm（Coll.LOOM Horiba Jobin Yvon Corp[24]）

### 5.4.4 $k = 0$ 的轴对称光栅和圆形简支的子母板

具有几何轮廓 $k = 0$（对应于 $M = 0$）的非球面反射光栅的性能低于 $k = 3/2$，因为正如我们所看到的，视场中 Astm5 没有平衡，具有小量的 Astm3（参见 4.4.5 节）。然而，对于使用单阵列探测器的单目标光谱仪，单纯 $r^4$ 轮廓是最重要的，其中长方形像素在 $y$ 方向上比在 $x$ 色散方向上大得多。

从平面母光栅开始，除了 $M = 0$ 外复制条件与式（5.75）中的相同。光栅的非球面化是由复制郁金香形状的可变形子母板生成的。光谱仪在中心光谱范围上沿法线衍射角工作 $\beta_0 = 0$，用轴对称子母板就可以直接制作。通过圆周有反作用力的中心加力产生非球面。厚度分布对应于 3.3.2 节中的情况 VTD2。对于这种结构，根据式（3.30a）简支子母板的厚度 $t$ 是

$$t = \mathcal{T}_{40} t_0 = \left(\frac{4}{1-\nu}\right)^{1/3} \left[\left(\frac{a^2}{r^2}\right)^{4/(3+\nu)} - \frac{a^2}{r^2}\right]^{1/3} t_0 \qquad (5.88)$$

假设子母板在无应力时是平面（见条件（5.77）），由挠曲 $Z_{40} = A_{40} r^4$ 中的系数 $A_{40}$ 和式（5.76a）中 $r^4$ 的系数可以得到

$$A_{40} = -\frac{\cos^2 \varphi_{\mathrm{m}}}{1+\cos\alpha} \frac{\mathcal{A}_4}{R^3} = \frac{\cos^2 \varphi_{\mathrm{m}}}{2^8 \Omega^3 (1+\cos\alpha)} \frac{1}{r_{\mathrm{m}}^3}$$

入射圆形光束确定了在光栅上的椭圆光瞳，其半轴长为 $r_{\mathrm{m}}$ 和 $r_{\mathrm{m}}/\cos\alpha$，因此子母板边缘的半径必须为 $a \geqslant r_{\mathrm{m}}/\cos\alpha$。根据式（3.30b），子母板的厚度参数 $t_0$ 由中心力 $F$ 和材料 $(E, \nu)$ 的函数得出

$$t_0 = \left[\frac{3(1-\nu^2)(1+\cos\alpha)}{4\pi \cos^2 \varphi_{\mathrm{m}}} \frac{F}{a^2 E}\right]^{1/3} R \quad , \quad a \geqslant \frac{r_{\mathrm{m}}}{\cos\alpha} \qquad (5.89)$$

其中 $R$ 是照相镜的曲率半径。

　　式（5.88）和（5.89）完全确定了用于生成 $k = 0$ 几何形状光栅的子母板设计的弹性参数。获得这种光栅的经典方法是双复制过程，首先通过在无应力子母板上复制平面光栅，应用主动光学叠加定律（5.77），最终复制的光栅是子母板在有应力状态下相反的面形。

　　用于获得非球面光栅的主动光学复制技术是由 Lemaitre 和 Flamand[17]率先发展的，其采用金属子母板产生 $r^4$ 挠曲（图 5.21）。

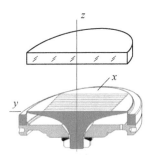

图 5.21　郁金香形式子母板的设计，通过中心力和双重复制产生 $Z = A_{40} r^4$ 非球面光栅。主动 VTD，$t(a/2)$=8mm，并且通过直径为 $2a = 170$mm 的薄套环筒支在边缘轮廓上。VTD，支撑圈和环形成一体结构，材料是淬火 Fe87Cr13 合金[17]

　　实际上，对于通过主动光学复制方法制作的第一个非球面光栅，在子母板厚度分布的设计中也考虑了照相镜小量的五阶球差 Sphe5 校正。虽然对于 90mm 口

径的圆形准直光束来说并不是必需的，其中心波长衍射光束从相机镜面发出，焦比 $f/2 \times f/1.8$，这种校正很容易实现。由于 $Cv1 = 0$，从式（5.76a）中的第一项知，子母板的主动面形可以用 Sphe3 和 Sphe5 的校正模式表示为

$$Z_{Sub} = -Z_{Opt} = -\frac{\cos^2 \varphi_m}{1 + \cos \alpha}\left[\frac{\mathcal{A}_4}{R^3}r^4 + \frac{\mathcal{A}_6}{R^5}r^6 + \cdots\right]$$

从表 4.1 中，$\mathcal{A}_4 = -1/4$，$\mathcal{A}_6 = -3/8$，

$$Z_{Sub} = \frac{\cos^2 \varphi_m}{1 + \cos \alpha}\left[\frac{1}{4R^3}r^4 + \frac{3}{8R^5}r^6 + \cdots\right] \tag{5.90}$$

使用与式（5.82）中相同的无量纲量，其中 $q$ 被 $F/\pi a^2$ 代替，通过式（5.83）的数值积分就可以得到无量纲刚度 $\mathcal{D}(\rho)$。由于在原点位置理论上是极大的，所以刚度积分是从一个小半径为起点，例如 $\rho = a/(10R)$，起始值取从单独确定 $A_{40}$ 系数得到的可变厚度 VTD 式（5.88）推导出的相应 $D$ 值。连续增加半径之后，后面的迭代通过调整起始 $D$ 值直到半径 $\rho = a/R$ 时 $D = 0$ 为止。

之后是淬火 Fe87Cr13 不锈钢子母板的研制。后侧和外部支撑圈和环通过计算机控制的车床一体加工，形成一个全固体基板。基于这个子母板通过主动光学复制过程获得了第一个非球面光栅。反射光栅复制的基板材料是肖特的微晶（图 5.22）。

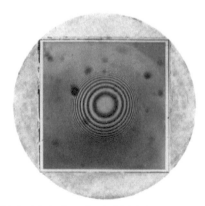

图 5.22　郁金香形的子母板受到应力时，平面复制光栅的 He-Ne 干涉图，102mm×102mm，1200ℓ/mm。第二次复制就在刚性微晶基板上生成了非球面光栅，用于 $f/2 \times f/1.8$ 的光谱仪，14°的弯曲视场，$\lambda\lambda$（300~500nm），$\alpha = 28°7$，400nm 处 $\beta_0 = 0°$，$R=360$mm，准直镜光束直径 $2r_m = 90$mm。子母板：合金 Fe87Cr13，有效直径 $2a = 170$mm，$A_{40} = 2.812\times10^{-9}$mm$^{-3}$，$A_{60} = 3.2\times10^{-14}$mm$^{-5}$，厚度 $t(a/2) = 8$mm（Coll.LOOM-HORIBA-Jobin-Yvon[17]）

研制了紫外光谱范围 $\lambda\lambda$（300～500nm）的实验室光谱仪，用于光栅球面像差（Sphe3 和 Sphe5）校正的光学评估。直径为 90mm 的圆形截面准直光束将 $1200\ell/mm$ 的光栅照射到尺寸为 90mm×100mm 的椭圆形区域。在波长 400nm $(\beta_0=0)$ 处，相机反光镜的输出光束焦比变为 $f/2 \times f/1.8$。铁弧灯和低压镉灯在 15° 弯曲视场上都可提供比 5μm 更锐的光谱线宽度。

用该光栅获得的光谱显示得到的光谱分辨率与 4.4.5 节（见图 4.14）中 $k=0$ 的理论弥散图像一致。这也证明了主动光学复制技术可以完美地适用于衍射光栅的非球面制作。

### 5.4.5　$k = 3/2$ 时的双对称光栅和椭圆内置子母板

现在考虑光谱仪视场中心衍射角 $\beta_0 \neq 0$ 的情况，仍然是几何形状 $k=3/2$ 提供最佳设计。这些光栅的形状现在由式（5.76b）定义，由等位线构成即位似椭圆。根据式（5.76c），它们的半轴比等于 $a_y/a_x=\cos\beta_0$。假设孔径为 $2r_m$ 的圆形入射光束，以下特性对于可变形子母板的设计是有用的。

挠曲是由式（5.76d）中的 $\beta_0$ 确定的内置椭圆形轮廓子母板产生的。

最终的光栅有效通光孔径由椭圆形轮廓式（5.76e）中得到的 $\alpha$ 确定。

用 $Z_{Sub}$ 表示子母板的挠曲。如果光栅非球面化过程是双重复制，则主动光学叠加定律表示为

$$Z_{Sub} + Z_{Opt} = 0 \tag{5.91}$$

其中 $Z_{Opt}$ 是最终的非球面光栅复制的面形。如果光栅直接用在子母板上，则其挠曲的符号（然后是后面考虑的均匀载荷 $q$）必须是反向的。

**用于慢焦比相机的等厚子母板**：对于焦比慢于 $f/3$ 或 $f/2.5$ 的相机，一个等厚的带有椭圆形内置边缘 $\mathcal{C}$ 的子母板，表示为

$$\cos^2\beta_0 x^2 + y^2 = \frac{3}{2}r_m^2 \equiv r_o^2 \tag{5.92}$$

可以生成椭圆对称光栅。子母板内置平板的挠曲形状由 5.3.5 节中的式（5.27）给出。这种子母板的椭圆加工仅包括轮廓环的内椭圆柱，O 形环密封槽和分布在椭圆上用于拧紧气压封闭板的孔；其他的面可以是轴对称的。O 形环长度由第二类勒让德椭圆积分确定。

用式（5.25）表示内嵌轮廓 $\mathcal{C}$，即 $x^2/a_x^2 + y^2/a_y^2 = 1$，得出

$$a_x = r_o/\cos\beta_0, \quad a_y = r_o \tag{5.93}$$

根据式（5.28），从中心到椭圆形轮廓 $\mathcal{C}$ 的挠曲矢高为

$$Z_{\mathrm{Elas}}\Big|_{\mathcal{C}} \equiv -z_0 = -\frac{q}{8D}\frac{r_o^4}{3+2\cos^2\beta_0+3\cos^4\beta_0} \tag{5.94a}$$

由于 $Z_{\mathrm{Sub}}$ 与 $Z_{\mathrm{Opt}}$ 相反,将式(5.92)代入式(5.76b),子母板从中心到轮廓 $\mathcal{C}$ 的光学矢高很容易表示为光学参数的函数,

$$Z_{\mathrm{Sub}}\Big|_{\mathcal{C}} = -\frac{\cos^2\varphi_m}{\cos\beta_0+\cos\alpha}\sum_{2,4}\frac{\mathcal{A}_n}{R^{n-1}}r_o^n$$

由于内置平板是等厚的,其中只有两个系数 $\mathcal{A}_2$,$\mathcal{A}_4$ 可提供限于三级球差的校正根据式(5.75)对于一个 $k=3/2$ 的子午挠曲,近似值 $\mathcal{A}_2 \cong M = 3/64\Omega^2 = r_o^2/2R^2$ 以及 $\mathcal{A}_4 = -1/4$ 得出

$$Z_{\mathrm{Sub}}\Big|_{\mathcal{C}} = -\frac{\cos^2\varphi_m}{\cos\beta_0+\cos\alpha}\frac{r_o^4}{4R^3} \tag{5.94b}$$

均衡基板的弹性和光学矢高,得到

$$\frac{q}{E} = \frac{\cos^2\varphi_m\left(3+2\cos^2\beta_0+3\cos^4\beta_0\right)}{6\left(1-v^2\right)\left(\cos\beta_0+\cos\alpha\right)}\frac{t^3}{R^3} \tag{5.95a}$$

由此得出内置平板的厚度

$$\begin{cases} t = \left[\dfrac{6\left(1-v^2\right)\left(\cos\beta_0+\cos\alpha\right)}{\cos^2\varphi_m\left(3+2\cos^2\beta_0+3\cos^4\beta_0\right)}\dfrac{q}{E}\right]^{1/3} R \\ r_o = \sqrt{3/2}\,r_m \quad \mathrm{and} \quad R = 4\Omega\, r_m \end{cases} \tag{5.95b}$$

这确定了仅具有 Sphe3 校正模式的光栅的可使用条件,且圆形准直光束的半孔径 $r_m$。子母板内置边缘和最终复制光栅的有效孔径轮廓的两个椭圆如图5.23所示。

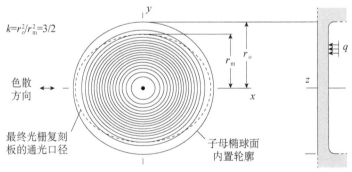

图 5.23 仅用于 Sphe3 校正的挠曲的理论等位线。等厚的椭圆形平板内置于很大尺寸的外圈上。实线:子母板内置的椭圆轮廓,半轴 $(r_o/\cos\beta_0,\ r_o)$。虚线:最终的复制光栅的有效口径,半轴 $(r_m/\cos\alpha,\ r_m)$

**用于快焦比相机的可变厚度基板**：用于快焦比相机的衍射光栅需要更高阶的校正。类似于 $\beta_0 = 0$ 的轴对称子母板（参见 5.4.3 节），可以通过厚度从中心到边缘逐渐减小的内置平板实现。厚度函数必须遵循位似椭圆分布。

分别定义变量 $v$，$\theta$ 和 $\zeta$，

$$v^2 = \cos^2 \beta_0 x^2 + y^2, \quad \vartheta = \frac{v}{R}, \quad \zeta = \frac{Z_{\text{Sub}}}{R} \qquad (5.96)$$

根据式（5.76b），子母板的无量纲挠曲 $\zeta$ 是

$$\zeta = -\frac{\cos^2 \varphi_{\text{m}}}{\cos \beta_0 + \cos \alpha} \sum_{2,4,6,\cdots} \mathcal{A}_n \vartheta^n \qquad (5.97)$$

其中表 4.1 中的 $\mathcal{A}_n(M)$ 系数可以考虑到一个大的 $n$ 值。半轴长度为 $r_0 / \cos\beta_0$，$r_0$ 的边界椭圆，决定了夹紧边缘位置，从下式的正根导出

$$\sum_{2,4,6,\cdots,p} n\mathcal{A}_n \vartheta^{n-1} = 0, \quad M = 3/64\Omega^2 \qquad (5.98)$$

通过精确确定表 4.1 中 $A_n(M)$ 的系数，这个根给出了零光焦度带的准确椭圆。这就得到一个 $k$ 比率，$k = r_0^2 / r_m^2$，其略小于三阶条件的 $k = 3/2$。由于式（5.98）中的 $\vartheta$ 对应于轴对称情况下式（5.81）中的 $\rho$，因此作为 $\Omega$ 函数的精确 $k$ 比率与轴对称子母板的情况相同（参见表 5.5，第 2 列）。

比较式（5.78b）和（5.95a）中所需的 $q / E$ 比率，分别对应于圆形和椭圆形轮廓的等厚内置平板，负载的表达式转换为

$$q \to \frac{8}{3 + 2\cos^2 \beta_0 + 3\cos^4 \beta_0} q \qquad (5.99)$$

然后根据式（5.82）定义无量纲几何参数 $g$ 和刚度 $D$ 如下

$$g = -\frac{\cos^2 \varphi_{\text{m}}}{\cos \alpha + \cos \beta_0}, \quad \mathcal{D} = \frac{3 + 2\cos^2 \beta_0 + 3\cos^4 \beta_0}{4qR^3} gD \qquad (5.100)$$

在从圆形对称到椭圆对称的转换中，$\rho^2 \to \vartheta^2$，根据公式（5.85），刚度是下式的解

$$\frac{\mathrm{d}\mathcal{D}}{\vartheta\mathrm{d}\vartheta} \sum_{2,4,\cdots,p} n(n-1+v)\mathcal{A}_n \vartheta^{n-2} + \mathcal{D} \sum_{4,6,\cdots,p} (n-2)n^2 \mathcal{A}_n \vartheta^{n-4} = 1 \qquad (5.101)$$

$$\mathcal{D} = \sum_{0,2,4,\cdots,p'} X_n \vartheta^n, \quad 0 \leqslant \vartheta \leqslant \vartheta_0 \qquad (5.102)$$

$\vartheta_0 = v_0 / R$。无量纲解 $\mathcal{D}(\Omega,\vartheta)$ 与圆形板式（5.86）中的 $D(\Omega,\rho)$ 有相同的刚度变化。推导出的厚度 $t(\Omega, x, y)$ 和内置边界完全确定了可变形子母板的使用条件，该子母板生成双对称光栅，用于快速焦比相机和平场透镜的像差校正。椭圆花瓶形子母板的典型设计使用类似的花瓶外壳，或者焊接在环后表面上，或者通过位似

椭圆线上的离散点连接。子母板和外壳的环外边缘可以做成圆形（图 5.24）。

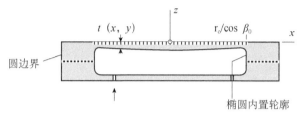

图 5.24　椭圆花瓶形子母板的典型设计，用于制作双对称光栅，通过均匀载荷 $q$ 和复制进行高阶校正。主动板内置于椭圆形轮廓上。它的厚度 $t(x,y)$（由位似椭圆 $(r_o/\cos\beta_0, r_o)$ 组成）从中心到边缘减小

**椭圆形结构的子母板**：无论是慢焦比相机镜面还是快焦比相机镜面，都可以总结出以下结果：双对称子母板的弹性设计，制作用于高阶像差校正的非球面反射光栅，其中光栅由有效孔径为 $2r_m$ 的准直光束照明，工作的衍射角 $\beta_0 \neq 0$ 并校正曲率为 $1/R$ 的快焦比 $\Omega = R/4r_m$ 相机镜，可以通过以下特征实现。

（1）中间到边缘厚度逐渐减小的板，其后侧由位似等值椭圆线构成，边缘内置于椭圆形轮廓上

$$\cos^2\beta_0 x^2 + y^2 = v_o^2 = kr_m^2 \tag{5.103}$$

其中 $y$ 方向是光栅刻线方向。

（2）对于轴对称子母板，确定零光焦度带位置的确切位置比 $\sqrt{k} = v_o/r_m$，如表 5.5 所示。

（3）在 $y$ 方向上，板的无量纲刚度变化 $\mathcal{D}(\Omega,0,y)$ 与轴对称情况的相同（参见表 5.5 中的 $\mathcal{D}(\Omega,\rho)$ ）。

（4）在 $x$ 方向上，无量纲刚度 $\mathcal{D}(\Omega,x,0)$ 类似于 $\mathcal{D}(\Omega,0,y)$，但按变形比例 $1/\cos\beta_0$ 分布。因此，板后侧的等位线是位似椭圆。

（5）与对应于 $\beta_0 = 0$ 的轴对称子母板相比，有量纲的刚度 $\mathcal{D}(\Omega,0,0)$ 要大几倍

$$\frac{\cos\alpha + \cos\beta_0}{\cos\alpha + 1} \times \frac{8}{3 + 2\cos^2\beta_0 + 3\cos^4\beta_0} \tag{5.104}$$

（6）光谱仪上光栅的有效通光孔径由光栅入射角 $\alpha$ 确定。其孔径轮廓为椭圆形

$$\cos^2\alpha x^2 + y^2 = r_m^2 \tag{5.105}$$

其中光谱仪准直光束假定为圆形截面。

### 5.4.6 主动光学过程的结构复制条件

表 5.5 给出了最佳光栅几何形状的精确 $k$ 值条件，是相机焦比 $\Omega$ 的函数。用于使反射光栅复制成为可能的结构复制条件是其在色散方向（这里是 $x$ 方向）上的有效孔径长度：光栅 $x$ 方向上的半长度一定不能超过子母板在这个方向上的内置半径。在式（5.103）和（5.105）中设置 $y = 0$，如果 $1/\cos^2\alpha \leqslant k/\cos^2\beta_0$，则满足该条件，即

$$\frac{\cos^2\beta_0}{\cos^2\alpha} \leqslant k \quad , \quad k = \frac{v_o^2}{r_m^2} \quad\quad (5.106)$$

可以看到，对于低阶像差校正，比如在刻线方向上焦比慢于 3 的相机镜面，则光栅几何形状在 $k = 3/2$ 是最佳的。对于高阶校正，比如刻线方向 $f/1.25$ 的快焦比相机镜面，则从表 5.5 中可知 $k = 1.44$。因此对于任何焦比慢于 $f/1$ 的光谱仪，最佳像差校正的值满足，

$$1.4 \leqslant k \leqslant 1.5 \quad\quad (5.107)$$

取决于相机镜面刻线方向的焦比 $\Omega = R/4r_m$。

根据光栅方程（见式（4.23）），可以推断出入射角和衍射角 $\alpha$ 和 $\beta_0$ 是否与结构复制条件相容。

**施密特型全反射光谱仪**：最简单的情况是中心波长时衍射角垂直于光栅（$\beta_0 = 0$）。子母板和复制光栅都具有旋转对称性，$v_o \equiv r_o$，条件（5.106）简化为 $1/\cos\alpha \leqslant r_o/r_m$。然后，对于慢焦比光谱仪，$r_o/r_m = 3/2$，圆形截面准直光束（确定光栅的椭圆形有效通光孔径）不得超过最大入射角 $\alpha_{Lim} = 35.26°$。在所有其他衍射情况（$\beta_0 \neq 0$）中，必须使用表 5.5 的 $\sqrt{k}$ 值检查结构复制条件式（5.106）。

**Littrow 结构型光栅的光谱仪**：其他光谱仪类型，例如用于高分辨率的 Littrow 结构型光谱仪，通常设计为放大倍率 $M = -1$，两次经过的反光镜（或单透镜）和强椭圆形有效孔径的光栅（参见，9.3 节中的图 9.9）。Littrow 型的条件是（4.23）中的 $\alpha = -\beta_0$。代入式（5.106）中可知 $1 \leqslant k$，对于通常的慢焦比相机 $k = 3/2$。因此，由主动光学子母板产生非球面的结构复制条件总是满足的。

### 参 考 文 献

[1] O. Boulade, G.R. Lemaitre, L. Vigroux, UV prime focus spectrograph for the CFHT, Astron. Astrophys. **163**, 301-306 (1986) 300

[2] G.H. Bryan, see Love: *Theory of Elasticity*, Dover edt. and Timoshenko & Woinowsky-Krieger:

*Theory of Plates and Shells*, McGraw-Hill edt., New York 310 (1959) 283

[3] H. Chrétien, *Le Calcul des Combinaisons Optiques*, Sennac Edit., Paris, 346-350 (1958) 265

[4] B.A.J. Clark, Journ. Astron. Soc. Victoria, Australia, **17**, 65-68 (1964) 265

[5] M. Cohendet, Laboratoire d'Astronomie Spatiale, LAS report Opt-FAUST-011 (1972) 281

[6] A. Couder, Sur l'exécution [par élasticité] des surfaces optiques non sphériques: application au télescope de Schmidt, C. R. Acad. Sc. Paris, **210**, 327-329 (1940) 265, 275

[7] G. Courtès, P. Cruvellier, M. Detaille, M. Saïsse, *Progress in Optics*, **XX**, E.Wolf edt.,North-Holland, 1-61 (1983) 272

[8] E. Everhart, Making corrector plates by Schmidt's vacuum method, Appl. Opt., **5**(5), 713-715 (1966) 265

[9] C. Fehrenbach, *Des hommes, des télescopes, des étoiles*, CNRS edt., 299 (1990) and 2nd issue with complements, Vuibert edt. (2007) 272

[10] R.N. Haward, *The Strength of Plastics and Glass*, Interscience Publ., New York, 51 (1965) 274

[11] G.R. Lemaitre, Sur les dioptres asphériques de révolution en optique astronomique, C. R. Acad. Sc. Paris, **270** Série A, 266-269 (1970) 268

[12] G.R. Lemaitre, French patent No 2097216 (1972), US patent No 3693301 (1972)

[13] G.R. Lemaitre, New procedure for making Schmidt corrector plates, Appl. Opt. **11**(7), 1630-1636 (1972), and **11**(10), 2264 (1972) 268, 272

[14] G.R. Lemaitre, Sur les diotres aphériques en optique astronomique, C. R. Acad. Sc., Paris, **276** Série B, 145-148 (1973) 280

[15] G.R. Lemaitre, Asphérisation par élasticité d'une lame de 50cm pour le télescope de Schmidt de l'Observatoire de Lyon, Astron. Astrophys. **44**(2), 305-313 (1975) 268, 273

[16] G.R. Lemaitre, Reflective Schmidt anastigmat telescopes and pseudo-flat made by elasticity, Journ. Opt. Soc. Am., **66**(12), 1334-1340 (1976) 280, 281

[17] G.R. Lemaitre, J. Flamand, Spectrographic development of diffraction gratings aspherized by elastic relaxation, Astron. Astrophys., **59**(2), 249-253 (1977) 302, 303, 304

[18] G.R. Lemaitre, Asphérisation par relaxation élastique de miroirs astronomiques dont le contour circulaire ou elliptique est encastré ou semi-encastré, C. R. Acad. Sc., Paris, **290** Série B, 171-174 (1981) 280

[19] G.R. Lemaitre, Combinaisons optiques à réseaux asphériques: Le spectrographe UV-Prime CFHT, Astron. Astrophys. Letters, **103**(2), L14-L16 (1981) 300

[20] G.R. Lemaitre, Un spectrographe à réseau asphérique pour télescope f/4, in *Instrumentation for Astronomy with Large Optical telescopes*, C.M.Humphries edt.,Reidel Publ.Co., 137-141 (1982)

[21] G.R. Lemaitre, L. Vigroux, All-reflective aspherized grating spectrographs at the prime focus of

the CFHT, *Instrumentation for Ground-based Astronomy*, L.B. Robinson ed., Springer-Verlag, New York, 275-295 (1987) 300

[22] G.R. Lemaitre, D. Kohler, All-reflective aspherized grating spectrographs: MARLY spectrographs of the Haute-Provence and Nanjing observatories, C. R. Acad. Sc. Paris, **308 II**, 381-387 (1989) 300

[23] G.R. Lemaitre, D. Kohler, D. Lacroix, J.-P. Meunier, A. Vin, All reflective aspherized grating spectrographs for Haute-Provence and Nanjing observatories: MARLYs and CARELEC, Astron. Astrophys., **228**, 546-558 (1990) 300

[24] G.R. Lemaitre, E.H. Richardson, Ground-based and orbital off-axis aspherized grating imagerspec-trographs:ISARD/Pic-du-Midi and OSIRIS/ODIN, in *Optical Astronomical Instrumentation*, Kona, SPIE Proc., **3355**, 682-695 (1998). 301

[25] G.R. Lemaitre, Active optics and aberration correction with multimode deformable mirrors (MDMs) - Vase form and meniscus form, in *Laser Optics 2003: Wavefront Transformation and Laser Beam Control*, St. Petersburg, SPIE Proc. **5481**, 70-81 (2004) 278

[26] A.E.H. Love, *Theory of Elasticity*, Dover edt., Dover 484 (1927) 283

[27] G. Monnet, R. Zaharia, G.R. Lemaitre, Programme Spatial FAUST du Centre National d'Etudes Spatiales, LAS/CNES report FAUST-PJ-02-70 (1970) 281

[28] S.D. Poisson, Mémoires Acad. Sci., Paris, **VIII**, 357-627 (1829) 264, 274

[29] The Springfield science museum team, Appl. Opt., **11**, 222-225 (1972) 266

[30] S.P. Timoshenko, S. Woinowsky-Krieger, *Theory of Plates and Shells*, McGraw-Hill edt.,(a: p. 310), (b: p. 468), (1959)

[31] Y.-t. Zhu, G.R. Lemaitre, LAMOST multi-object spectrographs with aspherized gratings, in *Instrument Design for Ground-based Telescopes*, SPIE Proc. **4841**, 1127-1133 (2002) 299

# 第6章　壳理论与弯月镜，花瓶形镜和闭合轴对称镜面的非球面化

## 6.1　快焦比镜面的主动光学非球面化

我们本章中讨论的轴对称镜面基底指的是那些带有大曲率的表面，比如一个带有显著凸起的表面等。薄板弹性理论基本上是假设一个中间面，因此，它对一个中等焦比的镜面是适用的。

对于焦比快于 $f/4$ 或 $f/3$ 的镜面，浅球壳理论考虑大曲率的中间表面及其在发生弹性变形时面内的径向和切向张力。这个理论是20世纪40年代由 E. Reissner 提出，其显著提高了弹性力学分析的精度，对天文望远镜中的镜面主动非球面化至关重要。

在其一般形式中，该理论还涉及以非轴对称方式加载的浅壳。我们此后仅考虑在整个表面上施加均匀载荷的旋转对称情况。在本章中，需要确定自由参数是一个连续壳体的可变的厚度分布（VDT），从而得到球面或者光学设计要求的最终面型。后续的结果表明，浅壳理论已被证明对焦比达到 $f/1.7$ 的镜面有很精确的计算结果，对焦比更快的镜面也可能依然有效。

对于壳体边缘的径向位移和切向旋转的几种边界条件，我们考虑以下三种情况：①边缘径向自由的简支弯月镜；②外边缘半内置圆柱的花瓶形镜；③通过一个外圆柱连在一起的两个壳体组成的封闭形式。

## 6.2　浅球面壳理论

考虑一个如下的浅球壳，其球中位面半径为 $R$，在一个圆柱坐标系中 $(z, r, \theta)$，其中位面面型可以表示为

$$\frac{z}{\langle R \rangle} = 1 - \sqrt{1 - \frac{r^2}{\langle R \rangle^2}} \equiv \sum_{n=1}^{\infty} \frac{(2n-2)!\,n}{2^{2n-1}(n!)^2} \frac{r^{2n}}{\langle R \rangle^{2n}} \tag{6.1}$$

$r$ 是从面原点到面上某点在面上投影位置之间的距离。

用 $r_m$ 表示该曲面的最大半径（相应地 $2r_m$ 则为最大光学孔径）——球壳的浅度通过最大斜率值的极限来表示。

$$[\mathrm{d}z / \mathrm{d}r]_{\max} \simeq r_m / \langle R \rangle \ll 1 \qquad (6.2)$$

### 6.2.1　轴对称载荷的平衡方程

下面针对轴对称载荷的情况，令 $q$ 为施加在中位面垂直方向上的均匀载荷，而 $q_r$ 是在子午面内沿中位面方向的载荷（图 6.1），那么镜面上的转矩 $M_r$，$M_t$，剪切力 $Q_r$ 和张力 $N_r$，$N_t$ 之间满足以下微分方程

$$\frac{\mathrm{d}\left(rN_r\right)}{\mathrm{d}r} - N_t - \frac{r}{\langle R \rangle} Q_r + rq_r = 0 \qquad (6.3a)$$

$$\frac{\mathrm{d}\left(rQ_r\right)}{\mathrm{d}r} + \frac{r}{\langle R \rangle}\left(N_r + N_t\right) + rq = 0 \qquad (6.3b)$$

$$\frac{\mathrm{d}\left(rM_r\right)}{\mathrm{d}r} - M_t + rQ_r = 0 \qquad (6.3c)$$

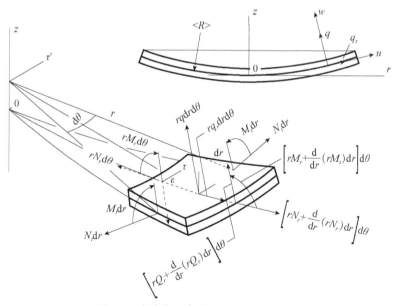

图 6.1　浅球壳和壳单元上的均布力分量

在曲率 $1/R$ 的中位面上，径向和切向的应力 $\varepsilon_{rr}$ 和 $\varepsilon_{tt}$ 是径向和切向张力 $w$ 及位移 $u$ 在垂直于子午线方向的函数，

$$\varepsilon_{rr} = \frac{1}{Et}\left(N_r - vN_t\right) = \frac{\mathrm{d}u}{\mathrm{d}r} - \frac{w}{\langle R \rangle} \tag{6.3d}$$

$$\varepsilon_{tt} = \frac{1}{Et}\left(N_t - vN_r\right) = \frac{u}{r} - \frac{w}{\langle R \rangle} \tag{6.3e}$$

扭矩为

$$M_r = D\left(\frac{\mathrm{d}^2 w}{\mathrm{d}r^2} + \frac{v}{r}\frac{\mathrm{d}w}{\mathrm{d}r}\right), \quad M_t = D\left(\frac{1}{r}\frac{\mathrm{d}w}{\mathrm{d}r} + v\frac{\mathrm{d}^2 w}{\mathrm{d}r^2}\right) \tag{6.3f}$$

其中刚度 $D$ 为

$$D = Et^3 / \left[12\left(1 - v^2\right)\right] \tag{6.3g}$$

在壳厚度很薄（比如 $t/r_\mathrm{m} \ll 1$）的情况下，薄膜结构的剪切力 $Q_r$ 可以忽略，因此，所有的共心壳层在垂直方向上和中位面具有相同的结构。沿子午线方向的载荷 $q_r$ 可从总载荷 $Q$ 得到如下：

$$q_r = -\mathrm{d}\Omega / \mathrm{d}r \tag{6.4}$$

其中式（6.3）满足如下应力方程

$$N_r = \frac{1}{r}\frac{\mathrm{d}F}{\mathrm{d}r} + \Omega, \quad N_t = \frac{\mathrm{d}^2 F}{\mathrm{d}r^2} + \Omega \tag{6.5a}$$

使用拉普拉斯算子，上述方程简化为

$$N_r + N_t = \nabla^2 F + 2\Omega \tag{6.5b}$$

## 6.2.2 浅球面壳的一般方程

结合方程（6.3d），（6.3e）以及上述方程，应力函数 $F$ 和垂直结构 $w$ 之间的第一个基本方程如下：

$$\nabla^2\nabla^2 F + \frac{Et}{\langle R \rangle}\nabla^2 w = -(1-v)\nabla^2\Omega \tag{6.6}$$

方程（6.3c）中的剪力 $Q_r$ 可以从方程（6.3f）中的弯矩推导得出

$$Q_r = -D\frac{\mathrm{d}}{\mathrm{d}r}\left(\nabla^2 w\right) \tag{6.7}$$

应力 $F$ 和结构 $w$ 之间的第二个基本关系可以通过方程（6.3b）中的剪力 $Q_r$ 置换求得，使用方程（6.5b）推导得到

$$\nabla^2\nabla^2 w - \frac{1}{D\langle R \rangle}\nabla^2 F = \frac{q}{D} + \frac{2\Omega}{D\langle R \rangle} \tag{6.8}$$

假设在子午面内载荷为 0，即 $q_r = 0$，因此，从方程（6.4）可得，只需要考虑下面两者情况

$$q = \Omega = 0 \quad \text{或} \quad q = -2\Omega / \langle R \rangle = \text{constant} \tag{6.9}$$

因此两个基本方程的左边都能消去，这些方程可以合并为一个方程，使用如下方程定义 $\lambda$ 和 $l$，其中 i=sqrt（$-1$）

$$\lambda Et / \langle R \rangle = \mathrm{i} / \ell^2, \quad 1 / (\lambda D \langle R \rangle) = -\mathrm{i} / \ell^2 \tag{6.10a}$$

可得

$$\lambda = \mathrm{i}\sqrt{12(1-v^2)} / Et^2, \quad \ell = \sqrt{\langle R \rangle t / \sqrt{12(1-v^2)}} \tag{6.10b}$$

若 $q_r = 0$，且能满足方程（6.9）中关于 $q$ 的两种情况之一，那么方程（6.6）两边乘以 $-\lambda$，与方程（6.8）相加，可得到

$$\nabla^2 \nabla^2 (w - \lambda F) - \frac{\mathrm{i}}{\ell^2} \nabla^2 (w - \lambda F) = 0 \tag{6.11}$$

这就是针对载荷 $q$ 为 0 或常数时的，浅球壳的一般方程，其由 Eric Reissner 在 1947 首次提出，这个方程的积分形式可以写作

$$w - \lambda F = \Phi + \Psi \tag{6.12}$$

其中 $\Phi$ 和 $\Psi$ 满足

$$\nabla^2 \Phi = 0 \quad \text{以及} \quad \nabla^2 \Psi - \frac{\mathrm{i}}{\ell^2} \Psi = 0 \tag{6.13}$$

假设一个复常数 $A_1$ 和 $A_4$，分别满足

$$\Phi = A_1 + A_2 \ln(r / \ell) \tag{6.14a}$$

$$\Psi = A_3 \left[ \psi_1(r / \ell) - \mathrm{i}\psi_2(r / \ell) \right] + A_4 \left[ \psi_3(r / \ell) - \mathrm{i}\psi_4(r / \ell) \right] \tag{6.14b}$$

其中 $\psi_n$ 函数为如下的 0 阶 Kelvin 函数

$$\psi_1 = \mathrm{ber}(r / \ell), \quad \psi_2 = \mathrm{bei}(r / \ell), \quad \psi_3 = \mathrm{ker}(r / \ell), \quad \psi_4 = \mathrm{kei}(r / \ell) \tag{6.15}$$

6.2.3 节中将详细介绍上述函数。

通过辨识 $A_1$，$A_2$，$A_3$，$A_4$ 的实部和虚部可以求解 $w$ 和 $F$，引入系数 $C_1$ 到 $C_8$ 和特征长度 $l$，令

$$A_1 = \ell \left( C_5 + \mathrm{i}C_8 \right), \quad A_2 = \ell \left( C_7 + \mathrm{i}C_6 \right)$$

$$A_3 = \ell \left( C_1 + \mathrm{i}C_2 \right), \quad A_4 = \ell \left( C_3 + \mathrm{i}C_4 \right) \tag{6.16}$$

将 $\Psi$ 函数简写为

$$\Psi / \ell = C_1 \psi_1 + C_2 \psi_2 + C_3 \psi_3 + C_4 \psi_4 + \mathrm{i}\left( C_2 \psi_1 - C_1 \psi_2 + C_4 \psi_3 - C_3 \psi_4 \right),$$

$$\Phi / \ell = C_5 + \mathrm{i}C_8 + \left( C_7 + \mathrm{i}C_6 \right)\ln(r / \ell)$$

根据（6.3g）和（6.10a）的第二个方程，可以得到 $l$ 的 4 次方可以写作

$$\ell^4 = \frac{D\langle R\rangle^2}{Et} = \frac{\langle R\rangle^2 t^2}{12(1-v^2)} \tag{6.17}$$

回到上述表达式中，通过（6.12）式中的实部和虚部可以分别求得垂直位移 $w$ 和应力 $F$

$$w = \ell\left[C_1\psi_1 + C_2\psi_2 + C_3\psi_3 + C_4\psi_4 + C_5 + C_7\ln(r/\ell)\right] \tag{6.18a}$$

$$F = \frac{Et\ell^3}{\langle R\rangle}\left[-C_2\psi_1 + C_1\psi_2 - C_4\psi_3 + C_3\psi_4 - C_8 - C_6\ln(r/\ell)\right] \tag{6.18b}$$

因此，在对称载荷 $q$ 为 0 或常数的一般形式中，$w$ 和 $F$ 可以用 8 个未知系数来表征，其中 $C_1$ 到 $C_4$ 是一般系数。

### 6.2.3 Kelvin 函数

令 $x=r/l$，（6.15）式中的 4 个函数就是 Kelvin 函数，他们是 0 阶 Bessel 函数的实部和虚部，Dwight 和 Abramovitz&Stegun 将他们定义如下

$$I_0(\sqrt{i}x) = \text{ber}\,x + i\,\text{bei}\,x \tag{6.19a}$$

$$K_0(\sqrt{i}x) = \text{ker}\,x + i\,\text{kei}\,x \tag{6.19b}$$

Kevin 函数可以表示为如下数列

$$\text{ber}\,x = 1 - \frac{(x/2)^4}{(2!)^2} + \frac{(x/2)^8}{(4!)^2} - \cdots \tag{6.20a}$$

$$\text{bei}\,x = \frac{(x/2)^2}{(1!)^2} - \frac{(x/2)^6}{(3!)^2} + \frac{(x/2)^{10}}{(5!)^2} - \cdots \tag{6.20b}$$

$$\text{ker}\,x = -\left[\ln\left(\frac{x}{2}\right) + \gamma\right]\text{ber}\,x + \frac{\pi}{4}\text{bei}\,x$$
$$-\left(1 + \frac{1}{2}\right)\frac{(x/2)^4}{(2!)^2} + \left(1 + \frac{1}{2} + \frac{1}{3} + \frac{1}{4}\right)\frac{(x/2)^8}{(4!)^2} - \cdots \tag{6.20c}$$

$$\text{kei}\,x = -\left[\ln\left(\frac{x}{2}\right) + \gamma\right]\text{bei}\,x - \frac{\pi}{4}\text{ber}\,x$$
$$+\frac{(x/2)^2}{(1!)^2} - \left(1 + \frac{1}{2} + \frac{1}{3}\right)\frac{(x/2)^6}{(3!)^2} + \cdots \tag{6.20d}$$

其中 Euler 常数 $\gamma = 0.577215664901532\cdots$

令 $\Delta^2$ 为相对 $x$ 的拉普拉斯算子，即 $\Delta^2 = \ell\nabla^2$，该函数有如下特性：

$$\Delta^2\,\text{ber}\,x = -\,\text{bei}\,x, \quad \Delta^2\,\text{bei}\,x = \text{ber}\,x \tag{6.21a}$$

$$\Delta^2 \ker x = -\operatorname{kei} x, \Delta^2 \operatorname{kei} x = \ker x \qquad (6.21b)$$

且

$$\Delta^2 \Delta^2 \psi + \psi = 0 \qquad (6.22)$$

对 $x \leqslant 10$，上述 4 个 Kevin 方程图形见图 6.2。

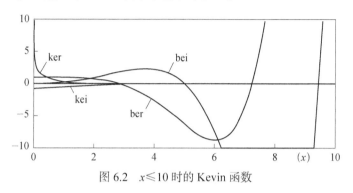

图 6.2　$x \leqslant 10$ 时的 Kevin 函数

对 $x$ 较大的情况，Kelvin 方程的求解需要使用如下的近似关系

$$\operatorname{ber} x \approx \frac{1}{\sqrt{2\pi x}} \mathrm{e}^{x/\sqrt{2}} \left[ L_0(x) \cos\left( \frac{x}{\sqrt{2}} - \frac{\pi}{8} \right) - M_0(x) \sin\left( \frac{x}{\sqrt{2}} - \frac{\pi}{8} \right) \right] \qquad (6.23a)$$

$$\operatorname{bei} x \approx \frac{1}{\sqrt{2\pi x}} \mathrm{e}^{x/\sqrt{2}} \left[ L_0(x) \sin\left( \frac{x}{\sqrt{2}} - \frac{\pi}{8} \right) + M_0(x) \cos\left( \frac{x}{\sqrt{2}} - \frac{\pi}{8} \right) \right] \qquad (6.23b)$$

$$\ker x \approx \sqrt{\frac{\pi}{2x}} \mathrm{e}^{-x/\sqrt{2}} \left[ L_0(-x) \cos\left( \frac{x}{\sqrt{2}} + \frac{\pi}{8} \right) + M_0(-x) \sin\left( \frac{x}{\sqrt{2}} + \frac{\pi}{8} \right) \right] \qquad (6.23c)$$

$$\operatorname{kei} x \approx \sqrt{\frac{\pi}{2x}} \mathrm{e}^{-x/\sqrt{2}} \left[ -L_0(-x) \sin\left( \frac{x}{\sqrt{2}} + \frac{\pi}{8} \right) + M_0(-x) \cos\left( \frac{x}{\sqrt{2}} + \frac{\pi}{8} \right) \right] \qquad (6.23d)$$

其中 $L_0$ 和 $M_0$ 展开为

$$L_0(x) = 1 + \frac{1^2}{1!8x} \cos\frac{\pi}{4} + \frac{1^2 \cdot 3^2}{2!(8x)^2} \cos\frac{2\pi}{4} + \frac{1^2 \cdot 3^2 \cdot 5^2}{3!(8x)^3} \cos\frac{3\pi}{4} + \cdots \qquad (6.24a)$$

$$M_0(x) = -\frac{1^2}{1!8x} \sin\frac{\pi}{4} - \frac{1^2 \cdot 3^2}{2!(8x)^2} \sin\frac{2\pi}{4} - \frac{1^2 \cdot 3^2 \cdot 5^2}{3!(8x)^3} \sin\frac{3\pi}{4} + \cdots \qquad (6.24b)$$

例如，我们在 $x \leqslant 10$ 时使用方程（6.20），或者在 $x \geqslant 12$ 时使用方程组（6.23）和（6.24），对 $10 \leqslant x \leqslant 12$ 这样的参数，可以通过上述两种形式线性拟合，一些 Kelvin 函数的计算值如表 6.1。

表 6.1　Kelvin 函数——0 阶

| $x$ | $\psi_1 \equiv \mathrm{ber}(x)$ | $\psi_2 \equiv \mathrm{bei}(x)$ | $\psi_3 \equiv \mathrm{ker}(x)$ | $\psi_4 \equiv \mathrm{kei}(x)$ |
|---|---|---|---|---|
| 0.0 | 1 | 0 | $\infty$ | $-0.78539\ 81634$ |
| 0.1 | 0.99999 84375 | 0.00249 99996 | 2.42047 39810 | $-0.77685\ 06465$ |
| 0.2 | 0.99997 50000 | 0.00999 99722 | 1.73314 27537 | $-0.75812\ 49330$ |
| 0.3 | 0.99987 34379 | 0.02249 96836 | 1.33721 86375 | $-0.73310\ 19123$ |
| 0.4 | 0.99960 00044 | 0.03999 82222 | 1.06262 39028 | $-0.70380\ 02120$ |
| 0.5 | 0.99902 34640 | 0.06249 32184 | 0.85590 58721 | $-0.67158\ 16951$ |
| 0.6 | 0.99797 51139 | 0.08997 97504 | 0.69312 06956 | $-0.63744\ 94947$ |
| 0.7 | 0.99624 88284 | 0.12244 89390 | 0.56137 82742 | $-0.60217\ 54516$ |
| 0.8 | 0.99360 11377 | 0.15988 62295 | 0.45288 20936 | $-0.56636\ 76507$ |
| 0.9 | 0.98975 13567 | 0.20226 93635 | 0.36251 48126 | $-0.53051\ 11224$ |
| 1.0 | 0.98438 17812 | 0.24956 60400 | 0.28670 62087 | $-0.49499\ 46365$ |
| 1.2 | 0.96762 91558 | 0.35870 44199 | 0.16894 55928 | $-0.42616\ 36043$ |
| 1.4 | 0.94007 50567 | 0.48673 39336 | 0.08512 60483 | $-0.36166\ 47815$ |
| 1.6 | 0.89789 11386 | 0.63272 56770 | $+0.02602\ 98616$ | $-0.30256\ 54736$ |
| 1.8 | 0.83672 17942 | 0.79526 19548 | $-0.01469\ 60868$ | $-0.24941\ 70690$ |
| 2.0 | 0.75173 41827 | 0.97229 16273 | $-0.04166\ 45140$ | $-0.20240\ 00678$ |
| 2.2 | 0.63769 04571 | 1.16096 99438 | $-0.05833\ 88341$ | $-0.16143\ 07014$ |
| 2.4 | 0.48904 77721 | 1.35748 54765 | $-0.06737\ 34934$ | $-0.12624\ 14877$ |
| 2.6 | 0.30009 20903 | 1.55687 77737 | $-0.07082\ 57000$ | $-0.09644\ 28914$ |
| 2.8 | $+0.06511\ 21084$ | 1.75285 05638 | $-0.07029\ 63212$ | $-0.07157\ 06486$ |
| 3.0 | $-0.22138\ 02496$ | 1.93758 67853 | $-0.06702\ 92333$ | $-0.05112\ 18840$ |
| 3.2 | $-0.56437\ 64305$ | 2.10157 33881 | $-0.06198\ 48330$ | $-0.03458\ 23127$ |
| 3.4 | $-0.96803\ 89953$ | 2.23344 57503 | $-0.05589\ 65499$ | $-0.02144\ 62871$ |
| 3.6 | $-1.43530\ 53217$ | 2.31986 36548 | $-0.04931\ 55564$ | $-0.01123\ 10962$ |
| 3.8 | $-1.96742\ 32727$ | 2.34543 30614 | $-0.04264\ 68639$ | $-0.00348\ 66647$ |
| 4.0 | $-2.56341\ 65573$ | 2.29269 03227 | $-0.03617\ 88479$ | $+0.00219\ 83993$ |
| 4.2 | $-3.21947\ 98323$ | 2.14216 79867 | $-0.03010\ 75737$ | 0.00619 36127 |
| 4.4 | $-3.92830\ 66215$ | 1.87256 37958 | $-0.02455\ 68923$ | 0.00882 56237 |
| 4.6 | $-4.67835\ 69372$ | 1.46103 68359 | $-0.01959\ 50241$ | 0.01037 88649 |
| 4.8 | $-5.45307\ 61749$ | 0.88365 68537 | $-0.01524\ 81878$ | 0.01109 73989 |
| 5.0 | $-6.23008\ 24787$ | $+0.11603\ 43816$ | $-0.01151\ 17272$ | 0.01118 75865 |
| 6.0 | $-8.85831\ 59660$ | $-7.33474\ 65408$ | $-0.00065\ 30375$ | 0.00721 64915 |
| 7.0 | $-3.63293\ 02425$ | $-21.23940\ 25796$ | $+0.00192\ 20216$ | 0.00270 03651 |
| 8.0 | $+20.97395\ 56107$ | $-35.01672\ 51649$ | 0.00148 58341 | $+0.00036\ 95840$ |
| 9.0 | 73.93572 98576 | $-24.71278\ 31687$ | 0.00063 71642 | $-0.00031\ 91529$ |
| 10.0 | 138.84046 59416 | $+56.37045\ 85538$ | 0.00012 94663 | $-0.00030\ 75247$ |
| 15.0 | $-0.29672\times10^{+04}$ | $-0.29527\times10^{+04}$ | $+0.34678\times10^{-07}$ | $+0.79627\times10^{-05}$ |
| 20.0 | $+0.47489\times10^{+05}$ | $+0.11477\times10^{+06}$ | $-0.78010\times10^{-07}$ | $-0.18553\times10^{-06}$ |
| 50.0 | $-0.11762\times10^{+15}$ | $-0.50102\times10^{+14}$ | $-0.29020\times10^{-16}$ | $+0.72610\times10^{-16}$ |
| 100.0 | $+0.73689\times10^{+29}$ | $+0.19069\times10^{+30}$ | $-0.99183\times10^{-32}$ | $-0.22356\times10^{-31}$ |

上述近似关系式的倒数形式为

$$\mathrm{ber}'\,x \approx \frac{1}{\sqrt{2\pi x}}\mathrm{e}^{x/\sqrt{2}}\left[S_0(x)\cos\left(\frac{x}{\sqrt{2}}+\frac{\pi}{8}\right)-T_0(x)\sin\left(\frac{x}{\sqrt{2}}+\frac{\pi}{8}\right)\right] \quad (6.25a)$$

$$\text{bei}' x \approx \frac{1}{\sqrt{2\pi x}} e^{x/\sqrt{2}} \left[ S_0(x) \sin\left( \frac{x}{\sqrt{2}} + \frac{\pi}{8} \right) + T_0(x) \cos\left( \frac{x}{\sqrt{2}} + \frac{\pi}{8} \right) \right] \quad (6.25\text{b})$$

$$\text{ker}' x \approx \sqrt{\frac{\pi}{2x}} e^{-x/\sqrt{2}} \left[ -S_0(-x) \cos\left( \frac{x}{\sqrt{2}} - \frac{\pi}{8} \right) - T_0(-x) \sin\left( \frac{x}{\sqrt{2}} - \frac{\pi}{8} \right) \right] \quad (6.25\text{c})$$

$$\text{kei}' x \approx \sqrt{\frac{\pi}{2x}} e^{-x/\sqrt{2}} \left[ S_0(-x) \sin\left( \frac{x}{\sqrt{2}} - \frac{\pi}{8} \right) - T_0(-x) \cos\left( \frac{x}{\sqrt{2}} - \frac{\pi}{8} \right) \right] \quad (6.25\text{d})$$

其中 $S_0$ 和 $T_0$ 为如下数列

$$S_0(x) = 1 - \frac{1 \cdot 3}{1! 8x} \cos\frac{\pi}{4} - \frac{1^2 \cdot 3 \cdot 5}{2!(8x)^2} \cos\frac{2\pi}{4} - \frac{1^2 \cdot 3^2 \cdot 5 \cdot 7}{3!(8x)^3} \cos\frac{3\pi}{4} + \cdots \quad (6.26\text{a})$$

$$T_0(x) = \frac{1 \cdot 3}{1! 8x} \sin\frac{\pi}{4} + \frac{1^2 \cdot 3 \cdot 5}{2!(8x)^2} \sin\frac{2\pi}{4} + \frac{1^2 \cdot 3^2 \cdot 5 \cdot 7}{3!(8x)^3} \sin\frac{3\pi}{4} + \cdots \quad (6.26\text{b})$$

一些 Kelvin 函数的导数见表 6.2。

表 6.2　Kelvin 函数导数——0 阶

| $x$ | $\text{ber}'(x)$ | $\text{bei}'(x)$ | $\text{ker}'(x)$ | $\text{kei}'(x)$ |
|---|---|---|---|---|
| 0.0 | 0 | 0 | $-\infty$ | 0 |
| 0.1 | −0.00006 25000 | 0.04999 99740 | −9.96095 93945 | 0.14597 48114 |
| 0.2 | −0.00049 99993 | 0.09999 91667 | −4.92294 85203 | 0.22292 68147 |
| 0.3 | −0.00168 74881 | 0.14999 36719 | −3.21986 52536 | 0.27429 20987 |
| 0.4 | −0.00399 99111 | 0.19997 33335 | −2.35206 99343 | 0.30951 40025 |
| 0.5 | −0.00781 20761 | 0.24991 86211 | −1.81979 97533 | 0.33320 37916 |
| 0.6 | −0.01349 84813 | 0.29979 75068 | −1.45653 85507 | 0.34816 44251 |
| 0.7 | −0.02143 30321 | 0.34956 23451 | −1.19094 33196 | 0.35630 94756 |
| 0.8 | −0.03198 86227 | 0.39914 67577 | −0.98733 51336 | 0.35904 24956 |
| 0.9 | −0.04553 65525 | 0.44846 25284 | −0.82586 86531 | 0.35744 31916 |
| 1.0 | −0.06244 57522 | 0.49739 65115 | −0.69460 38911 | 0.35236 99133 |
| 1.2 | −0.10780 56420 | 0.59352 34988 | −0.49464 32458 | 0.33447 39427 |
| 1.4 | −0.17092 83240 | 0.68600 81757 | −0.35105 50585 | 0.30964 15839 |
| 1.6 | −0.25454 46385 | 0.77273 99216 | −0.24511 46495 | 0.28090 38357 |
| 1.8 | −0.36118 21248 | 0.85092 69510 | −0.16594 24225 | 0.25043 85416 |
| 2.0 | −0.49306 71247 | 0.91701 36134 | −0.10660 09659 | 0.21980 79099 |
| 2.2 | −0.65200 02440 | 0.96660 86142 | −0.06233 72570 | 0.19011 37417 |
| 2.4 | −0.83920 27205 | 0.99442 86435 | −0.02971 22571 | 0.16210 69153 |
| 2.6 | −1.05513 18152 | 0.99426 29440 | −0.00613 57611 | 0.13626 89174 |
| 2.8 | −1.29926 41124 | 0.95896 54561 | +0.01039 90120 | 0.11287 48199 |
| 3.0 | −1.56984 66322 | 0.88048 23241 | 0.02147 61869 | 0.09204 30505 |
| 3.2 | −1.86361 69538 | 0.74992 36905 | 0.02836 03141 | 0.07377 52137 |
| 3.4 | −2.17549 51752 | 0.55768 98006 | 0.03206 61916 | 0.05798 80989 |
| 3.6 | −2.49825 25273 | +0.29366 24209 | 0.03340 86788 | 0.04453 93672 |
| 3.8 | −2.82216 38502 | −0.05252 66206 | 0.03303 99488 | 0.03324 80329 |
| 4.0 | −3.13465 39628 | −0.49113 74406 | 0.03147 84898 | 0.02391 06138 |

| $x$ | ber'($x$) | bei'($x$) | ker'($x$) | kei'($x$) |
|---|---|---|---|---|
| 4.2 | −3.41995 12244 | −1.03186 21695 | 0.02913 24188 | 0.01631 36670 |
| 4.4 | −3.65876 53064 | −1.68325 09472 | 0.02631 86752 | 0.01024 33125 |
| 4.6 | −3.82801 03480 | −2.45201 26972 | 0.02327 90805 | 0.00549 22592 |
| 4.8 | −3.90059 92163 | −3.34218 12989 | 0.02019 39082 | +0.00186 47791 |
| 5.0 | −3.84533 94733 | −4.35414 05148 | 0.01719 34038 | −0.0081 99865 |
| 6.0 | −0.29307 99665 | −10.84622 33287 | 0.00563 17093 | −0.00522 39209 |
| 7.0 | +12.7645 225603 | −16.04148 88882 | +0.00042 05095 | −0.00345 95086 |
| 8.0 | 38.31132 57009 | −7.66031 84136 | −0.00087 97241 | −0.00133 63129 |
| 9.0 | 65.60077 09994 | +36.29938 44231 | −0.00071 12309 | −0.00020 80794 |
| 10.0 | 51.19525 83936 | 135.30930 17156 | −0.00031 55972 | +0.00014 09133 |
| 15.0 | +0.91055×10$^{+02}$ | −0.40877×10$^{+04}$ | +0.55578×10$^{-05}$ | −0.59171×10$^{-05}$ |
| 20.0 | −0.48805×10$^{+05}$ | +0.11185×10$^{+06}$ | −0.73278×10$^{-07}$ | +0.19060×10$^{-06}$ |
| 50.0 | −0.46498×10$^{+14}$ | −0.11816×10$^{+15}$ | +0.72024×10$^{-16}$ | −0.31597×10$^{-16}$ |
| 100. | −0.83105×10$^{+29}$ | +0.18598×10$^{+30}$ | −0.87258×10$^{-32}$ | +0.22924×10$^{-31}$ |

### 6.2.4  浅球面壳的弹性与应力函数

方程（6.18）中的 8 个系数 $C_i$ 只有 5 个系数需要确定。

首先系数 $C_8$ 是可以忽略的，$C_7$ 只在求解开环子午面内的非对称问题时需要考虑，

$$C_8 = C_7 = 0$$

对系数 $C_6$，我们考虑横向剪切力 $Q_r$ 和径向张力 $N_r$ 的轴向分量所产生的总剪切力 $Q_z$。对于浅壳，可以得到均匀载荷的平衡方程如下：

$$Q_z = Q_r - \frac{r}{\langle R \rangle} N_r = \frac{1}{2} qr \qquad (6.27)$$

代入方程（6.5a）和（6.7），可得

$$D \frac{\mathrm{d}}{\mathrm{d}r}(\nabla^2 w) + \frac{1}{\langle R \rangle} \frac{\mathrm{d}F}{\mathrm{d}r} + \frac{r}{\langle R \rangle} \Omega + \frac{pr}{2} = 0$$

从式（6.9），$q$ 为一常数，积分后可得

$$D\nabla^2 w + \frac{1}{\langle R \rangle} F = C_9$$

考虑到式（6.15）中，Kelvin 方程有如下特性

$$\nabla^2 \psi_1 = -\psi_2 / \ell^2, \quad \nabla^2 \psi_2 = \psi_1 / \ell^2, \quad \nabla^2 \psi_3 = -\psi_4 / \ell^2, \quad \nabla^2 \psi_4 = \psi_3 / \ell^2 \quad (6.28)$$

使用方程组（6.18），可以得到表达式

$$C_9 = \frac{Et\ell^3}{\langle R \rangle^2} C_6 \ln(r / \ell)$$

只有在满足 $C_6=C_9=0$ 时成立。

因此，垂直位移和应力满足如下方程

$$\nabla^2 w + \frac{1}{D\langle R \rangle} F = 0 \tag{6.29}$$

因此，如果对浅壳施加均匀法向载荷 $q=-2\Omega/\langle R \rangle$ 为常数，或仅对浅壳周向施加均匀弯矩（$q=0$），则法向位移、应力函数、张力、切向伸长和子午线位移的一般形式为

$$w = \ell\left(C_1\psi_1 + C_2\psi_2 + C_3\psi_3 + C_4\psi_4 + C_5\right) \tag{6.30a}$$

$$F = \frac{Et\ell^3}{\langle R \rangle}\left(-C_2\psi_1 + C_1\psi_2 - C_4\psi_3 + C_3\psi_4\right) \tag{6.30b}$$

$$N_r = \frac{1}{r}\frac{\mathrm{d}F}{\mathrm{d}r} - \frac{q}{2}\langle R \rangle \tag{6.30c}$$

$$N_t = \frac{\mathrm{d}^2 F}{\mathrm{d}r^2} - \frac{q}{2}\langle R \rangle \tag{6.30d}$$

$$\varepsilon_{tt} = \frac{1}{Et}\left[\frac{\mathrm{d}^2 F}{\mathrm{d}r^2} - \frac{v}{r}\frac{\mathrm{d}F}{\mathrm{d}r} - \frac{1-v}{2}q\langle R \rangle\right] \tag{6.30e}$$

$$u = \varepsilon_{tt}r + w\frac{r}{\langle R \rangle} \tag{6.30f}$$

方程组（6.30）不仅适用于等厚平壳，也适用于等厚环壳。

# 6.3　可变厚度壳与连续性条件

方程组（6.30）适用于平面或开孔浅壳，唯一条件是剪切力 $Q_z=qr/2$。见方程（6.27），其中载荷为 $q=0$ 或 $q=$常数。为了确定变厚度壳体的挠度，我们将考虑由几个同心圆环单元组成的壳体，这些单元是连续相接的，每个单元的垂直厚度只有很小的变化。

## 6.3.1　定厚度环元素的壳关系

方程组（6.30）中的 5 个待定系数需要 5 个关系式，来确定等厚壳体中心和边缘的边界条件，无论是平面形式还是环形形式。下面选择法向位移、法向变形半径比、径向弯矩、径向张力和切向伸长作为这 5 组关系式。从式（6.30）和（6.3）中，我们分别得到

$$位移 \quad w = \ell\left(\sum_{i=1}^{4} C_i \psi_i + C_5\right) \tag{6.31a}$$

$$斜率 \quad \frac{\mathrm{d}w}{\mathrm{d}r} = \ell\sum_{i=1}^{4} C_i \frac{\mathrm{d}\psi_i}{\mathrm{d}r} \tag{6.31b}$$

$$转矩 \quad M_r = D\ell\sum_{i=1}^{4} C_i\left(\frac{\mathrm{d}^2\psi_i}{\mathrm{d}r^2} + \frac{v}{r}\frac{\mathrm{d}\psi_i}{\mathrm{d}r}\right) \tag{6.31c}$$

$$张力 \quad N_r = \frac{Et\ell^3}{\langle R\rangle}\left(-\sum_{1,3} C_{i+1}\frac{\mathrm{d}\psi_i}{r\mathrm{d}r} + \sum_{2,4} C_{i-1}\frac{\mathrm{d}\psi_i}{r\mathrm{d}r}\right) \tag{6.31d}$$

$$应力 \quad \varepsilon_{tt} = \frac{\ell^3}{\langle R\rangle}\left\{-\sum_{1,3} C_{i+1}\left[\frac{\mathrm{d}^2\psi_i}{\mathrm{d}r^2} - \frac{v}{r}\frac{\mathrm{d}\psi_i}{\mathrm{d}r}\right]\right.$$
$$\left. + \sum_{2,4} C_{i-1}\left[\frac{\mathrm{d}^2\psi_i}{\mathrm{d}r^2} - \frac{v}{r}\frac{\mathrm{d}\psi_i}{\mathrm{d}r}\right]\right\} - (1-v)\frac{q\langle R\rangle}{2Et} \tag{6.31e}$$

对第一个元素，由于 $w(0)$ 可以被设为零或任意值，而式（6.31a）中，位移 $w$ 的常数 $C_5$ 可以在 $C_1$ 到 $C_4$ 被从后 4 个方程中求解后，单独求解得到。

### 6.3.2　多种边界条件与定厚度平板单元

对于平均曲率为 $\langle R\rangle$ 的浅壳或杯形壳体，其法向厚度 $t$=常数，弹性常数 $E$，$\nu$，刚度 $D$ 和特征长度 $l$ 分别由式（6.3g）和（6.10b）确定。方程组（6.31）中的函数 $\Psi_i(r/l)$ 可以导出法向位移 $w(r)$，来作为求解未知数 $C_i$ 的五个边界条件。

在壳的中心有

$$w\{0\} = 0, \quad \mathrm{d}w/\mathrm{d}r\big|_{r=0} = 0, \quad \varepsilon_{tt}\{0\} = 0$$

在边缘处 $r=r_{\max}$，引入两个边界条件

$$\mathrm{d}w/\mathrm{d}r = 0, \quad M_r = 0, \quad N_r = 0, \quad \varepsilon_{tt} = 0$$

根据式（6.30f），能够得到 $\varepsilon_{tt} = u|r - w|\langle R\rangle$

在 $r_{\max}$ 处的典型的壳体边界条件满足如下方程组。

铰接可动边界：

$$M_r = 0 \text{ 且 } N_r = 0 \tag{6.32a}$$

内置可动边界：

$$\mathrm{d}w/\mathrm{d}r = 0 \text{ 且 } N_r = 0 \tag{6.32b}$$

铰接不可动边界：

$$M_r = 0, \quad \varepsilon_{tt} = 0 \tag{6.32c}$$

固定不可动边界：

$$\mathrm{d}w/\mathrm{d}r = 0, \quad \varepsilon_{tt} = 0 \tag{6.32d}$$

在焦比 $f/2$，厚度 $t$ 为 42.5mm，均匀载荷 $q=10^5$Pa 的 1.5m 口径微晶玻璃弯月镜的计算结果表明，在上述 4 种情况下，法向位移 $w(r)$ 大不相同（图 6.3）。

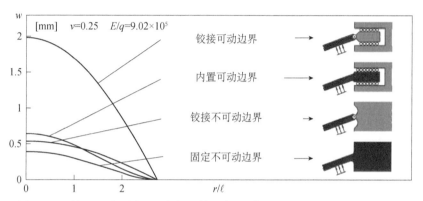

图 6.3　比较了四种不同边界条件下等厚度 $f/2$ 薄板的法向挠度 $w$。微晶玻璃弯月镜 $\langle R \rangle$=6m，$2r_m$=1.5m，$t$=42.5 mm。均匀载荷 $q$=10⁵ Pa

### 6.3.3　可变厚度壳中的一些参量

可变厚度壳的几何形式是由一个中心杯形单元和周围环绕着连续的环形单元组成。考虑由 $N$ 个环形单元组成的壳体，其厚度分布 $\{t_1, \cdots, t_n, \cdots, t_N\}$ 从中心到边缘缓慢变化（图 6.4）。

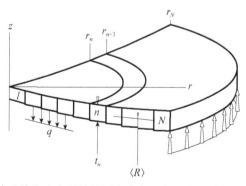

图 6.4　浅壳或快焦比弯月镜的厚度分布，由 $N$ 个连续相连的单元组成

对于元素数 $n$，在区域 $r_{n-1} \leqslant r \leqslant r_n$ 中展开，我们把一个厚度 $t_n$，一个刚度 $D_n$ 和一个特征长度 $l_n$ 联系起来，后两个量按式（6.3g）和（6.17）定义。这些量之间的关系是

$$D_n \propto l_n^3, \quad t_n \propto l_n^2, \quad D_n \propto l_n^6 \qquad (6.33)$$

所有元素 $n \in N$ 具有相同的 $E$，$v$，$\langle R \rangle$，并受到相同的载荷 $q$。

### 6.3.4 壳单元环的连续性条件

从方程组（6.14），定义一个无量纲变量 $x=r/l_n$，作为 4 个 $\Psi$ 函数的变量，用 $C_{i,n}$ 表示第 $n$ 个元素的五个未知系数，其相关的厚度和刚度分别为 $t_n$ 和 $D_n$。从式（6.31a）可知，系数 $C_{5,n}$ 可以从已知的 $C_{1,n}$ 到 $C_{4,n}$ 直接导出的。利用式（6.3g）、（6.17）和（6.33），其余的四个方程（6.31b）～（6.31e）对应的连续性边界条件可以写作[10, 15]：

$$\frac{dw}{dx} \rightarrow \sum_{i=1}^{4} C_{i,n}\frac{d\psi_i}{dx} = \sum_{i=1}^{4} C_{i,n+1}\frac{d\psi_i}{dx} = \text{不变量}（n \rightarrow n+1） \qquad (6.34a)$$

$$M_r \rightarrow l_n^5 \sum_{i=1}^{4} C_{i,n}\left(\frac{d^2\psi_i}{dx^2} + \frac{v}{x}\frac{d\psi_i}{dx}\right) = \text{不变量} \qquad (6.34b)$$

$$N_r \rightarrow l_n^3 \left(-\sum_{i=1,3} C_{i+1,n}\frac{d\psi_i}{dx} + \sum_{i=2,4} C_{i-1,n}\frac{d\psi_i}{dx}\right) = \text{不变量} \qquad (6.34c)$$

$$\varepsilon_{tt} \rightarrow l_n\left[-\sum_{i=1,3} C_{i+1,n}\left(\frac{d^2\psi_i}{dx^2} - \frac{v}{x}\frac{d\psi_i}{dx}\right)\right.$$
$$\left. + \sum_{i=2,4} C_{i-1,n}\left(\frac{d^2\psi_i}{dx^2} - \frac{v}{x}\frac{d\psi_i}{dx}\right) - (1-v)\frac{ql_n^3}{2D_n}\right] = \text{不变量} \qquad (6.34d)$$

在求解出 $N$ 组 $C_{i,n}$（$i=1, \cdots, 4$）后，根据式（6.31a），由法向位移的连续性可以推导出 $N$ 组 $C_{5,n}$ 值，其中法向位移 $w$ 的原点必须固定。例如，可以设置 $w_1(0)=0$。给定最外侧单元外轮廓的两个边界条件，求解所有 $C_{i,n}$ 来决定所有的位移 $\{w_n, u_n\}$。

如果中心元素 $n=1$，不是环而是普通的弯月镜（$R_0=0$），则

$$C_{3,1} = C_{4,1} = 0 \qquad (6.35)$$

由于 $\Psi_1(0) \equiv ber(0)=1$ 和 $\Psi_2(0) \equiv bei(0)=0$，则当 $C_{5,1}=-C_{1,1}$ 时，第一个元素的中心作为位移的原点。因此，只需考虑两个未知数 $C_{1,1}$ 和 $C_{2,1}$。

光路中最外环单元编号为 $n=N$，其环内径为 $r_{n-1}$，环外径为 $r_n$。该单元既可以在其边缘受到镜面的外部反作用力，也可以连接到一个特殊的外环或圆柱体。

比如，对一个由 3 层单元组成的变厚度壳，中心单元 $n=1$ 是一个杯状单元，根据连续性边界条件，有 2+4+4 个未知量。同时考虑了最外圈单元（$n=3$）外轮廓的边界条件，引入了 2 个额外的未知量。选择径向弯矩 $M_{r,4}$ 和径向张力 $N_{r,4}$ 作为这两个额外参量，这样需要在矩阵中增加两列来求解。因此，表示 $\dot{w}\equiv \mathrm{d}w/\mathrm{d}r$ 的平方矩阵和相关的未知量列是

$$
\text{半径 } r_1 \begin{cases} \dot{w} \Rightarrow \\ M_r \Rightarrow \\ N_r \Rightarrow \\ \varepsilon_{tt} \Rightarrow \end{cases}
\text{半径 } r_2 \begin{cases} \dot{w} \Rightarrow \\ M_r \Rightarrow \\ N_r \Rightarrow \\ \varepsilon_{tt} \Rightarrow \end{cases}
\text{半径 } r_3 \begin{cases} \dot{w} \Rightarrow \\ M_r \Rightarrow \\ N_r \Rightarrow \\ \varepsilon_{tt} \Rightarrow \end{cases}
\begin{pmatrix}
\times & \times & \times & \times & \times & \times & 0 & 0 & 0 & 0 & 0 & 0 \\
\times & \times & \times & \times & \times & \times & & & & & & \\
\times & \times & \times & \times & \times & \times & & & & & & \\
\times & \times & \times & \times & \times & \times & & & & & & \\
0 & \times & \times & \times & \times & \times & \times & \times & & & & \\
0 & \times & \times & \times & \times & \times & \times & \times & & & & \\
0 & \times & \times & \times & \times & \times & \times & \times & & & & \\
0 & & & & & \times & \times & \times & & & & \\
0 & & & & & \times & \times & \times & \times & \alpha & \beta \\
0 & & & & & \times & \times & \times & \times & 1 & 0 \\
0 & & & & & \times & \times & \times & \times & 0 & 1 \\
0 & & & & & \times & \times & \times & \times & \gamma & \delta
\end{pmatrix}
\begin{pmatrix}
C_{1,1} \\ C_{2,1} \\ C_{1,2} \\ C_{2,2} \\ C_{3,2} \\ C_{4,2} \\ C_{1,3} \\ C_{2,3} \\ C_{3,3} \\ C_{4,3} \\ M_{r,4} \\ N_{r,4}
\end{pmatrix}
\tag{6.36}
$$

壳体轮廓处的两个边界条件可以看作是一个特殊外圆柱的连续性边界条件，由固定在外筒中的壳体产生的几何形状称为花瓶形壳体。在此基础上，假定外圆柱的截面尺寸小于半径 $r_N$，因此载荷 $q$ 对外柱截面尺寸的影响可以忽略不计。此外，沿圆柱的轴向拉伸和压缩载荷 $Q_r$ 引起的位移 $w$，并不会影响 $r \leqslant r_N$ 范围内的光学表面面型。因此，从式（6.30f）可得，$N+1$ 号的圆柱体的切向应变可以简单地表示为 $\varepsilon_{tt}=u/r_N$，而不是 $u/r_N-w/\langle R \rangle$。从这两个假设出发，我们可以用这两个关系来刻划在 $r=r_N$ 处的最外层弯月形单元 $N$ 的圆柱形弹性连接。

$$
\frac{\mathrm{d}w}{\mathrm{d}r} = \alpha M_{r,N+1} + \beta N_{r,N+1}, \quad \frac{u}{r_N} = \gamma M_{r,N+1} + \delta N_{r,N+1}
\tag{6.37a}
$$

其中

$$
\alpha = \frac{\partial}{\partial M_{r,N+1}}\left(\frac{\mathrm{d}w}{\mathrm{d}r}\right), \quad \beta = \frac{\partial}{\partial N_{r,N+1}}\left(\frac{\mathrm{d}w}{\mathrm{d}r}\right), \quad \gamma = \frac{1}{r_N}\frac{\partial u}{\partial M_{r,N+1}}, \quad \delta = \frac{1}{r_N}\frac{\partial u}{\partial N_{r,N+1}}
\tag{6.37b}
$$

$\alpha$，$\beta$，$\gamma$，$\delta$ 系数的特定值允许在各种边界（6.37b）条件下进行分析［见式（6.32）］。下面确定了其中一些系数组合。

# 6.4　边缘圆柱连接与边界条件

我们将弯月壳单元 $N$ 的外轮廓通过连续连接到圆柱体 $N+1$ 的一端。在此基础上，我们得到了一个花瓶形壳体结构，在这个结构中，圆柱体的尺寸和边界条件的设置将允许对三个形状进行分析。

## 6.4.1　三种几何配置与边界

本节将研究以下三种几何形状的浅壳结构：弯月壳体（图 6.4）、花瓶形壳体和封闭壳体（图 6.5）。

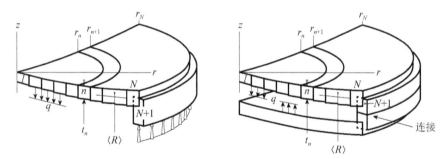

图 6.5　花瓶形壳和封闭壳的几何形状

每个几何形状都可以由外筒的轴向和径向厚度以及一组特定的边界条件来表征。例如，具有极薄径向厚度的外筒的花瓶形壳体等效于一个弯月球壳。实际上只有下面的边界条件才能方便的得到。我们称圆柱体的"外端"为连接到弯月壳体的反端。

**弯月壳体边界和薄圆柱体外端部边界**：例如，外筒的轴向厚度为 $t_{z,\,N+1} = t_{z,\,N}$，并且与 $t_N$ 相比，径向厚度可以忽略不计。它的外端简支，且径向无约束。换言之，铰接式可动外端的边界条件（6.32a）是

$$M_{r,\mathrm{E}} = 0, \quad N_{r,\mathrm{E}} = 0 \qquad (6.38\mathrm{a})$$

其中，下标 E 代表"外端"。这些条件对应于式（6.32a）（另见图 6.3）。

**花瓶形壳体和圆柱体外端边界**：在本设计中，我们总是设置 $t_{z\,N+1} \geqslant t_{z,\,N}$，这增加了镜面[12, 13]周向支撑的自身刚度。外圆柱外端的边界与上述情况相似，即式（6.38a）。

**闭合壳体和圆柱体外端边界**：其由两个花瓶形壳体构成，它们在圆柱体后表

面反向连接在一起[11]。在这个交界处的边界是一个内置的和可移动的表面，

$$(\mathrm{d}w / \mathrm{d}r)_E = 0, \quad N_{r,E} = 0 \tag{6.38b}$$

这种连接可以只考虑第一个具有可变厚度花瓶形壳，而第二个互补的花瓶形壳须具有适当的平均厚度（如果后者是常数）。上述条件对应于式（6.32b）（另见图 6.3）。

### 6.4.2　弯月壳体的外边缘圆柱

圆柱壳理论可以确定花瓶形壳外筒的挠度。我们假设压力载荷 $q$ 对圆柱体单元 $N+1$ 的影响可以忽略，因为它的轴向长度或厚度满足：

$$t_{z,N+1} / r_N \ll 1$$

设 $x, z$ 是圆柱体法线部分的局部框架，通过弯月壳体单元的为公共 $z$ 轴（图 6.6）。

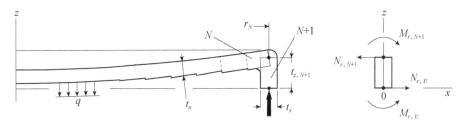

图 6.6　花瓶形壳几何形状和外圆柱体与弯月镜的连接

一个简单的情况是当径向厚度 $t_x$ 为常数，且 $q=0$ 时。参考 Timoshenko 和 Woinowsky-Krieger[29]，$x$ 方向的径向位移 $\bar{u}$ 有

$$\bar{D} \frac{\mathrm{d}^4 \bar{u}}{\mathrm{d}z^4} + \frac{E t_x}{r_N^2} \bar{u} = 0, \quad \bar{D} = \frac{E t_x^3}{12(1-v^2)} \tag{6.39}$$

其中，上标适用于圆柱体。使用以下符号表示

$$\kappa^4 = \frac{E t_x}{4 r_N^2 \bar{D}} = \frac{3(1-v^2)}{r_N^2 t_x^2} \tag{6.40}$$

得到了简化的形式

$$\frac{\mathrm{d}^4 \bar{u}}{\mathrm{d}z^4} + 4\kappa^4 \bar{u} = 0 \tag{6.41}$$

这个方程的通解是

$$\bar{u} = \mathrm{e}^{\kappa z} \left( c_1 \cos \kappa z + c_2 \sin \kappa z \right) + \mathrm{e}^{-\kappa z} \left( c_3 \cos \kappa z + c_4 \sin \kappa z \right) \tag{6.42}$$

其中，常数 $c_1$、$c_2$、$c_3$ 和 $c_4$ 由圆柱体端部的特定边界情况确定。

横向剪切力（对圆柱体，通常表示为 $Q_r$），实际上对应于弯月壳坐标系 $z$，$r$ 中的 $z$ 平面内径向张力 $N_r$。类似地，关于圆柱体 $z$ 截面内的切向弯曲力矩 $M_r$ 对应于弯月壳内的 $M_r$。因此，我们在下文中使用记号 $N_r$ 和 $M_r$ 来指代这些量。它们是由下式确定

$$M_r = \bar{D}\frac{\mathrm{d}^2\bar{u}}{\mathrm{d}z^2}, \quad N_r = \frac{\mathrm{d}M_r}{\mathrm{d}z} = \bar{D}\frac{\mathrm{d}^3\bar{u}}{\mathrm{d}z^3} \tag{6.43}$$

其中，约定 $M_r$ 总为正号（参见 1.13.8 节和 3.2 节）。由于在弯月壳和圆柱体交界处 $\mathrm{d}w/\mathrm{d}r \equiv \mathrm{d}\bar{u}/\mathrm{d}z$，所以对于圆柱体，方程（6.37）写成

$$\frac{\mathrm{d}\bar{u}}{\mathrm{d}z} = \alpha M_{r,N+1} + \beta N_{r,N+1}, \quad \frac{\bar{u}}{r_N} = \gamma M_{r,N+1} + \delta N_{r,N+1} \tag{6.44a}$$

以及

$$\alpha = \frac{\partial}{\partial M_{r,N+1}}\left(\frac{\mathrm{d}\bar{u}}{\mathrm{d}z}\right), \quad \beta = \frac{\partial}{\partial N_{r,N+1}}\left(\frac{\mathrm{d}\bar{u}}{\mathrm{d}z}\right), \quad \gamma = \frac{1}{r_N}\frac{\partial\bar{u}}{\partial M_{r,N+1}}, \quad \delta = \frac{1}{r_N}\frac{\partial\bar{u}}{\partial N_{r,N+1}} \tag{6.44b}$$

以圆柱体外部端的原点 $z=0$ 为例，（6.38a）和（6.38b）两种情况下，由这一端的边界条件，我们可以确定如下 $C_i$ 常数。

**铰接可移动式圆柱体外端：** 在圆柱体的局部坐标系 $x$，$z$ 中，铰接可移动式外部的边界条件（6.38a）可写作

$$M_{r,E} = \bar{D}\frac{\mathrm{d}^2\bar{u}}{\mathrm{d}z^2}\bigg|_{z=0} = 0, \quad N_{r,E} = \bar{D}\frac{\mathrm{d}^3\bar{u}}{\mathrm{d}z^3}\bigg|_{z=0} = 0 \tag{6.45}$$

在替换了一阶和三阶导数之后，两个关系式的解可导出

$$c_3 = c_1, \quad c_4 = c_2. \tag{6.46}$$

在弯月镜的圆柱面端，由弯矩 $M_{r,N+1}$ 和径向张力 $N_{r,N+1}$ 确定连续条件。在弯月镜坐标系内，方程（6.44）保证了斜率 $\mathrm{d}\bar{u}/\mathrm{d}r$ 和相对径向位移 $\bar{u}/r_N$ 的连续性。

让我们引入第二个下标 $M$ 来表示单位弯矩 $M_{r,N+1}=1$ 的 $c_i$ 系数集，而 $N_{r,N+1}=0$，因此 $c_i$ 写成 $c_{i,M}$。从交点的轴向纵坐标 $z=t_{z,N+1}$，可得

$$\tau = \kappa t_{z,N+1} \tag{6.47}$$

从方程（6.43）中，我们分别得到

$$-c_{1,M}(\mathrm{e}^\tau - \mathrm{e}^{-\tau})\sin\tau + c_{2,M}(\mathrm{e}^\tau - \mathrm{e}^{-\tau})\cos\tau = \frac{1}{2\bar{D}\kappa^2} \tag{6.48a}$$

$$-c_{1,M}\left[\mathrm{e}^\tau(\sin\tau + \cos\tau) + \mathrm{e}^{-\tau}(\sin\tau - \cos\tau)\right]$$
$$-c_{2,M}\left[\mathrm{e}^\tau(\sin\tau - \cos\tau) - \mathrm{e}^{-\tau}(\sin\tau + \cos\tau)\right] = 0 \tag{6.48b}$$

所有系数 $c_{1,M}=c_{3,M}$ 和 $c_{2,M}=c_{4,M}$ 可以通过求解上述方程求得。

$$\frac{\partial \overline{u}}{\partial M_{r,N+1}} = \mathrm{e}^{\tau}\left(c_{1,M}\cos\tau + c_{2,M}\sin\tau\right) + \mathrm{e}^{-\tau}\left(c_{3,M}\cos\tau + c_{4,M}\sin\tau\right) \quad (6.49a)$$

$$\frac{\partial}{\partial M_{r,N+1}}\left(\frac{\mathrm{d}\overline{u}}{\mathrm{d}z}\right) = \kappa\Big[c_{1,M}\mathrm{e}^{\tau}(\cos\tau - \sin\tau) + c_{2,M}\mathrm{e}^{\tau}(\cos\tau + \sin\tau)$$

$$- c_{3,M}\mathrm{e}^{-\tau}(\cos\tau + \sin\tau) + c_{4,M}\mathrm{e}^{-\tau}(\cos\tau - \sin\tau)\Big] \quad (6.49b)$$

其中，矩阵（6.36）中的 $\gamma$ 和 $\alpha$ 系数直接从式（6.44b）获得。

对于 $M_{r,N+1}=0$ 和单位径向张力 $N_{r,N+1}=1$，利用 $c_{i,N}$ 系数，给出了类似于（6.48a）（6.48b）的两个方程，但方程右边分别为 0 和 $1/2\overline{D}\kappa^3$。求出了式（6.44b）中关于 $N_{r,N+1}$ 的两个偏导数的值，从而分别确定了 $\delta$ 和 $\beta$。

**内置可动的圆柱体外端：** 如上所述，圆柱体的内置可动的外部端部将允许对封闭外壳的一半部分进行分析。在圆柱体的局部坐标系 $x$，$z$ 中，外部边界条件可写作式（6.38b）

$$\left.\frac{\mathrm{d}w}{\mathrm{d}r}\right|_{\mathrm{E}} = \left.\frac{\mathrm{d}\overline{u}}{\mathrm{d}z}\right|_{z=0} = 0, \quad N_{r,\mathrm{E}} = \overline{D}\left.\frac{\mathrm{d}^3\overline{u}}{\mathrm{d}z^3}\right|_{z=0} = 0 \quad (6.50)$$

在替换了一阶和三阶倒数之后，求解上述两方程可得

$$c_3 = c_1, \quad c_4 = -c_2 \quad (6.51)$$

因此，从式（6.42）可得，圆柱体的径向位移可表示为

$$\overline{u} = 2c_1\cosh\kappa z\cos\kappa z + 2c_2\sinh\kappa z\sin\kappa z \quad (6.52)$$

从这里我们注意到挠度是均匀的，因此按照由两个完全相同的花瓶形壳得到闭合形式。类似于后一种边界情况，弯月镜的单位弯矩和径向张力在圆柱连接处可以用于确定 $c_{i,M}$ 和 $c_{i,N}$，从而得到 $\alpha$，$\beta$，$\gamma$，$\delta$ 系数。

注：上述条件严格适用于分析由两个相同的花瓶形壳体在其外环的平面底部连接在一起构成的闭合壳体，因为相连接的基座在弯曲过程中保持平面（图 6.7-左）。这种形式可称为扁平闭合壳体。

图 6.7　左侧为由两个一样的花瓶形壳构成的封闭平壳，右侧为曲面封闭壳

如果两个花瓶形壳的平均曲率 $\langle R_1 \rangle$，$\langle R_2 \rangle$；相近但符号相反时，则径向位移 $\overline{u}_1\{0\}$ 和 $\overline{u}_2\{0\}$ 可能有相反的符号。现在，当两个这样的花瓶外壳连接在一起形成一个封闭的外壳时，将在加载过程中引入一个周向弯矩（图 6.7-右）。我们在 2.1.1 节见到过作用在平板轮廓上的均匀弯矩只产生纯 $C_{V}1$ 模态（抛物线弯曲）；

这一结果也适用于中等弯曲的平板壳体。因此，对于曲线式封闭壳体，采用有限元分析进行最终计算是合适的。

**其他外边缘边界条件**：必须强调的是，以上所述的后两种情况精确地适用于实际条件下最简单的简化。其他边界条件（例如，圆柱体的一个内置不可动的外端）是通过以下方式设置的：

$$\bar{u}\big|_{z=0} = 0, \quad \frac{d\bar{u}}{dz}\bigg|_{z=0} = 0 \tag{6.53}$$

可得

$$c_3 = -c_1, \quad c_4 = -2c_1 - c_2 \tag{6.54}$$

然而，圆柱体的径向和轴向厚度应该是无限的，这是相当理想化的情况。

# 6.5 可变厚度花瓶形壳的定义

## 6.5.1 壳在 $z$, $r$ 主坐标系下的挠度表征

在前面的章节中提到，任何 $r=r_n$ 处的环元素链在局部正交坐标系中的位移 $w_n$, $u_n$ 是非线性的，因此，壳体在坐标系（$z$, $r$）中的轴向和径向位移是

$$\delta z_n = w_n \cos \arctan\left(\frac{r}{\langle R \rangle}\right) + u_n \sin \arctan\left(\frac{r}{\langle R \rangle}\right) \tag{6.55a}$$

$$\delta r_n = -w_n \sin \arctan\left(\frac{r}{\langle R \rangle}\right) + u_n \cos \arctan\left(\frac{r}{\langle R \rangle}\right) \tag{6.55b}$$

在该坐标系中，中间曲面的挠度 $z_{\text{Flex}}$ 是坐标点 $\delta_{zn}$, $r_n + \delta r_n$ 变形后的位移轨迹。给定 $n$ 值，此时该点对应的挠度为

$$z_{\text{Flex}}\{r_n + \delta r_n\} \equiv \delta z_n \tag{6.56}$$

由于 Kelvin 函数是中小变量值 $r/l$ 的多项式展开，因此可以获得以下偶级数形式的轴向弯曲的多项式平滑

$$z_{\text{Flex}} = \sum_{i=1,2,3,\cdots}^{\infty} a_{2i} r^{2i} \tag{6.57}$$

其中，对于由 $N$ 个链接元素构成的壳体，需要求解 $N$ 个未知数的系统，确定 $a_{2i}$ 系数需要考虑每个结点的挠度。

浅壳理论假定最大厚度 $\{t_n\}$ 与壳体的平均曲率半径 $\langle R \rangle$ 相比是可以忽略的。

根据此条件，我们将在接下来的章节中考虑$|t_n/\langle R \rangle|$等于或小于 1/100 的比率。此外，我们假设沿 $z$ 轴测量的曲线厚度$\{t_n\}$和相关厚度 $t_z(r)$ 在受力时保持不变，因此壳体外表面的弯曲与中间表面的弯曲相同。

### 6.5.2　厚度分布的反问题

给定由 $N$ 个弯月环和 $N+1$ 号外圆柱单元组成的离散厚度分布$\{t_n\}$的花瓶形壳，类似于式（6.36）的方形 $4N$ 矩阵允许我们求解未知量 $C_{i,n}$，$M_{r,N+1}$ 和 $N_{r,N+1}$。那么相关的位移$\{w_n, u_n\}$是已知的，从而求出方程（6.57）中的挠度 $z_{Flex}$。总结一下，求解的顺序是

$$\{t_n\} \rightarrow C_{i,n} \rightarrow \{w_n, u_n\} \rightarrow z_{Flex}(r) \qquad (6.58)$$

考虑一个均匀变形中的求挠度 $z_{Flex}(r)$ 的反问题就是求相应的厚度分布$\{t_n\}$。一般来说，对恒定厚度的壳，厚度分布可以通过迭代程序来求得。

基于可变参数，用于此目的代码中，目标量为挠度方程（6.57）中的系数比 $a_6/a_4$，$a_8/a_4$，$a_{10}/a_4$ 和 $a_{12}/a_4$。在用于确定校正矢量的初步计算之后，通过线性算法对所需系数比进行迭代，所述线性算法修改对于 $n>1$ 的$\{t_n\}$-集直到获得收敛解。迭代还为载荷提供了校正因子；然后以新的 $t_1$ 值重复整个过程，直到获得所需的载荷 $q$。在最后阶段，将曲线解$\{t_n\}$转换为 $t_z(r)$ 轴函数，以求得实际弯月壳体后端的厚度分布。

# 6.6　望远镜镜面的主动光学非球面化

### 6.6.1　主动光学叠加定律

我们在这里考虑一个光学表面的情况，该光学表面可以通过主动光学在球面的基础上使镜面变形而进行非球面化。问题的关键是确定该球体的曲率 $1/R_{Sphe}$ 以及挠度的相关参数。这些参数包括：曲率 $1/R_{Flex}$，镜子厚度分布 $t(r)$，均匀载荷 $q$ 和边界条件。这涉及上述反问题。

非球面化的过程得到的光学面型 $z_{Opt}$ 等于球面面型的挠曲量 $z_{Flex}$ 与球面面型 $z_{Sphe}$ 之和

$$z_{Opt} = z_{Sphe} + z_{Flex} \qquad (6.59)$$

由此可以得到一个以下的基本定理。

→无论非球面化的过程如何，可以是如下两种：

- 无应力球面成形后进行实时应力非球面化
- 应力球面成形后的弹性释放非球面化

为获得相同的光学面型，球面面形和挠曲量在代数上是相同的。均匀载荷 $q$ 具有相反的符号和相等的绝对值。

在第二种情形下，只有在受力时挠曲的符号与上面的 $z_{Flex}$ 相反。然而，对于实时应力或弹性松弛，挠曲 $z_{Flex}$ 的符号是相同的。

### 6.6.2　凹面镜的抛物面化

凹面镜主动光学抛物面化理论上可以通过上述两个过程之一进行。遗憾的是，由于在一个单块的封闭壳体内难以通过内部空气压力和应力分布实现非球面化，所以优选使用花瓶形或弯月形壳体通过实时应力进行非球面化。但是，根据上述定理，以下结果对两个过程均有效[6, 20]。

挠度公式（6.57）中的第一项系数 $a_2 \equiv 1/2R_{Flex}$。根据叠加法则（6.59），展开式的第一个二次项，即曲率项必须满足：

$$i = 1 \rightarrow 1/R_{Opt} = 1/R_{Sphe} + 1/R_{Flex} \qquad (6.60a)$$

而高阶的 $z_{Sphe} + z_{Flex}$ 的和正好相互抵消。因此，从公式（6.57）和球体展开方程（见第 1.7.1 节中的方程（1.38c）），挠曲的下一项系数写作：

$$i > 1 \rightarrow a_{2i} = -\frac{(2i-2)!i}{2^{2i-1}(i!)^2} \frac{1}{R_{Sphe}^{2i-1}} \qquad (6.60b)$$

有无数组的 $a_{2i}$ 能满足主动光学叠加定律。由于 $a_2$ 的符号与任何高阶系数 $a_{2i}$ 的符号相反，我们总能找到具有平衡形状的挠度系数组。从公式（6.57）的三阶近似可以看出，获得平衡挠度 $z_{Flex}$ 的可接受范围是

$$\frac{1}{2} \leqslant -\frac{a_2}{a_4 r_N^2} \leqslant 8 \qquad (6.61a)$$

其中，左、右极限值分别对应于 $r/r_N = 1/2$ 和 2 的 $\mathrm{d}z_{Flex}/\mathrm{d}r = 0$。最佳比例是在去除体积最小时；可以证明，上述条件在挠度的斜率为零时实现，此时当 $r/r_N = 0.7598$ 时，其对应于 $-a_2/a_4 r_N^2 = 2/\sqrt{3} = 1.1547$，由于挠度 $z_{Flex}$ 通过公式（6.55）中的位移 $w_n$ 和 $u_n$ 求得，其与壳体的边界条件相关，上述严格的零斜率半径比条件并不容易实现。因此，我们假设可接受的满足零斜率的挠度结果如下：

$$1/2 \leqslant r_0/r_N \leqslant 2 \qquad (6.61b)$$

下面我们考虑在 6.4.1 节中定义的三种浅壳几何形状。并使用 Schott 微晶玻璃基底（其弹性系数见表 1.10）。例如，我们可以求解由 $N=10$ 个弯月面单元构成的 40cm 或 2m 口径反射镜的反问题。

- 40cm 口径反射镜的抛物面化：40cm 直径反射镜的计算中，分为 10 个单元，半径增量 2cm；支撑反力圆的半径为 $r_n=r_{10}=20$cm。均匀载荷为 $q=\pm80$kPa$\approx\pm0.8$Atm，其中，如 6.6.1 节所述，负号表示负压力（实时应力），正符号表示正压力（应力计算）。我们可以采用迭代法求解相关的曲率半径和法向厚度 $\{t_n\}$（表 6.3）。

- 2m 口径镜面的抛物面化：2m 口径镜面可以采用相似的方法计算，采用 $N=10$ 个单元，使用 10cm 半径的增量；支撑反力所在圆的半径为 $r_N=r_{10}=1$m（表 6.4）。

- 总结：无论上面的壳几何形状和相关边界如何，我们都获得了以下结果。
→厚度分布 $\{t_n\}$ 从中心到边缘持续增大。在所有情况下，焦比越快，相对厚度增加越大。

在图 6.6 所示的设计中，由于 $N+1$ 号圆柱体单元的内部增加了局部刚度，所以不能精确地实现 $2r_N$ 的光学口径。为了有效地获得直径达 $2r_N$ 的清晰口径，必须对外筒的形状和位置进行细微的修改。由于圆柱体的径向厚度 $t_x$ 始终满足 $t_x/r_N \ll 1$，因此可以分别修改圆柱体的内半径和外半径，例如

$$r_N - t_x/2 \to r_N, \quad r_N + t_x/2 \to r_N + t_x \qquad (6.62)$$

表 6.3 和表 6.4 中的结果不需要进行大的更改。根据轴向厚度 $t_{z,N+1}$，可以对外筒的几何形状进行一些修改得到最终的设计镜面形状；通过加宽的基底尺寸和缩短的轴向厚度来达到同样的效果。

**表 6.3　对不同焦比和形状的壳进行抛物面化的参数，镜面通光孔径 $2r_N = 40$cm，微晶玻璃材质，载荷 $q = \pm80$kPa**

| 1 为弯月形壳，简支可动边界 | | | | | | | | [单位：mm] |
| --- | --- | --- | --- | --- | --- | --- | --- | --- |
| | $t_1$ | $t_4$ | $t_6$ | $t_8$ | $t_N$ | $R_{Opt}$ | $\langle R \rangle$ | $R_{Sphe}$ | $R_{Flex}$ |
| $f/3.0$ | 25.36 | 25.43 | 25.54 | 25.71 | 25.91 | 2,400 | 2,529 | 2,421.5 | 270,010 |
| $f/2.4$ | 19.63 | 19.77 | 20.00 | 20.33 | 20.71 | 1,920 | 2,075 | 1,946.8 | 139,706 |
| $f/2.0$ | 15.35 | 15.61 | 16.00 | 16.58 | 17.21 | 1,600 | 1,782 | 1,631.9 | 81,819 |
| 2 为花瓶形壳，简支可动边界　$t_x = 20, t_{z,N+1} = 25.$ | | | | | | | | [单位：mm] |
| | $t_1$ | $t_4$ | $t_6$ | $t_8$ | $t_N$ | $R_{Opt}$ | $\langle R \rangle$ | $R_{Sphe}$ | $R_{Flex}$ |
| $f/3.0$ | 25.64 | 25.70 | 25.80 | 25.95 | 26.13 | 2,400 | 2,519 | 2,419.6 | 296,382 |
| $f/2.4$ | 20.06 | 20.18 | 20.37 | 20.65 | 20.98 | 1,920 | 2,054 | 1,943.1 | 161,750 |
| $f/2.0$ | 15.96 | 16.17 | 16.49 | 16.94 | 17.46 | 1,600 | 1,747 | 1,626.0 | 100,113 |
| $f/1.7$ | 12.37 | 12.70 | 13.20 | 13.90 | 14.67 | 1,360 | 1,522 | 1,388.6 | 66,077 |

| 3 为闭合花瓶壳，内置可动边界 $t_x = 20$, $t_{z,N+1} = 25$. | | | | | | | | [单位：mm] |
|---|---|---|---|---|---|---|---|---|
| | $t_1$ | $t_4$ | $t_6$ | $t_8$ | $t_N$ | $R_{Opt}$ | $\langle R \rangle$ | $R_{Sphe}$ | $R_{Flex}$ |
| $f/3.0$ | 25.52 | 25.56 | 25.61 | 25.69 | 26.77 | 2,400 | 2,474 | 2,411.6 | 497,806 |
| $f/2.4$ | 20.00 | 20.07 | 20.17 | 20.30 | 20.45 | 1,920 | 1,996 | 1,932.8 | 290,372 |
| $f/2.0$ | 16.04 | 16.15 | 16.32 | 16.58 | 16.90 | 1,600 | 1,680 | 1,614.2 | 182,012 |
| $f/1.7$ | 12.68 | 12.87 | 13.14 | 13.50 | 13.88 | 1,360 | 1,488 | 1,375.9 | 117,810 |

**表 6.4  对不同焦比和形状的壳进行抛物面化的参数，镜面通光孔径 $2r_N = 2\text{m}$，微晶玻璃材质，载荷 $q = \pm20\text{kPa}$**

| 1 为弯月形壳，简支可动边界 | | | | | | | | [单位：mm] |
|---|---|---|---|---|---|---|---|---|
| | $t_1$ | $t_4$ | $t_6$ | $t_8$ | $t_N$ | $R_{Opt}$ | $\langle R \rangle$ | $R_{Sphe}$ | $R_{Flex}$ |
| $f/3.0$ | 76.76 | 77.37 | 78.32 | 79.72 | 81.33 | 12,000 | 12,892 | 12,107.5 | $1,354.5\ 10^3$ |
| $f/2.4$ | 55.91 | 57.15 | 59.05 | 61.76 | 64.72 | 9,600 | 10,705 | 9,733.5 | $699.9\ 10^3$ |
| $f/2.0$ | 38.28 | 40.77 | 44.18 | 48.72 | 54.21 | 8,000 | 9,427 | 8,158.6 | $411.7\ 10^3$ |

| 2 为花瓶形壳，简支可动边界 $t_x = 50$, $t_{z,N+1} = 100$. | | | | | | | | [单位：mm] |
|---|---|---|---|---|---|---|---|---|
| | $t_1$ | $t_4$ | $t_6$ | $t_8$ | $t_N$ | $R_{Opt}$ | $\langle R \rangle$ | $R_{Sphe}$ | $R_{Flex}$ |
| $f/3.0$ | 77.72 | 78.27 | 79.14 | 80.42 | 81.91 | 12,000 | 12,821 | 12,098.7 | $1,470.3\ 10^3$ |
| $f/2.4$ | 57.54 | 58.62 | 60.26 | 62.62 | 65.27 | 9,600 | 10,565 | 9,717.0 | $797.2\ 10^3$ |
| $f/2.0$ | 40.57 | 42.88 | 45.60 | 49.36 | 53.77 | 8,000 | 9,158 | 8,132.4 | $491.4\ 10^3$ |
| $f/1.7$ | 24.24 | 26.97 | 32.25 | 37.98 | 44.53 | 6,800 | 8,120 | 6,945.3 | $325.0\ 10^3$ |

| 3 为闭合花瓶壳，内置可动边界 $t_x = 50$, $t_{z,N+1} = 100$. | | | | | | | | [单位：mm] |
|---|---|---|---|---|---|---|---|---|
| | $t_1$ | $t_4$ | $t_6$ | $t_8$ | $t_N$ | $R_{Opt}$ | $\langle R \rangle$ | $R_{Sphe}$ | $R_{Flex}$ |
| $f/3.0$ | 77.94 | 78.30 | 78.82 | 79.66 | 80.58 | 12,000 | 12,536 | 12,064.2 | $2,252.4\ 10^3$ |
| $f/2.4$ | 58.80 | 59.45 | 60.40 | 61.73 | 63.22 | 9,600 | 10,158 | 9,669.0 | $1,346.7\ 10^3$ |
| $f/2.0$ | 44.01 | 45.11 | 46.68 | 48.77 | 51.00 | 8,000 | 8,602 | 8,074.6 | $865.7\ 10^3$ |
| $f/1.7$ | 29.96 | 31.98 | 34.57 | 37.84 | 41.09 | 6,800 | 7,486 | 6,881.8 | $571.8\ 10^3$ |

为了防止弯月镜与外筒连接处的局部应力集中，需要有一个半径为 $R_J$ 的倒角面进行内部连接，如

$$1/2 \leqslant R_J / t_N \leqslant 1 \tag{6.63}$$

一个改进后的花瓶形壳的例子如图 6.8 所示。

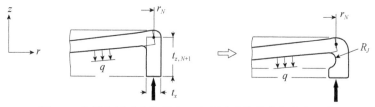

图 6.8  左侧为标准花瓶形壳，右侧为边缘优化的花瓶形壳

结果表明，如果将等厚度 $t$ 的平面板在 $r=a$ 处夹成一个在轴向和径向上半无

限厚度的固体，则板背面的内结半径 $R_J$ 必须近似满足 $R_J/t \approx 1-v$。该值给出了一个有内孔的薄板的变形量，该内孔半径为 $a$，与薄板狭缝通过直角过渡连接。这一结果（也包括剪切力的挠曲效应）是从具有各种二维形状的样品的变形试验结果中得到的（图 6.9）。

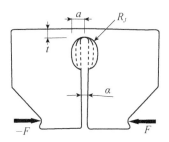

图 6.9　弯矩作用下平板弯曲挠度实验

试件由淬火的 Fe87Cr13 钢合金制成，该合金以其应力-应变线性而闻名。它们的几何形状是相同的中心厚度 $t$，但在刚体末端的连接处有不同的曲率 $R_J$。力 $F$ 和 $-F$ 作用于相距较远的连接处所产生的弯矩可以确定偏转角 $\alpha$。由这些测量结果可以看出，只有一个 $R_J/t$ 值，其参数 $t$ 和 $a$ 与梁理论的结果一致：在梁的端部施加的弯矩，通过方角提供了恒定曲率的挠曲。对于较大的 $R_J/t$ 比，与梁理论具有相同挠度的 $a$ 值小于半无限端的半分离 $a$ 值，反之亦然。

· 最大应力的逼近值：用有限元程序可精确地求出镜面的最大应力。然而，最大径向和切向应力的基本估计，$\sigma_{rr}$ 和 $\sigma_{tt}$，可以很容易地从平面板理论的 Love-Kirchhoff 假设（见 1.13.6 节）得到，在这个简单的例子中，无论边界条件如何，我们都有

$$\sigma_{rr}(0) = \sigma_{tt}(0) = \pm \frac{6M_r(0)}{t_1^2}, \quad M_r(0) = \frac{3+v}{16}qr_N^2$$

式（6.57）中的挠曲系数 $a_2$ 为

$$a_2 \equiv \frac{1}{2R_{\text{Flex}}} = \frac{3+v}{1+v}\frac{qr_N^2}{32D}$$

则

$$\sigma_{rr}(0) = \sigma_{tt}(0) = \pm \frac{1}{2(1-v)}\frac{t_1}{R_{\text{Flex}}}E \tag{6.64}$$

平面板中心处的最大应力为上表中的情况 1 和 2 提供了近似的应力值。与表 5.2 中微晶玻璃的拉伸断裂应力相比，$\sigma_{10^3 s}$=90 MPa（参见 5.2.5 节）。对于情况 1 和 2，从表 6.3 得到的最大应力可得安全系数至少为~9。表 6.4 类似的两种情况

可得安全系数至少为~18。

对于第三种情况封闭壳体，最大表面应力是在内置可动边界处，根据平板理论，很容易证明这些应力由 $\sigma_{rr}(r_N)/\sigma_{rr}(0)=2/(1+v)$ 导出。对于壳体边缘，将厚度 $t_n$ 替换为式（6.64）中的 $t_0$。因此，从表 6.3 的情况 3 中，我们发现安全系数至少为~8。对于表 6.4 中的相同情况，该系数至少为~13。

虽然弯曲应力在这些壳体的变形中起主导作用，但其精确值可以通过有限元分析来确定。

### 6.6.3  带中孔的抛物面凹镜

带中孔的凹面反射镜需要引入一些条件来实现主动光学非球面化。中孔处由于开孔引起的刚度的下降可以通过孔周围的局部额外厚度来补偿。此外，必须找到孔边缘处的边界条件，以允许通过均匀载荷进行非球面化。

•针对带中孔镜面的主动光学非球面的条件：在大多数天文望远镜主镜中，中孔的尺寸小于其通光口径的 1/6 或 1/5。高阶弯曲项，例如 $r^6$ 和 $r^8$ 项，在中孔附近区域影响很小。因此，可以在三阶光学理论中精确求得其几何形状。对于 $f/2$ 的镜子，边缘区域略大于 $f/12$ 或 $f/10$。从这些特征来看，使用等厚板的平板理论是合适的。

设 $a$（而不是后面部分中的 $r_N$）是镜子的外圆半径。考虑 $r=a$ 处的边缘，我们希望获得与普通镜子相同的挠度（参见 1.13.11 节中的案例 3）。引入半径 $r=b$（略大于孔半径 $r=c$ 的半径），对应于光学口径区域中的挠度是

$$z_1 = \frac{q}{64D_1}\left[r^4 - 2a^2r^2\right], \quad b \leqslant r \leqslant a \tag{6.65}$$

其中，当镜面位于部分真空中进行实时应力非球面化时，负载 $q$ 取负值，而当镜面处于空气中应力成形时取正值。

现在，如果孔周围的区域 $c \leqslant r \leqslant b$，则刚度增加

$$D_h = Et_h^3 / \left[12\left(1-v^2\right)\right] > D_1 \tag{6.66}$$

且对于相同的载荷 $q$，满足泊松方程的挠度的一般形式是

$$z_2 = \frac{q}{64D_h}\left[r^4 + C_1a^2r^2 + C_2a^2r^2 \ln r + C_3a^4 \ln r + C_4\right], \quad c \leqslant r \leqslant b \tag{6.67}$$

其中的五个常数 $C_i$ 和 $D_h$ 是由连续性和边界条件决定的未知数。

径向剪切力和径向弯矩分别为

$$Q_r = -D\frac{\mathrm{d}}{\mathrm{d}r}(\nabla^2 z), \quad M_r = D\left(\frac{\mathrm{d}^2 z}{\mathrm{d}r^2} + \frac{v}{r}\frac{\mathrm{d}z}{\mathrm{d}r}\right) \quad (6.68)$$

将 $z_1$ 和 $z_2$ 及其导数置换后，剪切力的计算结果为

$$Q_{1r} = -\frac{1}{2}qr, \quad Q_{2r} = -\frac{q}{64}\left(32r + 4C_2\frac{a^2}{r}\right) \quad (6.69)$$

在两个区域的交汇处，负载的连续性条件意味着 $Q_{2r}(b) = Q_{1r}(b)$。因此，这样只有满足如下条件时才能实现

$$C_2 = 0$$

且如果有如下的力

$$f = \frac{\pi q c^2}{2\pi c} = \frac{1}{2}qc \quad (6.70)$$

沿孔边缘每单位长度施加。在 $r = c$ 时施加的力 $f$ 与在 $c \leq r \leq a$ 的区域中施加的载荷 $q$ 的叠加可以被认为等效于在平面镜的整个表面上施加的均匀载荷 $q$（图 6.10）。

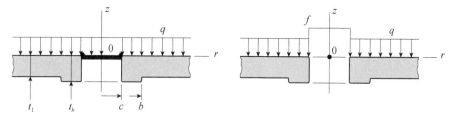

图 6.10　由主动光学实现非球面化的开孔反射镜的几何形状和等效载荷配置

对于条件 $z_1(b) = z_2(b)$ 成立的未知常数 $C_4$ 不参与剩余的三个未知数 $C_1$，$C_3$ 和 $D_h/D_1$ 的求解。求解方案如下：

$$\left.\frac{\mathrm{d}z_2}{\mathrm{d}r}\right|_{r=b} = \left.\frac{\mathrm{d}z_1}{\mathrm{d}r}\right|_{r=b}, \quad M_{2r}(b) = M_{1r}(b), \quad M_{2r}(c) = 0 \quad (6.71)$$

求解上述方程后，由于 $t_h/t_1 = (D_h/D_1)^{1/3}$，可得

$$\frac{t_h}{t_1} = \left\{1 + 2\frac{\left[(1+v)a^2 - (3+v)c^2\right]c^2}{(1-v^2)(a^2-b^2)(b^2-c^2)}\right\}^{1/3} \quad (6.72)$$

一个有内孔的镜子。我们注意到，当 $v = 1/4$ 和 $c/a = 0.620$ 时，存在一个解 $t_h = t_1$，该解在实际中并没有实际意义。

参考 1.13.11 节中的案例 2。在镜边缘被简支的情况下，通过替换可以直接获得相关的挠度 $z_1$

$$a^2 \to \frac{3+v}{1+v}a^2$$

在式（6.65）中。因此，上述方程中通过相同代换可推导出厚度比如下：

$$\frac{t_h}{t_1} = \left\{ 1 + 2\frac{(3+v)(a^2-c^2)c^2}{(1-v)\left[(3+v)a^2-(1+v)b^2\right](b^2-c^2)} \right\}^{1/3} \qquad (6.73)$$

对一个简支的有中孔镜子。例如，对于 $a=1$，$b=0.2$，$c=0.1$ 和 $v=1/4$，通过式（6.72）可求出 $t_h/t_1=1.238$，而通过式（6.73）可求得 $t_h/t_1=1.231$，两者非常接近。

对于通常大小的中孔，例如 $c/a$ 小于等于 0.2 和 $b/a$ 小于等于 0.25 的情况，这两个结果之间的差别很小，因此可以忽略上述 $b^2$ 和 $c^2$ 项，而不是 $a^2$ 项。因此，式（6.72）和（6.73）可以合并为如下简化形式[17]

$$\frac{t_h}{t_1} = \left[ 1 + 2\frac{c^2}{(1-v)(b^2-c^2)} \right]^{1/3}, \quad \frac{c}{a} < \frac{b}{a} \sim \frac{1}{4} \qquad (6.74)$$

无论镜面边缘的支撑条件如何，这种一般的厚度比的镜面在有孔区域适合使用孔域主动光学进行非球面化。这一关系也适用于前面提到的弯月壳体、花瓶形壳体和封闭壳体三种情况中任何一种。因此，对有孔反射镜的主动光学，得出了如下结论。

当在弯月壳、花瓶形壳或封闭的壳体中有半径为 $c$ 的小中孔时，除了在局部区域 $c<r<b$ 增加厚度，且在孔边缘处有小的圆形力 $f$，而负载 $q$ 连续时，$r>b$ 的区域镜片几何形状保持不变。

**使用实时应力对有孔凹面反射镜进行抛物面化：**首先确定需要进行主动光学抛物面化的带中孔反射镜的几何形状；然后在半径为 $c$ 的孔周围的区域 $c<r<b$ 中，由式（6.74）求得需要增加的厚度；在孔周围进行面型校正以后，在半径 $r>b$ 的区域，几何形状保持不变。这可以在不改变其在 $r=a\equiv r_N$ 边缘或在 $N+1$ 号外筒的底部的相关边界的情况下，来确定有孔的弯月形，花瓶形或闭合壳体的几何形状。

例如，我们在下文中考虑 $f/1.75$ 带孔花瓶形镜的情况，通过实时应力进行抛物面化。使用 Schott 微晶玻璃制造（参见表 1.10 中的 $E$ 和 $v$），口径 186mm，在 $r_N=95$mm 处，按 6.3.4 节中的理论分析，具有 $N=10$ 个壳单元，以及一个简支的可动圆柱单元 $N+1=11$，可通过迭代确定普通花瓶形壳的正常厚度分布 $\{t_n\}$。所有连续的环壳单元宽度均为 9.5 mm。通过式（6.74）可以求得最终开孔花瓶外壳法线方向上的厚度比 $t_h/t_1$（表 6.5）。

表 6.5　对一块 $f/1.75$ 带中心孔的花瓶形壳进行实时非球面化时的法线方向厚度分布 $\{t_n\}$。镜面通光口径 186mm，采用 Scott 微晶玻璃，载荷 $q = -73.6\text{kPa}$，$a = 95\text{mm}$，$b = 25\text{mm}$，$c = 15\text{mm}$，$t_h/t_1 = 1.3547$，$R_{\text{Opt}} = 650\text{mm}$，$R_{\text{Sphe}} = 658.37\text{mm}$，$R_{\text{Flex}} = 51.126\text{mm}$，$\langle R \rangle = 696.9\text{mm}$

| 1. 一般花瓶壳. $t_x = 8\text{mm}$，圆柱外边缘半径 $r_{\text{OE}} = 103\text{ mm}$ | | | | | | | | | | [单位：mm] |
|---|---|---|---|---|---|---|---|---|---|---|
| $t_1$ | $t_2$ | $t_3$ | $t_4$ | $t_5$ | $t_6$ | $t_7$ | $t_8$ | $t_9$ | $t_N$ | $t_{z,N+1}$ |
| 6.057 | 6.071 | 6.104 | 6.152 | 6.216 | 6.295 | 6.387 | 6.488 | 6.594 | 6.696 | 36.000 |
| 2. 有孔花瓶壳. $t_x = 8\text{mm}$，圆柱外边缘半径 $r_{\text{OE}} = 103\text{ mm}$ | | | | | | | | | | [单位：mm] |
| — | $t_h$ | $t_3$ | $t_4$ | $t_5$ | $t_6$ | $t_7$ | $t_8$ | $t_9$ | $t_N$ | $t_{z,N+1}$ |
| — | 8.205 | 6.104 | 6.152 | 6.216 | 6.295 | 6.387 | 6.488 | 6.594 | 6.696 | 36.000 |

在最终设计中，轴向长度为 $t_{z,N+1}$ 的外圆柱体被修改为更紧凑的 L 形环，但是能保证刚度不变。在式（6.71）的第三种情形中，在中孔边缘弯矩不需要额外的弯矩，镜子在无应力状态下，先通过磨制抛光为曲率半径 $R_{\text{Sphe}}$ 的球面，然后通过在原位施加永久载荷 $q$ 和 $f$，变形为抛物面，均匀载荷 $q$ 通过镜面内部的部分真空获得，而从式（6.70）中，孔边缘处的环力 $f = qc/2$ 提供载荷连续性（图 6.11 和图 6.12）。

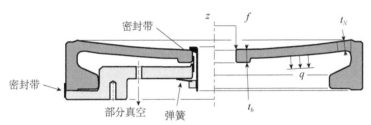

图 6.11　表 6.5 中的几何形状和通过球面实时应力抛物面化的 $f/1.75$ 的
开孔花瓶形壳镜的载荷配置

图 6.12　使用数控机床进行金刚石钻孔后的微晶玻璃基底镜的后视图

氦氖点源位于反射镜焦点上，得到的准直光束经过一个平面镜进行反射，对反射镜的干涉分析表明，理想球面反射的双程波前误差小于 $\lambda/5$ ptv。

·**通过应力成形对有孔凹面反射镜进行抛物面化**：根据 6.6.1 节中所述的定理，如果在应力作用下的球面在成形后通过应力释放使镜面非球面，则其形状与球面通过实时应力非球面得到的几何形状相同。只是均匀载荷 $q$ 和圆环力 $f$ 改变为相反的符号，但绝对值相同（图 6.13）。

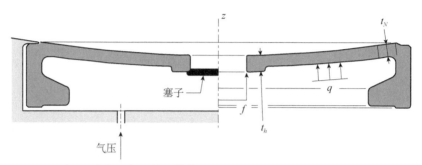

图 6.13　表 6.5 中的几何形状和载荷配置，用于在应力下进行球面加工后通过应力松弛将 $f/1.75$ 带孔花瓶形壳进行抛物面化

在计算中，需要使用一个外部支撑环来吸收负载的反压力。由于该环必须位于光学表面的边缘附近，因此这种替代方案存在一些实际困难。通过使用由两个密封的花瓶形壳制成的封闭壳可以部分地避免这些问题，其中空气或液体压力会在应力成形的过程中施加载荷 $q$。

### 6.6.4　凹球面镜的非球面化

凹球面镜的主动光学非球面化需要确定一个表示镜面形状的连续多项式的符号和系数值。在某些情况下，这些条件会使得主动光学叠加定律（6.59）不能提供这样一个弹性弯曲的球形表面。

幸运的是，用于望远镜光学系统的大多数凹面镜都可以由级数展开表示，对于这些级数展开可以找到满足叠加定律的解对（$z_{\text{Sphe}}$，$z_{\text{Flex}}$）。

两镜系统望远镜的非抛物面主镜主要是球面或双曲面，这都属于 RC 系统（参见 1.9.2 节）。通常，这些镜面的形状可以用双曲面精确地近似，并且它们的级数展开仅限于三个一次项。

除了特别为大视场巡天设计的 RC 望远镜，其 $R_1 \approx R_2$，并配备了额外的双透镜校正镜（见 6.6.6 节中的图 6.186），大多数的 RC 望远镜中的主镜都是与抛物面略有不同的双曲面，即其圆锥常数通常在 $\kappa_1 \in [-1.20; -1.02]$。因此，厚度分布和载荷配置与 6.6.3 节中提到的抛物面情况没有很大不同。因此，我们在这里不讨论这种情况。

另一个特例是大视场三镜系统望远镜，Rumsey 系统，他的所有镜面都是具有较大负圆锥常数的双曲面，特别是第三镜。这种特别的望远镜形式发展出一种平场消象散光学系统，这将在 6.6.7 节中介绍。

### 6.6.5　卡塞格林镜（Cassegrain Mirrors）的非球面化

大多数常见的望远镜形式都是双镜系统，其中主镜和副镜可以是抛物面-双曲面对（PH），也可以是双曲面-双曲面对（RC）的 Ritchey-Chrétien 系统。还有离焦望远镜的形式抛物面-抛物面对（PP）。在所有可能的具有凸副镜的形式中，这种反射镜通常称为卡塞格林反射镜（Cassegrain Mirrors）。PH、RC 和 PP 形式具有双曲面或抛物面卡塞格林反射镜。对这种镜面在施加应力的情况下进行球面加工，然后再通过弹性松弛进行主动光学非球面化是首选。

但也存在一些非传统的望远镜形式，例如，具有球面主镜的双镜系统，其中的扁椭球卡塞格林镜面的非球面化就是容易通过在无应力球面上施加实时应力得到的。这种形式可以用于大型拼接镜面主镜[2-4]。在普罗旺斯高级天文台（Haute Provence observatory），就有一架 1.4m 原理性望远镜用于成像观测，其花瓶形卡塞格林镜就是通过实时应力进行非球面化的[14]。

回到抛物面或双曲面卡塞格林反射镜的情况，我们下面给出这两种情况的一些例子。

·**抛物面卡塞格林镜**：在双镜系统中，抛物面卡塞格林镜是无焦梅森（afocal Mersenne）形式的第二个光学元件。这种形式的优点是可以消球差 Sphe3，彗差 Coma3 和像散 Astm3，因此这个系统是消像散（见 1.9.3 节和 2.3 节）。尽管过去有时用于库得望远镜（Coudé telescope）系统，但离焦形式是高分辨率望远镜阵列的基本形式。

使用 Schott 微晶玻璃，用 $N=10$ 等宽环单元计算了一个弯月壳、一个扩大的弯月壳和三个不同的花瓶壳（图 6.14 和表 6.6）。

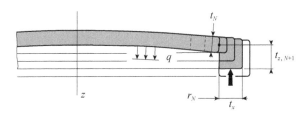

图 6.14　五种可以使用主动光学非球面化不同形状的卡塞格林反射镜

表 6.6　各种几何形状和焦比 $f$ 的非球面化参数。镜面通光口径 $2r_N$=20cm，微晶玻璃，载荷 $q$=80kPa。外圆柱的几何形状参数为：$t_x=t_{z, N+1}$，$t_{z, N+1}=kt_N$，$k$=0，1/2，1，3/2，2

| 1：焦比 3.0 的凸双曲面，简支可动边界。R=1200 | | | | | | | | | | [单位：mm] |
|------|------|------|------|------|------|------|------|------|------|------|
| $t_1$ | $t_4$ | $t_6$ | $t_7$ | $t_8$ | $t_9$ | $t_N$ | $t_{z, N+1}$ | $\langle R \rangle$ | $R_{Sphe}$ | $R_{Flex}$ |
| 12.61 | 12.66 | 12.73 | 12.77 | 12.83 | 12.89 | 12.95 | 0 | 1,151 | 1,210.8 | 134,932 |
| 12.62 | 12.66 | 12.73 | 12.78 | 12.84 | 12.90 | 12.96 | $t_{N/2}$ | 1,151 | 1,210.7 | 135,713 |
| 12.81 | 12.85 | 12.91 | 12.95 | 13.00 | 13.05 | 13.10 | $t_N$ | 1,157 | 1,209.4 | 153,643 |
| 13.04 | 13.07 | 13.10 | 13.13 | 13.16 | 13.19 | 13.23 | $3t_{N/2}$ | 1,168 | 1,207.0 | 205,680 |
| 13.09 | 13.10 | 13.13 | 13.15 | 13.17 | 13.20 | 13.22 | $2t_N$ | 1,175 | 1,205.6 | 259,807 |

| 2：焦比 2.5 的凸双曲面，简支可动边界。R=1000 | | | | | | | | | | [单位：mm] |
|------|------|------|------|------|------|------|------|------|------|------|
| $t_1$ | $t_4$ | $t_6$ | $t_7$ | $t_8$ | $t_9$ | $t_N$ | $t_{z, N+1}$ | $\langle R \rangle$ | $R_{Sphe}$ | $R_{Flex}$ |
| 10.14 | 10.22 | 10.35 | 10.44 | 10.55 | 10.66 | 10.77 | 0 | 942 | 1,012.9 | 78,704 |
| 10.13 | 10.21 | 10.34 | 10.44 | 10.54 | 10.66 | 10.77 | $t_{N/2}$ | 942 | 1,012.8 | 78,811 |
| 10.31 | 10.38 | 10.50 | 10.58 | 10.67 | 10.77 | 10.87 | $t_N$ | 947 | 1,011.7 | 86,170 |
| 10.64 | 10.69 | 10.77 | 10.83 | 10.89 | 10.96 | 11.03 | $3t_{N/2}$ | 961 | 1,009.0 | 112,250 |
| 10.77 | 10.82 | 10.87 | 10.91 | 10.95 | 11.00 | 11.04 | $2t_N$ | 970 | 1,007.0 | 144,000 |

| 3：焦比 2.0 的凸双曲面，简支可动边界。R=800 | | | | | | | | | | [单位：mm] |
|------|------|------|------|------|------|------|------|------|------|------|
| $t_1$ | $t_4$ | $t_6$ | $t_7$ | $t_8$ | $t_9$ | $t_N$ | $t_{z, N+1}$ | $\langle R \rangle$ | $R_{Sphe}$ | $R_{Flex}$ |
| 7.041 | 7.267 | 7.598 | 7.816 | 8.062 | 8.317 | 8.550 | 0 | 720 | 815.99 | 40,845 |
| 6.973 | 7.203 | 7.539 | 7.761 | 8.010 | 8.268 | 8.504 | $t_{N/2}$ | 719 | 816.05 | 40,678 |
| 7.097 | 7.311 | 7.623 | 7.830 | 8.063 | 8.307 | 8.533 | $t_N$ | 723 | 815.38 | 42,417 |
| 7.652 | 7.804 | 8.021 | 8.166 | 8.332 | 8.509 | 8.681 | $3t_{N/2}$ | 742 | 812.43 | 52,274 |
| 8.062 | 8.170 | 8.337 | 8.411 | 8.521 | 8.638 | 8.753 | $2t_N$ | 759 | 809.55 | 67,757 |

**几何比例因子：** 类似于在 6.6.2 节和 6.6.3 节中给出的所有数据。对于凹面镜，如果材料弹性常数 $E$，$v$ 和载荷 $q$ 相同，则表 6.6 中定义凸面镜形状的每个参数集可以按比例放大或缩小。

这种一般线性性质也适用于下面例子中的抛物面和双曲面凸镜的参数设计。

·**最大应力：** 对于外圆柱为 $t_x \leq t_N$ 的弯月壳体和花瓶形壳体，通过等厚板理论的关系式（6.64）给出了壳体中心最大应力 $\sigma_{rr}(0)$ 和 $\sigma_{tt}(0)$ 的基本估计。对于表 6.6 中的五个 $f$/2.5 凸抛物面，该关系推导出最大应力 $\sigma_{rr}(0)= \sigma_{tt}(0) \leq 7.7$ MPa。此值远低于微晶玻璃的最大安全许用应力，$\sigma_{Tmax}$=22 MPa（见表 1.10），和 $\sigma_{10^3s}$=90 MPa（见表 5.2），因此安全系数大约为 11.7。

对于外圆柱尺寸为 $t_{z, N+1}=t_x=2t_N$ 的花瓶外壳（表 6.6）中的最后情况，连接半径 $r=r_N$ 处的最大应力 $\sigma(r_N) \approx 1.3\sigma(0)$。虽然弯曲应力在这些壳体的变形中起主导作用，但它们的精确值可以通过有限元分析来确定。

·**抛物面卡塞格林镜的例子：** 在尼斯附近的装备有 GI2T 高分辨率干涉仪的 1.5m 望远镜上，对 $f$/2.33 的两个相同的抛物面卡塞格林镜进行抛物面化。这两个 Mersenne 无焦望远镜设计用于光束压缩，$k = R_1/R_2 = 20$。卡塞格林镜面由康宁熔融石英制成，低膨胀 ULE 等级，发现杨氏模量异常大，显示 $E = 85\text{GPa}$ 而不是康宁给出的 $E = 68.8\text{GPa}$（参见表 1.10）。

在 6.3.4 节中分析壳理论时，在 10 个壳单元，其中包括 1 个简支可移动底座 $N+1$ 号外圆柱单元，允许迭代确定花瓶形壳体的厚度分布 $\{t_n\}$，其中所有连续的环壳元件具有 $r_N/N$ 径向宽度（图 6.15 和表 6.7）。

图 6.15　$f/2.33$ 的康宁融石英 ULE 的卡塞格林反射镜的背面，
在应力下球面成形后进行主动光学抛物面化

表 6.7　$f/2.33$ 的花瓶形壳卡塞格林反射镜原位抛物化的厚度分布 $\{t_n\}$。镜面通光口径 90mm 熔融石英 ULE 的弹性模量 $E=85\text{GPa}$。负载 $q=80\text{kPa}$。$r_N=45\text{mm}$，$t_x=15\text{mm}$。$R_{\text{Opt}}=420\text{mm}$，$R_{\text{Sphe}}=422.56\text{mm}$，$R_{\text{Flex}}=69162\text{mm}$，$\langle R \rangle=409.2\text{mm}$，边缘圆柱体外径 $r_{\text{OE}}=60\text{mm}$

| $t_1$ | $t_2$ | $t_3$ | $t_4$ | $t_5$ | $t_6$ | $t_7$ | $t_8$ | $t_9$ | $t_N$ | $t_{z,\,N+1}$ |
|---|---|---|---|---|---|---|---|---|---|---|
| 4.550 | 4.552 | 4.557 | 4.565 | 4.576 | 4.589 | 4.605 | 4.621 | 4.639 | 4.655 | 20.000 |

从壳理论的迭代结果可以准确地满足主动光学叠加定律。得到的挠度（单位 mm）为：

$$z_{\text{Flex}} = 0.72293\,10^{-5}\,r^2 - 0.16567\,10^{-8}\,r^4 - 0.4639\,10^{-14}\,r^6 - 0.162\,10^{-19}\,r^8 \quad (6.75)$$

对 $\mathrm{d}z_{\text{Flex}}/\mathrm{d}r=0$ 时，归一化半径 $\rho=r/r_N$ 为 $\rho_0=1.038$。在 $\rho\in[0;1]$ 范围内的总弯曲矢高为 $\Delta z_{\text{Flex}}=7.81\mu\text{m}$。通过计算机数控金刚石车削获得两个样品微晶玻璃副镜的几何形状。在采用应力球面成型，并进行弹性松弛非球面化后，He-Ne 干涉仪测试结果表明，每个样品抛物反射面的面型峰谷值（peak to valley value，ptv）都在十二分之一波长内。

• **双曲面卡塞格林镜的实例：** 双曲面卡塞格林镜是 PH 或 RC 望远镜的经典副镜。对安装在特内里费岛（Tenerife）[24]（图 6.16）的 90cm RC 太阳望远镜 THEMIS（$f/3.5$–$f/17$）的两个副镜进行了主动光学变化。望远镜主镜 $M_1$ 和 $M_2$ 的光学参数为 $R_1=6270\text{mm}$，$R_2=1683\text{mm}$，$\kappa_1=-1.036$，$\kappa_2=-2.62$，它们的轴向间距为 $M_1M_2=2465\text{mm}$。望远镜管配有 1m 的真空外壳板。倾斜镜可以对成像和光谱模式进行大气校正。后一种模式提供高光谱分辨率能力。

图 6.16　THEMIS 法国-意大利-西班牙太阳天文台

除了获得光滑表面副镜这一主动光学优势之外，花瓶形壳这种几何形状的通光口径与厚度比值允许通过位于花瓶形壳内部的冷却系统进行快速热交换。

在应力下进行球面成形后，通过弹性松弛使两个副镜双曲面化。同样，在 6.3.4 节的壳理论中，在 10 个壳单元，其中包括 1 个简支可移动底座 $N+1$ 号外圆柱单元，允许迭代确定花瓶形壳体的厚度分布 $\{t_n\}$，其中所有连续的环壳元件具有 $r_N/N$ 径向宽度（图 6.17 和表 6.8）。

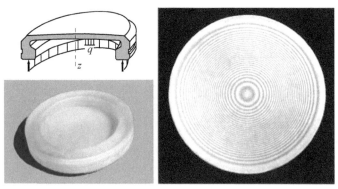

图 6.17　左图：THEMIS 望远镜的 $f/3.33$ 副镜的设计和后视图，采用 Schott 微晶玻璃。
右图：经过应力抛光和弹性松弛后的面型 Fizeau He-Ne 干涉图

表 6.8　**THEMIS 望远镜的 $f/3.33$ 花瓶形壳双曲面副镜厚度分布 $\{t_n\}$。镜面通光口径 252mm，微晶玻璃的弹性模量 $E=90.2$GPa。负载 $q=80$kPa。$r_N=126$mm，$t_1=30$mm。$R_{Opt}=1683$mm，$R_{Sphe}=1696.7$mm，$R_{Flex}=208029$mm，$\langle R \rangle=1657$mm，边缘圆柱体外径 $r_{OE}=150$mm**

| $t_1$ | $t_2$ | $t_3$ | $t_4$ | $t_5$ | $t_6$ | $t_7$ | $t_8$ | $t_9$ | $t_N$ | $t_{z,\,N+1}$ |
|---|---|---|---|---|---|---|---|---|---|---|
| 13.16 | 13.16 | 13.17 | 13.18 | 13.20 | 13.22 | 13.24 | 13.26 | 13.29 | 13.31 | 50.000 |

从壳理论的迭代结果可以准确地满足主动光学叠加定律。得到的挠度以 mm 为单位记，

$$z_{Sphe} = 0.294684\,10^{-3}\,r^2 + 0.25590\,10^{-10}\,r^4 + 0.4444\,10^{-17}\,r^6 + 0.964\,10^{-24}\,r^8$$

$$z_{Flex} = 0.002405\,10^{-3}\,r^2 - 0.68070\,10^{-10}\,r^4 - 0.4441\,10^{-17}\,r^6 - 0.964\,10^{-24}\,r^8$$

$$z_{Sum} = 0.297089\,10^{-3}\,r^2 - 0.42480\,10^{-10}\,r^4 - 0.3179\,10^{-46}\,r^6 + 0.4811\,10^{-50}\,r^8$$

$$z_{Opt} = 0.297089\,10^{-3}\,r^2 - 0.42480\,10^{-10}\,r^4 + 0.0000\,10^{+00}\,r^6 + 0.000\,10^{+00}\,r^8 \qquad (6.76)$$

在这里，我们要满足 $z_{Sphe}+z_{Flex}=z_{Opt}$。满足 $dz_{Flex}/dr=0$ 的归一化半径 $\rho=r/r_n$ 为：$\rho_0=1.055$。在 $\rho\in[0;1]$ 范围内的总弯曲矢高为 $\Delta z_{Flex}=20.98\mu m$。通过计算机数控金刚石车削获得两个微晶玻璃副镜样品的几何形状。在采用应力球面成型，并进行弹性松弛非球面化后，He-Ne 干涉仪测试结果表明，每个样品双曲面反射面的面型 ptv 值都在十二分之一波长内。

## 6.6.6　几种大视场望远镜设计的比较

尽管带有折射改正板的施密特望远镜（Schmidt telescopes）可以在 5°视场内提供精确的成像校正，但这种设计由于难以获得大于 1m 或 1.2m 的均匀玻璃板，所以口径尺寸受到限制，同时也困扰于色球差残余和场曲等。全反射型的大型 Schmidt 系统同样受到场曲困扰，所以难以使用一个平的大型 CCD 探测器阵列。

为了进行大视场巡天，通常大望远镜需要具有 1°～2°的视场，已经建造了各种 2～4m 级望远镜。对可能的各种大视场望远镜设计方案的比较，可以看到镜筒长度和系统色差残余会由于各种不同设计方案而不同（图 6.18）。

• （A）带折射校正板的 Schmidt 望远镜：总长度是焦距的两倍，$L=2f$。凸面场曲，$c_P=1/f$。

→三个光学表面，包括一个非球面。

• （B）Willstrop 的 Mersenne-Schmidt 望远镜[30]：当焦面接近主镜 $M_1$ 时，总长度略大于焦距 $L$ 约等于 $f$。平场曲率，$c_P=0$。球面三镜的 3 阶球差校正是通过抛物面副镜的变形实现的，因此 $M_3$ 镜的曲率中心必须位于 $M_2$ 顶点。

→三个光学表面，包括两个非球面。

• （C）抛物面和 Wynne 三重透镜校正器：总长度等于焦距，$L=f$。平场曲率，$c_P=0$。对于像波长范围从 350nm 到 1μm 这样的宽光谱范围，并且视场大于 1°，该系统的色差残余大于 1″。具有中等光谱范围，该系统在加拿大法国夏威夷望远镜（CFHT）[23]运行。

→七个光学表面，包括一个非球面。

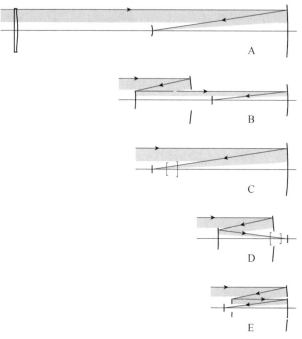

图 6.18 五种大视场望远镜设计的比较（五种方案的
设计光束直径，焦距以及视场相同）

• （D）平场 RC 系统和双重校正器：总长度约为焦距的一半，$L=f/2$。平场
曲率是通过均衡两面镜子的曲率来实现的，$c_P=0$。零光焦度双透镜校正象散 Astm3。
对于宽光谱范围和大于 1°的视场，$c_P=0$。对于像波长范围从 350nm 到 1μm 这样的宽
光谱范围，并且视场大于 1°，该系统也存在色差残余大于 1″的问题。对于有限的光
谱范围，新墨西哥州阿帕奇点天文台运行的 2.5m 口径 SDSS 望远镜采用该设计方案，
其焦比为 $f/2.5/5$。另外相似的巡天望远镜如 VST 和 Vista 应该在 2008 年开始观测。

→六个光学表面，包括两个非球面。

• （E）三反 Rumsey 望远镜：Norman Rumsey 于 1969 年提出的紧凑型三反
射望远镜[27]，其总长度约比焦距小两倍，$L\approx f/2$，因此与设计 D 的长度非常相似。
该消像散系统提供零佩茨瓦尔和，$c_P=0$。该设计不受上述改正透镜系统固有的色
差残差的影响。对于好的台址视宁度，因为图像采样需要低焦比的望远镜设计（例
如 $f/5$），所以由带通滤波器和封窗的厚度引起的色差可以忽略不计。对于较大的
光谱范围，这可以获得高达 2 度的平场，即 1.5°×1.5°，其像差残差可小于 0.25″，
其中遮光罩和晕影与设计 D 相似。

→三个非球面。

其他基于三镜概念和附加改正透镜的光学设计正在研究中，例如大型综合巡天望远镜（LSST）项目；然而，这些设计更加复杂，获得从 UV 到 IR 的高光通量和大光谱范围能力是一个主要困难。

从上述五个系统中，Rumsey 设计是一个紧凑的系统-大约比施密特短 4 倍-为 2° 视场提供最佳的光学性能和从 UV 到 IR 的大光谱范围能力。Rumsey 的中心遮拦类似于平场 Ritchey-Chretien（D）的中心遮拦。我们将在接下来的章节中看到，利用略微修改的 Rumsey 形式，通过对三块镜面中的两块进行的主动光学非球面，就能达到很高的成像精度并简化系统。

### 6.6.7　改进型 Rumsey 三反望远镜的镜面

天文巡天需要大口径的专用望远镜。如上所述，通过比较几种望远镜设计，Rumsey 形式的三镜望远镜[27]的光学特性有许多显著的优点：①消像散平场设计不需要使用任何透镜，因此在大光谱范围内没有色差，②该系统与具有双透镜改正器的平场 RC 一样紧凑（且具有相同的中心遮拦），但只有三个光学表面而不是六个，③主镜和三镜位于同一个玻璃基底上，因此这两个镜面能保持准直，不需要叶片支撑，从而减少了衍射光。

Lemaitre[16]提出了一种使用主动光学的改进 Rumsey 光学系统。这套光学系统中有两块镜面需要采用主动光学进行非球面校正。第一个是主镜和第三镜，而第二个是副镜。

Rumsey 设计中所有的反射镜都是双曲面型，并且对于给定的有效焦距和输出焦比，八个可用的自由参数（三个曲率，三个圆锥常数和两个轴向间隔）可以稍作修改，以获得主镜 $M_1$ 和三镜 $M_3$ 的同时非球面化。这完全保留了平场 Petz3=0 的消像散特性 Sphe3=Coma3=Astm3=0，并确定了修改的 Rumsey 设计。给定焦距、焦比和后截距，存在且仅有一种设计满足这四个条件。

采用主动光学非球面化的改进型 Rumsey 设计的基本特征如下：

（1）$M_1$-$M_3$ 镜面基材由四个同心环制成，称为双花瓶形式。与镜面通光孔径相对应的每个区域从中心到边缘的厚度都在增加。$M_1$ 和 $M_3$ 之间的连接区域是一个不被光路使用的窄环，其轴向厚度大于反射区域的环厚度，弯曲连续性边界条件也适用于此。$M_1$ 周围的外部区域像通常的花瓶形镜一样是一个厚圆柱体。

（2）$M_1$ 和 $M_2$ 镜的弹性非球面化是由相同的均匀载荷同时产生的。对载荷的轴向反作用仅在双花瓶形式的外圆柱体的基础上施加。

（3）$M_1$ 和 $M_2$ 反射镜的光学非球面化方法是在实验室进行应力成型或在望远镜中进行实时应力处理。

• **望远镜的光学设计**：改进的 Rumsey 设计对于大型的紫外，可见或红外天基和地面测量望远镜非常有用。为了验证主动光学非球面化方法，Lemaitre 等设计和构造了两个相同的望远镜 MINITRUST-1 和 -2，参数为 $f/5$，$1.5° \times 1.5°$ FoV[18, 19]。通过双花瓶形式的实时应力同时获得了 $M_1$ 和 $M_3$ 镜的双曲面效果。$M_2$ 的双曲面化是通过郁金香形式的应力加工获得的（关于后者的镜像，请参见 3.3.5 节）。

在连接 $M_1$ 到 $M_3$ 的中间环的区域中，坡度和矢高变化的弹性连续性条件会导致光学和弹性力学设计之间的交叉优化。通过这些优化，并在 $M_2$ 上设置望远镜入瞳，得到一种光学设计，该设计可实现 $M_1$ 和 $M_3$ 通光孔径内的最佳效果（表 6.9 和图 6.19）。

双花瓶形壳主镜和三镜－实时应力非球面化：作为 $M_1$ 和 $M_3$ 镜的普通基底的双花瓶形壳的弹性设计要求，球形镜的弯曲过程（后期通过实时加力进行）是通过双镜面的同时抛光实现的。

表 6.9　改进的 Rumsey 望远镜的光学设计——MINITRUST，焦比 $f/5$，$1.5° \times 1.5°$视场，波段 $[380\sim1000nm]$，等效焦距 2265.6mm　　　　　　　　　单位：mm

| $i$ | 面形 | $R_i$ | $AS_i$ | $A_{4,i}$ | $A_{6,i}$ | 口径 | $[\kappa_i]^*$ |
|---|---|---|---|---|---|---|---|
| 1 | 主镜 | −2,208.0 | −631.000 | $6.3530\ 10^{-12}$ | $5.217\ 10^{-19}$ | 220—440 | [−1.547] |
| 孔径光阑 | 副镜 | −1,091.5 | −631.005 | $2.8043\ 10^{-10}$ | $-1.950\ 10^{-16}$ | 100—200 | [−3.917] |
| 3 | 第三镜 | −2,197.2 | −766.224 | $7.5716\ 10^{-11}$ | $-1.897 10^{-17}$ | $d_{ext}$ 180 | [−7.425] |
| 4 | 融石英 | ∞ | −10.000 | | | 59×59 | |
| 5 | 硅石 | ∞ | −25.000 | | | 58×58 | |
| 6 | 焦点 | ∞ | | | | 56×56 | |

注：镜面面型方程为：$z_i = (1/2R_i)\ r^2 + A_{2,i} r^4 + A_{4,i} r^6$；

*3 阶圆锥常数为：$\kappa_i = 8R_i^3 A_{4,i} - 1$，对抛物面 $k_i = -1$。

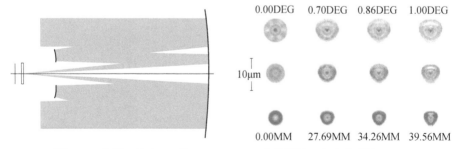

0.00DEG　0.70DEG　0.86DEG　1.00DEG

10μm

0.00MM　27.69MM　34.26MM　39.56MM

图 6.19　左图：按表 6.9 的 MINITRUST 光学设计，入瞳在副镜 $M_2$。
右图：滤光片和封窗等效厚度分别为 10mm，8mm 和 6mm 时的光斑残差图像，
光斑直径 RMS 分别为 0.42″，0.33″和 0.25″

表 6.9 中的光学设计，是由光学方法和弹性力学方法的交叉优化产生的，它可以从 Schott 微晶玻璃的普通球面基底取得（$E = 90.2\mathrm{GPa}$，$v = 0.243$）。

首先，$M_1$ 的弹性设计是通过全孔径花瓶形镜确定的。6.3.4 节中的解析壳理论中，有 $N = 10$ 个壳单元（包括一个简支的可移动基座 $N+1$ 号外部圆柱体单元），可以迭代确定具有 $r_N / N$ 个连续环壳单元的花瓶形壳的法向厚度分布 $\{t_n\}$ 径向宽度（表 6.10）。

与 $\{t_n\}$ 分布相关联的表面的主动光学叠加定律，单位 [mm]，

$$z_{1,\,\mathrm{Sphe}} = 0.22398810^{-3}r^2 + 0.1123810^{-10}r^4 + 0.112710^{-17}r^6 + 0.1411 10^{-24}r^8$$

$$z_{1,\,\mathrm{Flex}} = 0.00246110^{-3}r^2 - 0.1759110^{-10}r^4 - 0.164910^{-17}r^6 - 0.1411 10^{-24}r^8$$

$$z_{1,\,\mathrm{Sum}} = 0.22644910^{-3}r^2 - 0.6353010^{-11}r^4 - 0.521710^{-18}r^6 + 0.123 10^{-50}r^8$$

$$z_{1,\,\mathrm{Opt}} = 0.22644910^{-3}r^2 - 0.6353010^{-11}r^4 - 0.521710^{-18}r^6 + 0.000 10^{+00}r^8 \quad (6.77)$$

其中，无量纲半径 $\rho = r / r_N$。当 $\mathrm{d}z_{\mathrm{Flex}} / \mathrm{d}r = 0$ 时，$\rho_0 = 1.202$，在 $\rho \in [0; 1]$ 范围内的总弯曲矢高为 $\Delta z_{1.\,\mathrm{Flex}} = 77.73\mu\mathrm{m}$。

在第二阶段，我们类似地为 $M_3$ 计算一个由相同载荷 $q$ 围绕的孤立的内置花瓶形壳。因为圆锥常数比 $\kappa_3/\kappa_1 = 4.7994$，所以这表明 $M_3$ 的厚度平均值小于 $M_1$。由于 $M_3$ 反射镜的通光孔径半径 $r_{3.\,\mathrm{max}} = 90\mathrm{mm}$，因此在 $f / 6.1$ 时，适用于薄板理论。因此，平均厚度比为 $<\{t_n\}_{M_3} / \{t_n\}_{M_1}> = (\kappa_1/\kappa_3)^{1/3} = 0.5928$，其根据壳理论分析的结果可以确定 $M_3$ 的平均厚度。

现在，我们引入一个厚度为 $t_{\mathrm{ir}}$ 的中间环，将 $M_3$ 与 $M_1$ 连接起来，从而实现了双层花瓶的外壳。该环的半径从 $r_{3.\,\mathrm{max}}$ 变化到 $r_{1.\,\mathrm{min}}$，比如 90～110mm。其法线方向上的厚度要求，使 $M_1$ 的上述弯曲挠度在此变换中保持不变；该值设为 $t_{\mathrm{ir}} = 30.220\mathrm{mm}$。内建条件到连续性条件的变换还意味着在 $r = r_{3.\,\mathrm{max}}$ 处 $M_3$ 壳体的旋转。因此，该反射镜的叠加定律必须包括旋转分量 $z_{\mathrm{Rota}}$，该分量可以精确地定义为 $r_{3.\,\mathrm{max}}$ 处的 $M_1$。因此，光学表面由以下三个项的总和求得

$$z_{3,\,\mathrm{Opt}} = z_{3,\,\mathrm{Sphe}} + z_{3,\,\mathrm{Flex}} + z_{3,\,\mathrm{Rota}} \quad (6.78)$$

表 6.10 对应 MINITRUST 的 $f/2.5$ 花瓶形壳双曲面主镜 $M_1$ 的厚度分布 $\{t_n\}$。镜面通光口径 440mm，基地外径 480mm。负载 $q = -80\mathrm{kPa}$。$r_N = 220\mathrm{mm}$，$t_\lambda = 30\mathrm{mm}$。$R_{\mathrm{Opt}} = 2208\mathrm{mm}$，$R_{\mathrm{Sphe}} = 2232.2\mathrm{mm}$，$R_{\mathrm{Flex}} = 203140\mathrm{mm}$，$\langle R \rangle = 2318\mathrm{mm}$ 单位：mm

| $t_1$ | $t_3$ | $t_4$ | $t_5$ | $t_6$ | $t_7$ | $t_8$ | $t_9$ | $t_N$ | $t_{z,\,N+1}$ |
|---|---|---|---|---|---|---|---|---|---|
| 20.163 | 20.205 | 20.248 | 20.307 | 20.382 | 20.470 | 20.570 | 20.678 | 20.785 | 60.000 |

我们知道，在恒定厚度的板的周边（参见第 2 章）施加的弯矩会产生纯二次

弯曲。由于我们将看到 $M_3$ 的厚度分布的变化小于 1%，因此单项表示可以准确地考虑到由其与 $M_1$ 的连接引起的弯曲旋转

$$z_{3,\,\mathrm{Rota}} = \frac{1}{2r_{3,\max}}\left(\frac{\mathrm{d}z_{1,\,\mathrm{Flex}}}{\mathrm{d}r}\right)_{r_{3,\max}} r^2 \qquad (6.79)$$

当 $N=10$ 个连续的壳环都包含在 $r_N = r_{3,\max}$ 的连续链节内时，由径向宽度 $r_N$ 的 $N$ 个元素制成的弯月镜 $M_3$ 的法向厚度分布 $\{t_n\}$ 从中心到边缘逐渐略微增加（表 6.11）。

**表 6.11** 对应 **MINITRUST** 的 $f/6.1$ 花瓶形壳双曲面镜 $M_3$ 的厚度分布 $\{t_n\}$。镜面通光口径 180mm，负载 $q=-80\mathrm{kPa}$。$r_N=90\mathrm{mm}$，$R_{\mathrm{Opt}}=2197.2\mathrm{mm}$，$R_{\mathrm{Sphe}}=2232.2\mathrm{mm}$，$R_{\mathrm{Flex}}=139900\mathrm{mm}$，$<R>=2267\mathrm{mm}$ 单位：mm

| $t_1$ | $t_3$ | $t_4$ | $t_5$ | $t_6$ | $t_7$ | $t_8$ | $t_9$ | $t_N$ | $t_{z,\,N+1}$ |
|---|---|---|---|---|---|---|---|---|---|
| 12.032 | 12.035 | 12.037 | 12.040 | 12.045 | 12.050 | 12.056 | 12.062 | 12.069 | 30.220 |

从式（6.78），并与该厚度分布 $\{t_n\}$ 相关联，表面的叠加定律写作：

$$z_{3,\,\mathrm{Sphe}} = 0.223988\,10^{-3}\,r^2 + 0.11238\,10^{-10}\,r^4 + 0.0113\,10^{-16}\,r^6 + 0.141\,10^{-24}\,r^8$$

$$z_{3,\,\mathrm{Flex}} = 0.001396\,10^{-3}\,r^2 - 0.86954\,10^{-10}\,r^4 + 0.1784\,10^{-16}\,r^6 - 0.141\,10^{-24}\,r^8$$

$$z_{3,\,\mathrm{Rota}} = 0.002178\,10^{-3}\,r^2$$

$$z_{3,\,\mathrm{Sum}} = 0.227562\,10^{-3}\,r^2 - 0.75716\,10^{-10}\,r^4 + 0.1897\,10^{-16}\,r^6 + 0.106\,10^{-48}\,r^8$$

$$z_{3,\mathrm{Opt}} = 0.227562\,10^{-3}\,r^2 - 0.75716\,10^{-10}\,r^4 + 0.1897\,10^{-16}\,r^6 + 0.000\,10^{+00}\,r^8 \qquad (6.80)$$

其中，挠度 $R_{\mathrm{Flex}}$ 的总曲率半径是从完全内置边缘的总和 $z_{\mathrm{Flex}} + z_{\mathrm{Rota}}$ 的 A2 项加上中间环的切向边缘旋转（假设在 $r_N = r_{3,\max}$ 时等于 $M_1$ 镜的旋转）得出的。双层花瓶外壳的最终设计来自后面两个表中的厚度分布（表 6.12 和图 6.20-左）。

**表 6.12** 双花瓶形壳 $M_1$-$M_3$ 的几何外形尺寸。垂直厚度分布 $\{t_n\}$，轴向厚度分布 $\{t_z\}$ 单位：mm

| $r$ | 0 | 22.5 | 40.5 | 58.5 | 67.5 | 76.5 | 85.5 | $90.0^-$ | $90.0^+$ |
|---|---|---|---|---|---|---|---|---|---|
| $t_n$ | 12.032 | 12.035 | 12.040 | 12.050 | 12.056 | 12.062 | 12.069 | 12.072 | 30.220 |
| $t_z$ | 12.032 | 12.035 | 12.042 | 12.054 | 12.061 | 12.069 | 12.078 | 12.082 | 30.245 |
| $r$ | $110^-$ | $110^+$ | 121 | 165 | 187 | 209 | $220^-$ | $226^+$ | $240^-$ |
| $t_n$ | 30.220 | 20.344 | 20.382 | 20.570 | 20.678 | 20.785 | 20.839 | — | — |
| $t_z$ | 30.257 | 12.369 | 20.409 | 20.622 | 20.745 | 20.870 | 20.933 | 68.00 | 68.000 |

使用一个全尺寸工具在两个镜面的相同曲率半径下进行了无应力的球形加工。当壳体在 $q = -0.80 \times 10^5\,\mathrm{Pa}$ 应力作用下，通过有限元分析得出，在与外圆柱接合处附近的基底表面，最大应力 $\sigma_{\max} = \pm 102 \times 10^5\,\mathrm{Pa}$。

镜面在应力作用下的斐索干涉仪下测试显示了准确的双曲面图形。对于每个反射镜 $M_1$ 和 $M_2$，在每个 Kerber 区域（即分别在通光孔径半径 $r_{1,\,max}$ 和 $r_{3,\,max}$ 的 $\sqrt{3}\,/\,2$ 处）进行相对于球体的自准直测试；因此，光源向壳移动了约 13.3mm，从 $M_1$ 干涉图传递到 $M_3$ 干涉图（图 6.20-右）。

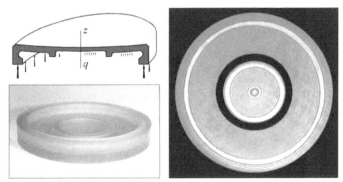

图 6.20　左图：对应 MINITRUST 的双瓶镜 M1-M3 的弹性设计及后视图。
右图：经过实时应力抛光后的 Fizeau He-Ne 干涉图

• **郁金香形副镜–应力计算**：我们已经在 6.65 节中看到，通过使用花瓶形壳和在均匀载荷下进行应力成形，可以很容易地实现对凸镜的主动光学抛物面化和双曲面化。但是，就本设计而言，在具有明显中心孔的凸面镜的情况下，另一种负载均匀的替代方法是使用围绕刚性环的可变厚度分布（VTD）。由于该 VTD 在中心是无限的，而在镜像边缘为零，因此我们将其称为"郁金香形式"（请参阅 2.1.2 节）。

专门磨制了一块带孔的郁金香形的反射副镜，作为 MINITRUST 副镜，并对他进行双曲面化。由半径 $r_{min}$ 和 $r_{max}$ 定义的反射镜通光孔径，在 $r_{min}$ 处是内置到厚环中，而半径 $r_{ext}$ 的自由外边缘略大于 $r_{max}$。自由外部边缘上的防水胶可通过局部真空在 VTD 的后部区域施加弯曲载荷 $q$（请参见第 3 章中的图 3.11）。$M_2$ 反射镜的双曲面化是通过在应力下的球面加工之后的弹性松弛实现的，其中轴向反力被 $r \approx r_{min}$ 处的厚环吸收。对应于均匀载荷 $q$ 的径向剪切力为

$$Q_r = \frac{q}{2}\left(1 - \frac{r^2}{r_{ext}^2}\right) r \qquad (6.81)$$

假设内厚环是严格不可变形的，内净孔 $r_{min}$ 处的内置条件 $dz_{Flex}/dr=0$ 从叠加定律 $z_{Opt}=z_{Sphe}+z_{Flex}$ 得出，成形球面 $z_{Sphe}$ 和光学表面 $z_{Opt}$ 的斜率在该半径处相同，

$$dz_{Sphe}\,/\,dr\big|_{r\,min} = dz_{Opt}\,/\,dr\big|_{r\,min} \qquad (6.82)$$

这完全确定了镜面磨制工具的曲率半径 $R_{Sphe}$ 和弹性变形量 $z_{Flex}$。

由于反射镜是凸面的，并且 VTD 从中心到边缘减小，因此可以准确地假定基底的中间表面稍微偏离平面。因此，薄板的弹性理论适用于 $M_2$ VTD 的确定。未知刚度 $D(r)= Et^3(r)/[12(1-v^2)]$ 由导数方程的积分确定

$$D\frac{d}{dr}\left(\frac{d^2z}{dr^2}+\frac{1}{r}\frac{dz}{dr}\right)+\frac{dD}{dr}\left(\frac{d^2z}{dr^2}+\frac{v}{r}\frac{dz}{dr}\right)=Q_r \tag{6.83}$$

其中，$z\equiv z_{Flex}$。使用 Schott 微晶玻璃（见表 1.10 中的 $E$，$v$）和载荷 $q = -0.8\times10^5$ Pa，从临时最小厚度值 $t(r_{min})$。修改起始厚度，并重复积分过程直至获得 $t(r_{max})$ $=0$。最终的 VTD 通过使用足够小的增量 $dr$ 来确定，从而提供积分结果中的无明显变化（表 6.13）。

表 6.13 对应 MINITRUST 的 $f/5.4$ 郁金香型双曲面镜 $M_2$ 的轴向厚度分布 $\{t_n\}$。镜面通光半径 $r_{min}=50mm$，$r_{max}=100mm$，$r_{ext}=103mm$，负载 $q=-80kPa$，$R_{Opt}=1091.5mm$，$R_{Sphe}=1096.0mm$，$R_{Flex}=266812mm$，$\langle R\rangle\simeq\infty$ mm 单位：mm

| $r$ | $30^+$ | $50^-$ | $50^+$ | 60 | 70 | 80 | 90 | 95 | 100 | $103^*$ |
|---|---|---|---|---|---|---|---|---|---|---|
| $t_z$ | 32.00 | 32.27 | 14.300 | 9.962 | 7.083 | 4.878 | 2.988 | 2.062 | 1.042 | 0.350 |

注：*为避免产生现实不可实现的 0 厚度，这些厚度分布实际上是由 $t(r_{max})$ 处的切线开始设定的。

根据薄板理论的迭代结果，球体和挠度（单位为 mm）可以写作如下：

$$z_{Sphe} = 0.456211\,10^{-3}r^2 + 0.09495\,10^{-9}r^4 + 0.0395\,10^{-15}r^6 + 0.205\,10^{-22}r^8$$

$$z_{Flex} = 0.001874\,10^{-3}r^2 - 0.37538\,10^{-9}r^4 + 0.1555\,10^{-15}r^6 - 0.205\,10^{-22}r^8$$

$$z_{Sum} = 0.458085\,10^{-3}r^2 - 0.28043\,10^{-9}r^4 + 0.1950\,10^{-15}r^6 + 0.000\,10^{-22}r^8$$

$$z_{Opt} = 0.458085\,10^{-3}r^2 - 0.28043\,10^{-9}r^4 + 0.1950\,10^{-15}r^6 + 0.000\,10^{+00}r^8 \tag{6.84}$$

从满足主动光学叠加定律 $z_{Sphe}+z_{Flex}=z_{Opt}$ 出发，在应力成形过程中，最大径向应力出现在 $r=70mm$ 处，其值为 $\sigma_r=\pm64\times10^5Pa$。磨制了三个基底样品，其后部轮廓是通过计算机控制金刚石车削获得的（图 6.21）。

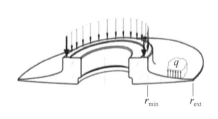

图 6.21 郁金香型的 $M_2$ 镜的弹性设计及其背面照片

$M_2$ 的郁金香形式设计提供了一个非常轻量化的镜子。虽然更难精确地阐述，

但这种设计避免了花瓶形镜面的外筒重量。周边区的准圆锥形状表现出较高的抗振动能力。在其内部区域支撑的开孔郁金香形式的镜子是空间望远镜中的一种有趣的轻量化设计[21]。

• **实验室的望远镜光学测试**：为 MINITRUST-1 和-2 制作了两个望远镜原理样机。光学原理图包括三个镜的两个基底的形状以及遮光罩，如图 6.22 所示。

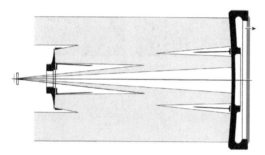

图 6.22　MINITRUST 结构的轴向光路图，包括镜面的
几何形状以及隔板，入瞳在副镜上

第一台原型望远镜的镜筒设计为带有中间块框架的经典 Serrurier 桁架，无论重力方向如何，该镜筒都可以使主副镜保持同轴。由于 $M_1$ 和 $M_3$ 实际上是完全同轴的，属于双壳基底，因此唯一必要的准直是：①$M_1$-$M_3$ 的轴线与望远镜镜筒的轴线，②$M_2$ 的中心和方位轴线在 $M_1$-$M_3$ 轴线上。这些装调是通过十字丝和 He-Ne 激光束在 $M_3$ 顶点处的反射点进行的。

望远镜的光学测试是通过使用 Fizeau 干涉仪进行自准直实现的。光束在望远镜中第一次通过后，输出光束被平面镜反射，然后在望远镜中再次通过（图 6.23）。

图 6.23　改进的 Rumsey 望远镜

从两次通过望远镜的波前的数据减少来看，$M_1$-$M_3$ 的最佳实时载荷为 $q = 0.794 \times 10^5$ Pa。理论值是 $0.8 \times 10^5$ Pa。在初步对准之后，由于残留的 $M_2$ 偏心误差，第一个双通道干涉图显示出主要的 Coma3。在最后的对准阶段，该像差减小

到可以忽略不计的值（图 6.24）。

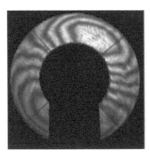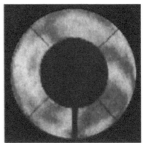

图 6.24 MINITRUST 系统的光学测试结果：
经过望远镜两次反射后的 He-Ne 波前

来自最终对准和数据缩减的结果给出了以下的单程或直接星光波前的峰谷值残差，

$$\text{Sphe } 3 = 0.032\lambda, \quad \text{Coma } 3 = 0.034\lambda, \quad \text{Astm } 3 = 0.210\lambda$$

包括所有阶像差的总和的峰谷值为 $0.280\lambda$（He-Ne），对应于 MINITRUST-1 的均方根值为 $0.048\lambda$（He-Ne）。该望远镜目前安装在 LOOM。第二架原型望远镜使用了第二套反射镜和由 IAS-Frascati 设计和制造的机械支架[28]。

主动光学非球面化过程获得的出色成像性能为 2～3m 级镜面的潜在应用开辟了道路，例如，用于大型大视场天文望远镜。

### 6.6.8 大型改进型 Rumsey 望远镜的镜面非球面化

从前面几节的望远镜和镜面基底的光学和弹性力学设计中，所有几何形状都可以按比例放大或缩小，从而直接获得任意大小的仪器的光学和弹性设计参数。所有镜面和望远镜焦距都保持不变，假设载荷 $q$ 不变且材料的弹性力学常数（$E$，$v$）不变，那么最大应力 $\sigma_{r,\,\max} \propto (r^2/t^2)q$ 也保持不变。但是，要使镜子尺寸大幅度增加，就需要引入更大的安全系数，以免由于主动光学非球面化时的应力导致玻璃破裂。

通过将载荷减小到 $q = -0.5 \times 10^5\,\text{Pa}$ 而不是 6.6.7 节中的 $q = -0.8 \times 10^5\,\text{Pa}$，就可以从 0.44m 应用到 2.2m 的通光口径望远镜（比例因子为 5）。但是，由于负载的变化，后一部分的结果无法按比例放大为 $M_1$-$M_3$ 镜面基底的双花瓶形壳结构。以下光学设计具有较小的后焦距。下面的 $M_1$-$M_3$ 基底设计减小了最大应力。Lemaitre、Ferrari、Viotti 和 La Padula 提出了一种 2.2m 的改良式 Rumsey 望远镜——三反式巡天望远镜（TRSS）[7-9, 22]。

• **2.2m 改良 Rumsey 望远镜的光学设计——TRSS 方案**：已经提出的三反式巡天（TRSS）地基望远镜，用于从 UV 波段到 IR 波段的宽光谱范围观测。与 6.6.7 节一样，其设计是改良的 Rumsey 形式。在连接 $M_1$ 和 $M_3$ 的中间环区域中，坡度和矢高变化的弹性力学连续性条件导致了光学设计和弹性设计之间的交叉优化。将 TRSS 的入瞳设置为 $M_2$，可提供 $M_1$ 和 $M_3$ 通光孔径区域的最佳平衡（表 6.14 和图 6.25）。

**表 6.14　改进型的 Rumsey 望远镜设计——焦比 $f/5$，对角线视场 $2°$，波段：$380\sim1200nm$，等效焦距 Efl=11mm**　　　　　　　　　　　　单位：mm

| $i$ | 面形 | $R_i$ | $AS_i$ | $A_{4,i}$ | $A_{6,i}$ | Aperture | $[\kappa_i]$* |
|---|---|---|---|---|---|---|---|
| 1 | $M_1$ | $-10,620.0$ | $-3,125.000$ | $4.90447\ 10^{-14}$ | $2.206\ 10^{-22}$ | $2,200\text{–}920$ | $[-1.470]$ |
| Sto | $M_2$ | $-5,256.6$ | $-3,125.021$ | $2.71885\ 10^{-12}$ | $-8.686\ 10^{-20}$ | $830\text{–}400$ | $[-4.159]$ |
| 3 | $M_3$ | $-10,560.0$ | $-3,403.070$ | $8.52957\ 10^{-13}$ | $-1.065\ 10^{-20}$ | $d_{ext}\ 780$ | $[-9.035]$ |
| 4 | 融石英 | $\infty$ | $-10.000$ | | | $277\times277$ | |
| 5 | 硅石 | $\infty$ | $-25.000$ | | | $275\times275$ | |
| 6 | 焦点 | $\infty$ | | | | $270\times270$ | |

注：面型方程为：$z_i=(1/2R_i)\,r^2+A_{2,i}\,r^4+A_{4,i}\,r^6$。

*3 阶后的圆锥常数为：$\kappa_i=8R_i^3A_{4,i}-1$，对抛物面圆锥常数为$-1$。

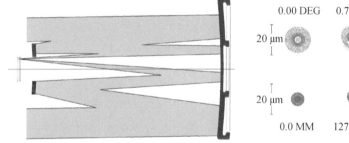
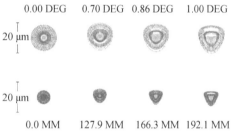

图 6.25　左图：TRSS 望远镜按表 6.14 的光学设计，入瞳在 $M_2$。右图：在采用 20mm 和 10mm 等效厚度的板作为滤光器和封窗时的残余色球差图像，对应的模糊像斑直径分别为 0.2 和 0.1 个角秒

• **双花瓶形壳主镜和三镜——实时应力成形**：通过与 6.6.7 节类似的迭代过程，可以针对双花瓶形壳，作为 $M_1$ 和 $M_3$ 镜的共用基底进行弹性力学设计。这确定了用于同时双曲面化的两个反射镜的公共球形表面。为了降低镜面的应力，此后以减小的负载 $q=-0.50\times10^5$ Pa（$\approx-0.5$ atm）对 Schott 微晶玻璃基底进行实时应力非球面化，基底厚度分布比 6.6.7 节中的要薄。放大五倍时双花瓶形壳表面的最大应力不超过$\sigma_{max}=\pm8$ MPa（表 6.15 和表 6.16）。

**表 6.15　TRSS 望远镜的花瓶形壳双曲面主镜 $M_1$ 的垂直厚度分布 $\{t_n\}$. 镜面通光口径 2200mm，基底直径 $d_{ext}=2320mm$，负载 $q=-50kPa$，$r_N=1100mm$，$t_s=70mm$，$R_{Opt}=10620mm$，$R_{Sphe}=10765.3mm$，$R_{Flex}=786760mm$，$\langle R\rangle=11362mm$**　　　　　　单位：mm

| $t_1$ | $t_3$ | $t_4$ | $t_5$ | $t_6$ | $t_7$ | $t_8$ | $t_9$ | $t_N$ | $t_{z,\,N+1}$ |
|---|---|---|---|---|---|---|---|---|---|
| 82.125 | 82.458 | 82.810 | 83.286 | 83.890 | 84.615 | 85.442 | 86.337 | 87.236 | 200.0 |

**表 6.16** TRSS 望远镜的花瓶形壳双曲面镜 $M_3$ 的垂直厚度分布 $\{t_n\}$. 镜面通光口径 780mm，负载 $q=-50$kPa，$r_N=r_{3,\max}=390$mm，$R_{Opt}=10560$mm，$R_{Sphe}=10765.3$mm，$R_{Flex}=553700$mm，$\langle R \rangle=10913$mm

单位：mm

| $t_1$ | $t_3$ | $t_4$ | $t_5$ | $t_6$ | $t_7$ | $t_8$ | $t_9$ | $t_N$ | $t_{z,N+1}$ |
|-------|-------|-------|-------|-------|-------|-------|-------|-------|-------------|
| 46.701 | 46.710 | 46.720 | 46.733 | 46.750 | 46.770 | 46.793 | 46.818 | 46.845 | $\infty$ |

对一个简支的可移动边缘的上述主镜 $M_1$ 法向厚度 $\{t_n\}$ 相关联的主动光学叠加定律如下，单位为 [mm]，

$$z_{1,Sphe} = 0.464455\,10^{-4}\,r^2 + 0.100192\,10^{-12}\,r^4 + 0.4322\,10^{-21}\,r^6 + 0.141\,10^{-29}\,r^8$$

$$z_{1,Flex} = 0.006355\,10^{-4}\,r^2 - 0.149236\,10^{-12}\,r^4 - 0.6528\,10^{-21}\,r^6 - 0.141\,10^{-29}\,r^8$$

$$z_{1,Opt} = 0.470810\,10^{-4}\,r^2 - 0.049044\,10^{-12}\,r^4 - 0.2206\,10^{-21}\,r^6 + 0.000\,10^{+00}\,r^8 \quad (6.85)$$

对 $M_3$ 镜，根据中间环完美内置边和切向边转动总和 $z_{Flex}+z_{Rota}$ 的 $A_2$ 项推导挠曲的总曲率半径 $R_{Flex}$，可以看到，后一种弯曲可以被视为单项曲率模式（见式（7.79））。因此，与上述厚度分布 $\{t_n\}$ 相关联的光学表面的叠加定律是以下三项的和，单位 [mm]，

$$z_{3,Sphe} = 0.464455\,10^{-4}\,r^2 + 0.100192\,10^{-12}\,r^4 + 0.0043\,10^{-19}\,r^6 + 0.233\,10^{-29}\,r^8$$

$$z_{3,Flex} = 0.003016\,10^{-4}\,r^2 - 0.953149\,10^{-12}\,r^4 + 0.1022\,10^{-19}\,r^6 - 0.233\,10^{-29}\,r^8$$

$$z_{3,Rota} = 0.006014\,10^{-4}\,r^2$$

$$z_{3,Opt} = 0.473485\,10^{-4}\,r^2 - 0.852957\,10^{-12}\,r^4 + 0.1065\,10^{-19}\,r^6 + 0.000\,10^{+00}\,r^8 \quad (6.86)$$

双花瓶外壳的最终几何形状由后两个表中的厚度分布得出。$M_1$-$M_3$ 中间环（连接镜面的 $r_{3,\max} \leqslant r \leqslant r_{1,\min}$ 区域）的垂直厚度，必须满足：从单花瓶形过渡到双花瓶形时 $M_1$ 镜面在 $r = r_{3,\max}$ 时的挠曲矢高保持不变（表 6.17 和图 6.26）。

**· 大视场望远镜的情况——应力成形**：如 6.6.1 节所述根据主动光学的叠加定律，上述用于获得 $M_1$ 和 $M_3$ 双曲面镜的双花瓶形壳几何形状在任何非球面化过程中都有效，无论是实时应力还是应力松弛成型。

对于大视场望远镜，在空间条件下，必须在应力下进行球面成型后通过弹性松弛来进行 $M_1$ 和 $M_3$ 的非球形化。这可以通过双基底内部的空气或液压以及周边轴向反作用力来实现。必须在整个外壳外圆柱体上分配足够数量的周边反作用力。为了使这些力作用在足够大的区域上，需要对该圆柱外表面进行一些局部修改。另一个类似的选择包括使用封闭的外壳（由两个相对的密封花瓶外壳制成（参见 6.4.1 节））和使用内部压力进行球面成型。

表 6.17 双花瓶形壳 $M_1$-$M_3$ 镜的几何尺寸，垂直厚度分布$\{t_n\}$，轴向厚度分布$\{t_z\}$ 单位：mm

| $r$ | 0 | 91.25 | 164.25 | 237.25 | 273.75 | 310.25 | 346.75 | $390.0^-$ | $390.0^+$ |
|---|---|---|---|---|---|---|---|---|---|
| $t_n$ | 46.701 | 46.710 | 46.733 | 46.770 | 46.793 | 46.818 | 46.845 | 46.858 | 126.40 |
| $t_z$ | 46.701 | 46.712 | 46.739 | 46.782 | 46.810 | 46.840 | 46.872 | 46.887 | 126.48 |
| $r$ | $460^-$ | $460^+$ | 605 | 825 | 935 | 1045 | $1100^-$ | $1100^+$ | $1160^-$ |
| $t_n$ | 126.40 | 82.905 | 83.890 | 85.442 | 86.337 | 87.236 | 87.685 | 205.0 | 205.0 |
| $t_z$ | 126.50 | 82.972 | 84.009 | 85.668 | 86.631 | 87.607 | 88.093 | 205.9 | 206.0 |

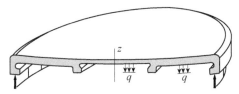

图 6.26 为一台 2.2mTRSS 望远镜按表 6.17 的双花瓶型 $M_1$-$M_3$ 镜的弹性设计。
中间环被设计为一个窄的 L 型截面。在对一个表面进行无应力球面抛光后，
通过实时应力可以得到两个双曲面

## 参 考 文 献

[1] M. Abramovitz, I. A. Stegun, *Handbook of Mathematical Functions*, Dover Publ., Issue 10, New York, 374-384 and 430-431 (2003) 316, 318

[2] A. Baranne, G. R. Lemaitre, Combinaisons optiques pour très grands télescopes spécialisés, C. R. Acad. Sc. Paris, **291** Série B, 39-41 (1980) 316, 345

[3] A. Baranne, G. R. Lemaitre, Combinaisons optiques pour très grands télescopes spécialisés: le concept TEMOS, C.R. Acad, Sc. Paris, **305** Série II, 445-450 (1987)

[4] A. Baranne, G. R. Lemaitre, TEMOS, Opt. Acta, **29** 847-860 (1982) 345

[5] H. B. Dwight, *Table of Integrals and Other Mathematical Data*, Macmillan Co. edit., 3rd edition, New York, 184-188 and 276-279 (1957) 318

[6] M. Ferrari, G. R. Lemaitre, Active optics methods for highly aspheric mirrors, in *Optical Design, Materials, Fabrication, and Maintenance*, SPIE Proc., **4003**, 34-42 (2000) 334

[7] M. Ferrari, G. R. Lemaitre, R. F. Viotti, C. La Padula, G. Comte, M. Blanc, M. Boer, Three reflection telescope proposal at Dome C, in *Astronomie et Astrophysique au Dome C*, EAS Pulications Series, EDP Sciences, **14**, 325-330 (2005) 360

[8] C. D. La Padula, A. Carusi, R. F. Viotti, A. Vignato, G. R. Lemaitre, Proposal for a mini-satellite with a wide-field TRT, Mem. Soc. Astron. Ital., **74**, 63-67 (2003)

[9] G. R. Lemaitre, A 2.2m three reflection telescope-Optics and elasticity design study, LOOM internal report (2006) 360

[10] G. R. Lemaitre, A. Baranne, The LOOM project III. A variable asphericity secondary mirror,

Workshop on Large Telescopes, K. J. Fricke edt., *Mitteilungen der Astronmischen Gesellschaft*, **67**, 236-242 (1986) 325

[11] G. R. Lemaitre, Actively aspherized and active pupil mirrors for ELTs, in *Extremely Large Telescopes*, ESO Conf. and Proc., **57**, 121-128 (1999) 328

[12] G. R. Lemaitre, Asphérisation par relaxation élastique des miroirs astronomiques dont le contour circulaire ou elliptique est encastré ou semi-encastré, C. R. Acad. Sc. Paris, **290** Série B, 171-174 (1980) 328

[13] G. R. Lemaitre, French patent No 2472198 (1981), US Patent No 4382657 (1983) 328

[14] G. R. Lemaitre, M. Wang, Optical results with TEMOS 4: a 1.4 meter telescope with a primary mirror of spherical segments and a secondary mirror actively aspherized, in *Metal Mirrors Conference*, SPIE Proc., **1931**, 43-52 (1992) 345

[15] G. R. Lemaitre, Modified Rumsey telescope and elasticity design for active aspherization, in *Optical Telescope of Today and Tomorrow*, SPIE Proc., **2871**, 326-340 (1996) 325

[16] G. R. Lemaitre, Modified-Rumsey telescope and associated elasticity for active aspherization, in *Optical Telescopes of Today and Tomorrow*, SPIE Proc., **2871**, 326-340 (1996) 352

[17] G. R. Lemaitre, Optical figuring with elastic relaxation methods, in *Current Trends in Optics*, Taylor & Francis Publ., London, 135-149 (1981) 341

[18] G. R. Lemaitre, P. Montiel, P. Joulié, K. Dohlen, P. Lanzoni, Active optics and the axisymmetric case: MINITRUST wide-field three-reflection telescopes with mirrors aspherized from tulip and vase form, SPIE Proc., **5494**, 426-433 (2004) 353

[19] G. R. Lemaitre, P. Montiel, P. Joulié, K. Dohlen, P. Lanzoni, Active optics and modified-Rumsey wide-field telescopes: MINITRUST demonstrators with vase- and tulip-form mirrors, Appl. Opt., **44**(34), 7322-7332 (2005) 353

[20] G. R. Lemaitre, R. N. Wilson, S. Mazzanti, Proposal for a 1.8m metal meniscus mirror aspherized at f/1.8 by active optics, in *Metal Mirror Conference*, University College London, SPIE Proc., **1931**, 67-75 (1992) 334

[21] G. R. Lemaitre, Sur la flexion des miroirs secondaires des télescopes, Nouv. Rev. Opt., **74**, 389-397 (1976) 358

[22] G. R. Lemaitre, TRSS: A three reflection sky survey at Dome C with an active optics modified-Rumsey telescope, in *Wide Field Survey telescopes on Dome C and A*, Beijing conf. proc. of the Chinese Acad. Sc., 62-71 (2005) 360

[23] MEGAPRIME-MEGACAM. http://cfht.hawaii.edu/Instruments/Imaging/MegaPrime 351

[24] G. Molodij, J. Rayrole, P. Y. Madec, F. Colson, THEMIS: Télescope héliographique pour l'étude du magnétisme et des instabilités solaires, Astron. Astrophys. Suppl. Ser., **118**, 169-179

(1996), and http://webast.ast.obs-mip.fr/people/paletou/Themis 348

[25] E. Reissner, Stresses and small displacements of shallow spherical shells-I, J. Math. Phys., **25**, 80-85 (1946) 313, 317

[26] E. Reissner, Stresses and small displacements of shallow spherical shells-II, J. Math. Phys., **25**, 279-300 (1947) 313, 317, 320

[27] N. J. Rumsey, A compact three-reflection camera, in *Optical Instruments and Techniques*, ICO 8 Symposium London, ICO 8 Proc., H. Dicksonedt., Orielpubl.-Newcastle, 514-520 (1969) 351, 352

[28] SDSS: A. P. Sloan Foundation, NSF and joint institutions. http://www.sdss.org 351, 360

[29] S. P. Timoshenko, S. Woinowsky-Krieger, *Theory of Plates and Shells*, McGrawHill edt., New York, a: 558-560, b: 466-468 (1959) 317, 328

[30] R.V. Willstrop, The Mersenne-Schmidt: a three reflection survey telescope, Mont. Not. Roy. Astron. Soc., **210**, 597-609 (1984) 351

# 第7章 花瓶形和弯月形多模可变形镜的主动光学

## 7.1 Clebsch-Seidel 变形模式的相关介绍

本章讨论了获得非球面反射镜的一般情况，如轴对称镜面的离轴部分，或用于非中心像差校正的轴上反射镜。

这要求几个波前模式的同步校正，比如：一阶场曲，三阶彗差，像散和球差，五阶三角像差等。虽然可变厚度分布（variable thickness distribution，VTD）的镜面可以在衍射极限公差范围内弯曲，以产生某些叠加模态，例如：利用轮摆线型可变厚度分布产生 $Cv1$ 和 $Astm3$ 的叠加模态 $J_{20} \equiv J_{22} = (1-\rho^2)^{1/3}$（见 2.1.2 节和 3.5.2 节），一般而言，恒定厚度分布（constant thickness distribution，CTD）类的反射镜能提供比 VTD 类反射镜更强的模态叠加能力。

通过对产生像差的光学系统的分析，波前函数或归一化泽尼克多项式表明反射镜可以校正各种像差模式。另一方面，CTD 板的弹性变形模态也可由 Clebsch 模态表示。这后一种模态非常类似于傅里叶形式的（$\sum A_{nm} r^n \cos(m\theta)$）的 Seidel 光学模态。

对于某些高阶 Clebsch 模态，产生弹性变形意味着所有的镜面通光口径都必须承受非均匀载荷，如棱柱载荷、二次方程载荷等。在实际应用中，生成这样的载荷极其困难。但是，针对无载荷和均匀载荷作用于镜面口径的两种情况，我们将在以后看到大量的很容易实现的 Clebsch 模态。载荷 $q = 0$ 或 $q$ 为常数产生的弹性模态属于光学三角矩阵模态的一个子类；称为 Clebsch-Seidel 模式。

为了产生和叠加 Clebsch-Seidel 模态，提出了多模态可变形镜（multimode deformable mirrors，MDMs）。

# 7.2　花瓶形 MDMs 中的弹性力学

给定一个连续的变形模式时，根据恒定厚度圆盘（平坦的或曲率较小的圆盘）的薄板弹性理论可导出作用于其上的力和力矩。形如 $z = A_{nm} r^n \cos(m\theta)$ 的一些光学像差模式可以很容易地通过一个分布的轴向力和沿圆周分布的弯矩得到。产生径向弯矩分布需要使用两个轴向力。当离散力作用于镜子边缘附近时（且在方位角上同样分布），由点作用力引起的弹性变形的剪切分量在这些区域不连续。为了产生平滑、连续的表面，最好避免在镜面通光口径边缘附近施加点作用力。因此，在离光学表面最大距离处施加点作用力，可以获得最佳的连续性。

Lemaitre 提出[38, 41]按照 Saint Venant 原理[23, 57]（见 1.13.12 节），可以得出一种花瓶形镜面设计，该镜面具有两个恒定刚度的同心环带。Couder[12]曾提出类似的鼓形反射镜用于获得重量较轻的轴对称镜面。在花瓶形结构中，外环带比拥有有效通光口径的内环带更厚。这两个区域被一个单一或全息片夹在一起。无论要生成的模态是否对称，沿外环分布的径向弯矩都可能得到一个重要的值。因此，花瓶结构是通过外部径向臂内置到环内完成的，在这些环的外端施加有轴向的力。除了将剪切挠曲效应最小化到可忽略的值之外，该环的另一个优点是提供了对离散力圆周挠度的平滑。需要的径向臂的数量，由最高的挠曲模态 $z(r, \theta)$ 决定，而且必须优化所需的所有模态。具有花瓶形结构和径向臂的设计被称为多模可变形镜（MDM）（图 7.1）。

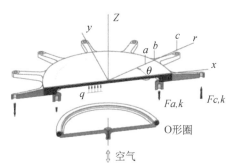

图 7.1　基于两个同心刚性环带和径向臂的花瓶型 MDM 弹性设计。有效通光区域置于内半径为 $r = a$ 的更厚的环内。该设计通过施加于 $k_m$ 个臂的内半径 $r = a$ 和外端 $r = c$ 处的轴向力 $F_{a, k}$ 和 $F_{c, k}$，能对 Clebsch-Seidel 模态，$Cv1$、$Sphe3$、$Coma3$、$Astm3$ 等，进行生成和叠加

让我们考虑一个平面 MDM，其有效通光口径区域定义为 $0 \leqslant r < a$，而内环带定义为 $a < r \leqslant b$，其中 $t_1$、$t_2$、$D_1$、$D_2$ 分别为内外环带的厚度和相关刚度。在

内环带半径（$r=a$）处施加的轴向力记为 $F_{a,k}$，在 $r=c$ 处施加于臂外端的力记为 $F_{c,k}$。臂总数为 $k_m$，臂编号为 $k \in [1, 2, \cdots, k_m]$ 和 $k = 1 \Leftrightarrow \theta = 0$。此外，正负均布载荷 $q$ 可以通过气压或负压的方法施加到花瓶形结构的内环带上。

$E$ 和 $v$ 分别代表杨氏模量和泊松比，在圆柱坐标系统 $z$、$r$、$\theta$ 中，弯曲表面 $Z$ 由泊松方程给出

$$\nabla^2 \nabla^2 Z(r, \theta) = q / D \qquad (7.1)$$

其中，$q$ 和 $D$ 代表单元表面区域的载荷和抗弯刚度，拉普拉斯算子 $\nabla^2 . = \partial^2 . / \partial r^2 + \partial . / r \partial r + \partial^2 . / r^2 \partial \theta^2$。

$$D = Et^3 / \left[ 12(1 - v^2) \right] = \text{constant} \qquad (7.2a)$$

内、外环带的刚度常数由以下定义：

$$\begin{cases} D = D_1, & 0 \leqslant r \leqslant a \\ D = D_2, & a \leqslant r \leqslant b \end{cases} \qquad (7.2b)$$

• 内环带（$0 \leqslant r \leqslant a$）：在花瓶形结构的内环带，我们假设此后产生的挠曲模态可以由关于 $zx$ 平面（$\theta = 0$）对称的多项式表示，即我们只考虑 $\cos m\theta$ 项；$\sin m\theta$ 项也可以给出类似的表达。因此，在柱坐标系中，挠度表示为

$$Z = \sum z_{nm} = \sum A_{nm} r^n \cos m\theta, \quad n + m \text{ 为偶数}, \quad m \leqslant n, \qquad (7.3)$$

其中，$n$ 和 $m$ 是正整数，$A_{nm}$ 与那些表示波前或者镜面形状的光学三角矩阵的系数是相同的，而且 $A_{nm}$ 与 $n$ 和 $m$ 使用相同的构造规则。给定一个模态 $z_{nm}$，代入式（7.1）得到

$$A_{nm}(n^2 - m^2) \left[ (n-2)^2 - m^2 \right] r^{n-4} \cos m\theta = q / D, \quad n \geqslant 2 \qquad (7.4a)$$

实际应用中，能解出方程的唯一的 $m$ 和 $n$ 的组合如下：

$$\begin{cases} q = 0 \rightarrow m = n, & \text{即} z_{22}, z_{33}, z_{44}, \cdots \\ \rightarrow m = n - 2, & \text{即} z_{20}, z_{31}, z_{42}, \cdots \\ q = \text{constant} \rightarrow n = 4, & m = 0, \text{即} z_{40} \end{cases} \qquad (7.4b)$$

由此定义一个子类，称为 Clebsch-Seidel 模态。除 $z_{40}$ 模态外，这些模态均属于光学三角矩阵的两个下对角线。诸如 $z_{20} \equiv C_v 1$，$z_{40} \equiv \text{Sphe3}$，$z_{31} \equiv \text{Coma3}$，$z_{22} \equiv \text{Astm3}$，$z_{42} \equiv \text{Astm5}$，$z_{20} \equiv \text{Tri5}$，$z_{53} \equiv \text{Tri7}$，$z_{44} \equiv \text{Squa7}$，$\cdots$这些模态都可以产生，同时发现仅使用 $q = 0$ 或均匀恒定载荷 $q =$ 常数无法产生另外两种 5 阶模态（$z_{51} \equiv \text{Coma5}$ 和 $z_{60} \equiv \text{Sphe5}$）。产生 $z_{51}$ 需要一个移动载荷，而 $z_{60}$ 需要抛物线载荷。由于在实际中实现这一目标极其困难，以后将不再考虑这种非均匀载荷分布。

• 外环带（$a \leqslant r \leqslant b$）：在花瓶形结构的外环带，不施加均匀载荷，因此对于 $a \leqslant r \leqslant b$ 区间要解的方程为（7.1），前提是 $q=0$。得到的解为

$$Z = \sum z_{nm} = R_{n0} + \sum_{m=1}^{\infty} R_{nm} \cos m\theta + \sum_{m=1}^{\infty} R'_{nm} \sin m\theta \qquad (7.5)$$

其中，$R_{n0}$，$R_{n1}$，$\cdots$，$R'_{n1}$，$\cdots$，仅是径向距离的函数。在我们的例子中，考虑与式（7.3）相同的变形方位角，所以 $R'_{nm}$ 可以消去。

$R'_{nm}$ 是如下方程的 Clebsch 解[11]

$$\left( \frac{\mathrm{d}^2}{\mathrm{d}r^2} + \frac{1}{r}\frac{\mathrm{d}}{\mathrm{d}r} - \frac{m^2}{r^2} \right)\left( \frac{\mathrm{d}^2 R_{nm}}{\mathrm{d}r^2} + \frac{1}{r}\frac{\mathrm{d}R_{nm}}{\mathrm{d}r} - \frac{m^2}{r^2}R_{nm} \right) = 0 \qquad (7.6)$$

对于 $m=0$，$m=1$ 和 $m>1$，$R'_{nm}$ 或者说 Clebsch 多项式有如下的结构

$$R_{n0} = B_{n0} + C_{n0}\ln r + D_{n0}r^2 + E_{n0}r^2\ln r$$

$$R_{n1} = B_{n1}r + C_{n1}r^{-1} + D_{n1}r^3 + E_{n1}r\ln r$$

$$R_{nm} = B_{nm}r^m + C_{nm}r^{-m} + D_{nm}r^{m+2} + E_{nm}r^{-m+2} \qquad (7.7)$$

• 弯矩和剪切力：在两区域的交界 $r=a$ 处，必须提供连续的弯曲 $z_{nm}$，$z_{nm}$ 的斜率为 $\mathrm{d}z_{nm}/\mathrm{d}r$，弯矩为 $M_r$，净剪切力为 $V_r$。表示单模态 $z \equiv z_{nm}$ 时，弯矩 $M_r$、$M_t$ 和扭转力矩 $M_{rt}$ 分别由以下式子定义

$$M_r = D\left[ \frac{\partial^2 z}{\partial r^2} + v\left( \frac{1}{r}\frac{\partial z}{\partial r} + \frac{1}{r^2}\frac{\partial^2 z}{\partial \theta^2} \right) \right] \qquad (7.8a)$$

$$M_t = D\left[ \frac{1}{r}\frac{\partial z}{\partial r} + \frac{1}{r^2}\frac{\partial^2 z}{\partial \theta^2} + v\frac{\partial^2 z}{\partial r^2} \right] \qquad (7.8b)$$

$$M_{rt} = (1-v)D\left[ \frac{1}{r^2}\frac{\partial z}{\partial \theta} - \frac{1}{r}\frac{\partial^2 z}{\partial r \partial \theta} \right] \qquad (7.8c)$$

径向和切向剪力 $Q_r$ 和 $Q_t$ 可由静力平衡导出（参考 3.2 节方程（3.3）和（3.4））如下：

$$Q_r = -\frac{\partial M_r}{\partial r} - \frac{1}{r}\left( M_r - M_t - \frac{\partial M_{rt}}{\partial \theta} \right) = -D\frac{\partial}{\partial r}\left( \nabla^2 z \right) \qquad (7.9a)$$

$$Q_t = -\frac{1}{r}\left( \frac{\partial M_t}{\partial \theta} - 2M_{rt} \right) + \frac{\partial M_{rt}}{\partial r} = -D\frac{1}{r}\frac{\partial}{\partial \theta}\left( \nabla^2 z \right) \qquad (7.9b)$$

且在施加外部载荷 $q$ 时的平衡方程（参考 3.2 节的式（3.5）），即如下泊松双调和方程

$$q = -\frac{1}{r}\left[ \frac{\partial}{\partial r}\left( rQ_r \right) + \frac{\partial Q_t}{\partial \theta} \right] = D\nabla^2\nabla^2 z \qquad (7.9c)$$

净剪力 $V_r$（可由基尔霍夫[35、36、62]推导出）作用于扭转力矩 $M_{rt}$ 的变化。根据三弯矩符号约定，净剪力为①

$$V_r = Q_r - \frac{1}{r}\frac{\partial M_{rt}}{\partial \theta} \qquad (7.9d)$$

$V_r$ 表示作用于半径 $r$ 处的轴向合力，它对于定义边界条件（称为基尔霍夫条件）很有用：如果一个板具有无穷大边界，那么在其边界处有 $V_r = 0$。将 $Q_r$ 和 $M_{rt}$ 替换后，且这里 $D$ 为常数，我们可以得到

$$V_r = -D\frac{\partial}{\partial r}\left(\nabla^2 z\right) + (1-v)D\frac{1}{r}\frac{\partial}{\partial r}\left(\frac{1}{r}\frac{\partial^2 z}{\partial \theta^2}\right) \qquad (7.9e)$$

• 刚度比：以 $\gamma$ 代表两个环带的刚度比，那么有

$$\gamma = D_1/D_2 = t_1^3/t_2^3 \quad (\text{对花瓶形 } \gamma < 1) \qquad (7.10)$$

• 连续条件：$z$、$\partial z/\partial r$、$M_r$ 和 $V_r$ 在交界 $r = a \forall \theta$ 处的连续条件，简化后得到

$$A_{nm}a^n = R_{nm}(a) \qquad (7.11a)$$

$$A_{nm}na^{n-1} = \left[\frac{dR_{nm}}{dr}\right]_{r=a} \qquad (7.11b)$$

$$A_{nm}\left[n(n-1) + v\left(n - m^2\right)\right]a^{n-2} = \frac{1}{\gamma}\left[\frac{d^2 R_{nm}}{dr^2} + \frac{v}{r}\frac{dR_{nm}}{dr} - \frac{vm^2}{r^2}R_{nm}\right]_{r=a} \qquad (7.11c)$$

$$A_{nm}\left[(n-2)\left(n^2 - m^2\right) + (1-v)(n-1)m^2\right]a^{n-3}$$

$$= \frac{1}{\gamma}\left[\frac{d^3 R_{nm}}{dr^3} + \frac{1}{r}\frac{d^2 R_{nm}}{dr^2} - \frac{1+vm^2}{r^2}\frac{dR_{nm}}{dr} + \frac{(1+v)m^2}{r^3}R_{nm}\right]_{r=a} \qquad (7.11d)$$

以上使得我们可以像定义函数 $A_{nm}$ 一样得到 $B_{nm}$，$C_{nm}$，$D_{nm}$ 和 $E_{nm}$ 的定义，从而又得到弯矩 $M_r(b, \theta)$ 和分布在环边缘 $r = b$ 处的净剪切力 $V_r(b, \theta)$。

• 一阶 Clebsch-Seidel 模态：对于一阶 Clebsch-Seidel 模态，将每个 $z_{nm}$ 替换为方程（7.11）并联立求解，得到以下关系

1阶模态曲面 $- C_v 1, n = 2, m = 0$，

$$B_{20} = (1-\gamma)(1+v)(1 - \ln a^2)a^2 A_{20}/2$$

$$C_{20} = (1-\gamma)(1+v)a^2 A_{20}$$

$$D_{20} = [2 - (1-\gamma)(1+v)]A_{20}/2$$

---

① 在 1.13.10 节和其他章节中，约定弯矩 $M_r$ 和 $M_t$ 的符号为正号，比目前其他作者约定使用的负号在逻辑上更符合弯曲结构。如图 7.4 所示，正 $x$ 值时，正弯矩 $M_r$ 产生正曲率模态 $z_{20}$。注意：对于使用负号约定的作者，经常会遇到对 $M_{rt}$ 的错误定义（见 3.2 节脚注）。

$$E_{20} = 0$$

$$M_r(b,0) = D_2 \left[ -(1-v)C_{20}/b^2 + 2(1+v)D_{20} + (3+v)E_{20} + (1+v)E_{20}\ln b^2 \right]$$

$$Q_r(b,0) = -4D_2 E_{20}/b$$

$$V_r(b,0) = Q_r(b,0) \tag{7.12a}$$

3 阶模态球差 – Sphe 3, $n=4, m=0$, with $q = 64D_1 A_{40}$,

$$B_{40} = \left\{ v + \gamma(5-v) - [(1+v) + \gamma(1-v)]\ln a^2 \right\} a^4 A_{40}$$

$$C_{40} = 2[(1+v) + \gamma(1-v)]a^4 A_{40}$$

$$D_{40} = \left[ 1 - v - \gamma(5-v+4\ln a^2) \right] a^2 A_{40}$$

$$E_{40} = 8\gamma a^2 A_{40}$$

$$M_r(b,0) = D_2 \left[ -(1-v)C_{40}/b^2 + 2(1+v)D_{40} + (3+v)E_{40} + (1+v)E_{40}\ln b^2 \right]$$

$$Q_r(b,0) = -4D_2 E_{40}/b$$

$$V_r(b,0) = Q_r(b,0) \tag{7.12b}$$

3 阶模态慧差 – Coma 3, $n=3, m=1$,

$$B_{31} = (1-\gamma)\left[ 3 + v - (1-v)\ln a^2 \right] a^2 A_{31}/2$$

$$C_{31} = -(1-\gamma)(1+v)a^4 A_{31}/2$$

$$D_{31} = \gamma A_{31}$$

$$E_{31} = (1-\gamma)(1-v)a^2 A_{31}$$

$$M_r(b,0) = D_2[2(1-v)C_{31}/b^3 + 2(3+v)D_{31}b + (1+v)E_{31}/b]$$

$$Q_r(b,0) = -2D_2[4D_{31} - E_{31}/b^2]$$

$$V_r(b,0) = -D_2[-2(1-v)C_{31}/b^4 + 2(5-v)D_{31} - (1+v)E_{31}/b^2] \tag{7.12c}$$

3 阶模态象散-Astm 3, $n=2, m=2$,

$$B_{22} = [4 + (1-\gamma)(1-v)]A_{22}/4$$

$$C_{22} = -(1-\gamma)(1-v)a^4 A_{22}/12$$

$$D_{22} = -(1-\gamma)(1-v)a^{-2} A_{22}/6$$

$$E_{22} = 0$$

$$M_r(b,0) = 2D_2[2(1-v)B_{22} + 3(1-v)C_{22}/b^4 + 6D_{22}b^2 - 2vE_{22}/b^2]$$

$$Q_r(b,0) = -8D_2[3D_{22}b + E_{22}/b^3]$$

$$V_r(b,0) = -4D_2[(1-v)B_{22}/b - 3(1-v)C_{22}/b^5 + 3(3-v)D_{22}b$$
$$+ (1+v)E_{22}/b^3] \tag{7.12d}$$

5 阶象散-Astm 5, $n = 4, m = 2,$

$B_{42} = 3(1 - \gamma)(3 - v)a^2 A_{42} / 4$

$C_{42} = -(1 - \gamma)(1 + v)a^6 A_{42} / 4$

$D_{42} = [\gamma - (1 - \gamma)(1 - v)]A_{42} / 4$

$E_{42} = -3(1 - \gamma)(1 - v)a^4 A_{42} / 4$

$M_r(b, 0) = 2D_2[2(1 - v)B_{42} + 3(1 - v)C_{42} / b^4 + 6D_{42}b^2 - 2vE_{42} / b^2]$

$Q_r(b, 0) = -8D_2[3D_{42}b + E_{42} / b^3]$

$V_r(b, 0) = -4D_2[(1 - v)B_{42} / b - 3(1 - v)C_{42} / b^5 + 3(3 - v)D_{42}b$

$\qquad + (1 + v)E_{42} / b^3]$ （7.12e）

5 阶三角差 – Tri 5, $n = 3, m = 3,$

$B_{33} = [2 + 1(1 - \gamma)(1 - v)]A_{33} / 2$

$C_{33} = -(1 - \gamma)(1 - v)]a^6 A_{33} / 8$

$D_{33} = -3(1 - \gamma)(1 - v)a^{-2}A_{33} / 8$

$E_{33} = 0$

$M_r(b, 0) = 2D_2[3(1 - v)B_{33}b + 6(1 - v)C_{33} / b^5 + 2(5 - v)D_{33}b^3 + (1 - 5v)E_{33} / b^3]$

$Q_r(b, 0) = -24D_2[2D_{33}b^2 + E_{33} / b^4]$

$V_r(b, 0) = -6D_2[3(1 - v)B_{33} - 6(1 - v)C_{33} / b^6 + 2(7 - 3v)D_{33}b^2$

$\qquad + (1 + 3v)E_{33} / b^4]$ （7.12f）

• 单模力 $F_{a, k}$ 和 $F_{c, k}$：为了在 $r = b$ 处产生弯矩 $M_r$ 和净剪切力 $V_r$，通过在 $r = a$ 和 $r = c$ 处而不是 $r = b$ 和 $r = c$ 处加载轴向力，可以得到更紧凑的 MDM 设计。如此，则轴向力 $F_{a, k}$ 和 $F_{c, k}$ 可由以下静态平衡方程定义（参考图 7.1）。

$$F_{a,k} + F_{c,k} = b\int_{\pi(2k-3)/k_m}^{\pi(2k-1)/k_m} V_r(b, \theta)\mathrm{d}\theta, \qquad （7.13a）$$

$$(a - b)F_{a,k} + (c - b)F_{c,k} = b\int_{\pi(2k-3)/k_m}^{\pi(2k-1)/k_m} M_r(b, \theta)\mathrm{d}\theta, \qquad （7.13b）$$

其中，$k = 1, 2, \cdots, k_m$，$k_m$ 为 MDM 总臂数。

• 合成多模力 $\mathcal{F}_{a, k}$ 和 $\mathcal{F}_{c, k}$：通过对系统的求解，可以得到各模态的 $F_{a, k}$ 和 $F_{c, k}$。通过对相应的力求和，可以得到各种模态的合成力。作用于 MDM 的合力 $\mathcal{F}_{a, k}$ 和 $\mathcal{F}_{c, k}$ 为

$$\mathcal{F}_{a,k} = \sum_{nm} F_{a,k}, \quad \mathcal{F}_{c,k} = \sum_{nm} F_{c,k} \qquad （7.14）$$

总臂数 $k_m = 12$ 时，表 7.1 展示了一个金属 MDM 的几何参数以及一些 Clebsch-Seidel

模态相关的 $\mathcal{F}_{a,k}$ 和 $\mathcal{F}_{c,k}$ 的相关强度。

**表 7.1　12 臂平面 MDM 的受力 $\mathcal{F}_{a,k}$ 和 $\mathcal{F}_{c,k}$ 的轴向分布。Fe87Cr13 不锈钢，$E = 205 \times 10^9 \mathrm{Pa}$，$V = 0.305$，$t_1 = 8\mathrm{mm}$，$\gamma = (t_1/t_2)^3 = 1/27$，$a = 100\mathrm{mm}$，$b/a = 1.24$，$c/a = 1.6$。每一个 Clebsch-Seidel 模态的振幅 PV 值 $w = 0.1\mathrm{mm}$，$A_{20} = w/a^2$，$A_{40} = w/a^4$，$A_{31} = w/2a^3$，$A_{22} = A_{20}/2$，$A_{42} = A_{40}/2$，$A_{33} = A_{31}$　　　　　　　　单位：daN**

| 角度 | 力臂数 | Cv1 | | Sphe3* | | Coma3 | | Astm3 | | Astm5 | | Tri5 | |
|---|---|---|---|---|---|---|---|---|---|---|---|---|---|
| | nb. | $n=2$ | $m=0$ | $n=4$ | $m=0$ | $n=3$ | $m=1$ | $n=2$ | $m=2$ | $n=4$ | $m=2$ | $n=3$ | $m=3$ |
| $\theta$ | $k$ | $F_{a,k}$ | $F_{c,k}$ | $F_{a,k}$ | $F_{c,k}$ | $F_{a,k}$ | $F_{c,k}$ | $F_{a,k}$ | $F_{c,k}$ | $F_{a,k}$ | $F_{c,k}$ | $F_{a,k}$ | $F_{c,k}$ |
| 0 | 1 | −113.3 | 113.3 | −464.0 | 302.4 | −84.0 | 71.6 | 154.0 | −17.0 | 168.2 | 29.9 | 792 | 37.3 |
| $\pi/6$ | 2 | −113.3 | 113.3 | −464.0 | 302.4 | −72.7 | 62.0 | 77.0 | −8.5 | 84.1 | 14.9 | 0 | 0 |
| $\pi/3$ | 3 | −113.3 | 113.3 | −464.0 | 302.4 | −42.0 | 35.8 | −77.0 | 8.5 | −84.1 | −14.9 | −792 | −37.3 |
| $\pi/2$ | 4 | −113.3 | 113.3 | −464.0 | 302.4 | 0.0 | 0.0 | −154.0 | 17.0 | −168.2 | −29.9 | 0 | 0 |
| $2\pi/3$ | 5 | −113.3 | 113.3 | −464.0 | 302.4 | 42.0 | −35.8 | −77.0 | 8.5 | −84.1 | −14.9 | 792 | 37.3 |
| $5\pi/6$ | 6 | −113.3 | 113.3 | −464.0 | 302.4 | 72.7 | −62.0 | 77.0 | −8.5 | 84.1 | 14.9 | 0 | 0 |
| $\pi$ | 7 | −113.3 | 113.3 | −464.0 | 302.4 | 84.0 | −71.6 | 154.0 | −17.0 | 168.2 | 29.9 | −792 | −37.3 |
| $7\pi/6$ | 8 | −113.3 | 113.3 | −464.0 | 302.4 | 72.7 | −62.0 | 77.0 | −8.5 | 84.1 | 14.9 | 0 | 0 |
| $4\pi/3$ | 9 | −113.3 | 113.3 | −464.0 | 302.4 | 42.0 | −35.8 | −77.0 | 8.5 | −84.1 | −14.9 | 792 | 37.3 |
| $3\pi/2$ | 10 | −113.3 | 113.3 | −464.0 | 302.4 | 0.0 | 0.0 | −154.0 | 17.0 | −168.2 | −29.9 | 0 | 0 |
| $5\pi/3$ | 11 | −113.3 | 113.3 | −464.0 | 302.4 | −42.0 | 35.8 | −77.0 | 8.5 | −84.1 | −14.9 | −792 | −37.3 |
| $11\pi/6$ | 12 | −113.3 | 113.3 | −464.0 | 302.4 | −72.7 | 62.0 | 77.0 | −8.51 | 84.1 | 14.9 | 0 | 0 |

注：*产生 Sphe3 模态的均匀载荷为 $q = 64D_1A_{40} = 0.06172\mathrm{MPa}$。

第一个 12 臂 MDM 原型机（图 7.2）由 Fe87Cr13 不锈钢合金制造而成。

图 7.2　12 臂花瓶状结构及平面 MDM 视图。几何参数：$a = 80\mathrm{mm}$，$b/a = 1.25$，$c/a = 1.8125$，$t_1 = 4\mathrm{mm}$，$t_2/t_1 = 1/\gamma^{1/3} = 3$。Fe87Cr13 淬火不锈钢的弹性常数为 $E = 2.05 \times 10^4 \mathrm{daN \cdot mm^{-2}}$ 和泊松比 $v = 0.305$。在 $r = a$ 和 $r = c$ 处差动旋转螺钉产生变形模态。在有效口径（$r \leqslant a$）背面加气压或减压可以产生 Sphe3 模态

图 7.3 显示了光学三角形矩阵 Clebsch-Seidel 模态的分布，以及此 MDM 的一些 He-Ne 干涉图。

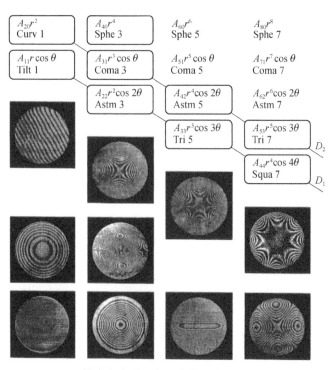

图 7.3 （上）Clebsch-Seidel 模态在光学三角矩阵中的分布（图中未显示平移量 $z_{00}$）。$q=0$ 可获得 $m=n$ 模态，$m=n-2$ 模态（$D_1$ 和 $D_2$ 是对角线）。$q$=constant 可获得 $m=0$，$n=4$ 模态（$z_{40}$ 与 $z_{20}$ 耦合）。（下）由如图 7.2 中的 12 臂花瓶形 MDM 得到的变形干涉条纹图。从左到右，如下：（上斜线区）分别为 Tilt1，Astm3，Tri5，Squa7 模式；（中间两幅图）Cv1 和 Coma3 模态；（末行四幅图）分别为：镜子相对于基座静止，Cv1 和 Sphe3 的叠加态，Cv1、Sphe3 以及 Astm3 的三态叠加，Astm3 和 Squa7 的叠加态

## 7.3 弯月形 MDM 中的弹性力学

为了减少由于弯曲剪切分量引起的弯曲奇异性，必须优化沿镜周施加的离散力和力矩的数目。这个臂数取决于要考虑的模态阶数和材料的应力水平。低曲率弯月镜和平板可以产生 Clebsch-Seidel 模态（图 7.4）。

用 $D$ 表示镜面刚度，$Z=\sum A_{nm}r^{n}\cos m\theta$ 表示产生的弹性挠度，从式（7.8）和式（7.9）可以得到，弯矩 $M_r$、剪切力 $Q_r$ 和净剪切力 $V_r$ 如下：

$$M_r = D\sum\left[n(n-1)+v\left(n-m^2\right)\right]A_{nm}r^{n-2}\cos m\theta \qquad (7.15)$$

$$Q_r = -D\sum (n-2)(n^2-m^2)A_{nm}r^{n-3}\cos m\theta \tag{7.16}$$

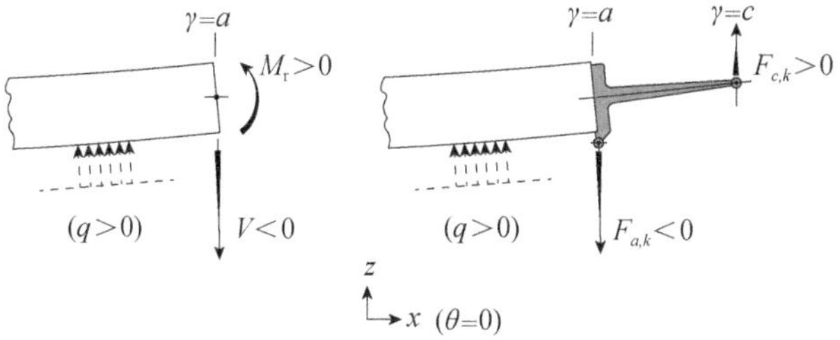

图 7.4　弯月形多模可变形镜由夹紧的径向臂偏转产生。恒定刚度使得我们能够通过施加离散的轴向力 $F_{a,k}$ 和 $F_{c,k}$ 实现 Clebsch-Seidel 模式的叠加，其中轴向力 $F_{a,k}$ 和 $F_{c,k}$ 的大小分别相当于在 $r=a$ 的长度上施加单位长度的弯矩 $M_r$ 和净剪切力 $V_r$。对于单一曲率模态 $z=A_{20}r^2$，如果 $A_{20}>0$，那么约定 $M_r>0$

$$V_r = -D\sum \left[(n-2)\left(n^2-m^2\right)+(1-v)(n-1)m^2\right]A_{nm}r^{n-3}\cos m\theta \tag{7.17}$$

对于每一个第一模态，在 $r=a$ 和 $\theta=0$ 时，这些镜子周边的力和力矩如下：

| 模态 | $n$ | $m$ | $M_r(a,0)$ | $Q_r(a,0)$ | $V_r(a,0)$ | |
|------|-----|-----|------------|------------|------------|---|
| Cvl | 2 | 0 | $2(1+v)DA_{20}$ | $0$ | $0$ | (7.18a) |
| Sphe3 | 4 | 0 | $4(3+v)Da^2A_{40}$ | $-32DaA_{40}$ | $-32DaA_{40}$ | (7.18b) |
| Coma3 | 3 | 1 | $2(3+v)DaA_{31}$ | $-8DA_{31}$ | $-2(5-v)DA_{31}$ | (7.18c) |
| Astm3 | 2 | 2 | $2(1-v)DA_{22}$ | $0$ | $-4(1-v)Da^{-1}A_{22}$ | (7.18d) |
| Astm5 | 4 | 2 | $12Da^2A_{42}$ | $-24DaA_{42}$ | $-12(3-v)DaA_{42}$ | (7.18e) |
| Tri5 | 3 | 3 | $6(1-v)DaA_{33}$ | $0$ | $-18(1-v)DA_{33}$ | (7.18f) |

对于 Sphe3 模态，均匀载荷 $q=64DA_{40}$。分别施加在夹紧于基座边缘的辐射臂的半径 $r=a$ 和 $r=c$ 处的轴向力为 $F_{a,k}$ 和 $F_{c,k}$，可由以下静态平衡关系得到

$$F_{a,k}+F_{c,k} = a\int_{\pi(2k-3)/k_m}^{\pi(2k-1)/k_m} V_r(a,\theta)\mathrm{d}\theta \tag{7.19a}$$

$$(c-a)F_{c,k} = a\int_{\pi(2k-3)/k_m}^{\pi(2k-1)/k_m} M_r(a,\theta)\mathrm{d}\theta \tag{7.19b}$$

其中，$k_m$ 表示 MDM 有 12 个辐射臂。在辐射臂上施加对应的力就能得到各种叠加状态。需要的合成力 $\mathcal{F}_{a,k}$ 和 $\mathcal{F}_{c,k}$ 为

$$\mathcal{F}_{a,k} = \sum_{n,m} F_{a,k}, \quad \mathcal{F}_{c,k} = \sum_{n,m} F_{c,k} \tag{7.20}$$

# 7.4 退化构型和像散模态

## 7.4.1 像散模态的特殊几何结构

对于 $m=n\geq2$ 的特殊构型的单模挠曲，可推测出其 $F_{a,k}=0$，从而可以推导出一个非常重要且实用的简化变形设计，其能把施力点数的数量降到最低。（见 7.9 节 $m=n=3$ 的三角模态）。因为只需要使用 $F_{c,k}$ 的力，我们称它们为退化构型。

这样就限制了，镜面挠曲纯粹对应于三阶像散 $z_{22}=A_{22}r^2\cos2\theta$ 即 Astm3，并确定退化花瓶形或弯月板形的相关的辐射臂的几何结构（如 7.9 节的五阶三角模态或者 Tri5 模态）。式（7.13a）~（7.13b）满足以下条件时，有 $F_{a,k}=0$。

$$(c-b)\int_{\pi(2k-3)/k_m}^{\pi(2k-1)/k_m}V_r(b,\theta)\mathrm{d}\theta=\int_{\pi(2k-3)/k_m}^{\pi(2k-1)/k_m}M_r(b,\theta)\mathrm{d}\theta \tag{7.21}$$

利用式（7.12d）给出的 Astm3 模式下的 $M_r(b,0)$ 和 $V(b,0)$ 的表达式，计算结果表明，当辐射臂具有特殊几何形状[38]时，可以得到这种退化构型。

$$\frac{c}{b}=1-\frac{1+(1-\gamma)(1-v)\left[\frac{1}{4}-\frac{1}{1-v}\frac{b^2}{a^2}-\frac{a^4}{4b^4}\right]}{2+(1-\gamma)(1-v)\left[\frac{1}{2}-\frac{3-v}{1-v}\frac{b^2}{a^2}+\frac{a^4}{2b^4}\right]} \tag{7.22a}$$

这对平坦到中等弯曲的花瓶形或弯月形镜都是有效的。

## 7.4.2 单 Astm 3 模态和退化弯月板结构

对于弯月板的结构，$\gamma=(t_1/t_2)^3=1$，所以 $c/b$ 的比例并不依赖于泊松比。在这种情况下，必须设置 $b=a$，因为外环带消失了。从式（7.22a）可得结果如下。

→对于口径为 $2a$ 的弯月板，只需要在四个折叠臂的外端径向距离 $c$ 处施加相反的力 $F_{c,k}$，就能得到一个纯粹的三阶像散挠曲 Astm3，如

$$\frac{c}{a}\equiv\frac{c}{b}=\frac{1}{2} \tag{7.22b}$$

当 $k_m=4$ 时，对于一般形状的花瓶形或弯月形板，只有将 $F_{c,k}$ 力作用于四个折叠臂的末端（图 7.5）时，才能满足 $F_{a,k}=0$ 的条件。

从式（7.12d）和（7.13a）可知，

$$F_{c,k}=(-1)^k(1-\gamma)(1-v)^2\left[\frac{4}{(1-\gamma)(1-v)}+1-2\frac{3-v}{1-v}\frac{b^2}{a^2}+\frac{a^4}{b^4}\right]D_2A_{22} \tag{7.23a}$$

→对于四臂（$k_m=4$）弯月板形镜子，这些力的强度和方向如下表示：

$$F_{c,k} = (-1)^k \frac{Et^3}{3(1+v)} A_{22}, \quad k = 1,2,3,4 \qquad (7.23b)$$

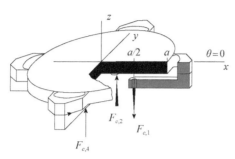

图 7.5　产生 Astm3 模式的四臂弯月形板镜子的退化构型。只有两对相反的力 $F_{c,k}$ 施加在折叠臂的 $\theta = 0$ 方向和 $\pi/2$ 方向的末端。当 $b = a$ 和 $\gamma = 1$ 时,由条件(7.22a)可得到 $c/a = 1/2$。$\forall F_{a,k} = 0$ 和 $F_{c,1} = F_{c,3} = -F_{c,2} = -F_{c,4}$。内置轮廓条件是通过拱形结构对大变形提供了最佳的 $M_r(a,\theta)$ 和 $V_r(a,\theta)$ 方位角调制。如果要产生 Astm3 模式的弯曲模式来得到更好的光学质量,可以通过四臂花瓶形式实现(见 7.4.3 节)

### 7.4.3　单 Astm3 模态和退化花瓶形

通过对式(7.22a)中花瓶形与弯月板形几何形状的比较,得到如下结果。

→花瓶形结构比弯月形有更短的臂长,因此可以通过紧凑的设计提高安装的稳定性。

以 $F_{a,k} = 0$ 时的(7.22a)为条件,设计了四臂花瓶形镜面的退化构型。以胡克线性不锈钢合金打造了几个花瓶形变形镜,以期达到大挠度弯曲。对高阶像散模态进行干涉图的还原,发现该模态具有低振幅谐振的特征,$|A_{42}/A_{22}| \leqslant 0.023$ 和 $|A_{62}/A_{22}| \leqslant 0.005$(图 7.6)。

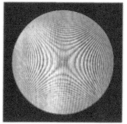

图 7.6　提供 Astm3 挠曲模态的四臂花瓶形变形镜的退化构型。该方案满足 $F_{a,k} = 0$ 时的(7.22a)。因此只有四个 $F_{c,k}$ 力作用于夹在 $r = b$ 折叠臂的末端。基底:淬火 Fe87 Cr13 不锈钢,$v = 0.305$。几何结构:有效口径 $2a = 100\text{mm}$,$2a/t_1 = 20$,$\gamma = 1/27$,$b/a = 6/5$,$c/b = 0.7582$,$c/a = 0.9098$。(左)后视图。(右)挠曲的 He-Ne 干涉图

·注：单 Astm3 模式下，上述 CTD 构型可以与通过在外环边缘施加简单类环弯矩得到的 VTD 构型进行比较（见图 3.25）。

## 7.5　大型望远镜的弯月镜结构拼接镜面

拼接镜面望远镜是大型望远镜发展的必然道路。非球面镜，如光学表面的离轴面，可以用花瓶形或弯月形的 MDMs 获得。采用应力成型方法，对 10m Keck 望远镜主镜的弯月形拼接镜面结构进行了分析（参见文献[42]和[50]）。用这种方法得到离轴光学面型 $z_{Opt}$ 的非球面化，是由弹性变形 $z_{Elas}$ 与一个全口径球面 $z_{Sph}$ 叠加的结果。因此，主动光学叠加法则写成

$$z_{Opt} = z_{Sph} + z_{Elas} \tag{7.24}$$

在坐标系 $(X, Y, Z)$ 中，二次曲面镜的面型 $Z_{Opt}(X, Y)$ 表示为（1.7.1 节中的式（1.38））

$$Z_{Opt} = \frac{X^2 + Y^2}{R\left[1 + \sqrt{1 - (1+\kappa)\left(X^2 + Y^2\right)/R^2}\right]} \tag{7.25a}$$

可以展开成

$$Z_{Opt} = \frac{1}{2R}\left(X^2 + Y^2\right) + \frac{1+\kappa}{8R^3}\left(X^2 + Y^2\right)^2 + \frac{(1+\kappa)^2}{16R^5}\left(X^2 + Y^2\right)^4 + \cdots \tag{7.25b}$$

其中，$1/R$ 和 $\kappa$ 分别代表曲率和圆锥常数。

为了表示一个拼接镜面相对于它的顶点的形状，我们考虑一个局部坐标系 $(x, y, z)$，它的原点是镜表面的一个点，距离 $z$ 轴为 $d$（图 7.7）。

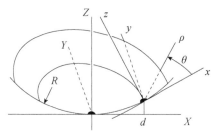

图 7.7　镜子的总体坐标 $(X, Y, Z)$ 和局部坐标 $(x, y, z)$ 或 $(r, \theta, z)$ 坐标

此坐标系如下设置

$$X = d, \quad Y = 0, \quad Z = Z_{Opt}\{X^2 + Y^2 = d^2\}$$

（$x, y$）平面在原点处与全局曲面相切，而且 $y$ 轴和 $Y$ 轴平行。定义以下无量纲的量

$$v = d / R, \quad s = \sin(\arctan v), \quad c = \cos(\arctan v) \tag{7.26}$$

其中，$\arctan v$ 是（$x, y$）平面相对于（$X, Y$）平面的倾角。这两个坐标系的坐标有以下联系：

$$\begin{cases} X = d + cx - sz \\ Y = y \\ Z = Z_{\mathrm{Opt}}\{d^2\} + sx + cz \end{cases} \tag{7.27}$$

## 7.5.1　离轴抛物面子镜

考虑一个抛物面镜面，即方程（7.25）中 $\kappa = -1$ 的情况，坐标关系如下：

$$\begin{cases} X = d + cx - sz \\ Y = y \\ Z = \dfrac{d^2}{2R} + sx + cz \end{cases} \tag{7.28}$$

因为在光学表面有关系 $Z = (X^2 + Y^2)/2R$，替换后得到

$$\frac{d^2}{2R} + sx + cz = \frac{1}{2R}\left[(d + cx - sz)^2 + y^2\right] \tag{7.29}$$

由于 $s / c = d / R \equiv v$，可得关于 $z$ 的二次方程形式，

$$s^2 cz^2 - 2(R + sc^2 x)z + c(c^2 x^2 + y^2) = 0 \tag{7.30}$$

满足条件 $z\{0, 0\} = 0$ 的根，可以得到局部坐标系中拼接子镜的光学形状 $z_{\mathrm{Opt}}$。如下

$$z_{\mathrm{Opt}} = \frac{1}{s^2 c}\left[R + sc^2 x - \left(R^2 + 2Rsc^2 x - s^2 c^2 y^2\right)^{1/2}\right] \tag{7.31a}$$

或者写成

$$z_{\mathrm{Opt}} = \frac{R + sc^2 x}{s^2 c}\left[1 - \left[1 - \frac{s^2 c^2 \left(c^2 x^2 + y^2\right)}{\left(R + sc^2 x\right)^2}\right]^{1/2}\right] \tag{7.31b}$$

其平方根的展开式

$$z_{\mathrm{Opt}} = \frac{c}{2R}\left(c^2 x^2 + y^2\right)\left[\frac{1}{1 + sc^2 x / R} + \frac{s^2 c^2 \left(c^2 x^2 + y^2\right)}{4R^2 \left(1 + sc^2 x / R\right)^3} + \cdots\right] \tag{7.31c}$$

通过展开 $1 + sc^2 x/R$ 项，拼接子镜的形状表示为

$$z_{\mathrm{Opt}} = \left(c^2 x^2 + y^2\right)\left[\frac{c}{2R} - \frac{sc^3}{2R^2}x + \frac{s^2 c^3}{8R^3}\left(5c^2 x^2 + y^2\right)\right.$$

$$\left. - \frac{s^3 c^5}{8R^4}\left(7c^2 x^2 + 3y^2\right)x + O\left\{x^4, y^4\right\} + \cdots\right] \qquad (7.31\mathrm{d})$$

考虑相应的圆柱坐标（$\rho, \theta, z$），其中 $\rho = r/a$ 为归一化半径，$r = (x^2 + y^2)^{1/2}$ 以及 $a$ 是拼接子镜半径。我们设置在（$x, z$）平面 $\theta = 0$。抛物面子镜的局部形状可按以下形式展开

$$z_{\mathrm{Opt}} \equiv \sum O_{nm}\rho^n \cos m\theta, \quad 0 \leqslant \rho \leqslant 1 \qquad (7.32)$$

光学系数 $a_{nm}$ 可辨识决定。同样根据 $c = (1 + u^2)^{-1/2}$ 和 $s = u(1 + u^2)^{-1/2}$ 可以得到弯沉量

$$O_{20} = \frac{a^2 c}{4R}\left(c^2 + 1\right) \qquad\qquad = \frac{a^2}{2R}\left[1 - \frac{u^2}{2\left(1 + u^2\right)^{3/2}}\right] \qquad \mathrm{Cvl}$$

$$O_{22} = \frac{a^2 c}{4R}\left(c^2 - 1\right) \qquad\qquad = \frac{a^2}{4R}\frac{-u^2}{\left(1 + u^2\right)^{3/2}} \qquad \mathrm{Astm3}$$

$$O_{31} = -\frac{a^3 sc^3}{8R^2}\left(3c^2 + 1\right) \qquad\quad = \frac{a^3}{8R^2}\frac{-u\left(4 + u^2\right)}{\left(1 + u^2\right)^3} \qquad \mathrm{Coma3}$$

$$O_{40} = \frac{3a^4 s^2 c^3}{64R^3}\left(5c^4 + 2c^2 + 1\right) \quad = \frac{3a^4}{64R^3}\frac{u^2\left(8 + 4u^2 + u^4\right)}{\left(1 + u^2\right)^{9/2}} \qquad \mathrm{Sphe3}$$

$$O_{33} = -\frac{a^3 sc^3}{8R^2}\left(c^2 - 1\right) \qquad\quad = \frac{a^3}{8R^2}\frac{-u^3}{\left(1 + u^2\right)^3} \qquad \mathrm{Tri5}$$

$$O_{42} = \frac{a^4 s^2 c^3}{16R^3}\left(5c^2 - 1\right) \qquad\quad = \frac{a^4}{16R^3}\frac{u^2\left(4 - u^2\right)}{\left(1 + u^2\right)^{7/2}} \qquad \mathrm{Astm5}$$

$$O_{51} = -\frac{a^5 s^3 c^5}{64R^4}\left(35c^4 + 10c^2 + 3\right) \quad = \frac{3a^5}{4R^4}\left(-u^3 + \frac{23}{4}u^5 + \cdots\right) \quad \mathrm{Coma5} \qquad (7.33)$$

从矢高 $O_{20}$ 可以看出：

→拼接子镜的曲率随着离轴距离的增大而减小。

对于大型望远镜的镜面，拼接子镜数（$N$）和整镜面焦比 $f(\Omega)$ 是基本的设计参数。这两个值必须设置成对于边缘拼接子镜小到可以忽略的程度，而不能像光学模式 $O_{nm}$ 那样因为太复杂以致不能求解。考虑一块 42m 口径抛物面镜、$f/1$，即 $\Omega = 1$、拼接子镜直径为 2m 即 $a = 1m$ 的镜子。对于边缘拼接子镜，离轴距离为

$d_m = 20\mathrm{m}$，因此 $u_m = d_m/R = 1/4.2$。由式（7.33）可知，矢高 PV 值分别为

$$
\begin{array}{cccccc}
O_{20} & O_{22} & O_{31} & O_{40} & O_{33} & O_{42} \\
-317\mu\mathrm{m}, & -155\mu\mathrm{m}, & -14\mu\mathrm{m}, & 29\mathrm{nm}, & 203\mathrm{nm}, & 19\mathrm{nm}
\end{array}
$$

（$N$，$\Omega$）的选择总要使得 Sphe3 和 Coma5 模态最小，减少到低于 $\lambda_{\mathrm{Vis}}/20$ 或 $\lambda_{\mathrm{Vis}}/30$ 的 PV 值。

$$
O_{40} \text{、} O_{51} \leqslant \lambda_{\mathrm{Vis}}/30 = \text{可忽略不计的矢高} \tag{7.34}
$$

高阶模式不包括在式（7.33）中，可直接忽略不计。

　　•弹性松弛量的确定——主动光学叠加定律：用曲率为 $1/R_{\mathrm{S}}$ 的工具磨制出的球面表示如下：

$$
z_{\mathrm{Sph}} = \sum_{2,4,6,\cdots} S_{n0}\rho^n \tag{7.35a}
$$

$$
S_{20} = a^2/2R_{\mathrm{S}}, \quad S_{n0} = 0, \quad n > 2 \tag{7.35b}
$$

由于该方程基于这样一个前提，即如式（7.34）所述的 $O_{40}$ 可以忽略，那么 $S_{40}$，$S_{60}$，… 也可以忽略不计；在式（7.34）中，我们无法区分表面 $z_{\mathrm{Sph}}$ 是球面还是抛物面。当然，总弯曲矢高要比任何拼接子镜的矢高小得多。

　　弹性松弛量以及其 $\alpha_{nm}$ 系数可以由式（7.24）表示的主动光学叠加定律得到。这个挠度表示为

$$
z_{\mathrm{Elas}} = z_{\mathrm{Opt}} - z_{\mathrm{Sph}} \equiv \sum_{n,m} \alpha_{nm}\rho^n \cos m\theta \tag{7.36}
$$

由此推导出

$$
\alpha_{n0} = O_{n0} - S_{n0}, \quad m = 0 \tag{7.37a}
$$

$$
\alpha_{nm} = O_{nm}, \quad m \neq 0 \tag{7.37b}
$$

同时考虑到给定的模态可以忽略不计，用以下集合表示弹性松弛量

$$
\begin{cases}
\alpha_{20} = \dfrac{a^2}{2R}\left[1 - \dfrac{R}{R_{\mathrm{S}}} - \dfrac{u^2}{2\left(1+u^2\right)^{3/2}}\right], & \alpha_{n0} = 0, \quad n \geqslant 4 \\[4mm]
\alpha_{nm} = O_{nm}, \quad 2 \leqslant m \leqslant 4, & \alpha_{nm} = 0, \quad n \geqslant 5 \text{ 且 } m \geqslant 1
\end{cases} \tag{7.38}
$$

因此只关于五个 Clebsch-Seidel 模式 $\alpha_{20}$、$\alpha_{22}$、$\alpha_{31}$、$\alpha_{33}$、$\alpha_{42}$，其中一到三项对抛物面是负的。在应力计算过程中产生的挠度由相反的系数表示。

　　•面形曲率 **$1/R_{\mathrm{S}}$ 的确定**——最小应力：为了简化求解过程，我们可以假设磨制工具的球面曲率对于所有拼接子镜都是相同的 $1/R_{\mathrm{S}}$。其次，$R_{\mathrm{S}}$ 的确定必须保证弯月形表面产生的应力降至最低。因为这四个模式 $\alpha_{22}$、$\alpha_{31}$、$\alpha_{33}$、$\alpha_{42}$ 的平均曲率都是零，为产生它们而引入的应力不能减到最小。因此，生成模式 $\alpha_{20}$ 实用的方

法是只使得压力最小化。

用 $u_m = d_m/R$ 表示边缘拼接子镜的斜率，当矢高为总矢高变化量的一半时，应力达到最小。从式（7.38）可知，这需要

$$1 - \frac{R}{R_S} = \frac{u_m^2}{4\left(1 + u_m^2\right)^{3/2}} \tag{7.39a}$$

$$R_S = \left[1 - \frac{u_m^2}{4\left(1 + u_m^2\right)^{3/2}}\right]^{-1} R \tag{7.39b}$$

以上和式（7.38）完全确定执行条件。因此，应力如下。

→近轴拼接子镜为弯曲凸段，边缘拼接子镜为弯曲凹段。

→与 $R_S = R$ 相比，曲率模式 $\alpha_{20}$ 的应力是其 1/2。如果一个抛物面镜的 $\Omega$ 为 $f/1$，$u_m = 1/4.2$，那么由式（7.39）可知，$R_S \approx 1.0132R$。

· **轮廓力和力矩的确定**：这一章中要用到的基本关系——$\alpha_{nm}$ 到 $A_{nm}$ 的转换——由以下得到

$$A_{nm} = \alpha_{nm} / a^n \tag{7.40}$$

在弯月镜轮廓上产生净剪力和弯矩的轴向力 $\mathcal{F}_{a,\,k}$、$\mathcal{F}_{c,\,k}$ 可以很简单地由 7.3 节的 Clebsch-Seidel 模态确定。

· **拼接子镜数和镜面整体焦比**：从弹性力学角度部分光学模态可以忽略的原因如下：Sphe3 弹性模态要求在整个拼接镜面上施加均匀的荷载，这将在实际应用中引入一些复杂的应力过程。其他弹性模态，如 Coma5 和 Sphe5 不是 Clebsh-Seidel 模态——在我们对这些模态的定义中（参见图 7.3 中矩阵的两条对角线）——因为它们分别需要移动荷载和二次荷载。

因此，必须通过方便的拼接设计将 Sphe3 和 Coma5 模式减少到可以忽略的值。这涉及一个拼接子镜数（$N$）和整镜面焦比（$\Omega$）的最优化问题，这两个值都是极大望远镜（ELTs）主镜的基本参数。

### 7.5.2 二次曲面离轴拼接子镜

目前大型拼接镜面望远镜的主镜的形状要么是一个球面（HET，SALT），一个稍微偏离抛物面的双曲面（KECK，GTC）或主动控制的伪平面非球面（LAMOST）。对于下一代望远镜（通光口径 20～50m 级的望远镜）来说——确定一个二次曲面主镜的拼接子镜形状是很重要的，因为这些主镜的形状可能会明

显偏离抛物面。

仍然用 $z_{\text{Opt}} = \sum O_{nm}\rho^n\cos m\theta$ 表示拼接子镜的光学形状，我们通过 Nelson 和 Temple-Raston[51]给出接下来的分析结果，还包括其中的一个小校正。$O_{nm}$ 系数的推导方法是将二次曲面形状代入方程组（7.27），并与 7.5.1 节类似地将其按模态展开。这些光学矢高如下：

$$O_{20} = \frac{a^2}{4R}\frac{2 - \kappa u^2}{(1 - \kappa u^2)^{3/2}} \equiv \frac{a^2}{2R}\left[1 - \frac{\kappa u^2}{2(1 - \kappa u^2)^{3/2}}\right] \qquad Cv1$$

$$O_{22} = \frac{a^2}{4R}\frac{\kappa u^2}{(1 - \kappa u^2)^{3/2}} \qquad Astm3$$

$$O_{31} = \frac{a^3}{8R^2}\frac{\kappa u\left[1 - (\kappa + 1)u^2\right]^{1/2}(4 - \kappa u^2)}{(1 - \kappa u^2)^3} \qquad Coma3$$

$$O_{40} = \frac{a^4}{64R^3}\frac{8(1 + \kappa) - 24\kappa u^2 + 3\kappa^2(1 - 3\kappa)u^4 - \kappa^3(2 - \kappa)u^6}{(1 - \kappa u^2)^{9/2}} \qquad Sphe3$$

$$O_{33} = \frac{a^3}{8R^2}\frac{\kappa^2 u^3\left[1 - (\kappa + 1)u^2\right]^{1/2}}{(1 - \kappa u^2)^3} \qquad Tri5$$

$$O_{42} = \frac{a^4}{16R^3}\frac{-\kappa^2 u^2\left[1 + 5\kappa - \kappa(6 + 5\kappa)u^2\right]}{(1 - \kappa u^2)^{7/2}} \qquad Astm5 \quad (7.41)$$

这些系数使得我们能够方便地确定拼接子镜数和整体镜面焦比（$N$，$\Omega$），方法是通过将边缘拼接子镜的几个模态，比如 Sphe3 模态的矢高 $O_{40}$，做到可以忽略不计。因此，这在应力磨制过程中提供了重要的简化，并且对于双曲面或细长椭球面等全局矢高可能较大偏离抛物面的形状也同样适用。

### 7.5.3　Keck 望远镜的拼接镜面

Keck 望远镜有两个口径为 10m 的主镜，它是历史上建造的第一个拼接镜面望远镜，其尺寸远超大型单片望远镜。其光学系统为 RC 系统；二次曲面常数 $\kappa = -1.00379$ 的主镜形状稍微偏离了抛物面。焦比 1.75 的主镜由 36 片拼接镜面组成，其中子镜口径为 1.8m，厚度为 75mm。Lubliner 和 Nelson[42]对弯月拼接镜的离轴形状和弹性变形进行了定量分析。

应力抛光——最好称为应力成形，因为首先是在精磨阶段操作的——由 Nelson 等[50]及 Mast 和 Nelson[43]应用于拼接子镜的非球面化。沿圆周粘贴的 24 个殷钢块用于夹紧产生应力的径向臂。轴向力 $\mathcal{F}_{a,k}$、$\mathcal{F}_{c,k}$ 通过精确的杠杆系统施加于每个臂末端。这些力来自弯矩 $M_r$ 和净剪切力 $V$（参考 7.3 节）。

由干涉测试的结果可以看出，主动光学磨制方法可以得到非常平滑的表面，如图 7.8 所示。

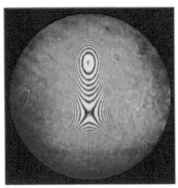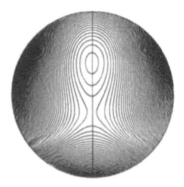

图 7.8 Keck 望远镜边缘拼接子镜相对于球体的应力计算的
He-Ne 干涉图和理论干涉图[50]

由于磨制残差和弯月镜的六角形切割误差，导致镜子形状与理论形状略有偏差，最终的抛光通过离子束抛光来实现[1, 2, 68]。另一种拼接子镜的主动支撑方案也已经进行了研究[9]，但没有采用。最终，制作步骤为：

→凸面抛光→应力抛光→圆形切割为六角形→切向支撑打孔→被动支撑安装→离子束抛光

Wilson 对 Keck 望远镜拼接子镜的构造作了详细的总结[69]。

## 7.6 反射 Schmidt 系统中的花瓶式和弯月镜式 MDMs

### 7.6.1 圆形花瓶式主镜的中心系统

对于全反射 Schmidt 系统，MDMs 的研究使得我们可以通过主动变形获得主镜的形状从而确定花瓶形镜面的几何形状。对于离轴中心系统，我们将证明在有效通光口径与外环带之间的刚度比 $\gamma = D_1/D_2 = (t_1/t_2)^3$ 时可以避免径向臂的使用。在 3 阶近似时，使用无量纲半径 $\rho = r/r_m$ 作为有效通光口径半径，主镜的形状可以表示为（见式（5.20b））

$$Z_{\mathrm{Opt}} = \frac{r_m}{2^9 \, \Omega^3 \cos i}(3\rho^2 - \rho^4) \tag{7.42}$$

$\Omega = f/d = R/4r_m$，$R$ 是凹面副反射镜的曲率半径和 $i$ 是主光线相对主镜的入射角（无动力区在 $r_m$ 之外的 $r = \sqrt{3/2}\, r_m$）。根据本章 7.2 节的表示，我们从以下定义镜面系数 $A_{nm}$

$$Z_{\text{Opt}} = A_{20} r^2 + A_{40} r^4$$

从以上可以导出

$$A_{20} = \frac{3}{2^9\, \Omega^3 r_m \cos i}, \quad A_{40} = \frac{-1}{2^9\, \Omega^3 r_m^3 \cos i} \qquad (7.43)$$

从 7.2 节，我们可以推导出这两种模态的 $F_{c,k}$。将系数 $B_{nm}$ 与 $E_{nm}$ 分别替换为其在 $A_{nm}$ 函数中各自的值，就可以得到

$$F_{c,k}\Big|_{\text{Cv1}} = \frac{2\pi D_2 b}{k_m(c-a)} A_{20}(1+v)(1-\gamma)\left[\frac{2}{1-\gamma} - (1+v) - (1-v)\frac{a^2}{b^2}\right] \qquad (7.44a)$$

$$F_{c,k}\Big|_{\text{Sphe3}} = \frac{4\pi D_2 ba^2}{k_m(c-a)} A_{40} \times \left[(1-v^2)\left(1-\gamma-\frac{a^2}{b^2}\right) - \gamma(1-v)^2\frac{a^2}{b^2} + 16\gamma\frac{a}{b}\right.$$

$$\left. -8\gamma - 8\gamma(1+v)\ln\frac{a}{b}\right] \qquad (7.44b)$$

Cv1 和 Sphe3 模态的叠加使得在以下条件得到验证时可以避免采用径向臂

$$F_{c,k}\Big|_{\text{Cv1}} + F_{c,k}\Big|_{\text{Sphe3}} = 0 \qquad (7.45)$$

对于反射式 Schmidt 系统的主镜而言，式（7.43）提供了 $A_{20}$ 和 $A_{40}$ 的关系，如下

$$A_{20} = -3a^2 A_{40} \qquad (7.46)$$

它不依赖于焦比，且有关系 $a = r_m$，即有效通光口径与环带内半径相当。将式（7.46）代入式（7.45）后，得到刚度比的倒数为

$$\frac{1}{\gamma} = \frac{16\left[2\frac{a}{b} - 1 - (1+v)\ln\frac{a}{b}\right] - (5+v)\left[1+v+(1-v)\frac{a^2}{b^2}\right]}{(1-v^2)\left(1-\frac{a^2}{b^2}\right)} \qquad (7.47)$$

这种情况通过隐性关系（$t_2/t_1$、$a/b$、$v$）完全定义花瓶镜的几何形状，并提供了没有径向臂的有效解决方案。图 7.9 显示一个材料为微晶玻璃的花瓶式主镜的例子。

对于这个离轴中心系统，通过适当的花瓶式形状和均匀载荷 $q = 64D_1 A_{40}$，可以同时实现 Cv1 和 Sphe3 挠曲模态的叠加。一个内盖板密封在花瓶内部。非球面化可以通过空气压力和应力修正来实现，也可以通过观察过程中镜内的空气压力（即实时应力）来实现。

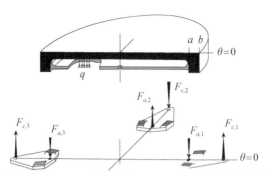

图 7.9　真实比例的花瓶形 Schmidt 反射式主镜。MDM 镜面材料微晶玻璃。泊松比 $v = 0.240$。几何参数 $b/a = 1.150$，$t_2/t_1 = (1/\gamma)^{1/3} = 2.808$［见式（7.47）］。（上）离轴中心系统的 $Cv1$ 和 $Sphe3$ 模式的叠加。（下）非中心系统的 Astm3 和 Astm5 模式的叠加

### 7.6.2　非共轴系统和圆花瓶型主镜

在非共轴系统中，主镜的形状表示为（参见式（5.20c））

$$Z_{\text{Opt}} = \frac{r_m}{2^9 \, \Omega^3 \cos i} \left[ 3(1-t)\rho^2 - 3t\rho^2 \cos 2\theta - (1-2t)\rho^4 + 2t\rho^4 \cos 2\theta \right] \quad (7.48)$$

其中，$t = \frac{1}{2} \sin^2 i$。对于非折叠 Schmidt 系统，主光线的入射角是 $i = \varphi_m + 1/4\Omega$（参考第 4 章）。参照本章 7.2 节的表示，我们将镜子系数 $A_{nm}$ 定义为

$$Z_{\text{Opt}} = \sum A_{nm} r^n \cos m\theta$$

$$A_{20} = \frac{3(1-t)}{2^9 \, \Omega^3 r_m \cos i}, \quad A_{22} = \frac{-3t}{2^9 \, \Omega^3 r_m \cos i}$$

$$A_{40} = \frac{-(1-2t)}{2^9 \, \Omega^3 r_m^3 \cos i}, \quad A_{42} = \frac{2t}{2^9 \, \Omega^3 r_m^3 \cos i} \quad (7.49)$$

将有效口径半径设为等于内环带半径，即 $r_m = a$，我们可以从 7.2 节推导出每一个模式的 $F_{c,k}$。至于以前的中心系统还可以找到 $Cv1$ 和 $Sphe3$ 的叠加态，且这些模式的产生不需要径向臂，即 $\Sigma F_{c,k} = 0$。通过对式（7.44a）做以下替换

$$A_{20} = -3 \frac{1-t}{1-2t} a^2 A_{40}$$

联立式（7.45）可以得到适用于从小到中的入射角 $i$ 的隐性关系（$t_2/t_1$、$a/b$、$v$、$i$）。对于共轴系统，这充分定义了圆形瓶镜的几何形状，即环带的尺寸相对于有效通光区域的厚度。

对于非共轴系统，由于 $A_{20}$ 和 $A_{40}$ 并不完全等于 7.6.1 节所示，刚度比 $\gamma$ 必须稍微修改。除了均匀载荷，Astm3 和 Astm5 挠曲模式也需要用到 $F_{a,k}$ 和 $F_{c,k}$。这

些力通过密封在环背侧的桥形殷钢臂作用于 MDM（图 7.9-下）。

对一个焦比 $f/5$ 的反射式 Schmidt 系统的主镜，一个四臂花瓶微晶玻璃 MDM（$k_m = 4$）。其几何形状，产生 Cv1 和 Sphe3 模态的部分实时真空载荷 $q$、产生 Astm3 和 Astm5 模态的 $F_{a,k}$、$F_{c,k}$ 见表 7.2。

**表 7.2　四臂花瓶式 MDM 用作焦比 $f/5$ 的 Schmidt 反射式望远镜主镜。$F_{a,k}$ 和 $F_{c,k}$ 的分配。通光口径 $2r_m = 2a = 400$mm。视场 $2\varphi_m = 5°$。主光线相对于主镜 $M_1$ 的入射角 $i = \varphi_m + 1/4\Omega$。系数 $A_{20} = 2.344 \times 10^{-5}$，$A_{40} = -1.945 \times 10^{-10}$，$A_{22} = -1.029 \times 10^{-7}$，$A_{42} = 1.715 \times 10^{-12}$（单位为 $\text{mm}^{1-n}$，见 7.49 节）。微晶玻璃 $E = 90.6$GPa，$v = 0.240$。MDM 参数 $t_1 = 20$mm，$t_2/t_1 = 2.791$，$b/a = 1.150$，$c/a = 1.5$。** 单位：daN

| 角度 | 力臂数 | Cv1 | | Sphe3* | | Astm3 | | Astm5 | |
|---|---|---|---|---|---|---|---|---|---|
| | nb. | $n=2$, $m=0$ | | $n=4$, $m=0$ | | $n=2$, $m=2$ | | $n=4$, $m=2$ | |
| $\theta$ | $k$ | $F_{a,k}$ | $F_{c,k}$ | $F_{a,k}$ | $F_{c,k}$ | $F_{a,k}$ | $F_{c,k}$ | $F_{a,k}$ | $F_{c,k}$ |
| 0 | 1 | −39.318 | 39.318 | 64.376 | −39.318 | −0.231 | 0.033 | 0.144 | 0.040 |
| $\pi/2$ | 2 | −39.318 | 39.318 | 64.376 | −39.318 | 0.231 | −0.033 | −0.144 | −0.040 |
| $\pi$ | 3 | −39.318 | 39.318 | 64.376 | −39.318 | −0.231 | 0.033 | 0.144 | 0.040 |
| $3\pi/4$ | 4 | −39.318 | 39.318 | 64.376 | −39.318 | 0.231 | −0.033 | −0.144 | −0.040 |

注：均匀载荷 $q = 64D_1 A_{40} = -0.0798$MPa。

### 7.6.3　非共轴系统和椭圆花瓶式主镜

椭圆轮廓使得我们去除 MDM 径向臂的同时生成像散模态 Astm3 和 Astm5，如式（7.49）中的 $A_{22}$、$A_{42}$ 所示。事实上，我们在第 5 章看到，单一的花瓶式 MDM 结构不能提供解决方案，因为椭圆环的挠曲有一个通光口径的轮廓线 $C$ 的几何形状，这样就不能满足双调和方程 $\nabla^4 z =$ 常数。然而，这个问题可以通过"封闭的双盘形"方案得以解决，由两个相同的外圈密封的椭圆形花瓶形成（参见 5.3.5 节）。

### 7.6.4　LAMOST 的弯月形实时非球面拼接镜面

4m 级口径的 LAMOST，是至今为止 Schmidt 式望远镜中最大的。与其他大视场望远镜相比，LAMOST 也致力于光谱探测，其 5° 视场赋予该望远镜一个杰出的集光率（参看 1.6.3 节），它可以同时获得 4000 个恒星或类星体的光谱（参见 4.3.4 节和 8.7.3 节）。

LAMOST 是一个非共轴系统，其拼接的第一镜 $M_1$ 主镜面为 4.4m×5.7m，由 24 块六角形弯月子镜拼接而成[64]。球面第二镜 $M_2$ 的口径为 6.7m，由 37 个子镜拼接而成。

　　$M_1$ 的子镜在无应力状态下抛光平整。大型专用抛光机可同时进行四块子镜的浸没式抛光。光学测试的基准面是平面硅油镜。然后 $M_1$ 子镜由 35 个力促动器施加应力，另外还有 3 个位移致动器，用于非球面化的预先校准。Wang 等[64]和Su 等[61]描述了 LAMOST 的一些基本特征。在望远镜上，波前传感器和一个主动光学闭环系统控制实时非球面化，并确保非球面化随观测区域的方位角和高度角变化。对于一个给定的赤纬角 $\delta \in [-10°, 90°]$ 和积分时间为 1.5 小时的观测，还需要主动光学使 $M_1$ 产生一个椭圆率 $(x, y)$ 的变化。校准控制维持 $M_1$ 子镜共焦，子镜共相对获取光谱来说并不是必要的。无论待观察天区的赤纬角 $\delta$ 是多少，中心入射光束都会在 $M_1$ 上产生一个直径 4m 的圆形横截面，这决定了主镜在 $y$ 方向上的有效通光口径宽度，$2y_{max} = 4m$（图 7.10）。

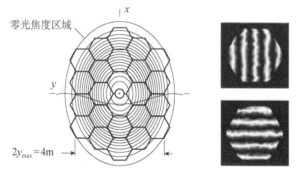

图 7.10　（左）LAMOST 拼接主镜和其对应于赤纬角 $\delta = 90°$天区时，与平面对比的最大椭圆的等高线。（右）在受力时，最边缘的一对拼接子镜，在自准直试验中两个正交方向的双通道 He-Ne 激光波前（崔向群，中国科学院南京天文光学技术研究所）

　　如果 $M_2$ 的曲率为 $1/R$，望远镜对称平面 $(x, z)$，望远镜焦比 $\Omega$，那么从 4.3.2节得到 $M_1$ 的一阶近似形状为

$$z = \frac{1}{\cos i}\left[\frac{k}{64\Omega^2 R}\left(x^2 \cos^2 i + y^2\right) - \frac{1}{8R^3}\left(x^2 \cos^2 i + y^2\right)^2\right] \quad （7.50）$$

其中，$k = 3/2$，$\Omega = R/4y_{max} = 5$，$i$ 是视场中心主光线光束在 $M_1$ 上的入射角。

# 7.7　液态镜面望远镜中的花瓶式 MDMs

## 7.7.1　LMTs 的天顶观测

　　液态镜面望远镜（LMTs）是由 Borra 等[8]开发的，他研制了一个能达到衍射极限的 1.5m 镜面和一个具有相同光学质量的 2.5m 镜面[7]。在这之后，Hickson 等[27]研发了一台口径 2.7m-焦比 1.9 的 LMT 用于天顶区的天文观测。CCD 像元阵列的漂移扫描技术在周日运动过程中，可以将天文图像在视场上进行积分，从而得到极限星等为 21 等的恒星图像。其他几个 LMT 被用作大气科学中的雷达波接收器。在 2005 年，Hickson 开始将一个口径 6m、焦比为 1.5 的 LMT 应用于天文观测[28]（图 7.11）。

图 7.11　6m 口径的英国哥伦比亚大学（The University of British Columbia）液体天顶望远镜及该望远镜拍摄的银河图像

镜面的抛物面形是通过液体在槽内的旋转而自然形成的。曲率半径 $R = g/\omega^2$ 是流体静力学平衡的结果，其中 $g$ 和 $\omega$ 分别是当地的重力加速度和旋转速率。又有无量纲半径 $\rho = r/r_m$，那么抛物面形状和焦比 $\Omega = f/2r_m$ 表示为

$$Z_{\text{Opt}} = \frac{r_m}{8,\Omega}\rho^2, \quad \Omega = \frac{g}{4\omega^2}r_m \tag{7.51}$$

对于地球上一个口径为 20m、焦比为 $f/1$ 的镜子来说，其旋转速度 $\omega \approx 0.5$ 圈 / s，并随镜子直径 $2r_m$ 的减小而减小。旋转是通过使用静压空气垫和薄驱动带补偿摩擦得到的。恒定转速通过闭环系统中的光学测速仪维持。从液体反射镜技术的第一次发展开始，Borra 在构建更大的反射镜方面已经取得了重要的里程碑式成果[6]。

对于非常大的液体反射镜，地球自转会在液体表面产生明显的像差模式，如 $Cv1$、$Sphe3$、$Coma3$ 和 $Astm3$。Gibson 等[24]和 Mulrooney[49]的研究表明，由科里奥利力引起的像散可以通过镜面转轴的固定倾斜来补偿，倾角在地球经线面上。考虑 LMT 位于纬度 $\ell$ 处，$R_\oplus$ 和 $\omega_\oplus$ 分别代表地球的半径和转速-假定大地水准面为球形，倾斜角可由下式给出

$$\tau = \frac{R_\oplus \omega_\oplus^2}{2g}\left(1 + \frac{R_\oplus \omega_\oplus^2}{g}\cos^2\ell + \cdots\right)\sin 2\ell - \frac{\omega_\oplus}{\omega}(1 + \cdots)\cos\ell \tag{7.52}$$

这个角在两极附近为零，在 $\ell = \pm\pi/4$ 时最大。在实际中，液体镜轴承是用一个精确的气泡水平仪校准水平度。这种水平仪对加速度矢量 $g - a_c$ 很敏感，其中 $a_c$ 是向心加速度。$g - a_c$ 与真实垂线的偏差对应于式（7.52）中 $\sin 2\ell$ 项。在这种情况下，所需调整的角度就是 $\cos\ell$ 项；这一项定义了向量 $\omega + \omega_\oplus$ 的方向与 $g - a_c$ 的方向一致。

这种消除了科里奥利效应的情况下，Astm3 被消除，并且，在柱坐标系（$Z, r, \theta$）中 $\theta = 0$ 时，镜面顶点与地球经线相切，镜面形状为

$$Z_{Opt} = \left[ \frac{r_m}{8\Omega} \left( 1 + \frac{\omega_\oplus}{\omega} \sin\ell \right) + \frac{r_m^2 \cos\ell}{2R_\oplus \Omega^2} \right] \rho^2 - \frac{r_m^2 \cos\ell}{64 R_\oplus \Omega^2} \rho^4 - \frac{\omega_\oplus^2 r_m^2 \sin 2\ell}{8g\Omega} \rho^3 \cos\theta \quad （7.53）$$

其中，在镜子边界处 $\rho = 1$。将四分之一波原则应用于 Sphe3 项，可以得到补偿器不需要补偿球差的极限；这样可以得出镜面尺寸 $2r_m = \Omega \sqrt{8R_\oplus \lambda}$。在光波长为氦-氖激光波长 $\lambda_{\text{He-Ne}}$ 时，这对应于焦比 1.76、口径 10m 的镜子。即使对于 100m 的镜子，Coma3 项也是完全可以忽略的。

这些结果消除了 ELMTs（extremely large LMTs）的性能达到衍射极限的最后一个基本障碍[31]。因此，将来 ELMTs 可能会用于在地面或月球极点进行天文观测。

### 7.7.2  LMTs 的视场畸变和四透镜校正器

对于巡天望远镜 LMTs，探测器上运动像的曝光是通过延时积分实现的，也称为漂移扫描。因恒星以恒定速度旋转导致像的移动速度也恒定，那么对于每一个像元阵列来说，也可以通过读取每一列其到达探测器边缘的时刻，来以恒定速度驱动探测器运行。

在所有的望远镜系统中，LMTs 是一个前所未有的方案，它需要控制三阶畸变像差-Dist3（通常通过图像处理去除）以及由于天区的非直线投影而产生的畸变效应。这些畸变效应的校正，最初由 E.H. Richardson 解决。

考虑天球赤道坐标系（$\alpha$, $\delta$）和 LMT 位于地球纬度 $0° < \ell < 60°$ 的情况，经线（即 $\alpha$ = 常数）扫描成的像都是连续的线，并且这些线会聚在一个共同的点，同时赤纬线（即 $\delta$ = 常数）的像会投射成以这一点为圆心的同心圆。图像的最佳漂移扫描积分要求探测器能够将曲线场坐标系（$\alpha$, $\delta$）严格地转换成笛卡儿坐标系（$x$, $y$）。

如果一台 LMT 位于地球赤道上，即 $\ell = 0$，则只需要 Dist3 = 0。

如果一台 LMT 位于 $0° < \ell < 60°$ 之间，除了需要 Dist3 = 0 之外，校正镜还应

该提供一个与上述恒星畸变相反的不对称失真。校正可以通过①设置矢高 $s_x = -s_\alpha$，这个矢高由恒星速度的南北差异造成，②设置矢高 $s_y = -s_\delta$，这个矢高由恒星轨迹曲率引起。这些条件可以同时满足。$\varphi_{xm}$、$\varphi_{ym}$ 分别表示在 $\alpha$ 和 $\delta$ 的方向的半视场角，这些矢高如下（出自 Hickson[30]）

$$s_x = -2\Omega r_m \varphi_{xm} \varphi_{ym} \tan \ell, \quad s_y = \Omega r_m \varphi_{xm}^2 \tan \ell, \quad (7.54)$$

其中，$s_x$ 代表子午线反向旋转的矢高，如果探测器的积分面为正方形，则在对角场边缘处最大（即 $\varphi_{ym} = \pm\varphi_{xm}$）

Richardson[56] 已经证明，幸运的是 Dist 3 和不对称的恒星畸变都可以被消除：最好的效果是通过一个包含一个楔形透镜的四联体透镜实现的。该设计从一个三透镜 Wynne 校正器改进而来[71]，该校正器能消除 Sphe3、Coma3、Astm3 和 Petz3，由一个正弯月镜、一个负透镜和一个正透镜组成，所有的透镜都是相同的玻璃。四透镜 Richardson 校正器[29] 引入了一个离轴楔形透镜作为焦点附近的第四单元。该校正器目前用于典型的 20′×20′ 视场，但也可用于较大的视场。这是所有 LMTs 的关键组件。

### 7.7.3　用于非天顶观测的采用 MDM 的 LMT 概念

采用抛物面镜观察 10′ 典型视场，视场中心与镜面光轴成几度角，像面将呈现高辐值的 Coma3，Astm3 和几个高阶像差。设计一个用于消像差的离轴折射校正器将是非常困难的。为了用液体镜面在偏离天顶相当大的角度时进行观测，Wang 等[65]、Moretto[47] 进行了利用三镜系统进行离轴校正的研究。该望远镜由一个抛物面主镜和两个附加的倾斜镜（副镜和三级镜）组成，具有双轴对称性。

最初的设计源自 Paul-Baker 望远镜[4, 54]。对于最初的 Paul 式望远镜[59, 70]，概念始于一个无焦的主镜副镜组合，即凹凸共焦抛物面，它提供了一个无像散的 Mersenne 光束缩束器。我们用 $k = R_2/R_1$ 来定义缩比。Paul 添加了一个三级镜，这个镜子曲率中心位于主镜的顶点。平行光入射时，三镜可以当作球面使用，类似于 Schmidt 球面镜。三镜的球差可用副镜来补偿。如果 $R_2 = R_3$，我们可以把抛物面副镜修改成一个球面，因为这时副镜 Sphe3 和三镜 Sphe3 恰好相反。系统能再次消除 Sphe3。Paul 首先指出，该系统也没有 Coma3 和 Astm3。焦面曲率是 $2/R_1$，因为佩茨瓦尔场曲的总和是 $2(1/R_1 - 1/R_2 + 1/R_3)$。Paul 系统也可以推广为 $R_2 \neq R_3$ 时佩茨瓦尔场曲也为零的系统。Baker 首次指出，如果将球面副镜换成一个二次曲面系数 $c_{\kappa 2} = -1 + (R_2/R_3)^3 = -1 + (1-k)^3$ 的椭球面，这个改良系统的 3 阶像差仍为零，这样三镜仍然能接收到平行光束并仍然是一个球面（$c_{\kappa 3}=0$）。第一个大型 Paul-Baker 望远镜是一个用于 CCD 天空测量的经纬仪，它由 Angel 等[3]提议建造。这架望远镜[44]的口径为 1.8m，焦比 2.2，超过 1°的平面视场。它的缩光比 $\kappa \approx 1/3$，$R_2=R_1/3$，$R_3=R_1/2$，$c_{k1}=-1$，$c_{k2}=-0.704$，$c_{k3}=0$。

Moretto 等[45, 46]的利用液体镜进行非天顶观测的望远镜概念源自 Paul-Baker 的平场消像散研究。凹副镜和三镜都是花瓶式 MDMs。采用双透镜校正器（球面透镜）使得 CCD 能够漂移扫描成像，实现了对畸变和天空投影的 $x$、$y$ 场补偿。这个设计的主镜口径为 4m，在副镜上的缩光比为 3.5，观测天区偏离天顶 7.5°，缩光比可达 5（图 7.12）。

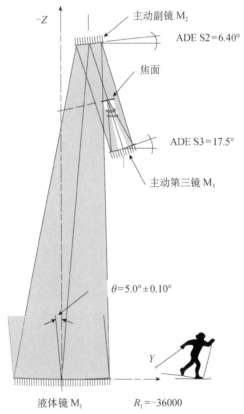

视图 *Y-Z* 平面　　　有效焦距：10313.3mm　　　比例：20 角秒/毫米

图 7.12　带有双透镜校正器的三镜望远镜的光学设计，用于观测偏离天顶 5°的天区，并拥有 15′的视场。液体主镜的直径为 4m。副镜和三级镜的直径是 1.15 m；均采用花瓶式 MDM 设计，允许原位非球面化。整个视场内，残差图像的均方根小于 0.5″[45]

第一个 MDM 的参数如图 7.2 所示，开发了这样的副镜和三镜。12 臂 MDM

的研制，以及各种 Clebsch-Seidel 模态都是通过干涉法控制得到的。Tilt1 模态和 4 个挠曲模态的叠加结果如干涉图 7.13 所示。

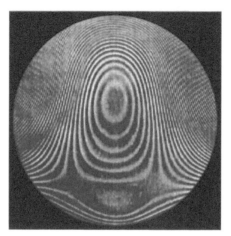

图 7.13　图 7.2 中描述的 12 臂 MDM 的超级叠加态
$Z = z_{11}+z_{20}+z_{22}+z_{33}+z_{40}$ He-Ne 干涉图

Fe87Cr13 合金的应力应变线性（即胡克定律）试验证明，12 臂 MDM 可以在外环带产生最大 $\sigma = 50\mathrm{daN} \cdot \mathrm{mm}^{-1}$ 的应力。这个试验测试的是 Astm3 模式 $z_{22} = A_{22}r^2 \cos2\theta$。如果内环带的刚度可以忽略不计，则由较厚环带导出的应力-应变关系为

$$A_{22} \approx (1+v)\sigma_{\max} / Et_2, \qquad (7.55)$$

由此可得在有效通光口径半径 $a = 80\mathrm{mm}$ 内，变形量矢高的 PV 值 $z_{22} = \pm1.7\mathrm{mm}$。这种大变形产生于弹性区域，表明主动光学方法具有产生较大幅值的能力。

## 7.8　MDMs 作为全息光栅刻划补偿器

### 7.8.1　全息光栅校正像差

在制备全息衍射光栅的刻划过程中，需要一种干涉图样，这种干涉图样被固化在光栅基底的感光层中。连续干涉条纹满足平面光栅的刻划。采用 Rowland 配置，可以产生弯曲的、间距变化的反射条纹，这满足了凹面光栅的刻划要求。为了校正一些像差，两个刻划光波前中至少有一个必须是非球面的。到目前为止，非球面波前的形成需要特殊设计的光学系统，这个系统要提供与待修正波前形状

完全相反的波前。当然，这样的补偿系统是复杂且昂贵的，而且，只能用于制作特定的光栅。此外，各种类型的像差无法同时在这样的光学系统中得到校正，因此这给全息光栅高阶像差的校正带来了非常大的困难。但是，Duban[16, 20, 21]提出的"第三代 Rowland 全息装置"打破了僵局，它使用两个球面辅助全息光栅产生两个畸变的刻划波前。这使得刻划的球面光栅的像差校正可以包括一些五阶模态的像差。但辅助光栅的制作会增加成本。

在两束刻划光的其中一束上使用平面 MDM，这样能大大简化制作用来校正像差的全息光栅的刻划方法。MDM 补偿器很容易通过主动变形叠加许多像差模式。现有的 Clebsch-Seidel 模态就能产生比 Rowland 配置更高程度的校正效果。基于平面的像差补偿器 MDMs 提供了一种无需上述复杂光学系统即可刻划校正后的衍射光栅的通用方法。

HST 的宇宙起源光谱仪（Cosmic Origins Spectrograph—Cos）[25, 48]的全息光栅的刻划，就是采用这种方法。Duban[15, 17, 19]发现，使用 MDM 作为刻划补偿器能极大地提升成像质量。制作的全息校正光栅好处如下：

→可以同时校正许多高阶像差；

→光谱中残留的单色图像区域更小。

### 7.8.2　HST 的 COS 光栅设计

COS 的光栅必须校正 HST 的原始球差。在校正前，这种像差最大能达到光谱仪像差的 200 倍。没有全息校正可以在整个光谱范围内减少这么大量级的像差。因此，不可能使光栅基底保持完全球形；我们已经介绍了光栅基底的四阶和六阶形变，即 $z_{40}$ 和 $z_{60}$。

由于 COS 入射光束偏离 HST 光轴 5.40′，我们就必须去校正 HST 视场像差，主要是 Astm3，因为 HST 产生 1.20mm 的象散长度。通过使用 MDM 将光栅刻划到优化的 Rowland 装置上，可以进行全息校正[21]。这种配置消除了光谱的 $P_1$ 和 $P_2$ 两点处的 Astm3。这种配置是唯一一个真正适合补偿 Astm3 的方案，显然它也同样适用于 COS 光栅。

对于三个 COS 光栅，表 7.3 给出了光谱仪的光谱数据。表 7.4 给出了光栅参数，其中 $N$ 是每毫米的刻线密度，$R$（单位为 mm）是光栅基底的曲率半径，$\lambda_0$ 是刻划激光波长，$i$ 是光在 HST 的入射角，$\alpha$ 和 $\beta$ 是刻划角度（单位：°）。表 7.5 给出了光栅基底的变形系数（单位：$mm^{-n+1}$）。光栅#1 和#2 的基底是相同的。表

7.6 给出了 MDM 的变形系数（单位：$mm^{-n+1}$）和光在 MDM 上的入射角 $i_{MDM}$。

表 7.3　不同波长的光栅光谱数据，单位为 Å

| 光栅 | $\lambda_{min}$ | $P_1$ | $\lambda_{med}$ | $P_2$ | $\lambda_{max}$ |
|---|---|---|---|---|---|
| #1 | 1150 | 1185 | 1295.5 | 1382 | 1449 |
| #2 | 1405 | 1456 | 1589.5 | 1684 | 1774 |
| #3 | 1230 | 1320 | 1615.0 | 1810 | 2000 |

表 7.4　光栅及其几何刻线参数

| 光栅 | $N$ | $R$ | $\lambda_0$ | $i$ | $\alpha$ | $\beta$ |
|---|---|---|---|---|---|---|
| #1 | 3 800 | 1652.0 | 3511 | 19.886 | −36.089 | 48.171 |
| #2 | 3 052.6 | 1652.0 | 3511 | 19.538 | −25.750 | 39.592 |
| #3 | 380 | 1613.4 | 4880 | 2.106 | −4.025 | 6.618 |

表 7.5　光栅基板系数（最大挠曲以 µm 为单位）

| 光栅 | $A_{40}$ | $A_{60}$ |
|---|---|---|
| #1 | 1.913E−9 | 9.14E−14 |
| | [2.68] | [0.15] |
| #2 | 1.913E−9 | 9.14E−14 |
| | [2.68] | [0.15] |
| #3 | 1.822E−9 | 1.03E−13 |
| | [2.33] | [0.15] |

表 7.6　MDM 系数和入射角

| 光栅 | $A_{31}$ | $A_{33}$ | $A_{42}$ | $i_{MDM}$ |
|---|---|---|---|---|
| #1 | 4.821E−8 | −5.582E−8 | −2.172E−9 | 29.96° |
| #2 | 1.880E−8 | −2.671E−8 | −2.360E−9 | 16.92° |
| #3 | 0.512E−8 | −0.003E−8 | −0.180E−9 | 10.00° |

每个校正光栅的光学设计都要使得五种波长的图像模糊最小化。对于光栅 #1，波长如表 7.3 所列。从左到右分别对应 $\lambda_{min}$（$P_1$），中间的频谱 $\lambda_{med}$（$P_2$），$\lambda_{max}$，加上其他两个中心附近的中间波长。$P_1$ 和 $P_2$ 点的像散纠正效果明显（图 7.14）。

→COS 在 $x$ 方向的光谱分辨率 $\lambda/\delta\lambda$ 提高了 10 倍，

→$y$ 方向的极限星等提高了 1～1.2 个量级[18]。

模糊图像在 1300Å 的半高全宽（FWHM）是 $2.5\times88\mu m^2$，并且在色散方向会因为衍射而增加到 $3.8\times88\mu m^2$。COS 团队通过成像结果和分辨率测试比较[53]，在刻线密度为 3800 l/mm 时，校正 Astm3 的光栅在 1284Å 的 FWHM 为 $38\times264\mu m^2$，高阶像差校正光栅能提供在色散方面提高 10 倍、横向提高 2.8 倍的像。

焦比 24 的 HST 提供给 COS 的图像在波长 1300Å 处的分辨率为 $1.22\lambda\cdot f/d=$

3.8μm，同时凹面光栅提供约为−1 的放大率。光栅#1 和#2 给出的图像在光谱范围的主要部分的分辨率能达到衍射极限，在较低的波长上几乎达到衍射限制。由于 3 号光栅色散小，图像在长和宽方向都能达到衍射极限。

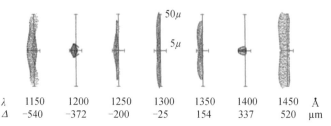

| $\lambda$ | 1150 | 1200 | 1250 | 1300 | 1350 | 1400 | 1450 | Å |
| --- | --- | --- | --- | --- | --- | --- | --- | --- |
| $\Delta$ | −540 | −372 | −200 | −25 | 154 | 337 | 520 | μm |

图 7.14　光栅#1 在 3800 $\ell \cdot mm^{-1}$ 点列图。$\Delta$ 表示主光线相对 Rowland 圆的离焦。$\Delta$ 为正，意味着增加像面到光栅顶点的距离增大。COS 探测器的像素大小是 2.4×33μm²。与 Osterman 等[53] 的设计相比，集光能力的增益为 28（在 Duban[18] 之后）

对于光栅#1 和光栅#2 来说，从激光光源 1 到 MDM 的距离是 1100mm，对光栅#3 而言，这个距离是 1000mm（图 7.15）。

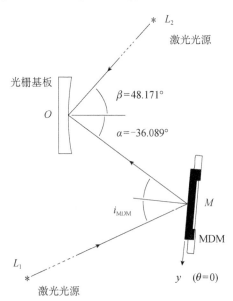

图 7.15　基本刻划配置。从激光光源 $L_1$ 和 $L_2$ 发出的主光线在光栅顶点 $O$ 的刻划角度分别为 $\alpha$ 和 $\beta$，在表 7.4 给出。对于 COS 光栅#1，$\alpha$ 和 $\beta$ 的值如图上所示，在 MDM 的顶点 $M$ 的入射角 $i_{MDM}=29.96°$；Rowland 圆的光路为 $L_1O = R\cos\alpha$，$L_2O = R\cos\beta$，其中 $R=1652mm$、$L_1M=1100mm$（在 Duban 之后）

由于 $i \leq 20°$，焦比 24 的 HST 为所有三个光栅投射的中心光束都限制在直径 73.2mm 的圆内（见表 7.4）；为了刻划 80mm 口径的圆形 COS 光栅，刻划光束投射在 MDM 上的尺寸应为：对于光栅#1、#2 为 $42.9 \times 53.3 \text{mm}^2$，对于光栅#3 则要小一点。

### 7.8.3　用作刻划补偿器的六臂 MDM 的弹性力学设计

六臂平面 MDM 由 Lemaitre[37, 39]提出并进行了实验。这些镜子能提供六个 Clebsch-Seidel 模态的叠加，但是 COS-HST 光栅的刻划只需要三个模态。虽然基于数字计算机生成干涉图的另一种方法也很有趣，但是主动 MDM 能直接实现像差纠正[14, 26]。

与玻璃或者石英材料相比，金属镜面一些特征，包括高曲率变化和高非球面度变化能力，弹性比大于 100，这是因为金属合金有非常高的抗屈强度 $\sigma_{\text{lim}}$。金属基底的第二个选择标准是胡克定律意义上的完美应力-应变线性。Fe87Cr13 合金有较大的线性范围，并且没有抛光问题。其他金属合金比如 Cu62Ni18Zn20 或者 Ti90A16V4 尚未被证明，但在较大的线性范围内可能表现出良好的应力-应变线性关系，而较柔韧的铝基合金线性范围有限，需要镀镍涂层才能抛光。参考 AISI 420 系列，选择金属合金是 Fe87Cr13，它淬火后的布氏硬度 BH = 300。这种材料在织布机上使用很长时间，可以提供非常光滑的抛光表面。根据 COS 光栅#1 的 $A_{33}$ 系数所定义的五阶三角像差 Tri5 所给出的最大应力，确定刚度 $D_1$ 和 $D_2$，即厚度 $t_1$ 和 $t_2$，对其柔性进行了优化（表 7.6）。最大应力保持在低于 Fe87Cr13 合金抗屈强度 $1200\text{N/mm}^2$。为了保证基底的最佳三维均匀性，直接从合金圆盘上加工出花瓶形状和径向臂。连接 MDM 和支撑体的九个螺丝之间的差异就能生成挠曲，而位于 $\theta = 0, \pm 2\pi/3$ 和 $r = a$ 的其余三个点定义变形的参考平面。六臂 MDM 适合作为 COS 光栅刻划补偿器（图 7.16）。

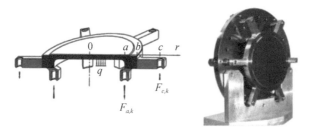

图 7.16　作为像差校正全息光栅的刻划补偿器的六臂瓶形 MDM。有效通光口径 $2a = 80\text{mm}$。（左）真实比例设计。（右）应力单元视图

六个 Clebsch-Seidel 模态中的每一个在 $r = a = 40\text{mm}$、$\theta \in [0, 2\pi]$ 处都有 $1\mu\text{m}$

的 PV 变形量，这就决定了加载于 MDM 的力 $F_{a,k}$ 和 $F_{c,k}$ 的轴向分布。这些力以及与之相关的 MDMs 几何参数如表 7.7 所示。

表 7.7　六臂平面 **MDM**。由 $M_r(b)$ 和 $V(b)$ 推导出 $F_{a,k}$、$F_{c,k}$ 的力分布。MDM 几何结构：$t_1 = 5\text{mm}$，$\gamma = (t_1/t_2)^3 = 1/27$，$a = 40\text{mm}$，$b/a = 1.35$，$c/a = 2$。Fe87Cr13 合金：$E = 205 \times 10^9$ Pa 和 $v = 0.305$。力在 $a = 40\text{mm}$ 处，生成变形量 PV 值 1μm 的 $z_{nm} = A_{nm}\, r^n \cos m\theta$ 模态。对应 Clebsch-Seidel 系数 $A_{20} = 6.250 \times 10^{-7}$，$A_{40} = 3.906 \times 10^{-10}$，$A_{22} = A_{20}/2$，$A_{31} = 7.812 \times 10^{-9}$，$A_{33} = A_{31}$，$A_{42} = A_{40}/2$，单位为 $\text{mm}^{1-n}$。有效通光口径 $2a$　　　　单位：daN

| 角度 | Arm | Cv1 | | Sphe3* | | Astm3 | | Coma3 | | Tri5 | | Astm5 | |
|---|---|---|---|---|---|---|---|---|---|---|---|---|---|
| | nb. | $n=2, m=0$ | | $n=4, m=0$ | | $n=2, m=2$ | | $n=3, m=1$ | | $n=3, m=3$ | | $n=4, m=2$ | |
| $\theta$ | $k$ | $F_{a,k}$ | $F_{c,k}$ | $F_{a,k}$ | $F_{c,k}$ | $F_{a,k}$ | $F_{c,k}$ | $F_{a,k}$ | $F_{c,k}$ | $F_{a,k}$ | $F_{c,k}$ | $F_{a,k}$ | $F_{c,k}$ |
| 0 | 1 | −2.76 | 2.76 | −11.95 | 7.02 | 5.62 | −0.14 | −1.90 | 1.54 | 26.58 | 2.66 | 6.98 | 0.86 |
| $\pi/3$ | 2 | −2.76 | 2.76 | −11.95 | 7.02 | −2.81 | 0.07 | −0.95 | 0.77 | −26.58 | −2.66 | −3.99 | −0.43 |
| $2\pi/3$ | 3 | −2.76 | 2.76 | −11.95 | 7.02 | −2.81 | 0.07 | 0.95 | −0.77 | 26.58 | 2.66 | −3.99 | −0.43 |
| $\pi$ | 4 | −2.76 | 2.76 | −11.95 | 7.02 | 5.62 | −0.14 | 1.90 | −1.54 | −26.58 | −2.66 | 6.98 | 0.86 |
| $4\pi/3$ | 5 | −2.76 | 2.76 | −11.95 | 7.02 | −2.81 | 0.07 | 0.95 | −0.77 | 26.58 | 2.66 | −3.99 | −0.43 |
| $5\pi/3$ | 6 | −2.76 | 2.76 | −11.95 | 7.02 | −2.81 | 0.07 | −0.95 | 0.77 | −26.58 | −2.66 | −3.99 | −0.43 |

注：*均匀载荷 $q = 64D_1A_{40} = 0.00589\text{Mpa}$。

用 He-Ne 干涉图，将五种弯曲模态与平面对比进行了评估（图 7.17）。

图 7.17　六臂 MDM 全口径 80mm He-Ne 干涉图，分别对应单一模式
Cv1，Coma3，Astm3，Astm5，Tri5。未显示 Sphe3 模态，
它可以通过空气压力或镜内部真空获得

根据上面 COS 的光学设计，光栅基底也必须是轴对称的非球面——这是由 HST 主镜的 Sphe3 残差造成的——全息刻划需要 $A_{31}$、$A_{33}$ 和 $A_{42}$ 这三个 Clebsch-Seidel 模态在 MDM 上叠加，如表 7.5 所示。对于光栅#1，全息刻划补偿器 MDM 的几何结构和产生这些挠曲的力 $F_{a,k}$、$F_{c,k}$，如表 7.8 所示。

表 7.8　作为 COS 光栅的全息刻划补偿器的六臂平面 **MDM**。刻划 COS 凹面光栅#1 的 $F_{a,k}$、$F_{c,k}$ 分布。MDM 几何结构：$t_1 = 5\text{mm}$，$\gamma = (t_1/t_2)^3 = 1/27$，$a = 40\text{mm}$，$b/a = 1.35$，$c/a = 2$。杨氏模量 $E = 205\text{GPa}$，$v = 0.305$。$z_{nm} = A_{nm}\, r^n \cos m\theta$ 模态的系数 $A_{31} = 4.821 \times 10^{-8}$，$A_{33} = -5.582 \times 10^{-8}$，$A_{42} = -2.172 \times 10^{-9}$　　　　单位：daN

| 角度 | 臂 | Coma3 | | Tri5 | | Astm5 | | 叠加力* | |
|---|---|---|---|---|---|---|---|---|---|
| | nb. | $n=3, m=1$ | | $n=3, m=3$ | | $n=4, m=2$ | | | |
| $\theta$ | $k$ | $F_{a,k}$ | $F_{c,k}$ | $F_{a,k}$ | $F_{c,k}$ | $F_{a,k}$ | $F_{c,k}$ | $\sum \mathcal{F}_{a,k}$ | $\sum \mathcal{F}_{c,k}$ |
| 0 | 1 | −11.72 | 9.54 | −190.00 | −19.98 | −77.54 | −9.58 | −279.2 | −20.0 |

续表

| 角度 | 臂 nb. | Coma3 $n=3, m=1$ | | Tri5 $n=3, m=3$ | | Astm5 $n=4, m=2$ | | 叠加力[*] | |
|------|--------|------|------|------|------|------|------|------|------|
| $\theta$ | $k$ | $F_{a,k}$ | $F_{c,k}$ | $F_{a,k}$ | $F_{c,k}$ | $F_{a,k}$ | $F_{c,k}$ | $\sum \mathcal{F}_{a,k}$ | $\sum \mathcal{F}_{c,k}$ |
| $\pi/3$ | 2 | −5.86 | 4.77 | 190.00 | 19.98 | 38.72 | 4.79 | 222.8 | 29.5 |
| $2\pi/3$ | 3 | 5.86 | −4.77 | −190.00 | −19.98 | 38.72 | 4.79 | −145.5 | −19.9 |
| $\pi$ | 4 | 11.72 | −9.54 | 190.00 | 19.98 | −77.54 | −9.58 | 124.2 | 0.8 |
| $4\pi/3$ | 5 | 5.86 | −4.77 | −190.00 | −19.98 | 38.72 | 4.79 | −145.5 | −19.9 |
| $5\pi/3$ | 6 | −5.86 | 4.77 | 190.00 | 19.98 | 38.72 | 4.79 | 222.8 | 29.5 |

注：*由于对所有三种模式 $m \neq 0$，$\Sigma_k F_{a,k} = \Sigma_k F_{c,k} = \Sigma_k \mathcal{F}_{a,k} = \Sigma_k \mathcal{F}_{c,k} = 0$。

三种模态叠加后的挠曲干涉图与理论的 He-Ne 干涉图吻合较好（图 7.18）。

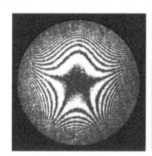 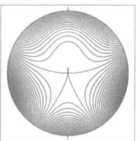

图 7.18　用于 COS 光栅#1（3800l/mm）的全息刻划的光路补偿器的调谐六臂 MDM 的全口径 He-Ne 干涉。如表 7.8 的最后两列所示的力 $F_{a,k}$、$F_{c,k}$ 的应用，产生了三个模态 Coma3、Tri5 和 Astm5 的叠加。（左）获得的形状。（右）合成的理论形状。$\theta$-origin 是向下（织机）

# 7.9　退化构型和三角形模式

## 7.9.1　三角形模式的特殊几何形状

对于 5 阶三角模式，Tri5 表示为 $z_{33} = A_{33} r_3 \cos 3\theta$，能够得到退化构型；这意味着施加在臂内端的外力 $F_{a,k}$ 可以被取消。Astm3 的情况类似，如果方程组（7.13）满足条件 $F_{a,k} = 0$，则有

$$(c-b)V_r(b) = M_r(b), \quad \forall \theta$$

$V_r(b)$ 和 $M_r(b)$ 的表达式由方程组（7.12f）给出。代入上面的方程后，我们得到一个 MDM，它的径向臂具有特殊的几何形状[38]

$$\frac{c}{b} = 1 - \frac{1 + \frac{1}{4}(1-\gamma)(1-v)\left[2 - \frac{5-v}{1-v}\frac{b^2}{a^2} - \frac{a^6}{b^6}\right]}{3 + \frac{3}{4}(1-\gamma)(1-v)\left[2 - \frac{7-3v}{1-v}\frac{b^2}{a^2} + \frac{a^6}{b^6}\right]} \tag{7.56a}$$

这对平面到中等弯曲的花瓶形镜或弯月镜都是有效的。

### 7.9.2 单一 Tri 3 模式和退化的弯月镜

对于弯月镜，$\gamma = (t_1/t_2)^3 = 1$，我们可以设置 $b = a$。从式（7.22a）得出，与 7.4 节中的 Astm3 相似，$b/c$ 的比值并不依赖于泊松比。

口径 $2a$ 的弯月镜提供了一个纯粹的 5 阶三角形挠曲 Tri5，只需要六个相互相反的力 $F_{c,k}$ 作用于在径向距离 $c$ 处的折叠臂的末端即可，如

$$\frac{c}{a} \equiv \frac{c}{b} = \frac{2}{3} \tag{7.56b}$$

一般情况下，对于花瓶形或弯月镜，施加于臂末端的 $F_{c,k}$ 可由式（7.13a）推导出

$$F_{c,k} = b \int_{\pi(2k-3)/k_m}^{\pi(2k-1)/k_m} V_r(b,\theta)\mathrm{d}\theta \tag{7.57}$$

当 $k_m = 6$ 时，联立 $E_{33} = 0$ 的式（7.12f），积分后得到

$$F_{c,k} = (-1)^k 4(1-v)\left(3B_{33} - 6\frac{C_{33}}{b^6} + 2\frac{7-3v}{1-v}b^2 D_{33}\right)D_2 b \tag{7.58}$$

替换系数后

$$F_{c,k} = (-1)^k 3(1-\gamma)(1-v)^2\left[\frac{4}{(1-\gamma)(1-v)} + 2 - \frac{7-3v}{1-v}\frac{b^2}{a^2} + \frac{a^6}{b^6}\right]D_2 b A_{33} \tag{7.59a}$$

→对于六臂弯月镜（$k_m = 6$），六个轴向力的强度和方向表示为

$$F_{c,k} = (-1)^k \frac{Et^3 a}{1+v}A_{33}, \quad k = 1, 2, \cdots, 6 \tag{7.59b}$$

### 7.9.3 单个 Tri 3 模式和退化的花瓶式

我们研制了两个相同的、能产生 Tri5 挠曲模态的六臂瓶式镜子的退化配置。其设计满足分析条件 $F_{a,k} = 0$ 时的（7.22a）。铬不锈钢材料比玻璃基底有更大的应力-应变范围和更大的弯曲比。干涉光学实验表明，这样得到的模态具有较高的精度。在三角模态族群中，本分析结果为 $|A_{53}/A_{33}| \leqslant 0.033$ 和 $|A_{73}/A_{33}| \leqslant 0.0013$（图 7.19）。

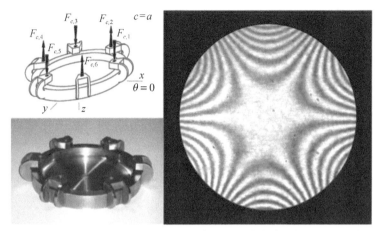

图 7.19　产生 Tri5 挠曲模式的六臂花瓶式的退化构型。这个方案满足 $F_{a,k}=0$ 时的（7.22a）。因此，只有六个力 $F_{c,k}$ 作用于夹紧在 $r=b$ 处的折叠臂的末端。基底：Fe87Cr13 不锈钢，$v=0.305$。几何形状：通光口径 $2a=100$mm，$2a/t_1=20$，$t_2/t_1=3$，$b/a=1.2$，$c/b=0.8382$，$c/a=1.0058\approx$ 1。（左）全息立体镜的设计和视图。（右）挠曲的 He-Ne 干涉图

# 7.10　单一模态和可变形外环带

### 7.10.1　高精度校正所需的外环带设计

产生 $m=n$ 的单一模态 MDMs 的外环带的刚度通常都会设置成比弯月镜的更高，即刚度比的倒数为 $1/\gamma=D_2/D_1=(t_2/t_1)^3\geqslant3$。因此，外环带在花瓶式的整体硬度上是出类拔萃的。加载于外环带的力能产生一个精确的 $\cos m\theta$ 挠曲变形。由于实际原因，这些力一般不以连续余弦分布的形式加载，因为这需要非常多的力作用点。实际中，为产生环带挠曲，总是趋向于将加力点数尽量减小。

例如，如果 $m=n=2$，那么对于一个退化构型的花瓶镜，最小的力数是 4，即在正交方向上有两对大小相等、方向相反的力。如果这些力都加载于环带的背面 0、$\pi/2$、$\pi$、$3\pi/2$ 的离散位置，这时环带会产生 $\cos2\theta$ 的挠曲。然而，有限元分析表明，四个轴向力作用于等厚环带背面，这种配置依然存在一个小的偏差。

为了获得一个 $\cos2\theta$ 变形，精度要求 5～10 nm，可以使用以下两种做法中的一个。

### 7.10.2 轴向厚度渐变的环带

由于上述原因，当直接加载满足余弦函数 $\cos m\theta$ 的轴向力时，环带的轴向厚度常数 $t_2$ 必须转换为一个变量 $t_2(\theta)$，这个变量显示了在这些极值处有 $m$ 个楔形。$m$ 个楔形是在环的背面实现的。对于 $m = n = 2$ 的 Astm3 模式和 $\nu = 0.315$ 的金属环带，其 1/4 象限内的轴向厚度由 Hugot（32、33）给出，如下

$$t_2(\theta) \approx 1.11\left[\frac{(b+a)F}{(b-a)EA_{22}}\frac{(1/2-2\theta/\pi)}{\cos 2\theta}\right]^{1/3}, \quad 0 \leqslant \theta \leqslant \pi/2 \quad （7.60）$$

以上满足 $t_2(\theta) = t_2\left(\dfrac{\pi}{2}-\theta\right)$ 并能推出 $t_2(0)/t_2\left(\dfrac{\pi}{4}\right) \approx 1.16$。其他象限的厚度分布相同。外力 $\pm F$ 加载于背面楔形（图 7.20 左）。

### 7.10.3 力作用于棱角梁的环

不在角度为极值的方向上直接施加外力，而是将此力细分为两个相等的分量，并通过棱角梁将其施加到轴向厚度 $T_2$=常数的环上，棱角梁的两个作用端的角度间隔可以很方便地优化（图 7.20-右）。

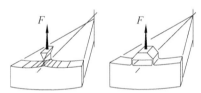

图 7.20　离散轴向力产生的纯粹 $\cos m\theta$ 挠曲的替代方案

（左）轴向厚度变化的楔形环带；（右）轴向厚度不变的环带的角桥

# 7.11　未来巨型望远镜和拼接镜面非球面化

### 7.11.1 巨型望远镜概念的当前趋势

许多关于未来三块、四块或五块连续镜片的巨型望远镜设计的研究都是用球面主镜完成的。例如，Baranne 和 Lemaitre[5]、Sasian[58]、Wilson 和 Delabre[67]、Dierickx、Delabre 和 Noethe[13]都讨论了使用球面主镜的方案，方案中还包括使用主动光学和自适应光学来提高光瞳成像质量。Rakich[55]描述了一种方法，给出了全部为球面的四镜消像散方案的完整解集。尽管有大量的这类系统被证明存在，

但由于中央存在巨大的挡光，其中大多数都不实用。在建立部分一阶特性的改进方法中，严格保持一、二、三镜的球面形状的四镜消像散方案的研究具有可行性。

　　然而，一些严格的要求，如在可见光波段的衍射极限成像、可能的最大视场和最小的镜面数都是必不可少的约束条件。对于 30m 口径的镜面，入射光波长 $\lambda = 550\text{nm}$ 时，视场内的空间分辨率经过光学设计后为 $1.2\lambda / D = 4\times10^{-3}(\prime\prime)$。因此，所有下一代的巨型望远镜都计划使用接近抛物面的非球面主镜。

　　此时，在 30～40m 级别的望远镜中，Nasmyth 的 TMT 项目[63]和 Cassegrain 的 GSMT 项目[52]是经典的 Ritchey-Chretien 或消球差 Gregory 设计，因此在可见光波段有 2′ 的衍射极限视场。主镜的子镜形状可能为六边形或扇形。25m GMT 项目[10]具有类似的视场和由七个圆形子镜组成的主镜。在所有这些项目中，自适应光学系统都假定是在一个直径为 5～6m 的镜面上进行的，这个镜面用作望远镜的副镜，也就是望远镜的入瞳。

　　其他 30～40m 望远镜项目有 10′ 的极限视宁度视场，包括在可见光波段至少 5′ 的衍射极限视场。以下项目包括直径 2.5～3m 的自适应变形镜作为光瞳。

　　由苏定强等设计的中国 12m 大型光学红外望远镜（LOT）是一个 4 镜 Nasmyth 系统。望远镜的入瞳是自适应副镜。望远镜的光轴通过一块带有中孔的 45° 折转镜转到水平，这块镜片既可以作为可变形镜也可以作为视场稳定镜。副镜上的入瞳通过非球面的第三镜传递到这块第四镜上（图 7.21-左）。

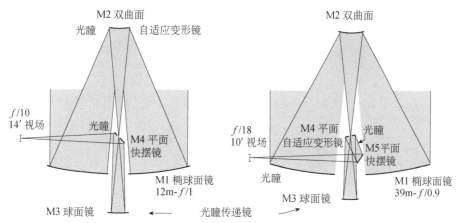

图 7.21　未来具有衍射极限视场的 30～40m 望远镜的光学系统设计。（左）中国 12m 大口径光学红外望远镜（LOT）4 镜系统（出自中国科学院）。（右）五镜 E-ELT 项目（出自欧南台）。两种方案都使用了一个用于光瞳转移的三镜，该镜将处于 M1 或 M2 的入瞳重新成像在一个单独的自适应变形镜 M4 上（LOT）或者是两块自适应镜 M4 和 M5 上（E-ELT）

六镜 JELT 项目[34]是一个有三个可动非球面镜和三个平面镜的 Nasmyth 系统。在第六镜上的主镜光瞳转移是通过位于 Nasmyth 平台侧面的第五镜实现的。自适应第六镜，位于 Nasmyth 平台，实现小角度的光束偏移。

五镜 E-ELT 项目[22]是一个 Nasmyth 系统，在主镜室的下方有一个三镜，由它实现主镜在有孔的第四镜上的光瞳转移。平面第四镜专门用于自适应光学校正。文献[40]表明，如果给定的成像瞳孔第四镜的镜面形状是一个非轴对称非球面，且非球面性的 PV 值小于 1μm 时，略微改变成像质量，那么主镜面型就变成了抛物面。平面第五镜作为快摆镜（图 7.21-右）。

### 7.11.2　拼接子镜的主动光学非球面化

对于未来的 30～40m 口径的望远镜，拼接主镜将是一个不可避免。子镜可以是圆形、六角形或扇形，最大口径在 1～2m 范围内。考虑到要制造的子镜数目（1000～1600）很大，必须仔细优化实现过程。采用可变形矩阵的复制技术——例如为光栅非球面化而开发的复制技术（参见 5.4 节）——在这个尺寸下并不是很有效，而且可能会增大镜子的镀膜难度。一种更有效的方法是应力成形。

为了获得非常光滑的、最大表面误差均方根为 20nm 的弯月形非球面子镜，在应力成型期间恢复 MDM 几何形状似乎是一个很有前途的选择。该工艺基于新开发的特种环氧树脂在局部加热或强光照射时的释放特性。因此，在主动光学控制的磨制过程中，弯月形子镜需要暂时粘在一个光滑可变形的环套上。弯月镜和带臂的环套重构 MDM 的完整几何形状。树脂的释放特性使得环套能够产生很多非球面弯月镜（图 7.22）。

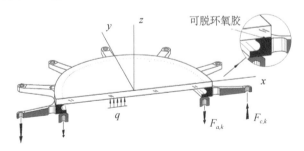

图 7.22　背面粘接环套的弯月板子镜，用于计算应力（$k_m = 12$）。树脂的可释放性允许使用相同的换套对许多弯月板进行非球面化

在受控的室温下，根据胡克定律，粘接在金属环上的玻璃体弯月形子镜不能产生大的温度弹性变形。在任何情况下，可能的温度弹性变形效应——如 $Cv1$ 和

Sphe3 模态——由环套加载系统控制，因为曲率校正模态也必须根据每个子镜距离镜面中心轴的高度来控制。

## 7.12　花瓶式和中间面

对于花瓶镜，由于外环带而产生的厚度差 $t_2 - t_1$ 仅在光学表面的背面。将厚度 $(t_2 - t_1)/2$ 在内置平板的每一侧对称分布的话，就不能对镜面进行抛光。因此，花瓶式的中间面不是平面或球体——曲率恒定的表面——而是在其边缘会向背面弯曲。

现在，从上述由薄板弹性理论导出的挠度来看，整个中间面可能会是一个平面到一个 $r = b$ 的球面的中间形态。因此，理论上认为环带厚度 $t_2$ 在中面两侧均匀分布，即在镜面的"T"形边缘。这种中间面的形状差异的弊端是会产生小曲率模态，比如 $Cv1'$ 这种所需模态之外附加的模态。

由于 MDM 的每个臂上施加两个力，$Cv1'$ 的影响可以通过在轮廓上产生反力矩来抵消。对于退化构型，由于每个臂上只有一个力，方位辐值的精确平衡可以通过重新聚焦完成，如果不行的话，还可以通过将镜面重新打磨成抵消掉 $Cv1'$ 变形的新的球面。当生成 $z_{22}$ 或者 $z_{33}$ 模态时，$Cv1'$ 的影响是正的，即挠曲矢高会沿着 $z$ 的正方向。图 7.19 所示的镜面设计为平面，轻微抛光后得到一个凸面，该凸面在通光口径内矢高 1 个 He-Ne 波长，这样可以得到一个平衡的干涉图。

有限元分析代码可以精确地确定这种曲率模态的小量修正。

## 7.13　花瓶的形状和 Saint-Venant 原理

根据 Saint-Venant 原理（参见 1.13.13 节），变形干涉图表明花瓶式 MDM 可以有效地避免光学表面剪切分量的斜率不连续。这种不连续性是由于光学表面附近的集中力的作用而引起的，这种集中力可以局部地发生在弯曲弯月镜式的轮廓处。

与这种集中力形成对比的是，我们可以找到类似光学弯月镜的结构，其周边被夹在可变形镜的末端作为产生 Astm3 模态的鼓状结构[66]，集中力作用于离光学表面较远的地方，即作用于长鼓管的另一端。然而，这种弹性设计不够紧凑，不能应用于大型镜面。

无论是只需要一个 $F_{c,k}$ 力集（如在 7.4 节和 7.9 节中推导的 Astm3 和 Tri5 模式）的单模退化构型，还是需要 $F_{a,k}$ 和 $F_{c,k}$ 的力集的多模态构型，都有以下结论。

→带有径向臂的花瓶结构或者 MDM，是对 Saint-Venant 原则的最佳实现。

## 参 考 文 献

[1] L.N. Allen, H.W. Romig, in *Advanced Optical Manufacturing*, SPIE Proc., **1333**, 22(1990) 385

[2] L.N. Allen, J.J. Hannon, R.W. Rambach, in *Active and Adaptative Components*, SPIE Proc., **1543**, 190 (1991) 385

[3] J.R.P. Angel, N.J. Woolf, H.W. Epps, Good images with very fast paraboloidal primaries: an optical solution and applications, in *International Conference on Advanced Technology Telescopes*, SPIE Proc., **332**, 134 (1982) 394

[4] J.G. Baker, On improving the effectiveness of large telescopes, IEEE Trans. Aerosp. Electron. Syst., **AES-5**, 261 (1969) 392

[5] A. Baranne, G.R. Lemaitre, Combinaisons optiques pour très grands télescopes ; le concept TEMOS, C.R. Acad. Sc. Paris, **305** Série II, 445-450 (1987) 405

[6] E.F. Borra, Liquid mirrors, Can. J. Phys., **73**, 109-125 (1995) 390

[7] E.F. Borra, R. Content, L. Girard, Optical shop tests of a f/1.2-2.5 meter diameter liquid mirror, Ap. J., **418**, 943-946 (1993) 390

[8] E.F. Borra, R. Content, L. Girard, S. Szapiel, L.M. Tremblay, E. Boily, Liquid mirrors: Optical shop tests and contributions to the technology, Ap. J., **393**, 829-847 (1992) 390

[9] M.P. Budiansky, Ten Meter Telescope Technical Note No. 95, University of California, Berkeley 385

[10] Carnegie Observatories report, The 24.5m Giant Magellan Telescope project (2007) 405

[11] A. R. F. Clebsch, in *Theorie der Elastizität fester Körper*, Teubner edit. Leipzig (1862), [French translation: *Théorie de l'Élasticité des Corps Solides* with annotations and complements by Saint-Venant and Flamant, Dunod edit., Paris (1881)] 368

[12] A. Couder, Sur les miroirs de télescopes, Bulletin Astronomique, Paris, 2ème Série, Tome VII, Fasc. VI, 219 et seq. (1931) 366

[13] P. Dierickx, B. Delabre, L. Noethe, OWL 100-m telescope optical design, active optics and error budget, in *Optical Design, Materials, Fabrication, and Maintenance*, SPIE Proc., **4004**, 203-209 (2000) 405

[14] S.A. Dimakov, Comparison properties of analog and digital correction of a primary mirror

aberration in observing telescopes, in *Laser Optics 2003: Wavefront Transformation and Laser Beam Control*, ICLO XI, SPIE Proc., **5481**, 59-70 (2004) 398

[15] M. Duban, G.R. Lemaitre, R. Malina, A new recording way to obtain high resolution holographic gratings through use of MDMs, Appl. Opt. **37**(16), 3438-3439 (1998) 395

[16] M. Duban, Holographic aspheric gratings printed with aberration waves, Appl. Opt. **26**, 4263-4273 (1987) 395

[17] M. Duban, K. Dohlen, G.R. Lemaitre, Illustration of the use of MDMs to record high resolution concave gratings: Results for the COS gratings of HST, Appl. Opt. **37**(31), 7214-7217 (1998) 395

[18] M. Duban, Theory and computation of three Cosmic Origins Spectrograph aspheric gratings recorded with a MDM, Appl. Opt. **38**(7), 1096-1102 (1999) 396, 397, 398

[19] M. Duban, Theory of spherical holographic gratings recorded by use of a MDM, Appl. Opt. **37**, 7209-7213 (1998) 395

[20] M. Duban, Third-generation holographic Rowland mounting: Third order theory, Appl. Opt. **38**(16), 3443-3449 (1999) 395

[21] M. Duban, Third-generation Rowland holographic mounting, Appl. Opt. **30**, 4019-4025 (1991) 395, 396

[22] E-ELT-Summary of telescope optical designs, ESO conf. report, Marseille, Doc. ESO E-ELT 5 mirrors (2006) 406

[23] P. Germain, P. Muller, in *Introduction à la Mécanique des Mileux Continus*, Masson edit., Paris (1994) 366

[24] B.K. Gibson, P. Hickson, Ap. J., **391**, 391 (1992) 390

[25] J.C. Green, The Cosmic origins spectrograph: A Hubble replacement instrument, in *Space Telescope and Instruments*, SPIE Proc. **3356**, 265-270 (1998) 395, 396

[26] M. Gruneisen, Computer-generated diffractive optics for large aberration correction, in *Laser Optics 2003 : Wavefront Transformation and Laser Beam Control*, ICLO XI, SPIE Proc., **5481**, 82-93 (2004) 398

[27] P. Hickson, E.F. Borra, R. Cabanac, R. Content, B.K. Gibson, G.A.H. Walker, Ap. J. Lett., **436**, 201 (1994) 390

[28] P. Hickson, E.F. Borra, R. Cabanac, S.C. Chapman, V. de Lapparent, M. Mulrooney, G.A. Walker, Large Zenith Telescope project: A 6-m mercury-mirror telescope, in *Avanced Technology Optical/IR Telescopes VI*, SPIE Proc., **3352**, 226-232 (1998) 390

[29] P. Hickson, E.H. Richardson, A curvature-compensated corrector for drift-scan observations, PASP **110**, 1081-1086 (1998) 392

[30] P. Hickson, Eliminating the Coriolis effect in liquid mirrors, PASP, **113**, 1511-1514 (2001) 392

[31] P. Hickson, Private communication to E.H. Richardson (1995) 391

[32] E. Hugot, G.R. Lemaitre, M. Ferrari, Active optics: single actuator principle and angular thickness distribution for astigmatism compensation by elasticity, Appl. Opt., **47**, 1401-1409 (2008) 404

[33] E. Hugot, *Optique Astronomique et Elasticité*, Ph.D. dissertation, Universite de Provence, Aix Marseille I (2007) 404

[34] M. Iye and JELT Working group, Concept study of Japan Extremely Large Telescope, in *Ground-based Telescopes*, SPIE Proc., **5489**, 417-428 (2004) 406

[35] G.R. Kirchhoff, Uber das gleichgewicht und die bewegung einer elastischen scheibe, Journ. Crelle **40**, 51 (1850). See also the comment on this paper by A.E.H. Love, A *Treatise on the Mathematical Theory of Elasticity*, Dover publ., 458 (1927) and I. Todhunter, K. Pearson, *The Theory of Elasticity*, Dover Pub., **2**-Part 2, 44 and 406 (1960) 369

[36] G.R. Kirchhoff, Vorlesungen über Mathematische Physik, *Mechanik*, 450 (1877) 369

[37] G.R. Lemaitre, Active optics and aberration correction with multimode deformable mirrors (MDMs) - Vase form and meniscus form, in *Laser Optics 2003 : Wavefront Transformation and Laser Beam Control*, ICLO XI, SPIE Proc., **5481**, 70-81 (2004) 398

[38] G. R. Lemaitre, Active Optics: Vase or meniscus multimode mirrors and degenerated monomode configurations, Meccanica, Springer, **40**, vol.3, 233-249 (2005) 366, 376, 402

[39] G.R. Lemaitre, M. Duban, Universal method for holographic grating recording: MDMs generating Clebsch-Zernike polynomials, Appl. Opt. **40**(4), 461-471 (2001) 398

[40] G.R. Lemaitre, Note 1 and Note 2 to ESO E-ELT telescope design working group (2006). Note 1 is an option with a paraboloid primary mirror design instead of a slightly elongated ellipsoid primary by B. Delabre 406

[41] G. R. Lemaitre, Various Aspects of Active Optics, in *Telescopes and Active Systems*, Orlando, FA, SPIE Proc., **1114**, 328-341 (1989) 366

[42] J. Lubliner, J.E. Nelson, KECK Telescope: Stressed mirror polishing, Appl. Opt., **19**, 2332-2340 (1980) 378, 384

[43] T.S.Mast, Nelson J.E., in *Advanced Technology Telescopes IV*, SPIE Proc., **1236**, 1236 (1990) 384

[44] J. McGraw, H. Stockman, R. Angel, H. Epps, SPIE Proc. **331**, 137 (1982) 394

[45] G. Moretto, A corrector design using vase mirrors that allows a fixed telescope to access a large region of sky, Appl. Opt. **36**(10), 2114-2122 (1997) 393, 394

[46] G. Moretto, G.R. Lemaitre, T. Bactivelane, M. Wang, M. Ferrari, S. Mazzanti, E.F. Borra, Active mirrors warped using Zernike polynomials for correcting off-axis aberrations of fixed primary mirrors: Optical testing and performance evaluation, Astron. Astrophys. Suppl. Ser.

**114**, 379-386 (1995) 394

[47] G. Moretto, in *Optical Designs for Fixed Primary Mirrors Observing Off-Axis*, Ph. D. thesis, Université Laval, Chap. 5 (1996) 392

[48] J.A.Morse, J.C. Green, D. Ebbets et al., Performance and science goals of the Cosmic Origins Spectrograph for the HST, in *Space Telescope and Instruments*, SPIE Proc. **3356**, 365-368 (1998) 395

[49] M.K. Mulrooney, Ph. D. thesis, Rice Univerity (2002) 390

[50] J.E. Nelson, G. Gabor, J. Lubliner, T.Mast, KECK Telescope: Stressed mirror polishing, Appl. Opt., **19**, 2341-2350 (1980) 378, 384, 385

[51] J.E. Nelson, M. Temple-Raston, Off-axis expansions of conic surfaces, KECK Observatory Report 91 (1982) 383

[52] NOAO report, Developing the future Giant Segmented Mirror Telescope (GSMT) (2006) 405

[53] S. Osterman, E. Wilkinson, J.C. Green, K. Redman, FUV grating performance for the Cosmic Origins Spectrograph, in *UV, Optical and IR Space Telescopes and Instruments*, SPIE Proc. **4013**, 360-366 (2000) 397

[54] M. Paul, Systèmes correcteurs pour réflecteurs astronomiques, Rev. Opt. **14**(5), 169-202 (1935) 392

[55] A. Rakich, Four-mirror anastigmats with useful first order layouts and minimum complexity, in *Novel Optical Systems Design and Optimization* Ⅶ, SPIE Proc., **5524**, 101-114 (2004) 405

[56] E.H. Richardson, Corrector lens design for the UBC 5-Meter Liquid Mirror Telescope, private communication to P. Hickson (1995) 392

[57] A. Saint-Venant (Barré de), in *Résumé des Leçons de Navier sur l'Application à la Mécanique*, Dunod edit., Paris (1881) 366

[58] J.M. Sasian, Four-mirror optical system for large telescopes, Opt. Eng., **29**(10), 1181-1185 (1990) 405

[59] D.J. Schroeder, in *Astronomical Optics*, Academic Press ed., San Diego 115 (1987) 392

[60] D.-q. Su, X. Cui, Active optics in LAMOST, Chin. J. Astron. Astrophys., **4**(1), 1-9 (2005)

[61] D.-q. Su, Y.-n. Wang, X. Cui, A configuration for [Chinese] future giant telescope, Chin. J. Astron. Astrophys., **28**, 356-366 (2004) 389, 406

[62] S. P. Timoshenko, S. Woinowsky-Krieger, in *Theory of Plates and Shells*, McGraw-Hill edit., New York 282 (1959) 369

[63] TMT observatory corp., Thirty Meter Telescope construction proposal (TMT) (2007) 405

[64] S.-g. Wang, D.-q. Su, Y.-q. Chu, X. Cui, Y.-n. Wang, Special configuration of a very large Schmidt telescope for extensive astronomical spectroscopic observation, Appl. Opt., **35**(25),

5155-5161 (1996) 389

[65] M. Wang, G. Moretto, E.F. Borra, G.R. Lemaitre, A single active corrector for liquid mirror telescopes observing off zenith, Astron. Astrophys. **285**, 344-353 (1994) 392

[66] M. Wang, G.R. Lemaitre, Diffraction-limited toroid mirrors aspherized by active optics and drum-like forms, Astron. Astrophys., **240**, 551-555 (1990) 408

[67] R.N. Wilson, B. Delabre, New optical solutions for very large telescopes using a spherical primary, Astron. Astrophys., **294**, 322-338 (1995) 405

[68] S.R.Wilson, D.W. Reicher, J.R. McNeill, in *Advances in Fabrication and Metrology for Optics and Large Optics*, SPIE Proc., **966**, 74 (1988) 385

[69] R.N. Wilson, in *Reflecting Telescope Optics II*, Springer edit. Berlin, Chap. 1, 28-37 (1999) 385

[70] R.N.Wilson, in *Reflecting Telescope Optics I*, Springer edit.Berlin,Chap. 3, 219-220 (1996) 392

[71] C.G. Wynne, Field correctors for telescopes at better observing sites, Mon. Not. Astr. Soc. **189**, 279 (1979) 392

[72] Y. Zhang, X. Cui, Calculations for the pre-calibration of LAMOST active optics, Chin. J. Astron. Astrophys., **5**-3, 302-314 (2005)

# 第8章　望远镜镜面在自重影响下挠度和形状的控制

## 8.1　在重力作用下的望远镜主镜支撑

### 8.1.1　引言

Foucault 发明了利用化学方法去除镜面污点后能比较容易重新镀银的玻璃镜片，解决了高反射涂层无法持续保持其反射效率的问题，这就使得需要在有污点后在其视宁度极限或衍射极限范围内重新进行抛光的金属镜面时代宣告结束。随后，这种化学去污点的方法又被 J. Strong 用真空沉积法所取代（详见 1.1.5 节）。

那么，对于大型望远镜主镜面的下一个问题便是尽量减小其在自身重力作用以及温度梯度影响下的弹性变形。不过，随着如耐热玻璃、硅石、熔石英、玻璃陶瓷以及碳化硅等低膨胀系数材料的发展，使得在温度梯度下镜面的弹性变形问题得到了一定程度的解决。

### 8.1.2　轴向与侧向支撑系统的概念

大型望远镜主镜面轴向与侧向支撑系统是将镜面的重量分割成几个子区域进行相应的支撑设计。除开一些作为参考的子区域，适当数量的附加子区域也分布在镜子的背面，甚至在镜子的边缘处。无论这些力的几何分布如何，相关的力系统必须是非超静定的。换句话说，支撑力必须在各个方向均平衡，这样镜子的三维姿态才能相对于参考系保持不变。

通常情况下，三个沿着镜面边缘间隔 120°分布的参考区域便能让我们确定镜子的轴向位置，与此同时，需要两个或三个小的参考区域来确定其侧向位置。而确定其横向位置的参考区域的数量则取决于望远镜是赤道式望远镜还是地平式望远镜。

使用 $P$ 表示主镜的重量，$N_a$ 表示轴向支撑点数量以及 $N_l$ 表示侧向支撑点数量。我们以后轴向与侧向被动支撑系统作为不定向系统，用以分别传递轴向的等效反作用力 $f_a$ 与侧向反作用力 $\langle f_l \rangle$。因此，就有公式 $N_a^2 f_a^2 + N_l^2 \langle f_l \rangle^2 = P^2$，这些力的表示式为

$$f_a = (P / N_a)\cos z, \quad < f_l >= (P / N_l)\sin z \tag{8.1}$$

其中，$z$ 表示望远镜的天顶角。

在这种被动支撑系统中，只有当单元结构的挠度在望远镜的各个方向上都保持轴对称时，镜子指向不变的假设才具有严格的有效性。在这里我们注意到，相比于赤道式望远镜，基于这种假设所带来的望远镜指向误差在地平式望远镜上更容易进行补偿，而这些补偿修正都是通过望远镜的控制系统完成的。

已设计出的几种不定向被动支撑系统用于轴向支撑（图 8.1）和侧向支撑（图 8.2）。

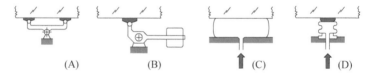

图 8.1 大型镜面的轴向不定向被动支撑方式。（A）由 T. Grubb 发明的包含脊、三角形或两者兼具的层叠铰接式结构，被称为机械 whiffletree 支撑。（B）由 Lassel 发明的折叠无定向杠杆式支撑。（C）由 Foucault 设计的开环气压式支撑。（D）开环液压式支撑

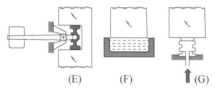

图 8.2 大型镜面的侧向被动不定向支撑方式。（E）作用于背面或边缘孔的直接式杠杆不定向支撑（F）包围式，同镜面密度的液体或水银袋支撑（G）作用在边缘的开环径向液压垫支撑

这种应用层叠铰接式的机械 whiffletree 支撑结构是 T. Gruub 为 1.8 m 的 Lord Rosse 望远镜所设计的。由于难以获得这种硬而轻的系统，这些装置仅限于口径不超过 2 m 的镜面，从而避免了由风振产生的共振失稳问题。例如，KECK 望远镜（$t/d$=1/24）上的每块 1.8 m 的六角形镜子均采用了三点机械 whiffletree 支撑，并作用在 $3 \times 12$=36 的铟钢垫上，36 块子镜上总共有 $N_a$=1296 个支撑点。在这个镜面尺寸内，另一个经典的选择是使用折叠无定向杠杆支撑。

对于口径为 4～8m 级的单镜面，虽然气压式支撑系统是近乎"完美"的系统，

但是在被动轴向支撑系统中，最普遍的是不定向杠杆支撑与受控制的液压垫支撑在 3 个支撑方向上联合使用。Balega[6]也指出，5m 的 Hale 望远镜镜面和 6m 的 SAO 望远镜采用了折叠展开装置和直接式无定向杠杆作为组合进行镜面支撑（详见 Bowen[9]）。Stepp 等为 GEMINI 望远镜的 8m 主镜面研制了带有气压垫的支撑系统[78, 79]，此外，主动控制系统包括 $N_a$=120 液压垫分布在五个同心环。对于局部开孔的镜面如卡塞格林镜（例如 Bely[8]的 CFHT），事实证明，后一种方法有时更适合支撑较小的镜子。而对于 8m 镜面的侧向支撑方式，则可选择直接无定向杠杆或液压垫。

### 8.1.3　一些主镜形状的举例说明

不同的设计思想导致了对镜面形状与每单位面积内的镜片重量不同的设计方案。例如，让我们考虑一些现有的大型望远镜镜面（焦比见表 1.1）的径厚比 $t/d$ 和相关支撑系统的 $N_a$ 和 $N_l$。

**轻量化镜面**：一个典型的轻量化带有肋板结构的镜面便是位于 Palomar 的 5m 口径 Hale 望远镜[9, 10]。其耐热平凹镜面（$t/d$=1/8.33，$N_a$=$N_l$=36）包含了轴向与侧向支撑系统的圆形等距空腔。这些开放空腔的数量为 36 个，分布在每三个肋板交汇处。所有肋板和镜面都是 10～12cm 厚。33 个非常精确的无定向支撑系统，被设计成双无定向形式，为镜面提供轴向和侧向的支撑力，精度在 0.2%以内。

位于 Caucasus 的 SPO 天文台上 6m 口径望远镜的主镜面是一块 65cm 厚的弯月镜（$t/d$=1/9.3），有 $N_a$=$N_l$=60 个用来安装轴向和侧向支撑的孔，这些安装孔直径为 31cm、深度为 43cm，沿四个同心环分布。从它的首席工程师 B.K Ioannisiani 处得知，这块镜子由在苏联被称为"第 316 号玻璃"的 Pyrex 玻璃制成，它的热膨胀系数为 $\alpha = (3\pm0.3) \times 10^{-6}$ [6, 31]。①

**厚实心镜面**：一个典型的厚实心镜的例子就是位于 Kitt Peak 的 4m 口径的 Mayall-Kpno 望远镜（$t/d$=1/8，$N_a$=36），它的大型支撑垫沿着两个同心圆环分布。这种背面平坦的几何形状被许多 4m 级望远镜主要采用。

**夹层蜂窝镜面**：采用旋转铸造技术的夹层式蜂窝镜面被应用在 Mt. Graham 的 8.4m 口径的 LBT 望远镜的两块主镜面上。这两块 Pyrex 硼硅边缘厚度 0.9m（$t/d$=1/9.3，$N_a$≈418），并且 Parodi 等描述的侧向支撑系统主要作用于背板上[62]（图 8.3）。

---

① Special Astrophysical 天文台的 6m 望远镜是第一个安装了 alt-az 底座的大型望远镜，这一概念随后被所有大型望远镜采用。

图 8.3　轴向支撑垫的两种几何分布视图。（左图）8.2m VLT 望远镜的
弯月型镜面支撑垫（右图）8.4m LBT 望远镜的蜂窝型镜面支撑垫

**薄面实体的弯月板镜：**位于 Cerro Paranal 的 VLT 望远镜有 4 块 8.2m 口径的弯月镜，毛坯采用了旋转铸造的技术制造[24]。微晶玻璃毛坯由德国 Schott 公司制造并加工到很大的径厚比（$t/d$=1/47）。轴向支撑系统使用了 147 个液压系统主动控制镜面形状，再加上三个固定支撑共同分布在六个同心环上，150 个三脚架通过 $N_a$ = 450 个铟钢垫作用在镜子上。而侧向支撑系统是通过镜子周围的径向液压垫实现的[23]（图 8.3）。相似地，由 Corning 公司制造的 8m 级熔石英玻璃的薄弯月镜也被应用在 GEMINI[52]和 SUBARU[35]上。

# 8.2　镜面基底的密度与热常数

镜面基底的选择涉及几个重要的特性。除了能够获得良好的表面抛光和易于更新的镀膜层之外，它需具有如下几个特点：较大机械刚度、主动光学变形的线性应力-应变响应、总质量较小、共振频率高、抗风振以及在环境温度变化时变形量小。

在选择镜面基底时，一些重要的常数如下：

**刚度：**镜子在重力作用下的挠曲和在风载作用下基本模态的共振频率都是由材料的弹性模量 $E$ 和密度 $\mu$ 决定的。给定一种材料，公式 $E/\mu^m$（其中 $m \in [0,1,3/2,2]$）的可以描述出材料的刚度，这种比较还取决于是否用相同的体积，相同的质量，外部还是内部的弯曲力。刚度越大，变形越小，基础模态的固有频率越高。

**热膨胀系数 $\alpha$（CTE）：**热膨胀系数是材料对温度变化的几何尺寸响应。

**热扩散系数 $d_t$：**所有关于热在固体中传播的微分方程中都包含这个常数；它

被定义为[①]

$$d_t = \frac{k_t}{\mu C_p} \qquad (8.2)$$

这个式子描述了达到热平衡的速度。

**比热 $C_p$**：比热是将一定数量的物质的温度提高 1K 所需的热能。对于固体物质，它通常是在恒压下测量的并且通常以 $J \cdot kg^{-1} \cdot K^{-1}$ 表达。

**热导率 $k_t$**：导热系数是表明材料导热能力的一种性质。在稳态条件下，当传热只依赖于温度梯度时，它被定义为单位温度梯度 $\Delta T$ 在单位时间 $t$ 内经单位导热面 $A$ 和单位厚度 $L$ 所传递的热量 $Q$。热导率=热流率×厚度/（导热面×温度梯度）：$k_t = \frac{Q}{t} \times \frac{L}{A \times \Delta T}$，单位为 $W \cdot m^{-1} \cdot K^{-1}$。

在表 8.1 中给出了随时间变化的 $k_t$ 和 $d_t$ 的具体数值与 $\mu$、$\alpha$ 和 $d_t$ 的具体数值。

**表 8.1　一些线性应力应变材料在温度 20℃时的密度 $\mu$、热膨胀系数 $\alpha$ 和热扩散系数 $d_t$**

| 材料 | $\mu/(10^3 kg/m^3)$ | $\alpha/(10^{-6}/K)$ | $d_t/(10^{-6} m^2/s)$ |
|---|---|---|---|
| Beryllium pure VHP | 1.85 | 11.3 | 57.2 |
| Fused silica-Suprasil | 2.20 | 0.41 | 1.0 |
| Fused silica ULE | 2.20 | ±0.03 | 0.8 |
| Borofloat, Pyrex, Duran 50 | 2.23 | 3.25 | 0.7 |
| Soda-lime glass | 2.44 | 8.60 | 1.8 |
| BK7 glass, UBK7 glass | 2.51 | 7.10 | 0.5 |
| Zerodur vitroceram | 2.53 | ±0.05 | 0.7 |
| ZPF Ceratec vitroceram | 2.54 | ±0.03 | 2.6 |
| Silicon carbide polycr. CVD | 3.21 | 3.30 | 88.4 |
| Sapphire polycrystal. Al$_2$O$_3$ | 3.98 | 10.0 | 12.6 |
| Titanium alloy Ti 90 Al6 V4 | 4.45 | 8.80 | 2.9 |
| Stainless steel Fe87 Cr13 | 7.72 | 10.2 | 6.8 |

*弹性常数 $E$, $v$, $\sigma_{max}$ 都在 1.13.2 节中（表 1.10）。

---

[①] A.Couder 引入了对于天文镜面的热扩散系数 $d_t$，同时他做了几个实验并列出了对各种玻璃和金属基底的 $\alpha/d_t$ 的数值（文献[17]的 308 页）。由于经过热扰动后，金属镜比玻璃或耐热玻璃镜更快地恢复平衡，Couder 指出，薄金属镜几乎对热冲击完全不敏感。因此，他提出了一个鼓形的镜子设计，或者说是一个杯状体，一个薄薄的弯月板被一个环围着，并用铸铁做了一些实验。Couder 进一步开发了这种口径为 20cm 的镜子和珐琅沉积物，并获得了有趣的结果。

D.Maksutov 显然不知道 Couder 的实验平台，他同样根据镜面材料的优点建立了热机械平台。同样得出金属镜对热冲击几乎不敏感的结论。他在普尔科沃天文台（Pulkovo Observatory）为 70cm 口径的广域望远镜开发并建造了几面不锈钢镜子，其中最大的直径约 80cm[96]。

# 8.3　大型镜片的基底材料

尽管金属镜片都有着很高的热扩散系数，也因此成为了采用金属镜筒的望远镜最好的潜在可选材料，但绝大多数的大型望远镜镜片都是用脆性材料制成的。这个选择的主要标准之一是，具有低 CTE 或零 CTE 的镜片基底是有益的、在选择中优先于其他特性的。随着大型望远镜反射镜主动光学闭环控制的引入，并且我们现在知道如何去除镍或不锈钢等耐腐蚀基材上的反光涂层[27, 86]，所以改变了镜子基底的选择标准。

**硼硅玻璃：** 低膨胀系数硼硅酸盐玻璃，例如 Corning 公司的 Pyrex 玻璃、Schott 公司的 Duran50 或者俄罗斯的 316 号玻璃，目前均已用于大型镜面，例如 Hale 望远镜的 5m 毛坯和俄罗斯望远镜的 6m 毛坯。这种材料可以很容易地重新铸造得到薄壁夹层蜂窝镜。这个方案由 Angel[1]提出，Hill 等[28]发展完善，为好几个大型望远镜建造了相应的蜂窝镜，例如 LBT 望远镜的 2 块 8m 镜坯。

**石英玻璃–ULE：** 由于纯石英材料的熔融温度为 1700℃，这个值在耐火材料中是很高的，因此熔融石英很难制造得很大。Corning 公司通过适当添加二氧化钛 $TiO_2$，研制出"超低膨胀"的熔融二氧化硅。8m 望远镜 GEMINI 和 SUBARU 望远镜的镜坯就是由几个子镜坯在 1300℃下用部分熔融重铸而获得的。

**零膨胀玻璃陶瓷：** 玻璃陶瓷是一种零膨胀材料，最早在 20 世纪 60 年代由 Owens-Illinois 提出，最初称为 Cer-Vit。随后，具有等效性质的玻璃陶瓷便被称为微晶玻璃和天文玻璃。最新发展出来的玻璃陶瓷是来自日本的 ZPF Ceratex，它有着比以前材料更高的弹性模量与抗拉强度，但是最大的毛坯成型直径只有 1.5m。在第一次铸造或旋转铸造之后，被称为陶瓷化的生产过程便需要更加精确的再热循环，这就使得微晶负 CTE 颗粒的可控生长，而其余的玻璃体相为正 CTE。在给定的温度下，如果仔细调整两相的比例，则 CTE 可为零（结晶相的 74%重量）。Schott 公司已经生产了 7 块 8.2m 口径的微晶玻璃毛坯，其中 6 块被用在了 VLT 和 GEMINI 望远镜上。

**碳化硅：** 碳化硅 SiC 是一种硬而脆的物质，莫氏硬度（等级 1 到 10 划分）仅次于金刚石（10）、碳化硼（9.5），与氧化铝（蓝宝石或刚玉）、碳化钨的硬度相同（9）（见表 8.2）。碳化硅又被商业冠以金刚砂之称，经常被用作磨料。由于具有很高的杨氏模量，因此常被作为弯月薄板或副镜、三镜或快速斩波镜的轻量化基底。由于碳化硅镜子毛坯的制造是采用了目前用于生产高纯度固体材料的

"化学气相沉积法"（CVD），这就使得镜子在高度抛光下镜面精度在 10Å rms 以下成为可能。镜面的磨制则需要使用金刚石颗粒，比其他基底耗时长得多。如此长时间的精磨制造过程就使得现阶段的镜坯直径都在 1m 以下。

**铍**：铍是一种非常轻的金属，具有很高的杨氏模量，因此具有刚度很高的优点（见 8.4.1 节）。它较大的 CTE 可以由高热扩散系数补偿。这些特性使其成为热红外地面观测快速斩波镜基底的首选材料。这种材料的精加工过程需要使用细颗粒粉末。这些细颗粒用真空热压（VPH）技术熔融在一起，这种技术使用包含粉末颗粒的模具放置在真空中加热到约 900℃，再进行加压（1000atm）。目前，这种技术在制造中的限制就是很难使镜坯大小超过 2m。铍可以用车床和铣刀进行经典加工；然而这种粉末状的铍颗粒很容易在空气中漂浮，必须保证不被人体吸入，否则可能导致类似矽肺的肺部疾病。对于低粗糙度的表面抛光技术，铍镜是用化学镀镍的方法在表面镀覆镍合金的，这是利用金属电化学势和液体催化剂共同作用的热化学过程。避免了在电解过程中遇到的削边困难。为了在 15Hz 下实现视场稳定和红外研究，8m 望远镜 VLT 的 4 面 Cassegrain 反射镜的肋板和镀镍衬底是美国 Brush-Wellman 公司生产的直径 1.1m 的铍坯。Stanghellini 等在文献[84]中给出了更多细节。JWST 望远镜的主镜的 18 个子镜是用这种技术加工的铍镜。

**不锈钢**：与上述基材相比，不锈钢是一种成本极低的材料。它的弹性变形比 $\sigma_{T_{max}} / E$ 是所有镜子材料中最高的（见 8.4.2 或表 8.2），热扩散系数使其对热冲击的敏感性较弱。Couder[17] 和 Maksutov[96] 指出了后一种的优势，他们最好的也是最后的工程项目通常被认为是 Pulkovo 70cm 口径双弯月板望远镜，直径为 80cm 的不锈钢镜面。以胡克定律来看，线性应力-应变关系的最佳合金是马氏体钢 Fe87Cr13（重量百分比，也称为 AISI 420），其碳含量小于 0.15%。此种材料目前主要应用在涡轮叶片和弹簧中。在最新发展的变曲率镜上，自 2006 年开始使用在 VLT 延迟线干涉仪的焦平面上（变焦范围（$f/\infty \sim f/2.5$），长宽比 $t/d = 1/60$），便表明了 Fe87Cr13 合金是一种稳定的材料。对于 Ti90 Al4 V6 合金的铸造，Fe87Cr13 提供了一种良好的结构材料，可以平滑地抛光到高反射率，而不需要镍合金镀覆。其大的弹性变形率（参见 2.6.1 节）可以允许大的反射镜通过主动光学实现完美的非球面化。例如，Lemaitre，Wilson 等[40]提出了一种直径 1.8m、厚度 30mm（$t/d = 1/60$）、$f/1.75$ 的不锈钢主镜，用于 VLT 辅助干涉测量望远镜的主动光学非球面化和主动支撑研究。从制造成本来看，Ferry-Capitain 在法国用 Fe87Cr13 所制造的弯月镜和瓶口形镜毛坯的成本，比用微晶玻璃制造的成本要低一个数量级。

表 8.2　一些线性应变材料在 20℃的平均刚度 $E/\mu^{3/2}$，弹性变形比 $\sigma_{T_{max}} / E$ 和莫氏硬度

| 材料 | $E/\mu^{3/2}[10^5 SI]$ | $\sigma_{T_{max}} / E [10^{-4}]$ | Mohs |
|---|---|---|---|
| Borofloat glass, Pyrex, Duran | 6.1 | 1.1 | 5 |
| Fused silica ULE $SiO_2 + TiO_2$ | 6.6 | 2.9 | (6) |
| Fused silica $SiO_2$ Suprasil | 7.5 | 2.5 | 6 |
| BK7 optical glass | 6.5 | 1.2 | 6 |
| U-BK7 optical glass | 7.2 | 1.3 | 6 |
| Zerodur vitroceram | 7.1 | 2.4 | 6.2 |
| Titanium alloy Ti90 Al6 V4 | 4.1 | 73.8 | 4.5 |
| ZPF Ceratech vitroceram | 11.7 | 4.0 | (6.2) |
| Stainless steel Fe87 Cr13 | 2.9 | 49.8 | 6 |
| Stainless steel Fe87 Cr13 quenched | 3.0 | 69.7 | 7 |
| Beryllium pure VHP | 36.1 | 13.9 | 5.5 |
| Silicon carbide polycrystal. CVD | 23.6 | 34.9 | 9 |
| Sapphire polycrystalline $Al_2O_3$ | 17.5 | 22.7 | 9 |

**液体材料**：上几个世纪以来人们就知道，与固体材料相比，静止的液体天然地就能提供衍射极限平面（实际上是地球的半径）。当然，这样的表面是完全没有表面纹波误差，因此不需要磨制成形。高密度的液体，如甘油或水银，通常被应用在光学测试实验中作为精度为 $\lambda/100$ 的参考面，例如 Marioge 制造的的大型法布里-珀罗板[47]。此外，这种镜面也可以降低成本。在液体表面的边界，毛细现象是造成十分明显的局部效应，这种效应只需增加液体表面积的几个百分点就能解决。1909 年，Wood[95]引进并建造了直径为 50cm 的液体望远镜，并用它进行了天文观测。将水银镜旋转稳定到恒定的角速度，重力作用下的水动力平衡方程表明，水银镜表面是一个理想的抛物面。主要难点是由于加速度产生的纹波，使得在恒定角加速度下难以获得高精度镜面。要解决这个问题，则需要使用一个极低摩擦的旋转垫与最少量的水银。最近，由经典磁带带动旋转的气垫被使用在了 2.5m 和 2.7m 望远镜的液体镜面，并进行了相应的天顶观测。而最新研制的液体镜是温哥华大学的 6m 望远镜（7.7 节）。

## 8.4　刚度与弹性变形的判据

　　镜面在重力或风载作用下的小弯曲变形与镜面在应力非球面化过程中的大弹性变形之间的二重性，虽然只是部分不相似，但应看作主动光学两种不同的作用对象。在第一种情况下，可以根据杨氏模量 $E$ 与密度 $\mu$ 来确定镜面基底的各种

刚度准则；在第二种情况下，由于反射镜能通过外力主动弯曲，甚至达到完全非球面化，弹性变形的判据可由拉伸最大应力 $\sigma_{T\max}$ 与杨氏模量 $E$ 确定。

### 8.4.1　镜面材料与刚度判据

为了确定能提高镜面刚度的相关因素（刚度法语为"raideur"）。我们假定一个直径为 $d$、厚度为 $t$、材料密度为 $\mu$ 以及杨氏模量为 $E$ 的平板。首先，这种研究方式可以分为两种模型进行：

——等体积（$S_V$）模型下的因素，其所有维度上都是相同的，

——等质量（$S_M$）模型下的因素，其只有直径方向上是相同的。

这些平板的体积与质量为

$$V \propto t^2 d, \qquad M \propto \mu t^2 d$$

不管这些板的平衡结构是什么，只要这些结构对不同材料的平板是相同的。则由薄板理论可知，外力作用下的挠度 $z_F$ 和自重作用下的挠度 $z_{ow}$（1.13.12 节）为式

$$z_F = \frac{1}{E}\frac{Fd^2}{t^3}\zeta_F(\rho,v), \quad z_{ow} = \frac{\mu}{E}\frac{d^4}{t^2}\zeta_{ow}(\rho,v) \tag{8.3}$$

其中，无量纲挠度 $\zeta_F(\rho,v)$ 和 $\zeta_{ow}(\rho,v)$ 只取决于径厚比变量 $\rho = 2r/d$ 和材料的泊松比 $v$。一般情况下，泊松比对挠度公式的贡献很小，因此在一阶近似中我们将忽略这个无量纲数的影响。在这个限制条件下，挠度 $\zeta_F(\rho,v)$ 和 $\zeta_{ow}(\rho,v)$ 便不再受所选取材料类型的影响。

**等体积刚度的品质因子**：这里将平板体积代入式（8.3）中，得到

$$z_{F,V} \propto \frac{1}{E}\frac{Fd^{7/2}}{V^{3/2}}, \quad z_{ow,V} \propto \frac{\mu}{E}\frac{d^5}{V} \tag{8.4a}$$

式中，右边分式的第一项只取决于材料。现将其倒数定义等体积刚度系数的品质因子为

$$\mathcal{S}_{F,V} = E, \quad \mathcal{S}_{ow,V} = E/\mu \tag{8.4b}$$

其第一项 $E$ 便是经典理论中所定义的刚度，它决定了胡克定律的斜率。

**等质量刚度的品质因子**：这里将平板质量代入式（8.3）中，得到

$$z_{F,M} \propto \frac{\mu^{3/2}}{E}\frac{Fd^{7/2}}{M^{3/2}}, \quad z_{ow,M} \propto \frac{\mu^2}{E}\frac{d^5}{M} \tag{8.4c}$$

式中，右边分式的第一项只取决于材料。同样地，现将其倒数定义等质量刚度系数的品质因子为

$$\mathcal{S}_{F,M} = E / \mu^{3/2}, \quad \mathcal{S}_{ow,M} = E / \mu^2 \quad\quad （8.4d）$$

**四个刚度判据**：从式（8.4b）和（8.4d）中可以总结出，这四个刚度准则可以统一的写为如下的形式

$$\mathcal{S} = E / \mu^m, \quad m \in [0, 1, 3/2, 2] \quad\quad （8.5）$$

每个 $m$ 的值取决于所对应的是否为等体积，等质量，外部或内部重力弯曲力。这些比值越高，则挠曲变形越小，共振基频越高。对于等质量模型基底的品质因子，$\mathcal{S}_{F,M} = E / \mu^{3/2}$，则是其他的三个品质因子的平均值。此外，这一平均刚度便于将等质量镜面与风振进行比较（表 8.2）。

### 8.4.2　镜片材料与弹性变形判据

在主动光学方法的应用中，如应力表面非球面化或在线变形等中，很重要的一点是所选择的基体材料要满足线性应力-应变规律和尽可能大的线性范围。将这两个特征的结合就是所谓的弹性变形率。玻璃、玻璃陶瓷和碳化硅在断裂前都具有这种线性特性；然而，所有这些脆性材料的线性范围都是具有一定限度的，其部分原因是它们的能承受最大拉应力是随时间变化的（详见 5.2.5 节和表 5.2）。

相比之下，一些金属材料在其延展范围内却表现出更佳的线性应力-应变性质。

单向断裂试验表明，任何材料的拉伸极限应力都远低于压缩最大应力。现用 $\sigma_{T max}$ 作为材料的最大拉伸应力，其含义是为避免材料的断裂或塑性变形所允许的最大应力（详见表 1.10 的数据）。

在通常情况下，局部的弹性弯曲可以由平板在厚度方向上的应力 $\sigma_{tt}$，$\sigma_{rr}$ 而产生。在薄板理论中，这些分布在薄板厚度方向上的应力是线性的，在其中间表面为零。在第 2 章薄板理论 $\sigma_{rr} = \sigma_{tt} = \sigma$ 的弯曲曲率模型中，我们已经证明了 $|\sigma| / E$ 的比值决定着平板的变形矢高。如果 $\sigma_{rr} \neq \sigma_{tt}$，即局部的主曲率不同，则当载荷强度增大时，它们的最大应力对挠曲会有一定的限制。因此，得到材料的最大挠曲或弹性变形率的公式为

$$\mathcal{D}_{F,V} = \frac{\sigma_{T max}}{E} \quad\quad （8.6）$$

其中，后缀 $F$，$V$ 所表达的意义是由平板的外载荷 $F$ 产生弯曲，给定体积 $V$ 的变形矢高决定于直径 $d$ 与厚度 $t$。为了在普遍状态下比较材料的弹性变形性能，其直径与厚度尺寸上必须相同（见表 8.2）。表 8.2 的最后一列列出了一些线性应力-应变材料的莫氏硬度（通常定义在 1～10 之间）。

## 8.5　大型反射镜在重力作用下的轴向弯曲

大型望远镜反射镜的重要特点是轴向支撑系统的概念和设计。一般来说，由于技术上的原因，而没有采用气压镜面支撑这种准完美的概念设计，因此现有的支撑系统都采用离散衬垫分布设计。轴向支撑系统的优化设计包括确定在重力作用下的挠曲，且能满足一定光学公差的最小支撑垫数量，例如衍射极限判据。

### 8.5.1　镜面支撑垫的分布密度

为了确定大型镜面在重力作用下的挠度，其中一个便捷的研究方法便是假定一个无限大镜面，其支撑垫均匀分布，相互之间间距 $2a$，三叠对称分布。将此作为一个初始参数，用来定义镜面背面的支撑垫密度（图 8.4）。

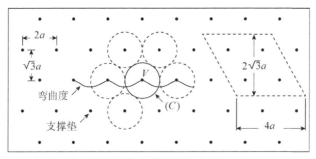

图 8.4　由三叠对称的等距垫轴向支撑的无限大镜面

图 8.4 中平行四边形包含四个支撑垫，因此每个单位表面积的支撑垫密度为

$$n_p = 1/2\sqrt{3}a^2 \qquad (8.7)$$

根据这个定义，如果镜面的直径是有限的 $d$，那么轴向支撑垫的总数为

$$N_p = \frac{\pi}{4}n_p d^2 = \frac{\pi}{8\sqrt{3}}\frac{d^2}{a^2} \simeq 0.2267\frac{d^2}{a^2} \qquad (8.8)$$

回到在无限大镜子的情况下，我们将在后面计算只有一个支撑垫的镜子挠度。

### 8.5.2　由环形垫支撑镜面单元的挠曲

在上述的二维分布中，无限大镜面可以看作是连续六边形单元的集合，每个单元由一个环形垫支撑。为了充分近似地确定这个六边形单元的挠曲度，可以假设它的轮廓是一个圆（C），该圆与六个相近的圆相切（见图 8.4 与图 8.5）。

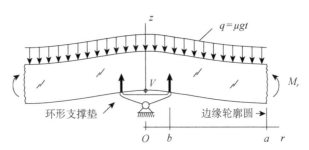

图 8.5　一种无限大镜面的圆形镜子单元，由半径为 $b$ 的环形垫片
以 3 叠对称轴向支承。镜子单元的外圆半径 $a$ 为
图 8.4 中圆（C）的半径

因此，无限大的镜子在重力作用下的挠曲问题可归结为外圆半径为 $a$、厚度为 $t$ 的单元子镜的挠曲问题，由半径为 $b$ 的环形垫片支承，其中重力的体积荷载等于表面荷载 $q = \mu g t$（$g<0$）。如果反射镜的厚度是常数，且曲率相对较大，则反射镜"子单元"的挠度 $z(r)$ 由泊松-拉普拉斯方程导出为（详见 1.13.10 节）

$$\nabla^2\nabla^2 z = \frac{q}{D}, \quad q = \mu g t, \quad D = \frac{Et^3}{12(1-v^2)} \tag{8.9}$$

其中，$D$ 是其刚度。通解为

$$z = \frac{q}{64D}\left(r^4 + c_1 r^2 + c_2 r^2 \ln r + c_3 \ln r + c_4\right) \tag{8.10}$$

其中，$c_i$ 是常数，$r^4$ 项为其特解。

让我们假设一个作用于其轮廓上的圆形垫。在此种情况下，度的测定必须根据支承板的半径 $r = b$ 分解成内区和外区。因此，引入无量纲半径 $\rho$ 和挠曲函数 $\zeta(\rho)$ 就显得很有必要

$$\rho = r / a, \quad z(r) = \frac{qa^4}{64D} \times \begin{cases} \zeta_1(\rho), & 0 \leqslant \rho \leqslant b/a \\ \zeta_2(\rho), & b/a \leqslant \rho \leqslant 1 \end{cases} \tag{8.11}$$

由于没有内区（$\rho < b/a$）和应用环力，式中两个对数项消失。设定原点的挠曲 $\rho = 0$，则无量纲的两个挠曲分量可以表示为

$$\begin{cases} \zeta_1 = \rho^4 + 2C_{1,1}\rho^2 \\ \zeta_2 = \rho^4 + 2C_{2,1}\rho^2 + 8C_{2,2}\rho^2 \ln \rho + 4C_{2,3}\ln \rho + 4C_{2,4} \end{cases} \tag{8.12}$$

其中，这 5 项式前面的系数是为了避免在计算中出现分数。

单元外圆 C 的边界条件是：$\rho=1$，弯矩 $M_r$ 导致的弯曲，是没有径向剪力（$Q_r = 0$）且垂直于重力矢量 $g$ 的方向，因此有 $\mathrm{d}^2\zeta/\mathrm{d}\rho^2 = 0$。由式（1.182），径向剪力为

$$Q_r = -D\frac{\mathrm{d}}{\mathrm{d}r}\nabla^2 z = -\frac{D}{a^2}\frac{\mathrm{d}}{\mathrm{d}\rho}\Delta^2\zeta \tag{8.13}$$

其中，$\Delta^2$ 是对 $\rho$ 的拉普拉斯算子。在连续性条件 $\rho = b/a$ 下，具有相等的矢高、相等的斜率与相等的弯矩 $M_r$。从弯矩 $M_r$ 的表达式（1.181）得到，后者条件可以被替换为径向等曲率式 $\mathrm{d}^2\zeta/\mathrm{d}\rho^2$。因此，这五个条件如下：

$$\begin{cases} \rho = a/b: & \zeta_1 = \zeta_2, \quad \dfrac{\mathrm{d}\zeta_1}{\mathrm{d}\rho} = \dfrac{\mathrm{d}\zeta_2}{\mathrm{d}\rho}, \quad \dfrac{\mathrm{d}^2\zeta_1}{\mathrm{d}\rho^2} = \dfrac{\mathrm{d}^2\zeta_2}{\mathrm{d}\rho^2} \\[2mm] \rho = 1: & \dfrac{\mathrm{d}}{\mathrm{d}\rho}\Delta^2\zeta_2 = 0, \quad \dfrac{\mathrm{d}^2\zeta_2}{\mathrm{d}\rho^2} = 0 \end{cases} \tag{8.14}$$

从这里我们可以看出它们都是独立于泊松比的。解出这个方程组后，我们发现

$$C_{1,1} = -3 + 2\frac{b^2}{a^2} - 2\ln\frac{b^2}{a^2}, \quad C_{2,1} = 1 + 2\frac{b^2}{a^2}$$

$$C_{2,2} = -1, \quad C_{2,3} = -2\frac{b^2}{a^2}, \quad C_{2,4} = -2\frac{b^2}{a^2} + \frac{b^2}{a^2}\ln\frac{b^2}{a^2} \tag{8.15}$$

$\zeta_2\zeta_1$ 替换成函数后，可以看出挠曲的总矢高与支撑垫半径比 $b/a$ 密切相关（图 8.6）。

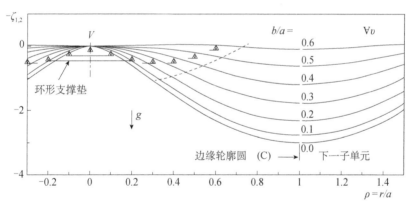

图 8.6　具有三叠对称步长 $2a$ 的定距支撑垫分布，子镜单元的
挠曲取决于板半径比 $b/a$ 的函数。当 $b/a = 0$ 时，支撑
垫缩小为一个点。一些拐点的轨迹用虚线表示

系数 $C_{1,1}$ 和 $C_{2,i}$ 是确定允许的最大挠度以及弯曲的最大斜率。例如，从图 8.6 的弯曲中可以看出，最大的挠度是

$$\Delta\zeta_{\max} = \zeta_1\{b/a\} - \zeta_1\{0\} + \zeta_2\{1\} - \zeta_2\{b/a\}, \quad b/a \in [0, 0.549]$$

因为我们已经设定了 $\zeta_1\{0\} = 0$ 与 $\zeta_1\{b/a\} = \zeta_2\{b/a\}$，式（8.12）中的第二个式子导入后

$$\Delta\zeta_{max} = \zeta_2\{1\} = 1 + 2C_{2,1} + 4C_{2,4}$$

代入系数后，无量纲最大弯曲挠度为

$$\Delta\zeta_{max} = 3 - 4\frac{b^2}{a^2}\left(1 - \ln\frac{b^2}{a^2}\right), \quad \frac{b}{a} \in [0, 0.549] \qquad （8.16a）$$

当 $0.549 < b/a < 0.70$ 时，挠度 $\zeta_{1,2}$ 表现出第二个拐点，因此式（8.16a）就不再适用。在曲线达到 $\rho \approx 0.56$ 时，我们可以得到在 $b/a \approx 0.6184$ 时 $\zeta_2(1) = \zeta_1(0) = 0$。相应的最大挠曲发生在此处的可能性最小，为

$$\Delta\zeta_{max} = 0.0978, \quad \frac{b}{a} = 0.6184 \qquad （8.16b）$$

综上所述，由式（8.16）和进一步的计算可知，无量纲最大挠度与支撑垫半径比的对应函数如下（图8.7）：

| $b/a$ | 0 | 0.10 | 0.20 | 0.30 | 0.40 | 0.50 | 0.549 | 0.60 | 0.6184 |
|---|---|---|---|---|---|---|---|---|---|
| $\Delta\zeta_{max}$ | 3 | 2.775 | 2.324 | 1.773 | 1.187 | 0.613 | 0.348 | 0.145 | 0.0978 |

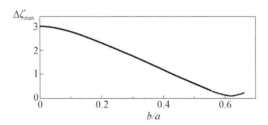

图 8.7　无量纲最大挠度与支撑垫半径比的函数。虚线对应的区域为 $0.549 < b/a < 0.70$，其中镜子单元表现为两个弯曲区域

因此，从薄板理论分析得出以下一般性结论。

（1）镜面在重力作用下的轴向弯曲的最小值须通过使用步长为 $2a$ 下最小数量的支撑垫 $N_p$ 来实现，并且其半径比须为 $b/a \approx 0.62$，而不管其泊松比大小。

（2）对于一个狭长的支撑垫（$b/a \approx 0$），镜面单元的挠曲曲线表明了曲率 $\rho = 0$ 时，挠曲量的绝对值是径向曲率 $\rho = 1$ 时的 7.75 倍。

当支撑垫缩小到接近为一个点时，在支撑垫附近的挠曲更为明显。因此，例如在轴向支撑系统中，当支撑垫半径比为 $b/a \approx 0.05$ 时，对更多支撑垫数目 $N_p$ 的需求会大于对更大 $b/a$ 的值的需要。已经建立的各种大型望远镜反射镜的通用值在 $b/a \in [0.05, 0.6]$ 这个范围内变化。例如，4m Mayall KPNO 望远镜由沿两个同心圆分布的环垫支承；在这个镜面的径向上，支撑垫半径比为 $b/a \approx 0.6$（图8.8）。

图 8.8　KPNO 4m 望远镜的镜面支撑系统

（基特峰国家公园天文台）

### 8.5.3　支撑垫分布的密度判据——Couder 定律

从上述对一个均匀支撑的无限大镜面的研究中，我们现在已经得到了在子镜单元的完整区域 $r \in [0, a]$ 中决定其最大挠曲矢高 $\Delta z_{max}$ 的所有因素。此外，我们也知道最大矢高函数 $\Delta \zeta_{max}(b/a)$，它是支撑垫半径比 $b/a$ 的函数。从子镜单元的挠曲（8.11）可得，最大挠曲矢高表示为

$$\Delta z_{max} = \frac{qa^4}{64D} \Delta \zeta_{max}(b/a) \tag{8.17}$$

其中 $\Delta \zeta_{max}$ 由表（8.16c）中查表得出。从等式（8.9）中得知，比值 $q/D$ 可表示为

$$\frac{q}{D} = 12(1-v^2)\frac{\mu g}{Et^2} \tag{8.18}$$

替换后，圆轮廓子镜单元（C）的最大挠度为

$$\Delta z_{max} = (1-v^2)\frac{3\mu g a^4}{16Et^2} \Delta \zeta_{max}(b/a) \tag{8.19}$$

在三叠对称下，镜坯采用六边形轮廓单元。与半径为 $a$ 的圆形单元相比，六角形对角的径向距离为 $2a/\sqrt{3} \approx 1.154a$。另一方面，六边形的轮廓线（H）保持在一个平面上，所以挠曲比在圆（C）上的要大一些。由于连续性和最小应变能的原因，最大挠度 $\Delta Z_{max}$ 在六边形单元的一个角上，也就是说对于所有子镜，都能通过利用比例因子 $2/\sqrt{3}$ 精确地得出圆形子镜单元的最大挠曲度位置。因此，对于六边形无限大镜面的最大挠度为

$$\Delta Z_{max} = \frac{2}{\sqrt{3}} \Delta z_{max} = (1-v^2)\frac{\sqrt{3}\mu g a^4}{8Et^2} \Delta \zeta_{max}(b/a) \tag{8.20}$$

**广义 Couder 定律**：现对于一个有限大直径为 $d$ 的镜面，从式（8.8）中

$a^2 = \pi d^2 / 8\sqrt{3}N_p$ 得到的 $a^2$ 代入式（8.20）中。如果我们限制支撑垫的半径比为 $b/a \leqslant 0.549$，则式（8.16a）对于 $\Delta\zeta_{max}(b/a)$ 的计算便能适用。因此，替换后产生了如下的一般性结果。

对于有限直径为 $d$、厚度为 $t$ 的大望远镜镜面，由 $N_p$ 个半径为 $b$ 的支撑垫以步长为 $2a$ 的三叠对称方式进行支撑，它的最大的挠度为

$$\begin{cases} \Delta Z_{max} = \dfrac{\pi^2(1-v^2)}{512\sqrt{3}N_p^2}\left[3 - 4\dfrac{b^2}{a^2}\left(1 - \ln\dfrac{b^2}{a^2}\right)\right]\dfrac{\mu g d^4}{E t^2} \\ \text{环形支撑垫半径比条件 } 0 \leqslant b/a \leqslant 0.549 \end{cases} \quad (8.21)$$

虽然其形式有些不同，但是 Couder 给出了第一个与单点支撑垫（也就是 $b=0$）相类似的结果；它被称之为 $d^4/t^2$ 挠曲放大律或者 Couder 定律[18]①。方程组（8.21）包含了对不同支撑垫半径比的扩展情况。同样适用于更大的分布范围（式（8.16c））。

这个结果可以让我们很轻易的引入光学公差标准。当波前在镜面进行反射之后，设 $w_{ptv}$ 为镜面弯曲引起的最大波前误差，因此我们得到 $w_{ptv} = 2\Delta Z_{max}$。现在，如果一个光学系统容差是由波前 ptv 标准定义的，例如 $w_{ptv} \leqslant \lambda/5$，则我们获得了一个不等式

$$w_{ptv} = 2\Delta Z_{max} \leqslant \lambda/5 \quad (8.22)$$

我们假设镜面的挠曲可以通过自适应光学系统来修正。因此，从式（8.21）中得出，对于选择一定镜片材料（$E, v, \mu$），镜片厚度（$t$）以及支撑垫系统（$b/a$，$N_p$）下的波前公差标准由以下的不等式给出

$$\begin{cases} w_{ptv} = \dfrac{\pi^2(1-v^2)}{256\sqrt{3}N_p^2}\left[3 - 4\dfrac{b^2}{a^2}\left(1 - \ln\dfrac{b^2}{a^2}\right)\right]\dfrac{\mu g d^4}{E t^2} \leqslant \dfrac{\lambda}{5} \\ \text{环形支撑垫半径比条件 } 0 \leqslant b/a \leqslant 0.549 \end{cases} \quad (8.23)$$

目前对于大型望远镜镜面的设计以及相关的支撑系统的设计满足上述不等式，均在望远镜观测的最短波长情况下进行了相应的优化设计。假如某个设计倾向于采用单位表面面积的支撑点密度 $n_p$ 而不是支撑垫总数，则从式（8.8）中，必须在式（8.23）采用 $N_p = \pi n_p d^2/4$ 进行替换。

例如，考虑 ESO-VLT 望远镜中，采用 Schott 公司生产的微晶玻璃镜面，其主镜为弯月形镜面。轴向支撑垫呈现三脚支撑，并且拥有相对于 $a$（图 8.3 左）

---

① 根据薄板理论，Andre Couder 解析地推导出由连续同心环支承的等厚度平板的挠曲。他运用弯曲的叠加原理从一个支撑环过渡到几个支撑环，并通过对这些环的半径和作用于它们上的单位长度的反作用力的最佳拟合平衡，将由此产生的挠曲矢高降至最低。

较小的半径 $b$；因此，我们可以很准确地假定其效果相当于相同 $b/a$ 比例的环形垫。式（8.22）中所涉及的具体参数值如下，

$$E = 90.2 \times 10^9 \text{Pa}, \quad v = 0.243, \quad \mu g = 24.82 \times 10^3 \text{Pa/m},$$
$$d = 8.2\text{m}, \quad t = 0.175\text{m}, \quad b/a = 0.2, \quad N_p = N_a/3 = 150$$

其中，从式（8.16a）中得 $\Delta\zeta_{\max}(0.2) = 2.324$。代入式（8.23）替换后，我们发现其波前的误差 $w_{\text{ptv}} = 0.439\mu\text{m}$。因此，在波长 $\lambda = 0.5\mu\text{m}$ 时，由于重力作用下镜面挠曲导致的波前误差为 $w_{\text{ptv}} = \lambda/5.7$。

**波前方差与 rms 准则**：通过使用波前 rms 准则得出的最佳的波前畸变 $w_{\text{rms}}$，可以将镜面在重力作用下弯曲而引起的波前挠度 $w$ 减到最小。波前误差 $w$ 的方差 $w^2_{\text{rms}}$ 被定义为

$$w^2_{\text{rms}} = \frac{1}{\mathcal{A}} \iint_{\mathcal{A}} \left(w + A_{00}\right)^2 d\mathcal{A} \tag{8.24}$$

其中，积分是在波前的表面 $\mathcal{A}$ 上进行的，$A_{00}$ 是未知的平移项。假设允许小的离焦量，则方差可以通过将 $A_{00}$ 替换为 $A_{00} + A_{20}r^2$ 而求得。

注意到斜率的 rms 值 $(\nabla w)_{\text{rms}}$ 与图像的退化有关。在这种情况下，方差 $(\nabla w)^2$ 需通过使获得的像的弥散斑最小化来进行计算。

**支撑垫密度、镜面厚度和 ptv 准则**：无论大型望远镜镜面的直径是多少，每单位表面积的支撑垫密度 $n_p$、反射镜的厚度 $t$ 和支撑垫的半径比 $b/a$ 是三个基本的参数。一旦比例 $b/a$ 确定，即确定了环垫或点垫，从式（8.8）中将 $N_p = \pi n_p d^2/4$ 代入式（8.23），得出了一种相关于镜厚 $t$ 和支撑垫密度 $n_p$ 的波前容差 ptv 准则。对于 $w_{\text{ptv}} \leqslant \lambda/5$ 情况下的波前容差，在 $[L^{-2}]$ 维度上的一般性结果为

$$\begin{cases} n_p^2 t^2 \geqslant \dfrac{1-v^2}{16\sqrt{3}} \left[ 3 - 4\dfrac{b^2}{a^2}\left(1 - \ln\dfrac{b^2}{a^2}\right) \right] \dfrac{\mu g}{E} \times \dfrac{5}{\lambda} \\ \text{环形支撑垫半径比条件 } 0 \leqslant b/a \leqslant 0.549 \end{cases} \tag{8.25}$$

对于给定材料（$E, V, \mu$）、支撑垫半径比 $b/a$ 以及光学公差（上述的 $\lambda/5$），后一种关系在实际应用中更为方便，因为它们只取决于镜面的厚度。

**支撑垫密度与镜面截面几何形状**：我们已经看到，上述判据是由无限大镜面在三叠对称下的六边形单元的局部挠曲导出的。另一方面，大型望远镜的镜片可能是一个恒定的厚度 $t$（弯月板）或是一个平坦的背面（平凹）。对于这些不同厚度的几何形状，判据（8.25）的局部性质必须解释如下。

（1）不管大型望远镜镜面的厚度分布函数 $t(r)$ 是什么样的，根据 $n_p t$ = 常数的定律，它在重力作用下的挠曲容差准则，确定了每单位表面积的支撑垫密度 $n_p$。

（2）因此，对于一个平凹型截面形状的镜面，假如厚度分布函数用 $t = t_0(1+kr^2)$ 表示，其中 $k>0$，则支撑垫的密度 $n_p(r) \propto [t_0(1+kr^2)]^{-1}$。

一个普遍的理论结论是，后侧平坦的凹面镜边缘的支撑垫密度比中心小。

### 8.5.4 其他轴向弯曲特性

经典的薄板理论研究中，对有限尺寸等厚镜面由同心连续环支撑，在重力作用下的挠曲最小值的计算，Couder[18]对这一问题进行了首次理论分析。Couder 还使用玻璃板进行了干涉实验，使他能够确定由三个三叠对称点支撑玻璃板的最大弹性挠度①。对于两个同心连续支承环，优化参数为环的半径和沿每个环的单位长度的反作用力分布。在第一步，利用环上的连续性条件和自由边界条件，对半径为 $r_i$ 的每个支撑环计算了各自的挠曲 $z_i(r)$。然后利用叠加原理可以对弯曲 $z_i$ 求和，使得沿着相应环的每个支撑反力 $R_i$ 之和等于镜重。参数 $r_i$ 和 $R_i$ 的变化可以确定最小挠度。对于后侧平坦的镜片，进一步的弯曲和应力分布修正可以考虑厚度的变化，从而得出最终的挠度。后来的研究引入了中心有孔反射镜的自由内边界条件；适用于 3～4m 级的镜面口径，Schwesinger[72]优化了 2 环支撑，Lemaitre[42] 优化了 3 环支承。但是对于厚镜，比如说径厚比 $t/d \geqslant 1/8$，其他因素的考虑情况如下。

**剪切应力与厚板理论：** 从 Love-Kirchhoff 薄板理论的假设得知（1.13.6 节），在轴对称弯曲的圆形板中，沿法线到板的中面产生的应力分量 $\sigma_{zz}$ 是不予考虑的。

例如，在一个较厚的悬臂梁的自由端加载，Saint Venant 指出，梁截面的法向平面变成了 s 形曲面。这就表示应力 $\sigma_{xx}$ 作用在梁的厚度方向上不是线性的，而是根据 cubic 函数准则从一个面传递到另一面。考虑到圆形和椭圆板的剪切变形，大约在 1910 年或者更早，Augustus Love 阐述了通常被称为厚板理论的剪切理论②。

当均匀载荷作用于平面等厚板的表面时，Love[43]推导了边缘简支圆板中表面的弯曲和剪切弯曲，并且适用于边缘嵌套的圆形或椭圆形板。在这些情况下，他还推导出了表示距离中面 $z \in [-t/2, t/2]$ 处曲面径向位移和轴向位移的完整方程

---

① 当时还不清楚玻璃材料是否会显示出轻微的黏度。在一项专门的干涉测量实验中，一块玻璃板被重物弯折了一年多，Couder[18]表明无法检测到条纹图案的变化。

② Saint Venant[67]在悬臂梁的情况下对梁的剪切变形进行了分析研究。他还指出，剪切变形可以看作是弯曲变形的附加分量。1900 年，Michell[49]得到的包含剪切应力分量的平衡方程，进一步发展了剪切理论。这就促进了 Love[43]对厚板理论的阐释。

组。Woinowsky-Krieger[94]证明，在一个简单普通内置板的径厚比为 $t/d = 1/10$ 的情况下，剪切挠度约占总挠度的 17%。Timoshenko 和 Woinowsky-Krieger 还对薄板理论和厚板理论的挠度进行比较[88]。如下所示，对于简支板，这种效果不太明显。

例如，如果我们用 $z$ 表示在边缘 $r = a$ 处简支的等厚板的弯曲挠度，并用 1.13.10 节（1.184b）结论，由薄板理论中的泊松方程 $\nabla^2\nabla^2 z = q/D$ 得到挠度为

$$z = \frac{qa^4}{64D}\left(\frac{r^2}{a^2} - 2\frac{3+v}{1+v}\right)\frac{r^2}{a^2} \tag{8.26}$$

其中，$q = \mu g t$ 是负数。参考 Love[43]或 Woinowsky-Krieger[88]，边缘简支厚板中面剪切挠度为

$$z_{\mathrm{S}} = -\frac{qa^4}{40D}\frac{8+v+v^2}{1-v^2}\frac{t^2r^2}{a^4} \tag{8.27a}$$

$$z_{\mathrm{S}} = -\frac{qa^4}{48D}\frac{3+v}{1-v^2}\frac{t^2r^2}{a^4} \tag{8.27b}$$

但与有限元分析结果相比，采用如下表达式更为准确

$$z_{\mathrm{S}} = -\frac{qa^4}{16D}\frac{1-v}{1+v}\frac{t^2r^2}{a^4} \tag{8.27c}$$

由式（8.27c）可知，包含剪切分量的挠曲更为精确，且为

$$Z = z + z_{\mathrm{S}} = \frac{qa^4}{64D}\left(\frac{r^2}{a^2} - 2\frac{3+v}{1+v} - 4\frac{1-v}{1+v}\frac{t^2}{a^2}\right)\frac{r^2}{a^2} \tag{8.28}$$

因此，$r = a$ 时得到的最大挠度为

$$Z_{\max} = z(a) + z_{\mathrm{S}} = -\frac{qa^4}{64D}\left(\frac{5+v}{1+v} + 4\frac{1-v}{1+v}\frac{t^2}{a^2}\right) \tag{8.29}$$

通过括号内的两项可以评估剪切分量相对于挠曲分量的影响。在边缘处，也就是这个效应最大的地方，可以推导出比值

$$\frac{z_{\mathrm{S}}}{z(a)} = 4\frac{1-v}{5+v}\frac{t^2}{a^2} \tag{8.30}$$

例如，泊松比 $v = 1/5$ 和径厚比 $t/d \equiv t/2a = 1/12$、$1/8$、$1/6$，得到了在中面上的剪切效应 $z_{\mathrm{S}}/z(a)$ 分别为 1.7%、3.8%、6.8%（图 8.9）。

上述剪切变形带来的挠度 $z_{\mathrm{S}}$ 仅适用于板的中面。垂直方向剪切变形在板厚方向上并不是一个常值。剪切应变使得支撑力作用的单元附近的变形比中面处的单元变形大得多，而板的相对外表面附近的单元变形更是小得多。在支座附近的局部区域，剪切挠曲呈现出与印痕相似的斜率变化。

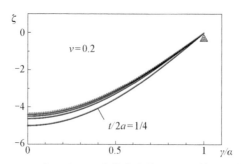

图 8.9　标准弯曲 $\zeta = [Z(a)-Z(r)]/(qa^4/64D)$ 在简支边缘 $r = a$ 时等厚板中面。长宽比 $t/2a = 1/12$, 1/8, 1/6, 1/4。以实线表示弯曲，且包括剪切分量 $t^2 r^2/a^4$。虚线表示薄板理论值

在三维模型的有限元分析中，剪切效应的影响几乎被忽略。

**弯月镜与浅壳理论**：Eric Reissner[64, 65]引入了所谓的浅壳理论，实现了弹性理论的一个重要进展。在这一理论中，其考虑了弯月镜中面上的两个垂直方向的伸长和压缩。

在考虑这个壳层效应下，Reissner 推导出了一个完备方程组，用以确定弯曲和剪切变形。对于超过 $f/2.5$ 的天文弯月镜，在轴对称的情况下，这个方程组允许在环支承半径处引入连续性条件。然而，解决这类问题需要使用复杂的四个 Kelvin 函数（8.6.3 节）。

根据浅壳理论，Selke[77]推导了采用 1 环和 2 环支承的普通弯月镜的一些挠曲情况，尽管这些都没有优化。对于径厚比 $t/d = 1/12$ 和单圈支承，他表明挠曲的剪切分量影响不超过 6%。Schwesinger[71]则对沿板厚方向的非线性应力分布进行了阐述。Arnold[2]还利用薄壳理论推导了采用离散的支撑垫进行主动光学校正的弯月镜的挠曲。这需要将加载函数 $q(r, \theta)$ 表示为傅里叶级数形式，并从下面的方程（参看第 6 章中的式（6.6）和（6.8））求解应力函数 $F$ 和法向挠曲 $z$

$$\nabla^2\nabla^2 F + \frac{Et}{\langle R \rangle}\nabla^2 z = 0 \tag{8.31}$$

$$\nabla^2\nabla^2 w - \frac{1}{D\langle R \rangle}\nabla^2 F = \frac{1}{D}q(r, \theta) \tag{8.32}$$

其中，$1/\langle R \rangle$ 为弯月镜的平均曲率。加载函数 $q(r, \theta)$ 的一些显式表达将在后面给出。

**变厚度镜片**：对于非弯月形的大型镜面，如后表面平坦的镜片，由于弯曲刚度 $D \neq$ 常数，泊松方程便不再适用。确定在重力作用下的挠度 $z$ 的经典方法是将镜面厚度变化分布到 $N$ 个等厚单元。例如，薄板理论可以求解方程组

$$\nabla^2\nabla^2 z_n(r, \theta) = q / D_n, \quad r \in [r_n, r_{n+1}], \quad \forall n \in [1, N] \tag{8.33}$$

其中，弯曲刚度 $D_n$ 为常数。必须求解每段结点处的四个连续性条件，以及中心

和边缘处的两个边界条件。

Wan 等[89]利用 $z_\mathrm{S} \propto t^2 \nabla^2 z$ 假定了挠曲的剪切分量与弯矩分量有关。虽然给出了一个例子，但该假设并没有得到有力的证明；由式（8.26）和式（8.27）中的一个方程可以看出，对于轴对称弯曲，这似乎并没有得到验证。本书利用二维 Dirac 函数，推导了由离散点力支承的大平凹镜的总弯曲 $z + z_\mathrm{S}$ 的 Clebsch 多项式（详见下文）。

**无限小支撑垫区域**：Schwesinger[76]提出了一种方法，展开了对 $k$ 个沿 $k$ 次对称的同心环分布的离散支撑点在重力作用下的镜面弯曲分析。该方法随后被 Nelson 等[53]和 Arnold[3, 4]利用 Dirac 函数进行研究。

设 $W$ 和 $a$ 是总重量（这里是负的，因为负加速度）和镜子的外半径。一个二维 Dirac $\delta$ 函数必须满足

$$\iint \frac{1}{b_j} \delta(r - b_j) \delta(\theta - \theta_j) r \mathrm{d}r \mathrm{d}\theta = 1 \tag{8.34}$$

其中将单位面积的负载 $q$ 表示为

$$q(r, \theta) = \frac{W}{\pi a^2} + \sum_{j=0}^{k} \frac{f_j}{b_j} \delta(r - b_j) \delta(\theta - \theta_j) \tag{8.35}$$

由于支撑系统具有 $k$ 次对称性，每个支撑点 $j$ 由其位于半径为 $r = b_j$ 的圆上的力 $f_j$ 来表征，其方位角为 $\theta_j = \theta_0 + 2j\pi/k$。将 Dirac 函数 $\delta(\theta - \theta_j)$ 采用傅里叶级数展开

$$q(r, \theta) = \frac{W}{\pi a^2} + \sum_{j=0}^{k} \frac{f_j}{2\pi b_j} \delta(r - b_j) \sum_{m=-\infty}^{\infty} \exp\left[im(\theta - \theta_j)\right] \tag{8.36}$$

力和力矩的静力平衡条件为

$$\sum_{j=1}^{k} f_j + W = 0, \quad \sum_{j=1}^{k} f_j b_j \exp(i\theta_j) = 0 \tag{8.37}$$

根据薄板理论，挠度用下式表示

$$z = \sum_{m=0}^{\infty} R_{nm}(r) \cos\left[km(\theta - \theta_0)\right] \tag{8.38}$$

其中，Clebsch 解 $R_{nm}(r)$ 为多项式形式，由 7.2 节中的方程组（7.7）表示。然而，Dirac 函数将问题限制在无限小的支撑点上，这是一个非常理想化的选择。

**有限支撑垫区域**：目前大型望远镜的主镜常设计成径厚比 $t/d \leqslant 1/20$ 的弯月镜形状。考虑到径厚比很大，支撑板上的剪切挠曲完全可以忽略不计。虽然这些主镜的焦比通常达到 $f/1.8$ 或 $f/1.6$ 这样的值，这就需要使用 Reissner 的浅壳理论，但由于重力作用下反射镜挠曲时所带来的应力不大，因此没有必要这样做。同时，

产生任何主动光学校正模式 $z_{nm} \propto r^n \cos m\theta$ 所带来的最大弯曲矢高 $\Delta z_{max}$ 并不会在弯月镜中面的面内产生明显的应力也是一个合理的假设。因此，对于大多数大型望远镜的弯月镜面，基础薄板理论仍可以被认为是足够精确，可以用来确定镜面厚度及其主动和被动支撑系统。

从薄板理论可以看出，在建立无限大反射镜支承垫密度判据时（8.5.3 节），当镜面由环形垫片支撑时，垫片半径比是一个有用的自由参数（8.25 准则）。

同样是使用了薄板理论，Arnold[5]采用的另一种方法，可以用来确定重力作用下的挠曲和促动器支撑垫的影响函数，这些支撑垫都是有限区域。与用 Dirac 函数表示的无限小垫片相比，具有有限表面积的垫片将负载分散到镜下，使光学表面更加平滑。为了数学上的方便，且最终的结果没有显著的误差，Arnold 提出的支撑垫几乎是 $d_p$ 的平方，并且可以分解为两个 Π 函数的乘积

$$\Pi\left[\frac{\left(r-b_j\right)}{d_p}\right]\Pi\left[\frac{b_j\left(\theta-\theta_j\right)}{d_p}\right] \tag{8.39}$$

其中，$b_j$ 和 $\theta_j = \theta_0 + 2j\pi/k$ 是 $k$ 个支撑垫在镜面坐标系（$r, \theta, z$），下的极坐标形式，并且

$$\Pi[x]=1, \quad x<0.5; \quad \Pi[x]=0, \quad x \geqslant 0.5 \tag{8.40}$$

对于半径为 $r = c$、重量为 $W$ 的镜面，载荷 $q$ 的一般表达式为

$$q(r,\theta)=\frac{W}{\pi\left(a^2-c^2\right)}+\sum_{j=1}^{k}\frac{f_j}{d_p^2}\Pi\left[\frac{\left(r-b_j\right)}{d_p}\right]\Pi\left[\frac{b_j\left(\theta-\theta_j\right)}{d_p}\right] \tag{8.41}$$

或者，以正弦主函数 $\mathrm{sinc}(x) = \sin(\pi x)/(\pi x)$ 与傅里叶展开式后得

$$q(r,\theta)=\frac{W}{\pi\left(a^2-c^2\right)}+\sum_{j=1}^{k}\frac{f_j}{2\pi b_j d_p}\Pi\left[\frac{\left(r-b_j\right)}{d_p}\right]$$
$$\times\sum_{m=-\infty}^{\infty}\mathrm{sinc}\left(\frac{md_p}{2\pi b_j}\right)\exp\left[im\left(\theta-\theta_j\right)\right] \tag{8.42}$$

其中，$k$ 个作用力 $f_j$ 及其在 $x$、$y$ 平面上任意轴上的力矩满足静力学平衡方程，类似于集合（8.37）。给定一个半径为 $b_j$ 的圆上的 $k$ 组支撑垫，将 $q(r, \theta)$ 代入泊松方程可以确定 Clebsch 多项式 $R_{nm}(r)$ 系数（详见 7.2 节），因此挠度可以用 $z = \Sigma R_{nm}$ $\cos[km(\theta - \theta_0)]$ 表示。在计算了分布在不同半径 $b_j$ 圆上的垫片的挠度 $z$ 后，接下来对每个挠曲的部分载荷进行重新分配，它们的线性叠加则提供了整个镜面的挠曲结果。通过优化变化部分的负荷和与那些与 $k$ 值相关的设计参数 $d_p$, $b_j$ 和 $\theta_j$ 等，可以减少由此产生的挠曲。在垫片分布在四个同心圆上的情况下，Arnold 在仅优

化重力作用下的挠曲或是同时使用主动光学校正较大 Astm3 模态时，获得了一些不同的拓扑结构。

### 8.5.5　有限元分析

对于大型主镜，有限元分析已成为精确计算离散支撑的镜面在重力载荷作用下挠度的经典计算方法。因此，上述的近似条件便不再需要考虑。有限元分析可以在几乎没有极限假设的情况下解决三维问题（详见 1.13.14 节）。从边界条件，可以求得单元的应变 $\varepsilon_{ik}$，然后进一步得到单元的三个位移矢量的分量：

$$u(r,\theta,z), \quad v(r,\theta,z), \quad w(r,\theta,z) \qquad (8.43)$$

利用迭代算法进行重复求解，直到位移矢量没有发生变化，从而对应于静力平衡。当有限元的单元数目增加时，所得到的位移与精确的位移近似相等。当前的模式下考虑了所有需要的特性，比如

—镜面几何形状，厚度分布，中心孔

—支撑垫的几何形状和应力分布

—镜壳效应和中面张力函数

—镜面剪切效应及其三维变化

此外，在体荷载作用下的重力弹性变形中，有限元分析可以很容易地处理这种情况，而对于等厚镜面，并不完全等同于施加在镜面上表面或中面的均匀荷载。

1968 年，Malwick 和 Pearson[46]率先对使用 Ritchey-Chretien 系统的 4m Mayall-KPNO 望远镜的主镜进行了有限元分析。这个 $f/2.6$ 的主镜是一块背面平坦的石英玻璃，并且有着大中孔，径厚比 $t/d = 1/8$。支撑单元包括沿两个同心环分布的 $N_a$=36 个轴向垫（详见图 8.8）。在文献 [75] 中，作者考虑了一个径厚比为 $t/d = 1/7$ 的 $f/2.75$ 反射镜，得到了两个连续环和三重对称垫片支撑下的几个轴向挠曲度；同时，他们还获得了在各种支撑下的侧向弯曲情况。

## 8.6　大型镜面在重力作用下的侧向弯曲

### 8.6.1　各种支撑力分布

镜面的被动侧向支撑要求使用如图 8.2 所示的一个或多个系统单元。支撑方式和支撑单元的数量取决于镜片的几何形状和重量。对于 1.8m 口径的镜面，如

KECK 望远镜的镜面，一个单一直接无定向杠杆就可以（图 8.10（A））。针对大中型轻主镜，设计了均匀分布于镜片中面的直接无定向杆，例如，用于 5m Hale 望远镜（$N_l = 36$ 侧杆）和 6m SAO 望远镜（$N_l = 60$）的支撑系统。在后来的望远镜中，轴向和侧向支座数量相同（$N_a = N_l$）情况下，被合并成了双系统（图 8.10（B））。

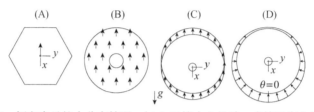

图 8.10　侧向支承的力分布情况。（A）子镜中心的单一直接无定向杠杆；
（B）直接无定向杆在镜中表面以三叠对称均匀分布；（C）沿镜面轮廓均匀
分布平行等推力；（D）以 $1+\cos\theta$ 分布在轮廓边缘的径向支撑力

对于大型单片平凹或弯月反射镜，在平行推拉力沿反射镜轮廓均匀分布的情况下，得到了最佳效果（图 8.10（C））。如果 $N_l$ 个侧向力支撑起了镜子的重力 $W$，则每个力的分量 $n \in [1, N_l]$ 为

$$F_{x,n} = -W / N_l, \quad F_{y,n} = 0 \tag{8.44}$$

然而平行的推拉力在实际情况中是难以得到的。因此，另一种简单可行的方法是每单位长度内只有径向推力 $f_r$

$$f_r = -\frac{W}{\pi a}(1 + \cos\theta) \tag{8.45a}$$

由液压垫沿镜面轮廓分布（图 8.10（D））。$N_l$ 的分布情况得到的侧向力的作用角度 $\theta_n = (2n-1)\pi/N_l$ 以及进一步得到的 $\Delta\theta = 2\pi/N_l =$ 常数，决定了径向分量与切向分量为

$$F_{r,n} = \int_{\theta_n - \Delta\theta/2}^{\theta_n + \Delta\theta/2} f_r \cos(\theta - \theta_n) a\mathrm{d}\theta, \quad F_{t,n} = 0 \tag{8.45b}$$

这些力是通过支撑垫垂直作用在镜面边缘处产生的。

相比其他可能的边缘力分布，例如，施加两个集中力在边缘的最低点两侧 $\theta = \pm 45°$ 处，这两种侧向支撑的主要优势是通过避免在空间频率模式 $\cos m\theta$ 下的大 $m$ 值，从而使得镜面变形平滑。通过窄水银袋产生的径向推力分布，只需要使用垂直的推力即可。

### 8.6.2　侧边支撑的镜面的弯曲

Schwesinger 早期使用了傅里叶展开进行了弹性力学分析，推导了由各种侧向支撑系统引起镜面弯曲[70, 72, 75]。为了避免求解复杂的三维位移分量 $u, v, w$（式（8.43））的问题，在主动光学中，将假设镜面中面上的径向位移和切向位移 $u$、$v$ 和轴向位移 $w$（用 $z$ 表示）可以采用 Love-Kirchhoff 假设精确表达（参看 1.13.6 节），即减少到

$$u\big|_{z=0} = 0, \quad v\big|_{z=0} = 0, \quad w = z(r, \theta) \qquad (8.46)$$

在这个薄板理论近似中，在镜面上坐标为 $r, \theta$ 的所有点的小轴向位移（以后称为挠曲）可以假设认为是相同，因此，问题简化为当镜面光轴水平时确定中面的轴向挠度。

使用半径变量 $\rho = r/a$ 规一化半径，则中面由于侧向支撑而发生的 $z$ 方向挠曲的傅里叶展开式可以表示为

$$z = \frac{\mu g a^4}{E t^2} \sum_{m=0}^{\infty} c_m P_m(\rho) \cos m\theta \qquad (8.47)$$

其中，$c_m$ 和 $P_m$ 是系数和多项式。

如果镜面中间没有曲率（例如一块镜子为等凹面），那么所有的 $P_m = 0$，其中包含 $z \equiv u_z = 0$，与上面的近似 $u_r = u_t = 0$ 相同。

除了对轮廓施加的分布力外，引入镜片的中面弯曲曲率 $1/\langle R \rangle$ 和厚度分布 $t(\rho)$ 这两个参数确定镜子的挠曲。这两个参数也可以表示为无量纲量参数 $\alpha$ 和 $\kappa$

$$\alpha = a/\langle R \rangle, \quad t/t_0 = 1 + \kappa \rho^2 \qquad (8.48)$$

设 $1/R$ 为光学表面曲率，则中面曲率半径为

$$\langle R \rangle = 2R, \qquad \text{用于平面镜}$$

$$\langle R \rangle = \frac{1}{2} t_0 + R, \qquad \text{用于弯月镜}$$

$\kappa = 0$ 也适用于弯月镜。

假定镜面没有中心孔，弯矩和扭转力矩 $M_x, M_y, M_{xy}$ 由圆周力分布的分量 $F_{x, k}$，$F_{y, k}$ 和参数 $\alpha$、$\kappa$ 确定。对于每一阶的模量 $m$，$F_{x, k}, F_{y, k}$ 的傅里叶展开可以将力矩的三个平衡方程表示为应力 $\sigma_{xx}, \sigma_{yy}, \sigma_{xy}$ 的函数（详见 1.13.8 节式（1.165）），并给出挠度。

例如，考虑径向推力分布 $f_r \propto 1 + \cos\theta$ 以及从式（8.48）中平凹镜的 $\kappa = \alpha a/t_0 = a^2/2R t_0$，Schwesinger[75] 推导了下面形式的挠度 rms（详见式（8.24））

$$z_{\text{rms}} = \frac{\mu g a^2}{E} \left[ \sum_m a_m^2 Y_m(\kappa) \right]^{1/2} \qquad （8.49）$$

其中，侧向力分布导致的相关的挠曲模态 $m$ 由无量纲数 $a_m$ 的平方（取决于力的分布类型）和无量纲函数 $Y_m(\kappa)$ 的乘积表征（表 8.3）。

表 8.3　系数 $Y_m(\kappa)$ 在垂直平凹镜支撑边缘处的不同挠曲模式 $\cos m\theta$ 下的值。几何比 $t_0/2a = 1/8$。泊松比 $\upsilon = 0.25$。径向推力分布 $f_r \propto 1 + \cos\theta$[75]

| 挠曲模态 | $\kappa = 0.0(*)$ | $\kappa = 0.1$ | $\kappa = 0.2$ | $\kappa = 0.3$ |
|---|---|---|---|---|
| $m = 0$ | 0 | 1.01 | 4.04 | 9.1 |
| 1 | 0 | 0.03 | 0.13 | 0.3 |
| 2 | 4.6 | 140.5 | 465 | 978 |
| 3 | 3.4 | 20.7 | 52.5 | 99 |
| 4 | 2.7 | 8.9 | 18.5 | 32 |
| 5 | 2.3 | 5.5 | 10.1 | 16 |
| ⋮ | ⋮ | ⋮ | ⋮ | ⋮ |
| 10 | 1.3 | 1.9 | 2.7 | 3.7 |

（*）数值来自厚板理论。

对于 $m = 0$ 模态，从 $Y_0$ 值可以得到，平移、Cv1、Sphe3 和高阶球差模态的结果影响可以忽略不计。对于 $m = 1$，则代表视场的横向位移，这种影响非常小。最主要的影响是 $m = 2$ 给出的全阶像散模态。下一个像差模式 $m = 3$，代表彗差，比像散小得多，而高阶模态的影响则不断减小。

无论是平凹的还是弯月形的镜子，采用平行和等推力 $F_{x,n} = -W/N_l$ 均匀分布在轮廓上都比径向推力分布 $f_r = -(W/\pi a)(1+\cos\theta)$ 能得到一个更小的挠曲量残余。在实际运用中，无论是赤道式和地平式望远镜，直接采用轴向无定向杠杆都可以很容易地产生这种推力分布。其中，地平式望远镜水平上只围绕一个方向旋转。3.5m ESO-NTT 弯月镜的侧支撑有着 $N_l = 24$ 并且在重心平面的轮廓线处均匀分布的平行相等推力[69]。

### 8.6.3　其他力的分布以及力斜面

地平式望远镜也可以采用更复杂的侧向支撑方式来支撑镜面。此外，支撑力也不一定分布在一个平面上。以下均是讨论在地平式望远镜下的大型单块镜面的力分布。

**镜片切片与平行推拉力分布：** Mack[45] 提出将镜片竖直分割为若干宽度 $\mathrm{d}y$ 的切片，在每个切片上施加和为 $F_{x,n}$ 的平行的推拉力，等于镜片竖直切片单元的重量。设 $W$ 为没有中孔的镜片的重量。假设每一对力相等，则每一对力的元素分量为

$$\mathrm{d}F_x = -\frac{W}{\pi}\cos^2\theta\,\mathrm{d}\theta, \quad F_y = 0 \qquad （8.50）$$

$N_l$ 个侧向力均匀分布，$n \in [1, N_l]$，其力作用角度 $\theta n = (2n-1)\pi/N_l$ 对应于 $\Delta\theta = 2\pi/N_l =$ 常数，确定了每 $N_l/2$ 镜片竖直切片的位置和大小。由积分可知，第 $n$ 垂直力 $F_{x,n}$ 为

$$F_{x,n} = -\frac{W}{N_l}\left[1 + \text{sinc}\frac{2}{N_l}\cos\frac{(2n-1)2\pi}{N_l}\right], \quad F_{y,n} = 0 \qquad (8.51)$$

其中，$\text{sinc}\, x = \sin\pi x/\pi x$。与由方程（8.44）定义经典的平行推拉力分布相比，上述力分布在竖直中面上更大，而在 $y \approx \pm a$ 区域内的分布力更小。

另一种稍微不同的方法是重新定义切片的宽度，使所有的力 $F_{x,n}$ 都是相等的。这种变 $y$ 间距平行推拉力分布也是 Mack（图 8.11（A））提出，采用了由直接无定向杆产生的 $N_l = 24$ 对的平行推拉力，并用于 4.2m UK-WHT 的平凹镜。

**力斜面：** Mack[45]提出的第二个方案考虑了这样一种情况：对于任何平凹或弯月镜，每个镜片竖直切片单元的重心 $z$ 值不同。因此，从有限元分析中得出，与力作用于通过反射镜重心平面的情况相比，在通过各个切片重心的垂直线确定的斜面上施加平行约束和支撑力（图 8.11（B）），挠曲可减少约三分之一。

利用力斜面，我们可以引入一个有意思的自由参数来优化镜子的侧向支撑。

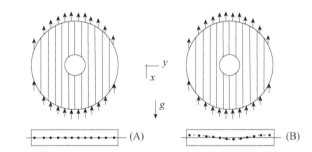

图 8.11　变 $y$ 平行间距，推拉力相等。（A）平面上的力通过镜面的重心的俯视图。（B）力斜面通过镜子各部分重心的俯视图[69]

**剪切力的增大的推拉力分布：** Schwesinger[73, 74]研究了切向分量为自由参数时的力分布。依据 Pythagoras 的 $F^2_{r,n} + F^2_{t,n} = F^2_{x,n} + F^2_{y,n}$，以 $F_{r,n}$ 和 $F_{r,t}$ 来分别表示施加的侧向力的径向分量和切向分量，则不同的力分布支撑效果可以使用在切向力 $F_{t,n}$ 支撑下的重力 $W$ 与某分数 $\beta$ 的乘积来进行比较。因此，$\beta$ 可以确定为

$$\sum_{n=1}^{N_l} F_{t,n}\cos\theta = -\beta W \qquad (8.52)$$

在径向推力函数 $f_r \propto 1+\cos\theta$（如图 8.10D）下，得出 $\beta = 0$。

在等间距推力 $F_{x,n} = -W/N_l$，$F_{y,n} = 0$（如图 8.10C）下，得出 $\beta = 0.5$。

对于 8.2m 口径的 VLT 的弯月镜，焦比 $f/1.8$，径厚比 $t/2a=1/47$，与 Mack 的

后两种分布进行比较，得出了假如切向力 $F_{t,n}$ 某些特殊的几何形状下达到 $\beta \approx$ 0.75，则镜面的挠曲将大大减小[74]。侧向力作用于位于镜子后表面和中心点之间的一个圆。这个圆在一个不穿过重心的平面上。因此，最终的作用力需要在给出的小作用分力 $F_{z,n}$ 下达到静力矩平衡，从而避免了在孔内轮廓处增加横向力。ESO-VLT 的主镜侧向支承为 $N_l = 48$，在外轮廓处等距受力（图 8.12）。通过作用于外圆主轴上的液压杠杆，得到了由剪切函数产生的力 $F_{r,n}$、$F_{t,n}$ 分布。每组铟钢垫在镜面边缘两个区域范围 $\theta_n \pm \pi/N_l$ 对称分布；因此，作用在主光轴上的力所产生的连续力矩的影响几乎被抵消，从而得到了所需的推拉分布的剪切力。

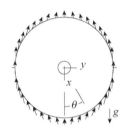

图 8.12　8.2m 的 ESO-VLT 主镜的横向支撑的等间距推拉力分布。力分量 $F_{r,n}$、$F_{t,n}$ 是作用再外圆边缘的推拉力对的分量，其 $\beta = 0.7529$ 下，在剪切方向上力分量逐渐增加。因为这个圆与重心不在平面上，所以最后的力是由 $F_{z,n}$ 个分量相加而产生的[74]

### 8.6.4　有限元分析

Malvick 和 Pearson[46]除了首次建立了由同心连续环或三叠对称的离散支撑垫轴向支撑的大型天文望远镜反射镜的计算模型外，还推导了各种侧向支承力分布情况下的挠曲度。有限元分析的一些早期结果如图 8.13 所示。

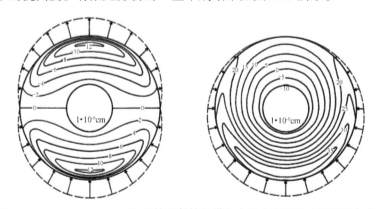

图 8.13　4m Mayall-KPNO 望远镜反射镜的横向支承在有限元分析下的弯曲。
左：特殊推拉力分布；右：径向推力分布[46]

有限元分析已成为精确测定镜面弹性挠度不可缺少的方法。当有限元分析与 Seidel 波前模态分析结合时，应用于轴向支承系统的闭环主动光学系统也可以校正由侧向支撑挠曲引起的残余低阶相差模态。

# 8.7　主动光学与主动准直控制

## 8.7.1　引言与定义

大型望远镜可以采用主动光学技术，使得最终成像质量达到望远镜光学设计的最佳指标。对于地面望远镜来说，导致星光图像退化的原因有很多，比如：光学元件加工的残差、镜面被动支撑系统的理论误差、机械结构的对焦和定心误差、结构和镜面支架的支撑变形误差，镜子的热变形、望远镜结构和周围空气、风导致的镜面变形、大气湍流引起的退化和跟踪误差等。所有这些误差源均由 Wilson 等[90]用时频带通系统进行了量化。接下来我们主要对其研究工作进行描述和总结。

**HST 早期研究**：对于空间望远镜，除了温度梯度对光学和结构的影响以及跟踪误差外，没有其他引起图像质量退化的影响；虽然空间望远镜是在衍射极限下进行高分辨率成像的最佳选择，但是重力从 0g 到 1g 的变化也会改变镜面的形状，早期（20 世纪 60 年代）美国宇航局（NASA）的 Creedon 和 Lindgren 进行主动控制 HST 镜面的研究。Howell 和 Creedon[29]开发了一种基于波前传感和反射镜的主动调整系统，该系统应用于地面 30 英寸直径 0.5 英寸厚的反射镜模型。在使用了 58 个促动器后，初始面形均方根误差由 $\lambda/2$ 减少到了 $\lambda/50$（$\lambda = 663nm$）。控制系统采用镜面的侧向振动固有频率模态，即最小能量模式[19]。

如果在 HST 的 2.4m 主镜上安装 24 个促动器，系统就可以补偿矢高半微米的像散。这项早期研究应该被视为一项开拓性的工作。然而，由于其复杂性，其最终没有被应用于 HST。可以注意到，由于光学测试中的校准误差，校正范围太小，无法补偿球差。通过在焦后光瞳中引入非球面改正板，可以解决这一问题。但在当时，在 CCD 探测器出现之间，这样一个主动光学系统并不是非常有效的。

**主动光学控制和主动准直控制**：从 1.14.3 节的定义，我们可以如下描述望远镜的主动控制。

主动光学控制系统是一个通过改变望远镜镜面（通常是主镜）的形状来修正

波前误差的低时频带通过程，这些校正可能包括部分由与其他镜面准直失调时产生波前误差。相关促动器应位于子镜轴向支撑系统的最前端，直接驱动镜面。

主动准直控制系统是一个通过校正由于望远镜镜面准直失调而引起的波前误差的低时频带通过程，相关的促动器通常专用于副镜的空间定位。相关的位移或称作光学间距包括为轴向平移（$z$ 向平移），中心横向平移（$x$ 和 $y$ 平移）和倾斜（$x$ 和 $y$ 旋转）。这五个自由度可以通过一个主动六杆机构来获得，该机构将副镜连接到它的参考支撑平面①。

上述两种相互关联的控制系统之间必须仔细的相互配合。

对于上述两种系统，"开环"控制一般为被动或准被动修正，而"闭环"控制则相对于主动修正。

如果望远镜反射镜非常薄并且有自己的促动器，则可以在镜面上通过更高的时频闭环频率来进行自适应光学校正。

**装调过程的像差评估算法：**主镜和副镜的不准直导致了轴上的彗差和视场中像散的变化，一般来说，表现为两块镜面的轴线不重合。通过对分布在视场上的几束恒星光束的波前分析，比如在 Cassegrain 焦点处，通过一个倾斜且能横向移动的镜面或配合副镜一起，可以使得轴上彗差为零。Wilson 等[90-93]和 Rakich[63]给出的两条轴线相交于所谓的彗差中性点的详细说明，但由于两轴形成的残差角，视场中存在着像散最小的两个点，通常称为视场双节点像散。为了使光轴的重合，最后的准直包括通过调整副镜相对彗差中性点的移动，使得双峰像散在全视场中合并成一个轴对称分布。

### 8.7.2　单镜面望远镜

**欧洲南方天文台的 NTT 和 VLT：**第一台配备了完整的主动光学和准直控制系统的整镜面地基望远镜是在 1989 年实现首光的 3.5m 的 NTT 望远镜和欧洲南方天

---

① 六杆机构是由"VVV"的布置方式，是使 V 的上半部和下半部形成两个位于平行平面上的不同三角形。该系统将镜子的三个铰链点与桁架的三个铰链点连接起来。形成了对于参考支座静定的刚性 6 铰桁架。V 形结构中每个杆的长度通过独立的系统控制提供上述五个所需的位移。

刚性桁架的条件是由 August Ferdinand Mobius[44]于 1837 年首次讨论的，他是莱比锡大学的天文学教授，以解析几何和拓扑研究而闻名。用 $N$ 表示铰链的数目，用 $B$ 表示杆的数，他发现两维桁架和三维桁架的必要条件分别是

$$2N-3=B，3N-6=B$$

除了这些基本的结果，Mobius 指出，即使这些条件得到满足，也有一些例外情况，桁架不是绝对刚性的，导致三角测量得不准确。在研究这种特殊情况时，他发现当桁架节点处的静力平衡方程系统的行列式消失时，就会出现这种情况（参见 Timoshenko 的材料强度历史[87]）。

文台的 8.2m 的 VLT 望远镜，其第一台望远镜于 1998 年开始观测。该闭环控制的原理是通过 Shack-Hartmann（S-H）系统在耐焦或卡焦使用微透镜阵和 CCD 对星光波前进行分析。导向光束可以从轴上分束或从视场场边缘区域得到（图 8.14）。

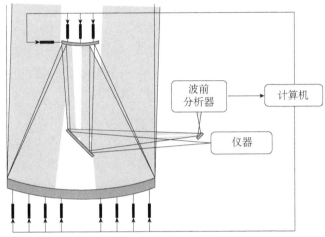

波前分析器　计算机

仪器

图 8.14　单片镜望远镜的主动光学原理和对准控制[57]

对一个非对称波前，考虑方位角 $\phi_{nm}$ 的情况，每个 Sidel 波前形式可以写为

$$w_{nm} = A_{nm}\rho^n \cos(m\theta + \phi_{nm}) \tag{8.53}$$

其中，$A_{nm}$ 系数表征波前误差的矢高，$\rho = 1$ 是波前瞳孔边缘处的归一化半径。

Shack-Hartmann 实验的原理是利用二维微透镜阵列将望远镜反射镜入瞳分割为多个子孔径；因此，CCD 图像分析提供了一种测量波前局部斜率误差的方法 $\partial w/\partial x$，$\partial w/\partial y$，其中 $w = \Sigma w_{nm}$。虽然望远镜在闭环跟踪一颗 $V = 12 \sim 13$ 的恒星时，NTT 和 VLT 望远镜分别需要 10min 和 60s 的时间来输出校正信号，但信号要么转换成主镜轴向支撑系统的校正力分布，要么转换成副镜的相对位移和旋转。

Wilson 等[92]和 Noethe 等[58]在直径为一米的薄弯月镜上进行了初步实验，验证了一些基本特性。在 NTT 中，主镜厚径比为 $t/d = 1/15$，$N_a = 75$ 轴向支架允许校正七个 Seidel 项 $w_{11}$、$w_{20}$、$w_{22}$、$w_{31}$、$w_{40}$、$w_{33}$ 和 $w_{44}$。因为光学测试中的标定误差，主镜在 $\rho^4$ 项上有 3.5μm 的 Sphe3 误差。在没有重新磨制镜面的情况下，采用轴向支撑系统，并利用弹簧进行一级被动校正，解决了这一问题；被动校正的第二级采用无定向杠杆，第三级则利用执行机构来改变轴向力。虽然与传统的被动式 3.6m ESO 望远镜位于同一台址（智利 La Silla），但 NTT 使用较厚主镜得到的结果清楚地证明了主动光学和准直控制的效率。更多细节见 Wilson[91]。

采用主动光学控制优化更多的是 VLT 的薄弯月主镜（图 8.15），其径厚比 $t/d =$

1/47，轴向支撑 $N_a = 150$。对外力 $F$ 的弹性力学刚度 $z/F \propto d^2/Et^3$ 约为 NTT 的 13 倍。轴向支撑系统由一级液压三脚支撑和第二级水平的弹簧液压主动执行机构组成[68]。与 NTT 类似，所有轴向力只产生推力，这样望远镜就不能在镜筒水平时进行维护操作。Noethe[57]研究了通过闭环控制指令产生的模态形式，并从薄壳理论出发，确定了表征弯月镜固有横向振动模态的正交多项式；这些最小能量模态不同于 Zernike 多项式，它为得到校正力的分布提供了一个最优过程。在 VLT 主镜的校正范围内，Noethe 表明轴向力的有效分量与变形呈线性关系（胡克定律）。给定一个最低能量模式（$n, m$）的总平移矢高的 $\Delta z$，表示由 Seidel 模态下 $m$ = 常数按 $K_0 = n + m - 1$ 阶组成的镜面形状误差（1.8.2 节的式（1.47）条件下），可以得到这个线性关系。用 $K$ 表示 S-H 子孔径数，则由 $N_a$ 个促动器产生的力组成的列向量与传感器测得的镜面相应 $z$ 位移向量之间的关系为

$$\Delta F_l = a_{kl}^{-1} \Delta z_k, \quad l \in [1, N_a], \quad k \in [1, K] \tag{8.54}$$

式中，$a_{kl}^{-1}$ 为刚度矩阵。对于每一种最小能量模式 $n$、$m$，可以通过实验确定相应的 $a_{kl}^{-1}$ 系数，但通过理论分析可以更精确地确定系数。因为有明显的轴向图像偏移，主动光学的最大影响是将耐式结构转换到卡式结构，这在 $m = 0$ 模态上在误差多项式的 $\rho^4$ 项引入了大约 $12\mu m$ 的误差；这对应于促动器的最大主动校正力轴向分量约为从 +413N 到 -156N，其轴向输出力步长约为 0.05N[56]。Noethe 对大型光学望远镜主动光学控制方面的研究进展进行了综述[60]。

图 8.15　位于 Cerro Paranal 的 VLT 望远镜全貌（ESO）

**其他主动光学望远镜**：按照 Itoh 和 Iye 等在小镜面上进行的初步主动光学实验，设计了下一个基于主动光学控制的用于可见光和红外观测的地基单镜面望远镜，这一设计在 8.2m 的 SUBARU 望远镜上得以实施；采用了在弯月镜背面的264 个圆柱形腔中的轴向-侧向组合支撑系统，其中直接的无定向杆起着提供侧向

被动力的作用[33]。两架 8m GEMINI 望远镜均配备主动支撑系统[80]；由空气压力被动地支撑了 75%的重量，而由液压执行机构进行主动校正。

### 8.7.3　拼接镜面望远镜

**早期方法：** 简要回顾近年来大型拼接镜面望远镜发展的一些初步情况。例如，由 Chevillard，Connes 等在 20 世纪 70 年代建造的一架 4m $f$/1.4/13 拼接红外望远镜[15]。最初的目标是使用安装在折轴焦点处的迈克尔逊-傅里叶干涉仪获得行星和天体的高分辨率红外光谱。Connes 和 Michel[16]给出了详细的介绍。该地平式望远镜主镜包含 36 块主动控制的方形子镜，另外搭配一个高椭度的副镜，得到一个窄像散视场。虽然拼接镜面采用主动准直控制，在星象观测时，可以达到 FWHM 为~5″，但由于缺乏支持，且干涉仪从未安装，该项目被停止。

同时采用球面拼接主镜的概念，Baranne 和 Lemaitre[7]提出了一个五镜双轴多焦点望远镜（TEMOS），其中，除了 $M_1$ 镜和与光轴夹角 45°的平面 $M_3$ 镜，其他镜面都能够采用球面应力抛光得到初始面型，然后观测中通过在线主动光学非球面化。设 $q$ 为作用于 $1/R$ 曲率的 $M_i$ 镜上的主动均匀载荷，在望远镜中，通过实时应力得到的镜面面型可以表示为

$$z = \left[ R + \sqrt{R^2 - (1+\kappa)r^2} \right]^{-1} r^2 + q(c_2 r^2 + c_4 r^4 + c_6 r^6 + \cdots) \qquad (8.55)$$

$\kappa = 0$ 和 $q = 0$ 是当镜子 $M_i$ 在无应力状态下（球面）。对球面主镜 Sphe3 值进行在线非球面化是一项有意义的挑战。实验验证最简单的方法是选择双镜系统和镜子 $M_i$ 作为卡塞格林镜，即 $M_2$。通过在瓶状副镜内的局部真空，得到一个准椭圆副镜，其参数为 $qc_2, qc_4\cdots$。为此，建立了一台实验望远镜，并在 1.4 m 的 TEMOS 4 进行了观测实验，该望远镜为 $f$/2/6.6，且配置使用四个直径 0.5m 的相同圆形拼接球面和一个直径 0.35m 的不锈钢瓶状二次镜和一个双透镜改正器。对于平均厚径比 $t/d = 1/53$，镜子 $M_2$ 通过施加负载 $q = 0.789 \times 10^5$ Pa 进行非球面化，对应了 204.7μm 中心边缘矢高。且获得了 FWHM < 0.8″~1″的视宁度极限恒星图像，但在 Haute Provence 的观测条件未能充分评估角分辨率[39]。

**KECK 望远镜的准直与共相：** KECK 望远镜各主镜由 36 个六边形子镜拼接（图 8.16），主要通过主动光学进行非球面化，双曲面主镜的口径 10m，焦比 $f$/1.7（详见 7.5.1 节）。每个子镜轴向由三个 12 点 whiffletrees 支撑，侧向由安装在中心腔内的单金属膜片被动支撑。whiffletree 的四个子枢轴都配有可产生力矩的直线弹簧，用于部分校正子镜面型残差。这三个 whiffletree 中的每一个都安装在轴向

平移促动器上，以确保对每一块镜面的轴向平移和倾斜控制。每个促动器都使用一个滚珠丝杠推动一个两级液压分路器，该液压器作用于 whiffletree 的中心枢轴，平移增量精度为 30nm。具体情况由 Mast 和 Nelson 给出[48]。位于镜间边缘的电容传感器对相邻镜面的表面边缘误差进行精确的测量。当子镜面对齐（见下文）时，存储 168 个传感器的读数的 rms 值作为参考集。然后，传感器的读数每十分之一秒完成一次，由执行机构每秒两次纠正轴向平移和倾斜。

图 8.16 莫纳克亚山 KECK 望远镜（由 KECK 天文台提供）

反射镜的准直和子镜的共相是由波前传感器确定的，相位相机系统（PCS）-基于 Shack-Hartmann 原理，能够在四种模式下运行[12]。"被动倾斜模式"将每一子镜的光线收集到一个点上，并测量每一子镜的倾斜误差。在"精细筛选模式"中，每个子镜的光分 13 个子区域进行采样，这可以测量由副镜的扰动（倾斜、横向和轴向位移）产生光学的离焦和离焦后的像差。望远镜全局的离焦和彗差会分别在每一个子孔径的引入局部离焦和像散。经过评估计算，这些误差可以通过副镜的运动来校正。第一种模式使用 36 个棱镜和一个镜头，而不是传统的透镜，第二种模式使用额外的多孔径掩模[14]。"超精细筛选模式"是一个经典的 Shack-Hartmann 模式，使用约 200 个微透镜阵精确地检查子镜形状。由 Chanan，Troy[13]等开发的"单元相位模式"是 Shack-Hartmann 技术在物理光学中的一般化，其相位测量过程中使用了被 78 个直径为 120mm 的圆形子孔径反射的星光，这些子孔径位于相邻子镜拼缝的中间。对于大气相干长度 $r_0(0.5\mu m) = 20cm$ 和轴向平移的 rms 值的误差范围在 $\Delta z_{rms} \in [0, 200\mu m]$ 内，理论结果表明，无论 $\Delta z_{rms}$ 值的大小，图像的 FWHM 在 $\lambda = 0.5$ 时为 $0.5''$，且与相位无关。然而，由于 $r_0$ 与 $\lambda^{6/5}$ 尺度有关，结果还表明，对 $\lambda \geqslant 1\mu m$ 相位误差显著降低图像中心强度；对于 $\lambda = 5\mu m$ 和 $\Delta z_{rms} = 500nm$，中央强度减少了约 60%。出于这个原因，并有效地利用自适应光学，KECK 望远镜的相位误差目标是 $\Delta z_{rms} \leqslant 30nm$，即对应于一个促动器的步距增量。对一个 $n_s$ 块子镜的望远镜由于轴向平移误差 $\Delta z_{rms}$ 带来的 Strehl 比为[11]

$$S = \frac{1}{n_s}\Big[1 + (n_s - 1)\exp(-16\pi^2\Delta z_{rms}^2 / \lambda^2)\Big] \qquad （8.56）$$

$\Delta z_{rms} = 30nm$ 和 $\lambda = 0.7\mu m$，导致对于 $n_s = 36$ 块子镜，$S = 0.76$。

对于前三种模式，PCS 的曝光时间约为 30s。被动模式倾斜使用星等 $V = 9$，而其他三种模式需要 $V = 45$。在窄带算法和宽带算法中，分段相位模式分别需要 20min 和 90min。在常规情况下，一次完全光路准直大约需要一个小时。

**LAMOST 与其在线非球面化子镜**：大天区多目标光纤光谱望远镜（LAMOST）（图 8.17）是一个地平式的 4m 反射式 Schmidt 望远镜，有着 5° 的视场（详见 1.6.3 节、4.3.4 节和 5.3.6 节）。它是由苏定强、崔向群等设计的[84]。平面非球面镜 $M_1$ 和凹球面镜 $M_2$ 均由直径 1.1m 的六边形子镜拼接而成。$M_1$ 安装在地平式半球面桁架上。镜面 $M_2$ 处于固定位置。在典型的积分时间为 1.5 h 的情况下，苏和王分析了在大视场下大气折射对图像的影响[85]。

图 8.17　LAMOST 主镜 $M_1$ 在其地平式半球基座的视图。这面镜子是望远镜的入瞳，它能在赤纬角 $\delta \in [-10°, 90°]$ 天区内反射 4m 的圆形光束

主动光学控制需要完成三个目标：①将平面镜 $M_1$ 通过在线非球面化变化成由同相椭圆等值线确定的形状，其校正量是赤纬角 $\delta \in [-10°, 90°]$ 的函数；②24 个 $M_1$ 子镜的对齐和共焦；③37 个 $M_2$ 子镜的对齐与共焦。

Su 等[82]对对角直径为 500mm、厚度为 6mm 的与 $M_1$ 类似的镜面进行了实时非球面化的初步主动光学实验（径厚比 $t/d = 1/83$）。一组 58 个促动器和三个分布在同心圆上的固定点可以校正球面 $M_2$ 的球差。针对多达十种（8.63）形式下的 Seidel 模式，通过对 Shack-Hartmann 测量结果的分析，表明波前误差 $\leqslant 30nm$（rms）。Cui 等[21, 22]采用位于最外侧的 LAMOST 子镜对 $M_1$-$M_2$ 进行主动光学测试，

其中 $M_1$ 由 35 个力促动器和 3 个固定点非球面化，S-H 波前误差≤80nm（rms）。Su 等的实验[83]采用六个促动器和电容传感器对三个子镜进行了对准和共焦实验；Shack-Hartmann 测量结果表明，倾斜误差≤0.035″，得了衍射极限的像。最后对 $M_1$ 子镜进行主动光学非球面化，对角线长 1.1m，使用 35 个力促动器，包括 3 个固定点，这其中包括靠近六角形边缘的 18 个促动器。

**其他拼接镜面望远镜：**其他建造的大型望远镜包括 McDonald 天文台的 11m HET[36]和南非的 10m SALT 望远镜[81]。采用拼接球面主镜，两种设计都是倾斜的 Arecibo 理念，其望远镜转台可以在方位角旋转 360°。在主焦点上的四镜球差校正器（如 O'Donoghue[61]）可以在 12°天区中跟踪天体目标。这些望远镜主要用于光纤耦合光谱分析，如 D. Buckley 为 SALT 设计的。

### 8.7.4 未来极大望远镜的共相

口径达到 30m 或 40m 的下一代天文望远镜被称为极大望远镜（ELTs），主镜将有大量子镜，数量可能在 $n_s \in [750, 1500]$。

除了 Shack-Hartmann 外，其他传感系统也适用于拼接反射镜。例如，由 Roddier[66]提出，由 Cuevas 等[20]和 Montoya-Martinez 等[51]发展的用于地面望远镜测试的波前曲率法。Esposito 等[25]的研究表明轴向平移和倾斜误差可以从棱锥分束波前传感器中剥离出来。基于 Mach-Zehnder 干涉测量原理的波前传感已经由 Montoya-Martinez 等[50]和 Yaitskova 等[99]进行了研究和实验；其中一个干涉臂上的波前在空间上进行滤波，以提供参考波前，因此两个重新组合的光束产生波前的干涉图。

对拼接子镜共相误差影响的理论研究是获得高分辨率成像的基础。对于有 $n_s$ 块子镜的镜面，轴向平移误差（$z$ 平移）对 Strehl 比的影响为（8.56）。Yaitskova 和 Dohlen[98]分析了倾斜误差（$x$, $y$ 旋转）对点扩展函数的影响，表明对于 $n_s$ 个六边子镜，Strehl 比值可以近似为

$$S \simeq 1 - \sigma_{rms}^2 + \frac{1}{2}\left(1.17 + \frac{1}{n_s}\right)\sigma_{rms}^4, \quad \sigma_{rms}^2 = 16\pi^2\gamma^2\frac{\Delta z_{rms}^2}{\lambda^2} \quad (8.57)$$

其中，$\Delta z_{rms}$ 是从平面到边缘的倾斜校正量，$\gamma$ 为轮廓形状因子，对六边形子镜 $\gamma = \sqrt{5}/6$。对于二阶系统，这个表达式与 Marechal 近似一致。与轴向平移误差的情况不同[见式（8.56）]，该方程对子镜数 $n_s$ 没有很强的依赖性。对于倾斜误差 $\sigma_{rms} = 2\pi/30$，对应于在 $\lambda = 0.7\mu m$ 时 $\Delta z_{rms} = 30$ nm，我们可以得到 $S = 0.96$。

在后两篇论文中，还对由子镜间间隙和子镜边缘畸变引起的衍射效应进行评估。

Noethe[59]研究了每块子镜的加工残余误差的主动光学校正。这样的系统可以使用分布在子镜背面的适当数量的受控制的三向应力脊实现。

# 8.8　厚度变化较大的特殊镜片

## 8.8.1　引言-快摆镜模式下的镜面挠曲

为了对一阶大气退化模式进行自适应光学校正，可能需要副镜或三镜来产生倾斜（视场场稳定镜），或者为了红外观测，减小热噪声而产生单轴旋转（红外摆镜）。

由于倾斜模式的频率必须很高（至少 100Hz），则需要一个特殊的镜面设计与可变厚度分布（VTD）来使弹性变形最小化。镜子几何形状的确定问题可以表述如下：给定一种材料和有限的体积（或质量），在倾斜运动中提供最小挠曲的反射镜 VTD 和相关支撑是什么？

解决这个问题的一个初步方法包括确定一个 VTD，使重力 $g$ 引起的挠曲最小。对于具有旋转对称性的镜子，研究了几种支撑案例的 VTD 解决方案。在 1 个重力加速度的情况下，你会看到最终的厚度分布得到的几何形状是一个"线性棱柱边缘镜面"。这种形状的厚度分布对于减小快速倾斜运动引起的镜面弯曲是很有用的。

## 8.8.2　支撑在其中心的平板的最小重力弯沉

弹性理论的 Love-Kirchhoff 假设中，初步研究轴对称板在重力场中水平支撑时，挠曲最小的基本理论情况。

在自身切向坐标系下，尺寸为 $dr$，$rd\theta$，$t$ 的基本子镜单元的静力学平衡方程如下，包括径向弯矩和切向弯矩的分量 $M_r$、$M_t$ 和单元处产生的剪力 $Q_r$。（引入了 2.1.2 节中的例子）

$$M_r + r\frac{dM_r}{dr} - M_t + rQ_r = 0 \qquad (8.58)$$

其中，弯矩由刚度 $D(r) = Et^3(r)/[12(1-v^2)]$ 和挠曲 $z(r)$定义为

$$M_r = D\left(\frac{\mathrm{d}^2 z}{\mathrm{d}r^2} + \frac{v}{r}\frac{\mathrm{d}z}{\mathrm{d}r}\right), \quad M_t = D\left(v\frac{\mathrm{d}^2 z}{\mathrm{d}r^2} + \frac{1}{r}\frac{\mathrm{d}z}{\mathrm{d}r}\right) \tag{8.59}$$

对于中心支承的板，可以很容易地确定在半径 $r \in [0, a]$ 处的径向剪切力 $Q_r$，由于单元板的重量 $\Delta W$ 对应区域 $r \in [r, a]$ 的每单位长度，则 $Q_r = \Delta W/2\pi r$。在板的外缘 $r = a$ 处，$Q_r = 0$。因此，径向剪力为

$$Q_r = \frac{\mu g}{r}\int_r^a rt(r)\mathrm{d}r \tag{8.60}$$

其中，$\mu$ 和 $g$ 为板密度和重力加速度。由后一个方程，代入式（8.58）得到

$$\frac{\mathrm{d}^3 z}{\mathrm{d}r^3} + \left(\frac{1}{D}\frac{\mathrm{d}D}{\mathrm{d}r} + \frac{1}{r}\right)\frac{\mathrm{d}^2 z}{\mathrm{d}r^2} + \left(\frac{v}{rD}\frac{\mathrm{d}D}{\mathrm{d}r} - \frac{1}{r^2}\right)\frac{\mathrm{d}z}{\mathrm{d}r} + \frac{\mu g}{rD}\int_r^a rt\mathrm{d}r = 0 \tag{8.61}$$

仅用挠度 $z(r)$ 和厚度 $t(r)$ 作为未知数，得到

$$\frac{\mathrm{d}^3 z}{\mathrm{d}r^3} + \left(\frac{1}{t^3}\frac{\mathrm{d}t^3}{\mathrm{d}r} + \frac{1}{r}\right)\frac{\mathrm{d}^2 z}{\mathrm{d}r^2} + \left(\frac{v}{rt^3}\frac{\mathrm{d}t^3}{\mathrm{d}r} - \frac{1}{r^2}\right)\frac{\mathrm{d}z}{\mathrm{d}r}$$

$$+ 12(1-v^2)\frac{\mu g}{E}\frac{1}{rt^3}\int_r^a rt\mathrm{d}r = 0 \tag{8.62}$$

这也是轴对称 VTD 板在自重和中心支承下的挠度一般方程。

比较各种 VTD 反射镜，定义平均厚度 $t$ 是有用的，因为其镜子重量 $M = \pi\mu a^2 t$ 是一样的，因此其平均厚度为

$$\bar{t} = \frac{2}{a^2}\int_0^a rt(r)\mathrm{d}r \tag{8.63}$$

定义相关的无量纲厚度 $\mathcal{T}(r)$，如下

$$\mathcal{T}(r) = t(r)/\bar{t}, \quad \int_0^1 \rho\mathcal{T}(\rho)\mathrm{d}\rho = 1/2 \tag{8.64}$$

其中，$\rho = r/a$ 归一化半径。

下面研究并比较两种弯曲情况：一种为等厚板，另一种为抛物线弯曲。

**等厚板**：研究等厚板的基本情况是为了提供了一个中心边缘挠度情况的参考，以进一步与 VTDs 进行比较，这种情况下[37]

$$t(r) = \bar{t} = \text{constant}, \quad \mathcal{T}(r) \equiv 1$$

并且，由于 $\mathrm{d}\nabla^2 \cdot /\mathrm{d}r = \mathrm{d}/\mathrm{d}r[\mathrm{d}^2 \cdot /\mathrm{d}r^2 + (1/r)\mathrm{d} \cdot /\mathrm{d}r]$，式（8.62），在一次积分后为

$$\nabla^2 z = -\frac{\beta}{4}(2a^2\ln r - r^2 + 2C_1), \quad \beta = 12(1-v^2)\frac{\mu g}{E\bar{t}^2} \tag{8.65}$$

其中，$C_1$ 为常数。由于 Laplacian 又写作 $\nabla^2 \cdot = (1/r)\mathrm{d}/\mathrm{d}r(r\mathrm{d} \cdot /\mathrm{d}r)$，第二个积分是

$$\frac{\mathrm{d}z}{\mathrm{d}r} = -\frac{\beta}{16}\left[4a^2 r\ln r - 2(1+2C_1)a^2 r - r^3 + 8C_2 a^4\frac{1}{r}\right]$$

板的厚度是有限的，因此可以求解其挠曲。由于 $dz/dr|r = 0 \to \infty$ ，必须令 $C_2 = 0$ 。边缘弯矩 $M_r$ 必须为零，因此，从式（8.59）

$$\left[ \frac{d^2 z}{dr^2} + \frac{v}{r}\frac{dz}{dr} \right]_{r=a} = 0$$

经过计算，边界条件确定为

$$C_1 = \ln a - \frac{1}{4}\frac{1 + 3v}{1 + v}$$

其推出了以下的导数

$$\frac{dz}{dr} = -\frac{\beta}{16}\left[ 4a^2 r \ln\frac{r}{a} - \frac{1 - v}{1 + v}a^2 r - r^3 \right] \tag{8.66}$$

将挠度原点设为 $r = 0$ ，经过最后一次积分得到

$$z = (1 - v^2)\frac{3\mu g}{16E\overline{t}^2}r^2\left[ r^2 + 2\frac{3 + v}{1 + v}a^2 - 4a^2 \ln\frac{r^2}{a^2} \right] \tag{8.67}$$

这个式子可以推导出一个等厚度板在中心支撑的总弯曲矢高为

$$\Delta z_{CT} = (1 - v)(7 + 3v)\frac{3\mu g a^4}{16E\overline{t}^2} \tag{8.68}$$

其中，$g < 0$ 。

**抛物面弯曲板**：在上面的例子中，由于 $r = 0$ 处的不连续性，这这个点当弯曲的斜率变为无穷大时，剪切力也是无穷大，而在重力作用下使板的挠曲度最小化的有效方法是确定 VTD 能消除这个影响。Lemaitre 在文献[41]中比较了四个分布，并提供一个完全的 VTD 抛物线弯曲允许最小化中心边缘处的 $\Delta z$ 。

假设抛物线弯曲 $z \propto r^2$ ，式（8.62）中的第一个左边项消失了；用 $t(r)$ 替换其 $\overline{t}T(r)$ 余项为

$$\frac{dT^3}{dr}\frac{d^2 z}{dr^2} + \frac{v}{r}\frac{dT^3}{dr}\frac{dz}{dr} + \frac{\beta}{r}\int_r^a rTdr = 0$$

为进一步简化，可引入抛物线挠曲

$$z = \frac{1}{2(1 + v)}\alpha\beta a^2 r^2 \tag{8.69}$$

$\alpha$ 是一个未知数。因此，使用 $\rho = r/a$ 替换后，我们得到

$$\rho T^2\frac{dT}{d\rho} + \frac{1}{3\alpha}\int_\rho^1 \rho Td\rho = 0 \tag{8.70}$$

在对 $\rho$ 求导并除以 $\rho$ 后，所求的厚度应该是以下方程的一般解

$$\nabla^2 \mathcal{T}^3 + \frac{1}{\alpha}\mathcal{T} = 0 \qquad (8.71)$$

其中，$\nabla^2$ 是径向变量 $\rho$ 的拉普拉斯算子。然而，最好能从方程（8.70）的积分微分形式求解厚度 $\mathcal{T}(\rho)$。鉴于此，对于 $\rho \to 0$ 这一点，第二项导致的 $T \propto (-\ln \rho)^{1/3}$ 变化可以忽略不计。在边缘区域，从第一和二阶变化 $1-\rho$，可得到一个渐近的形式

$$\mathcal{T}\big|_{\rho \to 1} \to (1-\rho)/\sqrt{6\alpha} \qquad (8.72)$$

因此，在离中心一定距离处，VTD 板的解是一个准圆锥厚度分布。

式（8.72）可以从平板边缘进行数值积分，当然该平板也必须满足等质量平板归一化厚度的比较条件（8.64），即 $\int_0^1 \rho \mathcal{T}(\rho)\mathrm{d}\rho = 1/2$，然后从式（8.63）确定 $\bar{t}$。不依赖泊松比的（8.70）的积分结果为

$$\alpha = 0.022316\cdots \simeq 1/45 \qquad (8.73)$$

一个准圆锥 $\mathcal{T}(\rho)$ 分布如表 8.4 和图 8.18 所示。

表 8.4　$\mathcal{T}(\rho)$ 在式（8.70）子基础上的垂直厚度分布，该抛物线曲面板在重力场中在其中心支撑[41]

| $\rho$ | 0.00 | 0.01 | 0.02 | 0.04 | 0.06 | 0.08 | 0.10 | 0.20 |
|---|---|---|---|---|---|---|---|---|
| $\mathcal{T}$ | $\infty$ | 4.372 | 4.082 | 3.746 | 3.519 | 3.339 | 3.187 | 2.617 |

| $\rho$ | 0.30 | 0.40 | 0.50 | 0.60 | 0.70 | 0.80 | 0.90 | 1.00 |
|---|---|---|---|---|---|---|---|---|
| $\mathcal{T}$ | 2.184 | 1.811 | 1.471 | 1.153 | 0.850 | 0.559 | 0.276 | 0.000 |

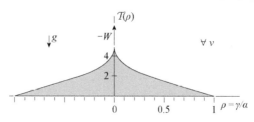

图 8.18　从表 8.4 给出的一个准圆锥厚度分布 $\mathcal{T}(\rho)$ 的抛物线挠曲。
在中心区域，$(-\ln \rho)^{1/3}$ 趋近于无限的部分很少。这部分的长度有限，截面面积小，可以用中心荷载代替中心力，从而避免了无限的局部应力

从式（8.73）和（8.65），以 $\alpha$ 和 $\beta$ 的替换（8.69）得到的准尺寸形式抛物线弯曲为

$$z = (1-v)\frac{2\mu g a^2}{15 E \bar{t}^2} r^2 \qquad (8.74)$$

中心边缘矢高为

$$\Delta z_{PF} = (1-v)\frac{2\mu g a^4}{15E\overline{t}^2} \qquad (8.75)$$

通过比较准锥板的矢高与等厚板的矢高，可以得到挠度矢高比。因为归一化厚度 $t$ 在式（8.68）和（8.75）中是一样的，则对于相同的材料我们可以得到

$$\frac{\Delta z_{CT}}{\Delta z_{PF}} = 45(7+3v)/32 \qquad (8.76)$$

对于 $v \in (0, 1/2)$ 中相应的挠度矢高比范围为[9.8, 11.9]。因此，结论见文献[41]。

在重力场中，无论泊松比如何，对于相同的材料和质量，在中心支承准圆锥厚度的板，其弯曲矢高至少比厚度恒定的板小 10 倍。

### 8.8.3　稳像镜和红外摆镜

由于天文中常用的像场稳定镜和摆镜的倾斜角运动具有较快的时频特性，这些镜子必须在设计上进行优化以获得高刚性和轻量化。这种约束要求选择低密度、高杨氏模量的材料，如 Be 或 SiC。

此外，如果板在重力 $g$ 下由一个中间环 $r = b$ 支撑，可以看出，与 8.8.2 节的结果相似，外区 $b < r < a$ 处也存在准锥状厚度分布。这大大增加了镜子的重量。

现在考虑像场稳定镜由位于 $r = b$ 的圆上三个 120° 分布的促动器驱动，当加速度为 $kg$ 时，倾斜运动产生的惯性挠曲是一个可以忽略不计的给定值。

**没有中心孔的镜片**：假设像场稳定镜在光学上要求全口径通光，则通光半径为 $0 < r < a$，厚度为常数的中心区域为 $r < b$，在给定总质量的情况下，通过适当地确定 $b/a$ 比值，可以使外区 $b < r < a$ 的锥形或准锥形分布提供了一个最小的挠曲矢高。适当地选择总质量可以将惯性挠曲降低到一个可以忽略的值（图 8.19A）。

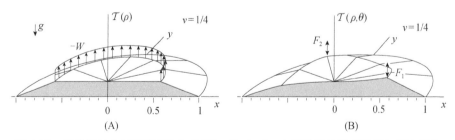

图 8.19　稳像镜的几何图形 $\mathcal{T}(\rho)$ 或 $\mathcal{T}(\rho,\theta)$（A）：中等重量的轴对称镜与锥边优化最小轴对称挠曲与环的支撑（B）：线性棱柱边的轻量化的三重对称镜

例如，Neufeld 等[55]设计了一个轴对称锥边形状的 0.4m 平面三次反射镜，作

为 SOAR 望远镜的 50Hz 视场稳定反射镜。然而，其采用的深径向肋板设计，可能不是完全令人满意。

因为倾斜运动是由位于 $r = b$ 的圆上的 3 个成 120° 间隔分布的驱动力推动，三重对称比轴对称厚度分布的减重效果更好。通过在驱动区附近增加质量和在较远的区域减少质量来实现厚度的重新分配。如果 VTD 的形式为 $t(r, \cos 3\theta)$ 并且促动器分布在 $\theta = 0 \pm 2\pi/3$，则在促动器区域可以增加厚度并且在远离它的地方厚度可以减小。

例如无量纲厚度分布

$$T(\rho, \theta) = T_0 \left(1 + \frac{\rho^2}{4\beta^2} \cos 3\theta\right), \quad 0 < \rho < \beta \tag{8.77a}$$

$$T(\rho, \theta) = T_0 \frac{1-\rho}{1-\beta}\left(1 + \frac{1}{4}\cos 3\theta\right), \quad \beta < \rho < 1 \tag{8.77b}$$

具有线性棱柱状外缘的情况如图 8.19B 所示，其 $\beta = b/a = 0.582$，$v = 1/4$。

**带有中孔的镜片**：一些未来大型 ELTs 望远镜将设计成主镜瞳面成像于或成像接近于主光路中的一个或两个镜面上。例如，ESO E-ELT 项目中一个五镜设计的 42m 主镜的光瞳，通过一个凹面镜 $M_3$ 成像在平面镜 $M_4$ 上，$M_4$ 是一个自适应变形镜。靠近 $M_4$ 的是平面镜 $M_5$，大小为 2.3m×2.75m，设计为视场稳定镜。由于副镜的中心阻挡，靠近 $M_4$，$M_5$ 的中心区域没有作用；因此，$M_5$ 设计成一个中心开孔的镜面。

设 $r = c$ 为孔的半径，其中 $c < b < a$。反射镜的几何形状必须满足：使镜面快摆运动时由于惯性引起的挠度被降低到一个可以忽略的值（衍射极限准则）。解决这个问题的第一种方法是考虑重力情况下，我们在 8.8.2 节中指出，当一个普通镜面的形状为抛物面时，在其中心支承的挠曲最小。现在，对于一个有孔镜面，在半径为 $r = b$ 的环支撑时，当在 $c \leqslant r \leqslant a$ 区域的挠曲形状为纯二次型时，得到的重力作用下挠曲最小，且在边缘 $z(a) = z(c)$ 处具有相同的变形量。我们可以假设，对于极小的变形，它的二次挠曲形状 $z(r)$ 不同于在径向截面上取的圆弧。

被半径为 $b$ 的圆支撑的带中孔的轴对称镜面，当其在重力 $g$ 作用下的挠度曲线是一个环面的一部分时，其挠度 $z(r)$ 最小。该曲面是由绕 $z$ 轴沿着半径为 $(a+c)/2 = b'$ 的圆旋转一段半径从 $r = c$ 到 $r = a$ 的水平圆弧而成。其中通常 $b' \neq b$。

从这个表述中，我们可以推导出重力 $kg$ 条件下最小挠度的厚度分布，例如有中心孔的视场稳定镜。

人们可以区分两种可能的相互替代的厚度情况：①具有内外圆锥边的轴对称

分布，②具有内外线性棱柱边的三重对称分布（图 8.20 ）。

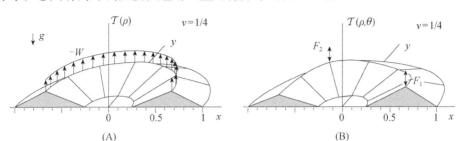

图 8.20　视场稳定镜的镜子厚度几何图形 $T(\rho)$ 或 $T(\rho,\theta)$ 。（ A ）：在环面支撑下，中等重量的轴对称镜与锥边优化最小轴对称弯曲，其作为环面表面的一部分。（ B ）：线性棱柱边的轻量化的三重对称镜

### 8.8.4　轻量摆镜的设计

红外或远红外观测通常需要使用摆镜。当这面镜片是望远镜的副镜时，将望远镜的入瞳设置在其上是合适的。在探测器上，摆镜产生的旋转允许单个像素交替接收目标位置波束和参考位置波束。由于参考光束必须不受任何发射天体（黑色天空）的影响，所以摆镜的旋转角度必须达到较大的偏离目标值，如 2~5 角秒。因此，与视场稳定镜相反，摆镜必须在低频时提供较大的旋转角度。典型值为 10Hz 时的 2 角分。

通常如果一个摆镜只需要一个旋转轴，那么它的基底的最佳刚性几何形状应该不同于图 8.20 中的轴对称或三重对称。如果摆动是围绕 $x$ 轴的，那么在 $x$ 方向上的刚度会有所降低。在这两种情况下，厚度分布可以从图 8.20 中得到，例如，利用变换 $T(x) \to (1-k_2)T(x)$ ，其中 $k_2 < 1$ ，而 $T(y)$ 不变。这可以再次减少了镜子的总重量。

### 参 考 文 献

[1] J.R.P. Angel, B. Martin, D. Sandler et al., The next generation space telescope: a monolithic mirror candidate, SPIE Proc., **2807**, 354 (1996) 418

[2] L. Arnold, Influence functions of a thin shallow meniscus-shaped mirror, Appl. Opt., **36**(10), 2019-2028 (1997) 434

[3] L. Arnold, Optimized axial support topologies for thin telescope mirrors, Opt. Eng., **34**, 567-574 (1995) 434

[4] L. Arnold, Optimized mirror supports and active primary mirrors, SPIE Proc., **2199**, 239-250

(1994) 434

[5] L. Arnold, Uniform-load and actuator influence functions of a thin annular mirror: application to active mirror support optimization, Appl. Opt., **35**(7), 1095-1106 (1996) 436

[6] Y.Y. Balega, private communication (2007) 415

[7] A. Baranne, G.R. Lemaitre, Combinaison optique pour très grands télescopes: le concept TEMOS, C.R. Acad. Sc. Paris, **305**, Série II, 445-450 (1987) 448

[8] P.Y. Bely, *The Design and Construction of Large Optical Telescopes*, Springer edt., NewYork, 221 (2002) 415

[9] I.S. Bowen, The 200-inch Hale Telescope, in *Telescopes*, G.P.Kuiper & B.M.Midlehurst edts., The University of Chicago Press, Chicago, 2nd issue, 1-15 (1962) 415

[10] I.S. Bowen, The 200-inch Hale telescope, IAU Proc., vol. Ⅷ, **5**, 750-754 (1953) 415

[11] G. Chanan, C. Ohara, M. Troy, Phasing the primary mirror of the Keck telescopes Ⅱ, Appl. Opt., **39**(25), 4706-4714 (2000) 450

[12] G. Chanan, J. Nelson, T. Mast, P. Wisinowich, B. Schaefer, The Keck telescope phasing camera system, SPIE Proc., **2198**, 1139-1150 (1994) 450

[13] G. Chanan, M. Troy, Strehl ratio and modulation transfer function for segmented mirror telescopes as function of the segment phase error, Appl. Opt., **38**(31), 6642-6647 (2000) 450

[14] G. Chanan, T.Mast, J. Nelson, Phasing the mirror segments of the Keck Telescope, SPIE Proc., **2199**, 622-637 (1994) 450

[15] J.-P. Chevillard, P. Connes et al., Near infrared astronomical light collector, Appl. Opt., **16**(7), 1817-1833 (1977) 448

[16] P. Connes, G. Michel, Astronomical Fourier spectrometer, Appl. Opt., **14**(9), 2067-2084 (1975) 448

[17] A. Couder, Recherches sur les déformations des grands miroirs-Effets thermiques: Déformations des miroirs, agitation de l'air, Bull. Astronomique Obs. Paris, Ⅶ, Fasc. 7, 19-312 (1932). [Cf. also transl. E.T. Pearson, KPNO Library (1966)] 417, 420

[18] A. Couder, Recherches sur les déformations des grands miroirs employés aux observations astronomiques, Bull. Astronomique Obs. Paris, Ⅶ, Fasc. 6, 201-281 (1931). [Cf. also transl. E.T. Pearson, KPNO Library (1966)] 429, 431

[19] J.F. Creedon, A.G. Lindgren, Automatica, **6**(5), 643 (1970) 444

[20] S. Cuevas, V.G. Orlov, F. Garfias et al., Curvature equation for a segmented telescope, SPIE Proc., **4003**, 291-302 (2000) 452

[21] X. Cui, D.-q. Su, G. Li et al., Experiment system of LAMOST active optics, SPIE Proc., **5489**, 974-985 (2004) 451

［22］X. Cui, Y. Li, X. Ni et al., The active support of LAMOST reflective Schmidt plate, Spie Proc., **4837**, 928-636 (2002) 451

［23］P. Dierickx, D. Enard, R. Geyl, J. Paseri, M. Cayrel, P. Béraud, The VLT primary mirrors, Spie Proc., **2871**, 385-392 (1996) (see also www.eso.org/projects/vlt/unit-tel/m1unit.html) 416

［24］D. Enard, ESO-VLT: status of the main 8-m telescopes, Spie Proc., **2199**, 394-403 (1994) 416

［25］S. Esposito, E. Pinna, A. Puglisi, A. Tozzi, P. Stefanini, Pyramid sensor for segmented mirror alignment, Opt. Lett., **30**(19), 2572-2574 (2005) 452

［26］L. Foucault, Annales de l'Observatoire de Paris, **5**, 197-237 (1859) 414

［27］P. Giordano, Internal ESO report, Paranal (2002) 418

［28］J.M. Hill, J.R.P. Angel, R.D. Lutz et al., Casting the first 8.4m borosilicate honeycomb mirror for the Large Binocular Telescope, Spie Proc., **3352**, 172 (1998) 418

［29］W.E. Howell, J.F. Creedon, NASA Technical Note, NASA TN D-7090 (Jan. 1973) 444

［30］http://grus.berkeley.edu/~jrg/MIDDLE/ 414

［31］http://w0.sao.ru/Doc-en/Telescopes/bta/descrip.html 415

［32］N. Itoh, I. Mikami et al., Active optics experiments Ⅱ, Publ. Natl. Astron. Obs. Japan., **1**, 57-61 (1989) 448

［33］M. Iye, K. Kodaira, Primary support system for the SUBARU telescope, Spie Proc., **2199**, 762-772 (1994) 448

［34］M. Iye, R. Noguchi, Y. Torii et al., Active optics experiments with a 62 cm thin mirror, Spie Proc., **1236**, 929-939 (1990) 448

［35］N. Kaifu, SUBARU project: current status, Spie Proc., **2199**, 56-63 (1994) 416, 418

［36］V.L. Krabbendam, T.A. Sebring, F.B. Ray, S.R. Fowler, Development and performance of Hooby-Herberly Telescope 11 meter segmented mirror, Spie Proc., **3352**, 436-445 (1998) 451

［37］L.D. Landau, E.M. Lifshitz, *Theory of Elasticity in Course of Theoretical Physics* - Vol. 7, USSR Acad. of Sc., Butterworth & Heinemann eds, 3rd edition, Pergaman press, Oxford, 67 (1986) 454

［38］W. Lassell, Mem. Roy. Astron. Soc., Ⅻ, 265 (1842) 414

［39］G.R. Lemaitre,M.Wang, Optical results with Temos 4 and a metal secondary mirror actively aspherized, Spie Proc., **1931**, 43-52 (1992) 449

［40］G.R. Lemaitre, R.N. Wilson, S. Mazzanti, Proposal for a 1.8m meter metal meniscus mirror at once actively aspherized and actively supported, Spie Proc., **1931**, 67-75 (1992)

［41］G.R. Lemaitre, Sur la flexion des miroirs secondaires de télescopes, Nouv. Rev. Optique, **7**(6), 389-397 (1976) 455, 456, 457

［42］G.R. Lemaitre, Sur la flexion du grand miroir de 3.6m ESO, ESO Bull., **8**, 21-31 (1971) 431

［43］A.E.H. Love, *Mathematical Theory of Elasticity*, first and second edition. See also fourth revised enlarged issue (1927). Reissued by Dover publ., New York, Sects. 299, 309 and 312c (1944) 432

［44］A.F. Möbius, in *Lehrbuch der Statik*, 2 vols., Leipzig, Vol. 2, Chaps. 4 and 5 (1837) 445

［45］B. Mack, Deflection and stress analysis of a 4.2m primary mirror of an alt-azimuth mounted telescope, Appl. Opt., **19**(6), 1000-1010 (1980) 441

［46］A.J. Malvick, E.T. Pearson, Theoretical elastic deformation of a 4-m diameter optical mirror using dynamic relaxation, Appl. Opt., **7**(6), 1207-1212 (1968) 437, 443

［47］J-P. Marioge, C. Mahé, Contribution au contrôle des surfaces planes non traitées, Journ. Mod. Optics, Taylor & Francis publ., **20**(6), 413-433 (1973) 420

［48］T. Mast, G. Nelson, SPIE Proc., **1236**, 670 (1990)

［49］J.H. Michell, London Math. Soc. Proc., **31**, 100 (1900) 432

［50］L. Montoya-Martinez, N. Yaitskova, P. Dierickx, K. Dohlen, Mach-Zender wavefront sensor for phasing of segmented telescopes, SPIE Proc., **4840**, 564-573 (2003) 452

［51］L. Montoya-Martinez, M. Reyes, A. Schumacher, E. Hernández, DIPSI: the diffraction image phase sensing instrument for APE, SPIE Proc., **6267**, (2006) 452

［52］C.M. Mountain, R. Kurz, J. Oschmann, GEMINI 8-m telescope project, SPIE Proc., **2199**, 41-55 (1994) 416, 418

［53］J.E. Nelson, J. Lubliner, T.S. Mast, Telescope mirror supports: Mirror deflection on point supports, SPIE Proc., **332**, 212 (1982) 434

［54］J.E. Nelson, J. Lubliner, T.S. Mast, Telescope mirror supports, SPIE Proc., **332**, 212-228 (1982) 415

［55］C. Neufeld, V. Bennet, T. Sebring, V. Krabbendam et al., Development of an active optics system for the SOAR telescope, SPIE Proc., **5489**, 1052-1060 (2004) 457

［56］L. Noethe et al., Proc. ESO Conf. on *Progress in Telescope and Instrumentation technologies*, ESO, Garching, 195 (1992) 448

［57］L. Noethe, Active optics in modern large optical telescopes, Progress in Optics, Elsevier publ., **43**, 1-13 (2002) 446, 447

［58］L. Noethe, F. Franza, P. Giorgano, R.N. Wilson, Active Optics Ⅱ. Results of an experiment with a thin 1m test mirror, J. Mod. Opt., **35**, 1427-1457 (1988) 446

［59］L. Noethe, private communication (2006) 452

［60］L. Noethe, Use of minimum-energy modes for modal-active optics corrections of thin meniscus mirrors, J. Mod. Opt., **38**(6), 1043-1046 (1991) 448

［61］D. O'Donoghue, The correction of spherical aberration in the Southern African Large

Telescope (SALT), SPIE Proc., **4003**, 363-370 (2000) 451

［62］G. Parodi, G.C. Cerra, J.M. Hill, W.B. Davison, P. Salinari, LBT primary mirror: the final design of the supporting system, SPIE Proc., **2871**, 352-359 (1997) 416

［63］A. Rakich, Use of field aberrations in the alignment of the Large Binocular Telescope optics, SPIE Proc., **7012**, in press (2008) 445

［64］E. Reissner, J. Appl. Mech., **12**, A-69 (1945) 433

［65］E. Reissner, Quart. Appl. Math., **5**, 55 (1947) 433

［66］C. Roddier, F. Roddier, Wavefront reconstruction from defocused images and the testing of ground-based optical telescopes, J. Opt. Soc. Am., A, **10**(11), 3433-3436 (1988) 452

［67］A. Saint-Venant (Barré de), Flamant, *Théorie de l'Élasticité des Corps Solides de Clebsch*, Dunod edt., Paris, 858-859 (1881). (French transl. of Clebsch's book including important annotations and complements; sometimes referred to as "Clebsch Annoted Version") 432

［68］M. Schneermann, X. Cui et al., SPIE Proc., **1236**, 920 (1990) 447

［69］G. Schwesinger, An analytical determination of the flexure of the 3.5mprimary and 1mmirror of the ESO New Technology Telescope for passive support and active control, J. Mod. Opt., **35**, 1117-1149 (1988) 440, 441

［70］G. Schwesinger, Comparative assessment of aberrations originating in telescope mirrors from the edge support. Astron. J., **74**, 1243-1254 (1969) 439

［71］G. Schwesinger, E.D. Knol, Comments on a series of articles by L.A. Selke, Appl. Opt., **11**, 200-201 (1972) 434

［72］G. Schwesinger, General characteristics of elastic mirror flexure in theory and applications, Symposium Proc. on *Support and Testing of Large Astronomical Mirrors*, KPNO, Tucson, 10-23 (1966) 431, 439

［73］G. Schwesinger, Lateral support of very large telescope mirrors by edge forces only, J. Mod. Opt., **38**, 1507-1516 (1991) 442

［74］G. Schwesinger, Non-distorting lateral edge support of large telescope mirrors, Appl. Opt., **33**(7), 1198-1202 (1994) 442

［75］G. Schwesinger, Optical effect of flexure in vertically mounted precision mirrors, J. Opt. Soc. Am., **44**, 417 (1954) 437, 439, 440

［76］G. Schwesinger, Support configuration and elastic deformation of the 1.5m prime mirror of the ESO Coudé Auxiliary Telescope (CAT), European Southern Observatory Tech. Rep. 9, Garching (1972) 420, 434

［77］L.A. Selke, Theoretical elastic deflections of a thick horizontal circular mirror on a double-ring support, Appl. Opt., **9**(6), 1453-1456 (1970) 434

［78］S. Stanghellini, E. Manil, M. Schmid, K.Dost, Design and preliminary tests of the VLT secondary mirror unit, SPIE Proc., **2871**, 105-116 (1996) 449

［79］L. Stepp, Conceptual design of the primary mirror cell assembly, GEMINI Report O-G0025 (1993) 415

［80］L. Stepp, E. Huang, M. Cho, GEMINI primary mirror support system, SPIE Proc., **2199**, 223-238 (1994) 415, 448

［81］B. Stobie, K. Meiring, D.A.H. Buckley, Design of the Southern African Large Telescope, in *Optical Design, Material, Fabrication and Maintenance*, SPIE Proc., **4003**, 355-362 (2000) 451

［82］D.-q. Su, S.-t. Jiang, W.-y. Zou et al., Experiment system of thin-mirror active optics, SPIE Proc., **2199**, 609-621 (1994) 451

［83］D-q. Su, W-j. Zou, Z-c. Zhang et al., Experiment system of segmented-mirror active optics, SPIE Proc., **4003**, 417-425 (2000) 451

［84］D.-q. Su, X. Cui, Y.-n. Wang, Z. Yao, LAMOST and its key technology, SPIE Proc., **3352**, 76-90 (1998) 420, 450

［85］D.-q. Su, Y.-n.Wang, A computational study of the star-image displacement due to differential atmospheric refraction during observations, Acta Astrophysica Sinica, **17**, 202-212 (1997) 450

［86］H. Tafelmaier, Dünnschicht-Tecknik Co., www.tafelmaier.de/eng/default.asp 418

［87］S.P. Timoshenko, in *History of Strength of Materials*, Dover Publ. Inc., New York, 304 (1983) 445

［88］S.P. Timoshenko, S. Woinowsky-Krieger, in *Theory of Plates and Shells*, McGraw-Hill edt., New York, second issue, Sect. 20, 74 (1959) 432

［89］D.S. Wan, J.P.R. Angel, R.E. Parks, Mirror deflection on multiple axial supports, Appl. Opt., **28**, 354-362 (1989) 434

［90］R.N.Wilson, F. Franza, L. Noethe, Active optics I. A system for optimizing the optical quality and reducing the costs of large telescopes, J. Mod. Opt., **34**, 485-509 (1987) 444, 445

［91］R.N.Wilson, F. Franza, L. Noethe, G. Andreoni, Active Optics IV. Set-up and performance of the optics of the ESO New Technology Telescope (NTT) in the observatory, J. Mod. Opt., **38**, 219-243 (1991) 446

［92］R.N. Wilson, F. Franza, P. Giordano, L. Noethe, M. Tarenghi, Active Optics III. Final results with the 1 m test mirror and NTT 3.56 m primary in the workshop, J. Mod. Opt., **36**, 1415-1425 (1989) 446

［93］R.N. Wilson, *Reflecting Telescope Optics* II, Springer-Verlag edt., New York, (1999) 444, 445

［94］S. Woinowsky-Krieger, Ingr. Arch., **4**, 305 (1933) 432, 452

［95］R.W. Wood, Astrophys. J., **29**, 164 (1909) 420

［96］www.telescopengineering.com/company/DmitriMaksutov.html 417, 420

［97］N. Yaitskova, K. Dohlen, P. Dierickx, Analytical study of diffraction effects in extremely large segmented telescopes, JOSA A, **20**(8), 1563-1575 (2003)

［98］N. Yaitskova, K. Dohlen, Tip-tilt error for extremely large segmented telescopes: detailed theoretical point-spread-function analysis and numerical simulation results, JOSA A, **19**(7), 1274-1285 (2002) 452

［99］N. Yaitskova, L.-M. Montoya-Martinez, K. Dohlen, P. Dierickx, A Mack-Zender phasing sensor for extremely large segmented telescopes, SPIE Proc., **5489**, 1139-1151 (2004) 452

# 第 9 章　单透镜与薄板弹性理论

## 9.1　单　透　镜

由于单透镜固有的轴向色差，所以一般采用两个或几个透镜的组合来同时校正像差。众所周知，即使在通光口径很小的情况下，透镜的轴向色差（属于一阶像差）也是非常明显的，相比起来 Sphe3 都完全可以忽略不计。笛卡儿努力想要研制一种消像散单透镜，但并没有真正成功，因为事实上，天文光学早期的发展是基于长焦距的材料，后来消像散消色差镜进行了改进（参看第 1 章 ）。

因此，与其对一个透镜进行非球面化，还不如在该折射光学元件还没有光焦度的时候来使之变形。当然，如果透镜是用在单色光中，如激光，情况就不同了。

### 9.1.1　球面薄透镜的像差

我们在这里考虑这样一种情况，即入射光瞳与球面透镜重合时。在确定薄透镜的主像差时，我们遵循 Welford[1]的分析，他指出了使用 Coddinton 符号的优点。在 Chrétien[2]以及 Born 和 Wolf [3]文章中都有类似描述。用 $c_1$、$c_2$ 表示透镜的表面曲率，对于空气中的薄透镜，从式（1.28b）～式（1.24），光焦度和横向放大率分别为

$$k = \frac{1}{f'} = -\frac{1}{f} = \frac{1}{z'} - \frac{1}{z} = (n-1)(c_1 - c_2)，\quad M = \frac{u_1}{u_2'} \tag{9.1}$$

其中，$u_1$ 和 $u_2'$ 是输入和输出光线的共轭孔径角。由于对称性的原因，使用 Coddington 变量[4]比较方便。用如下两个无量纲变量描述透镜的弯曲或凸起

$$B = \frac{(n-1)(c_1 + c_2)}{K} = \frac{c_1 + c_2}{c_1 - c_2} \tag{9.2a}$$

$$C = \frac{u_1 + u_2'}{xK} = \frac{u_1 + u_2'}{u_1 - u_2'} \tag{9.2b}$$

式中，$x$ 是光线在透镜上的高度。

如果 $B=0$，则透镜是等凸的；如果 $B=-1$，透镜是平凸的；如果 $B=1$，透镜为凸平面（图 9.1）。类似地，如果 $C=0$，共轭面关于透镜对称，即 $z=-z$；如果 $C=-1$，则物体在无穷远处；如果 $C=1$，则物体在第一个焦平面上。利用 Coddington 变量，透镜的表面曲率和收敛角可表示为

$$\begin{cases} c_1 = \dfrac{K}{2(n-1)}(B+1), & u_1 = \dfrac{xK}{2}(C+1) \\[2mm] c_2 = \dfrac{K}{2(n-1)}(B-1), & u_2' = \dfrac{xK}{2}(C-1) \end{cases} \tag{9.3}$$

因此，曲率比 $c_1/c_2$ 和横向放大率 $M$ 为

$$\frac{c_1}{c_2} = \frac{B+1}{B-1}, \quad M = \frac{u_1}{u_2'} = \frac{C+1}{C-1} \tag{9.4}$$

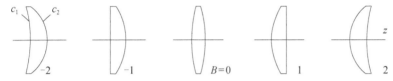

图 9.1　$B$ 值定义透镜的弯曲或凸起：弯月镜、平凸、等凸、凸平和反向的弯月镜

除了某些特殊情况外，球面入射波前在经过薄球面透镜折射后不保持球形。产生的波前形状可以用 Seidel 的主像差系数 $S_{\mathrm{I}}$ 到 $S_{\mathrm{V}}$ 来表示，如 1.80 节中像差波前函数的一般形式所示（见式（1.41））。计算表征两个表面像差贡献之和的 Seidel 系数是冗长的，但并不特别困难。Welford[1]得到空气中透镜和透镜的一个瞳孔的 Seidel 和如下：

$$S_{\mathrm{I}} = \frac{x^4}{4f'^3}\left[ \left(\frac{n}{n-1}\right)^2 + \frac{n+2}{n(n-1)^2}\left(B + \frac{2(n^2-1)}{n+2}C\right)^2 \frac{n}{n+2}C^2 \right] \tag{9.5a}$$

$$S_{\mathrm{II}} = -\frac{x^2 H}{2f'^2}\left[ \frac{n+1}{n(n-1)}B + \frac{2n+1}{n}C \right] \tag{9.5b}$$

$$S_{\mathrm{III}} = \frac{H^2}{f'}, \quad S_{\mathrm{IV}} = \frac{H^2}{nf'}, \quad S_{\mathrm{V}} = 0 \tag{9.5c}$$

其中，$H$ 为拉格朗日不变量（参看 1.6.1 节）。因为我们假设入瞳与透镜重合，且通过透镜顶点的主光线是不发生偏转的，所以畸变的 $S_{\mathrm{V}}$ 为零。

如果光焦度和共轭面是固定的，主球差 Sphe3 随形状呈二次变化。对于相反共轭（$C=0$，即 $z=-z$），最小值为等凸透镜，即 $B=0$。式（9.5a）中 $4S_{\mathrm{I}}f'^3/x^4$ 的值

随 $B$ 和 $n$ 的变化如图 9.2 所示，对于相反的共轭 $C=0$，即 $M=-1$。

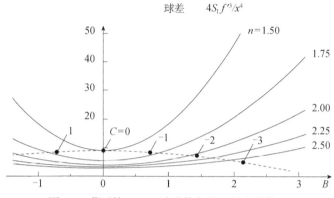

图 9.2　薄透镜 Sphe3 随形状变量 $B$ 的变化情况

**具有最小球差的透镜**：如果这两个共轭面都是实像的，则可以看出，无论弯曲 $B$ 是多少，薄透镜的球差都是无法抵消的。将 $dS_I/dB=0$ 中的上述 $S_I$ 系数设为最小值可得

$$B + 2\frac{n^2-1}{n+2}C = 0 \tag{9.6}$$

Sphe3 的最小值是

$$S_I\big|_{min} = \frac{x^4}{4f'^3}\left[\left(\frac{n}{n-1}\right)^2 - \frac{n}{n+2}C^2\right] \tag{9.7a}$$

$$= \frac{x^4}{4f'^3}\left[\left(\frac{n}{n-1}\right)^2 - \frac{n(n+2)}{4(n^2-1)^2}B^2\right] \tag{9.7b}$$

**共轭面在无穷远处的透镜**：如果共轭面在无穷远处，$C=\pm1$，Sphe3 最小的透镜形状必须满足

$$B = \mp2\frac{n^2-1}{n+2} \tag{9.8a}$$

可得 $c_1c_2 \leq 0$，且折射率 $n \leq (\sqrt{33}-1)/2 = 2.372$。在这个折射率下，$B^2=1$，那么像差最小的透镜应该是平面的。回到式（9.8），将 $B$ 代入式（9.4），对于无穷远处的物体（$C=-1$）透镜曲率比为

$$\frac{c_2}{c_1} = -\frac{4+n-2n^2}{n(2+n)} \tag{9.8b}$$

它是无穷远处像（$C=1$）的倒数。如果 $n=3/2$，我们分别得到曲率比 $c_2/c_1 = -4/21$

和−21/4。此外，适用下列规则：

如果透镜表面是球面，那么当曲率较高的表面朝向无穷远处的共轭面时，Sphe3 像差最小。

**会聚光束中的消象散透镜**：对于其中一个为虚的共轭面，方程（9.7）给出了 $S_{\mathrm{I}}=0$ 时 $B^2$ 和 $C^2$ 的值。从式（9.6）可得，变量 $B$，$C$ 必须有相反的符号，因此有

$$B = \pm 2(n+1)\sqrt{\frac{n}{n+2}}, \quad C = \mp\frac{\sqrt{n(n+1)}}{n-1} \tag{9.9}$$

对于 $n \geqslant 3/2$ 的一般材料，则对应的弯月透镜有 $|B| \geqslant 5\sqrt{3/7} = 3.273$。

### 9.1.2 具有笛卡儿卵球形面和球面的消球差透镜

如果透镜的一个表面是一个以高斯共轭点为中心的球面，笛卡儿[5]证明，如果另一个屈光面是一个卵形，则可以消所有阶球差，这称为笛卡儿卵形面。笛卡儿也研究给出了面型的经典构造方法（参见 1.1.4 节和图 1.4）。

考虑一个点源 $P$ 在折射率均匀的介质中，其共轭点 $P'$ 在另一个折射率均匀的介质中。点 $M$ 的轨迹确定表面分离这两种介质，可以从光传播时间恒定（$\Delta t_{PM} + \Delta t_{MP'}$ 的总和）这个原理得出确定两种介质分离面的点 $M$ 的轨迹。对于各向同性介质，传播时间分别与 $PM/c$ 和 $nMP/c$ 成正比，其中 $c$ 为光速。因此，如果光路是稳定的，就能得到消球差条件，

$$PM + nMP' = 2a \tag{9.10a}$$

其中，$a$ 为光程常数。考虑极坐标系统 $r$，$\theta$，原点为 $P$，$\theta = PP'$ 和 $PP' = 2b$，上式关系式可表示为

$$\left(n^2-1\right)r^2 - 4\left(bn^2\cos\theta - a\right)r + 4\left(b^2n^2 - a^2\right) = 0 \tag{9.10b}$$

由 $\rho = r/2a$ 和 $k = b/a$，笛卡儿卵形曲线可以表示如下：

$$\rho^2 - 2\frac{1 - kn^2\cos\theta}{1-n^2}\rho + \frac{1-k^2n^2}{1-n^2} = 0 \tag{9.10c}$$

这是一条包括二次项的四次曲线。采用根 $\rho_1(\theta)$ 和 $\rho_2(\theta)$ 可以得到下图中的卵形曲线（图 9.3）。

### 9.1.3 齐明无像差单透镜

球面单透镜的一个特殊情况是其中一个共轭面是虚的。因此，出射光束的会聚

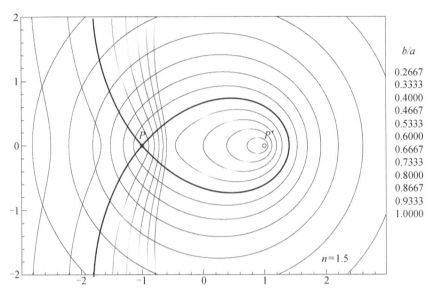

图 9.3　不同 $k=b/a$ 值时的笛卡儿卵形曲线，根据这些曲线可以得到消所有阶球差的透镜。
其中最粗的一条称为 Pascal limacon 曲线，$kn=1$

角 $u_2$ 与入射角 $u_1$ 具有相同的符号，可以得到在单一波长下满足正弦条件的薄透镜
和厚透镜，甚至在所有阶上都是无像差的。这对应于卵形曲线的极限情况（图 9.4）。

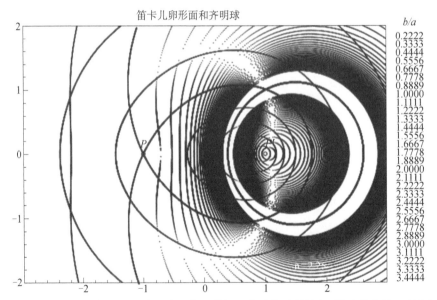

图 9.4　卵形线的极限情况是一个具有无像差共轭面的球体（粗线）。该球体能校正所有级的
球差和彗差，即 Abbe 正弦条件，其中 $a=0$，中心 $C$ 位于 $PC/P'C=n_2$ 处

对单波长的消像差厚透镜是折射率为 $n$ 的单中心透镜组，其前后球面半径分别为 $R/n$ 和 $R$，以 $C$ 为中心。如果出射光束聚在圆心 $C$ 点后面（$C$ 为半径为 $nR$ 的球体中心），则所有入射光束会聚在半径为 $R/n$ 的透镜前表面上（图 9.5）。这满足阿贝正弦条件（参见 1.9.2 节），并且由于单中心对称性，所有阶的象散也得到了消除。

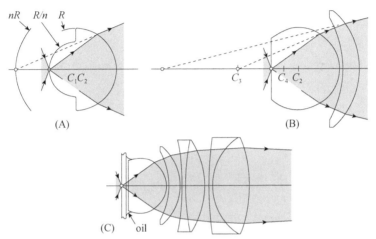

图 9.5　单中心放大镜（A）依次校正前三阶相差。透镜组（B）单独满足阿贝正弦条件。在高倍显微镜中，这些通常用于减少在物镜（C）前表面的光束发散，其中最终成像会聚必须通过胶合透镜实现

具有球形表面的齐明厚透镜可以用半径为 $R$ 的球体中心的相似位置 $R/n$，$nR$ 处的共轭面得到，其中光束被折射，而另一个表面处于垂直入射。设置薄透镜的三级齐明条件为 $S_{\mathrm{I}}=S_{\mathrm{II}}=0$，求解变量 $B$ 和 $C$。经过简化，可以得到

$$B = \pm(2n+1), \quad C = \mp\frac{n+1}{n-1} \tag{9.11}$$

如果 $n=3/2$，则得到 $B=\pm4$ 且 $C=\pm5$。两种情况都是弯月形透镜和一个虚的共轭面。

将 $C$ 变量代入式（9.4），横向放大倍数为

$$M = \frac{n+1\pm(n-1)}{n+1\mp(n-1)} \tag{9.12}$$

对于虚共轭的两种情况 $M=n$ 或 $M=1/n$。在这种情况下，我们可以看到这些弯月透镜也满足阿贝正弦条件。

这种厚透镜和薄透镜在高功率显微镜物镜的设计中有很多应用。　对于极窄视场，数值孔径（参见 1.9.2 节）接近于 N.A.$=n\sin|U_{\max}|=1$ 或 1.25（浸泡在油中），

单中心厚透镜的第一面可以设计成平坦的。一个或几个第一面垂直入射的弯月透镜可以减少光束的发散（图9.5）。然而，组合在一起的这种透镜并不能通过满足齐明条件和也不能校正色差，因此显微镜物镜的最终成像阶段必须有另外的双胶合透镜。

### 9.1.4 等晕单透镜和远瞳

由于球面的薄透镜的3级球差Sphe3不能在两个共轭实像上都被校正，因此我们可以考虑仅补偿Coma3的透镜，即$S_I \neq 0$的情况。这种无彗差透镜被称为等晕透镜，因为它并不消球差的。对于实共轭面，会聚角$u_1 u_2 \leq 1$，根据式（9.2b），其需要$C \leq 1$。

**将透镜设置为光瞳时**：将透镜设置为光瞳时，透镜的等晕条件为，$S_{II}=0$（9.5b），且对实像共轭情况有

$$\frac{n+1}{n(n-1)}B + \frac{2n+1}{n}C = 0, \quad C \leq 1 \tag{9.13}$$

如果共轭相反，$M=-1$，$C=0$，可以得到$B=0$：

——所以当横向放大率$M=-1$，校正Coma3的透镜是一个等凸透镜。

如果其中一个共轭面在无穷远处，$u_1=0$或者$u_2=0$

$$B = -\frac{(n-1)(2n+1)}{n+1}C, \quad C = \pm 1 \tag{9.14}$$

将$B$代入（9.4）得出

$$\frac{c_2}{c_1} = -\left(\frac{1+n}{n^2}-1\right)^{-C}, \quad C = \pm 1 \tag{9.15}$$

对于$n=3/2$，我们得到$c_2/c_1=-(1/9)^{\pm 1}$。如果无穷远处的共轭是物体，则$C=-1$，而从式（9.3）得到曲率是

$$c_1 = \frac{9K}{5} = \frac{9}{5f'}, \quad c_2 = -\frac{K}{5} = -\frac{1}{5f'} \tag{9.16}$$

——则有，当大曲率表面朝向无穷远处的共轭物时，透镜能校正Coma3。

——从（9.15）可知，如果$n=(1+\sqrt{5})/2$，那么对于处于无穷远处的目标，校正Coma3的透镜应为平凸透镜或凸平透镜，并且凸面的曲率为$c=\pm nK$。

后面这些情况，$c_1 c_2=0$，是双凸面和弯月镜等晕镜片之间的极限情况，即$c_1 c_2<0$或$>0$。由于$n^2=n+1$，如果物体处于无穷远，那么$c_1=-nK$且$c_2=0$。从式（1.78）、（1.45）和（1.46）可知，其佩茨瓦尔面，弧矢面，均值面和切向面的曲率半径分

别为 $R_P=-(n+1)R_1$，$R_s=-R_1$，$R_m=-R_1/n$，$R_t=-R_1/(2n-1)$，如图 9.6 所示。

**透镜与远瞳情况**：镜片的 Coma3，Astm3 和 Dist3 的量也是入瞳或光阑位置的函数，而 Sphe3 和 Petz3 量保持不变。Seidel 和 $S_{II}$、$S_{III}$ 和 $S_V$ 可以引入光阑漂移效应（参见例如 Welford[1]）的解析表示中。

作为远瞳的等晕排列的一个基本例子，考虑一个无限远处的扩展对象，它的光束首先通过一个光阑（图 9.6）。然后通过一个距光阑 $d$ 的平凸薄透镜，$c_1=0$，通过光阑中心的光线垂直于透镜的第二表面，即如果我们忽略镜片的厚度，则 $dc_2=1/n$。校正了 Coma3，$S_{II}=0$。此外，该系统也没有 Astm3，（$S_{III}=0$），如果通过附加镜头校正色差和 Sphe3，它就能用于大视场光学系统。

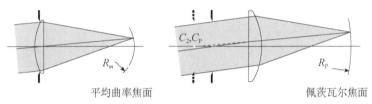

平均曲率焦面　　　　　　　　　　佩茨瓦尔焦面

图 9.6　等晕透镜（$S_I=0$，$S_{II}=0$），无限远处目标从球面入射。左：折射率 $n=(1+\sqrt{5})/2=1.618$ 的凸透镜，透镜处有入瞳（$S_{III}=0$）。右：入瞳和远端平凸透镜；入瞳的中心（或光阑）位于透镜第二曲面的共轭点（因此 $S_{III}$ 也等于 0）

**摄影物镜**：远瞳原理是摄影物镜发展的关键因素。Joseph Max Petzval 在 1840 年第一次计算出一个由胶合透镜和一对气隙元件组成的肖像物镜时，间接地使用了这一点。例如，Zeiss[6]，Chrétien[2]，Kingslake[7]和 Laikin[8]给出了各种形式摄影物镜的设计和演变的一些重要说明。

### 9.1.5　三级理论中的非球面透镜

我们可以回到光学三级理论的近似，用圆锥曲线的两个一阶项来表示它的一个或两个表面（参见 1.7.1 节），而不是考虑一个表面是笛卡儿卵球形的透镜。第一个曲面的方程是

$$z_1 = \frac{1}{2}c_1r^2 + \frac{1}{8}(1+\kappa_1)c_1^3r^4 \tag{9.17}$$

而第二个曲面的方程将下角标改为 2。

可以证明（Born 和 Wolf[3]）对于无穷远处的物体和透镜上的入射光，如果满足消 Sphe3 的条件，即 $S_I=0$，则满足

$$\kappa_1c_1^3 - \kappa_2c_2^3 = -\frac{n^3}{(n-1)^3(n+1)^2}K^3 \tag{9.18a}$$

该面型可以表示为

$$z_{\mathrm{asp}} = \frac{1}{8}\left(\kappa_1 c_1^3 - \kappa_2 c_2^3\right) r^4 \qquad (9.18b)$$

这表示两个表面的非球面矢高的代数和。

由于透镜的光焦度为 $K=(n-1)(c_1-c_2)$，则替换后的条件为

$$\kappa_1 c_1^3 - \kappa_2 c_2^3 = -\frac{n^3}{(n+1)^2}\left(c_1 - c_2\right)^3 \qquad (9.18c)$$

对于 $n=3/2$

$$\kappa_1 c_1^3 - \kappa_2 c_2^3 = -\frac{27}{50}\left(c_1 - c_2\right)^3 \qquad (9.18d)$$

其中，给定透镜的光焦度，三个可用的参数是拱起量（或弯曲量）$c_2/c_1$ 和两个圆锥常数。一个应用例子是，可以用在同时消 Sphe3 和 Coma3 的透镜上。

消球差非球面透镜：如果光焦度为正且仅 Sphe3 被去除，$c_2=\kappa_2=0$ 且 $n=3/2$，则 $c_1>0$ 且非球面量 $z_{\mathrm{asp}}=1/8\kappa_1 c_1^3 r^4$，必须有 $\kappa_1=-n^3/(n+1)^2=-27/50=-0.54$。另一个解是，采用平面 $c_1=\kappa_1=0$，$c_2<0$ 且 $\kappa_2=-27/50$，当然，在薄透镜高斯理论中也有同样的结论。

齐明非球面透镜：如果去掉 Sphe 和 Coma3，则 $S_{\mathrm{I}}=S_{\mathrm{II}}=0$，其中第二个条件需要 $c_2/c_1$，如式（9.15）。因此，对于 $n=3/2$，我们从式（9.16）得到 $c_2/c_1=-1/9$，式（9.18c）表示

$$9^3 \kappa_1 + \kappa_2 = -20 \times 3^3 \qquad (9.18a)$$

当只有一个表面是非球面时，两个解是 $\kappa_1=0$，$\kappa_2=-540$，$c_2$ 为负，$\kappa_1=-20/27$，$\kappa_2=0$，$c_1$ 为正。

对于无限远处的物体，且入瞳在正透镜上，上述结果中的圆锥常数均为负。这可以很容易地推广到任何折射率。

在三级理论中，无论是消球差透镜还是齐明透镜，无论是一个表面还是两个表面都是非球面的，单透镜必须像边缘加厚。

### 9.1.6 双透镜系统的光焦度

由表示薄透镜光焦度的公式（9.1）可知，两个薄透镜轴向气隙厚度为 $d$ 的系统的总光焦度 $K$ 为

$$K = K_1 + K_2 - dK_1K_2 \qquad (9.19)$$

对于两个相互接触的透镜，产生的光焦度可以简化为两个透镜的光焦度之和。

对于中心厚度为零的透镜，薄透镜理论也给出了严格的分析结果，而这在实际中显然是不可能实现的。

然而，在初始阶段，允许在一级和三级折射和像差理论中，采用这一概念对任何透镜系统的基本性质进行较准确的预测和分析。

## 9.2　薄透镜在均匀载荷作用下弹性弯曲

### 9.2.1　薄板理论的平衡方程

考虑到轴对称透镜的非均匀厚度 $t(r)$，轴对称透镜在其所有表面均受均匀载荷作用，并在圆周边缘产生反作用力，从而发生弯曲。透镜的刚度为

$$D(r) = Et^3(r) / \left[ 12\left( 1 - v^2 \right) \right] \tag{9.20}$$

$E$ 和 $v$ 分别为杨氏模量和泊松比。

在 3.2 节中薄板理论的平衡方程（3.3）也适用于变厚度板的情况。对于轴对称透镜，该方程可简化为

$$M_r + r\frac{\mathrm{d}M_r}{\mathrm{d}r} - M_t + rQ_r = 0 \tag{9.21}$$

其中径向弯矩和切向弯矩分别为式（3.1a）和（3.1b），

$$M_r = D(r)\left( \frac{\mathrm{d}^2 z}{\mathrm{d}r^2} + \frac{v}{r}\frac{\mathrm{d}z}{\mathrm{d}r} \right) = D(r)\left( \frac{\mathrm{d}\varphi}{\mathrm{d}r} + v\frac{\varphi}{r} \right) \tag{9.22a}$$

$$M_t = D(r)\left( \frac{1}{r}\frac{\mathrm{d}z}{\mathrm{d}r} + v\frac{\mathrm{d}^2 z}{\mathrm{d}r^2} \right) = D(r)\left( \frac{\varphi}{r} + v\frac{\mathrm{d}\varphi}{\mathrm{d}r} \right) \tag{9.22b}$$

挠曲的斜率是

$$\varphi = \frac{\mathrm{d}z}{\mathrm{d}r} \tag{9.22c}$$

在半径为 $r$ 的圆处，单位长度剪力为

$$Q_r = -\frac{1}{2\pi r}\int_0^r q2\pi r\mathrm{d}r = -\frac{1}{2}qr \tag{9.23}$$

其中 $q$ 为均布荷载的强度。$z$ 方向载荷 $q$ 为正。

将弯矩和剪力的表达式代入式（9.21），可得到平衡方程

$$\frac{\mathrm{d}^2\varphi}{\mathrm{d}r^2} + \left(\frac{1}{r} + \frac{3}{t}\frac{\mathrm{d}t}{\mathrm{d}r}\right)\frac{\mathrm{d}\varphi}{\mathrm{d}r} - \left(\frac{1}{r^2} - \frac{3v}{tr}\frac{\mathrm{d}t}{\mathrm{d}r}\right)\varphi = 6\left(1-v^2\right)\frac{q}{E}\frac{r}{t^3} \tag{9.24}$$

其中挠度的斜率 $\varphi$ 是未知的。左边括号内的两个系数由透镜几何形状确定。

### 9.2.2 透镜变形与抛物面厚度分布

Timoshenko 的著作[9]中提到了不同作者对变厚度板弯曲的研究的。然而，它们都不能直接表示透镜的几何形状，因此我们通过以下的分析来实现这一目的。

透镜的球面可以通过其曲率项的级次展开来表征，其厚度分布就可以用恒定厚度板加上抛物面项来表示

$$t(r) = t_0 - \frac{1}{2}\left(c_1 - c_2\right)r^2 \tag{9.25}$$

其中 $t_0=t(0)$ 为中心厚度。

薄板弹性理论假定板的中面面是平的，且不考虑透镜的拱起。因此，对于一个明显的拱起，如第 9.1.1 节定义的 $|B| \geqslant 2$，需要使用壳层理论进行更精确的分析。对于透镜的曲率，我们采用与前几节相同的符号约定。$c_1-c_2$ 与光焦度成正比，因此对于光焦度为 $K$ 的透镜，$c_1-c_2$ 为正。（参见 9.1 节）。通过应力抛光使正透镜非球面化，将其边缘黏合到一个薄的 $L$ 形方环上，以吸收反力，并在施加负载时允许其切向旋转（图 9.7）。

透镜的外半径 $r=a$，引入一些无量纲量

$$\rho = \frac{r}{a}, \quad \mathcal{T} = \frac{t}{a}, \quad \mathcal{T}_0 = \frac{t_0}{a}, \quad \varpi = \frac{1}{2}a\left(c_1 - c_2\right) \tag{9.26}$$

$\varpi$ 表示伪光焦度

$$\varpi > 0 \quad \text{对正透镜 } (K>0)$$

$$\varpi < 0 \quad \text{对负透镜 } (K<0)$$

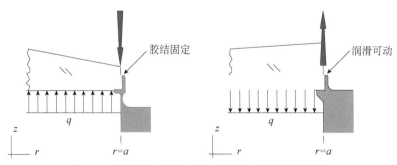

图 9.7 边缘简支透镜，在均匀载荷 $q$ 作用下的弯曲
左：正透镜和正方向负载。右：负透镜和负方向负载

无量纲厚度为

$$T(\rho) = T_0 - \varpi\rho^2, \; 0 \leqslant \rho \leqslant 1 \tag{9.27}$$

将这些量代入式（9.24）得到

$$\frac{\mathrm{d}^2\varphi}{\mathrm{d}\rho^2} + \left(\frac{1}{\rho} - \frac{6\varpi\rho}{T}\right)\frac{\mathrm{d}\varphi}{\mathrm{d}\rho} - \left(\frac{1}{\rho^2} + \frac{6v\varpi}{T}\right)\varphi = 6(1-v^2)\frac{q}{E}\frac{\rho}{T^3} \tag{9.28}$$

这可以通过如下定义来简化

$$\delta = \frac{T_0}{\varpi}, \; p = 6(1-v^2)\frac{q}{E\varpi^3} \tag{9.29}$$

因此，当透镜厚度 $T = t/a$ 变化为二次函数时，在直径为 $2a$ 的透镜边缘施加均布荷载，产生弯曲的挠度微分方程为

$$\begin{cases} \left(\delta - \rho^2\right)\dfrac{\mathrm{d}^2\varphi}{\mathrm{d}\rho^2} + \left(\dfrac{\delta}{\rho} - 7\rho\right)\dfrac{\mathrm{d}\varphi}{\mathrm{d}\rho} - \left(\dfrac{\delta}{\rho^2} - 1 + 6v\right)\varphi = \dfrac{p\rho}{\left(\delta - \rho^2\right)^2} & (9.30\mathrm{a}) \\[3mm] T = \varpi\left(\delta - \rho^2\right), \; T_0 = \varpi\delta > 0, \; 0 \leqslant \rho \leqslant 1. & (9.30\mathrm{b}) \end{cases}$$

可以容易地证明式（9.30a）的特定解 $\varphi_0$ 与方程左侧项具有相同的形式，仅乘数因子不同。在确定了这个因子后，特定的解是

$$\varphi_0 = \frac{p}{2(5-3v)}\frac{\rho}{\left(\delta - \rho^2\right)^2} \tag{9.31}$$

为了得到没有左侧的解 $\varphi_1$，令 $\mu$ 满足 $2(5-3v)=4(4-\mu)$，即

$$\mu = \frac{3}{2}(1+v) \tag{9.32}$$

由此，

$$\left(\delta - \rho^2\right)\frac{\mathrm{d}^2\varphi_1}{\mathrm{d}\rho^2} + \left(\frac{\delta}{\rho} - 7\rho\right)\frac{\mathrm{d}\varphi_1}{\mathrm{d}\rho} - \left(\frac{\delta}{\rho^2} - 7 + 4\mu\right)\varphi_1 = 0 \tag{9.33}$$

考虑到奇数展开形式的函数 $\varphi_1$

$$\varphi_1 = \sum_{n=0}^{\infty} a_{2n+1}\rho^{2n+1} \tag{9.34}$$

对于 $\varphi_0$，由隐含条件知，原点处变形为 0 的一阶边界条件为 $\varphi_1|_{\rho=0}=0$，这是有孔透镜无法实现的（在后一种情况下，$\ln\rho$ 项必须包含在奇数展开中）。对于 $n \geqslant 1$，我们得到系数之间的递归关系，

$$\frac{a_{2n+1}}{a_{2n-1}} = \frac{\mu + (n+3)(n-1)}{n(n+1)\delta} \tag{9.35}$$

而对于第一个，

$$a_{2n+1} = \frac{\mu(\mu+5)\cdots[\mu+(n+3)(n-1)]}{n!(n+1)!\delta^n}a_1 \qquad (9.36)$$

设 $a_1=1$，不考虑方程左侧的基础解是

$$\varphi_1 = \rho + \frac{\mu}{2\delta}\rho^3 + \cdots + \frac{\mu(\mu+5)\cdots[\mu+(n+3)(n-1)]}{n!(n+1)!\delta^n}\rho^{2n+1} + \cdots \qquad (9.37)$$

式（9.30a）的一般解是 $\varphi_0$ 和 $\varphi_1$ 的线性组合，它们都已满足原点的零斜率边界条件。因此，可以表示为

$$\varphi(\rho) = \frac{p}{2(5-3v)}\left[\Lambda\varphi_1(\rho) + \frac{\rho}{\left(\delta-\rho^2\right)^2}\right] \qquad (9.38)$$

$\Lambda$ 是一个常数。

假设透镜在非球面化过程中有一个简支边；因此，第二个边界条件必须满足径向弯矩 $M_r$ 在边界处为零。从式（9.22a），满足

$$\left[\frac{\mathrm{d}\varphi}{\mathrm{d}\rho} + v\frac{\varphi}{\rho}\right]_{\rho=1} = 0 \qquad (9.39a)$$

由式（9.38）可得

$$\Lambda\left[\frac{\mathrm{d}\varphi_1}{\mathrm{d}\rho} + v\frac{\varphi_1}{\rho}\right]_{\rho=1} = -\left\{\frac{\mathrm{d}}{\mathrm{d}\rho}\left[\frac{\rho}{\left(\delta-\rho^2\right)^2}\right] + \frac{v}{\left(\delta-\rho^2\right)^2}\right\}_{\rho=1} \qquad (9.39b)$$

$$= -\frac{2}{3}\frac{\mu(\delta-1)+6}{(\delta-1)^3}$$

在替换 $\varphi_1$ 之后，得到

$$\left[\frac{\mathrm{d}\varphi_1}{\mathrm{d}\rho} + v\frac{\varphi_1}{\rho}\right]_{\rho=1} = \frac{2}{3}\left[\mu + \frac{(\mu+3)\mu}{2\delta} + \cdots \right.$$

$$\left. + \sum_{n=2}^{\infty}\frac{\mu+3n}{n+1}\prod_{m=1}^{n}\frac{\mu+(m+3)(m-1)}{m^2\delta}\right] \qquad (9.39c)$$

式（9.39c）中，积分常数为

$$\Lambda = -\frac{\mu(\delta-1)+6}{(\delta-1)^3}\left[\mu + \frac{(\mu+3)\mu}{2\delta} + \cdots \right.$$

$$\left. + \sum_{n=2}^{\infty}\frac{\mu+3n}{n+1}\prod_{m=1}^{n}\frac{\mu+(m+3)(m-1)}{m^2\delta}\right]^{-1} \qquad (9.40)$$

最后从式（9.22c）中，我们确定挠曲 $z=a\int\phi\mathrm{d}\rho$。令积分常数为零。如以透镜中心为挠曲原点，挠曲表示为（Lemaitre[10]）

$$z = \frac{ap}{8(4-\mu)}\left\{\Lambda\left[\rho^2 + \frac{\mu}{4\delta}\rho^4 + \cdots\right.\right.$$
$$\left.\left. + \sum_{n=2}^{\infty}\left(\prod_{m=1}^{n}\frac{\mu+(m+3)(m-1)}{(m+1)^2\delta}\right)\rho^{2n+2}\right] + \frac{\rho^2}{\delta(\delta-\rho^2)}\right\} \qquad (9.41)$$

为了将挠曲 $z$ 展开，系数 $\delta$ 的绝对值必须大于 1，即 $|\delta|=t_0/a|\varpi|>1$. 根据式（9.26），伪光焦度 $\varpi$ 与光焦度率 $K$ 存在以下关系

$$\varpi = \frac{1}{2}a(c_1-c_2) = aK/2(n-1) \qquad (9.42)$$

其中 $n$ 是折射率。这需要 $|\delta|=2(n-1)t_0/a^2|K|$。考虑到镜头的焦比 $\Omega=f/D=f/2=1/2a|K|$，$\delta$ 满足

$$|\delta| = 4(n-1)\frac{t_0}{a}\Omega \equiv |4(n-1)T_0\Omega > 1 \qquad (9.43)$$

例如，对于 $f/10$，$T_0 \equiv t_0/a = 1/10$ 且 $n=3/2$ 的透镜，我们得到 $\varpi=1/20$，且得到条件 $|\delta|=2$，如果透镜为正透镜，则 $\delta=2$。

### 9.2.3 挠度的多项式展开

通过前面的分析，我们可以通过一个多项式展开来表示透镜的挠曲。假设满足不等式（9.43），则式（9.41）中挠曲的最后一项可以扩展为

$$\frac{\rho^2}{\delta(\delta-\rho^2)} = \frac{\rho^2}{\delta^2} + \frac{\rho^4}{\delta^3} + \frac{\rho^6}{\delta^4} + \cdots$$

所以挠度展开的前三项是

$$z = \frac{ap}{8(4-\mu)}\left[\left(\Lambda + \frac{1}{\delta^2}\right)\rho^2 + \left(\frac{\mu\Lambda}{4\delta} + \frac{1}{\delta^3}\right)\rho^4\right.$$
$$\left. + \left(\frac{\mu(\mu+5)\Lambda}{36\delta^2} + \frac{1}{\delta^4}\right)\rho^6 + \cdots\right] \qquad (9.44)$$

综上所述，单透镜挠度的前三项可以用下式表示

$$\begin{cases} z = aq\left(A_2\rho^2 + A_4\rho^4 + A_6\rho^6 + \cdots\right), \quad 0 \leqslant \rho \leqslant 1 \\ A_2, A_4, A_6 \text{ 由公式 (9.44) 中可以得到, 且有 } |\delta| > 1 \\ \text{常数 } \Lambda \text{ 由公式 (9.40) 求得} \\ \mu = 3(1+v)/2 \\ p = 6\left(1-v^2\right)q / E\varpi^3 \\ \varpi = a(c_1 - c_2)/2 \equiv aK/2(n-1) \\ \mathcal{J} = \varpi\left(\delta - \rho^2\right), \quad \mathcal{J}_0 = \varpi\delta > 0 \end{cases} \qquad (9.45)$$

给定中心厚度 $T_0 = t_0/a$ 和玻璃的弹性常数 $E$, $v$, 相对于伪光焦度 $\varpi$, 每个单位载荷 $z/aq$ 对应的挠度的 $A_2$, $A_4$ 和 $A_6$ 系数的变化如图 9.8 和表 9.1 所示。

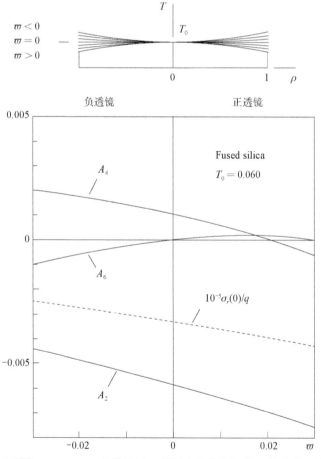

图 9.8 相同中心厚度 $T_0 = t_0/a = 0.06$ 的单透镜, 其厚度是伪光焦度 $\varpi$ 的函数, 从式 (9.45) 得到的挠度缩小系数为 $z/aq = A_2\rho^2 + A_4\rho^4 + A_6\rho^6$。材料: 熔融石英 $E = 7.90 \times 10^5 \text{kgf/cm}^2$, $v = 0.165$。中心的最大径向应力: $\sigma_r(0)$。载荷 $q$ 的单位为: $\text{kgf/cm}^2$

表 9.1 均匀载荷作用下不同厚度、不同光焦度的熔石英透镜的变形系数 $A_{2n}$ 及应力。其中，边缘简支。由方程组（9.45）求得，$E=7.90 \times 10^5 \text{kgf/cm}^2$，$\nu=0.165$

| $T_0$ | $\varpi$ | $\delta=\dfrac{T_0}{\varpi}$ | $\Lambda$ | $A_2 \times 10^3$ | $A_4 \times 10^3$ | $A_6 \times 10^3$ | $\sigma(0)/q$ |
|---|---|---|---|---|---|---|---|
| | −0.065 | −1.846 | −0.066 09 | −0.536 71 | 0.260 62 | −0.138 00 | 60.9 |
| | −0.060 | −2.000 | −0.039 42 | −0.549 36 | 0.253 61 | −0.124 76 | 62.4 |
| | −0.055 | −2.182 | −0.018 09 | −0.562 27 | 0.246 20 | −0.111 82 | 63.8 |
| | −0.050 | −2.400 | −0.001 86 | −0.575 53 | 0.238 38 | −0.099 21 | 65.3 |
| | −0.045 | −2.667 | 0.009 69 | −0.589 13 | 0.230 13 | −0.086 97 | 66.9 |
| | −0.040 | −3.000 | 0.016 98 | −0.603 01 | 0.221 42 | −0.075 13 | 68.5 |
| | −0.035 | −3.429 | 0.020 52 | −0.617 22 | 0.212 26 | −0.063 73 | 70.1 |
| | −0.030 | −4.000 | 0.020 89 | −0.631 89 | 0.202 63 | −0.052 82 | 71.7 |
| | −0.025 | −4.800 | 0.018 76 | −0.646 66 | 0.192 47 | −0.042 43 | 73.4 |
| | −0.020 | −6.000 | 0.014 86 | −0.662 02 | 0.181 81 | −0.032 62 | 75.2 |
| | −0.015 | −8.000 | 0.010 05 | −0.677 39 | 0.170 60 | −0.023 41 | 76.9 |
| | −0.010 | −12.000 | 0.005 25 | −0.693 47 | 0.158 86 | −0.014 87 | 78.7 |
| | −0.005 | −24.000 | 0.001 52 | −0.709 34 | 0.146 52 | −0.007 05 | 80.5 |
| 0.120 | 0.000 | ∓∞ | 0.000 00 | −0.725 97 | 0.133 61 | 0.000 00 | 82.4 |
| | 0.005 | 24.000 | 0.001 96 | −0.742 92 | 0.120 09 | 0.006 23 | 84.3 |
| | 0.010 | 12.000 | 0.008 80 | −0.759 97 | 0.105 94 | 0.011 57 | 86.3 |
| | 0.015 | 8.000 | 0.022 02 | −0.777 27 | 0.091 17 | 0.015 97 | 88.2 |
| | 0.020 | 6.000 | 0.043 29 | −0.794 83 | 0.075 74 | 0.019 36 | 90.2 |
| | 0.025 | 4.800 | 0.074 39 | −0.813 09 | 0.059 61 | 0.021 68 | 92.3 |
| | 0.030 | 4.000 | 0.117 23 | −0.831 10 | 0.042 84 | 0.022 88 | 94.4 |
| | 0.035 | 3.429 | 0.173 89 | −0.849 38 | 0.025 38 | 0.022 87 | 96.4 |
| | 0.040 | 3.000 | 0.246 59 | −0.867 90 | 0.007 22 | 0.021 60 | 98.5 |
| | 0.045 | 2.667 | 0.337 69 | −0.886 66 | −0.011 65 | 0.018 99 | 100.7 |
| | 0.050 | 2.400 | 0.449 73 | −0.905 67 | −0.031 25 | 0.014 98 | 102.8 |
| | 0.055 | 2.182 | 0.585 12 | −0.924 23 | −0.051 45 | 0.009 54 | 104.9 |
| | 0.060 | 2.000 | 0.747 17 | −0.943 69 | −0.072 53 | 0.002 50 | 107.1 |
| | 0.065 | 1.846 | 0.938 25 | −0.962 71 | −0.094 21 | −0.006 09 | 109.3 |
| | −0.060 | −1.833 | −0.068 79 | −0.695 32 | 0.339 15 | −0.180 75 | 72.4 |
| | −0.055 | −2.000 | −0.039 42 | −0.713 22 | 0.329 26 | −0.161 97 | 74.2 |
| | −0.050 | −2.200 | −0.016 42 | −0.731 52 | 0.318 73 | −0.143 66 | 76.1 |
| | −0.045 | −2.444 | 0.000 58 | −0.750 38 | 0.307 57 | −0.125 87 | 78.1 |
| 0.110 | −0.040 | −2.750 | 0.012 08 | −0.769 73 | 0.295 75 | −0.108 66 | 80.1 |
| | −0.035 | −3.143 | 0.018 67 | −0.789 61 | 0.283 22 | −0.092 09 | 82.2 |
| | −0.030 | −3.667 | 0.021 05 | −0.809 88 | 0.269 96 | −0.076 22 | 84.3 |
| | −0.025 | −4.400 | 0.019 99 | −0.830 82 | 0.255 96 | −0.061 13 | 86.5 |
| | −0.020 | −5.500 | 0.016 43 | −0.852 30 | 0.241 16 | −0.046 89 | 88.7 |

| $T_0$ | $\varpi$ | $\delta=\dfrac{T_0}{\varpi}$ | $\Lambda$ | $A_2\times10^3$ | $A_4\times10^3$ | $A_6\times10^3$ | $\sigma(0)/q$ |
|---|---|---|---|---|---|---|---|
| | −0.015 | −7.333 | 0.011 40 | −0.873 83 | 0.225 52 | −0.033 57 | 90.9 |
| | −0.010 | −11.000 | 0.006 08 | −0.896 60 | 0.209 07 | −0.021 26 | 93.3 |
| | −0.005 | −22.000 | 0.001 79 | −0.918 94 | 0.191 71 | −0.010 04 | 95.6 |
| | 0.000 | ∓∞ | 0.000 00 | −0.942 51 | 0.173 46 | 0.000 00 | 98.0 |
| | 0.005 | 22.000 | 0.002 36 | −0.966 59 | 0.154 27 | 0.008 76 | 100.6 |
| | 0.010 | 11.000 | 0.010 68 | −0.990 81 | 0.134 11 | 0.016 15 | 103.1 |
| | 0.015 | 7.333 | 0.026 95 | −1.015 41 | 0.112 97 | 0.022 06 | 105.7 |
| | 0.020 | 5.500 | 0.053 36 | −1.040 43 | 0.090 82 | 0.026 40 | 108.3 |
| 0.110 | 0.025 | 4.400 | 0.092 27 | −1.065 83 | 0.067 64 | 0.029 05 | 110.9 |
| | 0.030 | 3.667 | 0.146 27 | −1.091 61 | 0.043 40 | 0.029 90 | 113.6 |
| | 0.035 | 3.143 | 0.218 13 | −1.117 75 | 0.018 09 | 0.028 85 | 116.3 |
| | 0.040 | 2.750 | 0.310 85 | −1.144 24 | −0.008 31 | 0.025 77 | 119.1 |
| | 0.045 | 2.444 | 0.427 65 | −1.171 12 | −0.035 84 | 0.020 55 | 121.9 |
| | 0.050 | 2.200 | 0.572 00 | −1.198 48 | −0.064 53 | 0.013 05 | 124.7 |
| | 0.055 | 2.000 | 0.747 17 | −1.225 17 | −0.094 16 | 0.003 25 | 127.5 |
| | 0.060 | 1.833 | 0.957 28 | −1.252 31 | −0.124 96 | −0.009 05 | 130.3 |
| | −0.055 | −1.818 | −0.072 10 | −0.923 12 | 0.452 69 | −0.243 10 | 87.3 |
| | −0.050 | −2.000 | −0.039 42 | −0.949 29 | 0.438 24 | −0.215 59 | 89.8 |
| | −0.045 | −2.222 | −0.014 45 | −0.976 14 | 0.422 78 | −0.188 81 | 92.4 |
| | −0.040 | −2.500 | 0.003 30 | −1.003 84 | 0.406 30 | −0.162 89 | 95.0 |
| | −0.035 | −2.857 | 0.014 55 | −1.032 31 | 0.388 73 | −0.137 92 | 97.7 |
| | −0.030 | −3.333 | 0.020 08 | −1.061 71 | 0.370 03 | −0.114 01 | 100.4 |
| | −0.025 | −4.000 | 0.020 89 | −1.091 90 | 0.350 14 | −0.091 28 | 103.3 |
| | −0.020 | −5.000 | 0.018 09 | −1.122 67 | 0.328 97 | −0.069 85 | 106.2 |
| | −0.015 | −6.667 | 0.013 00 | −1.154 58 | 0.306 54 | −0.049 87 | 109.2 |
| | −0.010 | −10.000 | 0.007 10 | −1.187 00 | 0.282 74 | −0.031 46 | 112.3 |
| 0.100 | −0.005 | −20.000 | 0.002 13 | −1.219 93 | 0.257 53 | −0.014 78 | 115.4 |
| | 0.000 | ∓∞ | 0.000 00 | −1.254 48 | 0.230 88 | 0.000 00 | 118.6 |
| | 0.005 | 20.000 | 0.002 89 | −1.289 87 | 0.202 70 | 0.012 73 | 122.0 |
| | 0.010 | 10.000 | 0.013 23 | −1.325 50 | 0.172 97 | 0.023 23 | 125.4 |
| | 0.015 | 6.667 | 0.033 71 | −1.361 72 | 0.141 64 | 0.031 32 | 128.8 |
| | 0.020 | 5.000 | 0.067 29 | −1.398 61 | 0.108 68 | 0.036 82 | 132.3 |
| | 0.025 | 4.000 | 0.117 23 | −1.436 14 | 0.074 03 | 0.039 53 | 135.9 |
| | 0.030 | 3.333 | 0.187 09 | −1.474 32 | 0.037 65 | 0.039 25 | 139.5 |
| | 0.035 | 2.857 | 0.280 74 | −1.513 17 | −0.000 49 | 0.035 79 | 143.2 |
| | 0.040 | 2.500 | 0.402 16 | −1.551 35 | −0.040 22 | 0.028 98 | 146.8 |
| | 0.045 | 2.222 | 0.556 19 | −1.591 35 | −0.081 97 | 0.018 52 | 150.6 |

续表

| $T_0$ | $\varpi$ | $\delta=\dfrac{T_0}{\varpi}$ | $\Lambda$ | $A_2\times10^3$ | $A_4\times10^3$ | $A_6\times10^3$ | $\sigma(0)/q$ |
|---|---|---|---|---|---|---|---|
| 0.100 | 0.050 | 2.000 | 0.747 17 | −1.630 70 | −0.125 33 | 0.004 33 | 154.3 |
|  | 0.055 | 1.818 | 0.980 49 | −1.670 77 | −0.170 57 | −0.013 90 | 158.1 |
|  | −0.050 | −1.800 | −0.076 27 | −1.262 51 | 0.623 13 | −0.337 74 | 107.5 |
|  | −0.045 | −2.000 | −0.039 42 | −1.302 18 | 0.601 15 | −0.295 73 | 110.9 |
|  | −0.040 | −2.250 | −0.012 14 | −1.343 22 | 0.577 52 | −0.254 99 | 114.4 |
|  | −0.035 | −2.571 | 0.006 34 | −1.385 60 | 0.552 12 | −0.215 71 | 118.0 |
|  | −0.030 | −3.000 | 0.016 98 | −1.429 36 | 0.524 86 | −0.178 09 | 121.7 |
|  | −0.025 | −3.600 | 0.020 97 | −1.474 49 | 0.495 64 | −0.142 32 | 125.6 |
|  | −0.020 | −4.500 | 0.019 71 | −1.520 91 | 0.464 36 | −0.108 65 | 129.5 |
|  | −0.015 | −6.000 | 0.014 86 | −1.569 22 | 0.430 97 | −0.077 31 | 133.6 |
|  | −0.010 | −9.000 | 0.008 40 | −1.618 19 | 0.395 26 | −0.048 57 | 137.8 |
|  | −0.005 | −18.000 | 0.002 58 | −1.669 00 | 0.357 22 | −0.022 70 | 142.1 |
| 0.090 | 0.000 | ∓∞ | 0.000 00 | −1.720 82 | 0.316 70 | 0.000 00 | 146.5 |
|  | 0.005 | 18.000 | 0.003 63 | −1.774 04 | 0.273 65 | 0.019 22 | 151.1 |
|  | 0.010 | 9.000 | 0.016 81 | −1.828 49 | 0.227 95 | 0.034 63 | 155.7 |
|  | 0.015 | 6.000 | 0.043 29 | −1.884 05 | 0.179 53 | 0.045 89 | 160.4 |
|  | 0.020 | 4.500 | 0.087 25 | −1.940 71 | 0.128 30 | 0.052 65 | 165.3 |
|  | 0.025 | 3.600 | 0.153 32 | −1.998 43 | 0.074 19 | 0.054 55 | 170.2 |
|  | 0.030 | 3.000 | 0.246 59 | −2.057 23 | 0.017 12 | 0.051 20 | 175.2 |
|  | 0.035 | 2.571 | 0.372 65 | −2.117 30 | −0.043 01 | 0.042 20 | 180.3 |
|  | 0.040 | 2.250 | 0.537 29 | −2.176 54 | −0.105 90 | 0.027 27 | 185.3 |
|  | 0.045 | 2.000 | 0.747 17 | −2.236 89 | −0.171 91 | 0.005 94 | 190.5 |
|  | 0.050 | 1.800 | 1.009 42 | −2.298 55 | −0.241 17 | −0.022 25 | 195.7 |
|  | −0.045 | −1.778 | −0.081 59 | −1.790 69 | 0.890 99 | −0.488 48 | 135.5 |
|  | −0.040 | −2.000 | −0.039 42 | −1.854 09 | 0.855 94 | −0.421 07 | 140.3 |
|  | −0.035 | −2.286 | −0.009 37 | −1.919 95 | 0.817 90 | −0.355 96 | 145.3 |
|  | −0.030 | −2.667 | 0.009 69 | −1.988 31 | 0.776 68 | −0.293 52 | 150.5 |
|  | −0.025 | −3.200 | 0.019 18 | −2.059 20 | 0.732 07 | −0.234 14 | 155.9 |
|  | −0.020 | −4.000 | 0.020 89 | −2.132 62 | 0.683 86 | −0.178 28 | 161.4 |
| 0.080 | −0.015 | −5.333 | 0.016 98 | −2.208 13 | 0.631 81 | −0.126 39 | 167.1 |
|  | −0.010 | −8.000 | 0.010 05 | −2.286 18 | 0.575 78 | −0.079 01 | 173.0 |
|  | −0.005 | −16.000 | 0.003 18 | −2.367 31 | 0.515 58 | −0.036 68 | 179.2 |
|  | 0.000 | ∓∞ | 0.000 00 | −2.450 15 | 0.450 93 | 0.000 00 | 185.4 |
|  | 0.005 | 16.000 | 0.004 68 | −2.535 58 | 0.381 70 | 0.030 41 | 191.9 |
|  | 0.010 | 8.000 | 0.022 02 | −2.623 28 | 0.307 68 | 0.053 89 | 198.6 |
|  | 0.015 | 5.333 | 0.057 49 | −2.713 07 | 0.228 70 | 0.069 73 | 205.3 |
|  | 0.020 | 4.000 | 0.117 23 | −2.804 96 | 0.144 58 | 0.077 20 | 212.3 |

续表

| $T_0$ | $\varpi$ | $\delta=\dfrac{T_0}{\varpi}$ | $\Lambda$ | $A_2\times10^3$ | $A_4\times10^3$ | $A_6\times10^3$ | $\sigma(0)/q$ |
|---|---|---|---|---|---|---|---|
| | 0.025 | 3.200 | 0.208 06 | −2.897 00 | 0.055 43 | 0.075 62 | 219.3 |
| | 0.030 | 2.667 | 0.337 69 | −2.992 46 | −0.039 31 | 0.064 10 | 226.5 |
| 0.080 | 0.035 | 2.286 | 0.514 31 | −3.087 79 | −0.139 24 | 0.042 01 | 233.7 |
| | 0.040 | 2.000 | 0.747 17 | −3.184 95 | −0.244 78 | 0.008 45 | 241.1 |
| | 0.045 | 1.778 | 1.045 77 | −3.281 63 | −0.355 50 | −0.037 19 | 248.4 |
| | −0.040 | −1.750 | −0.088 60 | −2.659 40 | 1.337 02 | −0.743 75 | 176.1 |
| | −0.035 | −2.000 | −0.039 42 | −2.767 62 | 1.277 67 | −0.628 53 | 183.3 |
| | −0.030 | −2.333 | −0.006 00 | −2.880 26 | 1.212 40 | −0.517 77 | 190.8 |
| | −0.025 | −2.800 | 0.013 31 | −2.997 80 | 1.140 86 | −0.412 32 | 198.5 |
| | −0.020 | −3.500 | 0.020 76 | −3.119 90 | 1.062 55 | −0.313 08 | 206.6 |
| | −0.015 | −4.667 | 0.019 19 | −3.246 95 | 0.977 09 | −0.221 08 | 215.0 |
| | −0.010 | −7.000 | 0.012 17 | −3.379 50 | 0.884 04 | −0.137 42 | 223.8 |
| | −0.005 | −14.000 | 0.004 03 | −3.516 44 | 0.782 85 | −0.063 29 | 232.9 |
| 0.070 | 0.000 | ∓∞ | 0.000 00 | −3.657 38 | 0.673 11 | 0.000 00 | 242.2 |
| | 0.005 | 14.000 | 0.006 26 | −3.803 53 | 0.554 43 | 0.051 06 | 251.9 |
| | 0.010 | 7.000 | 0.030 05 | −3.954 39 | 0.426 32 | 0.088 40 | 261.9 |
| | 0.015 | 4.667 | 0.079 75 | −4.109 74 | 0.288 38 | 0.110 44 | 272.2 |
| | 0.020 | 3.500 | 0.164 86 | −4.265 44 | 0.140 70 | 0.115 61 | 282.5 |
| | 0.025 | 2.800 | 0.296 19 | −4.425 06 | −0.017 31 | 0.102 21 | 293.1 |
| | 0.030 | 2.333 | 0.485 80 | −4.587 86 | −0.185 87 | 0.068 49 | 303.8 |
| | 0.035 | 2.000 | 0.747 17 | −4.754 21 | −0.365 38 | 0.012 62 | 314.9 |
| | 0.040 | 1.750 | 1.094 73 | −4.921 25 | −0.555 44 | −0.067 00 | 325.9 |
| | −0.035 | −1.714 | −0.098 49 | −4.195 74 | 2.138 15 | −1.212 21 | 238.2 |
| | −0.030 | −2.000 | −0.039 42 | −4.394 87 | 2.028 89 | −0.998 08 | 249.5 |
| | −0.025 | −2.400 | −0.001 86 | −4.604 27 | 1.907 01 | −0.793 66 | 261.4 |
| | −0.020 | −3.000 | 0.016 98 | −4.824 10 | 1.771 40 | −0.601 04 | 273.8 |
| | −0.015 | −4.000 | 0.020 89 | −5.055 09 | 1.621 00 | −0.422 59 | 287.0 |
| | −0.010 | −6.000 | 0.014 86 | −5.296 13 | 1.454 51 | −0.260 92 | 300.6 |
| | −0.005 | −12.000 | 0.005 25 | −5.547 73 | 1.270 86 | −0.118 99 | 314.9 |
| 0.060 | 0.000 | ∓∞ | 0.000 00 | −5.807 78 | 1.068 88 | 0.000 00 | 329.6 |
| | 0.005 | 12.000 | 0.008 80 | −6.079 75 | 0.847 55 | 0.092 54 | 345.1 |
| | 0.010 | 6.000 | 0.043 29 | −6.358 68 | 0.605 90 | 0.154 89 | 361.0 |
| | 0.015 | 4.000 | 0.117 23 | −6.648 80 | 0.342 72 | 0.183 00 | 377.4 |
| | 0.020 | 3.000 | 0.246 59 | −6.943 17 | 0.057 79 | 0.172 80 | 394.1 |
| | 0.025 | 2.400 | 0.449 73 | −7.245 37 | −0.249 99 | 0.119 85 | 411.3 |
| | 0.030 | 2.000 | 0.747 17 | −7.549 51 | −0.580 21 | 0.020 03 | 428.6 |
| | 0.035 | 1.714 | 1.161 84 | −7.856 32 | −0.933 25 | −0.131 02 | 446.0 |

| $T_0$ | $\varpi$ | $\delta=\dfrac{T_0}{\varpi}$ | $\Lambda$ | $A_2\times10^3$ | $A_4\times10^3$ | $A_6\times10^3$ | $\sigma(0)/q$ |
|---|---|---|---|---|---|---|---|
| | −0.035 | −1.429 | −0.220 80 | −6.797 14 | 3.925 69 | −2.634 86 | 321.5 |
| | −0.030 | −1.667 | −0.113 06 | −7.183 40 | 3.729 99 | −2.170 42 | 339.8 |
| | −0.025 | −2.000 | −0.039 42 | −7.594 34 | 3.505 93 | −1.724 69 | 359.3 |
| | −0.020 | −2.500 | 0.003 30 | −8.030 72 | 3.250 41 | −1.303 12 | 379.9 |
| | −0.015 | −3.333 | 0.020 08 | −8.493 65 | 2.960 24 | −0.912 08 | 401.8 |
| | −0.010 | −5.000 | 0.018 09 | −8.981 38 | 2.631 79 | −0.558 80 | 424.9 |
| | −0.005 | −10.000 | 0.007 10 | −9.496 03 | 2.261 90 | −0.251 67 | 449.2 |
| 0.050 | 0.000 | ∓∞ | 0.000 00 | −10.035 85 | 1.847 04 | 0.000 00 | 474.7 |
| | 0.005 | 10.000 | 0.013 23 | −10.603 98 | 1.383 78 | 0.185 84 | 501.6 |
| | 0.010 | 5.000 | 0.067 29 | −11.188 84 | 0.869 42 | 0.294 55 | 529.3 |
| | 0.015 | 3.333 | 0.187 09 | −11.794 55 | 0.301 22 | 0.314 02 | 557.9 |
| | 0.020 | 2.500 | 0.402 16 | −12.410 79 | −0.321 74 | 0.231 88 | 587.1 |
| | 0.025 | 2.000 | 0.747 17 | −13.045 56 | −1.002 60 | 0.034 62 | 617.1 |
| | 0.030 | 1.667 | 1.261 00 | −13.681 80 | −1.739 30 | −0.289 85 | 647.2 |
| | 0.035 | 1.429 | 1.988 73 | −14.331 80 | −2.535 80 | −0.756 17 | 678.0 |

## 9.2.4　透镜表面的最大应力

为了避免在加工过程中玻璃破裂的风险，必须为施加在镜片表面的最大应力选择合适的最大值，给定材料和加载延迟，通过从极限拉伸强度引入一定的安全系数（例如～1/2 或 1/3）可以从表 5.2 中来确定该值（参见第 5.2.5 节），其他需要考虑的参数是透镜的中心厚度 $t_0$ 和载荷的强度 $q$。

透镜表面的径向和切向最大应力分别为

$$\sigma_r = \pm 6M_r / t^2, \quad \sigma_t = \pm 6M_t / t^2 \tag{9.46}$$

其中符号由研究的透镜的表面决定。

由式（9.22a）可得径向分量

$$\sigma_r = \pm\frac{6D}{t^2}\left(\frac{\mathrm{d}\varphi}{\mathrm{d}r}+v\frac{\varphi}{r}\right) = \pm\frac{Et}{2\left(1-v^2\right)a}\left(\frac{\mathrm{d}\varphi}{\mathrm{d}\rho}+v\frac{\varphi}{\rho}\right) \tag{9.47}$$

$$\frac{\mathrm{d}\varphi}{\mathrm{d}\rho}+v\frac{\varphi}{\rho} = \frac{p}{4(4-\mu)}\left[\Lambda\left(\frac{\mathrm{d}\varphi_1}{\mathrm{d}\rho}+v\frac{\varphi_1}{\rho}\right)+\frac{(1+v)\delta+(3-v)\rho^2}{\left(\delta-\rho^2\right)^3}\right] \tag{9.48}$$

这样就可以确定 $\sigma_r$。切向最大应力 $\sigma_t$ 也可以用类似的方法导出。

例如，如果 $\rho=0$，则式（9.37）需要 $\varphi_1/\rho=1$，因此

$$\left[\frac{\mathrm{d}\varphi}{\mathrm{d}\rho}+v\frac{\varphi}{\rho}\right]_{\rho=0}=\frac{(1+v)p}{4(4-\mu)}\left(\varLambda+\frac{1}{\delta^2}\right) \quad （9.49）$$

采用无量纲厚度 $\mathcal{T}=t/a$，透镜中心最大径向应力为

$$\sigma_r(0)=\pm\frac{E\mathcal{T}_{0p}}{8(1-v)(4-\mu)}\left(\varLambda+\frac{1}{\delta_2}\right) \quad （9.50）$$

并且由于 $p$ 与镜头的光焦度 $\varpi$ 和和公式（9.29）给出的载荷 $q$ 相关，用式（9.32）的 $\mu=3/2(1+v)$，可以推出

$$\sigma_r(0)=\pm\frac{\mu}{2(4-\mu)}\frac{\mathcal{T}_0}{\varpi^3}\left(\varLambda+\frac{1}{\delta_2}\right)q \quad （9.51）$$

其中 $\sigma$ 和 $q$ 是唯一的尺寸量。对于熔石英透镜，在表 9.1 的最后一列中显示了比率 $\sigma_r(0)/q$ 相对于 $\mathcal{T}_0$ 和 $\varpi$ 的值。

**零光焦度透镜的退化情况**：上述 $\sigma_r(0)$ 的应力方程也包括零光焦度透镜的情况，$\varpi=K=0$。

它是一个厚度为 $t=$ 常数 $=t_0$ 的平板镜或弯月镜。

在这种情况下，$\delta=\mathcal{T}_0/\varpi\to$ 无穷，所以上面的公式是不确定的。对 $\delta>1$，常数 $\varLambda$ 可以扩展，由于

$$\frac{\mu(\delta-1)+6}{(\delta-1)^3}=\frac{\mu}{\delta^2}+\frac{2(\mu+3)}{\delta^3}+\cdots$$

由式（9.40），我们得到了方程括号中的项的展开式。方程（9.44）可写为

$$\varLambda+\frac{1}{\delta^2}=-\frac{(3+\mu)(4-\mu)}{2\mu\delta^3}+o_1(\mu)\frac{1}{\delta^4}+\cdots \quad （9.52a）$$

$$\frac{\mu\varLambda}{4\delta}+\frac{1}{\delta^3}=\frac{4-\mu}{4\delta^3}+o_2(\mu)\frac{1}{\delta^4}+\cdots \quad （9.52b）$$

$$\frac{\mu(\mu+5)\varLambda}{36\delta^2}+\frac{1}{\delta^4}=o_3(\mu)\frac{1}{\delta^4}+\cdots \quad （9.52c）$$

因为 $\varpi\delta$ 是有限的，则中心的最大径向应力

$$\sigma_r(0)=\pm\frac{3+\mu}{4}\frac{1}{\mathcal{T}_0^2}q=\pm\frac{3}{8}(3+v)\frac{a^2}{t_0^2}q \quad （9.53）$$

一个众所周知的方程（参见[9]），当 $\varpi=0$ 时，在表 9.1 中对此进行了验证。对于低光焦度透镜，可以有 $\sigma_r(0)>\sigma_t(0)$ 并且 $\sigma_r(0)$ 在 $0\leqslant r\leqslant a$ 时最大。

多项式（9.52）中 $\rho^6$ 项的系数为零，更高阶系数也为 0。将这些扩展量代入

式（9.44），则挠度减小为

$$z = \frac{1}{2}\mu(1-v)\frac{qa}{E\varpi^3}\left[-\frac{3+\mu}{2\mu\delta^3}\rho^2 + \frac{1}{4\delta^3}\rho^4\right]$$

并且当伪光焦度 $\varpi$=0 时，$\varpi\delta$=$T_0$=常数，因此挠度可以表示如下，其中刚度 $D_0$=$Et_0^3/[12(1-v^2)]$=常数。

$$z = \frac{qa^4}{64D_0}\left(-2\frac{3+\mu}{1+v}\rho^2 + \rho^4\right) \tag{9.54}$$

通过和公式（9.45）对比，我们可以得到 $z/aq$ 的表达式的各项系数，

$$A_2 = -\frac{3(1-v)(3+v)}{8ET_0^3}, \quad A_4 = \frac{3\left(1-v^2\right)}{16ET_0^3}, \quad A_6 = 0 \tag{9.55}$$

对于 $\varpi$=0 的特定情况，这些系数列于表 9.1 中。公式（9.54）表示在边缘处简支，均匀载荷时，等厚镜（或中等弯度弯月镜）的弯曲。

### 9.2.5　具有特定厚度分布的透镜

在表 9.1 中列出的序列中，系数 $A_2$ 对于正的负载，其值总是负的，因为它表示挠度的一阶模态。结合 $A_4$ 和 $A_6$ 系数，我们得到以下结果。

首先，我们注意到对于特定镜片，没有 $A_4$ 系数，

$$A_4 = 0, \quad \delta \simeq 3$$

若都为正透镜，则透镜厚度为

$$t(r) = \frac{1}{2}\left(c_1 - c_2\right)\left(3a^2 - r^2\right) \tag{9.56a}$$

因此，边缘厚度是中心厚度的三分之二。该结果与用相同载荷配置设计的可变曲率镜，获得的厚度分布 $t\propto(1-\rho^2)^{1/3}=1-1/3\rho^2+\cdots$ 完全一致（参见第 2.1.2 节）。

其次，除了零光焦度透镜或弯月镜的情况，因为 $\delta\to\infty$，其中 $t(r)$=常数［参见式（9.55）］，所以这种情况没有 $A_6$ 系数，从表 9.1 中可以发现，还有一些特殊的镜片，也没有 $A_6$ 系数，

$$A_6 = 0, \quad \delta \simeq 2$$

正透镜厚度表示如下

$$t(r) = \left(c_1 - c_2\right)\left(a^2 - \frac{1}{2}r^2\right) \tag{9.56b}$$

因此中心厚度是边缘厚度的两倍。

### 9.2.6 主动光学非球面化的结论

从前面结果和表 9.1 对融石英的研究中，根据参数 $\delta=T_0/\pi$ 可以得出以下关于采用主动光学方法进行单透镜非球面化的结论。

**负光焦度透镜**：对负光焦度透镜来说，如果说，$\delta<-4$，与 $\rho^4$ 项相比，挠度展开多项式中的 $\rho^6$ 这一项是不可忽略的。例如，当 $\delta=-2$ 时，熔融石英透镜 $A_4$ 系数达到 $\sim -A_2/2$。这还要求下一级也具有相对较大的值。因此，除非一个比 Sphe 3 更高阶的较大像差需要更复杂的系统来进行补偿，否则结论如下。

如果 $-\infty<\delta\leqslant-5$，则使用一个非球面单透镜可以实现对虚消球差共轭的 Sphe 3 的校正，并且可以得到同时能校正 Sphe 5 的最佳 $\delta$ 值。

**正光焦度透镜**：对于正光焦度透镜，最可能用于校正透镜 Sphe 3 的几何形状中 $A_6$ 至少比 $A_4$ 小几倍。从表 9.1 中，我们发现，如果 $\delta\approx2$，则 $A_6=0$，即镜片的边缘厚度比中央厚度小两倍。从式（9.43）中所述的条件 $\delta>1$ 开始，锐边透镜的挠度不能展开，因此不能采用主动光学非球面化。另一方面，$\delta$ 取正值时，（如 $\delta>3$），$A_4$ 系数会出现不可用的值。因此，为了得到 $A_6$ 和相对于可用的 $A_4$ 的高阶系数值，得到的结论如下。

如果 $1.666\leqslant\delta\leqslant2.250$，则可以校正一个非球面单透镜的实共轭像的 Sphe 3 像差，并且存在 $\delta$ 的最佳值，使得 Sphe 5 也能被校正。

**注**：折射率较高的透镜，其 Sphe 3 像差明显较小（参见图 9.2），如果光焦度 $K$ 相同并且 $n=1.75$，则从式（9.18a）可得，非球面度比熔石英透镜（$n_d=1.458$）小 3.18 倍。因此，对于正透镜，以及具有高折射率的透镜，可以在一定程度上放宽对熔石英透镜 $\delta$ 的限制。然而，除了像熔融蓝宝石这样的稀有材料，似乎很难找到同时具有高折射率和高极限强度的材料。

## 9.3 带单透镜和校正板的光谱仪

天文光谱仪中通常采用抛物面镜作为准直镜。对于慢焦比准直光束和带有反射光栅的设计，准直镜有时被平凸透镜和一个非球面改正板所代替。如图 9.6 左图所示，该改正板位于等晕安装的远瞳位置。假设透镜较薄，曲率 $c_1$ 透镜的凸球面位于距离平板 $d=1/nc_1$ 处。一阶 Seidel 和 $S_I=S_{II}=S_{III}=0$，系统是无像散的，我们知道在这种情况下，入瞳位置是自由的。仅存像差是轴向色差、场曲和色差。对于中等光谱范围，即高光谱分辨率，像差变化很小，而其他像差可以通过透镜平坦器和光谱仪出瞳处的焦平面的倾斜来补偿。

对一个 Littrow 结构的光栅（$\alpha=-\beta_0$[参见光栅定律式（4.23）]），总是要达到尽可能高的色散。因此，如果不添加缩焦器，则散射的光会通过该系统被反向反射，直接通过相机的光学元件，如图 9.9 所示。

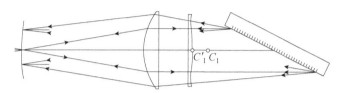

图 9.9　带有双通单透镜以及一个校正板的无像差光谱仪。如果光栅距离镜头的距离为 $f'_L$，则这种结构是远心的

该设计中，横向放大率对于中心波长是 $M=-1$。由非球面改正板校正的 Sphe 3 的量可由式（9.5a）得到。设 $c_2=0$，（对一个平凸透镜即 $B=1$），$u'_2=0$（对无穷远处的像即 $C=1$），那么可以求得 Sphe 3 量为

$$S_I\big|_{\text{Lens}} = \frac{x^4}{4f'^3_M}\left[\frac{4n^2}{(n-1)^2}\right] \tag{9.57}$$

由式（1.68），对无穷远处物体的凹面镜和球面镜的 Sphe 3 表示为

$$S_I\big|_{\text{Mir}} = -\frac{x^4}{4f'^3_M} \tag{9.58}$$

焦距 $f$ 为负。

透镜和反射镜的焦比为 $\Omega_{\text{Lens}}=f'_L/D=f'_L/2x_{\max}$，$\Omega_{\text{Mir}}=-f'_M/D=-f'_M/2x_{\max}$，上述可表示为

$$S_I\big|_{\text{Lens}} = -\frac{D}{64\Omega^3_{\text{Lens}}}\left[\frac{4n^2}{(n-1)^2}\right], \quad S_I\big|_{\text{Mir}} = \frac{D}{64\Omega^3_{\text{Mir}}} \tag{9.59}$$

如果它们的 Sphe 3 的量相同，即 $S_I\big|_{\text{Lens}}=S_I\big|_{\text{Mir}}$，且它们的口径 $D$ 也相同，可以得到透镜的焦距和镜子的焦距之间的关系。

考虑到它们的焦比，这个关系为

$$\Omega_{\text{Lens}} = \left(\frac{2n}{n-1}\right)^{2/3}\Omega_{\text{Mir}} \tag{9.60}$$

因此，当它们都使用相同的非球面改正板时，我们可以将透镜和改正板设计的焦比 $f$ 与 Schmidt 改正板的焦比进行比较。

如果透镜的折射率为 $n=3/2$，那么在 $f/3.03$ 处用来校正球面的非球面改正板也会在 $f/(6^{2/3}\times3.03)=f/10$ 处校正平凸透镜。

例如，这种单透镜和校正板设计也被用在具有白瞳传输的高分辨率交叉色散光谱仪中。（参见 COROREL-OHP 和 CASHAWEC-CFHT，Baranne 等[11]）。

## 参 考 文 献

[1] W. T. Welford, *Aberrations of Optical Systems*, AdamHilger edt., England, 4th edition（2002）465，466，467

[2] H. Chrétien, *Calcul des Combinaisons Optiques*, Masson edt., Paris, 5th issue（1980）465，473

[3] M. Born, E. Wolf, *Principles of Optics*, Cambridge Univ. Press, New York（1999）465，473

[4] H. Coddington, *A Treatise on the Reflexion and Refraction of Light*, London（1829）465

[5] R. Descartes, *La Géometrie Livre II, and La Dioptrique*, in *Discours de la Méthode*, Adam & Tannery edt., 389-441（1637）, reissue Vrin edt., Paris（1996）468

[6] C. Zeiss, *Photographic Objectives*, *Palmos Hand Cameras*, Jena（1902）. Facsimile edition of this catalog by N.J. Clifton, The Zeiss Historica Society edt., Toronto（1990）473

[7] R. Kingslake, *A History of the Photographic Lens*, Academic Press, San Diego 4th issue（1989）473

[8] M. Laikin, *Lens Design*, Marcel Dekker edt., New York, 2nd issue（1995）473

[9] S.P. Timoshenko, *Theory of Elasticity*, McGraw-Hill edt., New York, 299（1970）476，486

[10] G. Lemaitre, *Elasticité et Optique Astronomique*, Doctoral thesis dissertation, Université de Provence, Aix-Marseille I（1974）476，479

[11] A. Baranne, M. Mayor M., J-L. Poncet, CORAVEL-A new tool for radial velocity measurements, Vistas Astron., **23**, 279（1979）489

# 第 10 章　X 射线望远镜和壳弹性理论

## 10.1　X射线望远镜

### 10.1.1　介绍三种 Wolter 设计形式

用于 X 射线聚焦的反射系统不能采用常规的准直入射反射镜,因为这种系统在 X 射线光谱范围内具有极低的反射率。所以 X 射线反射系统需要将光线限制在几度偏离角处,以避免被反射涂层吸收,因此被称为掠入射系统。为了得到高的角分辨率,镜片基底优选陶瓷或玻璃材料,反射涂层为单层铱（Ir）,金（Au）或铂（Pt）,或多层涂层如钨（W）和硅（Si）。由于大气吸收,X 射线望远镜必须在外太空工作。

X 射线望远镜系统设计既可以是管状反射镜精确地沿公共轴线排列,也可以是它们的连续拼接结构,或者设计为不在公共对称平面上排列的拼接结构。

1952 年,为了实现 X 射线显微镜物镜,Hans Wolter[1]描述了三种类型的掠入射双镜系统,称为 Wolter 双镜系统。这三种类型都是消球差的,具有抛物面主镜和一个同轴共焦的二次曲面副镜。I 型系统采用会聚的主镜和会聚的双曲面副镜。II 型系统采用会聚的主镜和发散的双曲面副镜。III 型系统采用发散的主镜和会聚的椭球副镜（图 10.1）。

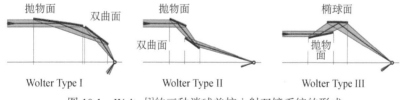

图 10.1　Wolter[3]的三种消球差掠入射双镜系统的形式

与 II 型和 III 型相比,Wolter I 型系统是唯一一种两个反射镜都采用会聚光线方式的设计。考虑到最大化掠入射角度时 X 射线吸收最小,Wolter I 型是这些系统中镜筒最短的,因此在 X 射线天文学中被广泛用作望远镜设计方案。我们后面主要针对这种形式进行描述。

### 10.1.2 基本的消球差型抛物面——双曲面（PH）望远镜

在其消球差形式中，Wolter I 型望远镜具有抛物面和双曲面反射镜，它们都是会聚的，以下称为掠入射 PH 望远镜。其光学设计源于双曲线的反射特性。

在坐标系 $z, r$ 平面上，在 $z$ 轴上具有两个焦点的圆锥曲线表示光学系统截面。如果原点设置在焦点的中间，则该曲线表示为

$$\frac{z^2}{a^2} \pm \frac{r^2}{b^2} - 1 = 0 \qquad (10.1)$$

其中正号表示扁长椭圆，负号表示双曲线。众所周知，它们焦点之间的距离分别为

$$2\sqrt{a^2 - b^2}, \ 2\sqrt{a^2 + b^2} \qquad (10.2)$$

如果设置 $z$ 轴的新原点在顶点 $V$ 处，其曲线的凹度朝向 $z$ 正方向，因此对椭圆 $z \to z - a$，对双曲线 $z \to z + a$，它们的表示变为

$$\pm \frac{b^2}{a^2} z^2 - 2 \frac{b^2}{a} z + r^2 = 0 \qquad (10.3)$$

其中正号表示扁长椭圆，负号表示双曲线。

注意到圆锥曲线的方程式为（参见第 1.7.1 节）

$$(1 + \kappa) z^2 - 2Rz + r^2 = 0 \qquad (10.4)$$

曲率半径和圆锥常数是

$$R = b^2 / a, \quad \kappa = \left(b^2 / a^2\right) - 1 \quad 对椭球面 \ (-1 < \kappa < 0) \qquad (10.5a)$$

$$R = b^2 / a, \quad \kappa = -\left(b^2 / a^2\right) - 1 \quad 对双曲面 \quad (\kappa < -1) \qquad (10.5b)$$

由式（10.2）可得，两个焦点距离分别表示为

$$2\sqrt{-\kappa} R / (1 + \kappa), \quad -2\sqrt{-\kappa} R / (1 + \kappa) \qquad (10.6)$$

对于任何圆锥曲线，从顶点到最近焦点的距离 VF 和离心率 $e$ 分别为

$$\mathrm{VF} = R / (1 + \sqrt{-\kappa}), \quad e = \sqrt{-\kappa} \qquad (10.7)$$

由于 $\kappa > 0$，离心率对于扁平（或扁圆）椭球形是虚数。

在 Wolter I 型的掠入射 PH 望远镜中，主镜和副镜必须是共焦同轴，并且由小间隙分开。给定光线的最大偏离角和口径，自由参数分别是 $R_1$、$R_2$ 和 $\kappa_2$，因为 $\kappa_1 = -1$。将共焦焦点表示为 $F_1$，最终焦点表示为 $F_2$，根据上述关系和沿 $z$ 轴的 Chasles 关系，可得两镜顶点之间的轴向间距 $V_{12}$

$$V_{12} = \frac{R_1}{2} - \frac{R_2}{1 - \sqrt{-\kappa_2}} \qquad (10.8a)$$

这是消所有阶球差的条件。如果按照惯例，光来自左边，那么 $R_1$ 和 $R_2$ 必须是负的；这意味着 $V_{12}$ 也是负数（图 10.2）。

相应的，副镜的圆锥常数

$$\kappa_2 = -\left(1 + \frac{2R_2}{2V_{12} - R_1}\right)^2 \tag{10.8b}$$

自由参数 $R_1$，$R_2$ 和 $V_{12}$ 可以在光学设计中进行优化。如果掠入射角度的最大值不超过规定值，则每个镜子的会聚能力不一定相同。

望远镜设计中的一些有用的参数定义如下，其入射光阑通常位于主镜的输入端。$\varphi_m$ 为入射视场的最大半角，$r_0$ 为镜子交叉平面处的孔径半径，$\alpha_1$ 为在主镜平面上的掠入射角度，$\alpha_2$ 为在副镜平面上的掠入射角度，$f$ 为从该平面到焦点的工作焦距，$L_1$ 为主镜的轴长，$L_2$ 为副镜的轴向长度。

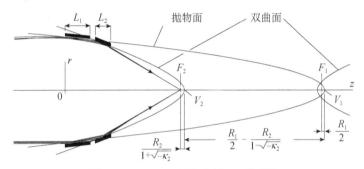

图 10.2　Wolter I 型掠入射 PH 望远镜

表 10.1 给出了用于望远镜的光学参数的示例，该望远镜对与太阳的角直径相对应的视场成像。来自 ZEMAX 软件设计的最佳焦点点列图如图 10.3 所示。

表 10.1　X 射线掠入射 PH 望远镜的光学参数

| | 曲面类型 | 半径 | 厚度 | 玻璃 | 半长轴 | 圆锥常数 |
|---|---|---|---|---|---|---|
| OBJ | Standard | ∞ | ∞ | | ∞ | 0.000 000 0 |
| STO | Standard | ∞ | 203.049 | | 101.270 | 0.000 000 0 |
| 2 | Standard | −2.560 00 | −984.000 | Mirror | 101.270 | −1.000 000 0 |
| 3 | Alternate | −2.600 00 | −1.298 | Mirror | 97.309 | −1.005 298 5 |
| IMA | Alternate | −37.000 00 | ∞ | — | 4.270 | 0.000 000 0 |

注：长度单位为 mm。相关参数为 $\varphi_m = 0.25° = 0.004\,36\text{rad}$，$r_0 = 100$，$\alpha_1 = 0.0256\text{rad} = 1.467°$，$\alpha_2 = 0.0584\text{rad} = 3.346°$，$f = 967$，$L_1 = 50$，$L_2 = 67$。

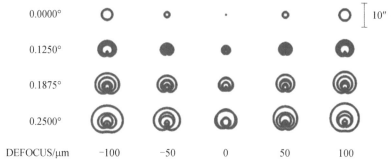

图 10.3  通过表 10.1 中光学参数得到的会聚点列图。在 $\varphi_{\mathrm{m}} = 15$ 弧分半场边缘处的模糊图像的 rms 角直径是 $d_{\mathrm{rms}} = 6.3''$

在 Wolter 第一次研究之后，Mangus 和 Underwood[2]设计了一台 PH Wolter I 型望远镜，并评估了实验室原型机和火箭发射的性能。VanSpeybroeck 和 Chase[3]详细阐述了用于确定这些望远镜场像差的光学参数。Werner[4]试图通过具有椭球体表面的光线跟踪优化来实现平场。Malina，Bowyer 等[5]通过聚焦平衡设计了视场优化的仪器。Aschenbach[6]优化了第一台宽视场 X 射线望远镜的镜面几何形状。Nariai[7]研究了几何畸变，总结了高阶项的重要意义。

在一个无像差的双镜系统中，平场的佩茨瓦尔条件是$1/R_2 - 1/R_1 = 0$（参见 1.10.1 节）。对于像散较小的双镜系统，众所周知，当 $R_1$ 和 $R_2$ 具有闭合值时，最小成像模糊的场曲率显著降低。对于 PH Wolter I 型望远镜，得到的 $R_2$ 比 $R_1$ 稍大。

结论是，无论表 10.1 中的自由参数 $R_1$，$R_2$ 和 $\kappa_2$ 如何优化，掠入射 PH 望远镜总是显示彗差，像散和低场曲率。

### 10.1.3  正弦条件和 Wolter-Schwarzschild（WS）望远镜

彗差：众所周知，对于位于入瞳平面上的圆 $C$ 上的平行光线，其高斯像是一个小圆 $c$。另外，当每条光线描述整个圆 $C$ 时，则圆 $c$ 被描述两次。如果圆 $C$ 是入瞳的边缘，则圆 $c$ 的直径是彗差的切向尺寸。虽然由于圆形入瞳而没有在子午线方向上显示典型的彗差形状（"V"形），但基本的掠入射 PH 望远镜中仍存在彗差。

在 1952 年的第二篇论文中，Wolter[8]试图在严格满足阿贝的正弦条件时，为他的三种类型系统建立两个反射镜的方程式。当没有球差和彗差时，三个 Wolter 掠入射系统被称为 Wolter-Schwarzschild（WS）望远镜。然而，只有 Wolter I 型在 X 射线天文学中具有普遍用途。这种 WS 望远镜显示出与掠入射 PH 望远镜相似的几何结构（图 10.2）。

正弦条件的含义：对于轴向光束，阿贝正弦条件意味着任何来自无限远的光线与其通过最终焦点的共轭面的交点的轨迹是以焦点为中心的球体，即阿贝球（参见 1.9.2 节）。

H.Chrétien[9]第一个推导出反射镜参数方程组，用于解决满足正弦条件的双镜望远镜系统的一般解。根据这些方程式，他建立了众所周知且高精度的圆锥曲面近似，曲面代表了准正态入射 Cassegrain 和 Schwarzschild 形式的反射镜。尽管 Chrétien 还推导出后两种形式的五阶多项式系数，但实际上，这些更准确的近似在 RC 形式或消球差 Gregory 形式中的影响几乎可以忽略。

严格满足正弦条件的 RC 望远镜也是 WS 望远镜的一种。在掠入射区域，该设计对应于 Wolter II 型。对于所有现有的大型 RC 望远镜，总是可以通过二次曲面准确地近似描述镜子的形状，但这种近似不适用于 WS 望远镜，因为线性彗差的高阶项（参见在 1.9.2 节中式（1.66））不能用二次曲面准确地消除。在 WS 望远镜和任何形式的 Wolter 望远镜中，通过考虑满足正弦条件的极快的 Cassegrain 望远镜的掠入射区域，可以看到这些高阶项的重要性，Lynden-Bell 对此进行了研究[10]（图 10.4）。

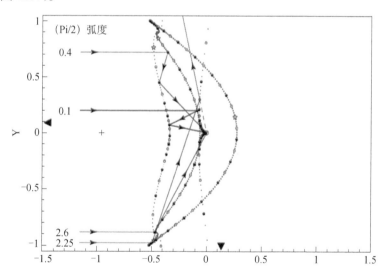

图 10.4　一直到非常快焦比的 Cassegrain 望远镜的镜面参数都严格满足正弦条件[10]。尽管 Wolter Type I 使用了第二个光学表面的反面，但在掠入射镜的 WS 望远镜上存在一些类似的 "S" 形状

由于低阶多项式在近似表示 WS 望远镜的掠入射反射镜时是不准确的，因此

Wolter Type-Ⅰ 和-Ⅲ 系统中的每一个项必须通过用与 Chrétien 镜像参数表达式类似的方法来确定。①

WS 望远镜的 Chase 和 VanSpeybroeck 设计：X 射线天文学唯一感兴趣的形式，最初是 Wolter Ⅰ 型的 WS 望远镜设计，是由 Chase 和 VanSpeybroeck[13]在 1972 年使用反射镜参数表示的。随后 Chase[14]研究了满足正弦条件的掠入射显微镜的情况。Saha[15]得到了 WS 望远镜的广义表示，Thompson 和 Harvey[16]详细阐述了用于此目的的专用光线跟踪程序。

尽管没有详细说明，Chase 和 VanSpeybroeck 还计算了 WS 望远镜的两个镜子的精确结构，显示两个镜子可能有两个拐点区域。在对许多 WS 大视场望远镜的系统研究中，这些研究表明，场曲的影响很小，像散是主要的。

$d_{rms}$ 表示半视场角 $\varphi_m$ 处最小像散弥散斑的均方根角直径，Chase 和 VanSpeybroeck 推导出一种关系表达式表示 WS 望远镜的角分辨率（这里以稍微不同的形式表示）

$$d_{rms} \simeq 1.08 \left(1 + \frac{\alpha_1}{\alpha_2}\right) \frac{L_1}{r_0} \varphi_m^2 \qquad (10.9)$$

其中角度以弧度表示，$\alpha_1$，$\alpha_2$，$r_0$，$L_1$，$\varphi_m$ 的值在 10.1.2 节中定义，具有相同符号的掠角 $\alpha_1$ 和 $\alpha_2$。这种关系的有效性区域定义为

$$\frac{1}{4} \leqslant \frac{\alpha_1}{\alpha_2} \leqslant 4, \quad \frac{1}{5} \leqslant \frac{L_1}{r_0} \leqslant 6, \quad 0 \leqslant \varphi_m \leqslant 30' \qquad (10.10)$$

事实上，分辨率和相关不等式的原始 Chase-VanSpeybroeck 关系包括三个几何比率，但这些可以很容易地降低到以下两个比率：掠角比 $\alpha_1/\alpha_2$ 和主镜长宽比 $L_1/r_0$，因此上述关系对 X 射线望远镜所需的小掠角完全有效。

将这些结果应用于具有与表 10.1 中的 PH 望远镜相同的光学参数的 WS 望远镜，我们发现 $\alpha_1/\alpha_2 = 0.438$ 并且 $L_1/r_0 = 1/2$ 满足上述不等式。如果我们也考虑相同的最大半径角 $\varphi_m = 15'$，那么场边缘处的图像的均方根直径（10.9）现在是 $d_{rms} = 14.8 \times 10^{-6} \, rad \simeq 3.1''$。

与图 10.3 中的斑点图相比，PH 望远镜的 $d_{rms} = 6.3''$，视场像差的均方根直径增益在这里是 WS 望远镜的两倍。

总而言之，在掠入射 WS 望远镜中，反射镜参数方程允许人们消除所有阶的球面像差和线性彗差项，并将场曲率减小到较低的量。然而，根据（10.9），像散

---

① 继 Chrétien[9]之后，Korsch[11]给出了接近一般（RC 望远镜）以及掠入射（Wolter Type Ⅱ 望远镜）的满足正弦条件的 Cassegrain 双镜望远镜的拟合的类似参数。不幸的是，由于需要比 Wolter Ⅰ 型更大的射线偏离角，因此该系统从未用于 X 射线天文学。Korsch 还研究了掠入射三镜系统的情况[12]。

量依赖于视场角的二次方。通常，设定掠角使得 $\alpha_2>\alpha_1$；因此，如果 $L_1/r_0$ 比率减小，即对于主镜的短轴向长度和大孔径半径，这种像差只能减小。主镜长宽比 $L_1/r_0$ 作为控制所有掠入射 Wolter-Schwarzschild 望远镜的主要残余像差的基本参数。

→在 Wolter-Schwarzschild 望远镜中，主镜和副镜在望远镜口径的半径 $r_0$ 处连接，如果 $L_1$ 是主镜的轴向长度，则像散量与主镜长宽比 $L_1/r_0$ 呈线性关系。

## 10.1.4　像差平衡的双双曲面（HH）望远镜

由于在掠入射 WS 望远镜中使用参数方程可以得到复杂的镜面形状，但是其不能消像散并且在其实现上也存在相当大的困难，Wolter Ⅰ 型望远镜的光学设计发展出了另一种替代方案。

这个概念由 Harvey 等提出并发展[17,18]，可以使用针对纯圆锥曲面的反射镜开发的传统光线追迹程序来进行优化，因此不再应用正弦条件。从 PH 望远镜的消像散设计开始，利用四个参数 $R_1$，$\kappa_1$，$R_2$，$\kappa_2$ 以及轴向间隔 V1F1 和 F2V2 的微小变化（或间隙）进行优化处理（参见图 10.1）。此外，给定镜子的轴向长度 $L_1$，$L_2$ 及其间隙。给定中间视场角 $\varphi_i$，使得 $0<\varphi_i<\varphi_m$，其像差必须被最小化，光线追迹优化提供像差平衡场，其中两个镜面都是双曲面。因此，这些系统被称为掠入射 HH 望远镜。

对于各种 $\varphi_i$ 值重复迭代过程，Harvey 等绘制了总像差的均方根直径相对于视场变化的图，得到了一个显示像差演变的网格（图 10.5）。注意到最小值 $\varphi_i$ 的轨迹是一条直线，并将这些光线追迹结果（在图中显示为阴影区域）解释为这些视场角的不可校正的线性彗差。该结论与 10.3.1 节中的结果一致。正弦条件必然要求使用由参数方程表示的反射镜，这些反射镜不能使用二次曲线进行精确近似。

在该网格中找到最佳比率 $\varphi_i/\varphi_m$ 对应于找到 $d_{rms}(0)=d_{rms}(\varphi_m)$ 的平衡场。对于最大半场角 $\varphi_m\leqslant 20'$，该比率不是常数而是 $\varphi_m$ 的函数，其值在 $[0.75,0.90]$ 范围内。对于非常小的半视场，例如 $\varphi_m=1'$，该比率接近 0.9。

在具有类太阳视场角和平面探测器的掠入射 HH 望远镜的光学设计中，球差、像散和高阶像差——例如三阶彗差和线性三角差项——显著减小，而线性彗差保持不变且像散仍占主导地位。

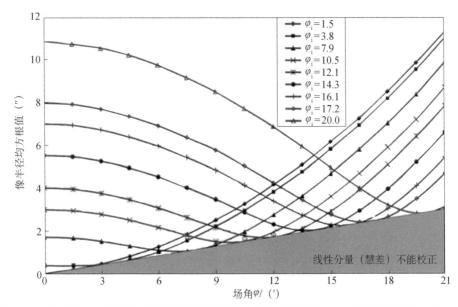

图 10.5　掠入射 HH 望远镜的像斑模糊角半径均方根与半视场角 $\varphi$。每条曲线都是由 Harvey 等从中间设计角度的特定值 $\varphi_i$ 推导出来的，为了使其像差最小化[18]

### 10.1.5　像差平衡的双椭球面（SS）望远镜

由 Werner（10.5）针对大视场望远镜提出的[18]，可以考虑由多项式展开表示的反射镜，该镜面大致接近正弦条件并能减少像散。对于所有先前的设计，当 $R_2$ 略大于 $R_1$ 时（参见 10.1.2 节），获得最小像斑弥散的场曲率。

每个镜面的多项式展开方程都可以从（10.4）的推广中获得的。在两个镜子的交叉平面上设置新的原点 $z=0$，如果该圆形截面的半径是 $r_0$，那么镜面 $z_1$ 和 $z_2$ 可以表示为

$$a_i z_i^2 + 2b_i R_i z_i - r_0^2 + r^2 = 0 \qquad （10.11）$$

其中 $R_i$ 是主镜或副镜的曲率半径，具有相应的后缀 $i=1$ 或 2，$a_i$，$b_i$ 为四个自由无量纲系数。上述隐式方程可以推导出扩展 $z_i(r)$，其考虑了高阶项。这些镜子的形状（10.11）为一般类型的椭球体，因此这种系统可称为掠入射 SS 望远镜。

Burrows 等使用名为 OSAC 的专用光线追迹成像软件[20]提出并研究了上述多项式中 $r^2(z_i)$ 的隐式表达式。后来的作者 Concini 和 Campana[21]为图像公差引入了一种专门的评价函数。

随后，Saha 和 Zhang[22]研究了一种被称为"等曲率"的 SS 望远镜设计。这使得作者将镜像形状定义为简单的凹陷形状与圆锥-圆锥望远镜的母线的叠加。

根据 OSAC 的 Legendre 多项式，可以为每个曲面添加 $z$ 向偏移二次校正。然而，不清楚是否如他们所说的每个镜面都是圆环的一个部分，但是圆环确实属于球状体类。

对于中等视场和平面探测器，掠入射 SS 望远镜的成像性能略高于 HH 望远镜。另一方面，后一种设计似乎对太阳大小的视场更为成功。SS 设计中球差、彗差和主要的像散的残差仍然存在。

### 10.1.6　现有的和未来的掠入射 X 射线望远镜

几乎所有用于 X 射线天文学的望远镜都采用 Wolter I 型。由于通常采用的镜子尺寸较短——主镜宽高比 $L_1/r_0 \leqslant 1/2$——一个特殊的特征是一个或几个附加的小孔径望远镜可以嵌套在一起，从而允许在相同位置实现成像和光谱模式下同时观察。

**PH 望远镜：** 早期的成像系统设计有掠入射抛物面和双曲面。例如，EinsteinHEAO2 望远镜、ROSAT 望远镜和 Chandra-AXAF 望远镜（参见第一章中的表 1.1）就属于这种情况。

**WS 望远镜：** 由 WS 望远镜的参数方程定义的镜面极难制造和测试。他们的每个镜子可能有两个拐点区域（参见 10.1.3 节和图 10.13）。与 HH 或 SS 设计相比，它们的优势在于对小视场有非常高的成像角分辨率。到目前为止，还没有应用这类方案的天文计划。

**SS 望远镜：** 掠入射 SS 望远镜设计适用于中等大小的视场，比如 $2\varphi_m \leqslant 20\mathrm{arcmin}$。大型高分辨率成像 Chandra-AXAF 望远镜（表 1.1）最初设计为 PH 和 SS 形式[①]，带有两个嵌套的同轴镜组（图 10.6）。正在进行设计的例子是 NASA 的项目 WFXT 和 XRT。

图 10.6　（左图）钱德拉塞卡 X 射线天文台于 1999 年发射，包括一个 1 弧秒分辨率的成像望远镜和一个使用两个透射光栅（参考 NASA）的光谱仪。（右图）用钱德拉塞卡望远镜获得的蟹状星云的 X 射线图像；中心的点是中子星——或脉冲星——每秒旋转 30 次（参考 NASA/CXC/SAO/J. Hester 等）

---

① Stephen O'Dell 和 Martin Weisskopf 指出，在 Riccardo Giaconni 的催促下，AXAF 设计从 PH 修改为 SS 多项式。然而，最终选择了 PH 方案。因此，Chandra-AXAF 应与 PH 望远镜系列中的 Einstein 和 ROAST 一起使用。

**HH 望远镜**：HH 设计对宽视场很有吸引力，比如 $2\varphi_m \geqslant 30\text{arcmin}$。它意味着镜面具有简单的锥形类形状，因此可以容易地通过通常的光线追迹程序进行高阶校正。这种设计已被太阳能 X 射线成像仪（SXI）采用。

**大型拼接望远镜**：与大型地面可见光和红外望远镜类似，未来的大型太空 X 射线望远镜将需要使用拼接和主动反射镜。正在研究的此类项目的例子是 SXT[23] 和 XEUS[24]。

# 10.2　轴对称圆柱壳的弹性理论

## 10.2.1　X 射线反射镜和超光滑判据

无论轴对称双镜望远镜的设计方案是什么，镜面的加工都是一个难题。镜片表面的超光滑性无疑是最重要的特征之一，因其纹波造成的斜率误差会引起吸收和散射效应，从而严重影响光学性能。X 射线的能量范围在 $10 \sim 0.1\text{keV}$，其相应的波长 $\lambda$ 在整数范围中为 $0.2 \sim 20\text{Å}$。因此，目前认为镜子表面的粗糙度不能超过 $2 \sim 3\text{Å}$，故而在实验室用 X 射线进行表面检测极其困难。

因此，可以采用沿镜面轴向曲率恒定的子镜进行主动光学方法加工，这样减小了抛光误差，很大限度地提高了反射镜的性能。主动光学的非球面化可以通过镜面或中孔加应力来实现。

长矩形镜的应力成型已经可以通过弯矩圆周分布进行非球面化。对于这样的 X 射线反射镜，通过实时加力促动器可以进一步获得最优的表面几何形状。这两阶段过程目前用于同步加速器实验室应用。例如，Underwood 等[26]和 Fermé[8]提出了应用于长矩形镜的主动光学过程。

掠入射镜的应力计算需要利用壳体的弹性理论。从轴对称圆柱壳理论的研究出发，提出一种轴对称弱锥壳理论。

## 10.2.2　薄轴对称圆柱的弹性理论

由于 X 射线反射镜的最大光学矢高非常小，我们假定弹性松弛过程提供了相对于圆柱体或锥体几何形状的完整的矢高分布，两者在应力成形中均有直母线。

薄轴对称圆柱的弹性理论涉及中厚表面的径向拉伸和收缩。考虑到圆柱单元的静力平衡（图 10.7），我们将遵循 Timoshenko 的分析[27]。①

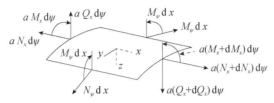

图 10.7　长度为 dx 和 ad ψ 的圆柱体元素的中厚表面处的静力平衡。
均匀载荷 q（未显示）垂直于表面

　　设 a 为圆柱体中面半径，q 为单位面积上均布载荷的强度。在该曲面的一个小单元中，设置一个平行于圆柱体轴的 x 轴和一个通过圆柱体轴并与 x 轴正交的 z 轴。作用于这个单元的力有均布载荷 q，弯矩 $M_x$ 和 $M_\psi$，力 $N_x$ 和 $N_\psi$，剪力 $Q_x$，x 轴分量 $M_x$，$N_x$，$Q_x$。轴向对称，力 $N_\psi$ 和弯矩 $M_\psi$ 沿圆周方向是不变的。在单元中心的平衡方程，x 和 z 方向的力和 y 方向的力矩，在分解之后的单元面积 $a\mathrm{d}x\mathrm{d}\psi$ 上：

$$\frac{\mathrm{d}N_x}{\mathrm{d}x} = 0 \tag{10.12}$$

$$\frac{\mathrm{d}Q_x}{\mathrm{d}x} + \frac{1}{a}N_\psi + q = 0 \tag{10.13}$$

$$\frac{\mathrm{d}M_x}{\mathrm{d}x} - Q_x = 0 \tag{10.14}$$

　　第一个方程表明力 $N_x$ 是一个常数，假设圆柱端部在 x 方向上没有载荷作用，因而 $N_x=0$。

　　与 1.13.3 节相似，假设 $u \equiv u_x$，$v \equiv u_y$ 和 $w \equiv u_z$ 为位移矢量的分量。因薄壳和载荷均为轴对称，挠曲也轴对称，故 $v=0$。法向应变分量为

$$\varepsilon_{xx} = \frac{\mathrm{d}u}{\mathrm{d}x}, \quad \varepsilon_{yy} = 0, \quad \varepsilon_{\psi\psi} = -\frac{w}{a} \tag{10.15}$$

三个剪切应变 $\varepsilon_{y\psi} = \varepsilon_{\psi x} = \varepsilon_{xy} = 0$。根据胡克定律推导出轴向力和切向力的表达式为

$$N_x = \frac{Et}{1-v^2}(\varepsilon_{xx} + v\varepsilon_{\psi\psi}) = \frac{Et}{1-v^2}\left(\frac{\mathrm{d}u}{\mathrm{d}x} - v\frac{w}{a}\right) = 0 \tag{10.16}$$

---

　　① 　Stephen Timoshenko 在这一领域取得了重要的成就。值得注意的是，他推导出了薄壳屈服的临界载荷[28]，这一结果应用于提高大型船舶的强度。例如在圆柱壳的情况下，他建立了临界轴向力为 $F_{\mathrm{cr}} = 2\pi Et^2/\sqrt{3(1-v^2)}$。因此，与长度相关的柱屈曲不同（参见 1.13.1 节），轴向壳体屈曲与壳体的长度无关。

$$N_{\psi} = \frac{Et}{1-v^2}(\varepsilon_{\psi\psi} + v\varepsilon_{xx}) = \frac{Et}{1-v^2}\left(-\frac{w}{a} + v\frac{du}{dx}\right) \quad （10.17）$$

其中 $E$ 为杨氏模量，$v$ 为泊松比，$t(x)$ 为圆柱体的厚度。根据第一个等式，我们得到 $du/dx = vw/a$，可得

$$N_{\psi} = -\frac{E}{a}tw \quad （10.18）$$

仍然遵循 Timoshenko 的观点，并在之后使用他的负号约定（在前几章并不适用）来表示关于 $w$ 的两个弯矩以及他们的导数（见 3.2 节的脚注），写作

$$M_x = -D\frac{d^2w}{dx^2} \quad （10.19）$$

$$M_{\psi} = vM_x \quad （10.20）$$

在这里 $D(x) = Et^3(x)/12(1-v^2)$ 是抗弯刚度。回到（10.14）以及（10.13）消除 $dQ_x/dx$，我们得到

$$\frac{d^2M_x}{dx^2} + \frac{1}{a}N_{\psi} = -q \quad （10.21）$$

在 $N_{\psi}$ 和 $M_x$ 的替换后，圆柱体的挠曲微分方程为

$$\frac{d^2}{dx^2}\left(D\frac{d^2w}{dx^2}\right) + \frac{E}{a^2}tw = q \quad （10.22）$$

这个方程最早由 S.Timoshenko 在 1930 年左右推导，并收录于 1940 年出版的《板壳理论》中[27]。①

引入无量纲变量：

$$\chi = [12(1-v^2)]^{1/4}\frac{x}{a} \quad （10.23）$$

代入（10.22）并乘以 $a/E$，我们得到

$$\frac{d^2d}{d\chi^2}\left(\frac{t^3}{a^3}\frac{d^2w}{d\chi^2}\right) + \frac{t}{a}w = \frac{q}{E}a \quad （10.24）$$

为了更清晰地表达，定义无量纲厚度 $\mathcal{T}$ 和挠度 $\mathcal{W}$ 的意义为

---

① 对于等厚度圆柱，一般方程为

$$\frac{t^3}{12(1-v^2)}\frac{d^4w}{dx^4} + \frac{t}{a^2}w = \frac{q}{E}$$

虽然形式有些不同，这个方程是由 Augustus Love[29] 在 1945 年左右推导的。在《弹性数学理论》第四版中的序言中，作者将其发表在（第 339 节）中。

$$\mathcal{T} = \frac{t}{a}, \quad \mathcal{W} = C\frac{Ew}{qa} \tag{10.25}$$

其中 $C$ 是一个未知常数。通过置换，可得变厚圆筒的一般归一化方程。

$$\frac{\mathrm{d}^2}{\mathrm{d}\chi^2}\left(\mathcal{T}^3\frac{\mathrm{d}^2\mathcal{W}}{\mathrm{d}\chi^2}\right) + \mathcal{T}\mathcal{W} = C \equiv \text{constant} \tag{10.26}$$

如果以一个多项式形式表示挠度 $\mathcal{W}(\chi)$，$\chi$ 至少为二次，通过积分可以从中心厚度 $\mathcal{T}(0)$ 求解得到整个镜面上的径向厚度分布 $\mathcal{T}(\chi)$。

如果挠度是一个常数或 $\chi$ 的线性形式，那么等式左边的第一个项可以消去，厚度分布是倒数常数或倒数线性形式。

### 10.2.3　径向厚度分布和抛物面挠度

我们之后将考虑获得抛物面挠度的各种情况，它们通常由圆柱表面的均匀载荷产生。

均匀载荷且边缘简支：纯抛物面挠度可简单地表示为轴向纵坐标的二次函数：

$$\mathcal{W} \equiv C_2\frac{Ew}{qa} = \beta^2 - \chi^2, \quad \chi^2 \leqslant \beta^2 \tag{10.27}$$

其中 $\beta$ 是长度参数，$\chi = \pm\beta$ 是圆柱的边界，$C_2 \equiv C$ 是抛物线的常数。边缘的径向作用力确保在 $\chi = \pm\beta$ 的边界径向位移为零，每单位长度其作用力大小相同 $F_\beta = F_{-\beta}$，根据静力学得

$$F_\beta + F_{-\beta} + qL = 0 \tag{10.28}$$

其中 $L = 2x_{\max}$ 是圆柱的长度。

代入初始变量，挠度的表示形式为

$$w = \frac{1}{C_2}\frac{q}{E}\left[\beta^2 - \sqrt{12(1-v^2)}\frac{x^2}{a^2}\right]a \tag{10.29}$$

定义反射镜的长宽比 $L/a$，类似于表 10.1 中的量 $L_1/r_0$ 或 $L_2/r_0$。根据上述的等式，$x_{\max} = L/2$，这个反射镜的长宽比为

$$\frac{L}{a} = \frac{2\beta}{\left[12(1-v^2)\right]^{1/4}} \tag{10.30}$$

将 $\mathcal{W}$ 代入式（10.26），得到二阶方程

$$2\frac{\mathrm{d}^2}{\mathrm{d}\chi^2}(\mathcal{T}^3) - (\beta^2 - \chi^2)\mathcal{T} = -C_2 \tag{10.31}$$

对于这个积分，引入减薄厚度的 3 次方幂，

$$u = T^3 \qquad (10.32)$$

所以微分方程写成

$$2\frac{\mathrm{d}^2 u}{\mathrm{d}\chi^2} - \left(\beta^2 - \chi^2\right)u^{1/3} = -C_2 \qquad (10.33)$$

将原点的厚度表示为 $t_0$，相关的量 $T(0) = t_0 / a = u_0^{1/3}$。量 $u_0$ 提供了积分的起始条件 $\chi = 0$，假设无穷小的增量 $\Delta\chi$，可得，

$$\frac{\mathrm{d}^2 u}{\mathrm{d}\chi^2} = \frac{u_{n-1} - 2u_n + u_{n+1}}{\Delta\chi^2}$$

因此微分方程变为

$$u_{n+1} = 2u_n - u_{n-1} + \left[\left(\beta^2 - \chi^2\right)u_n^{1/3} - C_2\right]\frac{\Delta\chi^2}{2} \qquad (10.34)$$

其中 $C_2$ 未知，从减小的厚度 $T(0) = T_0 / a = u_0^{1/3}$，注意到 $u(\chi)$ 应该是连续的并且相对中心截面平面对称，这需要 $u_{-1} = u_1$，通过改变 $C_2$ 直到获得 $u_N(\beta) = 0$ 来进行迭代。

从迭代的结果可以得到减薄厚度 $T(\chi)$ 和常数 $C_2$，它们是原点 $t_0/a$ 处减薄厚度和用来定义镜面长宽比 $L/a$ 的参数 $\beta$ 的函数（表 10.2 和图 10.8）。

无论 $v \in [0, 1/2]$ 和 $T(0)$，都存在一个解 $\beta$，其原点处的 $\partial^2 T / \partial\chi^2 = 0$，即圆柱在中心区域中是恒定的。在简支的边缘处施加径向力需要使用轴向薄套环，从而避免产生任何弯矩。然而，即使这种简单的条件在玻璃或微晶玻璃材质的反射镜中还是有实际难度的。

**均匀载荷与自由边缘-反比定律**：与平板相比，圆柱的一个重要特征是边缘反作用力不一定需要通过外部载荷产生弯曲。

表 10.2　积分常数 $C_2$ 的一些值作为原点 $t_0 / a$ 处的无量纲厚度和定义镜面长宽比 $L/a$ 的参数 $\beta$ 的函数。泊松比 $v = 1/4$，$L/a \in [0.49; 1.47]$

| $\beta=$ | 0.45 | 0.70 | 0.90 | 1.10 | 1.35 |
|---|---|---|---|---|---|
| $t_0/a=0.08$ | 0.023 126 | 0.036 939 | 0.059 360 | 0.090 721 | 0.141 072 |
| $t_0/a=0.10$ | 0.035 957 | 0.048 506 | 0.074 313 | 0.111 662 | 0.173 394 |
| $t_0/a=0.12$ | 0.053 537 | 0.062 068 | 0.090 406 | 0.133 006 | 0.205 040 |

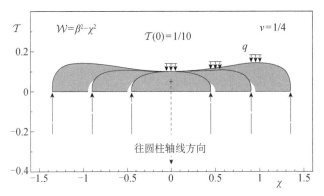

图 10.8　产生 $\chi^2$ 挠度模式的三个圆柱的厚度分布 $T(\chi)$。边缘处的径向作用力与均匀载荷平衡，$F_\beta = F_{-\beta} = qL/2$，泊松比 $v=1/4$，中间厚度比 $t(0)/a = 1/10$，长度参数 $\beta = 0.45, 0.90, 1.35$。反射镜的长宽比 $L/a = 1.092\beta$

当在其整个表面施加均匀载荷 $q$ 时，具有自由边缘的轴对称管状壳本身处于静态平衡。回到（10.19）并使用（10.14），可以得出剪切力 $Q_x$ 的表达式

$$\frac{\mathrm{d}M_x}{\mathrm{d}x} = -\frac{\mathrm{d}}{\mathrm{d}x}\left(D\frac{\mathrm{d}^2 w}{\mathrm{d}x^2}\right) = Q_x \tag{10.35}$$

从（10.22）可以看到，圆柱弯曲的一般微分方程可以用剪切力表示

$$-\frac{\mathrm{d}Q_x}{\mathrm{d}x} + \frac{E}{a^2}tw = q \tag{10.36a}$$

使用无量纲 $T$ 和 $W$ 表示厚度和挠度，公式（10.25）变为

$$-\frac{\mathrm{d}Q_x}{\mathrm{d}x} + \frac{q}{C}TW = q \tag{10.36b}$$

如果 $q$ 是施加到圆柱体的唯一外力，那么剪切力 $Q_x$ 为零

$$Q_x = 0 \quad 和 \quad M_x = M_\psi = 0 \tag{10.37}$$

所以可以消去差分方程中的左边第一项，这个结果是一个简单的反比例定律，

$$TW = C \equiv 常数 \tag{10.38}$$

→如果轴对称圆柱壳在其整个表面上均匀加载，并且如果没有施加其他外力，则厚度 $T$ 和挠度 $W$ 互为倒数。

这个定律对 X 射线反射镜的非球面化非常重要，因为两个边缘的边界条件都消失了。因此，只能在端面设置滑动接触，以防压力泄漏。

1→单项抛物面挠度：考虑圆柱体的中心截面不能伸展或缩回的抛物面挠度，该情况对应于由单个二次项表征的无量纲挠度。

$$\mathcal{W} \equiv C_2 \frac{Ew}{qa} = \chi^2, \quad \chi = x / a \qquad (10.39)$$

根据（10.38），无量纲厚度简写成

$$\mathcal{T} = \frac{C_2}{\chi^2}, \quad \chi^2 \leqslant \beta^2 \qquad (10.40)$$

因此，薄壳理论提供了一种有用的解决方案，在中心部分的平面处具有无限厚度（图 10.9）。

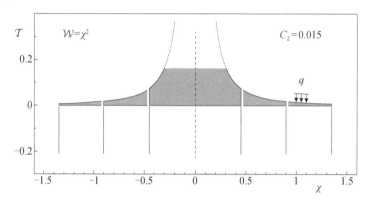

图 10.9　通过单一均匀载荷产生抛物面挠度 $\mathcal{W} = \chi^2$ 的三个圆柱体的厚度分布 $\mathcal{T} = C_2 / \chi^2$。长度参数 $\beta=0.45$，$0.90$，$1.35$；反射镜的长宽比 $L/a = 1.092\beta$

2→二项抛物面挠度：在单向挠度的情况下，尽管可以通过光学公差标准来限制对称平面上的无限厚度，但考虑到整个圆柱体都可能出现径向应变，可以轻松地克服这一困难。如果从原点到边缘 $\chi = \pm\beta$ 生成抛物面挠度，那么为了避免圆柱边缘的奇异点，根据反比定律，它会导致局部无限厚度，通过在挠度函数中引入额外的常数 $\alpha^2$，有必要将这些奇点移到边缘之外。假设二次挠度仅包括常数和 $\chi^2$ 项，则该抛物面挠度可以表示为

$$\mathcal{W} \equiv C_2 \frac{Ew}{qa} = \alpha^2 + \beta^2 - \chi^2, \quad \chi = x / a \qquad (10.41)$$

其中反射镜长宽比为 $L/a = 2\beta$，镜面的总变形量 $\mathcal{W}(0) - \mathcal{W}(\beta) = \beta^2$。根据（10.38），无量纲厚度为倒数函数

$$\mathcal{T} = \frac{C_2}{\alpha^2 + \beta^2 - \chi^2}, \quad \chi^2 \leqslant \beta^2 \qquad (10.42)$$

$f(\chi) = \beta^2 - \chi^2$ 部分可以看作是要生成光学面型的挠度函数，附加常数 $\alpha^2$ 表示沿 $\chi$ 轴的恒定收缩（或延伸），这是避免圆柱体在任何区域的任意大或无限厚度的必

要弹性条件。适当设置自由参数 $\alpha^2$ 及 $C_2$ 可以得到一个易于制造的镜面厚度几何形状（图 10.10）。

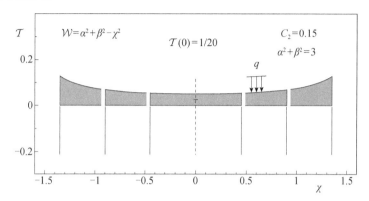

图 10.10　通过单一均匀载荷产生抛物线挠度 $\mathcal{W} = \chi^2$ 的三个圆柱体的
厚度分布 $\mathcal{T} = C_2 / (\alpha^2 + \beta^2 - \chi^2)$。长度参数 $\beta = 0.45$，0.90，1.35；
反射镜的长宽比 $L/a = 1.092\beta$

抛物面和锥面挠度：完整的二次形挠度较易生成，附加常数 $\alpha^2$ 用来抑制圆柱体外部厚度的单奇点，便可得挠度：

$$\mathcal{W} \equiv C_2 \frac{Ew}{qa} = \alpha^2 + \beta^2 + \gamma\chi - \chi^2, \quad \chi = x/a \qquad (10.43)$$

其中 $\gamma$ 是决定挠度锥线形式的常数，根据（10.38），无量纲厚度分布为

$$\mathcal{T} = \frac{C_2}{\alpha^2 + \beta^2 + \gamma\chi - \chi^2}, \quad \chi^2 \leqslant \beta^2 \qquad (10.44)$$

人们可能会注意到，在实际中，弹性可用的锥形变形模式必然很小。望远镜的掠入射反射镜总是锥形几何形状光学表面。

### 10.2.4　径向厚度分布和 4 阶挠度

我们考虑管状表面施加均匀载荷获得 4 阶挠度的各种情况。

**均匀载荷且边缘简支**：与 10.2.3 节类似，将缩小的轴向坐标表示为 $\chi = [12(1 - v^2)]^{1/4} x/a$，无量纲挠度 $\mathcal{W}$。那么挠度现在可以表示为

$$\mathcal{W} \equiv C_4 \frac{Ew}{qa} = \beta^4 - \chi^4, \quad \chi^2 \leqslant \beta^2 \qquad (10.45)$$

其中 $\beta$ 是 $\chi = \pm\beta$ 在圆柱体边界的减小长度参数，$C_4 \equiv C$ 是未知常数。边界处的作用力 $F_\beta$ 和 $F_{-\beta}$ 确保在 $\chi = \pm\beta$ 处的径向位移为 0。在引入（10.26）后，无量纲

厚度 $T = t / a$ 的一种解为

$$12 \frac{\mathrm{d}^2}{\mathrm{d}\chi^2} \left( \chi^2 T^3 \right) - \left( \beta^4 - \chi^4 \right) T = -C_4 \tag{10.46}$$

相似的使用变量 $u = T^3$，则变为

$$12\chi^2 \frac{\mathrm{d}^2 u}{\mathrm{d}\chi^2} + 48\chi \frac{\mathrm{d}u}{\mathrm{d}\chi} + 24u - \left( \beta^4 - \chi^4 \right) u^{1/3} = -C_4 \tag{10.47}$$

该等式可以通过在原点处的厚度 $T(0) = t_0 / a = u_0^{1/3}$ 数值积分求解。$\chi$ 从 0 到 $\beta$ 的连续迭代直到 $u(\beta) = 0$，解得未知数 $C_4$。结果表明，与抛物线挠度情况相比，在相同的弯曲下，边缘区域的圆柱体厚度相对更小。

类似于这种圆柱体边缘有径向作用力 $F_\beta$ 和 $F_{-\beta}$ 的抛物线挠度情况，由于这些力，对于玻璃或微晶玻璃材质的反射镜，这种结构加工比较困难。

**均匀载荷和自由边缘-反比定律：**反比定律（10.38）指出，将均匀载荷 $q$ 施加到圆柱表面并且如不存在其他外力，则厚度与挠度互为反函数，$TW=C=$ 常数。

（1）单项四度挠度：研究圆柱的中心截面不能伸展或缩回的 4 阶挠度，得到单项表达式为 $W = \chi^4$。根据（10.38），得到无量纲厚度 $T = C_4 / \chi^4$，$\chi^2 \leqslant \beta^2$。类似于抛物面挠度，根据薄壳理论，可以得到一个形式上在中心截面处无限厚度的解，然而这个解主要是学术意义的。

（2）两项 4 阶挠度：假设需求的光学形状形式为 $\beta^4 - \chi^4$，为避免在 $\chi = x / a = \pm\beta$ 的边缘厚度的奇异极点，圆柱体的挠度设定为

$$W = C_4 \frac{Ew}{qa} = \alpha^2 + \beta^4 - \chi^4, \quad \chi = x / a \tag{10.48}$$

其中 $\alpha^2$ 是一个常数。根据（10.38），无量纲厚度为

$$T = \frac{C_4}{\alpha^2 + \beta^4 - \chi^4}, \quad \chi^2 \leqslant \beta^2 \tag{10.49}$$

如果自由常数 $\alpha^2$ 和 $C_4$ 取值恰当，玻璃或微晶玻璃材质的反射镜的几何形状就可以比较容易地制造出来（图 10.11）。

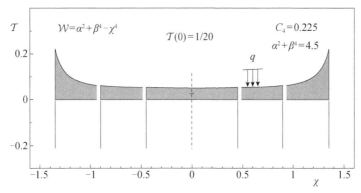

图 10.11　通过单一均匀载荷产生抛物线挠度 $\mathcal{W} = \chi^2$ 的三个圆柱体的厚度分布 $\mathcal{T} = C_4 / (\alpha^2 + \beta^4 - \chi^4)$。长度参数 $\beta$=0.45，0.90，1.35；反射镜的长宽比 $L/a$=1.092$\beta$

### 10.2.5　管状图像传递的厚度分布

掠入射图像传递系统最好由单个管状反射镜制成。接下来考虑 $M$=−1 且反射镜关于 $z$ 轴轴对称的基本情况。反射镜的消像散是利用长条形椭球体的管状中心区域实现的。在笛卡儿 $z$，$r$ 坐标中，椭球体的方程为 $z^2 / a^2 + r^2 / b^2 = 1$，其中 $z$ 轴原点位于两焦点中间。将长度表示为 $2\ell = FF'$，我们可以推导出局部坐标 $x$，$z$ 下的局部区域表达式，其中 $z$ 为指向椭圆轴的径向轴（参见图 10.7）。计算结果为

$$z = \frac{1}{2R}x^2 + \frac{1}{8bR^2}x^4 + \frac{1}{16b^2R^3}x^6 + \cdots \qquad (10.50a)$$

其中

$$R = \left(\ell^2 + b^2\right)/b \qquad (10.50b)$$

$b$ 是中心对称平面处反射镜的高度。在这一平面中，如果用 $a$ 表示圆柱体的厚度中心表面到轴线的距离，使用无量纲变量 $\chi$ 代替 $x$，则椭球的局部形状 $z(\chi)$ 可以表示为

$$\frac{z}{a} = \frac{a}{2R}\chi^2 + \frac{a^3}{8bR^2}\chi^4 + \cdots, \quad \chi = x/a \qquad (10.51)$$

根据镜面长度和最大掠射角 arctan（$b/\ell$），下面，我们将考虑应力非球面化的两种方案，并根据自身约束得到三阶展开的镜面形状。

直母线子镜单元的应力成形：假设应力成形能提供镜面曲率 $1/R$ 和（10.51）中的双二次项，故而反射镜在不受力时内表面是圆柱形的。当表面正载荷 $q$ 作用

在边界 $x=-L/2$ 和另一边 $L/2$，表面加工工具由生成圆柱体的直母线单元构成。对于玻璃或微晶玻璃材质来说，边界条件是自由端的情形是最简单的情况，因而加载系统（如通过气压）必须要避免在圆柱端处产生任何径向力或弯矩。

在确定这些边界的挠度 $\mathcal{W}$ 时，必须要在边缘设置原点且引入常数 $\alpha^2$ 以避免厚度分布中的极点奇异性。常数在整个圆柱体上提供相同的自由回缩。根据（10.51）以及这些条件，挠度 $w$ 和无量纲关联量 $\mathcal{W}$ 可以表示为

$$\mathcal{W} \equiv C\frac{Ew}{qa} = \alpha^2 + \frac{a}{2R}\left(\beta^2 - \chi^2\right) + \frac{a^3}{8bR^2}\left(\beta^4 - \chi^4\right) \tag{10.52a}$$

$$\beta = L/2a, \quad \chi^2 \leqslant \beta^2 \tag{10.52b}$$

其中 $C$ 为常数。

根据反比例定律 $\mathcal{TW}$＝常数，无量纲厚度为

$$\mathcal{T} = C\left[\alpha^2 + \frac{a}{2R}\left(\beta^2 - \chi^2\right) + \frac{a^3}{8bR^2}\left(\beta^4 - \chi^4\right)\right]^{-1} \tag{10.53}$$

其中常数 $\alpha^2$ 被赋予一个值，因而括号里的值不为 0。引入共轭点之间的距离 $2l$，根据（10.50a），厚度 $t/a$ 写成

$$\mathcal{T} = C\left[\alpha^2 + \frac{ab}{2\left(\ell^2 + b^2\right)}\left(\beta^2 - \chi^2\right) + \frac{a^3b}{8\left(\ell^2 + b^2\right)^2}\left(\beta^4 - \chi^4\right)\right]^{-1} \tag{10.54}$$

由于 $a$ 是圆柱体在它的中心（$\chi=0$）处中间厚度平面的半径，因而反射镜相应的光学半径 $b=a-t(0)/2$。通过恰当设置自由参数 $T(0)$ 和 $\alpha^2$，反射镜的几何形状可以很容易地用满足胡克定律的线性金属合金制造，也可以是玻璃或陶瓷（图 10.12 左）。

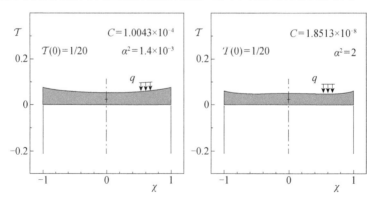

图 10.12　得到管状图像传递 $M=-1$ 的主动光学球差的厚度分布 $T(\chi)$，圆柱体厚度 $L=2a$，掠射角 $\arctan(b/\ell)=2°$。（左图）均匀载荷和直母线子块的应力成形（右图）仅有均有载荷和圆母线子块的应力成形

**圆母线子镜单元的应力成形：** 假设应力成形通过去除最少的材料来实现非球面，因而使用圆母线子镜单元。平均掠射角可达 3°，$\ell/b \geqslant 19$。考虑由（10.51）中 $\chi^2$ 系数定义的密切圆，密切圆的 $\chi^4$ 项与椭圆的比值为 $b/R$。根据（10.50b），该比值 $\cong b^2/\ell^2 \cong 1/361$，该值很小。圆形图形段 $\chi^4$ 系数接近于上述密切圆的系数，同样较小。

假设光路系统的 $\chi^4$ 项完全由挠度产生，使用圆形工具最小化体积，便可得无量纲挠度：[①]

$$\left.\frac{z}{a}\right|_{\text{Flex}} = \frac{a^3}{8bR^2}\left(\frac{2}{3}\beta^2\chi^2 - \chi^4\right) \tag{10.55}$$

其中 $\beta = L/2a$ 是圆柱体的无量纲半长，根据（10.51）和 $z/a|_{\text{Cir}} = z/a|_{\text{Opt}} + z/a|_{\text{Flex}}$，计算圆弧段的曲率 $1/R_{\text{Cir}}$ 为

$$\frac{1}{R_{\text{Cir}}} = \left(1 + \frac{a^2\beta^2}{6bR}\right)\frac{1}{R} \tag{10.56}$$

为避免极点奇异引入附加常数 $\alpha^2$，根据（10.55），无量纲挠度变为

$$\mathcal{W} \equiv C\frac{Ew}{qa} = \frac{a^3}{8bR^2}\left(\alpha^2 + \frac{2}{3}\beta^2\chi^2 - \chi^4\right) > 0, \quad \chi \in [-\beta, \beta] \tag{10.57}$$

根据反比定律（10.38），$TW=$ 常数，无量纲厚度为

$$\mathcal{T} = \frac{8CbR^2}{a^3\left(\alpha^2 + \dfrac{2}{3}\beta^2\chi^2 - \chi^4\right)} \tag{10.58}$$

根据（10.50b），可以写成

$$\mathcal{T} = \frac{8C\left(\ell^2 + b^2\right)^2}{a^3 b\left(\alpha^2 + \dfrac{2}{3}\beta^2\chi^2 - \chi^4\right)} \tag{10.59}$$

---

[①]　具有均匀双二次曲线的最小体积：在圆柱体的轴向截面中，令曲线 $g = p + q\chi^2 - \chi^4$ 与直母线在 $\chi = \pm\sqrt{q/2}$ 点相切。设置曲线 $g\left(\sqrt{q/2}\right) = 0$，外加 $p = -q^2/4$，则曲线为 $g = -\dfrac{1}{4}q^2 + q\chi^2 - \chi^4$。沿圆柱轴线旋转一周，由曲线和切线母线（$\chi$ 轴）从 0 到边界生成的体积为

$$v \propto \int_0^\beta \left(-\frac{1}{4}q^2 + q\chi^2 - \chi^4\right)\mathrm{d}\chi = -\frac{1}{4}q^2\beta + \frac{1}{3}q\beta^3 - \frac{1}{5}\beta^5$$

当 $\partial g/\partial\chi = 0$ 时体积最小，其 $q = \dfrac{2}{3}\beta^2$，因此最小体积为

$$g = -\frac{1}{9}\beta^4 + \frac{2}{3}\beta^2\chi^2 - \chi^4$$

根据 $\partial g/\partial\chi = 0$，该曲线在横坐标的中间极值 $\chi/\beta = 1/\sqrt{3} = 0.5773\cdots$

优化常数 $C$ 的值，合理设置自由参数 $T(0)$ 和 $\alpha^2$，其可以较容易地用满足胡克定律的线性金属合金或者玻璃或陶瓷，制造出满足该几何形状的反射镜。（图 10.12 右）

# 10.3 弱锥形管状壳体的弹性理论

## 10.3.1 轴对称壳的纯拉伸挠曲情况

一般的轴对称双镜望远镜中，$z(\chi)$ 表示一个光学表面的一部分，其中 $\chi=x/a_0$ 是相对于原点 $x=0$ 的半径 $a_0$ 壳体的轴向变量。函数 $z(\chi)$ 可以是多项式的，也可以是参数的，比如在后一种情况下，就是严格满足阿贝正弦条件的 WS 望远镜（见 10.1.3 节）。例如，让我们假设在弹性非球面镜中，镜子在应力下是锥形的。然后，要去除的材料 $f(\chi)$ 的径向量与镜面矢高相反，即形式为 $f(\chi)=-z(\chi)+c_1\chi+c_0$。通常常数 $c_0$，$c_1$ 的设置，使得在镜面边缘处 $f(\beta)=f(-\beta)=0$，从而得到镜锥相对于锥面末端的矢高。但是，这两个条件会导致镜面末端在径向不可移动，并且我们从圆柱壳理论中看到，这需要使用与载荷相反的径向反作用力或无限厚的边缘。 因此，以下考虑对负荷 $q$ 没有任何径向反作用力的另一种选择。

反比例定律 $TW=$ 常数（10.38）严格适用于圆柱壳或准圆柱壳。对于截短的弱锥壳，其平均倾角可达几度，在 10.3.3 节中将推导另一定律。同样地，对于圆柱壳，必须将适当的常数 $\alpha^2$ 加到要通过应力计算去除的量 $f(\chi)$ 上，即圆锥壳中面上的任何一点都不具有零径向位移或太小的径向位移，否则这将导致奇异点，从而导致无限或太大的厚度。

在符号约定中，挠度函数 $W$ 向锥壳轴方向为正；这对应于壳体的收缩和均匀载荷 $q$ 为正向，因此我们有以下两种单调弯曲的情况：

$$\mathcal{W} \equiv C\frac{Ew}{qa_0} = \alpha^2 + f(\chi) > 0, \quad q > 0 \qquad (10.60a)$$

$$\mathcal{W} \equiv C\frac{Ew}{qa_0} = -\alpha^2 + f(\chi) < 0, \quad q < 0 \qquad (10.60b)$$

其中，在应力成型和弹性松弛之后，由于 $\alpha^2$ 项恒定，壳体的恒定径向收缩（或伸展）可以消去。

如果函数 $f(\chi)$ 是一个多项式展开，然后它包括奇数和偶数项。我们当然假定

由镜面末端的斜率决定的主要圆锥项并不能通过应力成型得到的。因此，挠曲可以写成多项式形式

$$f(\chi) = \sum_{n=0,1,2,3,\cdots}^{N} A_n \chi^n \qquad (10.61)$$

其中第二项 $A_1$ 不代表壳体光学表面的总锥角，而是由挠曲产生的一个小得多的量。避免无限或厚度太大的区域，一般的关系表达曲必须写作：

$$\mathcal{W} = \pm\alpha^2 + \sum A_n \chi^n \qquad (10.62)$$

其中常量 $\alpha^2$ 和它之前的符号是确定的，例如 $\mathcal{W}(\chi)$ 在范围$[-\beta, \beta]$上具有单调符号，并且永远不会太接近于零。这意味着壳在其整个长度范围内仅处于拉伸状态（或仅处于收缩状态）。

### 10.3.2　截头圆锥壳的几何形状和圆柱挠曲

原点在顶点处的圆锥壳体在轴对称线性变载荷作用下的挠曲是一个均质圆锥形。均匀加载的圆柱壳可以看作是锥顶点在无穷远处的一种特殊情况。实际上很难为圆锥的伸长（或收缩）建立一个线性载荷函数；因此，我们以后只考虑圆锥壳体在均匀载荷作用下变形的情况，即 $q$=常数。除大环面上有较小的轴向反力外，若不对圆锥壳体施加其他力，则径向剪力为零，即 $Q_x$=0。回到量纲上，从（10.36），我们有 $tw/a^2=q/E$=常量。

后一种关系需要考虑到圆锥几何。由于（10.15）中，剪切应变的三个分量为零，因此可以假定截头圆锥壳是由沿 $\chi$ 轴连续分布的分离的环单元构成的。在中厚环半径为 $a$ 的 $\chi$ 变量表达中，考虑当下式成立时，每个单元环挠度 $w$ 相同

$$\frac{t(\chi)}{a^2(\chi)} = \frac{q}{E}\frac{1}{w} = \text{constant} \qquad (10.63)$$

用（$L_i$）（$L_o$）表示构成圆锥壳体内外表面的直线单元，（$L_m$）为中间面，以及 $i, o$ 为相关的低角度斜率（图 10.13）。在一个坐标系 $r, \chi$ 下，其中 $\chi=x/a_0$，（$L_i$）和（$L_o$）的方程分别为

$$r_i = a_0(1-i\chi) - \frac{1}{2}t_0, \quad r_o = a_0(1-o\chi) + \frac{1}{2}t_0 \qquad (10.64)$$

可定义中间层线 $a(\chi)$ 和厚度 $t(\chi)$ 为

$$a = a_0 \left[ 1 - \frac{1}{2}(i+o)\chi \right], \quad t = t_0 \left[ 1 + \frac{a_0}{t_0}(i-o)\chi \right] \qquad (10.65)$$

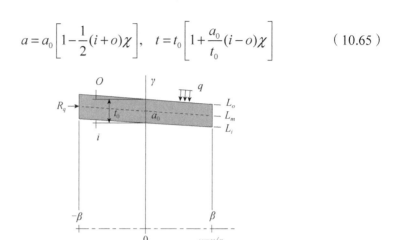

图 10.13　截短圆锥壳体的轮廓线

在掠入射望远镜中，镜面的斜率 $i$ 必然很小；假设 $o$ 很小并且在 $1/a^2(\chi)$ 的展开中忽略 $\chi^2$ 项，可得

$$\frac{t(\chi)}{a^2(\chi)} \simeq \frac{t_0}{a_0^2} \left\{ 1 + \left[ \frac{a_0}{t_0}(i-o) + i + o \right]\chi \right\} \qquad (10.66)$$

因此，要满足该比率为常数，只有括号中的表达式为零，所以有

$$o = \frac{1 + t_0/a_0}{1 - t_0/a_0}i, \quad \text{i.e.} \quad i + o = \frac{2i}{1 - t_0/a_0} \qquad (10.67)$$

例如，如果内角斜率为 $i=2°$，镜厚比为 $t_0/a_0=1/20$，外角斜率为 $o=2.210°$；对于与内表面相似的外表面，我们将得到 $o=2.105°$。

### 10.3.3　线性乘积定律——弯曲厚度关系

我们假设截短圆锥形壳体的斜度 $i$ 较小，典型的如 $i \leqslant 5°$，$t_0/a_0 \leqslant 1/10$。由于实际的原因，我们还假设外部荷载 $q$ 总是完全均匀的。回到（10.63）和使用上述 $a(\chi)$ 的表达式替换 $i+o$ 后，该式可以写成

$$\frac{t(\chi)w(\chi)}{a_0^2} = \frac{q}{E} \left( 1 - \frac{2i}{1 - t_0/a_0}\chi \right) \qquad (10.68)$$

类似于（10.25），我们引入一个无量纲厚度和挠度，均相对于 $a_0$，

$$\mathcal{T} = \frac{t}{a_0}, \quad \mathcal{W} = C \frac{Ew}{qa_0} \qquad (10.69)$$

其中 $C$ 是常数。由（10.66）得到无量纲厚度与挠度之间的关系，得到下面的线性乘积定律（Lemaitre[14]）

$$TW = C\left(1 - \frac{2i}{1 - t_0 / a_0}\chi\right), \quad \chi = \frac{x}{a_0} \in [-\beta, \beta] \tag{10.70}$$

→如果一个截断的弱圆锥壳径向承受一个均匀的外表面或内表面均布载荷 $q$，且除了小的轴向反力 $R_q$ 外，没有对载荷施加离散的圆周力，则壳体厚度-挠度乘积 $TW$ 是轴坐标 $\chi$ 的线性函数。

这一定律对于 X 射线镜面的非球面化是非常重要的，因为 X 射线镜面的壳体具有两个自由边。因此，边界处不需要弯矩或径向力，只需要荷载 $q$ 的轴向分量产生的较小的轴向反力 $R_q$。

● 线性定律中避免极点。例如，假设挠曲函数 $\mathcal{W}$ 由（10.62）表示，其中挠度为 $w = \dfrac{1}{C}\dfrac{q}{E}\mathcal{W}a_0$。由线性定律可知，对应的厚度为

$$T = C\left(1 - \frac{2i}{1 - t_0 / a_0}\chi\right)\left(\pm\alpha^2 + \sum_{0,1,2,3,\cdots}^{N} A_n\chi^n\right)^{-1} \tag{10.71}$$

为了排除无限厚度的解，这种解也会导致载荷分布 $q$ 的符号是反转的，很重要的一点是保持均匀的载荷 $q=$ 常数，这还能避免极点的奇异性。由于 $|2i\beta/(1-t_0/a_0)| \ll 1$，这是通过为 $\alpha^2$ 取值来实现的，即 $\pm\alpha^2 + \sum A_n\chi^n$ 在 $[-\beta, \beta]$ 上具有单调符号。

# 10.4　X射线望远镜镜面的主动光学非球面化

## 10.4.1　单管状镜面的厚度分布

在 10.1 节中回顾的 Wolter I 型望远镜家族中，Wolter-Schwarzschild（WS）形式是 X 射线高角分辨率成像中表现最好的。虽然局限于几个角分的视场，但在满足阿贝正弦条件时，有潜力使短波长的光学成像趋近于衍射极限。相对应，与 PH、SS 或 HH 三种形式相比，WS 望远镜的镜面形状是最难获得的；这就充分解释了为什么这种望远镜的设计只在一两个实验室样品中完成，而且到目前为止似乎从未在太空中使用过。

对于任何掠入射镜（以下简称管状镜），截短的小倾角锥壳的几何形状可以

很容易地由上述线性乘积定律确定。

● 线性乘积定律和管状镜设计：无论 Wolter I 型望远镜的形式如何——PH、WS、SS 或 HH 式（参考 10.1 节），从（10.71）可以推导主镜和副镜的相关厚度分布 $T_1$，$T_2$，并由此得到这些镜子的挠度 $W_1$，$W_2$ 等，这些镜子的径向收缩（或扩展）总是沿镜面表面单调的。这是通过在公式（10.71）节选择合适的 $\alpha_1^2$ 和 $\alpha_2^2$ 和 $\alpha_{22}$ 的值和它们前的符号做到的。

● WS 型掠入射望远镜的应用：作为主动光学非球面化的一个应用实例，让我们来研究 WS 望远镜反射镜最难处理的情况。我们在 10.1.3 节中已经看到 Chase 和 VanSpeybroeck[11]推导了 WS 望远镜的镜面参数表示（即严格满足正弦条件的望远镜形式）。这些学者还为 WS 望远镜原型的建造和 X 射线测试设计了对应的形状。主镜的参数为：长度 $L$=165mm，对应于 $i$=1.5° 的低角度斜率，镜面连接处内半径 $r_j$=152mm，镜中 $r_0$=154.16mm（图 10.14）。

利用图 10.14 所示的几何参数和介绍，在 $\chi$=0，$t_0$=12.33mm 处，我们获得中间面的中央半径 $a_0$=$r_0$+$t_0$/2=160.32mm，其径厚比 $L/a_0$=1/13。边缘横坐标 $\chi$=$\pm\beta$，且 $\beta$=$L/2a_0$=0.5146。图 10.14 中的 WS 主镜的多项式表示中，$\sum A_n\chi^n$ 包括前 $n$=8 阶项，使得我们能从（10.71）得到以最佳的基圆拟合非球面时的厚度和完整的几何形状（图 10.15）。

在前面的例子中，我们假设非球面化是由最佳圆单元拟合产生的。然而，弯曲和非球面化也可以由直线单元拟合得到。在任何情况下，都要找到合适的常数 $\alpha^2$ 和厚度 $T(0)$=$t_0/a_0$ 的设置。如果这两个量增大，则外表面相对于直线的量会减小，但载荷的强度增大。

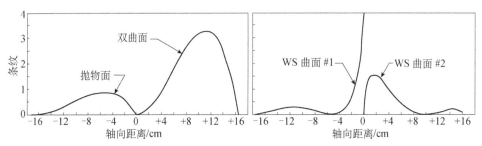

图 10.14　对每个表面进行最佳圆单元拟合的 WS 望远镜和相应的 WP 望远镜的镜面形状。
一个条纹代表波长为 5461Å的一半波长[11]

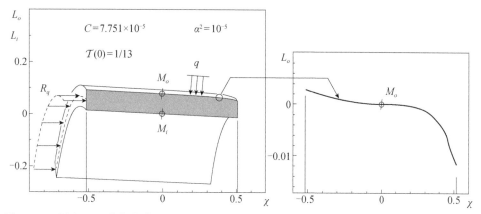

图 10.15　为图 10.14 均匀载荷和最佳圆单元拟合后的 WS 主镜壳体几何形状和厚度分布。（左）壳体子午面内外线 $L_i$, $L_o$。（右）原点改变和去除 $M_o$ 处斜率分量后，外线 $L_o$ 的比例放大

**注意：**轻微的偏差可能影响由（10.71）给出的由厚度分布 $T(\chi)$ 均匀载荷 $q$ 的轴向分量的反作用力 $R_q$ 会产生轻微的位移效应；轴向位移可忽略，同时在径向方向位移为 $\Delta W_1(\chi)$。因为我们这里假设中厚度表面是一个完美的圆锥形——即 $a(\chi)$ 是线性的，而非球面化要求的厚度变化需要中面不能是精确的锥形；相应的偏差是 $\Delta W_2(\chi)$。$a\chi$ 的线性近似展开也引起微小偏差 $\Delta W_3(\chi)$。通过有限元程序分析，对壳体非光学表面的少量修改可以准确地实现对上述三种偏差的修正。

### 10.4.2　大型管式望远镜子镜的边界条件

除了提高 X 射线望远镜的角分辨率（目前由于获取具有极高表面光滑度的镜面技术的困难而受到限制），用于暗弱目标研究的天体物理项目还需要开发具有更大表面积的 X 射线望远镜。未来天基 Wolter I 型望远镜将采用拼接镜设计，来得到大型管式镜面[23,24]。管状表面极高精度的图像和准直将需要广泛使用主动光学方法。

子镜的应力成形加工，以及由于子镜拼接而带来的连续的主镜和副镜表面的实时控制，都要使用主动光学。

下面让我们考虑一个子镜应力成形的执行情况，该子镜的轮廓线是由穿过镜面主轴的两个角平面和垂直于主轴的两个平行平面切割而成的。与圆柱体单元的第二种变形情况类似（图 10.7），我们假设圆锥壳段在均布荷载 $q$ 下的静力平衡仅通过自压缩或自拉伸实现，即不存在径向边界力。且没有剪切力通过壳，$Q_x=0$，且沿轮廓方向的弯矩为零，即 $M_x=M_\psi=0$，无论 $x$, $\psi$ 或 $\chi$, $\psi$。这意味着载荷 $q$ 只

产生子镜壳体的纯拉伸或纯收缩。因此，应用线性乘积定律（10.70），可以很容易地推导出厚度分布。

例如，压力载荷 $q$ 施加在小倾斜角度 $o$（与内部倾斜角 $i$ 略有不同）的子镜外表面上，当计算子镜内表面的压力时，子镜的边界条件减少为以下三种情况（图 10.16）。

- **边界条件 C1**：子镜的两个面 $\pm\psi$ = 常数，需要以下正压力 $p$ 支持

$$q\,\mathrm{d}A_q \cos(\operatorname{atan} o) + 2p\,\mathrm{d}A_p \psi = 0 \qquad (10.72)$$

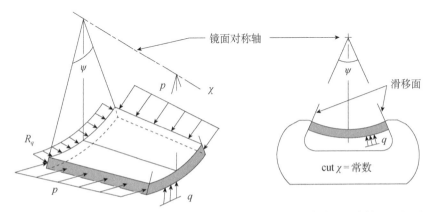

图 10.16　大型 X 射线望远镜子镜的应力计算和均匀加载 $q$ 下的非球面平衡构型。（左）边界条件 C1 和 C3 的力分布。（右）满足这些条件和条件 $C_2$ 的马鞍剖面

其中 $\mathrm{d}A_q$ 和 $\mathrm{d}A_q$ 是无穷小区域，其长度为 $\mathrm{d}\chi$，由子镜外表面和其中的一个面组成。有限的值 $\pm\psi$ 使得压力分布 $p(\chi)=N\psi/t(\chi)$ 只在严格的锥形厚度的情况下是线性的。然而，对于轴向对称，如果子镜由穿过镜面中轴并且相互成一个二面角 $2\psi$ 的两个面支撑的话，在过整个管状区域的单元截面上，马鞍式支撑下的压力分布 $p(\chi)$ 分布是守恒的。

- **边界条件 C2**：二面角 $\pm\psi$=常数，这两个面必须在径向方向上能够自由滑动。
- **边界条件 C3**：面末端 $\chi$=常数处，对应于载荷区域的最大直径，必须承受轴向均布荷载 $q$ 的反作用。由这个反作用产生的力 $R_q$ 由以下给出

$$q A_q \sin \operatorname{atan} \langle o \rangle + R_q = 0 \qquad (10.73)$$

其中 $A_q$ 是施加载荷 $q$ 的子镜镜面区，$\langle o \rangle$ 是这个面的倾斜角的平均值。

### 10.4.3　非球面化过程总结

根据弱锥壳的上述条件，对具有径向滑动端的闭合壳体施加简单的均匀载

荷，可以实现掠入射镜的主动光学非球面化。无论哪种计算方法——最佳直线拟合或最佳圆拟合——磨镜工具的轴向刚度必须远远高于切向截面的刚度。这也可以通过对径向运动具有一定自由度的接触研磨子镜来实现。

对于大型拼接望远镜，子镜的弹性力学设计是对完整管状镜面弹性力学设计的简化。因此，无论是单管镜还是单管镜的子镜，其厚度分布（能够得出方便径向位移分布）均可直接由相同的线性乘积定律导出。

在最终的设计中，三维有限元程序的优化将提供一些镜子的子结构的轻微校正，如考虑到施加在更大末端的载荷的反作用带来的微小影响。

子镜的应力成形需要使用支撑或"马鞍式支架"，在磨制过程中，支撑必须具有高刚度和适当的安装方法，以精确满足上述三个边界条件，即 C1、C2、C3。

与大型准直入射望远镜子镜的非球面化相比（参看第 7 章），由于以上程序避免了在镜面轮廓施加弯矩的复杂性，弱锥壳的边界条件大大简化了。

## 参 考 文 献

[1] B. Aschenbach，X-ray telescopes（Rosat），Rep. Prog. Phys.，**48**，579-629（1985）491，492

[2] C.J. Burrows，R. Burg，R. Giacconi，Optimal grazing incidence optics and its application to wide-field imaging. Astrophys. J.，**392**，760-765（1992）494

[3] R.C. Chase，Aplanatic grazing incidence X-ray microscopes: design and performances，Appl. Opt.，**15**，3094-3098（1976）494

[4] R.C. Chase，L.P. VanSpeybroeck，Wolter-Schwarzschild telescopes for X-ray astronomy，Appl. Opt.，**12**，1042-1044（1973）494

[5] H. Chrétien，Le télescope de Newton et le télescope aplanétique，Rev. d'Optique，**1**，51-64（1922）494

[6] O. Citterio，M. Ghigo et al.，Large-size glass segments for the production of the Xeus X-ray mirrors，Spie Proc.，**4815**（2003）494

[7] P. Concini，S. Campana，Optimization of grazing incidence mirrors and its application to surveying X-ray telescopes，Astron. Astrophys.，**372**，1088-1094（2001）494

[8] J-J. Fermé，Improvement in bendable mirrors（Société Européenne de Systèmes Optiques-Seso），Spie Proc.，**3152**，103-109（1997）495

[9] J.H. Hair，J. Stewart et al.，Constellation-x soft X-ray telescope segmented optic assembly and alignment implementation，Spie Proc.，**4851**（2002）495

[10] J.E. Harvey，A. Krywonos，P.L. Thompson，T.T. Saha，Grazing incidence hyperboloid-hyperboloid designs for wide-field X-ray imaging applications，Appl. Opt.，**40**，136-144（2001）

495，496

[11] J.E. Harvey, M. Atanassova, A. Krywonos, Balancing detector effects with aberrations in the design of wide-field grazing incidence X-ray telescopes, Opt. Eng., **45**(6)（2006）495，518

[12] D. Korsch, Aplanatic two-mirror telescope for near-normal to grazing incidence, Appl. Opt., **19**, 499-503（1980）496

[13] D. Korsch, *Reflective optics*, Academic Press edt., Boston, Chap.11（1991）496

[14] G.R. Lemaitre, Active optics and X-ray telescope mirrors, SPIE Proc. on *Space Telescope and Instrumentation II : Ultraviolet to Gamma Ray*, **7011**-37, session 5, p. 1-10（2008）496

[15] A.E.H. Love, in *Mathematical Theory of Elasticity*, Dover Publications, New-York, 4th issue, Preface and 569（1927）496

[16] D. Lynden-Bell, Exact optics: a unification of optical telescopes, Mont. Not. R. Astron. Soc., **334**, 87-796（2002）496

[17] R.F. Malina, S. Bowyer, D. Finley, W. Cash, Wolter-Schwarzschild optics for the extreme uv, Opt. ng., **19**, 211-217（1980）498

[18] J.D. Mangus, J.H. Underwood, Optical design of glancing incidence X-ray telescopes, Appl. Opt., **8**, 95-102（1969）498

[19] K. Nariai, Geometrical aberrations of a generalized Wolter Type I. 2. Analytical theory, Appl. Opt., **26**, 4428-4432（1987）499

[20] R.J. Noll, P. Glenn, J.F. Osantowski, Optical surface analysis code（OSAC）, in *Scattering in Optical Materils II*, S. Mussikant edt., SPIE Proc., **362**, 78-82（1983）499

[21] T.T. Saha, General surface equations for glancing incidence telescopes, Appl. Opt., **26**, 658-663（1987）499

[22] T.T. Saha, W. Zhang, Equal-curvature grazing incidence X-ray telescopes, Appl. Opt., **42**( 22 ) 4599-4605（2003）499

[23] P.L. Thompson, J.E. Harvey, A system engineering analysis of aplanatic Wolter type I X-ray telescopes, Opt. Eng., **39**, 1677-1691（2000）500，520

[24] S.P. Timoshenko, J.M. Gere, in *Theory of Elastic Stability*, McGraw-Hill Book Company, New-York, 2nd issue（1961）500，520

[25] S.P. Timoshenko, S. Woinowsky-Kieger, in *Theory of Plates and Shells*, McGraw-Hill Book Company, New-York, 2nd issue, Chap. 15, 466（1959）

[26] J.H. Underwood, P.C. Batson, H.R. Beguiristain, E.M. Gullikson, Elastic bending and watercooling strategies for producing high-quality synchrotron-radiation mirrors（Laurence Berkeley Nat. Lab.）, SPIE Proc., **3152**, 91-98（1997）

[27] L.P. VanSpeybroeck, R. C. Chase, Design parameters of paraboloid-hyperboloid telescopes for

X-ray astronomy，Appl. Opt.，**11**，440-445（1972）501，503

[28] W. Werner，Imaging properties of Wolter Type I telescopes，Appl. Opt.，**16**，764-773（1976）501

[29] H. Wolter，Generalized Schwarzschild mirror systems with glancing incidence on image producing optics for X-rays，Ann. Phys.（Leipzig），**10**，286-295（1952）503

[30] H. Wolter，Mirror systems with glancing incidence on image producing optics for X-rays，Ann. Phys.（Leipzig），**10**，94-114（1952）

# 人 物 介 绍

下面是本书作者选择的一些弹性力学家、光学家以及一些应用弹性力学理论来改善天文望远镜仪器设备的天文学家的肖像和简单介绍。

图 1　伽利略·伽利莱（1564—1642）意大利天文学家，1609 年他基于一台简单的
在欣赏歌剧时使用的手持望远镜发明了天文望远镜（距今仅四个世纪），并使用它发现了
木星的四颗伽利略卫星。他将数学方法引入动力学和抛物线轨道的基本定律中。
伽利略等强度悬臂问题及其关于梁弯曲的缩放定律标志着弹性理论和材料强度
研究的诞生（*Discorsie Dimostrazioni Matematiche*，1638）

照片（伽利略·伽利莱肖像　Ottavio Leoni，1624，卢浮宫）

图 2　罗伯特·胡克（1635—1703）在 1660 年左右发现了弹性力学的基本定律，即固体的单轴拉伸量与该轴向施加的应力成正比。这种线性应力-应变关系可以完美地描述弹性材料，被称为胡克定律（de Potential Restitutiva，1678）

照片（圣安德鲁斯大学麦克托尔数学史档案馆）

图 3　丹尼尔·伯努利（1700—1782）是一位数学家、物理学家和哲学家，他把数学应用于力学，特别是流体力学，并在概率和统计学方面做出了开创性的工作。1742 年，他向欧拉提出，没有中心拉伸的杆的平面弹性弯曲曲线可以从总弯曲能最小的原理推导出来，从而使杆沿线的曲率平方和最小

照片（圣安德鲁斯大学麦克托尔数学史档案馆）

图 4　莱昂哈德·欧拉（Leonhard Euler，1707—1783）是一位多产的数学家，也因其在力学、光学和天文学方面的工作而闻名。在丹尼尔·伯努利（Daniel Bernoulli）的建议下，他首次将非线性积分函数的变分作为最小能量原理来计算不可拉伸圆形截面物体的弯曲变形。因此，欧拉对弹性力学的重要贡献是压缩梁的临界载荷屈曲关系和弹性力学第一理论，称为弹性理论（1744 年）

照片（圣安德鲁斯大学麦克托尔数学史档案馆）

图 5　C·奥古斯丁·德·库仑（1736—1806）是一位物理学家，研究机械结构和摩擦、弹性和静电学。他提出了两个电荷之间的力的平方反比定律，也就是众所周知的库仑定律。库仑使用细丝和发丝研究了扭转平衡，推导出了第一个扭转弹性理论。因此，他从引入第三个电荷时电荷对的扭转角推导出静电力的大小（1780 年）

照片（法国科学院档案馆及位置百科）

图 6　托马斯·杨（1773—1829）是一位多才多艺的物理学家，他在视觉、光学、弹性力学、毛细管和能量方面作出了重要贡献。他用远处的光源照射了一对狭缝，证明了光的波动性质。对于各向同性材料，杨注意到，如果施加单轴应力，则应力应变比即杨氏模量，仅取决于材料的弹性系数。他还在 1807 年引入了剪应力的概念

照片（圣安德鲁斯大学麦克托尔数学史档案馆）

图 7　丹尼斯·泊松（1781—1840）是一位数学家、几何学家和物理学家。在泊松微分方程中，方程的第一种形式引入了单拉普拉斯量（引力势或电势）的不变性。在弹性力学方面，方程的第二种形式（四阶导数）则涉及挠性的双拉普拉斯常数对恒定载荷的恒定性。通过对轴对称情况下求解后一种形式，泊松得到了通解，从而建立了薄板弹性理论（1828 年）

照片（法国科学院档案馆）

图8　亨利·纳维（C. L. M. Henri Navier，1785—1836）是一位工程师和物理学家，专门研究机械力学。他建立了一套黏性流体运动的方程式，即众所周知的纳维-斯托克斯方程，（纳维和 G·G·斯托克斯分别独立推导了这组方程）。纳维根据体单元的平衡（1826 年）推导出的三维应力-应变关系，建立了弹性理论的基础。1827～1829 年间，A.Cauchy 用剪切分量确定了纳维应力-应变关系

照片（圣安德鲁斯大学麦克托尔数学史档案馆）

无肖像照片

图9　乔治·格林（1793—1841）是一位数学家和物理学家，主要以格林发散定理而闻名，该定理将数学函数在封闭体积表面的性质与其内部的其他性质联系起来。尽管泊松、纳维、柯西和 Lamé 使用了双常数弹性理论（$E$，$v$），但他们近似地假设所有材料的 $v=1/4$，这被称为单常理论。格林 1837 年指出晶体的弹性常数达到 21

图 10　古斯塔夫·R·基尔霍夫（Gustav R. Kirchhoff, 1824—1887）是一位数学家和物理学家，他在弹性力学理论方面作出了重要贡献，并利用拓扑学将欧姆定律推广到多回路电路。他证明了电流以光速在导体上流动。在弹性力学方面，经过几十年激烈的讨论，基尔霍夫关于板的非轴对称弯曲时自由边的边界条件的公式被证明是精确的；这涉及他的净剪力概念（1850年）

照片（圣安德鲁斯大学麦克托尔数学史档案馆）

图 11　圣维南（Adhémar J. C. BarréSaint-Venant, 1797—1886）是一位工程师和数学家，他在弹性力学和流体力学方面作出了重大贡献，并为此建立了明渠水流方程。在《棱柱扭转》一书中，他推导出了发生大扭转时各种横截面梁的形状，从而创立了大扭转理论。在这本教科书中，他还阐述了适用一般边界条件的一般等效原理，即众所周知的圣维南原理（1855年）

照片（法国科学院档案馆）

图 12　R. F. 阿尔弗雷德·克莱布（Alfred Clebsch，1833—1872）是一位数学家和物理学家，他接替 B. 里曼（B. Riemann）担任哥廷根（Gottingen）高斯（Gauss）主席。他的主要研究内容包括阿贝尔函数、弹性力学、代数几何和不变理论。在他的著作（Theorie der Elastiität Fester KöRper）中，克莱布提出了伽利略等约束悬臂梁问题的第一个解，以及一组无限的四项多项式（即克莱布多项式），作为薄板理论中的圆板非轴对称载荷的径向分量解（1862 年）

照片（圣安德鲁斯大学麦克托尔数学史档案馆）

图 13　奥古斯都·洛夫（1863—1940）是一位数学家和弹性力学家。他通过在挠曲的弯曲分量的基础上引入剪切分量，从而提出了厚板理论。另外，他完全解决了轴对称薄板在边缘简支情况下，均匀载荷作用时的问题。洛夫还在 1915 年左右通过建立等厚圆筒挠度的四阶微分方程提出了第一个壳弹性理论（弹性力学的数学理论，第 339 节）

照片（圣安德鲁斯大学麦克托尔数学史档案馆）

图 14 伯恩哈德·施密特（1879—1935）是一位光学和天文学家，他在 1928 年提出了基于球面反射镜和非球面校正板的著名的大视场望远镜概念，即施密特望远镜。从而使人类可以史无前例地在各种波段上对星空进行完整的观测。施密特因其在镜面抛物面化方面的高超技艺而受到认可，他特别强调弹性松弛方法（或称为应力抛光）能提供更好的光学表面。因此，他被公认为是主动光学的奠基人

照片（Erik Schmidt 提供）

图 15 斯蒂芬·P. 蒂莫申科（Stephen P. Timoshenko，1878—1972）是一位工程师和数学家，他的主要理论贡献在于弹性力学理论、弹性稳定和屈曲、材料强度等方面，并写下了很多关于这些问题的著名教科书。他推导了薄壁圆柱体屈曲的临界载荷。这些研究结果被应用于提高超大型船舶的强度。蒂莫申科还在 1930 年左右，建立了变厚度轴对称圆筒的四阶微分方程。

照片（斯坦福大学和美国国家科学院）

图 16　安德烈·J. A. 库德（1897—1979）是一位光学家和弹性力学家，他对望远镜光学系统的主要贡献。在与 A. Danjon 合著的 *Lunettes et Télescopes* 一书中提出了库德两镜消像散望远镜，并于 1927 年进行了零位测试。他应用弹性力学理论解决了大型反射镜面在重力作用下的轴向弯曲问题，并通过优化镜面支撑改善了成像质量。在施密特提出可以通过主动光学进行改正板非球面化后，库德在此基础上解决了理论问题（1940 年）

照片（Charles Fehrenbach 提供）

图 17　埃里克·赖斯纳（Eric Reissner，1913—1996）是一位数学家，他致力于湍流和空气动力学机翼理论以及弹性力学理论的研究。他与 W. 马丁一起出版了《初等微分方程式》。赖斯纳还创立了扁壳理论，这是弹性力学中最引人注目的成就之一。与薄板理论相比，它还考虑了壳体中表面的应力和应变。Reissner 理论将四阶微分方程组中的两个双调和函数联系起来（1946 年）

照片（加州大学圣地亚哥分校斯克里普斯海洋档案馆）

图 18　格哈德·施韦辛格（Gerhard Schwesinger，1913—2001）是一位工程师和弹性力学家，他发展了求解大型天文反射镜在重力作用下横向弯曲的弹性理论。通过引入傅里叶级数来表示侧向支撑力（1954 年），他首次得到了各种系统的比较结果，从而得到了最小变形设计方案。结合施维辛格的专业知识和先进的有限元方法，可以得到针对 8m 单镜面的高效侧向支撑系统。

照片（欧洲南方天文台 Raymond N. Wilson 提供）

图 19　埃德加·埃弗哈特（Edgar Everhart，1920—1990）是专门研究原子碰撞的物理学家、丹佛大学教授及其附属天文台的台长。他分别在 1964 年和 1966 年发现了第九颗 Everhart 彗星和第四颗 Ikeya-Everhart 彗星。在弹性力学方面，他独立地推导了当施密特板的边缘被简支时，通过部分真空和球面磨制工具制作施密特板的库德结果。埃弗哈特是第一个将主动光学技术应用于望远镜镜面光学表面非球化加工的人（1966 年）

照片（丹佛大学彭罗斯档案馆特别收藏）

图 20 雷蒙德·N·威尔逊（Raymond N.Wilson，1928—  ）在最初在学生时代倾向于人文学科，首先是历史和拉丁文，而不是科学尤其是数学。后来他对天文学和望远镜制造产生了兴趣，并学习了物理学，专攻光学。他发明的主动光学结合了光学、力学和计算机技术，彻底改变了现代望远镜技术。然而，他自己认为迄今为止他最大的成就是他的著作《反射望远镜光学》，该书是望远镜专家们的标准著作

照片（Peter Wilson 提供，其 80 岁生日派对）

# 首字母缩略词

| AAT | Anglo-Australian Telescope | 英澳望远镜 |
|-----|---------------------------|-----------|
| ADC | atmospheric dispersion compensator | 大气色散补偿器 |
| BIPM | Bureau International des Poids et Mesures | 国际度量局 |
| CAS | Chinese Academy of Sciences | 中国科学院 |
| CCD | charge-coupled device | 电荷耦合器件 |
| CFGT | Chinese Future Giant Telescope（project） | 中国未来极大望远镜 |
| CFHT | Canada France Hawaii Telescope | 加拿大-法国-夏威夷望远镜 |
| COS | Cosmic Origins Spectrograph/HST | 宇宙起源光谱仪/哈勃太空望远镜 |
| CTD | constant thickness distribution | 等厚分布 |
| CTE | coefficient of thermal expansion | 热膨胀系数 |
| DM | deformable mirror | 可变形镜 |
| efl | effective focal length | 有效焦距 |
| ELT | extremely large telescope | 极大望远镜 |
| E-ELT | European Extremely Large Telescope（project） | 欧洲极大望远镜 |
| ESO | European Southern Observatory | 欧洲南方天文台 |
| FOV | field of view | 视场 |
| FRD | focal ration degradation（in an optics fiber） | 焦比退化（光纤） |
| FTS | Fourier transform spectroscopy | 傅里叶变换光谱仪 |
| FWHM | full width at half maximum | 半高全宽 |
| GMT | Giant Magellan Telescope（project） | 大麦哲伦望远镜 |
| GSMT | Giant Segmented Mirror Telescope（project） | 极大拼接镜面望远镜项目 |

| GALEX | Galaxy Evolution Explorer（in ultraviolet） | 星系演化探测器（极紫外波段） |
|---|---|---|
| GTC | Grand Telescopio Canarias | 加那利大型望远镜 |
| HST | Hubble Space Telescope | 哈勃太空望远镜 |
| HET | Hobby Eberly Telescope | 霍比-埃伯利望远镜 |
| IFS | integral field spectrograph | 积分视场光谱仪 |
| IFU | integral field unit | 积分视场单元 |
| IR | infrared | 红外 |
| IS | image slicer | 图像切分器 |
| JELT | Japanese Extremely Large Telescope（project） | 日本极大望远镜项目 |
| JWST | James Webb Space Telescope（project） | 詹姆斯韦伯望远镜 |
| KPNO | Kitt Peak National Observatory | 基特峰国家天文台 |
| LADC | linear atmospheric dispersion compensator | 线性大气色散补偿器 |
| LAMOST | Large Sky Area Multi-Object Fiber Spectroscopic Telescope | 大天区多目标光纤光谱望远镜（郭守敬望远镜） |
| LBT | Large Binocular Telescope | 大双筒望远镜 |
| LMT | liquid mirror telescope | 液体镜面望远镜 |
| LOOM | Laboratoire d'Optique de l'Observatoire de Marseille | 马赛天文台光学实验室 |
| LPMA | Laboratoire de Physique Moleculaire et Applications | 分子物理及应用实验室 |
| LSST | Large Synoptic Survey Telescope（project） | 大型综合巡天望远镜 |
| MDM | multimode deformable mirror | 多模可变形镜 |
| NIAOT | Nanjing Institute of Astronomical Optics & Technology | 南京天文光学技术研究所 |
| NSO | National Solar Observatory | 国立太阳天文台 |
| NTT | New Technology Telescope | 新技术望远镜 |
| OHP | Observatoire de Haute Provence | 普罗旺斯高级天文台 |
| PE | paraboloid-ellipsoid | 抛物面-椭球面 |

| PH | paraboloid-hyperboloid | 抛物面-双曲面 |
|---|---|---|
| PP | paraboloid-paraboloid | 抛物面-抛物面 |
| PSF | point spread function | 点扩散函数 |
| ptv | peak to valley | 峰谷值 |
| RC | Ritchey-Chrétien | R-C 系统 |
| rms | root mean square | 均方根值 |
| SALT | South Africa Large Telescope | 南非大望远镜 |
| SAO | Special Astronomical Observatory（Russia） | 特殊天文台（俄罗斯） |
| SDSS | Sloan Digital Sky Survey | 斯隆数字巡天 |
| SS | spheroid-spheroid | 双椭球面 |
| TMT | Thirty Meter Telescope（project） | 30m 望远镜项目 |
| UV | ultraviolet | 紫外 |
| VCM | variable curvature mirror | 变曲率镜面 |
| VLT | Very Large Telescope | 甚大望远镜 |
| VLTI | Very Large Telescope Interferometer | 甚大望远镜干涉阵 |
| VTD | variable thickness distribution | 可变厚度分布 |
| WS | Wolter-Schwarzschild | 沃尔特·施瓦西 |
| WHT | William Herschel Telescope | 威廉赫歇尔望远镜 |
| YAG（laser） | yttrium aluminum garnet laser crystal | 钇铝石榴石激光晶体 |

# 术语汇编

玻璃阿贝数：参见倒色散率。

阿贝正弦条件或正弦条件：消球差和线性彗差的光学设计条件。在三级像差理论中，满足正弦条件的系统称为齐明系统。

阿贝球：在满足正弦条件的共轴系统中入射和相应共轭光线交点的轨迹。

消彗差光栅：能校正彗差的衍射光栅。

主动补偿器：能够校正一种或几种像差模式的可变形镜。这种补偿器可用于像差校正全息光栅的光敏记录。

主动光学：这是一种对不随时间变化或者随时间低频变化量的控制技术，在光学中应用于对镜面进行非球面化、镜面复制、在线可变形镜和望远镜准直等方面。

主动光学叠加律：一种叠加弹性挠曲和球面面形的光学表面定律。

主动子母板：可变形基板，该基板在获得像差校正光栅或一般非球面的双重复制过程中可以用来作为中间过程的光学件。

自适应光学：这是一种高频控制过程，只要用来矫正大气抖动带来的波前畸变。

Aerial：超长焦距折射望远镜，由单透镜物镜制成，建于 1640 年至 1690 年。

无焦系统或无焦望远镜：无光焦度光学系统，主要用作扩束器、光束压缩器或后向反射系统。

变形系统：在两个主方向上其光焦度和成像比例尺不同的光学系统。 这样的系统通常包括圆柱形元件。

无像差系统：无三级球差、彗差和像散的光学系统。

马鞍形表面：由挠曲产生的两个主曲率的乘积为负的表面。乘积为正对应于拱形表面。

孔径比或焦比：对于一个光学表面为其焦距与有效孔径直径之比 $f/D$。对于望远镜为等效焦距与集光口径之比。通常表示为 $f/\{f/D\}$，比如 $f/1$，$f/5$。

齐明系统：没有三级球差和彗差的光学系统。

非球面反射光栅：刚性基板上的衍射光栅，该光栅通过使用主动子母板进行双重复制过程而进行非球面化。

无定向杠杆：使用配重和杠杆进行望远镜镜面支撑的系统。

像散长度：像散光束的弧矢和子午焦点之间的距离。

透镜的弯曲或拱起：透镜的平均曲率。

双圆锥曲面：在 $x$ 和 $y$ 方向上圆锥系数不同的光学表面。

双板形式或闭合双板形式：镜面基板设计有两个相似的花瓶形状，其边缘轮廓相连，形成一个封闭的腔体。

衍射光栅的闪耀角：光栅的刻线面相对于光栅局部面的角度。在给定的衍射级次（通常为−1级）下，刻划或全息的闪耀光栅比正弦线光栅的效率要高得多。

弹性的边界条件：自由边缘，（可移动）简支边缘，（可移动）内置边缘，不可移动简支边缘和不可移动内置边缘是实体板边缘的五个基本边界条件。

屈曲：超过临界载荷时，梁，板，壳体或桁架的弹性不稳定性。

相机暗盒：由于小孔的夫琅禾费衍射效果，通过高顶房间里开的小洞，不用任何镜头就可以观察到太阳黑子。这是由 Al-Haytham（Alhazen）最先提出的。

悬臂：一端固定的横梁或大梁。

特征函数：由 R. W. 哈密顿（R. W. Hamilton）推导的函数，他建立了光学三级像差的解析形式。

卡塞格林焦点：通过主镜中心孔在主镜后面形成的反射式望远镜的焦点。

折反射光学：光学系统的一个分支，由折射和反射表面组成的光学系统。

反射光学：光学系统的一个分支，仅由反射面或反射镜组成的光学系统。

猫眼系统：一种无焦系统，光线从其发出的方向返回。在双臂干涉仪的延迟线小车上平移的移动式猫眼系统通常是一种后向反射系统，其焦点处配备有可变曲率镜，用于视场中的光程补偿。

共轴系统：光学系统仅由具有公共光轴上的轴对称表面形成。

光束的主光线：参见主光线。

克莱罗双透镜：由两种不同玻璃胶合而成的消球差合消色差物镜。法国人把这种镜头简单地称为"克莱罗"（Clairaut）。

克莱罗-莫索蒂（Clairaut-Mossotti）双透镜：由两个不同玻璃胶合而成的齐明消色差物镜。

通光口径（光学的）：物理上确定在光学元件表面有用的光束横截面的口径。通常由圆形孔径的直径来确定。

克莱布多项式：无限组四项级数集，其中当有孔或无孔板轴对称时，每个级数都是薄板理论泊松方程一般非轴对称解的径向分量。

克莱布-赛德尔模式：叠加弹性模式，属于光学三角矩阵的一个子类。

封闭双板形式或双板形式：镜面基板设计有两个相似的花瓶形状，其边缘轮廓相连，形成一个封闭的腔体。

闭合壳体：由两个相连的花瓶外壳组成封闭形式，可通过内压力或内部部分真空弯曲。当两个花瓶外壳完全相同，并与其平坦的外底座相连时，则称其为扁平封闭壳，否则称其为曲面封闭壳。

双镜望远镜的彗差中性点：当焦点处轴上彗差为零时，两镜面光轴的交点。

圆锥面：子午线截面为圆锥形的轴对称光学表面。

圆锥常数或施瓦西常数：决定曲面的非球面度的常数。

玻璃的倒色散系数：参见倒色散率条目。

折轴焦点：主要使用一组折轴式平面反射镜使望远镜的光束会聚在地下房间-库德房中的一种光学设计，该光束焦点称为库德焦点。

重力作用下镜子的库德定律或变形缩放定律：根据该定律，水平点垫支撑的反射镜的挠度缩放比例为：$d^4/t^2$，其中 $d$ 和 $t$ 是反射镜的直径和厚度。

等厚度分布：具有相等的厚度分布（与可变厚度分布相对）。

摆线形：由前表面和可变厚度分布形成的轴对称几何形状，在中心处保持有限，在边缘处垂直趋向于零，如摆线。

变形圆锥曲面：形状与圆锥曲线相差五阶或更高阶的光学表面，属于球体类。

笛卡儿的卵圆形或卵形表面：消球差的光学表面，例如能校正所有级次的球差。最初在由笛卡儿提出的一种单透镜中应用。圆锥曲面属于卵形表面的一个亚类。

透析系统或透析望远镜：一个光学系统，其中单个物镜的轴向色差由位于系统中间附近的小负透镜（或双透镜）校正。

折射系统：光学系统的一个分支，其仅由折射面或透镜组成的光学系统。

玻璃的色散率：在给定的光谱范围内，玻璃的折射率与平均折射率减去 1 的比值的相对变化 $[\delta n/(N_0-1)]$。这个数字的倒数是阿贝数 $v$，有时也被称为 $V$ 数。

双瓶形式或双瓶壳：两个独立的同心镜面形成连续面形，其基于单一基板。基板由两个内置的同心花瓶模板或花瓶外壳组成。

偏心率：与圆锥曲线的圆锥常数有关的无量纲量。

efl 或有效焦距：对于给定的波长，光学系统的最终焦距。

有效焦距：通常表示为光学系统的 efl，即最终焦距。

　　Eikonal 函数：源自哈密顿的像差函数，并由布朗斯（Bruns）重新引入光学，与像差波前函数有关。

　　弹性变形率或柔度比：材料伸长或弯曲的固有能力。 这个无量纲比可以定义为可用的极限拉应力与杨氏模量的比（ $\sigma_{Tlim}/E$ ）。

　　弹性松弛成形或应力成形：主动光学非球化方法，它利用球面成形过程中施加的应力的弹性松弛。与使用小工具的分区成形方法相比，该方法使用全尺寸孔径工具，从而生成非常连续的表面，即没有面型起伏。

　　弹性曲线：由欧拉首先提出的圆形细杆或细丝的挠曲曲线。

　　单筒望远镜：或者早期的望远镜，这类系统是在 17 世纪市场上可以买到，其通过正物镜和负目镜按一定位置排列，能提供一个有趣但放大率不大的系统，伽利略就是基于这个系统发明了望远镜。

　　入瞳：所有轴上和视场光进入光学系统的光瞳。其共轭面是出瞳。双镜望远镜的入瞳可以是主镜，也可以是副镜。

　　正像：所有方向都与物端相似的像。 与之相对的经典情况是倒像。

　　Ewing-Muir 过程：一种材料的应力处理，可以扩展应力-应变关系的线性范围。

　　费马原理：光传播最短时间原理。它指出两点之间的光路或光线轨迹对应于最小路径或稳态路径。

　　两镜望远镜焦面的视场双节点像散：在轴上彗差为零时，像散的视场分布，显示两幅弥散斑最小的图像。这是由镜面之间的角度误差引起的。

　　有限元分析：在弹性力学中的一种解析计算方法。可以通过使用基本单元应力-应变关系来精确确定固体的变形。

　　斐索测试：通过使用相对于参考面形成的干涉条纹确定光学表面形状。

　　挠曲迟滞：应力应变滞回线，当应力达到或略微超过弹性极限时，金属合金会显示出该结果。诸如玻璃和玻璃陶瓷之类的脆性材料没有弯曲挠性。

　　板的挠曲刚度或挠曲刚度：包括杨氏模量、泊松比和厚度的三次幂的量。

　　焦比：参加孔径比。

　　傅科检验或刀口检验：利用部分遮挡光束会聚区域的刀口对被测反射镜反射的光分布进行波前分析。

　　高斯理论或光学傍轴理论：任何光线相对于系统光轴形成的一个小角度，该角度的正弦和正切函数与该角度本身近似的基本理论。

　　哈密顿特征函数：波前函数的第一个一般形式。

一体镜：其特殊的几何形状被加工在一块基底上的镜面。

同心系统：像空间中的主光线会聚到一个公共中心的光学系统；因此该系统的像方焦面是弯曲的，并且垂直于此中心方向。

光束的位似变换：通常的光学变换，其中光束近轴光线的共轭仍然是具有与整个光束相同位似高度的近轴光线。

惠更斯-菲涅耳原理：光的衍射效应的基本原理。该原理指出，波前的任何一点都会引起二次扰动，这种二次扰动是球面小波，并且在以后的任何时刻，空间光的分布都可以看作是这些小波的总和。

迟滞：参见挠曲迟滞。

成像光谱仪：望远镜焦后仪器，同时具有成像模式和光谱模式。

实时（在线）应力变形：在天文观测过程中通过在线应力变形的光学表面。

平方反比定律（光学）：该定律指出光能量为光的能量随传播距离的平方成比例的减少。

光束的逆变换：近轴光线变成边缘光线的光学变换。Mersenne 首先描述了实现这种转换的系统，其在后向反射系统中使用了两个共焦抛物面镜。

倒像：上下左右互换的图像。另一种情况是正像。人眼在视网膜上形成一个倒像。

等晕系统：仅消除慧差的光学系统。

Kerber 条件（1886 年）：使色球差最小的条件。这表示最小弥散斑必须由等于 $\sqrt{3}/2 = 0.866$ 的光瞳高度确定。对于中心波长，这对应于波前的代数斜率均衡。

基尔霍夫条件：非轴对称弯曲时板边缘自由的边界条件。这一条件是通过消除板边缘的净剪力来设置的。

大变形理论：考虑中性面内位移的板弹性力学理论。

大扭转理论：由圣维南阐述的弹性力学理论，它用来处理非圆梁横截面不为平面的扭转情况。

拉格朗日不变量：光学系统的不变量，等效于光学集光率的一维表示，即对于给定的光谱带宽 $\delta\lambda$，光学系统传输的总能量不变。

线性慧差：包含所有图像高度项的奇数和的三级视场像差。

弱圆锥壳的线性积定律：该定律将厚度乘以壳体的挠曲与轴向坐标的线性函数联系起来。

Littrow 结构的衍射光栅：中心波长的衍射角与入射角相等且符号相反的几何结构。

洛夫–基尔霍夫假说：小变形假设，即位于固体中间表面的法线上的任何点保持在变形的中间表面的法线上，且厚度不随弯曲变化。

边缘光线：在光瞳边缘或附近通过的光线。

平均曲率焦面：光学系统弥散斑最小的焦面。无球差、彗差和像散时，合并到佩茨瓦尔像面。

弯月形式：由两个具有相似或准相似曲率的轴向曲面或两个同心曲面形成的轴对称几何形状。

梅森双镜望远镜：由两面共焦抛物面反射镜组成的无焦望远镜。

多模可变形镜：弯月形或花瓶形镜子，配备有一组径向臂，在各端上施加轴向力分布。这些结构类型允许叠加 Clebsch-Seidel 模式，这是三角矩阵光学模式的子集。

耐氏焦点：反射式望远镜的一种焦面，通过一个倾斜的平面反射镜将望远镜光轴折转 90°。

Navier 关系或应力应变关系：弹性力学的基本线性关系，将六个应力分量与实体的单元各个面上的六个应变分量联系起来。

成像光谱仪的焦比：在与色散方向垂直的方向上的焦比。

净剪力：作用在载荷板上单位长度上的横向力。这些力表示为 $V_x$，$V_y$ 或 $V_r$，$V_\theta$，可以通过反作用力平衡方程求得。

中性面：弹性弯曲时沿实体厚度的应力分布为零的表面。对于小变形，中性面也是中间面。

非共轴光学系统：包括一个或几个不存在一般对称轴的非轴对称表面的光学系统。

法线光束：一束光可以看作是由一组连续传播的光线形成的。如果一个波面与所有这些直线都是正交的，这束光是法线光束。

法线直线光束：在光子光学和光在各向同性介质中传播时，法向光束的每一条曲线都是一条直线，则称为法线直线光束。

非平面-非球面的零光焦度带比：零斜率半径与通光半径之比。

零位检验：光学测试需要使用由一个或多个透镜或反射镜组成的校正器，或者使用全息校正器（无论是在轴上还是离轴使用），它提供输出波前的完全像差补偿，因此产生的条纹偏差为零。

扁椭球体：扁平的椭球体。

光学集光不变量（雅克诺）：光通过完美光学系统传播时的不变量。对于给

定的带宽 $\delta\lambda$，展度表示光学系统传输的总能量。

光学偏移：轴对称光学元件准直时需要调整的五个基本量，包括 $z$ 向平、横向对中（$x$ 和 $y$ 平移）和倾斜（$x$ 和 $y$ 旋转）。

光学三角矩阵：在任何由连续曲面类的轴对称光学表面组成的中心系统中，任何波前曲面都可以由多项式 $\Sigma a_{nm}r^n\cos m\theta$ 来表示，其中 $m\leqslant n$，$a_{nm}$ 系数形成一个三角矩阵。

近轴光学理论：参见高斯光学。

佩茨瓦尔条件：在消除球差、彗差和像散的同时，获得平像面的光学设计条件。

佩茨瓦尔定理：该定理根据光学系统的表面曲率和这些光学表面包围区域的折射率来推导光学系统的佩茨瓦尔曲率。

塑性变形：材料通过超过其极限弹性应力循环载荷加载后的永久残余变形。

点扩散函数：表示光在高斯焦平面的图像区域中的强度分布的函数。

泊松弹性力学方程：薄板理论的四阶导数双调和方程。

光束的主光线或主光线 ：光线从视场中的给定源点开始，然后穿过入瞳的顶点，并通过光学系统传播直至到达成像焦平面。

主焦：由望远镜的主镜形成的焦面。

长椭球体：拉长的椭球体。

近点距离：眼睛可以成像的最小距离。对于年轻人来说，这个距离通常是 15～18cm。

光瞳或光阑：用来限制所有光束的公共截面的孔径。任何光学系统都是由入瞳或出瞳定义的。

四分之一波长准则（瑞利准则）：使共轴系统能够在其轴上形成衍射限图像的标准。出射波前必须包含在两个相距 $\lambda/4$ 同心曲面之间。

后向反射系统：一个无焦的系统，光线从其发出的方向返回。 在双臂干涉仪延迟线上平移的猫眼系统通常是后向反射系统。

倒色散率：这个数字由阿贝数 $\nu=(N_0-1)/\delta_n$ 定义，表示玻璃折射率的内在变化。这是色散率的倒数。玻璃的阿贝数有时被称为 $V$ 数。

表面纹波误差：斜率不连续，造成波前的高空间频率误差，从而降低衍射图像质量。通常是由光学表面加工过程中的局部修磨引起的。

Rumsey 望远镜：消像散三反平视场望远镜。

断裂应力或极限强度：材料破裂时的应力。

断裂拉应力或极限拉伸强度：脆性材料因拉伸而破裂的应力。

弧矢光扇：光学系统的弧矢光线形成切向焦面的切向焦点轨迹。

施瓦西常数：参见圆锥常数。

圣维南原理：在小区域上应用等效边界条件时，固体弹性变形的等效原理。该原理在主动光学设计中非常有用，可以找到最佳且可行的几何构型及其相关的载荷分布。

施瓦西函数：与像差波前函数相关的函数，其与行星运动中的施瓦西摄动函数非常相似，也称之为赛德尔函数。

二级光谱：消色差双镜头固有的剩余色差。

赛德尔理论或三阶理论：可以确定整个光学系统的每个主像差或三阶像差的量的理论。任何光线角正弦都由其展开的前两项近似。

Serrurier 桁架：一种特殊概念的机械构架，用于补偿大型望远镜主镜和副镜在重力作用下弯沉引起的偏心和倾斜误差。

夏克-哈特曼检验：由光线自准直在待测表面子孔径上的二维横向位移量来解析求解出波前形状。是根据对瞳孔局部斜率的测量来重建波前的。

剪切应变：固体的两个平行平面之间发生的弹性相对位移。

剪切力（径向）：以单位长度上的横向力，通常表示为 $Q_r$，作用于弯曲轴对称薄板的同心圆截面。

正弦条件（阿贝）：参见阿贝正弦条件。

正弦折射定律（斯涅尔定律）：确定光线在新的折射介质中出现时的折射角的正弦定律。

斜光线不变量：共轴系统中用于建立阿贝正弦条件的倾斜光线的性质。

金属镜：镜面由青铜合金制成，其中可能含有砷以获得更好的光学抛光效果。

色球差：球差的色差。

球体：轴对称光学曲面，其子午线截面由半径的偶数项式级数表示。

海盗镜：参见单目放大望远镜。

多层三角或摇杆机构：枢转三角形或梁组成的连续杠杆机构，用作望远镜镜面支撑系统。

消球差系统：至少校正了第三级球差的光学系统。

斯特列尔比：表示光学系统光集中的强度比。如果该值至少为 0.8 或更大，则该系统得到了很好的校正，即所谓的"衍射限制"。

预应力盘抛光：通过受控的柔性工具（尺寸小于表面有效口径）进行光学抛

光的方法，这些工具与非球面相匹配，以最大限度地减少波纹误差。

应力抛光：应力成形或弹性松弛成形的最后阶段。

拱形表面：由挠曲产生的两条主曲率的乘积为正的曲面。相反符号的乘积对应于马鞍形表面。

切向光线扇面：切线光线形成弧矢焦面的弧矢焦点轨迹。

远心系统：像空间中的主光线平行于系统光轴的光学系统；其像方焦面是一个平面。

两镜望远镜的远摄效果：有效焦距与望远镜长度之比。可以表征各种设计方案的紧凑程度。

浅球壳理论：考虑了中间表面的大弯曲变形，以及弯曲过程中在其上出现的"面内"径向和切向拉伸的弹性力学理论。

弱锥壳理论：针对掠入射望远镜反射镜的非球面化而发展的弹性力学理论。

厚板理论：考虑了板变形的所有剪切分量的弹性力学理论。

薄板理论：基于 Love-Kirchhoff 假设，由泊松阐述的弹性力学理论。

三角矩阵模式：参见光学三角矩阵。

郁金香形：由一个前表面和一个在中心趋于无穷大，而边缘厚度趋于零的可变的厚度分布形成的轴对称几何形状。

单常数理论：早期的弹性力学理论，其中所有材料的泊松比默认为 $v=1/4$。

花瓶形：由厚度恒定或近似相等的内板或弯月面与一个稍厚外圆柱相结合形成的轴对称几何形状。

花瓶壳：内弯月面弯曲明显的花瓶形。

变厚度花瓶形：通光口径是厚度分布略有变化的花瓶形。

玻璃的 $V$ 数：参见倒色散率。

白瞳结构：将望远镜光瞳中继到光谱仪某一个特殊的位置，此设计方式由 Baranne 提出，主要用于高分辨率光谱仪系统。

沃尔特两镜系统：X 射线聚焦的掠入射系统。三种设计中的 I 型由两个会聚的轴对称反射镜组成。因其紧凑性成为所有太空望远镜的基本设计方案。

沃尔特-施瓦西（WS）望远镜：严格满足阿贝正弦条件的掠入射两镜系统。

屈服强度：金属合金的变形偏离应力-应变线性，从而达到塑性区域时的应力水平。

Zernike 圆多项式 Zernike 均方根多项式：波前或光学表面的归一化表示。

# 术 语 索 引

# 原书作者简介

Gérard R. Lemaitre，出生于法国，是一位杰出的天文学家，1967 年在法国国立高等工程技术学校获得工程学学位，主要从事天文光学研究。1974 年，他在普罗旺斯大学获得物理学博士学位，论文题目是《天文光学与弹性力学》。

他的研究主要集中在光学设计和弹性力学理论上，通过使用最少的光学表面来提高望远镜和光谱仪的性能。主要包括天文仪器中一些难以精确测量的非球面。伯恩哈德·施密特（Bernhard Schmidt）认为可以通过使镜面发生弹性形变而产生非球面面形。Lemaitre 阐述了主动光学以及这种方法的一系列相关理论条件。他将主动光学这种方法拓展到各种已知的非球面情况，也发展到用于新仪器设计的各种其他情况。他在几个国家拥有八项专利。

Lemaitre 是许多光学设计委员会的国际成员，如中国科学院的巨型施密特望远镜郭守敬望远镜（LAMOST）项目，欧洲南方天文台的 42m 望远镜项目（E-ELT）等。他被法国科学院授予安德烈·拉勒曼德大奖。